新工科暨卓越工程师教育培养计划电子信息类专业系列教材

丛书顾问/郝　跃

XIANDAI KONGZHI GONGCHENG JICHU

现代控制工程基础

■　罗先喜/编　著

華中科技大學出版社
http://press.hust.edu.cn
中国·武汉

内 容 提 要

本教材从现代控制工程设计与实践的需要出发，系统介绍了工程实践中常用的近现代控制理论与方法。本教材的内容包括绪论（控制理论的应用意义、发展阶段、挑战与发展方向）；经典控制理论；现代控制理论；最优控制；自适应控制；智能控制等。内容涵盖了主流的控制理论与方法，且每个部分都配有若干工程案例，有助于引导读者理解和应用。每章末尾均有本章小结及思考题，便于读者回顾和巩固。

本教材的内容深入浅出，理论联系实际，适合控制工程、电子信息工程、机械工程、自动化等专业的研究生或本科教学使用，亦可供相关领域科研人员与工程技术人员参考。

图书在版编目(CIP)数据

现代控制工程基础 / 罗先喜编著. -- 武汉 ：华中科技大学出版社，2024. 8. -- ISBN 978-7-5772-0990-6

Ⅰ. O231

中国国家版本馆 CIP 数据核字第 2024TA5420 号

现代控制工程基础

Xiandai Kongzhi Gongcheng Jichu

罗先喜 编著

策划编辑：王红梅

责任编辑：王红梅

封面设计：原色设计

责任校对：刘 竣

责任监印：周治超

出版发行：华中科技大学出版社（中国 · 武汉） 电话：(027)81321913

武汉市东湖新技术开发区华工科技园 邮编：430223

录 排：武汉市洪山区佳年华文印部

印 刷：武汉市洪林印务有限公司

开 本：787mm×1092mm 1/16

印 张：21

字 数：510 千字

版 次：2024 年 8 月第 1 版第 1 次印刷

定 价：68.00 元

前言

自动控制理论与技术在工业、农业、交通、国防领域广泛应用，对提升社会劳动生产效率、改善工作条件、提高生产质量和降低生产成本均有立竿见影的作用。随着国家大力推进“中国制造 2025”战略，加快工业化与信息化融合进程，控制理论与技术在其中发挥着举足轻重的作用。编写和使用面向专业硕士和工程技术人员的现代控制工程基础教材，有利于快速培养该领域的高级应用型人才，普及和推广控制理论与方法在各行业中的应用，助推国民经济健康发展和产业升级。

1. 本书的形成

“现代控制工程基础”是一门理论性与实践性很强的专业基础课。《现代控制工程基础》基于东华理工大学控制工程、机械工程专业硕士研究生开设的专业基础课程讲义编写。众所周知，掌握并能熟练应用该课程相关理论与方法解决工作中遇到的科学或工程问题是控制工程与机械工程专业硕士的培养方向，也是其成长为高级应用型工程技术人员的必由之路。作为面向来自不同本科专业背景的研究生教材，能帮助研究生快速掌握本领域广泛使用的控制工程相关理论基础，对有效提升研究生的培养质量与效率有重要的现实意义。

目前，与控制理论相关的教材普遍存在理论艰深、内容陈旧且与实际应用脱节的问题。本教材是编者以近年教改成果为基础，结合编者本人从事科研的体会，精选面向专业硕士研究生与工程技术人员的实用控制理论与技术内容编写而成的，可供相关院校与专业技术人员选择使用。通过对本教材内容的学习，一方面可以加深读者对理论知识的理解，另一方面可以提升读者对实际工程问题的思考、抽象、分析、推理和解决工程问题的能力。

2. 主要内容

根据东华理工大学“现代控制工程基础”课程的教学大纲，本教材的主要内容包含如下方面：①绪论，包括控制理论的应用意义、发展阶段及其面临的挑战和发展方向；②经典控制理论，包括经典控制理论概述、数学模型与典型环节、时域分析法、根轨迹法、频域分析法和离散控制系统等内容；③现代控制理论，包括现代控制理论概述、状态空间与数学模型变换、离散系统状态空间的解、系统的能控能观性、系统的稳定性及稳定判据和极点配置与观测器等内容；④最优控制，包括最优控制理论概述、最优控制的变分法、极小值原理和线性二次型最优控制系统等内容；⑤自适应控制，包括自适应控制概述、模型参考自适应控制、自校正控制和新型自适应控制技术简介等内容；⑥智能控制，包括智能控制概述、模糊逻辑控制与神经网络控制等内容。本教材涵盖了当前科研领域和工程领域主流的控制理论及方法，是一部内容精而全的教科书。

3. 编写特色

相较于其他教材，在内容体系与结构上，本教材提供多领域的工程案例，使得抽象难懂的理论知识变成形象具体的知识；在知识表述方式上，本教材简化甚至避免复杂的推理过程。本教材以应用为目的，以能力培养为导向，突出解决问题、分析问题与动手能力的培养，对巩固研究生的专业基础和构建专业思维起到非常关键的作用。

该教材的特色与创新体现在：在内容上，将经典控制理论、现代控制理论与智能控制理论知识整合在一起，将控制对象在不同时期的研究方法进行对比，利于读者理解不同理论方法之间的内在联系与优缺点；在结构上，体现了理论与实践相统一的思想，相较于以前的教材更加注重实践；在知识表述方式上，侧重以应用为导向的能力培养思路；同时，本教材还进一步扩大了课程理论与应用的覆盖范围，提升了课程的适应性。

目前，"现代控制工程基础"课程是面向东华理工大学控制工程专业领域硕士研究生课程建设项目，先后通过校级核心课程、校级课程思政示范课、江西省优质课程项目验收。该课程建设项目成果获得东华理工大学教学成果二等奖。

4. 作者致谢

本教材为江西省学位教育优质课程"现代控制工程基础"课程的配套教材。感谢东华理工大学研究生院、机械与电子工程学院的大力支持与资助；感谢江西省级教学团队、"现代控制工程基础"课程教学团队李跃忠教授、刘树博副教授、刘国权副教授、吴生彪博士、朱立老师、葛远香老师等对本教材内容提出的许多宝贵意见；感谢罗翌绫、刘瑞、谭臻、张志远等同学参与本书的录入、排版和插图绘制；感谢华中科技大学出版社为本书的出版提供了有益的修改建议和付出的辛勤劳动。

5. 联系作者

本教材的内容虽然经过作者多年教学应用与修改，但仍不免存在疏漏与错误，欢迎使用本教材的教师同行和读者批评指正。联系邮箱为 37171880@qq.com 或 xxluo@ecut.edu.cn。

编者

2024 年 8 月于南昌

目录

1

绪　　论

现代控制工程的基础是自动控制理论。为了使读者尽快了解本教材的内容结构与逻辑，本部分主要讨论自动控制理论的应用意义、控制理论的发展阶段、控制理论面临的挑战的发展方向等三个方面的问题。

1.1　控制理论的应用意义

所谓自动控制，是指在没有人直接参与的情况下，利用外加设备或装置使生产过程或被控对象中的某一物理量或多个物理量自动地按照期望的规律去运行或变化的技术。这种外加设备或装置就称为自动控制装置。控制科学与工程是研究自动控制理论与技术的一级学科。

当前，自动控制技术在工业、农业、建筑、交通运输、国防建设、生物工程、经济管理与社会学等几乎所有科学和技术领域得到了广泛的应用。

在工业生产领域，自动控制技术从早期的机械转速、位置、流水线控制发展到工业过程中的温度、压力、流量、张力等不同物理量的控制。我国研制和投运了大量自动化装备，成为名副其实的制造业大国。生产过程已完成由单机(元)自动化向 ERP(企业资源计划)＋MES(制造执行系统)和 CIMS(计算机集成制造系统)升级转换。工业机器人在制造业中配置数量快速增长。2015 年至 2021 年，中国制造业机器人密度从每万名工人 49 台激增至 322 台，工业机器人装机量连续 6 年居世界首位。在我国特有的历史背景下，推进工业化与信息化“两化融合”是实现我国传统制造业向“智能制造”的必由之路，而信息化、自动化与智能化是“两化融合”的前提条件。我国制造业正在逐步实现从“中国制造”向“中国智造”转变。

在农业生产领域，大规模自动化耕种、农作物播种、病虫害监测与农药喷洒等工作由农业机器人进行，通过信息技术实现的“智慧农业”也正在变成现实。

在建筑领域，我国自主研发的一批大型自动化基建装备横空出世。自 2008 年第一台国产盾构机问世之后，国内企业争相发力，建造出更高技术水平的国产盾构机，我国在世界上占据领先地位。2020 年 6 月“昆仑号”架桥一体机首秀，是我国自主研发的千吨级架桥机，是我国高铁建设的“国之重器”。此外，还有其他大量的自动化工程设备，其功能、性能均比肩甚至超越国外同类产品。

自动化、控制理论在交通行业的应用尤为引人注目，特别是在新能源汽车的自动驾驶技术上。自 2009 年起，特斯拉和谷歌等公司研发的无人驾驶汽车已经能够实现自动车道保持、自动变道以及自动泊车等功能。随后，谷歌和百度等公司推出了自己的自动驾驶产品，并开始在道路上进行测试和试运行。截至 2022 年底，北京、成都、广州、深圳等城市已经开始正式发放无人驾驶牌照，并运营无人驾驶出租车。

在电力领域，2014 年 8 月，天津市开始使用智能巡检机器人来负责变电站的设备检查工作，这些机器人能够实时传输清晰的设备视频、图片、红外成像测温视频和数据，自动读取设备仪表，并进行远程巡视、特殊巡视，自动生成巡检报告和历史数据趋势曲线。

在机器人技术应用方面，2014 年百度公司推出的小度机器人和 2016 年中国科学技术大学研发的第三代交互机器人，集成了自然语言理解、智能交互、语音视觉等多种人工智能技术，能够以自然的方式与用户进行信息、服务和情感的交流。

2016 年 9 月，深圳机场开始使用智能安保机器人执行日常巡逻防控任务，进行 24 小时不间断的自主巡逻。这些机器人通过四个移动高清数字摄像头实现民航安检前置和移动人像识别功能，并将相关图像信息回传到公安大数据后台进行人员分析和实时预警。

2017 年 4 月，申通快递采用了机器人分拣系统，实现了从流水线分拣到自动装袋的全过程自动化。该系统能够根据包裹地址自动识别路径，自动充电，每天至少能够分拣数万个快递，极大地降低了人工成本。

2022 年 11 月，美国的 OpenAI 公司发布了一款聊天机器人程序 ChatGPT，采用了人工智能技术驱动的自然语言处理工具，可以像人类一样聊天交流，甚至能完成撰写论文、文案、翻译等功能。

2023 年 8 月，中国的百度也推出全新一代知识增强大语言模型——文心一言，具备与人对话互动、问题回答、协助创作等功能。人工智能正以前所未有的速度走进人们的工作与日常生活。

因此，控制科学与工程无疑是进入 21 世纪以来发展速度最快、应用范围最广、对社会生产和生活影响最深远的学科，成为现代化社会中不可或缺的组成部分。

1.2 控制理论的发展阶段

控制理论是研究自动控制共同规律的专业课程，主要阐述自动控制的基本原理、自动控制系统的分析和设计方法等内容。控制理论的发展与人类科学技术的发展密切相关，其产生和发展划分为三个阶段：经典控制理论阶段、现代控制理论阶段和智能控制理论阶段。

1.2.1 经典控制理论阶段

1. 控制规律探索与自动装置的应用

人类很早以前就希望创造自动装置以减轻或代替人的劳动，经典控制理论起源于此。人们在生产实践中积累丰富经验以及基于反馈概念的认识，发明了许多杰出的作品。

在自动计时方面，古代埃及人发明了一种自动计时装置——水钟。我国东汉天文学家张衡制造了世界上最早的以水为动力的观测天象的机械计时器——漏水转运浑天仪,它是世界机械天文钟的先驱。北宋时期,苏颂和韩公廉(公元 1086—1092 年)利用漏滴、齿轮机械、水力推动等原理在开封建造的世界上第一座装有擒纵器的自鸣机械天文钟——水运仪象台,是具有观测演示天象、计时功能的综合性自动仪器。其计时精度达到每天 1 秒的误差。其中,结构精巧的擒纵器是机械钟表的灵魂, 是后世钟表以及所有自动机械装置的起源。水运仪象台本质上是一个按被调量的偏差进行控制的闭环非线性自动控制系统。此后,1657 年,荷兰科学家惠更斯(C. Huygens)应用伽利略(G. Galilei)的理论设计了钟摆,并指导钟匠考斯特(S. Coster)制造了第一个摆钟。1675 年,惠更斯又用游丝取代了钟摆,这样就形成以发条为动力、以游丝为调速机构的小型钟,同时也为制造便于携带的袋表创造了条件。

在自动计算方面,1642 年,法国物理学家帕斯卡(B. Pascal)采用与钟表类似的齿轮传动装置,发明了第一台机械式十进制加法器,解决了自动进位这一关键问题,因此他被公认为制造机械计算机的第一人。

在自动控制方面,公元前 3 世纪中叶,亚历山大里亚城的斯提西比乌斯(Ctesibius)首次在受水壶中使用了浮子节制水流,这种节制方式已含有负反馈的思想。1765 年,俄国人普尔佐诺夫(J. I. Polzunov)发明了浮子阀门式水位调节器,用于蒸汽锅炉水位的自动控制。1788 年,英国人瓦特(J. Watt)发明了蒸汽机,此后他给蒸汽机添加了一个节流控制器即节流阀,它由一个离心调节器操纵, 用于调节蒸汽流,以便确保引擎工作时速度大致均匀,在当时这是反馈调节器最成功的应用。

古代劳动人民发明的各种自动装置不胜枚举。正是这些自动装置的发明与应用,推动和促进了人们对自动装置的基本原理和设计技术做更深入的探索和研究。

2. 稳定性理论的提出

稳定性理论是经典控制理论中重要的组成部分。英国物理学家牛顿(I. Newton)在研究围绕引力中心做圆周运动的质点时,第一个提出动态系统稳定性问题。法国数学家拉格朗日(J. L. Lagrange)和拉普拉斯(P. Laplace)在证明太阳系的稳定性问题方面做了相当大的努力。1868 年,英国物理学家麦克斯韦(J. C. Maxwell)通过建立和分析调速系统线性常微分方程,指出稳定性取决于特征方程的根是否具有负的实部。1876 年至 1878 年,俄国机械学家 И. A. 维什聂格拉斯基用线性微分方程描述了由调整对象和调整器组成的控制系统,并对非线性继电器型调整器进行了研究。此后,英国数学家劳斯(E. J. Routh)和瑞士数学家赫尔维茨(A. Hurwitz)建立了直接根据代数方程的系数判别系统稳定性的准则,提出了有关动态稳定性的系统理论。

在 19 世纪末期,俄国数学家和力学家亚历山大·米哈伊洛维奇·李亚普诺夫(A. M. Lyapunov)发表了一篇具有里程碑意义的博士论文,题为《运动稳定性的一般问题》,其中他首次严格定义了稳定性的概念,并提出了一种通用的解决方案——即后来被称为李亚普诺夫第二方法或直接方法。这种方法的创新之处在于,它不仅适用于线性系统,也适用于非线性和时变系统的分析与设计,为稳定性理论的发展奠定了坚实的基础。

在同一时期,研究者们主要关注系统的稳定性和稳态偏差问题,他们使用的数学工具是微分方程的解析解法,这些方法主要在时间域内进行分析,因此通常被称为时间域控制理论方法,简称为时域法。

3. 频域分析法与根轨迹法

在 1927 年，Bell 实验室的工程师哈罗德·斯蒂芬·布莱克(H. S. Black)在探索电子管放大器的失真和稳定性问题时，提出了一种基于误差补偿的前馈放大器设计，并进一步发展了负反馈放大器的概念。然而，他在实现过程中遭遇了稳定性的挑战。1932 年，美国物理学家哈里·奈奎斯特(H. Nyquist)在研究长距离电话线路信号传输的失真问题时，利用复变函数理论，创建了一种基于频率特性的系统稳定性分析方法，这不仅解决了布莱克在负反馈放大器稳定性方面的难题，还使得系统稳定裕度的分析成为可能，为频域分析和综合法奠定了基础。

1938 年，苏联学者米哈伊尔·米哈伊洛夫提出了一种图解分析方法，用以判断系统的稳定性，并将奈奎斯特判据扩展到条件稳定和开环不稳定系统的更广泛情况。1940 年，Bell 实验室的数学家亨德里克·伯德(H. Bode)引入了半对数坐标系统，极大地简化了频率特性的绘制过程，使之更适用于工程设计。1942 年，哈里斯(H. Harris)引入了传递函数的概念，通过方框图、环节、输入和输出等信息传输的概念来描述系统的性能和关系，使得物理系统的描述，如力学、电学等，具有了更普遍的意义。

1945 年，伯德提出了一种基于频率响应的分析方法，即伯德图法，这是一种简单而实用的工具。

1948 年，被誉为控制论之父的美国数学家诺伯特·维纳(N. Wiener)发表了《控制论或动物与机器中的控制与通信》，这标志着控制论的正式形成。同年和 1950 年，美国电信工程师威廉·罗伊·埃文斯(W. R. Evans)发表了《控制系统的图解分析》和《利用根轨迹法的控制系统综合》，提出了直观且简便的根轨迹法，为分析系统性能随参数变化的规律性提供了有效的工具，为单变量控制系统问题的理论基础奠定了基石。

1954 年，中国科学家钱学森对经典控制理论进行了全面总结和提升，在美国出版了专著《工程控制论》，提升了经典控制理论的理论水平。

4. 离散控制理论

在 1928 年，奈奎斯特提出了著名的采样定理，该定理定义了恢复原始连续信号所需的最小采样频率。到了 1948 年，Bell 实验室的杰出科学家克劳德·香农(C. E. Shannon)从信息论的角度对采样定理进行了理论证明。采样定理的确立为脉冲控制理论的建立提供了基础。

在 1944 年，奥尔登伯格(R. C. Oldenbourg)和萨托里厄斯(H. Sartorious)提出了脉冲系统稳定性的判据，即所有线性差分方程的特征根都应位于单位圆内。在 1947 至 1952 年间，霍尔维兹(W. Hurewicz)、崔普金(Tsypkin)、拉格兹尼(J. R. Ragazzini)和扎德(L. A. Zadeh)分别提出并定义了 Z 变换方法，这极大地简化了计算过程。针对脉冲系统中拉氏变换表现为超越函数的情况，他们提出了一种保角变换方法，将 Z 平面的单位圆内部映射到新的复平面的左半部分，从而将连续系统的频域分析方法扩展到离散系统分析中。由于 Z 变换仅能反映脉冲系统在采样点的运动规律，崔普金、巴克尔(R. H. Barker)和朱利(E. I. Jury)在 1950 年、1951 年和 1956 年分别提出了广义 Z 变换方法。此外，还发展了朱利的离散系统稳定性判据、卡尔曼(R. E. Kalman)的离散状态空间方法等。

经典控制理论主要针对单输入单输出控制系统的分析与设计，其研究对象主要是线性定常系统。它采用拉氏变换作为数学工具，以传递函数、频率特性、根轨迹等为主要的分析和设计手段，形成了经典控制理论的基本结构。简而言之，经典控制理论可以归纳为一个函数(传递函数)和两种方法(频率响应法和根轨迹法)。然而，面对更复杂的系统，经典控制理论的局限性变得明显，特别是在处理时变参数系统、多变量系统、强耦合系统的最优控制问题时，它无法提供有效的解决方案，也难以揭示这些复杂系统的深层次特性。这些挑战推动了现代控制理论的发展，现代控制理论在精确性、数学化和理论化方面对经典控制理论进行了深化和扩展。

1.2.2 现代控制理论阶段

在 20 世纪 50 年代末期，随着航空航天技术的迅猛发展，对最优控制的需求日益增长。与此同时，计算机技术的飞速发展为控制理论的创新方法提供了强大的计算支持。一种能够描述航天器运动特性且便于计算机处理的模型——状态空间法，迅速成为主导的建模方式，并吸引了众多数学家投身于该领域的研究。俄国数学家李亚普诺夫在 1892 年提出的稳定性理论被引入控制理论，为控制理论的发展奠定了基础。

1953 年，苏联工程师费尔德鲍曼(A. A. Feldbaum)提出了一种称为 Bang-Bang 控制的开关控制策略。紧接着在 1956 年，受到费尔德鲍曼工作的启发，苏联数学家庞特里亚金(Pontryagin)提出了著名的极大值原理。同年，美国数学家理查德·贝尔曼(R. Bellman)创立了动态规划。这两种理论为解决最优控制问题提供了重要的理论支撑。1959 年，美国数学家卡尔曼提出了著名的卡尔曼滤波器，而在 1960 年，他又提出了系统能控性和能观性这两个关键概念，进一步揭示了系统的内在特性。

到了 20 世纪 60 年代初，以状态方程为系统数学模型描述，以最优控制和卡尔曼滤波为核心的一套新的控制系统分析与设计原理和方法基本形成，标志着现代控制理论的起点和基础。现代控制理论以线性代数和微分方程为数学基础，以状态空间法为分析基础，通过计算机进行系统的分析、设计和控制。状态空间法本质上是一种时域分析方法，它不仅描述了系统的外部行为，还反映了系统的内部状态和性能。

与经典控制理论相比，现代控制理论的研究范围更为广泛，它不仅适用于单变量、线性、定常、连续的系统，也适用于多变量、非线性、时变、离散的系统。现代控制理论涵盖的主要学科分支包括系统辨识、自适应控制、非线性系统控制、最优控制、鲁棒控制、模糊控制、预测控制、容错控制以及复杂系统控制等。

1.2.3 智能控制理论阶段

需要强调的是，无论是经典控制理论还是现代控制理论，包括自适应控制和随机最优控制，它们都依赖于对控制对象的精确数学模型。随着科技的快速发展，工业过程控制的需求不断增加，不仅要求控制的准确性，还强调控制的鲁棒性、实时性、容错性以及对系统的自适应和学习能力。同时，现代工程、生态或社会环境等领域的研究对象往往具有非线性、时变、强耦合和内部动力学特性的不确定性，这些特性使得使用传统数学方法来构建精确模型变得困难。因此，需要采用学习、推理或统计方法来描述这些实际系统，这促进了智能控制理论的发展。

智能控制的基础是人工智能，人工智能的发展促进了传统控制向智能控制的发展。1936 年，24 岁的英国数学家图灵(A. Turing)提出了自动机理论。1956 年，明斯基(M. L. Minsky)和麦卡锡(J. McCarthy)等在美国达特茅斯(Dartmouth)大学会议上首次提出人工智能(artificial intelligence)概念,标志着人工智能学科的正式诞生。1965 年,美籍华裔科学家傅京孙教授(King-Sun Fu)首先提出把人工智能的启发式推理规则用于学习控制系统;1971 年他论述了人工智能与控制理论的交接关系,并将智能控制概括为自动控制和人工智能的结合。1965 年,模糊数学创始人扎德(L. A. Zadeh)发表了著名论文 *Fuzzy Sets*,首先提出了模糊集理论,为模糊控制奠定了基础。1977 年至 1979 年,萨里迪斯(G. N. Saridis)从控制理论发展的观点论述了从通常的反馈控制到最优控制、随机控制,再到自适应控制、自学习控制、自组织控制,并最终向智能控制这个更高阶段发展的过程。他首次提出了多级递阶智能控制结构形式,整个控制结构由上往下分为三个层次:组织级、协调级和执行级。分层递阶智能控制遵循"精度随智能降低而提高"的原理分级分布。1986 年,儒默哈特(D. E. Rumelhart)等人提出了解决多层神经网络权值修正的 BP (back propagation)算法——误差反向传播法,找到了解决明斯基提出的问题的办法,给人工神经网络增添了活力。1986 年,自适应控制的创始人瑞典科学家奥斯特洛姆(K. J. Astrom)提出了专家系统的概念,将人工智能中的专家系统技术引入控制系统,组成了另外一种类型的智能控制系统。借助专家系统技术,他将常规的 PID 控制、自适应控制等各种不同的控制方法有机地组合在一起,根据不同的情况分别采用不同的控制策略,这种方法在实际应用中取得了明显的效果。

智能控制是一门交叉学科。智能控制的主要目标是使控制系统具有学习和适应能力。智能控制是自动控制发展的高级阶段,是人工智能、控制论、系统论和信息论等多种学科的高度综合与集成,代表控制理论与技术领域发展的最新方向。智能控制研究和应用的主要分支包括:模糊控制(fuzzy control)、神经网络控制(neural net-based control)、基于进化机制的控制(evolutionary mechanism based con-trol)、基于知识的控制(knowledge based control)或专家控制(expert control)、学习控制(learning control)、复合智能控制(hybrid intelligent control)。

1.3 控制理论面临的挑战和发展方向

在过去的二十年里,现代控制理论及其在工程实践中的应用,已经广泛地融合了现代数学的众多成果。这些控制理论不仅实现了理论上的突破,还把应用扩展到了包括制造业、日常生活、国防安全、城市发展、智能运输系统以及管理等多个领域,其影响力日益增强。随着科技的飞速发展,控制理论正逐步向更复杂的系统控制和更高级的智能控制领域迈进。

但是,经济社会的持续发展依赖于控制理论及技术的支撑,特别是在更广泛的应用领域,例如大型企业的综合自动化解决方案、全国铁路系统的自动调度、国家电力网络的智能化管理、空中交通的监控与指挥、城市交通的智能调控、自动化指挥体系以及国民经济的全面管理系统。这些系统不仅要求控制理论在工程领域的深化应用,同时也在向医疗自动化、人口管理自动化、经济与金融管理自动化等非工程领域拓展。这些应用场景对控制系统提出了更高的要求,即在更大程度上模拟人类智能,这就需要更为复杂、完善的控制理论作为支撑。

尽管智能控制理论已经取得了诸多研究进展,但其理论框架尚未完全成熟。目前,对于智能控制还没有一个普遍接受的定义。一种普遍的观点是,智能控制是人工智能、运筹学和自动控制三个学科的融合产物。这种看法揭示了智能控制的起源和发展条件:随着人工智能理论和技术的进步,它们开始向控制领域扩展,同时运筹学中的定量优化技术与系统控制理论的结合,为智能控制的理论和实践开辟了新的途径,提供了新的思路和方法,为智能控制的进一步发展打下了坚实的基础。此外,智能控制的实质也被阐明,即利用人工智能理论和运筹学方法,结合控制理论,在动态变化的环境中模仿人类智能,以实现对系统的高效控制。

2016 年,美国白宫先后发布了"为未来人工智能做好准备""美国国家人工智能研发战略计划"和"人工智能、自动化与经济"三份报告,深入考察了人工智能驱动的自动化对国家经济的影响,并提出了美国的三大应对策略。同年,英国制定了"机器人与人工智能"战略规划,并发布了"人工智能:未来决策制定的机遇与影响"报告。在中国,"人工智能"被写入我国"十三五"规划纲要。2017 年 7 月 20 日,国务院发布了《新一代人工智能发展规划》,明确将人工智能的研发作为国家未来重要的发展战略。

纵观控制理论的发展历程,社会的需求、科学技术的发展和学科之间的相互渗透、相互促进是推动自动控制学科不断向前发展的源泉和动力。控制理论目前还在向更纵深、更广阔的领域发展,无论在数学工具、理论基础,还是在研究方法上都产生了实质性的飞跃,在信息与控制学科研究中注入了蓬勃的生命力,启发并扩展了人的思维方式,引导人们去探讨自然界更为深刻的运动机理。

本章小结

自动控制,是指在没有人直接参与的情况下,利用外加设备或控制装置使被控对象自动地按照期望的规律去运行或变化的技术。自动控制技术在各科学和技术领域得到了广泛的应用。控制理论的产生和发展划分为三个阶段:经典控制理论阶段、现代控制理论阶段和智能控制理论阶段。

(1) 在经典控制理论阶段,主要根据经验设计和应用自动装置,提出稳定性理论、频域分析法与根轨迹法和离散控制理论;

(2) 在现代控制理论阶段,主要采用状态空间法解决系统建模、能控性能观性、极点配置、最优控制等较为复杂的控制问题;

(3) 在智能控制阶段,主要采用人工智能与控制理论相结合,以模糊集理论、人工神经网络等方法,实现对特性复杂对象自学习、自适应与自组织等控制要求。

当前,控制理论还在向更纵深、更广阔的领域发展,在数学工具、理论基础、研究方法上都产生了实质性的飞跃。

思考题

1-1 控制理论的应用意义表现在哪些方面?请举例说明。

1-2 控制理论发展经历了哪几个阶段,分别解决何种问题,其中哪些学者做出了关键贡献?

1-3 控制理论当前发展的状态是怎样的?

1-4 你认为从哪些方面着手,有利于助推我国占据控制理论与技术的世界高地?

2

经典控制理论

经典控制理论是现代控制工程基础理论中最成熟、应用最广泛的部分。经典控制理论主要针对单输入单输出控制系统。通过系统建模和时域分析法、根轨迹法和频域分析法，对系统的稳定性、快速性和准确性进行分析。在本章中，主要面向连续控制系统介绍经典控制理论概述、数学模型与典型环节、时域分析法、根轨迹法和频域分析法，最后简要介绍离散控制系统的相关方法。

2.1 经典控制理论概述

自动控制理论有着广泛的应用，反馈是实现自动控制的基本原理之一。本节主要讲解自动控制的基本原理、控制方式与系统组成；自动控制系统示例；自动控制系统的分类；对自动控制系统的要求；系统分析与设计工具等。

2.1.1 自动控制的基本原理与方式

1. 自动控制技术及其应用

自动控制技术正变得越来越关键。自动控制指的是，在无需人工直接干预的条件下，通过外部设备或控制单元——即控制器，来管理机器、设备或生产流程，这些统称为受控对象。受控对象的特定工作状态或参数，也就是受控变量，能够依据预设的规则自动调整。例如，数控机床依照既定程序自动加工零件，化学反应器的温度或压力保持在恒定水平，由雷达和计算机联合构成的导弹发射与导航系统能够自动将导弹导向敌方目标，无人机根据预设的飞行路径自动进行升降和飞行，人造卫星能够精确地进入并维持在预定轨道上运行并回收。所有这些应用都是建立在高水平自动控制技术的应用基础之上的。

在过去的几十年里，随着电子计算机技术的不断进步和广泛应用，自动控制技术在航天飞行、机器人控制、导弹导航以及核能动力等高端技术领域扮演了极其关键的角色。此外，自动控制技术的应用已经不局限于这些领域，它还渗透到了生物学、医学、环境科学、经济管理以及众多社会生活领域中，成为现代社会运作中不可或缺的核心要素。

2. 反馈控制原理

为了实现各种复杂的控制任务，首先要将被控对象和控制装置按照一定的方式连接起来，组成一个有机整体，这就是自动控制系统。在自动控制系统中，被控对象的输出量（被控量）是要求严格加以控制的物理量，它可以要求保持为某一恒定值，如温度、压力、液位等，也可以要求按照某个给定规律变化，如飞行航迹、记录曲线等；而控制装置则是对被控对象施加控制作用的机构的总体，它可以采用不同的原理和方式对被控对象进行控制，但最基本的一种是基于反馈控制原理组成的反馈控制系统。

在反馈控制系统中，控制装置对被控对象施加的控制作用，是取自被控量的反馈信息，用来不断修正被控量与输入量之间的偏差，从而实现对被控对象进行控制的任务，这就是反馈控制的原理。

我们将拿取书的过程视为一个反馈控制系统时，手是被控对象，手位置是被控量（即系统的输出量），产生控制作用的机构是眼睛、大脑和手臂，统称为控制装置。可以用图 2-1 的系统方块图来展示这个反馈控制系统的基本组成及工作原理。

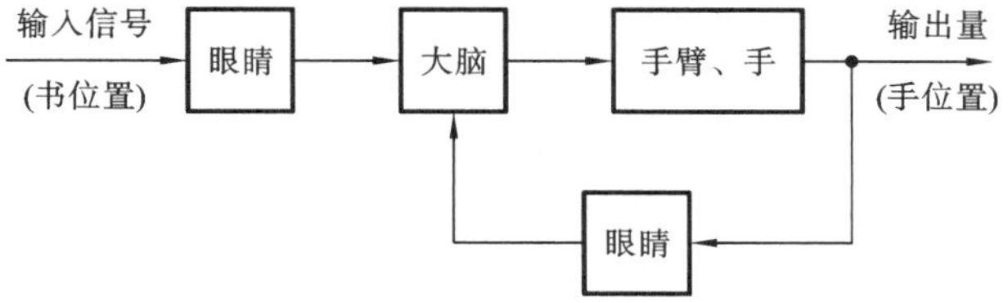

图 2-1　人取书的反馈控制系统

通常，将输出量返回到输入端并与输入信号进行比较以产生偏差信号的过程称为反馈。如果反馈信号与输入信号相减，导致偏差逐渐减小，这种情况称为负反馈；相反的情况则称为正反馈。反馈控制是指利用负反馈和偏差信号进行控制的过程。由于控制过程中包含了受控量的信息反馈，整个过程形成了一个闭环，因此，反馈控制也称闭环控制。

在实际工程操作中，为了实现对受控对象的反馈控制，系统中必须装备具有类似人眼、大脑和手臂功能的设备。这些设备能够对受控量进行持续的监测、反馈和比较，并根据偏差进行调整。根据其功能，这些设备分别被称为检测元件、比较元件和执行元件，它们共同构成了控制装置。

3. 反馈控制系统的基本组成

反馈控制系统由多种具有不同功能的组件构成，实现自动控制功能。系统主要由受控对象和控制器两大部分组成。控制器本身由一系列具备特定功能的基元组成。根据功能，组成系统的组件主要分为以下几类。

（1）测量元件，其主要作用是测量受控的物理量。如果该物理量是非电性质的，通常需要将其转换为电信号。例如，速度发电机用于测量电机轴的转速并将其转换为电压信号；电位器、旋转变压器或自整角机用于测量角度并转换为电压信号；热电偶则用于测量温度并将其转换为电压信号等。

（2）给定元件，其功能是给出与期望的被控量相对应的系统输入量。

（3）比较元件，其功能是把测量元件检测的被控量实际值与给定元件给出的输入量进行比较，求出它们之间的偏差。常用的比较元件有差动放大器、机械差动装置、电桥电路等。

（4）放大元件，其功能是将比较元件给出的偏差信号进行放大，用来推动执行元件去控制被控对象。电压偏差信号可用集成电路、晶闸管等组成的电压放大级和功率放大级加以放大。

(5) 执行元件,这部分元件的作用是直接驱动受控对象,导致其控制参数发生改变。常见的执行部件包括阀门、电动机和液压马达等。

(6) 校正元件,亦称为补偿部件或调节部件,它们是用于调整系统结构或参数的组件,通过串联或反馈的方式集成到系统中,目的是优化系统性能。简单的调节部件可以是由电阻和电容构成的无源或有源电路,而复杂的调节部件则可能涉及计算机的使用。

一个典型的反馈控制系统基本组成可用图 2-2 所示的方块图表示。图中,"○"代表比较元件,它将测量元件检测到的被控量与输入量进行比较;负号(一)表示两者符号相反,即负反馈;若为正号(+)表示两者符号相同,即正反馈。信号沿着指示箭头的方向从输入端口传输到输出端口的路径被称为正向路径(forward path)。系统输出量通过测量元件传回输入端口的路径则被称为主反馈路径(main feedback path)。正向路径与主反馈路径相结合,形成了主控制回路(main control loop)。除此之外,还存在局部反馈路径(local feedback paths)以及由此形成的内部控制回路(inner control loops)。如果一个系统仅包含一个主反馈路径,则被称为单反馈系统(single-loop system)。相对地,如果系统包含两个或更多的反馈路径,则被称为多反馈系统(multi-loop system)。

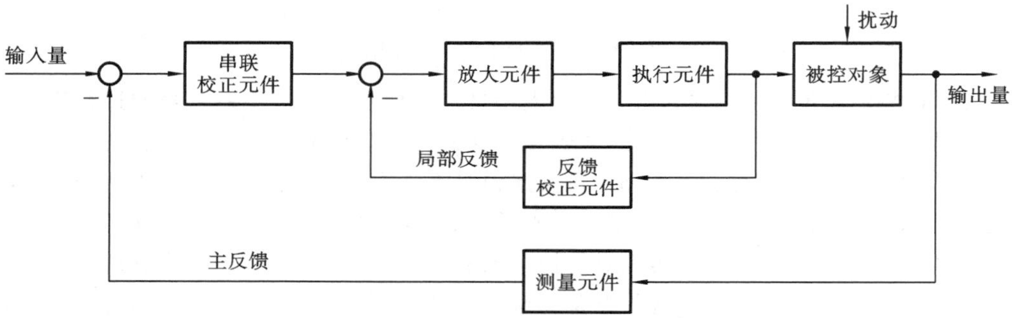

图 2-2 反馈控制系统基本组成

在反馈控制系统中,通常存在两种类型的外部作用:一种是有益的输入信号,另一种是干扰因素。有益的输入信号决定了系统受控变量的变化模式,例如输入信号本身。而干扰因素是系统不希望出现的外部影响,它们会干扰有益输入对系统的控制效果。在实际应用中,干扰是不可避免的,并且可能影响系统中的任何一个组件,或者一个系统可能同时受到多种干扰的影响。例如,电源电压的波动、环境温度和压力的变化、飞行过程中的气流冲击、航海时的波浪等,都是实际中可能遇到的干扰因素。

4. 自动控制系统基本控制方式

在众多控制系统中,反馈控制被认为是自动控制体系中最基础的控制策略,并且是使用最普遍的一种方法。除此之外,还有闭环控制和混合控制方法,这些方法各自拥有独特的性能,并适用于不同的场景和需求。

1) 反馈控制方式

反馈控制策略涉及将系统产生的实际输出信号反馈到输入端,并与预设的目标值进行比较以产生偏差信号。该方法的核心在于,无论何种因素导致受控变量偏离目标值,都会触发相应的控制响应,目的是减少或消除这种偏差,确保受控变量与目标值保持一致。采用这种控制方式构建的反馈控制系统，能够有效地抵御各种内部和外部干扰对受控变量的影响，从而实现高精度控制。然而，这种系统由于使用了较多的元件，结构相对复杂，并且在系统性能的分析和设计上也更为复杂和繁琐。

2）开环控制方式

开环控制系统是一种控制机制，其中控制设备与受控对象之间仅存在单向的控制流，而没有反馈回路。在这样的系统中，输出结果不会反馈影响控制过程。开环控制系统可以基于预定的输入信号进行控制，也可以针对干扰因素进行调整。

在基于预定输入信号的开环控制系统中，控制作用仅由系统的输入值决定。一旦设定了输入值，系统便会产生相应的输出，控制的精确度主要依赖于所使用的元件的精度和校准的质量。开环控制不具备自动校正偏差的功能，对干扰的抵抗能力较弱。然而，由于其结构简单、易于调整且成本较低，在控制精度要求不高或干扰较小的应用场景中，开环控制仍然具有一定的应用价值。目前，许多国民经济部门使用的自动化设备，例如自动售货机、自动洗衣机、产品生产的自动化流水线、数控车床，以及交通信号灯的自动转换系统，大多是基于开环控制原理。

另一方面，针对存在干扰因素的开环控制系统，通过测量可感知的干扰量，产生补偿作用以减少或消除这些干扰对输出结果的影响，这种控制方式有时也被称为顺馈控制。这种控制方法直接从干扰源获取信息，并据此调整受控变量，因此具有较好的抗干扰性能和较高的控制精度。但是，它仅适用于那些干扰因素可以被测量的情况。

3）复合控制方式

在技术层面，基于扰动控制的系统相较于基于偏差控制的系统更为简单，但它的有效性仅限于那些扰动因素可以被测量的情况。此外，单一的补偿装置仅能针对特定的一种扰动因素进行补偿，对于其他类型的扰动则无法提供补偿效果。因此，一种更为合理的控制策略是将基于偏差的控制与基于扰动的控制相结合。主要的扰动可以通过合适的补偿装置进行针对性的控制，同时建立一个反馈控制系统来处理剩余的扰动所引起的偏差。如此一来，系统的主要扰动因素已经得到了补偿，反馈控制系统的设计将变得更加容易，控制效果也将得到提升。这种结合了偏差控制和扰动控制的方法被称为复合控制策略。图 2-3 展示了一个电动机速度控制系统的复合控制流程图，该系统同时基于偏差和扰动进行控制。

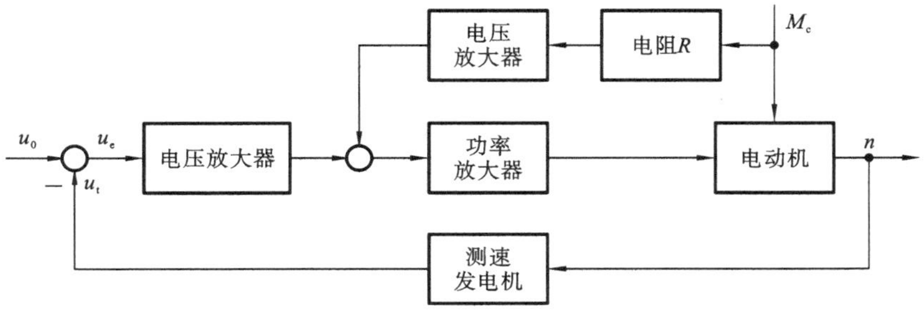

图 2-3 电动机速度的复合控制系统方块图

2.1.2 自动控制系统示例——电阻炉温度控制系统

在工业制造领域，电阻炉的温度调节系统以其精度高、功能强、经济效益好、无噪音、显示清晰、读数直观、便于打印和存档、操作简易以及良好的灵活性和适应性等众多优势而受到青睐。采用计算机或单片机替代传统的模拟控制系统，代表了未来工业自动化控制的发展趋势。图 2-4 所示的是某工厂电阻炉温度微机控制系统的工作原理示意图。在这个系统中，电阻丝通过晶闸管控制的主电路进行加热；期望的炉温通过计算机键盘设定；实际的炉温由热电偶感应并转换为电压信号，随后经过放大和滤波处理，由模数转换器（A/D 转换器）转换成数字信号输入到计算机中。计算机将接收到的实际温度值与预设的期望值进行比较，产生偏差信号，并依据预设的控制算法计算出必要的控制量。这个控制量随后通过数模转换器（D/A 转换器）转换为电流信号，并通过触发器调整晶闸管的导通角，进而调节流过电阻丝的电流强度，实现对炉温的精确控制。该系统不仅具备精确的温度控制能力，还具备实时屏幕显示、打印功能，以及超温报警、极限值记录和电阻丝或热电偶损坏的报警功能。

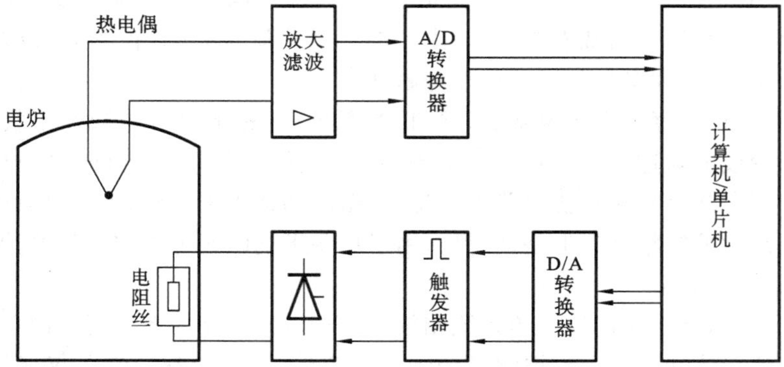

图 2-4　电阻炉温度微机控制系统工作原理示意图

2.1.3　自动控制系统的分类

自动控制系统可以通过多种方式进行分类。例如，根据控制方法的不同，可以分为闭环控制、反馈控制、复合控制等类型；依据构成元件的性质不同，可以分为机械式、电气式、机电式、液压式、气动式、生物式系统等；按照系统的功能不同，可以归类为温度控制、压力控制、位置控制等系统；根据系统特性不同，可以分为线性与非线性系统、连续与离散系统、静态与动态系统、确定性与不确定性系统等；而根据输入信号的变化规律不同，又可以进一步分为恒定值控制、跟随控制、程序控制等系统。为了更全面地展现自动控制系统的特性，通常将上述分类方法进行综合应用。

1. 线性连续控制系统

系统中的变量均随时间变化而连续变化，且符合叠加原理的系统，称为线性连续系统。可以用线性微分方程式描述，其一般形式为

$$a_0 \frac{\mathrm{d}^n}{\mathrm{d}t^n}c(t)+a_1 \frac{\mathrm{d}^{n-1}}{\mathrm{d}t^{n-1}}c(t)+\cdots+a_{n-1}\frac{\mathrm{d}}{\mathrm{d}t}c(t)+a_n c(t)$$
$$=b_0 \frac{\mathrm{d}^m}{\mathrm{d}t^m}r(t)+b_1 \frac{\mathrm{d}^{m-1}}{\mathrm{d}t^{m-1}}r(t)+\cdots+b_{m-1}\frac{\mathrm{d}}{\mathrm{d}t}r(t)+b_m r(t)$$

式中：$c(t)$是被控量；$r(t)$是系统输入量。系数 $a_0,a_1,\cdots,a_n$ 和 $b_0,b_1,\cdots,b_m$ 是常数时，

称为定常系统；系数 $a_0, a_1, \cdots, a_n$ 和 $b_0, b_1, \cdots, b_m$ 随时间变化而变化时，称为时变系统。

线性定常连续系统按其输入量的变化规律不同又可分为恒定值控制系统、随动控制系统和程序控制系统。

(1) 恒定值控制系统的输入信号是固定的数值，目标是使受控变量也保持在一个恒定的数值。在实际操作中，由于外部干扰，受控变量可能会偏离设定值，产生偏差。控制系统将根据这一偏差来产生控制信号，以抵消干扰，确保受控变量回到设定的恒定值。这类系统在工业领域非常普遍，例如在控制温度、流量、压力、液位等生产过程中，大多数应用都属于恒定值控制系统。

(2) 随动控制系统的输入信号是一个随时间变化而变化的未知函数，系统的目标是使受控变量尽可能准确地跟随这一变化，即使存在误差也要尽量减小。因此，跟随控制系统也被称作跟踪系统。在这类系统中，干扰的影响相对较小，系统分析和设计的重点在于提高受控变量的跟随速度和精度。如果受控变量是机械位置或其变化率，这类系统则被称为伺服系统。

(3) 程序控制系统的输入信号是根据特定规律随时间变化而变化的已知函数，系统要求受控变量能够迅速且准确地复现这一输入规律。例如，数控机床在机械加工过程中使用的数字程序控制就是程序控制系统的一个实例。程序控制系统和随动控制系统的输入都是时间的函数。它们之间的主要区别在于程序控制系统的输入是已知的，而随动控制系统的输入则是未知的任意函数。同时，恒定值控制系统可视为程序控制系统的一个特殊情况，其输入函数是恒定不变的。

2. 线性定常离散控制系统

离散系统是指系统的某处或多处的信号为脉冲序列或数码形式，因而信号在时间上是离散的。连续信号经过采样开关的采样就可以转换成离散信号。一般，在离散系统中既有连续的模拟信号，也有离散的数字信号，因此离散系统要用差分方程描述，线性差分方程的一般形式为

$$
\begin{aligned}
& a_0c(k+n)+a_1c(k+n-1)+\cdots+a_{n-1}c(k+1)+a_nc(k) \\
= & b_0r(k+m)+b_1r(k+m-1)+\cdots+b_{m-1}r(k+1)+b_mr(k)
\end{aligned}
$$

式中：$m \leqslant n$，n 为差分方程的次数；$a_0, a_1, \cdots, a_n$ 和 $b_0, b_1, \cdots, b_m$ 为常系数；$r(k)$、$c(k)$ 分别为输入和输出采样序列。工业计算机控制系统就是典型的离散系统，如图 2-4 所示的电阻炉温度微机控制系统等。

3. 非线性控制系统

系统中只要有一个元部件的输入-输出特性是非线性的，这类系统就称为非线性控制系统，这时，要用非线性微分(或差分)方程描述其特性。非线性方程的特点是，系数与变量有关，或者方程中含有变量及其导数的高次幂或乘积项，例如

$$\ddot{y}(t)+y(t)\dot{y}(t)+y^2(t)=r(t)$$

严格地说，实际物理系统中都含有程度不同的非线性元部件，如放大器和电磁元件的饱和特性，运动部件的死区、间隙和摩擦特性等。由于非线性方程在数学处理上较困难，目前对不同类型的非线性控制系统的研究还没有统一的方法。但对于非线性程度不太严重的元部件，可采用在一定范围内线性化的方法，从而将非线性控制系统近似为线性控制系统。

2.1.4 对自动控制系统的基本要求

1. 基本要求的提法

尽管自动控制系统在种类和特性上存在差异，但一旦掌握了系统的结构和参数，我们关注的焦点通常集中在系统对标准输入信号响应时受控变量的动态变化轨迹。对于所有类型的系统，对于受控变量在整个变化过程中的表现，我们有着一致的基本期望，这些期望可以统一为对系统稳定性、快速性和准确性，即稳、快、准的要求。

1）稳定性

稳定性是确保控制系统正常工作的基础条件。在一个稳定的控制系统中，受控变量与期望值之间的初始偏差会随着时间的推移而逐渐减少，最终趋近于零。具体而言，对于一个稳定的恒定值控制系统，当受控变量因干扰而偏离期望值后，经过一段过渡期，受控变量应能回到其原始的期望值状态。对于稳定的跟随控制系统，受控变量应能够持续地跟随输入信号的变化。反之，不稳定的控制系统，其被控量偏离期望值的初始偏差将随时间的增长而发散，因此，不稳定的控制系统无法完成预定的控制任务。

2）快速性

为了确保控制任务的高效执行，控制系统仅达到稳定性标准是不足的，还需对系统的过渡行为及其速度有所规定，这通常被称为系统的动态响应特性。例如，在稳定的高射炮角度跟踪系统中，尽管炮管最终能够对准目标，但如果目标的移动过于迅速，而炮管的跟踪过程耗时过长，就无法有效击中目标；对于飞机的自动驾驶系统，当飞机受到阵风影响偏离既定航线时，虽然系统能够自动引导飞机返回航线，但如果在调整过程中机身晃动过于剧烈，或者调整速度过快，乘客会感到不适。同样，函数记录仪在记录输入电压时，如果记录笔移动过慢或摆动幅度过大，不仅会导致记录曲线失真，还可能损坏记录笔，甚至使电器元件承受过高的电压。因此，对于控制系统的过渡时间（即响应速度）和最大振荡幅度（即超调量），通常都有明确的要求。

3）准确性

在理想状况下，过渡过程完成后，受控变量应达到与期望值相同的稳定状态。然而，在实际应用中，由于系统结构、外部作用的特点，以及摩擦、间隙等非线性因素的干扰，受控变量的稳定值与期望值之间往往会出现偏差，这种偏差被称为稳态误差。稳态误差是评价控制系统精度的关键指标，并且在技术规范中通常有明确的要求。

2. 典型外作用

在工程实践中，自动控制系统承受的外作用形式多种多样，既有确定性外作用，又有随机性外作用。对不同形式的外作用，系统被控量的变化情况（即响应）各不相同。为了便于用统一的方法研究和比较控制系统的性能，通常选用几种确定性函数作为典型外作用。可选作典型外作用的函数应具备以下条件：

（1）这种函数在现场或实验室中容易实现；

（2）控制系统在这种函数作用下的性能应代表在实际工作条件下的性能；

（3）这种函数的数学表达式简单，便于理论计算。

目前，在控制工程设计中常用的典型外作用函数有阶跃函数、斜坡函数、脉冲函数以及正弦函数等确定性函数，此外，还有伪随机函数。

2.1.5 自动控制系统的分析与设计工具

MATLAB 是一种数值计算型科技应用软件,其全称是 Matrix Laboratory(矩阵实验室)。与 Basic、Fortran、Pascal、C 等编程语言相比,MATLAB 具有编程简单直观、用户界面友善、开放性能强等优点,因此自面世以来,很快就得到了广泛应用。

现今的 MATLAB 拥有了更丰富的数据类型、更友善的用户界面、更加快速精美的可视图形、更广泛的数学和数据分析资源,以及更多的应用开发工具。

在 MATLAB 工具箱中,常用的有六个控制类工具箱:① 系统辨识工具箱(system identification toolbox);② 控制系统工具箱(control system toolbox);③ 鲁棒控制工具箱(robust control toolbox);④ 模型预测控制工具箱(model predictive control toolbox);⑤ 模糊逻辑工具箱(fuzzy logic toolbox);⑥ 非线性控制设计模块(nonlinear control design blocket)。感兴趣的读者可以查阅和自学相关内容。

2.2 数学模型与典型环节

数学模型是一种数学工具,用于表达系统内部的物理量或变量之间的关系。在静态环境下,即所有变量的导数均为零时,用来描述这些变量之间关系的代数方程被称为静态数学模型。而用于描述变量导数之间关系的数学表达式,如果是微分形式,则被称为动态数学模型。在确定了输入条件和初始状态后,通过求解这些微分方程,可以推导出系统的输出。

构建控制系统的数学模型主要有两种方法:分析法和实验法。分析法是基于系统的物理或化学原理来推导出运动方程,这种方法也被称作机理建模。实验法则是通过向系统施加特定的测试信号,记录其响应,并用数学模型来近似这些响应,这种方法也被称作系统辨识。本节主要采用分析法来构建系统的数学模型。

在控制理论中,时域分析常用的数学模型包括微分方程、差分方程和状态方程;而在复数域中,常用的有传递函数和方框图;在频域中,则有频率特性等。本节只研究微分方程、传递函数和方框图等数学模型的构建及其应用。

2.2.1 时域数学模型

时域数学模型是描述系统变量随时间变化而变化的规律,典型的数学模型有微分方程、差分方程和状态方程,本节主要阐述微分方程形式的时域数学模型建立方法、线性系统的特性、微分方程的求解。

1. 控制对象时域数学模型建立方法

列写控制对象微分方程的步骤如下。

(1) 根据组成系统各元件的工作原理及其在控制系统中的作用,确定其输入量和输出量。

(2) 分析各元件工作中所遵循的物理规律或化学规律,列写相应的微分方程及方程组。

(3) 消去中间变量,得到输出量与输入量之间关系的微分方程,便是系统的数学模型。

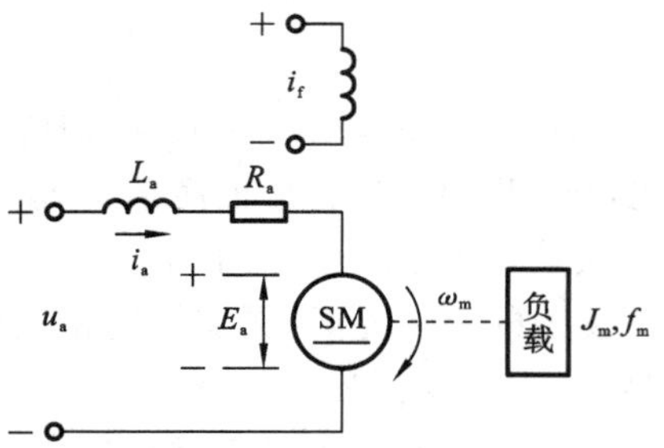

图 2-5 电枢控制直流电动机原理图

例 2-1 试列写图 2-5 所示电枢控制直流电动机的微分方程,要求取电枢电压 $u_a(t)$ 为输入量,电动机转速 $\omega_m(t)$ 为输出量。图中 R_a、L_a 分别是电枢电路的电阻和电感;M_c 是折合到电动机轴上的总负载转矩。激磁磁通设为常值。

解 电枢控制直流电动机的工作实质是将输入的电能转换为机械能,也就是由输入的电枢电压 $u_a(t)$ 在电枢回路中产生电枢电流 $i_a(t)$,再由电流 $i_a(t)$ 与激磁磁通相互作用产生电磁转矩 $M_m(t)$,从而拖动负载运动。因此,直流电动机的运动方程由以下三部分组成。

1) 电枢回路电压平衡方程

$$u_a(t)=L_a\frac{\mathrm{d}i_a(t)}{\mathrm{d}t}+R_ai_a(t)+E_a \tag{2-1}$$

式中:E_a 是电枢反电势,它是电枢旋转时产生的反电势,其大小与激磁磁通及转速成正比,方向与电枢电压 $u_a(t)$ 相反,即 $E_a=C_e\omega_m(t)$,C_e 是反电势系数。

2) 电磁转矩方程

$$M_m(t)=C_mi_a(t) \tag{2-2}$$

式中:C_m 是电动机转矩系数;$M_m(t)$ 是电枢电流产生的电磁转矩。

3) 电动机轴上的转矩平衡方程

$$J_m\frac{\mathrm{d}\omega_m(t)}{\mathrm{d}t}+f_m\omega_m(t)=M_m(t)-M_c(t) \tag{2-3a}$$

式中:f_m 是电动机和负载折合到电动机轴上的黏性摩擦系数;J_m 是电动机和负载折合到电动机轴上的转动惯量。

由式(2-2)～式(2-3a)中消去中间变量 $i_a(t)$,E_a 及 $M_m(t)$,便可得到以 $\omega_m(t)$ 为输出量、$u_a(t)$ 为输入量的直流电动机微分方程,有

$$L_aJ_m\frac{\mathrm{d}^2\omega_m(t)}{\mathrm{d}t^2}+(L_af_m+R_aJ_m)\frac{\mathrm{d}\omega_m(t)}{\mathrm{d}t}+(R_af_m+C_mC_e)\omega_m(t)$$

$$=C_mu_a(t)-L_a\frac{\mathrm{d}M_c(t)}{\mathrm{d}t}-R_aM_c(t) \tag{2-3b}$$

在工程应用中,由于电枢电路电感 L_a 较小,通常忽略不计,因而式(2-3b)可简化为

$$T_m\frac{\mathrm{d}\omega_m(t)}{\mathrm{d}t}+\omega_m(t)=K_mu_a(t)-K_cM_c(t) \tag{2-4}$$

式中:$T_m=R_aJ_m/(R_af_m+C_mC_e)$ 是电动机机电时间常数;$K_m=C_m/(R_af_m+C_mC_e)$,$K_c=R_a/(R_af_m+C_mC_e)$ 是电动机传递系数。

如果电枢电阻 R_a 和电动机的转动惯量 J_m 都很小可忽略不计时,式(2-4)还可进一步简化为

$$C_e\omega_m(t)=u_a(t) \tag{2-5}$$

这时,电动机的转速 $\omega_m(t)$ 与电枢电压 $u_a(t)$ 成正比,于是,电动机可作为测速发电机使用。

一般情况下,应将微分方程写为标准形式,即与输入量有关的项写在方程的右端,与输出量有关的项写在方程的左端,方程两端变量的导数项均按降次排列。

2. 控制系统时域数学模型建立方法

在构建控制系统的微分方程时，通常的步骤是首先根据系统原理图绘制系统方框图，并分别推导出构成系统各组件的微分方程。接下来，通过消除这些方程中的中间变量，从而获得描述系统输出与输入关系的微分方程。在推导各个元件的微分方程过程中，需要特别注意信号的单向传递特性，以及在连接顺序上，后一个组件对前一个组件可能产生的负载影响。

例 2-2 试列写图 2-6 所示速度控制系统的微分方程。

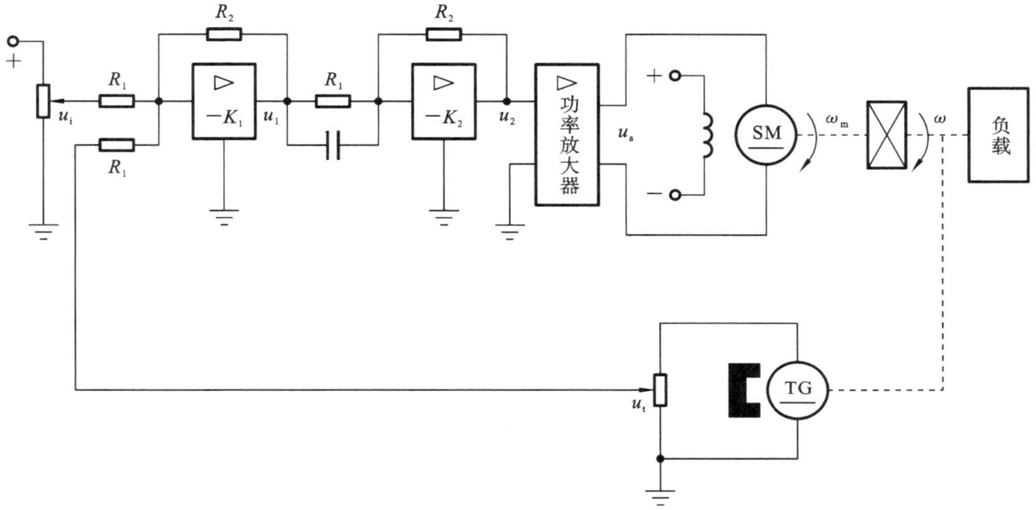

图 2-6 速度控制系统原理图

解 控制系统的被控对象是电动机(带负载)，系统的输出量是转速 ω，输入量是 u_i。

控制系统由给定电位器、运算放大器Ⅰ(含比较作用)、运算放大器Ⅱ(含 RC 校正网络)、功率放大器、直流电动机、测速发电机、减速器等部分组成。现分别列写各元部件的微分方程。

(1) 运算放大器Ⅰ：输入量(即给定电压)u_i 与速度反馈电压 u_t在此合成，产生偏差电压 u_e 并放大，即

$$u_1 = K_1(u_i - u_t) = K_1 u_e \tag{2-6}$$

式中，$K_1 = R_2/R_1$ 是运算放大器Ⅰ的放大系数。

(2) 运算放大器Ⅱ：考虑 RC 校正网络，u_2与 u_1之间的微分方程为

$$u_2 = K_2\left(\tau \frac{\mathrm{d}u_1}{\mathrm{d}t} + u_1\right)$$

式中：$K_2 = R_2/R_1$是运算放大器Ⅱ的放大系数；$\tau = R_1 C$ 是微分时间常数。

(3) 功率放大器：一般采用晶闸管整流装置，它包括触发电路和晶闸管主回路。忽略晶闸管控制电路的时间滞后，其输入输出方程为

$$u_a = K_3 u_2 \tag{2-7}$$

式中，K_3 为功放系数。

(4) 直流电动机：直接引用例 2-1 所求得的直流电动机微分方程式(2-4)，即

$$T_m \frac{d\omega_m}{dt}+\omega_m=K_m u_a-K_c M'_c \tag{2-8}$$

式中，T_m，K_m，K_c 及 M'_c 均是考虑齿轮系和负载后，折算到电动机轴上的等效值。

(5) 齿轮系：设齿轮系的速比为 i，则电动机转速 ω_m 经齿轮系减速后变为 ω，故有

$$\omega=\frac{1}{i}\omega_m \tag{2-9}$$

(6) 测速发电机：测速发电机的输出电压 u_t 与其转速 ω 成正比，即有

$$u_t=K_t\omega \tag{2-10}$$

式中，K_t 是测速发电机比例系数。

从上述各方程中消去中间变量 u_t，u_1，u_2，u_a 及 ω_m，整理后便得到控制系统的微分方程

$$T'_m \frac{d\omega}{dt}+\omega=K'_g \frac{du_i}{dt}+\overline{K}_g u_i-K'_c M'_c \tag{2-11}$$

式中

$$T'_m=\frac{iT_m+K_1K_2K_3K_mK_t\tau}{i+K_1K_2K_3K_mK_t},\quad K'_g=\frac{K_1K_2K_3K_m\tau}{i+K_1K_2K_3K_mK_t}$$

$$K_g=\frac{K_1K_2K_3K_m}{i+K_1K_2K_3K_mK_t},\quad K'_c=\frac{K_c}{i+K_1K_2K_3K_mK_t}$$

式(2-11)可用于研究在给定电压 u_i 或有负载扰动转矩 M_c 时，速度控制系统的动态性能。

需要指出：不同类型的对象或系统可具有形式相同的数学模型，我们称这些物理系统为相似系统。相似系统揭示了不同物理现象间的相似关系，便于我们使用一个简单系统模型去研究与其相似的复杂系统，为控制系统的计算机数字仿真提供了依据。

3. 线性系统的基本特性

用线性微分方程描述的元件或系统，称为线性元件或线性系统。线性系统的重要性质是可以应用叠加原理。叠加原理有两重含义，即系统具有可叠加性和均匀性（或齐次性）。现举例说明：设有线性微分方程

$$\frac{d^2c(t)}{dt^2}+\frac{dc(t)}{dt}+c(t)=f(t)$$

当 $f(t)=f_1(t)$ 时，上述方程的解为 $c_1(t)$ ；当 $f(t)=f_2(t)$ 时，其解为 $c_2(t)$。如果 $f(t)=f_1(t)+f_2(t)$，容易验证，方程的解必为 $c(t)=c_1(t)+c_2(t)$，这就是可叠加性。而当 $f(t)=Af_1(t)$ 时，式中 A 为常数，则方程的解必为 $c(t)=Ac_1(t)$，这就是均匀性。

线性系统的叠加原理表明，两个外作用同时加于系统所产生的总输出，等于各外作用单独作用时分别产生的输出之和，且外作用的数值增大若干倍时，其输出亦相应增大同样的倍数。因此，对线性系统进行分析和设计时，如有几个外作用，则可以将它们分别处理再叠加；每个外作用在数值上可先取单位值再倍乘，从而简化了线性系统的研究工作。

4. 线性定常微分方程的求解

建立控制系统数学模型的目的之一是为了用数学方法定量研究控制系统的工作特性。当系统微分方程列写出来后，只要给定输入量和初始条件，便可对微分方程求解，并由此了解系统输出量随时间变化而变化的特性。线性定常微分方程的求解方法有经典法和拉普拉斯变换法（以下简称拉氏变换）两种，也可借助计算机求解。在这里只研究用拉氏变换法求解微分方程的方法，同时分析微分方程解的组成，为今后引出传递函

数概念奠定基础。

例 2-3 如图 2-7 所示，若已知 $L=1H$，$C=1F$，$R=1\ \Omega$，且电容的初始电压 $u_o(0)=0.1\ \text{V}$，初始电流 $i(0)=0.1\ \text{A}$，电源电压 $u_i(t)=1\ \text{V}$。试求电路突然接通电源时，电容电压 $u_o(t)$ 的变化规律。

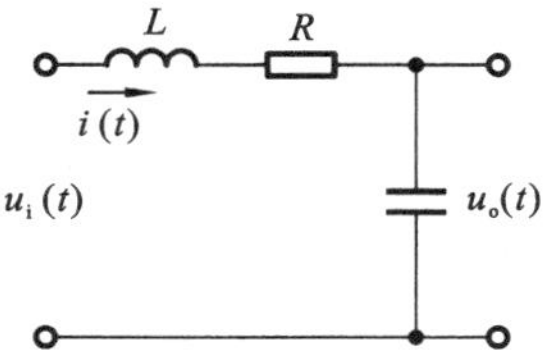

图 2-7 例 2-3 电路图

解 根据时域数学模型建立方法可得

$$LC\frac{d^2u_o(t)}{dt^2}+RC\frac{du_o(t)}{dt}+u_o(t)=u_i(t) \tag{2-12}$$

令 $u_i(s)=L[u_i(t)]$，$U_o(s)=L[u_o(t)]$，且

$$L\left[\frac{du_o(t)}{dt}\right]=sU_o(s)-u_o(0),$$

$$L\left[\frac{d^2u_o(t)}{dt^2}\right]=s^2U_o(s)-su_o(0)-u'_o(0)$$

式中，$u'_o(0)$是 $du_o(t)/dt$ 在 $t=0$ 时的值，即

$$u'_o=\frac{du_o(t)}{dt}\bigg|_{t=0}=\frac{1}{C}i(t)\bigg|_{t=0}=\frac{1}{C}i(0)$$

现在对式(2-12)中各项分别求拉氏变换并代入已知数据，经整理后有

$$U_o(s)=\frac{U_i(s)}{s^2+s+1}+\frac{0.1s+0.2}{s^2+s+1} \tag{2-13}$$

由于电路是突然接通电源的，故 $u_i(t)$ 可视为阶跃输入量，即 $u_i(t)=1(t)$，或$U_i(s)=L[u_i(t)]=1/s$。对式(2-13)的 $U_o(s)$求拉氏反变换，便得到式(2-14)微分方程的解 $u_o(t)$，即

$$u_o(t)=L^{-1}[U_o(s)]=L^{-1}\left[\frac{1}{s(s^2+s+1)}+\frac{0.1s+0.2}{s^2+s+1}\right]$$
$$=1+1.15e^{-0.5t}\sin(0.866t-120^\circ)+0.2e^{-0.5t}\sin(0.866t+30^\circ) \tag{2-14}$$

在式(2-14)中，前两项是由网络输入电压产生的输出分量，与初始条件无关，故称为零初始条件响应；后一项则是由初始条件产生的输出分量，与输入电压无关，故称为零输入响应，它们统称为网络的单位阶跃响应。如果输入电压是单位脉冲量 $\delta(t)$，相当于电路突然接通电源又立即断开的情况，此时 $U_i(s)=L[\delta(t)]=1$，网络的输出则称为单位脉冲响应，即为

$$u_o(t)=L^{-1}\left[\frac{1}{s^2+s+1}+\frac{0.1s+0.2}{s^2+s+1}\right]=1.15e^{-0.5t}\sin0.866t+0.2e^{-0.5t}\sin(0.866t+30^\circ) \tag{2-15}$$

利用拉氏变换的初值定理和终值定理，可以直接从式(2-13)中了解网络中电压 $u_o(t)$的初始值和终值。当 $u_i(t)=1(t)$ 时，$u_o(t)$ 的初始值为

$$u_o(0)=\lim_{t\to0}u_o(t)=\lim_{s\to\infty}s\cdot U_o(s)=\lim_{s\to\infty}s\left[\frac{1}{s(s^2+s+1)}+\frac{0.1s+0.2}{s^2+s+1}\right]=0.1\ \text{V}$$

$u_o(t)$ 的终值为

$$u_o(x)=\lim_{t\to\infty}u_o(t)=\lim_{s\to0}s\cdot U_o(s)=\lim_{s\to0}s\left[\frac{1}{s(s^2+s+1)}+\frac{0.1s+0.2}{s^2+s+1}\right]=1\ \text{V}$$

【工程实例 2-1】 组合机床动力滑台运动情况分析

图 2-8(a)所示为一个组合机床动力滑台，现在先分析其在铣平面时的运动情况。对该组合机床动力滑台进行质量、黏性阻尼及刚度折算后，可简化为图 2-8(b)

所示的质量—弹簧—阻尼系统。在随时间变化而变换的切削力 $f(t)$ 的作用下，滑台往复运动，位移为 $y(t)$。

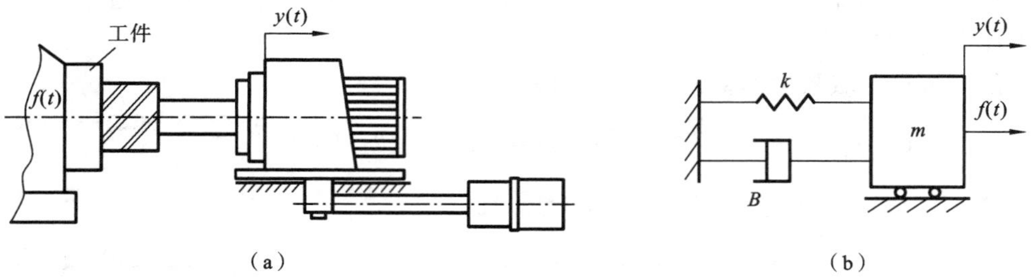

图 2-8 组合机床动力滑台及其力学模型

解 在这个机械系统中，输入量为 $f(t)$，输出量为 $y(t)$。

根据牛顿第二定律，有

$$m\frac{\mathrm{d}^2y}{\mathrm{d}t^2}=f-c\frac{\mathrm{d}y}{\mathrm{d}t}-ky \tag{2-16}$$

式中：k 为弹簧刚度；c 为等效黏性阻尼系数。

式(2-16)经整理得

$$m\frac{\mathrm{d}^2y}{\mathrm{d}t^2}+c\frac{\mathrm{d}y}{\mathrm{d}t}+ky=f \tag{2-17}$$

式(2-17)为该系统在外力 $f(t)$ 作用下的运动方程。

设线性微分方程系数 $m=1,c=5,k=6,f=6$，初始条件为 $\dot{y}(0)=y(0)=2$，则式(2-17)进一步转化为

$$\frac{\mathrm{d}^2y}{\mathrm{d}t^2}+5\frac{\mathrm{d}y}{\mathrm{d}t}+6y=6$$

对微分方程两边进行拉氏变换，得代数方程为

$$s^2Y(s)-sy(0)-\dot{y}(0)+5sY(s)-5y(0)+6Y(s)=\frac{6}{s}$$

代入初始条件，求解 $Y(s)$

$$Y(s)=\frac{2s^2+12s+6}{s(s^2+5s+6)}=\frac{2s^2+12s+6}{s(s+3)(s+2)}=\frac{1}{s}-\frac{4}{s+3}+\frac{5}{s+2}$$

进行拉氏逆变换得

$$y(t)=1-4\mathrm{e}^{-3t}+5\mathrm{e}^{-2t},\quad t>0$$

该解由两部分组成：稳态分量(stable component)，即 $y(\infty)=1$ 和瞬态分量(transient component) $-4\mathrm{e}^{-3t}+5\mathrm{e}^{-2t}$。利用终值定理可以验证稳态分量解，即

$$\lim_{t\to\infty}y(t)=\lim_{s\to 0}sY(s)=\lim_{s\to 0}\frac{2s^2+12s+6}{(s+3)(s+2)}=1$$

用拉氏变换法求解线性定常微分方程的过程可归结如下。

(1) 考虑初始条件，对微分方程中的每一项分别进行拉氏变换，将微分方程转换为变量 s 的代数方程。

(2) 由代数方程求出输出量拉氏变换函数的表达式。

(3) 对输出量拉氏变换函数求反变换，得到输出量的时域表达式，即为所求微分方

程的解。

5. 非线性微分方程的线性化

严格地说，实际物理元件或系统都是非线性的。例如，弹簧的刚度与其形变有关系，弹簧系数 K 并非定值；电阻、电容、电感等参数值与周围环境（温度、湿度、压力等）及流经它们的电流有关，也非定值；电动机本身的摩擦、死区等非线性因素会使其运动方程复杂化而成为非线性方程。为了简化数学模型，方便系统设计与分析，一般采用两种办法：① 在一定条件下，可以忽略外部影响，将这些元件视为线性元件，这是通常使用的一种线性化方法；② 采用切线法或小偏差法，实质是在一个很小的范围内，将非线性特性用一段直线来代替（采用泰勒展开式，如图 2-9 所示），这种线性化方法特别适合于具有连续变化的非线性特性函数。

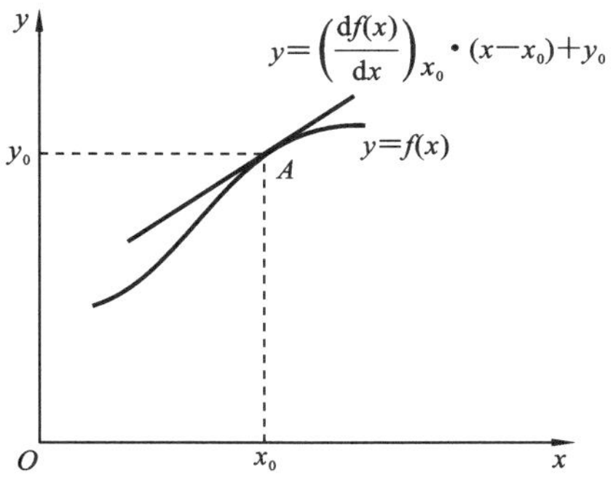

图 2-9 小偏差线性化示意图

6. 运动的模态

在数学上，线性微分方程的解由输入作用下的特解和齐次微分方程的通解组成。通解由微分方程的特征根所决定，它代表自由运动。如果 n 阶微分方程的特征根为 λ_1，λ_2，…，λ_n 且无重根，则把函数 $\mathrm{e}^{\lambda_1 t}$，$\mathrm{e}^{\lambda_2 t}$，…，$\mathrm{e}^{\lambda_n t}$ 称为该微分方程所描述运动的模态，也称振型。每一种模态代表一种类型的运动形态，齐次微分方程的通解则是它们的线性组合，即

$$y(t)=c_1\mathrm{e}^{\lambda_1 t}+c_2\mathrm{e}^{\lambda_2 t}+\cdots+c_n\mathrm{e}^{\lambda_n t}$$

式中，系数 c_1，c_2，…，c_n 是由初始条件决定的常数。

如果特征根中有多重根 λ 存在，则模态会具有形如 $t\mathrm{e}^{\lambda t}$，$t^2\mathrm{e}^{\lambda t}$，…，$t^n\mathrm{e}^{\lambda t}$ 的函数；如果特征根中有共轭复根 $\lambda=\sigma\pm\mathrm{j}\omega$，则其共轭复模态 $\mathrm{e}^{(\sigma+\mathrm{j}\omega)t}$ 与 $\mathrm{e}^{(\sigma-\mathrm{j}\omega)t}$ 可写成实函数模态 $\mathrm{e}^{\sigma t}\sin(\omega t)$ 与 $\mathrm{e}^{\sigma t}\cos(\omega t)$。

2.2.2 控制系统的复数域数学模型

控制系统的微分方程在时间域中的表述方式较为直观，并且可以利用计算机快速且精确地获得解答。然而，当系统结构发生改变或某个参数出现波动时，就需要重新编写并求解微分方程，这在系统分析和设计上可能造成不便。

在复数域中，控制系统的数学模型不仅能够反映系统的动态特性，还能用于分析系统结构或参数的变动对系统性能的具体影响。在经典控制理论中，频率响应法和根轨迹法这两种广泛使用的方法，都是基于传递函数来构建的。传递函数作为经典控制理论中的核心和基础概念，扮演着至关重要的角色。

1. 传递函数的定义和性质

1）传递函数的定义

线性定常系统的传递函数：零初始条件下，系统输出量的拉氏变换与输入量的拉氏变换之比。

设线性定常系统由下述 n 阶线性常微分方程描述：

$$a_0\frac{\mathrm{d}^n}{\mathrm{d}t^n}c(t)+a_1\frac{\mathrm{d}^{n-1}}{\mathrm{d}t^{n-1}}c(t)+\cdots+a_{n-1}\frac{\mathrm{d}}{\mathrm{d}t}c(t)+a_nc(t)$$
$$=b_0\frac{\mathrm{d}^m}{\mathrm{d}t^m}r(t)+b_1\frac{\mathrm{d}^{m-1}}{\mathrm{d}t^{m-1}}r(t)+\cdots+b_{m-1}\frac{\mathrm{d}}{\mathrm{d}t}r(t)+b_mr(t)$$

式中：$c(t)$ 是系统输出量；$r(t)$ 是系统输入量；$a_i(i=1,2,\cdots,n)$ 和 $b_j(j=1,2,\cdots,m)$ 是与系统结构和参数有关的常系数。设 $r(t)$ 和 $c(t)$ 及其各阶导数在 $t=0$ 时的值均为零，即零初始条件，则对上式中各项分别求拉氏变换，并令 $C(s)=L[c(t)]$，$R(s)=L[r(t)]$，可得 s 的代数方程为

$$[a_0s^n+a_1s^{n-1}+\cdots+a_{n-1}s+a_n]C(s)=[b_0s^m+b_1s^{m-1}+\cdots+b_{m-1}s+b_m]R(s)$$

于是，由定义得系统传递函数

$$G(s)=\frac{C(s)}{R(s)}=\frac{b_0s^m+b_1s^{m-1}+\cdots+b_{m-1}s+b_m}{a_0s^n+a_1s^{n-1}+\cdots+a_{n-1}s+a_n}=\frac{M(s)}{N(s)} \tag{2-18}$$

式中
$$M(s)=b_0s^m+b_1s^{m-1}+\cdots+b_{m-1}s+b_m$$
$$N(s)=a_0s^n+a_1s^{n-1}+\cdots+a_{n-1}s+a_n$$

2）传递函数性质

(1) 传递函数是复变量 s 的有理真分式函数，具有复变函数的所有性质；$m\leqslant n$，且所有系数均为实数。

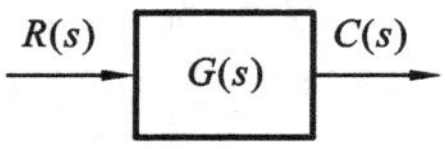

图 2-10 方块图

(2) 传递函数是一种用系统参数表示输出量与输入量之间关系的表达式，它只取决于系统或元件的结构和参数，而与输入量的形式无关，也不反映系统内部的任何信息。因此，可以用图2-10所示的方块图来表示一个具有传递函数 $G(s)$ 的线性系统。图中表明，系统输入量与输出量的因果关系可以用传递函数联系起来。

(3) 传递函数与微分方程有相通性。传递函数分子多项式系数及分母多项式系数，分别与相应微分方程的右端及左端微分算符多项式系数相对应。因此，在零初始条件下，将微分方程的算符 $\mathrm{d}/\mathrm{d}t$ 用复数 s 置换便得到传递函数；反之，将传递函数多项式中的变量 s 用算符 $\mathrm{d}/\mathrm{d}t$ 置换便得到微分方程。例如，由传递函数

$$G(s)=\frac{C(s)}{R(s)}=\frac{b_1s+b_2}{a_0s^2+a_1s+a_2}$$

可得 s 的代数方程 $(a_0s^2+a_1s+a_2)C(s)=(b_1s+b_2)R(s)$，在零初始条件下，用微分算符 $\mathrm{d}/\mathrm{d}t$ 置换 s，便得到相应的微分方程

$$a_0\frac{\mathrm{d}^2}{\mathrm{d}t^2}c(t)+a_1\frac{\mathrm{d}}{\mathrm{d}t}c(t)+a_2c(t)=b_1\frac{\mathrm{d}}{\mathrm{d}t}r(t)+b_2r(t)$$

(4) 传递函数 $G(s)$ 的拉氏反变换是脉冲响应 $g(t)$。脉冲响应（也称脉冲过渡函数）$g(t)$ 是系统在单位脉冲 $\delta(t)$ 输入时的输出响应，此时 $R(s)=L[\delta(t)]=1$，故有

$$g(t)=L^{-1}[C(s)]=L^{-1}[G(s)R(s)]=L^{-1}[G(s)]$$

(5) 传递函数是在零初始条件下定义的。控制系统的零初始条件有两方面的含义：一是指输入量是在 $t\geqslant 0$ 时才作用于系统，在 $t=0^-$ 时，输入量及其各阶导数均为零；二是指输入量加于系统之前，系统处于稳定的工作状态，即输出量及其各阶导数在 $t=0^-$ 时的值也为零，现实的工程控制系统多属此类情况。

例 2-4 试求例 2-1 中电枢控制直流电动机的传递函数 $\Omega_\mathrm{m}(s)/U_\mathrm{a}(s)$。

解 在例 2-1 中已求得电枢控制直流电动机简化后的微分方程为

$$T_m \frac{d\omega_m(t)}{dt}+\omega_m(t)=K_m u_a(t)-K_c M_c(t)$$

式中，$M_c(t)$ 可视为负载扰动转矩。根据线性系统的叠加原理，可分别求 $u_a(t)$到 $\omega_m(t)$ 和 $M_c(t)$ 到 $\omega_m(t)$ 的传递函数，以便研究在 $u_a(t)$和 $M_c(t)$ 分别作用下电动机转速 $\omega_m(t)$的性能，将它们叠加后，便是电动机转速的响应特性。为求 $\Omega_m(s)/U_a(s)$，令 $M_c(t)=0$，则有

$$T_m \frac{d\omega_m(t)}{dt}+\omega_m(t)=K_m u_a(t)$$

在零初始条件下，即 $\omega_m(0)=\omega'_m(0)=0$ 时，对上式各项求拉氏变换，并令 $\Omega_m(s)=L[\omega_m(t)]$，$U_a(s)=L[u_a(t)]$，则得 s 的代数方程为 $(T_m s+1)\Omega_m(s)=K_m U_a(s)$，由传递函数定义，于是有

$$G(s)=\frac{\Omega_m(s)}{U_a(s)}=\frac{K_m}{T_m s+1} \tag{2-19}$$

式中，$G(s)$ 是电枢电压 $U_a(t)$ 到转速 $\omega_m(t)$ 的传递函数。

令 $U_a(t)=0$ 时，用同样方法可求得负载扰动转矩 $M_c(t)$ 到转速的传递函数为

$$G_m(s)=\frac{\Omega_m(s)}{M_c(s)}=\frac{-K_c}{T_m s+1} \tag{2-20}$$

由式(2-19)和式(2-20)可求得电动机转速 $\omega_m(t)$ 在电枢电压 $u_a(t)$ 和负载转矩 $M_c(t)$ 同时作用下的响应特性为

$$\begin{aligned}\omega_m(t)&=L^{-1}[\Omega_m(s)]=L^{-1}\left[\frac{K_m}{T_m s+1}U_a(s)-\frac{K_c}{T_m s+1}M_c(s)\right]\\&=L^{-1}\left[\frac{K_m}{T_m s+1}U_a(s)\right]+L^{-1}\left[\frac{-K_c}{T_m s+1}M_c(s)\right]=\omega_1(t)+\omega_2(t)\end{aligned}$$

式中：$\omega_1(t)$ 是 $u_a(t)$ 作用下的转速特性；$\omega_2(t)$ 是 $M_c(t)$ 作用下的转速特性。

对于机械系统，同样可以建立系统的传递函数模型。

【工程案例 2-2】 汽车悬挂系统的传递函数模型

图 2-11(a)所示的是一辆行驶在马路上的汽车，汽车的质心平移运动和围绕质心的旋转运动合成了汽车的运动。为了减小因路面不平而引起的汽车振动，提高汽车的乘坐舒适度，设计了汽车悬挂系统。汽车悬挂系统通常是由弹簧板和阻尼器构成，整个汽车的重量通过这样几套悬挂系统作用于路面上，从而构成了质量—弹簧—阻尼系统，如图 2-11(b)所示。在图 2-11(c)中，将这一悬挂系统进一步进行简化。

p 点处的运动位移 $x_i(t)$表示路面的不平度，即为系统的输入；$x_o(t)$ 表示车体在垂直方向上相对于平衡位置的运动，即为系统的输出。下面分析汽车悬挂系统由于路面不平而引起的垂直运动的数学模型。

根据图 2-11(c)，基于垂直方向上受力平衡，建立汽车悬挂系统的运动微分方程，即

$$m\ddot{x}_o(t)+b\dot{x}_o(t)+kx_o(t)=b\dot{x}_i(t)+kx_i(t) \tag{2-21}$$

对上述方程进行拉氏变换，并且假设初始条件为零，得到

$$(ms^2+bs+c)X_o(s)=(bs+k)X_i(s) \tag{2-22}$$

计算从输入 $x_i(t)$ 到输出 $x_o(t)$ 之间的传递函数 $X_o(s)/X_i(s)$，即

$$\frac{X_o(s)}{X_i(s)}=\frac{bs+k}{ms^2+bs+k} \tag{2-23}$$

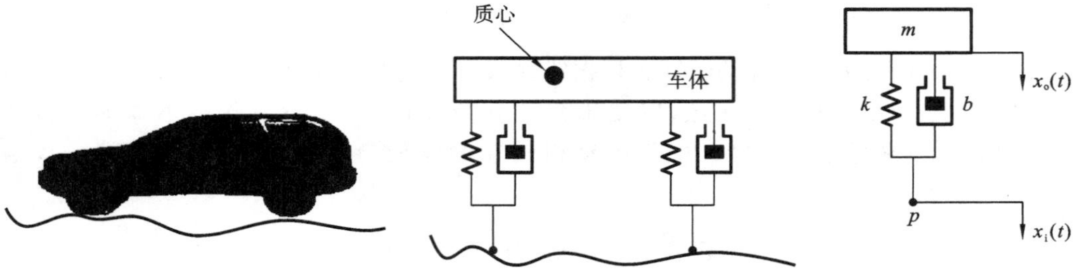

（a）行驶在马路上的汽车　（b）汽车悬挂系统　（c）汽车悬挂系统简化图

图 2-11 汽车及其悬挂系统

进一步将式(2-23)化为

$$\frac{X_o(s)}{X_i(s)}=\frac{2\xi\omega_n s+\omega_n^2}{\omega_n^2}\cdot\frac{\omega_n^2}{s^2+2\xi\omega_n s+\omega_n^2} \tag{2-24}$$

式中：ω_n 为系统无阻尼固有频率，即汽车悬挂系统的振动频率，$\omega_n=\sqrt{\frac{k}{m}}$；$\xi$ 为系统阻尼比，$\xi=\frac{b}{2\sqrt{mk}}$。由式(2-24)可知，汽车悬挂系统可以看做由一个比例环节、一个一阶微分环节和一个二阶环节串联组成。

2. 传递函数的零点和极点

传递函数的分子多项式和分母多项式经因式分解后可写为如下形式：

$$G(s)=\frac{b_0(s-z_1)(s-z_2)\cdots(s-z_m)}{a_0(s-p_1)(s-p_2)\cdots(s-p_n)}=K^*\frac{\prod\limits_{i=1}^{m}(s-z_i)}{\prod\limits_{j=1}^{n}(s-p_j)} \tag{2-25a}$$

式中：$z_i(i=1,2,\cdots,m)$是分子多项式的零点，称为传递函数的零点；$p_j(j=1,2,\cdots,n)$是分母多项式的零点，称为传递函数的极点。传递函数的零点和极点可以是实数，也可以是复数；系数 $K^*=b_0/a_0$ 称为传递系数或根轨迹增益。这种用零点和极点表示传递函数的方法在根轨迹法中使用较多。

在复数平面上表示传递函数的零点和极点的图形，称为传递函数的零极点分布图。在图中一般用“○”表示零点，用“×”表示极点。传递函数的零极点分布图可以更全面地反映系统的特性。

传递函数的分子多项式和分母多项式经因式分解后也可写为如下因子连乘积的形式：

$$G(s)=\frac{b_m(\tau_1 s+1)(\tau_2^2 s^2+2\zeta\tau_2 s+1)\cdots(\tau_i s+1)}{a_n(T_1 s+1)(T_2^2 s^2+2\zeta T_2 s+1)\cdots(T_j s+1)} \tag{2-25b}$$

式中，一次因子对应于实数零极点，二次因子对应于共轭复数零极点，τ_i 和 T_j 称为时间常数，$K=b_m/a_n=K^*\prod\limits_{i=1}^{m}(-z_i)\Big/\prod\limits_{j=1}^{n}(-p_j)$ 称为传递系数或增益。传递函数的这种表示形式在频率法中使用较多。

3. 传递函数的极点和零点对输出的影响

传递函数的极点对应于微分方程的特征根，它们确定了系统在自由运动状态下的动态行为模式，并且在受迫运动情况下（即在零初始条件下的响应）也会呈现这些模式的特性。极点在受到输入信号激励时，会在系统的输出响应中引起自由振荡的模式。

与极点不同，传递函数的零点并不直接产生自由振荡模式，但它们会调整不同模式在系统响应中的相对重要性，从而间接地影响输出响应的形态。零点的位置和数量可以改变系统响应的幅度和相位特性，进而影响整个系统的动态表现。

4. 典型环节（元件）的传递函数

一个实际的控制系统是由许多元件组合而成的，这些元件的物理结构和作用原理是多种多样的，但抛开具体结构和物理特点，从传递函数的数学模型来看，可以划分成以下几类典型环节。常见的控制系统的典型环节如表 2-1 所示。

表 2-1 控制系统的典型环节

典型环节	方框图/传递函数	示例：电路图	示例传递函数
比例环节	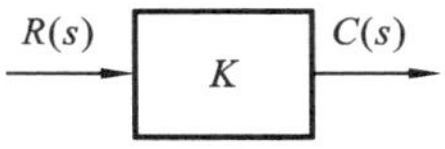	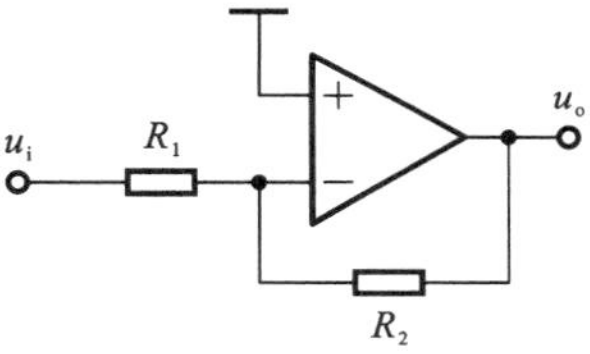	$G(s)=\frac{U_o(s)}{U_i(s)}=-\frac{R_2}{R_1}=K$
积分环节	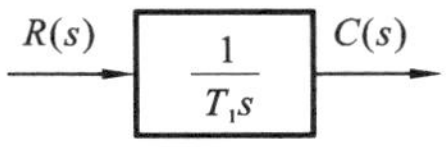	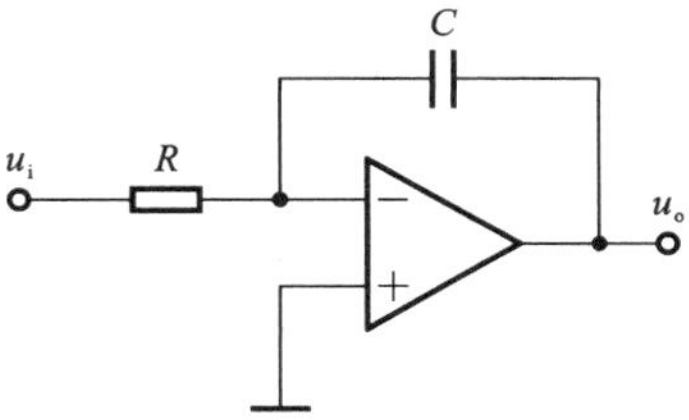	$G(s)=\frac{U_o(s)}{U_i(s)}=\frac{1}{RCs}=\frac{1}{T_1 s}$
微分环节	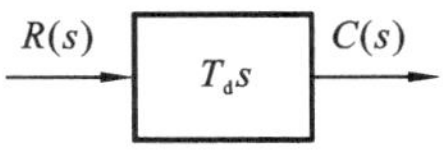	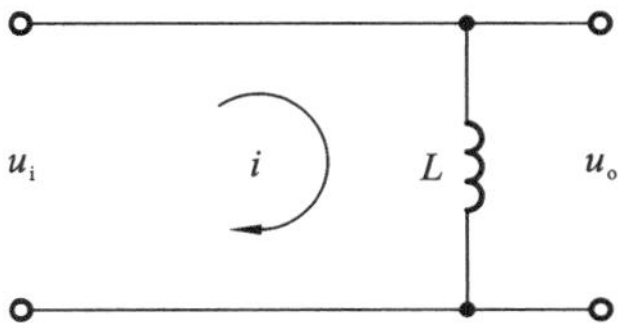	$G(s)=\frac{U_o(s)}{I(s)}=Ls$
惯性环节	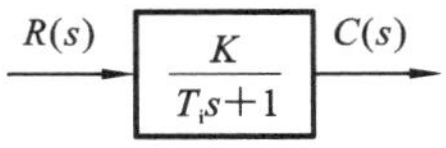	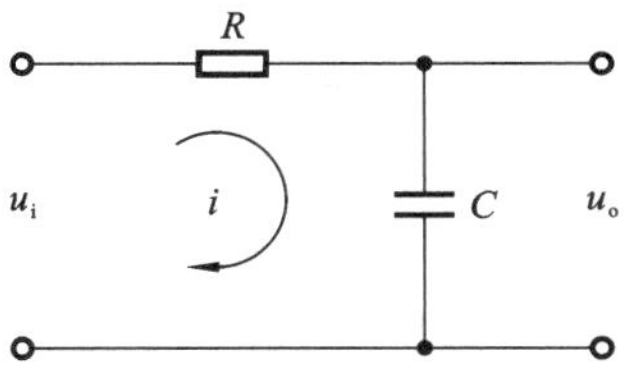	$G(s)=\frac{U_o(s)}{U_i(s)}=\frac{1}{RCs+1}$

续表

典型环节	方框图/传递函数	示例:电路图	示例传递函数
一阶微分环节	$R(s) \to \boxed{\tau s+1} \to C(s)$	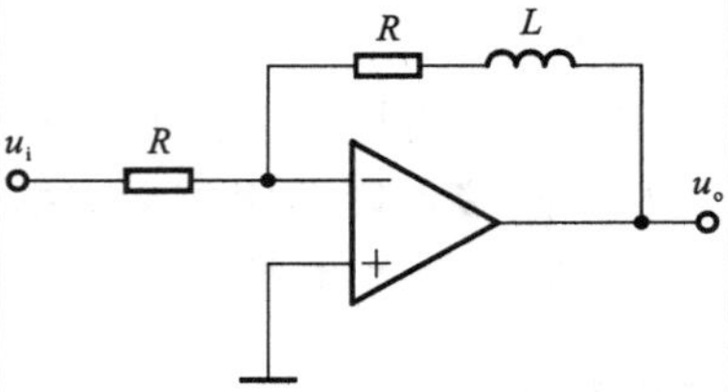	$G(s)=\dfrac{U_o(s)}{U_i(s)}=\dfrac{L}{R}s+1$
二阶振荡环节	$R(s) \to \boxed{\dfrac{1}{T^2s^2+2\zeta Ts+1}} \to C(s)$	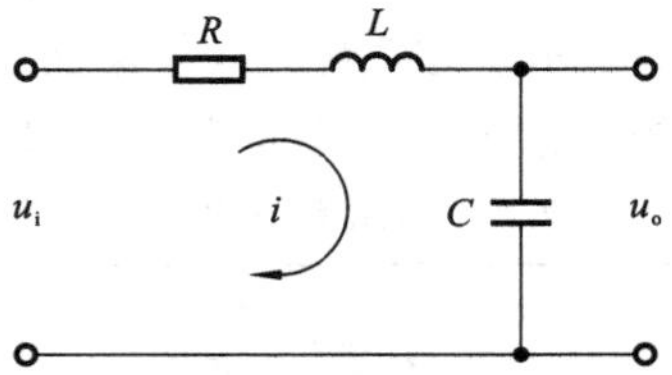	$G(s)=\dfrac{U_o(s)}{U_i(s)}=\dfrac{1}{LCs^2+RCs+1}$ $=\dfrac{\omega_n^2}{s^2+2\zeta\omega_n^2s+\omega_n^2}$ 式中:$\omega_n=\sqrt{\dfrac{1}{LC}}$;$\zeta=\dfrac{R}{2}\sqrt{\dfrac{C}{L}}$
二阶微分环节	$R(s) \to \boxed{\tau^2s^2+2\zeta\tau s+1} \to C(s)$	一般不单独存在	$G(s)=\dfrac{C(s)}{R(s)}=\tau^2s^2+2\zeta\tau s+1$
时滞环节	$R(s) \to \boxed{e^{-\tau s}} \to C(s)$	如测量系统;皮带或管道输送过程;管道反应和管道混合过程	$G(s)=\dfrac{C(s)}{R(s)}=e^{-\tau s}$

2.2.3 控制系统的方框图与信号流图

控制系统的方框图和信号流图是用于表达系统内部各组件之间信号交互的数学图表。这些图表揭示了系统中各个变量之间的逻辑联系以及对这些变量所执行的计算过程,为控制理论中简化复杂系统描述提供了一种有效手段。

1. 系统方框图的组成和绘制

控制系统的方框图是由许多对信号进行单向运算的方框和一些信号流向线组成的,它包含如下四种基本单元。

信号线:信号线是带有箭头的直线,箭头表示信号的流向,在直线旁标记信号的时间函数或象函数,如图 2-12(a)所示。

引出点(或测量点):引出点表示信号引出或测量的位置,从同一位置引出的信号在数值和性质方面完全相同,如图 2-12(b)所示。

比较点(或综合点):比较点表示对两个以上的信号进行加减运算,“+”号表示相加,“−”号表示相减,“+”号可省略不写,如图 2-12(c)所示。

方框(或环节):方框表示对信号进行的数学变换,方框中写入元部件或系统的传递函数,如图 2-12(d)所示。显然,方框的输出变量等于方框的输入变量与传递函数的乘

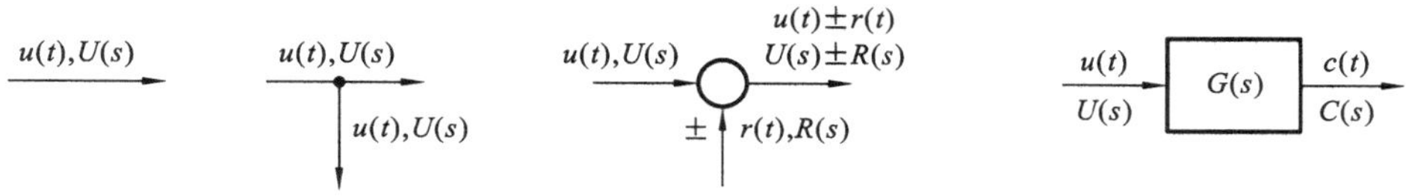

（a）信号线　（b）引出点　（c）比较点　（d）方框

图 2-12　方框图的基本组成单元

积，即

$$C(s)=G(s)U(s)$$

因此，方框可视为单向运算的算子。

在构建系统方框图的过程中，初始步骤是分别确定系统中各个组件的微分方程或传递函数，并将它们以方框图形呈现（在此过程中，需考虑后续组件对前面组件可能产生的负载影响）。接着，依据各组件间的信号流向，使用信号线将这些方框依次串联起来，从而形成完整的系统方框图。系统方框图实际上是系统原理图与数学方程式的结合体，它不仅补充了原理图在定量表达上的不足，也减少了纯数学运算的抽象性。通过系统方框图，我们可以便捷地推导出系统的传递函数。系统方框图本身也是控制系统数学模型的一种表现形式。

2. 方框图的等效变换和简化

系统方框图可以通过等效转换或简化来直接获取闭环系统的传递函数或输出响应。对于一个复杂的系统方框图，其基本的连接方式仅包括串联、并联以及反馈三种类型。简化方框图的常规技巧涉及移动测量点或参照点，以及交换这些参照点，通过方框图运算将串联、并联和反馈连接的方框图进行合并。在简化的过程中，必须确保变换前后变量之间的关系保持一致，也就是确保变换前后正向路径上的传递函数乘积和反馈回路中的传递函数乘积维持不变。

方框图简化（等效变换）的基本规则如表 2-2 所示。

表 2-2　方框图简化（等效变换）规则

原方框图	总效方框图	等效运算关系
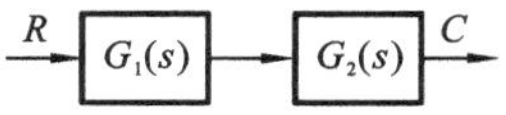	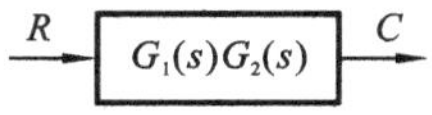	（1）串联等效 $C(s)=G_1(s)G_2(s)R(s)$
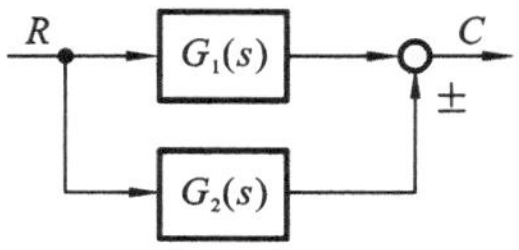	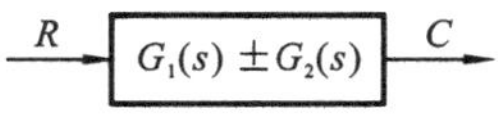	（2）并联等效 $C(s)=[G_1(s)\pm G_2(s)]R(s)$
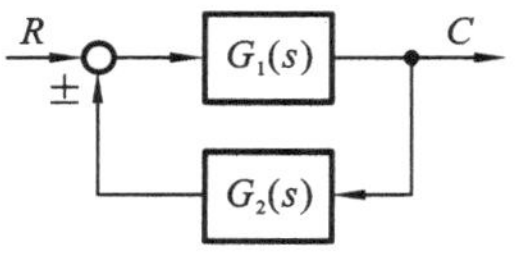	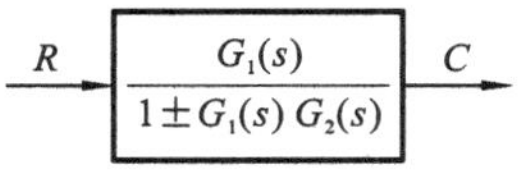	（3）反馈等效 $C(s)=\dfrac{G_1(s)R(s)}{1\mp G_1(s)G_2(s)}$

续表

原方框图	总效方框图	等效运算关系
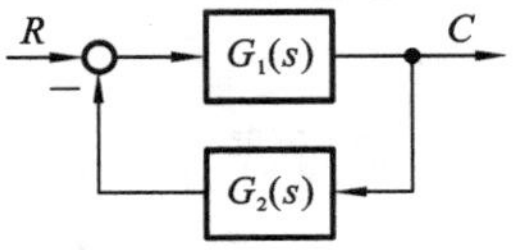	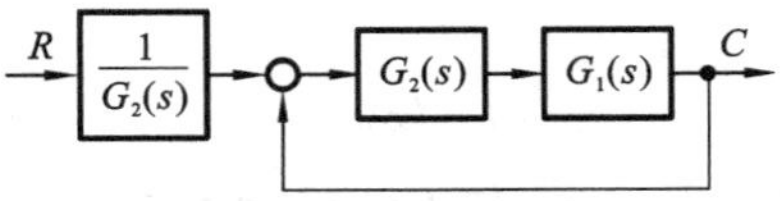	(4) 等效单位反馈 $\frac{C(s)}{R(s)}=\frac{1}{G_2(s)}\cdot\frac{G_1(s)G_2(s)}{1+G_1(s)G_2(s)}$
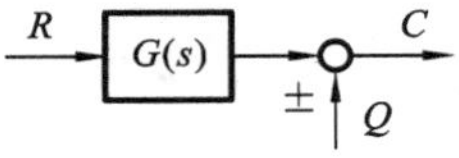	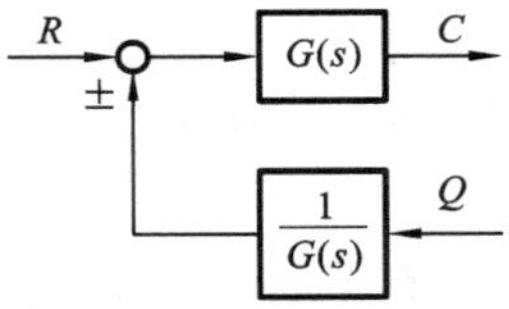	(5) 比较点前移 $C(s)=R(s)G(s)\pm Q(s)$ $=\left[R(s)\pm\frac{Q(s)}{G(s)}\right]G(s)$
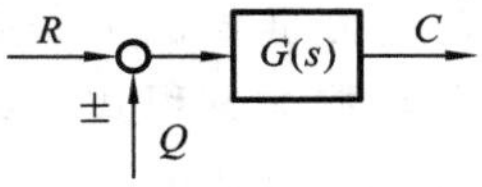	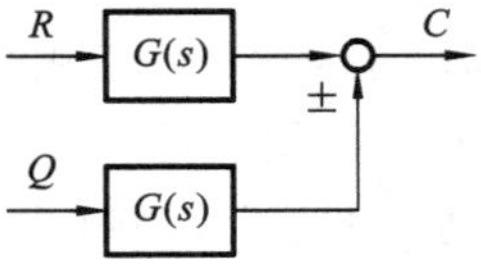	(6) 比较点后移 $C(s)=[R(s)\pm Q(s)]G(s)$ $=R(s)G(s)\pm Q(s)G(s)$
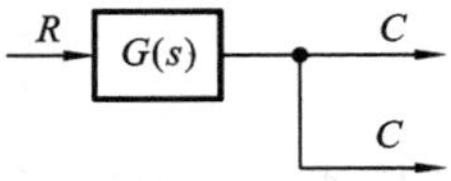	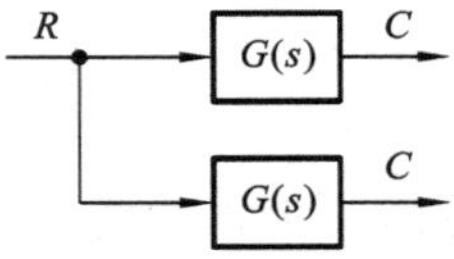	(7) 引出点前移 $C(s)=R(s)G(s)$
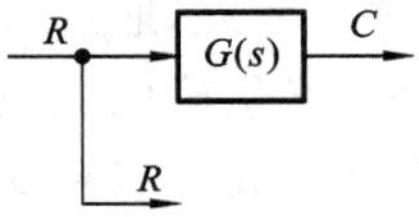	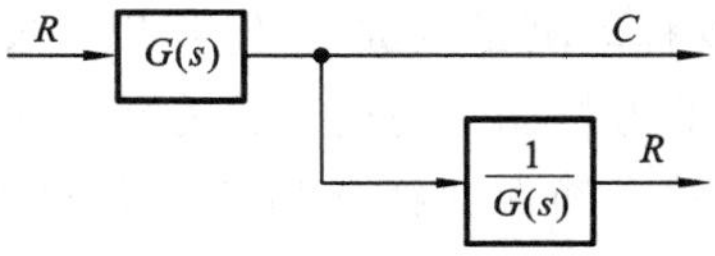	(8) 引出点后移 $R(s)=R(s)G(s)\frac{1}{G(s)}$ $C(s)=R(s)G(s)$
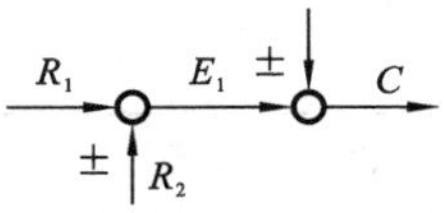	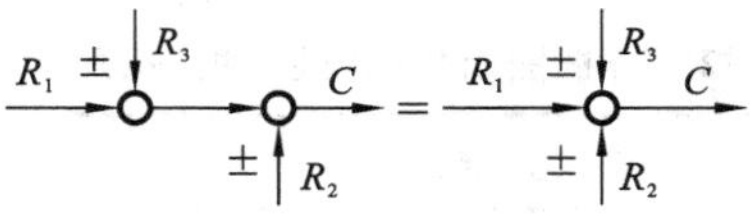	(9) 交换或合并比较点 $C(s)=E_1(s)\pm R_3(s)$ $=R_1(s)\pm R_2(s)\pm R_3(s)$ $=R_1(s)\pm R_3(s)\pm R_2(s)$
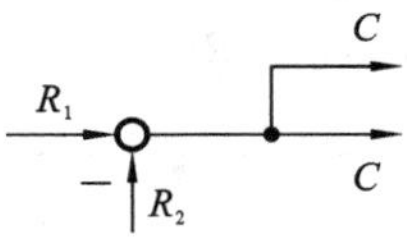	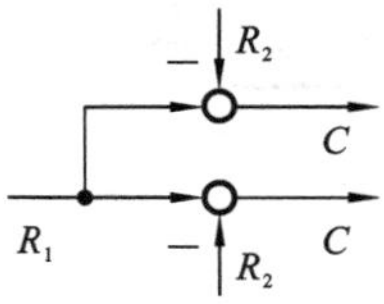	(10) 交换比较点或引出点 (一般不采用) $C(s)=R_1(s)-R_2(s)$
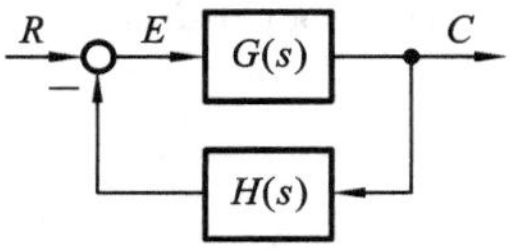	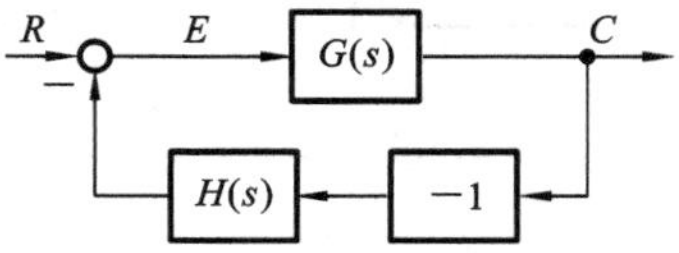	(11) 负号在支路上移动 $E(s)=R(s)-H(s)C(s)$ $=R(s)+H(s)\times(-1)C(s)$

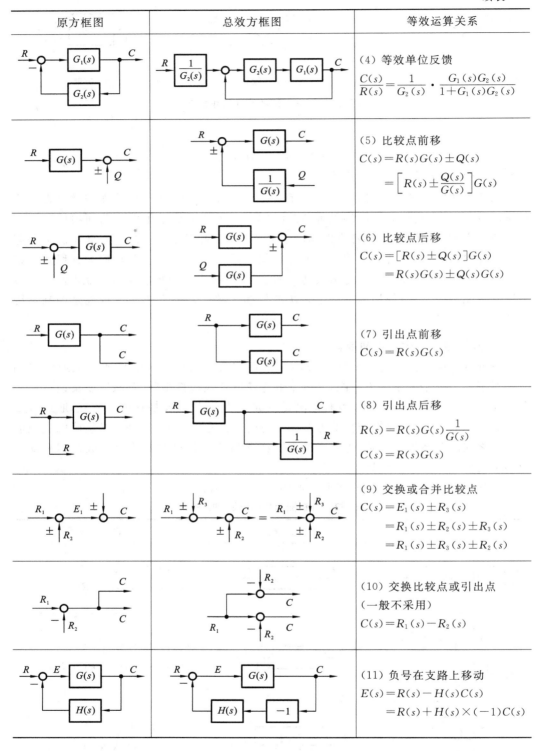

例 2-5　试简化图 2-13 所示的系统方框图，并求系统传递函数 $C(s)/R(s)$。

解　在图 2-13 中，若不移动比较点或引出点的位置就无法进行方框的等效运算。

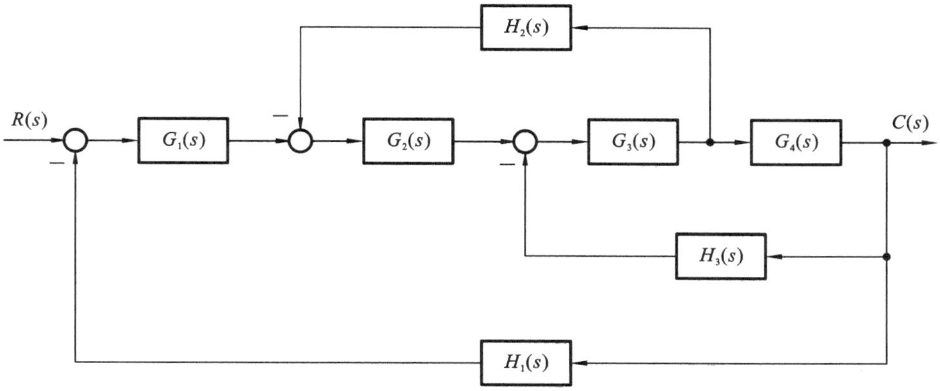

图 2-13 例 2-5 系统结构图

为此，首先应用表 2-2 的规则(8)，将 $G_3(s)$ 与 $G_4(s)$ 两方框之间的引出点后移到 $G_4(s)$ 方框的输出端(注意，不宜前移)，如图 2-14(a)所示。其次，将 $G_3(s)$，$G_4(s)$ 和 $H_3(s)$ 组成的内反馈回路简化，其等效传递函数为

$$G_{34}(s)=\frac{G_3(s)G_4(s)}{1+G_3(s)G_4(s)H_3(s)}$$

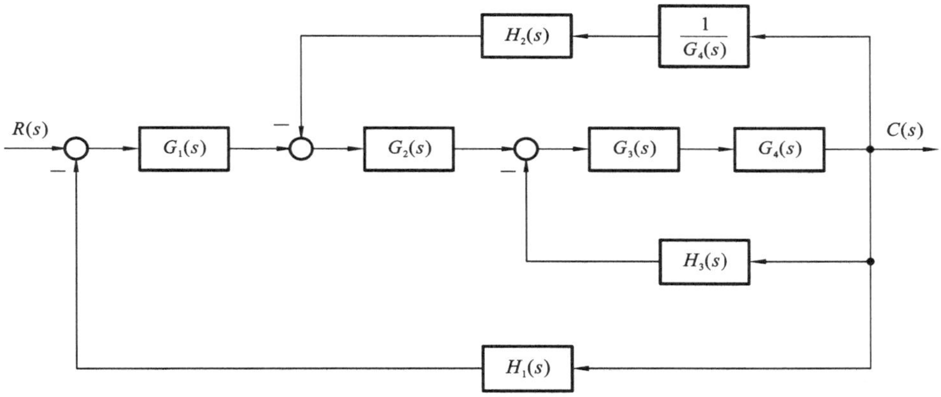

(a) 后移 $G_3(s)$ 引出点

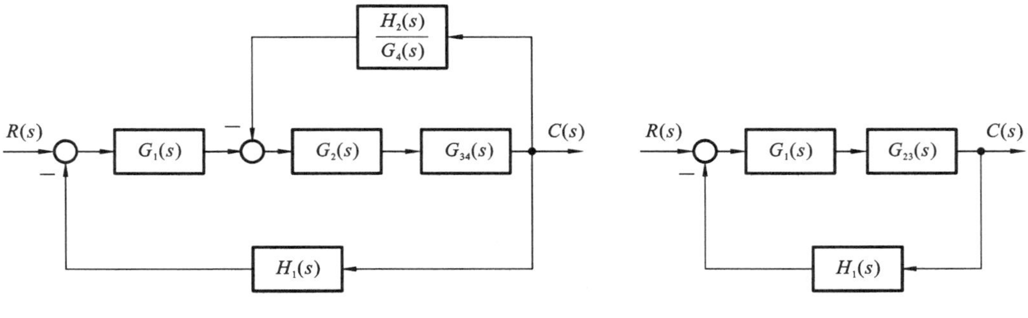

(b) 简化内回路 $G_{34}(s)$　　(c) 简化内回路 $G_{23}(s)$

图 2-14 例 2-5 系统方框图简化

如图 2-14(b)所示。最后，再将 $G_2(s)$，$G_{34}(s)$ 和 $1/G_4(s)$ 组成的反馈回路简化便

求得系统的传递函数

$$G_{23}(s)=\frac{G_2(s)G_3(s)G_4(s)}{1+G_3(s)G_4(s)H_3(s)+G_2(s)G_3(s)H_2(s)}$$

如图 2-14(c)所示。最后，将$G_1(s)$，$G_{23}(s)$和$H_1(s)$ 组成的反馈回路简化便求得系统的传递函数

$$\varphi(s)=\frac{C(s)}{R(s)}=\frac{G_1(s)G_2(s)G_3(s)G_4(s)}{1+G_2(s)G_3(s)H_2(s)+G_3(s)G_4(s)H_3(s)+G_1(s)G_2(s)G_3(s)G_4(s)H_1(s)}$$

本例还有其他变换方法，例如，可以先将 $G_4(s)$ 后的引出点前移到 $G_4(s)$ 方框的输入端，或者将比较点移动到同一点再加以合并等。

3. 闭环系统的传递函数

一个典型的反馈控制系统的方框图和信号流图如图 2-15(a)所示。图中，$R(s)$和$N(s)$都是施加于系统的外作用，$R(s)$ 是有用输入作用，简称输入信号；$N(s)$ 是扰动作用；$C(s)$ 是系统的输出信号。为了研究有用输入作用对系统输出 $C(s)$ 的影响，需要求有用输入作用下的闭环传递函数 $C(s)/R(s)$。同样，为了研究扰动作用 $N(s)$ 对系统输出 $C(s)$ 的影响，也需要求取扰动作用下的闭环传递函数 $C(s)/N(s)$。此外，在控制系统的分析和设计中，还常用到在输入信号 $R(s)$ 或扰动 $N(s)$ 作用下，以误差信号 $E(s)$ 作为输出量的闭环误差传递函数 $E(s)/R(s)$ 或 $E(s)/N(s)$。

1）输入信号作用下的闭环传递函数

应用叠加原理，令 $N(s)=0$。可直接求得输入信号 $R(s)$ 到输出信号 $C(s)$ 之间的传递函数为

$$\Phi(s)=\frac{C(s)}{R(s)}=\frac{G_1(s)G_2(s)}{1+G_1(s)G_2(s)H(s)} \tag{2-26}$$

由 $\Phi(s)$可进一步求得在输入信号下系统的输出量

$$C(s)=\Phi(s)R(s)=\frac{G_1(s)G_2(s)}{1+G_1(s)G_2(s)H(s)}R(s) \tag{2-27}$$

式(2-27)表明，系统在输入信号作用下的输出响应 $C(s)$，取决于闭环传递函数 $C(s)/R(s)$ 及输入信号 $R(s)$ 的形式。

2）扰动作用下的闭环传递函数

应用叠加原理，令 $R(s)=0$，可求得扰动作用 $N(s)$到输出信号 $C(s)$ 之间的闭环传递函数

$$\Phi_n(s)=\frac{C(s)}{N(s)}=\frac{G_2(s)}{1+G_1(s)G_2(s)H(s)} \tag{2-28}$$

式(2-28)也可从图 2-15(a)的系统方框图改画为图 2-15(b)所示的系统方框图后求得。同样，由此可求得系统在扰动作用下的输出

$$C(s)=\Phi_n(s)N(s)=\frac{G_2(s)}{1+G_1(s)G_2(s)H(s)}N(s)$$

显然，当输入信号 $R(s)$ 和扰动作用 $N(s)$ 同时作用时系统的输出为

$$\begin{aligned}\sum C(s)&=\Phi(s)\cdot R(s)+\Phi_n(s)\cdot N(s)\\&=\frac{1}{1+G_1(s)G_2(s)H(s)}[G_1(s)G_2(s)R(s)+G_2(s)N(s)]\end{aligned}$$

上式如果满足$|G_1(s)G_2(s)H(s)|\gg 1$ 和$|G_1(s)H(s)|\gg 1$ 的条件，则可简化为

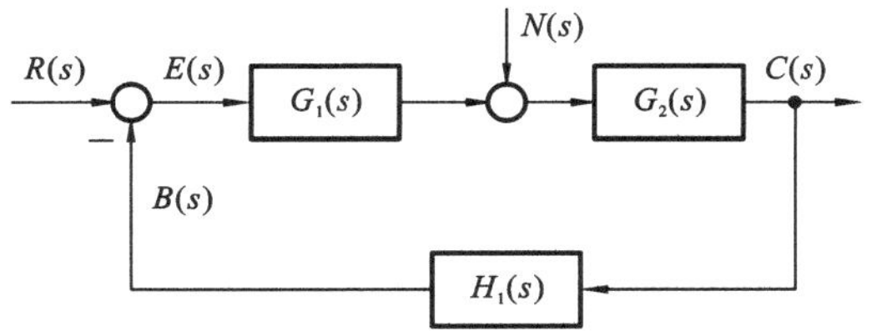

（a）反馈控制系统的典型方框图

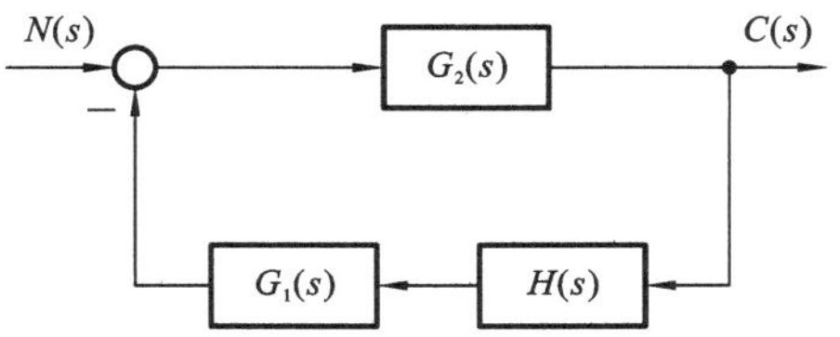

（b）在扰动作用下$R(s)=0$时的系统结构图

图 2-15 典型反馈控制系统

$$\sum C(s)\approx \frac{1}{H(s)}R(s) \tag{2-29}$$

式(2-29)表明，在一定条件下，系统的输出只取决于反馈通路传递函数 $H(s)$ 及输入信号 $R(s)$，既与前向通路传递函数无关，也不受扰动作用的影响。特别是当 $H(s)=1$，即单位反馈时，$C(s)\approx R(s)$，从而近似实现了对输入信号的完全复现，且对扰动具有较强的抑制能力。

3）闭环系统的误差传递函数

闭环系统在输入信号和扰动作用时，以误差信号 $E(s)$ 作为输出量时的传递函数称为误差传递函数。它们可以经方框图等效变换后求得为

$$\Phi_e(s)=\frac{E(s)}{R(s)}=\frac{1}{1+G_1(s)G_2(s)H(s)} \tag{2-30}$$

$$\Phi_{en}(s)=\frac{E(s)}{N(s)}=\frac{-G_2(s)H(s)}{1+G_1(s)G_2(s)H(s)} \tag{2-31}$$

最后要指出的是，对于图 2-15(a)的典型反馈控制系统，其各种闭环系统传递函数的分母形式均相同，这是因为它们都是同一个信号流图的特征式，即 $\Delta=1+G_1(s)G_2(s)H(s)$，式中 $G_1(s)G_2(s)H(s)$ 是回路增益，并称它为图 2-15(a)系统的开环传递函数，它等效为主反馈断开时，从输入信号 $R(s)$ 到反馈信号 $B(s)$之间的传递函数。此外，对于图 2-15(a)的线性系统，应用叠加原理可以研究系统在各种情况下的输出量 $C(s)$ 或误差量 $E(s)$，然后进行叠加，求出 $\sum C(s)$ 或 $\sum E(s)$。但绝不允许将各种闭环传递函数进行叠加后求其输出响应。

4. 信号流图与梅森增益公式

信号流图和方框图的功能类似，也用来表示系统结构和内部信号走向与关联关系。信号流图起源于梅森利用图示法来描述一个或一组线性代数方程式，它是由节点和支路组成的一种信号传递网络。当系统的组成元件多，信号关系复杂时，用信号流图可以清晰地表示出系统结构，并根据梅森增益公式求得其传递函数。感兴趣的读者请查阅相关文献。

2.3 时域分析法

时域分析法是一种直接在时间域中分析系统动态和稳态性能的方法，具有直观、准确的优点，并且可以提供系统时间响应的全部信息。本节主要研究线性控制系统的时域法。内容包括时间响应的性能指标；一阶系统、二阶系统和高阶系统的时域分析法；

系统的稳定判据及误差分析。

2.3.1 系统时间响应的性能指标

控制系统性能的评价分为动态性能指标和稳态性能指标两类。一般情况下，选择若干典型输入信号作为定义性能指标和分析系统性能的条件。

1. 典型输入信号

一般情况下，控制系统的输入信号以无法预测的方式变化，给规定系统的性能要求以及分析和设计工作带来了困难。为了便于进行分析和设计，以及对不同控制系统的性能进行比较，假定一些基本的输入函数形式，称之为典型输入信号。所谓典型输入信号，是指根据系统常遇到的输入信号形式，在数学描述上加以理想化的一些基本输入函数。控制系统中常用的典型输入信号如表 2-3 所示。

表 2-3 典型输入信号

名称	时域表达式	复域表达式
单位阶跃函数	$1(t),t\geqslant 0$	$\frac{1}{s}$
单位斜坡函数	$t,t\geqslant 0$	$\frac{1}{s^2}$
单位加速度函数	$\frac{1}{2}t^2,t\geqslant 0$	$\frac{1}{s^3}$
单位脉冲函数	$\delta(t),t=0$	1
正弦函数	$A\sin(\omega t)$	$\frac{A\omega}{s^2+\omega^2}$

实际应用时究竟采用哪一种典型输入信号，取决于系统常见的工作状态；同时，在所有可能的输入信号中，往往选取最不利的信号作为系统的典型输入信号。对于线性控制系统，不同形式的输入信号所对应的输出响应虽然不同，但它们所表征的系统性能是一致的。通常以单位阶跃函数作为典型输入作用，则可在一个统一的基础上对不同控制系统的特性进行比较和研究。

当控制系统的实际输入信号是变化无常的随机信号时，就不能用上述确定性的典型输入信号去代替实际输入信号，而必须采用随机过程理论进行处理。

2. 动态过程与稳态过程

在典型输入信号作用下，任何一个控制系统的时间响应都由动态过程和稳态过程两部分组成。

1）动态过程

动态过程又称过渡过程或瞬态过程，指系统在典型输入信号作用下，系统输出量从初始状态到最终状态的响应过程。动态过程可能表现为衰减、发散或等幅振荡形式。一个可以实际运行的控制系统，其动态过程必须是衰减的，即系统必须是稳定的。动态过程除提供系统稳定性的信息外，还可以提供响应速度及阻尼情况等信息。

2）稳态过程

稳态过程又称稳态响应，指系统在典型输入信号作用下，当时间 t 趋于无穷时，系统输出量的表现方式。稳态过程表征系统输出量最终复现输入量的程度，提供系统有关稳态误差信息。

3. 动态性能与稳态性能

控制系统的稳定是首要条件，动态性能只有当动态过程收敛时才有意义。

1）动态性能

通常在阶跃函数作用下，测定或计算系统的动态性能。描述稳定的系统在单位阶跃函数作用下，动态过程随时间变化而变化的状况指标，称为动态性能指标。假定系统在单位阶跃输入信号作用前处于零初始状态。图 2-16 所示的单位阶跃响应 $c(t)$，其动态性能指标通常如下。

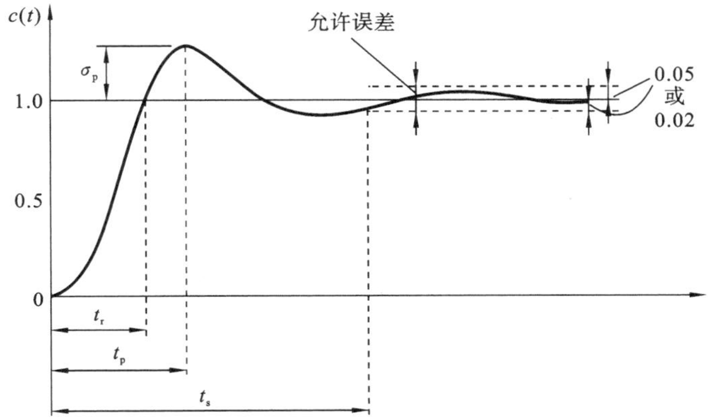

图 2-16 单位阶跃响应曲线

上升时间 t_r，指响应从终值 10%上升到终值 90%所需的时间；对于有振荡的系统，亦可定义为响应从零第一次上升到终值所需的时间。上升时间是系统响应速度的一种度量。上升时间越短，响应速度越快。

峰值时间 t_p，指响应超过其终值到达第一个峰值所需的时间。

调节时间 t_s，指响应到达并保持在终值±5%内所需的最短时间。

超调量 $\sigma\%$，指响应的最大偏离量 $c(t_p)$ 与终值 $c(\infty)$ 的差与终值 $c(\infty)$ 之比的百分数，即

$$\sigma\%=\frac{c(t_p)-c(\infty)}{c(\infty)}\times 100\% \tag{2-32}$$

若 $c(t_p)<c(\infty)$，则响应无超调。超调量亦称为最大超调量，或百分比超调量。

在实际应用中，常用 t_r 或 t_p 评价系统的响应速度；用 $\sigma\%$ 评价系统的阻尼程度（稳定性）；而 t_s 是同时反映响应速度和阻尼程度的综合性指标。

2）稳态性能

稳态误差是描述系统稳态性能的一种性能指标，通常在阶跃函数、斜坡函数或加速度函数作用下进行测定或计算，是系统控制精度或抗扰动能力的一种度量。

2.3.2 一阶系统的时域分析

运动方程为一阶微分方程的控制系统，称为一阶系统。在工程实践中，有很多一阶

系统。此外，有些高阶系统也常用一阶系统来近似。

1. 一阶系统的数学模型

研究图 2-17(a)所示 RC 电路，其运动微分方程为

$$T\dot{c}(t)+c(t)=r(t) \tag{2-33}$$

式中：$c(t)$为电路输出电压；$r(t)$为电路输入电压；$T=RC$ 为时间常数。当该电路的初始条件为零时，其传递函数为

$$\Phi(s)=\frac{C(s)}{R(s)}=\frac{1}{Ts+1} \tag{2-34}$$

相应的结构图如图 2-17(b)所示。复域式(2-34)称为一阶系统的数学模型。在以下的分析和计算中，均假定系统初始条件为零。

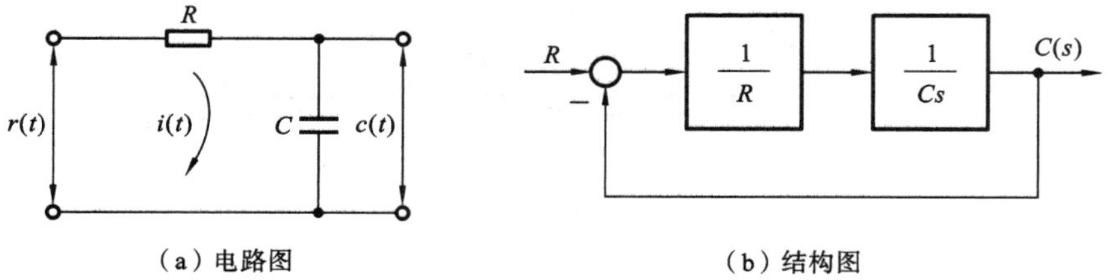

图 2-17　RC 电路及其系统方框图

具有相同运动方程或传递函数的所有线性系统，对同一输入信号的响应是相同的，只是响应特性的数学表达式的物理意义不同。

2. 一阶系统的单位阶跃响应

设一阶系统的输入信号为单位阶跃函数 $r(t)=1(t)$，则由式(2-34)可得一阶系统的单位阶跃响应为

$$c(t)=1-e^{-t/T},\quad t\geqslant 0 \tag{2-35}$$

一阶系统的单位阶跃响应是一条初始值为零，以指数规律上升到终值 $c_{ss}=1$ 的曲线，如图 2-18 所示。

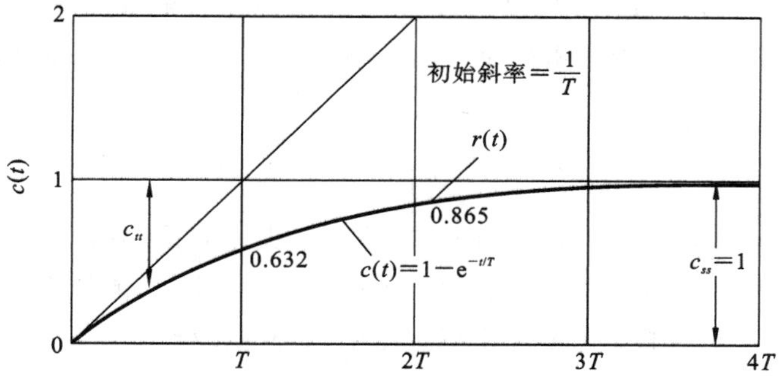

图 2-18　一阶系统的单位阶跃响应曲线

一阶系统的单位阶跃响应具备如下两个重要特点。

(1) 可用时间常数 T 去度量系统输出量的数值。例如，当 $t=T$ 时，$c(t)=0.632$；而当 t 分别等于 $2T$、$3T$ 和 $4T$ 时，$c(t)$的数值将分别等于终值的 86.5%、95% 和 98.2%。根据这一特点，可用实验方法测定一阶系统的时间常数，或判定所测系统是否

属于一阶系统。

(2) 响应曲线的斜率初始值为$\frac{1}{T}$,并随时间的推移而下降。例如

$$\left.\frac{\mathrm{d}c(t)}{\mathrm{d}t}\right|_{t=0}=\frac{1}{T},\quad \left.\frac{\mathrm{d}c(t)}{\mathrm{d}t}\right|_{t=T}=0.368\,\frac{1}{T},\quad \left.\frac{\mathrm{d}c(t)}{\mathrm{d}t}\right|_{t=\infty}=0$$

从而使单位阶跃响应完成全部变化量所需的时间为无限长,即有 $c(\infty)=1$。此外,初始斜率特性,也是常用的确定一阶系统时间常数的方法之一。

根据动态性能指标的定义,一阶系统的动态性能指标为

$$t_r=2.20T,\quad t_s=3T(\Delta=5\%)\quad \text{或}\quad t_s=4T(\Delta=2\%)$$

峰值时间 t_p 和超调量 $\sigma\%$都不存在。

由于时间常数 T 反映系统的惯性,所以一阶系统的惯性越小,其响应过程越快;反之,惯性越大,响应越慢。

3. 一阶系统对典型输入信号的响应

一阶系统对上述典型输入信号的响应归纳于表 2-4 之中。

表 2-4 一阶系统对典型输入信号的输出响应

输入信号	输出响应	输入信号	输出响应
$1(t)$	$1-\mathrm{e}^{-t/T},t>0$	t	$t-T+T\mathrm{e}^{-t/T},t>0$
$\delta(t)$	$\frac{1}{T}\mathrm{e}^{-t/T},t>0$	$\frac{1}{2}t^2$	$\frac{1}{2}t^2-Tt+T^2(1-\mathrm{e}^{-t/T}),t>0$

由表可知:单位阶跃函数的一阶导数与单位斜坡函数的二阶导数均为单位脉冲函数,单位阶跃响应的一阶导数及单位斜坡响应的二阶导数等于单位脉冲响应。这个等价对应关系表明:系统对输入信号导数(积分)的响应,就等于系统对该输入信号响应的导数(积分)。这是线性定常系统的一个重要特性。因此,研究线性定常系统的时间响应,不必对每种输入信号形式进行测定和计算,往往只取其中一种典型形式进行研究。

2.3.3 二阶系统的时域分析

以二阶微分方程描述其运动的系统,称为二阶系统。在控制工程中,二阶系统较为普遍,不少高阶系统在一定条件下可用二阶系统的特性来表征。

1. 二阶系统的数学模型

某电动助力角度控制系统如图 2-19 所示,其任务是通过转动输入手柄,控制有黏性摩擦和转动惯量的负载转动角度与输入手柄位置一致。

利用 2.2 节的方法,画出电动助力角度控制系统的方框图,如图 2-20 所示。系统的开环传递函数

$$G(s)=\frac{\dfrac{K_sK_aC_m}{i}}{s[(L_as+R_a)(Js+f)+C_mC_e]}$$

式中:L_a 和 R_a 分别为电动机电枢绕组的电感和电阻;C_m 为电动机的转矩系数;C_e 为与电动机反电势有关的比例系数;K_s 为桥式电位器传递系数;K_a 为放大器增益;i 为减速器速比;J 和 f 分别为折算到电动机轴上的总转动惯量和总黏性摩擦系数。

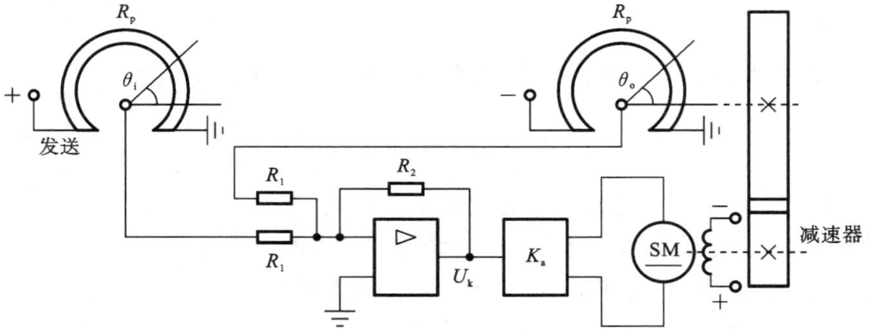

图 2-19 电动助力角度控制系统原理图

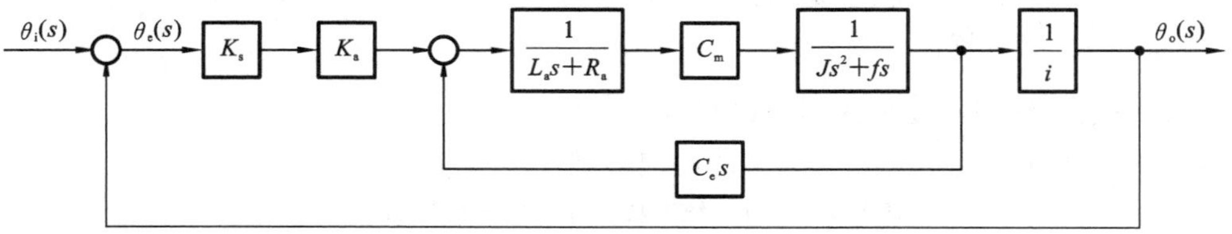

图 2-20 电动助力角度控制系统方框图

如果略去电枢电感（令 $L_a=0$），且合并系数 $K_1=\frac{K_sK_aC_m}{iR_a}$，$F=f+\frac{C_mC_e}{R_a}$；在不考虑负载力矩的情况下，位置控制系统的开环传递函数可以简化为 $G(s)=\frac{K}{s(T_ms+1)}$；其中，$K=\frac{K_1}{F}$，称为开环增益；$T_m=\frac{J}{F}$，称为机电时间常数。相应的闭环传递函数是

$$\Phi(s)=\frac{\theta_o(s)}{\theta_i(s)}=\frac{K}{T_ms^2+s+K} \tag{2-36}$$

通过拉氏反变换即得到系统的时域数学模型：

$$T_m\frac{d^2\theta_o(t)}{dt^2}+\frac{d\theta_o(t)}{dt}+K\theta_o(t)=K\theta_i(t) \tag{2-37}$$

所以图 2-19 所示的电动助力角度控制系统是一个二阶系统。

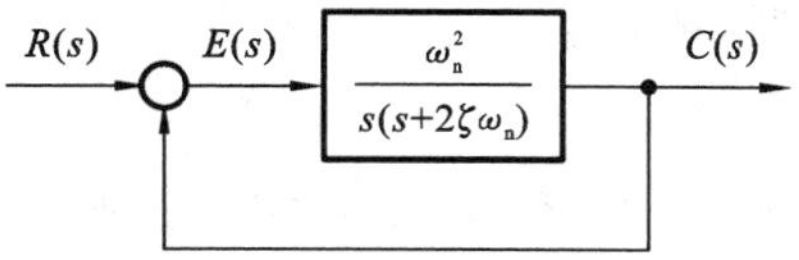

图 2-21 标准二阶系统的方框图

为了使研究的结果具有普遍的意义，可将式(2-36)表示为二阶系统标准形式：

$$\Phi(s)=\frac{C(s)}{R(s)}=\frac{\omega_n^2}{s^2+2\zeta\omega_ns+\omega_n^2} \tag{2-38}$$

标准二阶系统的方框图如图 2-21 所示。图中，ω_n 为自然频率（或无阻尼振荡频率）；ζ 为阻尼比（或相对阻尼系数）。

令式(2-38)的分母多项式为零，得二阶系统的特征方程

$$s^2+2\zeta\omega_ns+\omega_n^2=0 \tag{2-39}$$

其两个根（闭环极点）为

$$s_{1,2}=-\zeta\omega_n\pm\omega_n\sqrt{\zeta^2-1} \tag{2-40}$$

显然，二阶系统的时间响应取决于 ζ 和 ω_n 这两个参数。

2. 二阶系统的单位阶跃响应

式(2-40)表明，二阶系统特征根的性质取决于 ζ 值的大小。

(1) 若 $\zeta<0$，则二阶系统具有两个正实部的特征根，其单位阶跃响应为

$$c(t)=1-\frac{e^{-\zeta\omega_n t}}{\sqrt{1-\zeta^2}}\sin(\omega_n\sqrt{1-\zeta^2}t+\beta);\quad -1<\zeta<0,t\geqslant 0$$

式中，$\beta=\arctan\left(\frac{\sqrt{1-\zeta^2}}{\zeta}\right)$。

由于阻尼比 ζ 为负，指数因子具有正幂指数，因此系统的动态过程为发散正弦振荡或单调发散的形式，从而表明 $\zeta<0$ 的二阶系统是不稳定的。

(2) 若 $\zeta=0$，则特征方程有一对纯虚根，$s_{1,2}=\pm j\omega_n$，对应于 s 平面虚轴上一对共轭极点，可以算出系统的阶跃响应为等幅振荡，此时系统相当于无阻尼情况。

(3) 若 $0<\zeta<1$，则特征方程有一对具有负实部的共轭复根，$s_{1,2}=-\zeta\omega_n\pm j\omega_n\sqrt{1-\zeta^2}$，对应于 s 平面左半部的共轭复数极点，相应的阶跃响应为衰减振荡过程，此时系统处于欠阻尼情况。

(4) 若 $\zeta=1$，则特征方程具有两个相等的负实根，$s_{1,2}=-\omega_n$，对应于 s 平面负实轴上的两个相等实极点，相应的阶跃响应非周期地趋于稳态输出，此时系统处于临界阻尼情况。

(5) 若 $\zeta>1$，则特征方程有两个不相等的负实根，$s_{1,2}=-\zeta\omega_n\pm\omega_n\sqrt{\zeta^2-1}$，对应于 s 平面负实轴上的两个不等实极点，相应的单位阶跃响应也是非周期地趋于稳态输出，但响应速度比临界阻尼情况缓慢，因此称为过阻尼情况。

下面针对稳定系统，分别研究欠阻尼、临界阻尼、过阻尼三种情况的单位阶跃响应。

1) 欠阻尼 $(0<\zeta<1)$

令 $\sigma=\zeta\omega_n$，$\omega_d=\omega_n\sqrt{1-\zeta^2}$，则有

$$s_{1,2}=-\sigma\pm j\omega_d$$

式中：σ 称为衰减系数；ω_d 称为阻尼振荡频率。

当 $R(s)=\frac{1}{s}$ 时，由式(2-38)得

$$C(s)=\frac{\omega_n^2}{s^2+2\zeta\omega_n s+\omega_n^2}\cdot\frac{1}{s}=\frac{1}{s}-\frac{s+\zeta\omega_n}{(s+\zeta\omega_n)^2+\omega_d^2}-\frac{\zeta\omega_n}{(s+\zeta\omega_n)^2+\omega_d^2}$$

对上式取拉氏反变换，求得单位阶跃响应为

$$\begin{aligned}c(t)&=1-e^{-\zeta\omega_n t}\left[\cos(\omega_d t)+\frac{\zeta}{\sqrt{1-\zeta^2}}\sin(\omega_d t)\right]\\&=1-\frac{1}{\sqrt{1-\zeta^2}}e^{-\zeta\omega_n t}\sin(\omega_d t+\beta),\quad t\geqslant 0\end{aligned}\tag{2-41}$$

式中，$\beta=\arctan\left(\frac{\sqrt{1-\zeta^2}}{\zeta}\right)$，或者 $\beta=\arccos\zeta$。

式(2-41)表明，欠阻尼二阶系统的单位阶跃响应由两部分组成：稳态分量为 1，表明在单位阶跃函数作用下不存在稳态位置误差；瞬态分量为阻尼正弦振荡项，其振荡频率为 ω_d，称为阻尼振荡频率。瞬态分量衰减的快慢程度取决于包络线 $1\pm\frac{e^{-\zeta\omega_n t}}{\sqrt{1-\zeta^2}}$ 收

敛的速度，当 ζ 一定时，包络线的收敛速度又取决于指数函数 $e^{-\zeta\omega_n t}$，所以 $\sigma=\zeta\omega_n$ 称为衰减系数。

若 $\zeta=0$，则二阶系统无阻尼时的单位阶跃响应为

$$c(t)=1-\cos(\omega_n t),\quad t\geqslant 0 \tag{2-42}$$

这是一条平均值为 1 的正、余弦形式的等幅振荡，其振荡频率为 ω_n，故可称为无阻尼振荡频率。ω_n 由系统本身的参数确定，称为自然频率。

2）临界阻尼（$\zeta=1$）

设输入信号为单位阶跃函数，则系统输出量的拉氏变换可写为

$$C(s)=\frac{\omega_n^2}{s\,(s+\omega_n)^2}=\frac{1}{s}-\frac{\omega_n}{(s+\omega_n)^2}-\frac{1}{s+\omega_n}$$

对上式取拉氏反变换，得临界阻尼二阶系统的单位阶跃响应

$$c(t)=1-e^{-\omega_n t}(1+\omega_n t),\quad t\geqslant 0 \tag{2-43}$$

上式表明，当 $\zeta=1$ 时，二阶系统的单位阶跃响应是稳态值为 1 的无超调单调上升过程。可以推导出：当 $t=0$ 时，响应过程的变化率为零；当 $t>0$ 时，响应过程的变化率为正，响应过程单调上升；当 $t\to\infty$ 时，响应过程的变化率趋于零，响应过程趋于常值 1。

3）过阻尼（$\zeta>1$）

过阻尼二阶系统的输出量拉氏变换可以写为

$$C(s)=\frac{\omega_n^2}{s\left(s+\frac{1}{T_1}\right)\left(s+\frac{1}{T_2}\right)}$$

式中，T_1 和 T_2 称为过阻尼二阶系统的时间常数，且有 $T_1>T_2$。对上式取拉氏反变换，得

$$c(t)=1+\frac{e^{-\frac{t}{T_1}}}{\frac{T_2}{T_1}-1}+\frac{e^{-\frac{t}{T_2}}}{\frac{T_1}{T_2}-1},\quad t\geqslant 0 \tag{2-44}$$

式(2-44)表明，响应特性包含着两个单调衰减的指数项，其代数和绝不会超过稳态值 1，通常称为过阻尼响应。

以上三种情况的单位阶跃响应曲线如图 2-22 所示，其横坐标为无因次调节时间 $\omega_n t$。

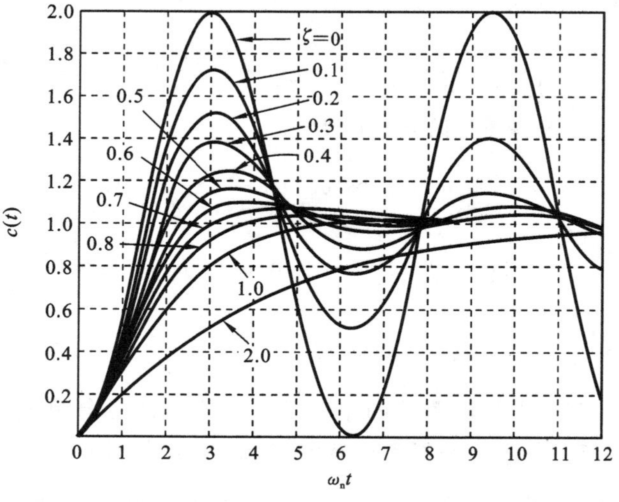

图 2-22 二阶系统单位阶跃响应曲线

由图 2-22 可见:在过阻尼和临界阻尼响应曲线中,临界阻尼响应具有最短的上升时间,响应速度最快;在欠阻尼 ($0<\zeta<1$) 响应曲线中,阻尼比越小,超调量越大,上升时间越短,通常取 $\zeta=0.4\sim0.8$ 为宜,此时超调量适度,调节时间较短;若二阶系统具有相同的 ζ 和不同的 ω_n,则其振荡特性相同但响应速度不同,ω_n越大,响应速度越快。

下面将分别讨论欠阻尼与过阻尼(含临界阻尼)二阶系统动态性能指标的估算公式。

3. 欠阻尼二阶系统动态性能指标

欠阻尼二阶系统的闭环极点分布如图 2-23 所示。图中也标明了参数 ζ、ω_n与极点位置的关系。其动态性能指标峰值时间、超调量和上升时间可用 ζ 与 ω_n准确表示;而调节时间很难用 ζ 与 ω_n准确描述,采用工程估算法。

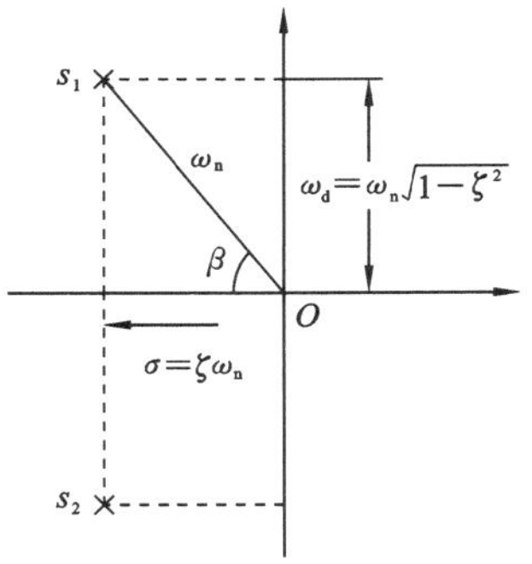

图 2-23 欠阻尼二阶系统的闭环极点分布及特征参量

如前述,欠阻尼二阶系统的单位阶跃响应函数为

$$c(t)=1-\frac{1}{\sqrt{1-\zeta^2}}e^{-\zeta\omega_n t}\sin(\omega_d t+\beta),\quad t\geqslant 0$$

1) 上升时间 t_r

$$t_r=\frac{\pi-\beta}{\omega_d} \tag{2-45}$$

表明:当阻尼比 ζ 一定时,阻尼角 β 不变($\beta=\arccos\zeta$,称为阻尼角),且系统的上升时间 t_r 与 ω_d 成反比;而当阻尼振荡频率 ω_d一定时,阻尼比 ζ 越小,β 越大,上升时间 t_r越短。

2) 峰值时间 t_p

$$t_p=\frac{\pi}{\omega_d} \tag{2-46}$$

表明:峰值时间等于阻尼振荡周期的一半。峰值时间与闭环极点的虚部数值成反比。当阻尼比 ζ 一定时,闭环极点离负实轴的距离越远,系统的峰值时间越短。

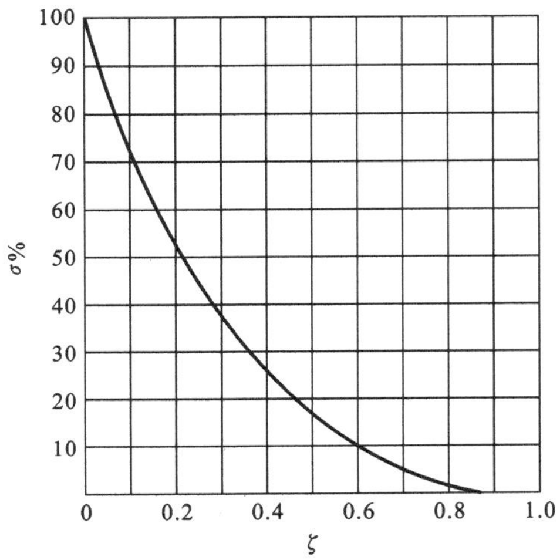

图 2-24 超调量 $\sigma\%$与阻尼比 ζ 的关系

3) 超调量 $\sigma\%$

$$\sigma\%=e^{-\pi\zeta/\sqrt{1-\zeta^2}}\times100\% \tag{2-47}$$

表明:超调量 $\sigma\%$ 仅是阻尼比 ζ 的函数,而与自然频率 ω_n无关。超调量与阻尼比的关系如图 2-24 所示。阻尼比越大,超调量越小,反之亦然。一般,当选取 $\zeta=0.4\sim0.8$ 时,$\sigma\%$介于 1.5%~25.4%。

4) 调节时间 t_s

若选取误差带 $\Delta=0.05$,可以解得 $t_s\leqslant\frac{3.5}{\zeta\omega_n}$。在分析问题时,常取

$$t_s=\frac{3.5}{\zeta\omega_n}=\frac{3.5}{\sigma} \tag{2-48}$$

若选取误差带 $\Delta=0.02$,则有

$$t_s=\frac{4.4}{\zeta\omega_n}=\frac{4.4}{\sigma} \tag{2-49}$$

表明：调节时间与闭环极点的实部数值成反比。闭环极点距虚轴的距离越远，系统的调节时间越短。

从上述各项动态性能指标的计算式可以看出，指标之间是有矛盾的。如上升时间和超调量，不易同时达到满意的结果。需要采取合理的折中方案或补偿方案，才能达到设计的目的。

在控制工程中，除了那些不容许产生振荡响应的系统外，通常都希望控制系统具有适度的阻尼、较快的响应速度和较短的调节时间。因此，一般取 $\zeta=0.4\sim0.8$，其各项动态性能指标相对比较理想。

例 2-6　控制系统结构图如图 2-25 所示，若要求系统具有性能指标 $\sigma\%=0.2$，$t_p=1$ s，试确定系统参数 K 和 τ，并计算单位阶跃响应的特征量 t_r 和 t_s。

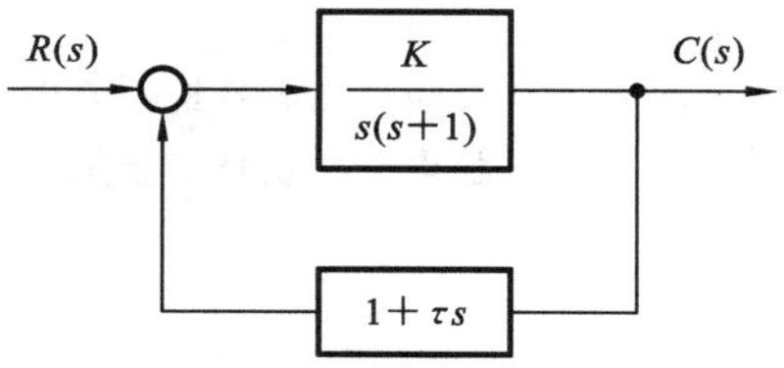

图 2-25　控制系统结构图

解　由图 2-25 知，系统闭环传递函数为

$$\frac{C(s)}{R(s)}=\frac{K}{s^2+(1+K\tau)s+K}$$

与传递函数标准形式(2-38)相比，可得

$$\omega_n=\sqrt{K},\quad \zeta=\frac{1+K\tau}{2\sqrt{K}}$$

由 ζ 与 $\sigma\%$ 的关系式 $\sigma\%=e^{-\pi\zeta/\sqrt{1-\zeta^2}}\times 100\%$ 得到(注：以下导出式 $\zeta=f(\sigma\%)$ 很有用)：

$$\zeta=\frac{\ln\left(\frac{1}{\sigma\%}\right)}{\sqrt{\pi^2+\left(\ln\frac{1}{\sigma\%}\right)^2}}=0.46$$

再由峰值时间计算式(2-46)ω_d 与 ω_n 的关系，算出

$$\omega_n=\frac{\pi}{t_p\sqrt{1-\zeta^2}}=\frac{3.54\text{rad}}{s}$$

从而解得　　$K=\omega_n^2=12.53(\text{rad/s})^2$，　$\tau=\dfrac{2\zeta\omega_n-1}{K}=0.18$ s

由于　　$\beta=\arccos\zeta=1.09$ rad，　$\omega_d=\omega_n\sqrt{1-\zeta^2}=3.14$ rad/s

故由式(2-45)和式(2-48)计算得

$$t_r=\frac{\pi-\beta}{\omega_d}=0.65\text{ s},\quad t_s=\frac{3.5}{\zeta\omega_n}=2.15\text{ s}$$

若取误差带 $\Delta=0.02$，则由式(2-49)得调节时间为

$$t_s=\frac{4.4}{\zeta\omega_n}=2.70\text{ s}$$

4. 过阻尼二阶系统的动态性能指标

有些场合如温度控制或仪表指示时，需要采用过阻尼系统，又希望响应速度较快时，需要采用临界阻尼系统。有些高阶系统可用过阻尼二阶系统的时间响应来近似，如图 2-26 所示。

当阻尼比 $\zeta>1$，且初始条件为零时，二阶系统的单位阶跃响应如式(2-44)所示。

在动态性能指标中，只有上升时间和调节时间有意义。然而，式(2-44)是一个超越方程，无法根据各动态性能指标的定义求出其准确计算公式。目前，工程上采用查曲线或拟合近似计算公式。

(1) 上升时间 t_r 的估算式为

$$t_r=\frac{1+1.5\zeta+\zeta^2}{\omega_n}$$

(2) 调节时间 t_s 的估算：根据式(2-44)，令 T_1/T_2 为不同值，查图 2-27 即可解出相应的无因次调节时间 $\dfrac{t_s}{T_1}$。

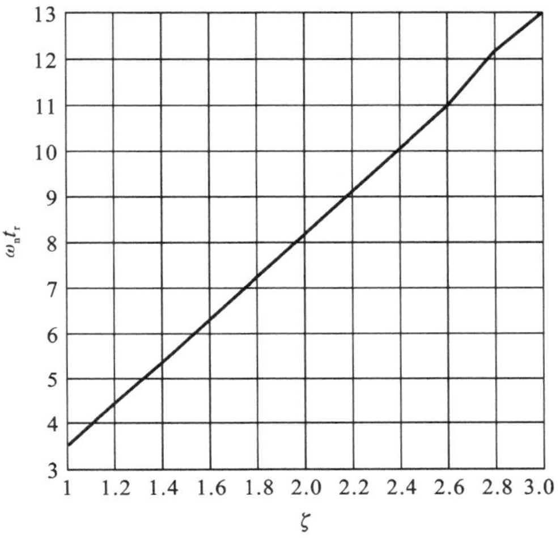

图 2-26 过阻尼二阶系统 $\omega_n t_r$ 与 ζ 的关系曲线

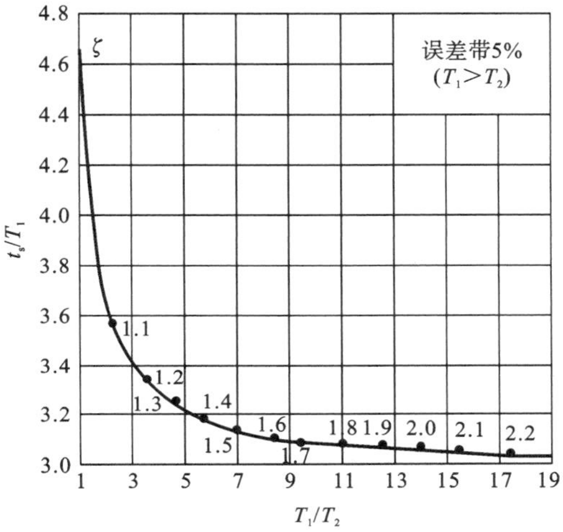

图 2-27 过阻尼二阶系统的调节时间特性

5. 二阶系统性能的改善

在改善二阶系统性能的方法中，比例-微分控制和测速反馈控制是两种常用的方法。

1) 比例-微分控制

比例-微分控制的二阶系统如图 2-28 所示。图中，$E(s)$ 为误差信号，T_d为微分器时间常数。由图可见，系统输出量同时受误差信号及其速率的双重作用。因此，比例-微分控制是一种早期控制，可在出现位置误差前，提前产生修正作用，从而达到改善系统性能的目的。比例-微分控制可以增大系统的阻尼，使阶跃响应的超调量下降，调节时间缩短，且不影响常值稳态误差及系统的自然频率。

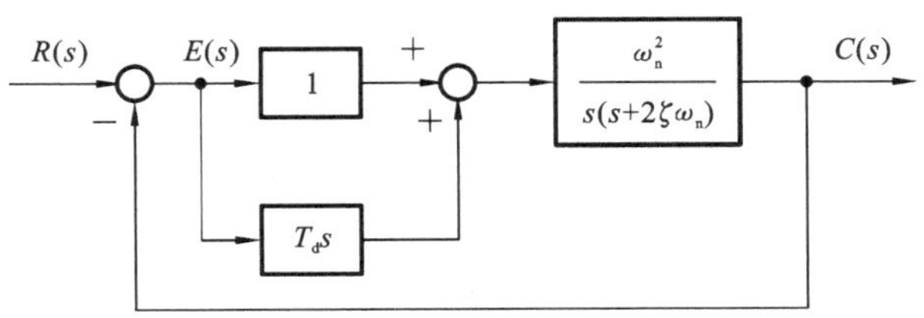

图 2-28 比例-微分控制系统结构方框图

需要指出，微分器对于噪声的放大作用，可能大于对缓慢变化输入信号的放大作用，因此在系统输入端噪声较强的情况下，不宜采用比例-微分控制方式。此时，可考虑选用控制工程中常用的测速反馈控制方式。

2）测速反馈控制

图 2-29 所示的是测速反馈控制系统结构图。输出量的导数同样可以用来改善系统的性能，通过将输出的速度信号反馈到系统输入端，并与误差信号比较，其效果与比例-微分控制相似，可以增大系统阻尼，改善系统动态性能。

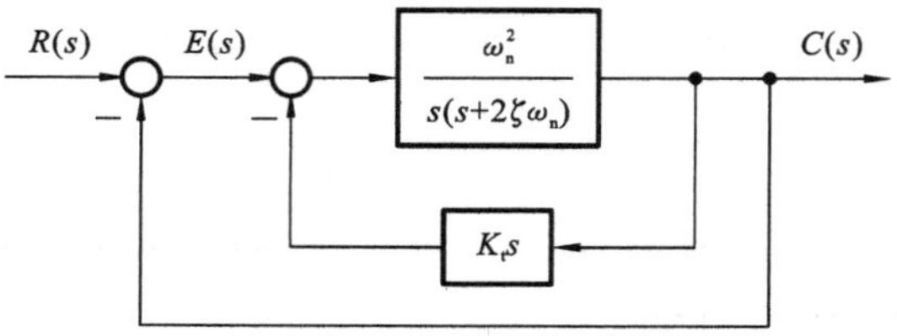

图 2-29 测速反馈控制系统结构图

如果系统输出量是机械位置，如角位移，则可以采用测速发电机将角位移变换为正比于角速度的电压，从而获得输出速度反馈。测速反馈可以改善系统动态性能，但会增大稳态误差。为了减小稳态误差，必须加大原系统的开环增益，而使 K_t 单纯用来增大系统阻尼。

2.3.4 高阶系统的时域分析

在控制工程中，几乎所有的控制系统都是高阶系统，即用高阶微分方程描述的系统。确定高阶系统动态性能指标是比较复杂。所有高阶系统都可以分解为一阶或二阶系统的组合。工程上常采用闭环主导极点的概念对高阶系统进行近似分析，或直接应用 MATLAB 软件进行高阶系统分析。

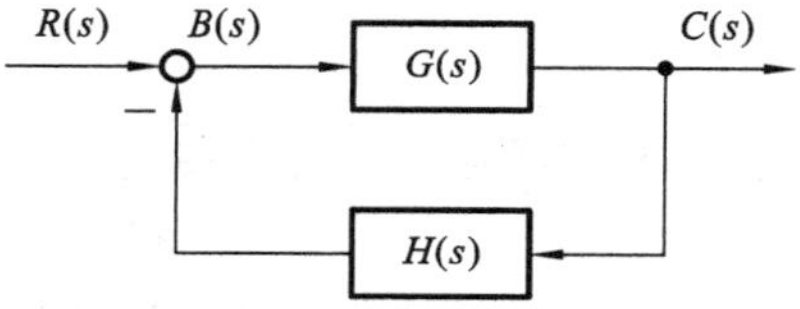

图 2-30 典型控制系统方框图

1. 高阶系统的单位阶跃响应

研究图 2-30 所示系统，其闭环传递函数为

$$\Phi(s)=\frac{C(s)}{R(s)}=\frac{G(s)}{1+G(s)H(s)} \quad (2\text{-}50)$$

在一般情况下，$G(s)$ 和 $H(s)$ 都是 s 的多项式之比，故式(2-50)可以写为

$$\Phi(s)=\frac{M(s)}{D(s)}=\frac{b_0 s^m+b_1 s^{m-1}+\cdots+b_{m-1}s+b_m}{a_0 s^n+a_1 s^{n-1}+\cdots+a_{n-1}s+a_n},\quad m\geqslant n \quad (2\text{-}51)$$

当采用解析法求解高阶系统的单位阶跃响应时，应将式(2-51)的分子多项式和分母多项式进行因式分解，必定可以表示为如下因式的乘积形式。

$$\Phi(s)=\frac{C(s)}{R(s)}=\frac{M(s)}{D(s)}=\frac{K\prod_{i=1}^{m}(s+z_i)}{\prod_{i=1}^{n}(s+p_i)}$$

式中：$K=\frac{b_0}{a_0}$；z_i 为之根 $M(s)=0$，$s=-z_i$ 称为闭环零点；$s=-p_i$ 为 $D(s)=0$ 之根，称为闭环极点。

在单位阶跃信号作用下（$R(s)=\frac{1}{s}$），系统的输出：

$$C(s)=\frac{K\prod_{i=1}^{m}(s+z_i)}{s\prod_{i=1}^{m}(s+p_i)} \tag{2-52}$$

式(2-52)中 p_i 可能有单实根、重实根和共轭复根或者三者组合的情况，不失一般性。设有 q 个单根，$2r$ 个共轭复根，则可以将式(2-52)分解为以下部分分式和的形式。

$$C(s)=\frac{a}{s}+\sum_{j=1}^{q}\frac{a_j}{s+p_j}+\sum_{k=1}^{r}\frac{b_k(s+\zeta_k\omega_k)+c_k\omega_k\sqrt{1-\zeta_k^2}}{s^2+2\zeta_k\omega_k s+\omega_k^2},\quad (q+2r=n)$$

对应的拉氏反变换为

$$c(t)=a+\sum_{j=1}^{q}a_j e^{-p_j t}+\sum_{k=1}^{r}b_k e^{-\zeta_k\omega_k t}\cos\omega_k\sqrt{1-\zeta_k^2}+\sum_{k=1}^{r}c_k e^{-\zeta_k\omega_k t}\sin\omega_k\sqrt{1-\xi_k^2}t,\quad t\geqslant 0$$

对上式分析可知：① 稳定的高阶系统要求 $t\to+\infty$ 时，后面含指数函数项均必须衰减至零，即闭环极点的实部必须为负，位于复平面的左半平面。② 闭环极点的实部的绝对值越大(离虚轴越远)，其响应分量衰减得越迅速；反之，则衰减缓慢，对系统输出的影响越持久。③ 系统时间响应的类型取决于闭环极点的性质和实部大小，时间响应的形状与闭环零点有关。

2. 高阶系统闭环主导极点及其动态性能分析

在闭环控制系统中，如果存在一个极点最接近虚轴，并且该极点附近没有闭环零点，同时其他闭环极点都远离虚轴，那么这个极点对应的响应分量会随着时间的增长而缓慢衰减，对系统的时间响应起到决定性作用。这样的极点被称为闭环主导极点，它可以是实数或复数形式，也可以是它们的组合。相对地，所有其他闭环极点由于其对应的响应分量衰减速度快，对系统的时间响应影响不大，因此被归类为非主导极点。

在控制工程的应用中，常常追求控制系统能够快速响应，同时具备适当的阻尼特性，并且希望减少诸如死区、间隙和库仑摩擦等非线性因素的影响。为了达到这些要求，高阶系统的增益通常会被调整，以确保系统拥有一对闭环共轭主导极点。在这种情况下，可以利用二阶系统的动态性能指标来近似评估高阶系统的动态行为。

在用二阶系统性能进行近似时，还需要考虑其他非主导闭环极点的影响。非主导极点对系统动态性能的影响为：增大峰值时间，使系统响应速度变缓，但可以使超调量 $\sigma\%$ 减小。这表明闭环非主导极点可以增大系统阻尼，且这种作用将随闭环极点接近虚轴而加强。

此外，闭环零点对高阶系统也有影响，包括减小峰值时间，使系统响应速度加快，超调量 $\sigma\%$ 增大。这表明闭环零点会减小系统阻尼，并且这种作用将随闭环零点接近虚轴而加强。因此，配置闭环零点时，要折中考虑闭环零点对系统响应速度和阻尼程度的影响。

表 2-5 举例说明高阶系统闭环零极点分布对系统动态性能的影响。

表 2-5 高阶系统动态性能分析比较

系统编号	系统闭环传递函数	上升时间 t_r/s	峰值时间 t_p/s	超调量 $\sigma\%$	调节时间 t_s/s($\Delta=2\%$)
1	$\frac{1.05}{(0.125s+1)(0.5s+1)(s^2+s+1)}$	1.89	4.42	13.8%	8.51
2	$\frac{1.05(0.4762s+1)}{(0.125s+1)(0.5s+1)(s^2+s+1)}$	1.68	3.75	15.9%	8.20

续表

系统编号	系统闭环传递函数	上升时间 t_r/s	峰值时间 t_p/s	超调量 $\sigma\%$	调节时间 t_s/s($\Delta=2\%$)
3	$\dfrac{1.05(s+1)}{(0.125s+1)(0.5s+1)(s^2+s+1)}$	1.26	3.20	25.3%	8.10
4	$\dfrac{1.05(0.4762s+1)}{(0.25s+1)(0.5s+1)(s^2+s+1)}$	1.73	4.09	15.0%	8.36
5	$\dfrac{1.05(0.4762s+1)}{(0.5s+1)(s^2+s+1)}$	1.66	3.64	16.0%	8.08
6	$\dfrac{1.05}{s^2+s+1}$	1.64	3.64	16.3%	8.08

2.3.5 线性系统的稳定性分析

稳定性是控制系统的重要性能，稳定是系统正常运行的首要条件。分析系统的稳定性并提出保证系统稳定的措施，是控制工程分析设计的基本任务之一。

1. 稳定性的基本概念

任何系统在扰动作用下都会偏离原平衡状态，产生初始偏差。所谓稳定性，是指系统在扰动消失后，由初始偏差状态恢复到原平衡状态的性能。

根据李雅普诺夫稳定性理论：若线性控制系统在初始扰动的影响下，其动态过程随时间的推移逐渐衰减并趋于零(原平衡工作点)，则称系统渐近稳定，简称稳定；反之，若在初始扰动影响下，系统的动态过程随时间的推移而发散，则称系统不稳定。

2. 线性系统稳定的充分必要条件

设线性系统在初始条件为零时，作用一个理想单位脉冲 $\delta(t)$，这时系统的输出增量为脉冲响应 $c(t)$。这相当于系统在扰动信号作用下，输出信号偏离原平衡工作点的问题。若 $t\to\infty$，脉冲响应

$$\lim_{t\to\infty}c(t)=0 \tag{2-53}$$

即输出增量收敛于原平衡工作点，则线性系统是稳定的。

设闭环传递函数如式(2-54)所示，且设 $s_i(i=1,2,\cdots,n)$ 为特征方程 $D(s)=0$ 的根，而且彼此不等。那么，由于 $\delta(t)$ 的拉氏变换为1，所以系统输出增量的拉氏变换为

$$C(s)=\frac{N(s)}{D(s)}=\frac{K\prod_{i=1}^{m}(s+z_i)}{\prod_{j=1}^{q}(s+p_j)\prod_{k=1}^{r}(s^2+2\zeta_k\omega_k s+\omega_k^2)} \tag{2-54}$$

式中，$q+2r=n$。将上式展成部分分式，并设 $0<\zeta_k<1$，可得

$$C(s)=\sum_{j=1}^{q}\frac{A_j}{s+p_j}+\sum_{k=1}^{r}\frac{B_k s+C_k}{s^2+2\zeta_k\omega_k s+\omega_k^2} \tag{2-55}$$

将式(2-55)进行拉氏反变换，并设初始条件全部为零，可得系统的脉冲响应为

$$c(t)=\sum_{j=1}^{q}A_j e^{-p_j t}+\sum_{k=1}^{r}B_k e^{-\zeta_k\omega_k t}\cos(\omega_k\sqrt{1-\zeta_k^2})t$$

$$+\sum_{k=1}^{r}\frac{C_k-B_k\zeta_k\omega_k}{\omega_k\sqrt{1-\zeta_k^2}}e^{-\zeta_k\omega_k t}\sin(\omega_k\sqrt{1-\zeta_k^2})t,\quad t\geqslant 0 \tag{2-56}$$

式(2-56)表明，当且仅当系统的特征根全部具有负实部时，式(2-53)才能成立，即系统是稳定的；若特征根中有一个或一个以上正实部根，则$\lim\limits_{t\to\infty}c(t)\to\infty$，表明系统不稳定；若特征根中具有一个或一个以上零实部根，而其余的特征根均具有负实部，则处于稳定和不稳定的临界状态，常称为临界稳定情况。在经典控制理论中，只有渐近稳定的系统才称为稳定系统；否则，称为不稳定系统。

由此可见，线性系统稳定的充分必要条件是：闭环系统特征方程的所有根均具有负实部；或者说，闭环传递函数的极点均位于 s 左半平面。

3. 劳斯-赫尔维茨稳定判据

根据稳定的充分必要条件判别线性系统的稳定性，需要判断系统特征根是否全部位于 s 左半平面。劳斯和赫尔维茨分别独立提出了判断系统稳定性的代数判据，称为劳斯-赫尔维茨稳定判据。这种判据无须求解特征方程，直接通过特征方程的系数即可判断。

1）赫尔维茨稳定判据

设线性系统的特征方程为

$$D(s)=a_0s^n+a_1s^{n-1}+\cdots+a_{n-1}s+a_n=0,\quad a_0>0 \tag{2-57}$$

则使线性系统稳定的必要条件是：在特征方程(2-57)中各项系数为正数。

然而，这一条件是不充分的，因为各项系数为正数的系统特征方程，完全可能拥有正实部的根。

根据赫尔维茨稳定判据，线性系统稳定的充分且必要条件应是：由系统特征方程(2-57)各项系数所构成的主行列式

$$\Delta_n=\begin{vmatrix} a_1 & a_3 & a_5 & \cdots & 0 & 0\\ a_0 & a_2 & a_4 & \cdots & 0 & 0\\ 0 & a_1 & a_3 & \cdots & 0 & 0\\ 0 & a_0 & a_2 & \cdots & 0 & 0\\ 0 & 0 & a_1 & \cdots & 0 & 0\\ 0 & 0 & a_0 & \cdots & 0 & 0\\ \vdots & \vdots & \vdots & & \vdots & \vdots\\ 0 & 0 & 0 & \cdots & a_n & 0\\ 0 & 0 & 0 & \cdots & a_{n-1} & 0\\ 0 & 0 & 0 & \cdots & a_{n-2} & a_n \end{vmatrix}$$

及其顺序主子式 $\Delta_i\ (i=1,2,\cdots,n-1)$ 全部为正，即

$$\Delta_1=a_1>0,\quad \Delta_2=\begin{vmatrix} a_1 & a_3\\ a_0 & a_2\end{vmatrix}>0,\quad \Delta_3=\begin{vmatrix} a_1 & a_3 & a_5\\ a_0 & a_2 & a_4\\ 0 & a_1 & a_3\end{vmatrix}>0,\quad \cdots,\quad \Delta_n>0$$

对于高阶系统，赫尔维茨稳定判据计算工作量大，使用不便。可以采用劳斯稳定判据。

2）劳斯稳定判据

劳斯稳定判据为表格形式，如表 2-6 所示。劳斯稳定判据表的前两行由系统特征

方程(2-57)的系数直接构成。表中第 3 行及往后的数值，需按表 2-6 所示逐行计算。对于空位则置零，这种过程一直进行到第 n 行为止，第 $n+1$ 行仅第一列有值，且正好等于特征方程最后一项系数 a_n。表中系数排列呈上三角形。

表 2-6 劳斯稳定判据表

s^n	a_0	a_2	a_4	a_6	…
s^{n-1}	a_1	a_3	a_5	a_7	…
s^{n-2}	$c_{13}=\dfrac{a_1a_2-a_0a_3}{a_1}$	$c_{23}=\dfrac{a_1a_4-a_0a_5}{a_1}$	$c_{33}=\dfrac{a_1a_6-a_0a_7}{a_1}$	c_{43}	…
s^{n-3}	$c_{14}=\dfrac{c_{13}a_3-a_1c_{23}}{c_{13}}$	$c_{24}=\dfrac{c_{13}a_5-a_1c_{33}}{c_{13}}$	$c_{34}=\dfrac{c_{13}a_7-a_1c_{43}}{c_{13}}$	c_{44}	…
s^{n-4}	$c_{15}=\dfrac{c_{14}c_{23}-c_{13}c_{24}}{c_{14}}$	$c_{25}=\dfrac{c_{14}c_{33}-c_{13}c_{34}}{c_{14}}$	$c_{35}=\dfrac{c_{14}c_{43}-c_{13}c_{44}}{c_{14}}$	c_{45}	…
⋮	⋮	⋮	⋮	—	—
s^2	$c_{1,n-1}$	$c_{2,n-1}$	—	—	—
s^1	$c_{1,n}$	—	—	—	—
s^0	$c_{1,n+1}=a_n$	—	—	—	—

按照劳斯稳定判据，由特征方程(2-57)所表征的线性系统稳定的充分且必要条件是：劳斯稳定判据表中第一列各值为正。如果劳斯稳定判据表第一列中出现小于零的数值，系统就不稳定，且第一列各系数符号的改变次数，代表特征方程(2-57)的正实部根的数目。

可以证明：劳斯稳定判据与赫尔维茨稳定判据在实质上是相同的。在 $a_0>0$ 的情况下，如果所有的顺序赫尔维茨行列式为正，则劳斯表中第一列的所有元素必大于零。

4. 劳斯稳定判据的特殊情况

使用劳斯稳定判据分析线性系统的稳定性时，有时会遇到两种特殊情况，使得劳斯稳定判据表中的计算无法继续。在不影响劳斯稳定判据的判别结果情况下，可以采用数学方法处理。

(1) 劳斯稳定判据表中某行的第一列项为零，而其余各项不为零，或不全为零。有两种方法解决：① 用因子$(s+a)$乘以原特征方程，其中 a 可为任意正数，再按劳斯稳定判据找到存在不稳定根的个数；② 用一个正的极小值 ε^+ 代替 0，继续列出劳斯稳定判据表，再求含 ε^+ 各项的极限，从而判定不稳定根的个数。

(2) 劳斯稳定判据表中出现全零行。这种情况表明特征方程中存在一些绝对值相同但符号相异的特征根。例如，两个大小相等但符号相反的实根和(或)一对共轭纯虚根，或者是对称于实轴的两对共轭复根。

此时用全零行上面一行的系数构造一个辅助方程 $F(s)=0$，并将辅助方程对复变量 s 求导，用所得导数方程的系数取代全零行的各元素，便可按劳斯稳定判据的要求继续运算下去，直到得出完整的劳斯计算表。辅助方程的次数通常为偶数，它表明数值相同但符号相反的根数。所有那些数值相同但符号相异的根，均可由辅助方程求得。

5. 劳斯稳定判据的应用

在线性控制系统中，劳斯稳定判据既可用来判断系统的稳定性，也可以确定使系统特征根全部位于 $s=-a$ 垂线之左的参数取值范围。

例 2-7 设比例-积分(PI)控制系统如图 2-31 所示。其中，K_1 为与积分器时间常数有关的待定参数。已知参数 $\zeta=0.2$ 及 $\omega_n=86.6$。

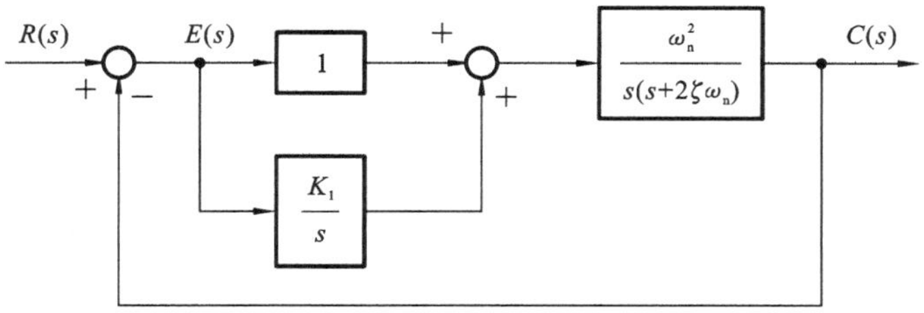

图 2-31 例 2-7 控制系统

(1) 试用劳斯稳定判据确定使闭环系统稳定的 K_1 取值范围；

(2) 如果要求闭环系统的极点全部位于 $s=-1$ 垂线之左，问 K_1 值范围又应取多大?

解 (1) 根据图 2-31 可写出系统的闭环传递函数为

$$\Phi(s)=\frac{\omega_n^2(s+K_1)}{s^3+2\zeta\omega_n s^2+\omega_n^2 s+K_1\omega_n^2}$$

因而，闭环特征方程为

$$D(s)=s^3+2\zeta\omega_n s^2+\omega_n^2 s+K_1\omega_n^2=0$$

代入已知的 ζ 与 ω_n，得

$$D(s)=s^3+34.6s^2+7500s+7500K_1=0$$

相应的劳斯稳定判据表为

$$\begin{array}{c|cc} s^3 & 1 & 7500 \\ s^2 & 34.6 & 7500K_1 \\ s^1 & \dfrac{34.6\times7500-7500K_1}{34.6} & 0 \\ s^0 & 7500K_1 & \end{array}$$

根据劳斯稳定判据，令劳斯稳定判据表中第一列各元为正，求得 K_1 的取值范围为

$$0<K_1<34.6$$

(2) 当要求闭环极点全部位于 $s=-1$ 垂线之左时，可令 $s=s_1-1$，代入原特征方程，得到新特征方程为

$$(s_1-1)^3+34.6(s_1-1)^2+7500(s_1-1)+7500K_1=0$$

整理得 $$s_1^3+31.6s_1^2+7433.8s_1+(7500K_1-7466.4)=0$$

相应的劳斯稳定判据表为

s_1^3	1	7433.8
s_1^2	31.6	$7500K_1-7466.4$
s_1^1	$\dfrac{31.6\times7433.8-(7500K_1-7466.4)}{31.6}$	0
s_1^0	$7500K_1-7466.4$	

令劳斯稳定判据表中第一列各元为正，使得全部闭环极点位于 $s=-1$ 垂线之左的 K_1 取值范围为

$$0<K_1<32.3$$

注：如果需要确定系统其他参数，例如时间常数对系统稳定性的影响，方法是类似的。一般说来，这种待定参数不能超过两个。

2.3.6　线性系统的稳态误差计算

在系统处于稳定状态时，控制系统不一定能保证的稳态输出与输入量一致或相当，即有可能存在稳态误差。有时，把在阶跃函数作用下没有原理性稳态误差的系统称为无差系统，而把具有原理性稳态误差的系统称为有差系统。在控制系统设计中，稳态误差是一项重要的技术指标。

本节主要讨论线性控制系统因系统结构、输入作用形式和类型所产生的稳态误差，即原理性稳态误差的计算方法，同时介绍定量描述系统误差的两类系数，即静态误差系数和动态误差系数。

1. 误差与稳态误差

设控制系统结构图如图 2-30 所示。当输入信号 $R(s)$ 与主反馈信号 $B(s)$ 不等时，比较装置的输出为

$$E(s)=R(s)-H(s)C(s) \tag{2-58}$$

此时，系统在 $E(s)$ 信号作用下产生动作，使输出量趋于希望值。通常，称 $E(s)$ 为误差信号，简称误差（亦称偏差）。这种误差是从输入端定义的，也可以从系统输出端来定义，两种定义可以相互转换。当 $H(s)=1$ 时称为单位负反馈，此时两者定义是一致的。在本书以下的叙述中，均采用从系统输入端定义的误差 $E(s)$ 进行计算和分析。

误差本身是时间的函数，其时域表达式为

$$e(t)=L^{-1}[E(s)]=L^{-1}[\Phi_e(s)R(s)] \tag{2-59}$$

式中，$\Phi_e(s)$ 为系统误差传递函数，由下式决定：

$$\Phi_e(s)=\frac{E(s)}{R(s)}=\frac{1}{1+G(s)H(s)} \tag{2-60}$$

在误差信号 $e(t)$ 中，包含瞬态分量 $e_{ts}(t)$ 和稳态分量 $e_{ss}(t)$ 两部分。由于系统必须稳定，故当时间趋于无穷时，必有 $e_{ts}(t)$ 趋于零。因此，控制系统的稳态误差定义为误差信号 $e(t)$ 的稳态分量 $e_{ss}(\infty)$，常以 e_{ss} 简单标志。

如果有理函数 $sE(s)$ 除在原点处有唯一的极点外，在 s 右半平面及虚轴上解析，即 $sE(s)$ 的极点均位于 s 左半平面（包括坐标原点），则可根据拉氏变换的终值定理，由式(2-61)方便地求出系统的稳态误差：

$$e_{ss}(\infty)=\lim_{s\to 0}sE(s)=\lim_{s\to 0}\frac{sR(s)}{1+G(s)H(s)} \tag{2-61}$$

由于上式算出的稳态误差是误差信号稳态分量 $e_{ss}(t)$ 在 t 趋于无穷时的数值，故有时称为终值误差，它不能反映 $e_{ss}(t)$ 随时间 t 的变化规律，具有一定的局限性。

2. 系统类型

由稳态误差计算通式(2-61)可见，控制系统稳态误差数值，与开环传递函数 $G(s)H(s)$的结构和输入信号 $R(s)$的形式密切相关。有必要按照控制系统跟踪输入信号的能力对系统进行分类。

在一般情况下，分子阶次为 m，分母阶次为 n 的开环传递函数可表示为

$$G(s)H(s)=\frac{K\prod_{i=1}^{m}(\tau_i s+1)}{s^{\nu}\prod_{j=1}^{n-\nu}(T_j s+1)} \tag{2-62}$$

式中：K 为开环增益；τ_i 和T_j 为时间常数；ν 为开环系统在 s 平面坐标原点上的极点的重数。现在的分类方法是以 ν 的数值来划分的：$\nu=0$，称为 0 型系统；$\nu=1$，称为 Ⅰ 型系统；$\nu=2$，称为 Ⅱ 型系统……当 $\nu>2$ 时，除复合控制系统外，使系统稳定是相当困难的。因此除航天控制系统外，Ⅲ 型及 Ⅲ 型以上的系统几乎不采用。

系统稳态误差计算通式则可表示为

$$e_{ss}(\infty)=\lim_{s\to 0}\frac{sR(s)}{1+G(s)H(s)}=\frac{\lim_{s\to 0}[s^{\nu+1}R(s)]}{K+\lim_{s\to 0}s^{\nu}} \tag{2-63}$$

上式表明，影响稳态误差的因素包括系统型别 ν、开环增益 K、输入信号 $R(s)$的形式和幅值。

3. 阶跃输入作用下的稳态误差与静态位置误差系数

在图 2-30 所示的控制系统中，若 $r(t)=R\cdot 1(t)$，其中 R 为输入阶跃函数的幅值，则 $R(s)=\dfrac{R}{s}$由式(2-61)和(2-62)可以算得各型系统在阶跃输入作用下的稳态误差为

$$e_{ss}(\infty)=\begin{cases}\dfrac{R}{1+K}=\text{常数}, & \nu=0\\ 0, & \nu\geqslant 1\end{cases}$$

常采用静态位置误差系数 K_p 表示各型系统在阶跃输入作用下的位置误差。当 $R(s)=R/s$ 时，有

$$e_{ss}(\infty)=\frac{R}{1+\lim_{s\to 0}G(s)H(s)}=\frac{R}{1+K_p} \tag{2-64}$$

式中

$$K_p=\lim_{s\to 0}G(s)H(s) \tag{2-65}$$

称为静态位置误差系数。由式(2-62)及式(2-65)知，各型系统的静态位置误差系数为

$$K_p=\begin{cases}K, & \nu=0\\ \infty, & \nu\geqslant 1\end{cases}$$

如果要求系统对于阶跃输入作用稳态误差为 0，则必须选用 Ⅰ 型及 Ⅰ 型以上的系统。通常把系统在阶跃输入作用下的稳态误差称为静差。因而，0 型系统可称为有(静)差系统或零阶无差度系统，Ⅰ 型系统可称为一阶无差度系统，Ⅱ 型系统可称为二阶

无差度系统，依此类推。

4. 斜坡输入作用下的稳态误差与静态速度误差系数

在图 2-30 所示的控制系统中，若 $r(t)=Rt$，其中 R 表示速度输入函数的斜率，则 $R(s)=R/s^2$。将 $R(s)$ 代入式(2-61)，得各型系统在斜坡输入作用下的稳态误差为

$$e_{ss}(\infty)=\begin{cases}\infty, & \nu=0\\ R/K=\text{常数}, & \nu=1\\ 0, & \nu\geqslant 2\end{cases}$$

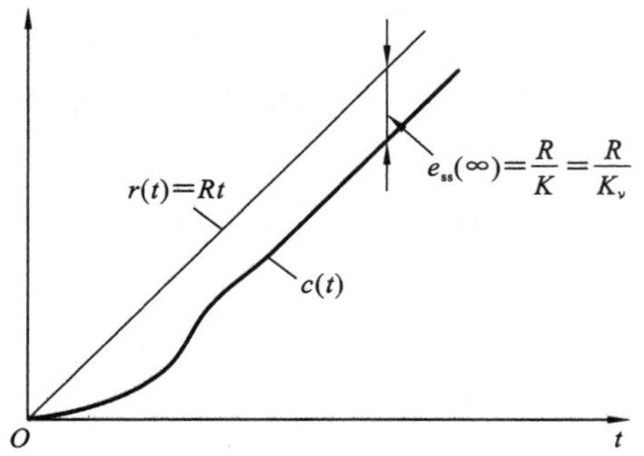

图 2-32 Ⅰ型单位反馈系统的速度误差

Ⅰ型单位反馈系统在斜坡输入作用下的稳态误差如图 2-32 所示。

如果用静态速度误差系数表示系统在斜坡(速度)输入作用下的稳态误差，可得

$$e_{ss}(\infty)=\frac{R}{\lim\limits_{s\to 0}sG(s)H(s)}=\frac{R}{K_\nu} \quad (2\text{-}66)$$

式中

$$K_\nu=\lim_{s\to 0}sG(s)H(s) \quad (2\text{-}67)$$

称为静态速度误差系数。显然，0 型系统的 $K_\nu=0$；Ⅰ型系统的 $K_\nu=K$；Ⅱ型及以上系统的 $K_\nu=\infty$。

通常，式(2-66)表达的稳态误差称为速度误差。指系统在速度(斜坡)输入作用下，系统稳态输出与输入之间存在位置上的误差。此外，式(2-66)还表明：0 型系统在稳态时不能跟踪斜坡输入；对于Ⅰ型单位反馈系统，稳态输出速度恰好与输入速度相同，但存在一个稳态位置误差，其数值与输入速度信号的斜率 R 成正比，而与开环增益 K 成反比；对于Ⅱ型及Ⅱ型以上的系统，稳态时能准确跟踪斜坡输入信号，不存在位置误差。

5. 加速度输入作用下的稳态误差与静态加速度误差系数

在图 2-30 所示的控制系统中，若 $r(t)=Rt^2/2$，其中 R 为加速度输入函数的速度变化率，则 $R(s)=R/s^3$。将 $R(s)$ 代入式(2-63)，算得各型系统在加速度输入作用下的稳态误差为

$$e_{ss}(\infty)=\begin{cases}\infty, & \nu=0,1\\ R/K=\text{常数}, & \nu=2\\ 0, & \nu\geqslant 3\end{cases}$$

Ⅱ型单位反馈系统在加速度输入作用下的稳态误差图示，可参见图 2-33。

如果用静态加速度误差系数表示系统在加速度输入作用下的稳态误差，可将 $R(s)=R/s^3$ 代入式(2-63)，得

$$e_{ss}(\infty)=\frac{R}{\lim\limits_{s\to 0}s^2G(s)H(s)}=\frac{R}{K_a} \quad (2\text{-}68)$$

式中

$$K_a=\lim_{s\to 0}s^2G(s)H(s)=\lim_{s\to 0}\frac{K}{s^{\nu-2}} \quad (2\text{-}69)$$

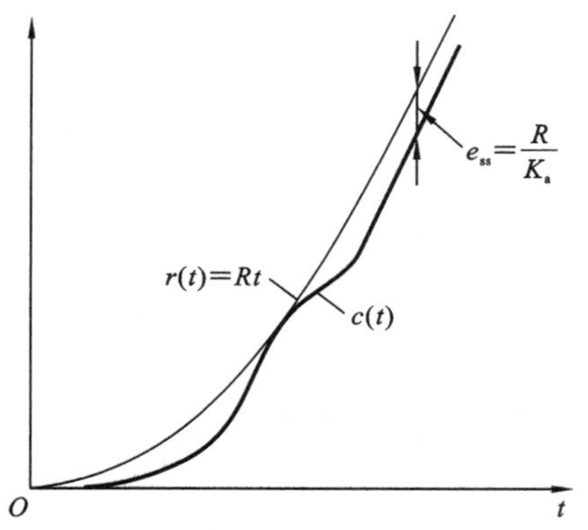

图 2-33 Ⅱ型单位反馈系统的加速度误差

称为静态加速度误差系数。显然，0 型及Ⅰ型系统的 $K_a=0$；Ⅱ型系统的 $K_a=K$；Ⅲ型及Ⅲ型以上系统的 $K_a=\infty$。

通常，由式(2-68)表达的稳态误差称为加速度误差。加速度误差是指系统在加速度函数输入作用下，系统稳态输出与输入之间的位置误差。式(2-68)还表明：0 型及Ⅰ型单位反馈系统，在稳态时都不能跟踪加速度输入；对于Ⅱ型单位反馈系统，稳态输出的加速度与输入加速度函数相同，但存在一定的稳态位置误差，其值与输入加速度信号的变化率 R 成正比，而与开环增益(静态加速度误差系数)K（或 K_a）成反比；对于Ⅲ型及Ⅲ型以上的系统，只要系统稳定，其稳态输出能准确跟踪加速度输入信号，不存在位置误差。

静态误差系数 K_p、K_v 和 K_a，定量描述了系统跟踪不同形式输入信号的能力。当系统输入信号形式、输出量的希望值及容许的稳态位置误差确定后，可以方便地根据静态误差系数去选择系统的型别和开环增益。

如果系统承受的输入信号是多种典型函数的组合，例如

$$r(t)=R_0\cdot 1(t)+R_1t+\frac{1}{2}R_2t^2$$

则根据线性叠加原理，可将每一输入分量单独作用于系统，再将各稳态误差分量叠加起来，得到

$$e_{ss}(\infty)=\frac{R_0}{1+K_p}+\frac{R_1}{K_v}+\frac{R_2}{K_a}$$

显然，这时至少应选用Ⅱ型系统，否则稳态误差将为无穷大，控制系统变得没有意义。

表 2-7 归纳了反馈控制系统的型别、静态误差系数和输入信号形式之间的关系。

表 2-7 输入信号作用下的稳态误差

系统型别	静态误差系数			阶跃输入 $r(t)=R\cdot 1(t)$	斜坡输入 $r(t)=Rt$	加速度输入 $r(t)=\frac{Rt^2}{2}$
	K_p	K_v	K_a	位置误差 $e_{ss}=\frac{R}{1+K_p}$	速度误差 $e_{ss}=\frac{R}{K_v}$	加速度误差 $e_{ss}=\frac{R}{K_a}$
0	K	0	0	$\frac{R}{1+K}$	∞	∞
Ⅰ	∞	K	0	0	$\frac{R}{K}$	∞
Ⅱ	∞	∞	K	0	0	$\frac{R}{K}$
Ⅲ	∞	∞	∞	0	0	0

例 2-8 设具有测速发电机内反馈的位置随动系统如图 2-34 所示。要求计算分别为 $1(t)$、t 和 $t^2/2$ 时，系统的稳态误差，并对系统在不同输入形式下具有不同稳态误差的现象进行物理说明。

解 由图 2-34 得系统的开环传递函数为

$$G(s)=\frac{1}{s(s+1)}$$

可见，本例是 $K=1$ 的Ⅰ型系统，其静态误差系数：$K_p=\infty$，$K_v=1$，$K_a=0$。当 $r(t)$

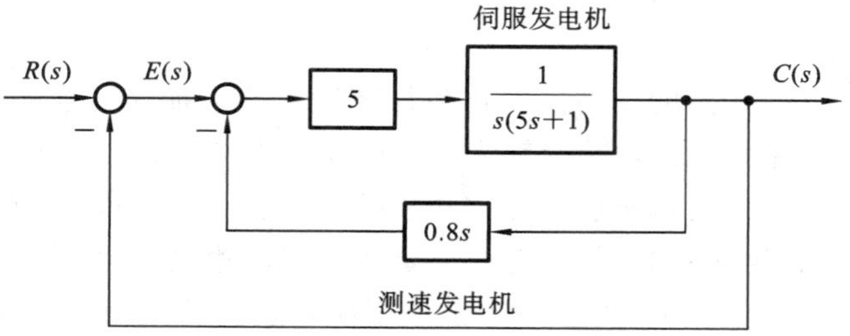

图 2-34 位置随动系统结构图

分别为 $1(t)$、t 和 $t^2/2$ 时，相应的稳态误差分别为 0、1 和 ∞。

静态误差系数只适用于输入信号是阶跃函数、斜坡函数和加速度函数，或者是这三种函数的线性组合时，其实质是用终值定理法求得系统的终值误差。

当系统输入信号为其他形式函数时，静态误差系数法便无法应用，且有的系统输出量往往达不到要求的稳态值时便已结束工作，无法使用静态误差系数法进行误差分析。为此，需要引入动态误差系数的概念。

6. 动态误差系数

利用动态误差系数法，可以研究输入信号几乎为任意时间函数时的系统稳态误差变化，因此动态误差系数又称广义误差系数。如前所述，误差信号的拉氏变换式

$$E(s)=\Phi_e(s)R(s)$$

将误差传递函数 $\Phi_e(s)$ 在 $s=0$ 的邻域内展成泰勒级数，得

$$\Phi_e(s)=\frac{1}{1+G(s)H(s)}=\Phi_e(0)+\dot{\Phi}_e(0)s+\frac{1}{2!}\ddot{\Phi}_e(0)s^2+\cdots$$

于是，误差信号可以表示为如下级数

$$E(s)=\Phi_e(0)R(s)+\dot{\Phi}_e(0)sR(s)+\frac{1}{2!}\ddot{\Phi}_e(0)s^2R(s)+\cdots+\frac{1}{l!}\Phi_e^{(l)}(0)s^lR(s)+\cdots \tag{2-70}$$

对式(2-70)进行拉氏反变换，就得到作为时间函数的稳态误差表达式

$$e_{ss}(t)=\sum_{i=0}^{\infty}C_i r^{(i)}(t) \tag{2-71}$$

$$C_i=\frac{1}{i!}\Phi_e^{(i)}(0),\quad i=0,1,2,\cdots \tag{2-72}$$

称为动态误差系数。习惯上称 C_0 为动态位置误差系数，称 C_1 为动态速度误差系数，称 C_2 为动态加速度误差系数。应当指出，在动态误差系数的字样中，“动态”两字的含义是指这种方法可以完整描述系统稳态误差 $e_{ss}(t)$ 随时间变化而变化的规律，而不是指误差信号中的瞬态分量 $e_{ts}(t)$ 随时间变化而变化的情况。

7. 扰动作用下的稳态误差

控制系统除承受输入信号作用外，还经常处于各种扰动作用之下。例如：负载转矩的变动、电源电压和频率的波动或环境温度的变化等。因此，控制系统在扰动作用下的稳态误差值，反映了系统的抗干扰能力。类似于动态误差系数的定义方法，也可以先定义扰动误差会传递函数，并将其在 $s=0$ 的邻域展成泰勒级数，定义系统对扰动的动态

误差系数。

在理想情况下，系统对于任意形式的扰动作用，其稳态误差应该为零，但实际上这是不能实现的。

8. 减小或消除稳态误差的措施

为了减小或消除系统在输入信号和扰动作用下的稳态误差，可以采取以下措施。

(1) 增大系统开环增益或扰动作用点之前系统的前向通道增益；

(2) 在系统的前向通道或主反馈通道设置串联积分环节；

(3) 采用串级控制抑制内回路扰动；

(4) 采用复合控制方法。

感兴趣的读者可以查阅相关文献。

2.3.7 控制系统时域设计

【工程案例 2-3】 火星漫游车转向控制

1997 年 7 月 4 日，以太阳能作动力的"逗留者号"漫游车在火星上着陆，其外形如图 2-35(a)所示。漫游车全重 10.4 kg，可由地球上发出的路径控制信号 $r(t)$ 实施遥控。漫游车的两组车轮以不同的速度运行，以便实现整个装置的转向。为了进一步探测火星上是否有水，2004 年美国国家宇航局又发射了"勇气号"火星探测器。为了便于对比，图 2-35(b)给出了"勇气号"外形图。由图可见，"勇气号"与"逗留者号"有许多相似之处，但"勇气号"上的装备与技术更为先进。本例仅研究"逗留者号"漫游车的转向控制如图 2-36(a)所示，其结构图如图 2-36(b)所示。

(a) 逗留者号

(b) 勇气号

图 2-35 火星漫游车外形图

设计目标是选择参数 K_1 与 a 确保系统稳定，并使系统对斜坡输入的稳态误差小于或等于输入指令幅度的 24%。

解 由图 2-36(b)可知，闭环特征方程为

$$1+G_c(s)G_0(s)=0$$

即

$$1+\frac{K_1(s+a)}{s(s+1)(s+2)(s+5)}=0$$

于是有

$$s^4+8s^3+17s^2+(10+K_1)s+aK_1=0$$

为了确定 K_1 和 a 的稳定区域，建立如下劳斯稳定判据表。

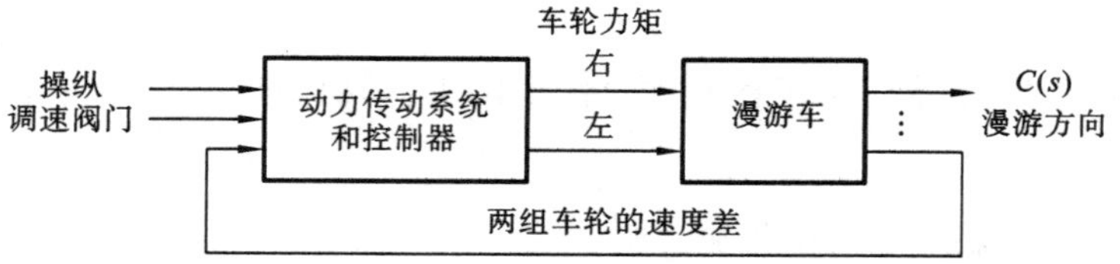

（a）双轮组漫游车的转向控制框图

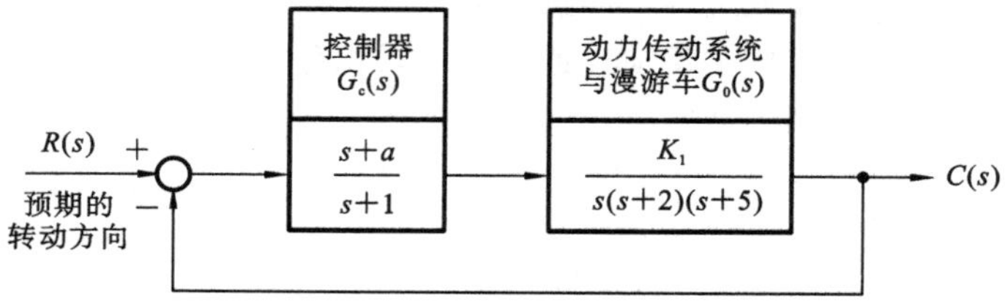

（b）结构图

图 2-36 火星漫游车转向控制系统

$$
\begin{array}{c|ccc}
s^4 & 1 & 17 & aK_1 \\
s^3 & 8 & 10+K_1 & \\
s^2 & \dfrac{126-K_1}{8} & 10+K_1 & \\
s^1 & \dfrac{1260+(116-64a)K_1-K_1^2}{126-K_1} & & \\
s^0 & aK_1 & &
\end{array}
$$

由劳斯稳定判据知，使火星漫游车闭环稳定的充分必要条件为

$$K_1<126$$

$$aK_1>0$$

$$1260+(116-64a)K_1-K_1^2>0$$

当 $K_1>0$ 时，漫游车系统的稳定区域如图 2-37 所示。

由于设计指标要求系统在斜坡输入时的稳态误差不大于输入指令幅度的 24%，故需要对 K_1 与 a 的取值关系加以约束。令 $r(t)=At$，其中 A 为指令斜率，系统的稳态误差为

$$e_{ss}(\infty)=\frac{A}{K_\nu}\leqslant 0.24A$$

式中，静态速度误差系数

$$K_\nu=\lim_{s\to 0}sG(c)(s)G_0(s)=\frac{aK_1}{10}$$

于是

$$e_{ss}(\infty)=\frac{10A}{aK_1}\leqslant 0.24A$$

若取 $aK_1=42$，则 $e_{ss}(\infty)$ 等于 A 的 23.8%，正好满足指标要求。因此，在图 2-37 的稳定区域中，在 $K_1<126$ 的限制条件下，可任取满足 $aK_1=42$ 的 a 与 K_1 值。例如：$K_1=70, a=0.6$；或者 $K_1=50, a=0.84$ 等参数组合。待选参数取值范围：$K_1=15\sim100, a=0.42\sim2.8$。

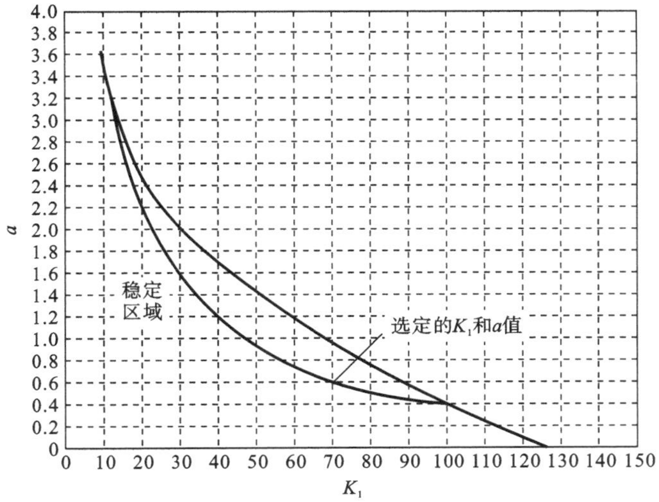

图 2-37 火星漫游车稳定区域

【工程案例 2-4】 海底隧道钻机控制系统时域设计

连接法国和英国的英吉利海峡海底隧道于 1987 年 12 月开工建设，1990 年 11 月，从两个国家分头开钻的隧道首次对接成功。图 2-38(a)即为汽车在该隧道中行驶的图。隧道长 37.82 km，位于海底面以下 61 m。隧道于 1992 年完工，共耗资 14 亿美元，每天能通过 50 辆列车，从伦敦到巴黎的火车行驶时间因此缩短 3 h。

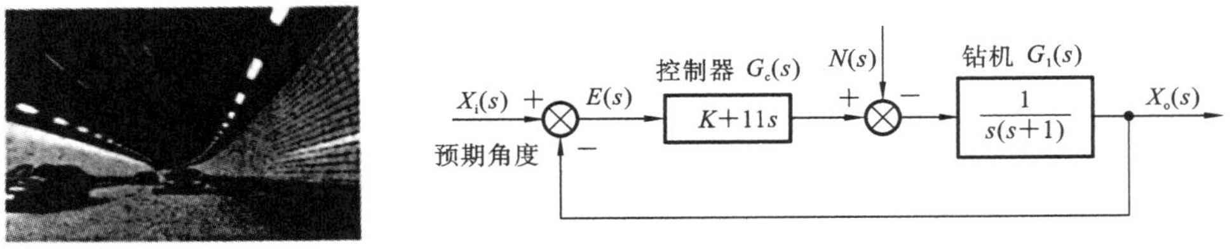

(a) 汽车在英法海底隧道中行驶

(b) 钻机控制系统结构框图

图 2-38 海底隧道钻机控制系统

钻机在推进过程中，为了保证必要的隧道对接精度，施工中使用了一个激光导引系统，以保持钻机的直线方向。钻机控制系统结构框图如图 2-38(b)所示。图 2-38(b)中，$X_o(s)$为钻机向前的实际角度，$X_i(s)$为预期角度，$N(s)$为负载对机器的影响。

该系统设计目的是选择增益 K，使系统对输入角度的响应满足工程要求，并且使扰动引起的稳态误差最小。

解 该钻机控制系统采用了比例-微分(PD)控制。应用方框图化简规则可得系统在 $X_i(s)$和 $N(s)$同时作用下的输出为

$$X_o(s)=\frac{K+11s}{s^2+12s+K}X_i(s)-\frac{1}{s^2+12s+K}N(s)$$

显然，闭环系统特征方程为

$$s^2+12s+K=0$$

因此，只要选择 $K>0$，闭环系统就一定稳定。

由于系统在扰动 $N(s)$ 作用下的闭环传递函数为

$$\Phi_n(s)=\frac{X_{on}(s)}{N(s)}=-\frac{1}{s^2+12s+K}$$

令 $N(s)=\frac{1}{s}$，可得单位阶跃扰动作用下系统的稳态输出为

$$x_{on}(\infty)=\lim_{s\to 0}s\Phi_n(s)N(s)=-\frac{1}{K}$$

若选 $K>10$，则 $|x_{on}(\infty)|<0.1$，可以减小扰动的影响。因而，从系统稳态性能考虑，以取 $K>10$ 为宜。

为了选择适当的 K 值，需要分析比例-微分控制的作用。

如果仅选用比例(P)控制，在系统的开环传递函数为

$$G_c(s)G_0(s)=\frac{K}{s(s+1)}$$

相应的闭环传递函数为

$$\Phi(s)=\frac{K}{s^2+s+K}=\frac{\omega_n^2}{s^2+2\xi\omega_n s+\omega_n^2}$$

可得系统无阻尼自然频率与阻尼比分别为

$$\omega_n=\sqrt{K},\quad \xi=\frac{1}{2\sqrt{K}}$$

如果选用 PD 控制，系统的开环传递函数为

$$G_c(s)G_0(s)=\frac{K+11s}{s(s+1)}=\frac{K(T_d s+1)}{s(s/2\xi_d\omega_n+1)}$$

式中，$T_d=\frac{11}{K}$，$2\xi_d\omega_n=1$。相应的闭环传递函数为

$$\Phi(s)=\frac{K+11s}{s^2+12s+K}=\frac{\omega_n^2}{z}\left(\frac{s+z}{s^2+2\xi_d\omega_n s+\omega_n^2}\right)$$

式中，$z=\frac{1}{T_d}=\frac{K}{11}$ 为闭环零点，而

$$\omega_n=\sqrt{K},\quad \xi_d=\xi+\frac{\omega_n}{2z}=\frac{12}{2\sqrt{K}}$$

表明引入微分控制可以增大系统阻尼，改善系统动态性能。

(1) 取 $K=100$，则 $\omega_n=10$，$e_{ssn}=-0.01$。P 控制时：

$$\xi=\frac{1}{2\omega_n}=0.05$$

动态性能为

$$M_p=100e^{-\pi\xi/\sqrt{1-\xi^2}}\%=85.4\%$$

$$t_r=\frac{\pi-\beta}{\omega_d}=\frac{\pi-\arccos\xi}{\omega_n\sqrt{1-\xi^2}}=0.162\ \text{s}$$

$$t_p=\frac{\pi}{\omega_d}=0.314\ \text{s},\quad t_s=\frac{4}{\xi\omega_n}=8\ \text{s}\ (\Delta=2\%)$$

PD 控制时：

$$\xi_d=0.6,\quad z=\frac{K}{11}=9.09$$

动态性能为

$$t_r=\frac{0.9}{\omega_n}=0.09\ \text{s},\quad t_p=0.24\ \text{s}$$

$$M_p=22.4\%,\quad t_s=0.52\ \text{s}\ (\Delta=2\%)$$

应用 MATLAB 仿真，可得$M_p=22\%$，$t_s=0.666$ s。

(2) 取 $K=20$，则 $\omega_n=4.47$，$e_{ssn}=-0.05$。P 控制时：

$$\xi=\frac{1}{2\omega_n}=0.11$$

动态性能为

$$M_p=70.6\%,\quad t_r=0.38\ \text{s}$$

$$t_p=0.71\ \text{s},\quad t_s=8.95\ \text{s}\ (\Delta=2\%)$$

动态性能仍然很差。

PD 控制时：

$$\xi_d=1.34$$

且有 $z=1.82$，闭环传递函数为

$$\Phi(s)=\frac{11(s+1.82)}{(s+2)(s+10)}$$

系统此时为有零点的过阻尼二阶系统。令 $X_i(s)=\frac{1}{s}$，则系统输出为

$$X_o(s)=\Phi(s)X_i(s)=\frac{11(s+1.82)}{s(s+2)(s+10)}=\frac{1}{s}+\frac{0.125}{s+2}-\frac{1.125}{s+10}$$

系统的单位阶跃响应为

$$h(t)=1+0.125\text{e}^{-2t}-1.125\text{e}^{-10t}$$

可以求得

$$t_p=0.5\ \text{s},\quad M_p=3.8\%,\quad t_s=1.0\ \text{s}\ (\Delta=2\%)$$

其中，超调量是由闭环零点引起的。此时，系统响应的超调量较小，扰动影响不大，其动态性能可以满足工程要求。

应用 MATLAB 仿真，可得$M_p=3.86\%$，$t_s=0.913$ s。

钻机控制系统在两种增益情况下的响应性能如表 2-8 所示。由表 2-8 可见，应取 $K=20$。

表 2-8 钻机控制系统在两种增益情况下的响应性能

增益 K	单位阶跃输入下超调量	单位阶跃输入下调节时间($\Delta=2\%$)	单位阶跃输入下稳态误差	单位阶跃扰动稳态误差
100	22%	0.666 s	0	−0.01
20	3.86%	0.913 s	0	−0.05

2.4 根轨迹法

2.4.1 根轨迹法的基本概念

根轨迹法是一种用于线性时不变控制系统分析和设计的图形化工具，其操作过程

极为简单高效。特别是在处理多回路控制系统时，相较于其他分析方法，根轨迹法提供了更为便捷的途径。因此，它在工程应用中得到了广泛的采纳。

1. 根轨迹概念

根轨迹简称根迹，它是开环系统某一参数从零变到无穷时，闭环系统特征方程式的根在 s 平面上变化的轨迹。

【工程案例 2-5】 哈勃太空望远镜指向控制

图 2-39(a)所示的哈勃太空望远镜于 1990 年 4 月 14 日发射至离地球 611 km 的太空轨道，它的发射与应用将空间技术推向了一个新的高度。望远镜的 2.4 m 镜头拥有所有镜头中最光滑的表面，其指向系统能在 644 km 以外将视野聚集在一枚硬币上。望远镜的偏差在 1993 年 12 月的一次太空任务中得到了大范围的校正。哈勃太空望远镜指向系统模型如图 2-39(b)所示，经简化后的传递函数框图如图 2-39(c)所示。其中，K_a为放大器增益，K_1为具有增益调节的测速反馈系数。

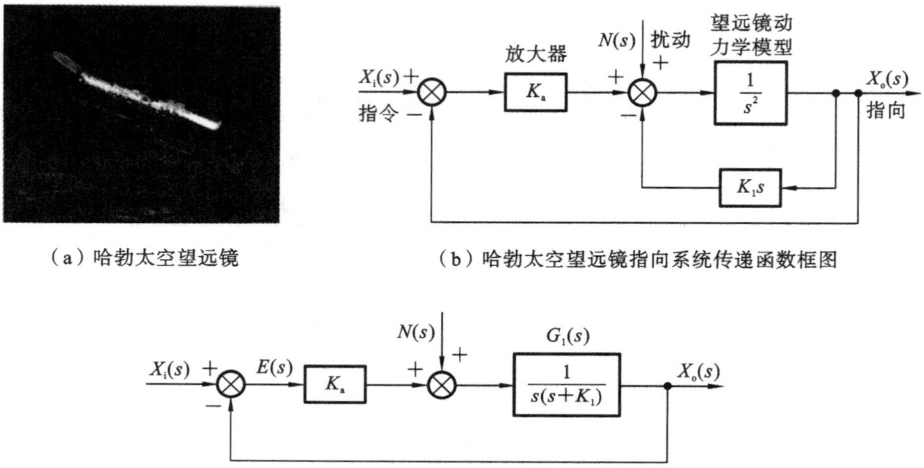

(a) 哈勃太空望远镜 (b) 哈勃太空望远镜指向系统传递函数框图

(c) 简化传递函数框图

图 2-39 哈勃太空望远镜指向系统

根据图 2-39(c)，系统开环传递函数为 $G(s)=\dfrac{K_a}{s(s+K_1)}(K_1>0,K_a>0)$，它有两个开环极点 $p_1=0$ 和 $p_2=-K_1$。

为了具体说明根轨迹的概念，求得图 2-39(c)的闭环传递函数为

$$\Phi(s)=\frac{X_o(s)}{X_i(s)}=\frac{K_a}{s^2+K_1s+K_a}$$

则闭环特征方程为

$$s^2+K_1s+K_a=0$$

显然，闭环特征根为

$$s_{1,2}=\frac{-K_1\pm\sqrt{K_1^2-4K_a}}{2}$$

下面寻找在 K_1保持常数，增益 K_a(由 $0\to\infty$)改变时的闭环特征根$s_{1,2}$在 s 平面上的移动轨迹。

(1) 当 $0 \leqslant K_a < \frac{K_1^2}{4}$ 时，s_1 和 s_2 为互不相等的实根。

(2) 当 $K_a = 0$ 时，$s_1 = 0$ 和 $s_2 = -K_1$，即等于系统的两个开环极点。

(3) 当 $K_a = \frac{K_1^2}{4}$ 时，两根为实数且相等，即 $s_1 = s_2 = -\frac{K_1}{2}$。

(4) 当 $\frac{K_1^2}{4} < K_a < \infty$ 时，两根成为共轭的复数根，其实部为 $-\frac{K_1}{2}$，这时根轨迹与实轴垂直。

综上所述，增益 K_a 从零变到无穷时，可以用解析的方法求出闭环极点的全部数值，将这些数值标注在 s 平面上，连接并绘成光滑的粗实线，即为系统的根轨迹。

2. 根轨迹与系统性能

有了根轨迹图，可以立即分析系统的各种性能。下面以图 2-40 为例进行说明。

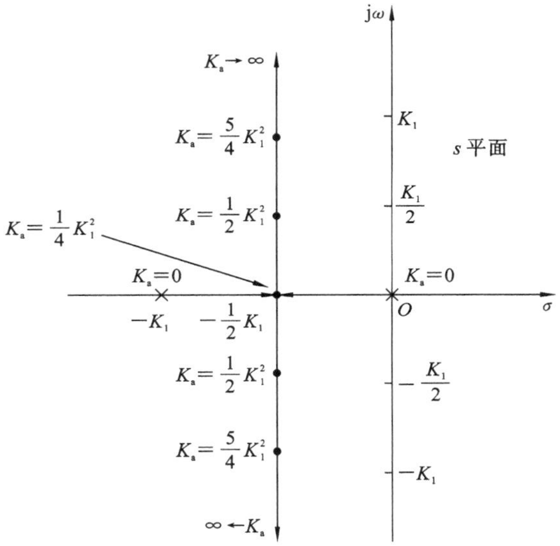

图 2-40 哈勃太空望远镜指向控制系统的根轨迹图

1) 稳定性

当开环增益从零变到无穷时，图 2-40 上的根轨迹不会越过虚轴进入 s 右半平面，因此图 2-39 系统对所有的 K 值都是稳定的。如果分析高阶系统的根轨迹图，那么根轨迹有可能越过虚轴进入 s 右半平面，此时根轨迹与虚轴交点处的 K 值，就是临界开环增益。

2) 稳态性能

由图 2-40 可见，开环系统在坐标原点有一个极点，所以系统属 Ⅰ 型系统，因而根轨迹上的 K 值就是静态速度误差系数。如果给定系统的稳态误差要求，则由根轨迹图可以确定闭环极点位置的容许范围。

3) 动态性能

由图 2-40 可见，当 $0 < K < 0.5$ 时，所有闭环极点位于实轴上，系统为过阻尼系统，单位阶跃响应为非周期过程；当 $K = 0.5$ 时，闭环两个实数极点重合，系统为临界阻尼系统，单位阶跃响应仍为非周期过程，但响应速度较 $0 < K < 0.5$ 情况为快；当 $K > 0.5$

时，闭环极点为复数极点，系统为欠阻尼系统，单位阶跃响应为阻尼振荡过程，且超调量将随 K 值的增大而加大，但调节时间的变化不会显著。

上述分析表明，根轨迹与系统性能之间有着比较密切的联系。然而，对于高阶系统，需要研究闭环零、极点与开环零、极点之间的关系。

3. 闭环零、极点与开环零、极点之间的关系

由于开环零、极点是已知的，建立开环零、极点与闭环零、极点之间的关系，有助于闭环系统根轨迹的绘制，并由此导出根轨迹方程。

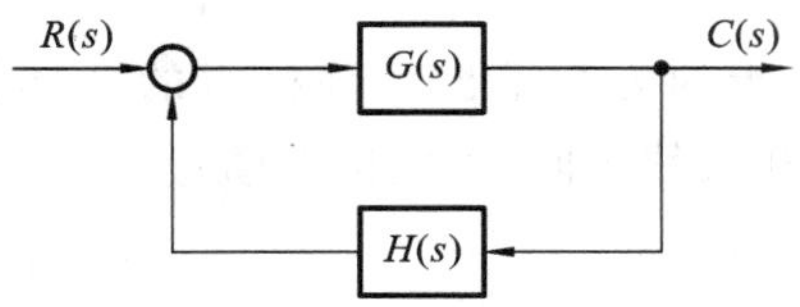

图 2-41　控制系统结构图

设控制系统如图 2-41 所示，其闭环传递函数为

$$\Phi(s)=\frac{G(s)}{1+G(s)H(s)} \tag{2-73}$$

系统的开环传递函数可表示为

$$G(s)H(s)=K^{*}\frac{\prod_{i=1}^{f}(s-z_i)\prod_{j=1}^{l}(s-z_j)}{\prod_{i=1}^{q}(s-p_i)\prod_{j=1}^{h}(s-p_j)} \tag{2-74}$$

式中：z_i 为 $G(s)$ 的零点；z_j 为 $H(s)$ 的零点；p_i 为 $G(s)$ 的极点；p_j 为 $H(s)$ 的极点。$K^{*}=K_G^{*}K_H^{*}$，称为开环系统根轨迹增益，它与开环增益 K 之间仅相差一个比例常数。对于有 m 个开环零点和 n 个开环极点的系统，必有 $f+l=m$ 和 $q+h=n$。

$$\Phi(s)=K_G^{*}\frac{\prod_{i=1}^{f}(s-z_i)\prod_{j=1}^{h}(s-p_j)}{\prod_{i=1}^{n}(s-p_i)\prod_{j=1}^{m}(s-z_j)} \tag{2-75}$$

比较式(2-74)和式(2-75)，可得以下结论。

(1) 闭环系统根轨迹增益，等于开环系统前向通路根轨迹增益。对于单位反馈系统，闭环系统根轨迹增益就等于开环系统根轨迹增益。

(2) 闭环零点由开环前向通路传递函数的零点和反馈通路传递函数的极点所组成。对于单位反馈系统，闭环零点就是开环零点。

(3) 闭环极点与开环零点、开环极点与根轨迹增益 K^{*} 均有关。

4. 根轨迹方程

根轨迹是系统所有闭环极点的集合。为了用图解法确定所有闭环极点，令闭环传递函数表达式(2-73)的分母为零，得闭环系统特征方程

$$1+G(s)H(s)=0 \tag{2-76}$$

由式(2-76)可见，当系统有 m 个开环零点和 n 个开环极点时，式(2-76)等价为

$$K^{*}\frac{\prod_{j=1}^{m}(s-z_j)}{\prod_{i=1}^{n}(s-p_i)}=-1 \tag{2-77}$$

式中：z_j 为已知的开环零点；p_i 为已知的开环极点；K^{*} 从零变到无穷。我们把式(2-77)称为根轨迹方程。用式(2-77)形式表达的开环零点和开环极点，在 s 平面上的位置必须是确定的，否则无法绘制根轨迹。

根轨迹方程(2-77)可用如下两个方程描述：

$$\sum_{j=1}^{m}\angle(s-z_j)-\sum_{i=1}^{n}\angle(s-p_i)=(2k+1)\pi;\quad k=0,\pm 1,\pm 2,\cdots \tag{2-78}$$

和

$$K^*=\frac{\prod_{i=1}^{n}|s-p_i|}{\prod_{j=1}^{m}|s-z_j|} \tag{2-79}$$

方程(2-78)和方程(2-79)是根轨迹上的点应该同时满足的两个条件，前者称为相角条件，后者称为模值条件。相角条件是确定 s 平面上根轨迹的充分必要条件，绘制根轨迹时，只需要使用相角条件；而当需要确定根轨迹上各点的 K^* 值时，才使用模值条件。

2.4.2 根轨迹绘制的基本法则

假定所研究的变化参数是根轨迹增益K^*，当可变参数为系统的其他参数时，这些基本法则仍然适用。应当指出的是，用这些基本法则绘出的根轨迹，其相角遵循 $180°+2k\pi$ 条件，因此称为 180°根轨迹，相应的绘制法可称为 180°根轨迹的绘制法则。

法则 1 根轨迹的起点和终点。根轨迹起于开环极点，终于开环零点。

根轨迹起点是指根轨迹增益$K^*=0$ 的根轨迹点，而终点则是指$K^*\to\infty$的根轨迹点。根轨迹必终止于开环零点。在把无穷远处看为无限零点的意义下，开环零点数和开环极点数是相等的。如果把无穷远处的极点看成无限极点，根轨迹必起于开环极点。

法则 2 根轨迹的分支数、对称性和连续性。根轨迹的分支数与开环有限零点数 m 和有限极点数 n 中的大者相等，它们是连续的并且对称于实轴。

法则 3 根轨迹的渐近线。当开环有限极点数 n 大于有限零点数 m 时，有 $n-m$ 条根轨迹分支沿着与实轴交角为 φ_a、交点为 σ_a 的一组渐近线趋向无穷远处，且有

$$\varphi_a=\frac{(2k+1)\pi}{n-m};\quad k=0,1,2,\cdots,n-m-1$$

和

$$\sigma_a=\frac{\sum_{i=1}^{n}p_i-\sum_{j=1}^{m}z_j}{n-m}$$

法则 4 根轨迹在实轴上的分布。实轴上的某一区域，若其右边开环实数零、极点个数之和为奇数，则该区域必是根轨迹。

法则 5 根轨迹的分离点与分离角。两条或两条以上根轨迹分支在 s 平面上相遇又立即分开的点，称为根轨迹的分离点，分离点的坐标 d 是方程(2-80)的解。

$$\sum_{j=1}^{m}\frac{1}{d-z_j}=\sum_{i=1}^{n}\frac{1}{d-p_i} \tag{2-80}$$

式中：z_j 为各开环零点的数值；p_i 为各开环极点的数值；分离角为$(2k+1)\pi/l$。

根轨迹图的对称性决定了其分离点的位置特征：它们要么位于实数轴上，要么以复数共轭对的形式出现在复数平面上。当根轨迹穿过实轴上相邻的开环极点区间时，如果其中一个极点是无穷远点，那么在这两个极点之间必然存在至少一个分离点。同理，如果根轨迹穿越实轴上相邻的开环零点区间，并且其中一个零点是无穷远点，那么在这两个零点之间同样至少会有一个分离点，这一现象如图 2-42 中所示。

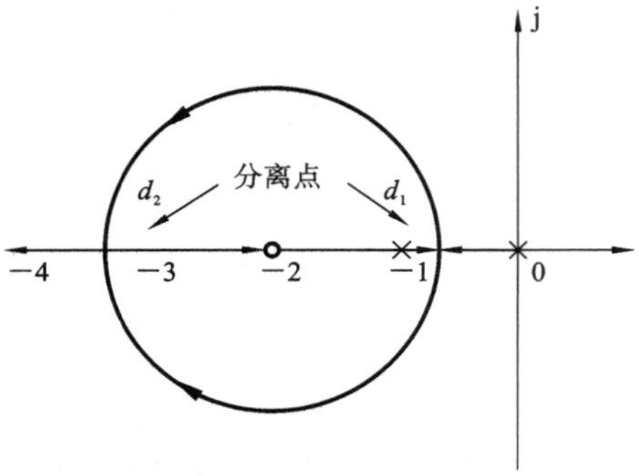

图 2-42 实轴上根轨迹的分离点

当 l 条根轨迹分支进入并立即离开分离点时，分离角可由 $(2k+1)\pi/l$ 决定，其中 $k=0,1,\cdots,l-1$。分离角定义为根轨迹进入分离点的切线方向与离开分离点的切线方向之间的夹角。显然，当 $l=2$ 时，分离角必为直角。

可以进一步验证，如图 2-42 所示的配置，一个开环系统由两个极点（可以是实数或复数）以及一个有限的零点构成。在这种情况下，如果有限零点不位于两个实数极点之间，随着增益 K^* 从零增加至无穷大，闭环系统的根轨迹在复数域的部分将形成一个圆或圆的一部分，该圆的圆心位于有限零点处，半径等于有限零点到最近的分离点的距离。

实际上，当 K^* 为某一特定值时，根轨迹分离点的坐标就是闭环系统特征方程的实数等根或复数等根的数值。

法则 6 根轨迹的起始角与终止角。根轨迹离开开环复数极点处的切线与正实轴的夹角，称为起始角，以 θ_{p_i} 表示；根轨迹进入开环复数零点处的切线与正实轴的夹角，称为终止角，以 φ_{z_i} 表示。这些角度可按如下关系式求出：

$$\theta_{p_i} = (2k+1)\pi + \left(\sum_{j=1}^{m}\varphi_{z_j p_i} - \sum_{\substack{j=1\\(j\neq i)}}^{n}\theta_{p_j p_i}\right);\quad k=0,\pm1,\pm2,\cdots \tag{2-81}$$

$$\theta_{z_i} = (2k+1)\pi - \left(\sum_{\substack{j=1\\(j\neq i)}}^{n}\varphi_{z_j z_i} - \sum_{j=1}^{m}\theta_{p_j z_i}\right);\quad k=0,\pm1,\pm2,\cdots \tag{2-82}$$

法则 7 根轨迹与虚轴的交点。若根轨迹与虚轴相交，则交点上的 K^* 值和 ω 可用劳斯稳定判据确定，也可令闭环特征方程中的 $s=\mathrm{j}\omega$，然后分别令其实部和虚部为零而求得。

例 2-9 设系统开环传递函数为

$$G(s)H(s)=\frac{K^*}{s(s+3)(s^2+2s+2)}$$

试绘制闭环系统的概略根轨迹。

解 按下述步骤绘制概略根轨迹：

(1) 确定实轴上的根轨迹。实轴上[0,−3]区域必为根轨迹。

(2) 确定根轨迹的渐近线。由于 $n-m=4$，故有四条根轨迹渐近线，其

$$\sigma_a=-1.25;\quad \varphi_a=\pm45°,\pm135°$$

(3) 确定分离点。本例没有有限零点，故

$$\sum_{i=1}^{n}\frac{1}{d-p_i}=0$$

于是分离点方程为

$$\frac{1}{d}+\frac{1}{d+3}+\frac{1}{d+1-j}+\frac{1}{d+1+j}=0$$

用试探法算出 $d\approx-2.3$。

(4) 确定起始角。量测各向量相角，算得 $\theta_{p_i}=-71.6°$。

(5) 确定根轨迹与虚轴交点。本例闭环特征方程式为

$$s^4+5s^3+8s^2+6s+K^*=0$$

对上式应用劳斯稳定判据，有

s^4	1	8	K^*
s^3	5	6	
s^2	34/5	K^*	
s^1	$(204-25K^*)/34$		
s^0	K^*		

令劳斯稳定判据表中 s^1 行的首项为零，得 $K^*=8.16$。根据 s^2 行的系数，得辅助方程

$$\frac{34}{5}s^2+K^*=0$$

代入 $K^*=8.16$ 并令 $s=\mathrm{j}\omega$，解出交点坐标 $\omega=\pm1.1$。

根轨迹与虚轴相交时的参数，也可用闭环特征方程直接求出。将 $s=\mathrm{j}\omega$ 代入特征方程，可得实部方程为

$$\omega^4-8\omega^2+K^*=0$$

虚部方程为

$$-5\omega^3+6\omega=0$$

在虚部方程中，$\omega=0$ 显然不是欲求之解，因此根轨迹与虚轴交点坐标应为 $\omega=\pm1.1$。将所得 ω 值代入实部方程，立即解出 $K^*=8.16$。所得结果与劳斯稳定判据表法完全一样。整个系统概略根轨迹如图 2-43 所示。

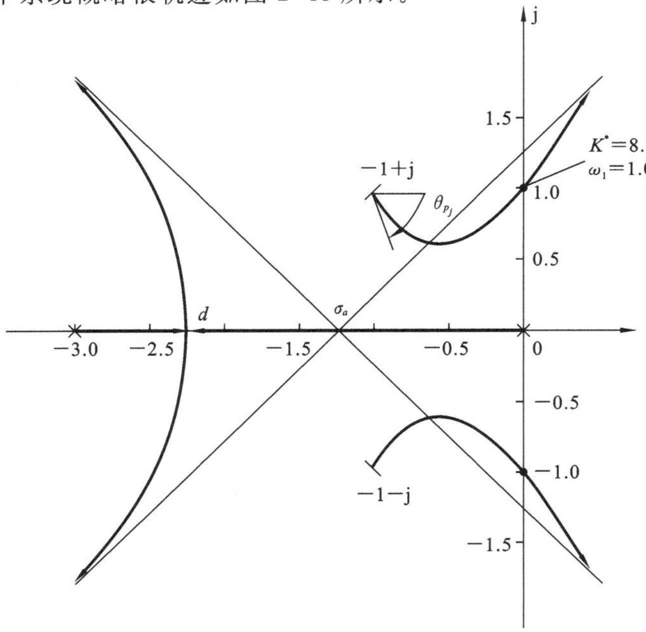

图 2-43 例 2-9 的开环零、极点分布与概略根轨迹

法则 8 根之和。系统的闭环特征方程在 $n>m$ 的一般情况下，可有不同形式的表示

$$\prod_{i=1}^{n}(s-p_i)+K^*\prod_{j=1}^{m}(s-z_j)$$

$$=s^n+(-\sum_{i=1}^{n}p_i)s^{n-1}+\cdots+\prod_{i=1}^{n}(-p_i)+K^*\left[s^m+(-\sum_{j=1}^{m}z_j)s^{m-1}+\cdots+\prod_{j=1}^{m}(-z_j)\right]$$

$$=\prod_{i=1}^{n}(s-s_i)=s^n+(-\sum_{i=1}^{n}s_i)s^{n-1}+\cdots+\prod_{i=1}^{n}(-s_i)=0$$

式中，s_i 为闭环特征根。

当 $n-m\geqslant 2$ 时，特征方程第二项系数与 K^* 无关，无论 K^* 取何值，开环 n 个极点之和总是等于闭环特征方程 n 个根之和，即

$$\sum_{i=1}^{n}s_i=\sum_{i=1}^{n}p_i$$

在开环极点确定的情况下，这是一个不变的常数。所以，当开环增益 K 增大时，若闭环某些根在 s 平面上向左移动，则另一部分根必向右移动。

法则 8 对判断根轨迹的走向是很有用的。

根据以上介绍的八个法则，不难绘出系统的概略根轨迹。为了便于查阅，所有绘制法则统一归纳在表 2-9 之中。

表 2-9 根轨迹图绘制法则

序号	内容	法则
法则 1	根轨迹的起点和终点	根轨迹起于开环极点(包括无限极点)，终于开环零点(包括无限零点)
法则 2	根轨迹的分支数，对称性和连续性	根轨迹的分支数等于开环极点数 $n(n>m)$，或开环零点数 $m(m>n)$，根轨迹对称于实轴
法则 3	根轨迹的渐近线	$n-m$ 条渐近线与实轴的交角和交点为 $\varphi_a=\dfrac{(2k+1)\pi}{n-m};\quad k=0,1,\cdots,n-m-1$ $\sigma_a=\dfrac{\sum_{i=1}^{n}p_i-\sum_{j=1}^{m}z_j}{n-m}$
法则 4	根轨迹在实轴上的分布	实轴上某一区域，若其右方开环实数零、极点个数之和为奇数，则该区域必是根轨迹
法则 5	根轨迹的分离点与分离角	l 条根轨迹分支相遇，其分离点坐标由 $\sum_{j=1}^{m}\dfrac{1}{d-z_j}=\sum_{i=1}^{n}\dfrac{1}{d-p_i}$ 确定；分离角等于 $(2k+1)\pi/l$
法则 6	根轨迹的起始角与终止角	起始角：$\theta_{p_i}=(2k+1)\pi+\left(\sum_{j=1}^{m}\varphi_{z_jp_i}-\sum_{j=1(j\neq i)}^{n}\theta_{p_jp_i}\right)$ 终止角：$\varphi_{z_i}=(2k+1)\pi-\left(\sum_{j=1(j\neq i)}^{m}\varphi_{z_jz_i}-\sum_{j=1}^{m}\theta_{p_jz_i}\right)$

续表

序号	内 容	法 则
法则 7	根轨迹与虚轴的交点	根轨迹与虚轴交点的 K^* 值和 ω 值，可利用劳斯稳定判据确定
法则 8	根之和	$\sum_{i=1}^{n} s_i = \sum_{i=1}^{m} p_i$

【工程案例 2-6】 火星漫游车转向控制系统的根轨迹

图 2-44 为“逗留者”号火星漫游车的结构框图，试运用前 7 个法则画出以 K_1 为参变量的根轨迹图。

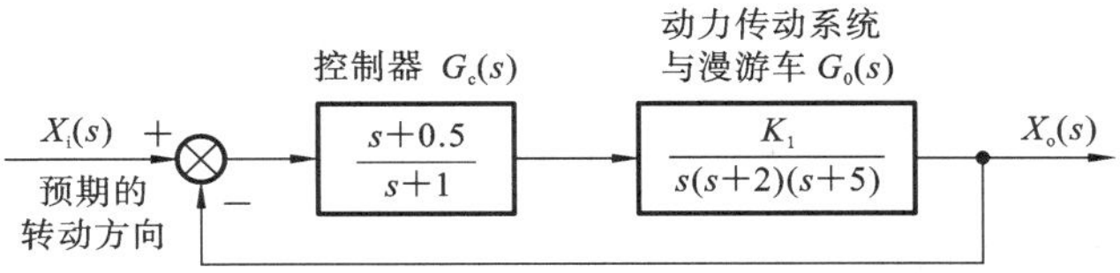

图 2-44 火星漫游车转向控制系统结构框图

解 根据图 2-44 写出系统开环传递函数为

$$G(s)=\frac{K_1(s+0.5)}{s(s+1)(s+2)(s+5)}$$

易看出：该系统为四阶系统，有四个开环极点 0、−1、−2 和 −5，有一个开环零点 −0.5。

首先将开环零、极点标注在 s 平面的直角坐标系上，如图 2-45 所示。

(1) 确定根轨迹数。由法则 1 知，系统有四条根轨迹分支，且对称于实轴。

(2) 确定趋向无穷远处根轨迹数。由法则 2 知，系统根轨迹在 $K_1=0$ 环极点 $p_1=0$、$p_2=-1$、$p_3=-2$ 和 $p_4=-5$ 出发，当 $K_1\rightarrow\infty$ 时根轨迹的一条分支趋向开环零点：$z_1=-0.5$，另外三条趋向于无穷远。

(3) 确定实轴上的根轨迹。由法则 3 知，在实轴上区域 [0，−0.5]、[−1，−2]、[−5，−∞] 是根轨迹段。

(4) 确定根轨迹的渐近线。由法则 4 知，系统的根轨迹渐近线与实轴的交点和夹角分别为

$$\sigma_a=\frac{[0+(-1)+(-2)+(-5)]-(-0.5)}{4-1}=-2.5$$

$$\varphi_a=\frac{(2k+1)\pi}{3}=\begin{cases}-60^\circ, & k=-1\\ 60^\circ, & k=0\\ 180^\circ, & k=1\end{cases}$$

(5) 确定分离点。由法则 5 知，实轴区域 [−1，−2] 内必有一个根轨迹的分离点，且满足下列分离点方程：

$$\frac{1}{d}+\frac{1}{d+1}+\frac{1}{d+2}+\frac{1}{d+5}=\frac{1}{d+0.5}$$

求解得 $d_1=-3.8352$，$d_2=-1.419$，$d_{3,4}=-0.37\pm j0.4$。易得出，d_2 为分离点。由于 $l=2$，故分离角为 90°。

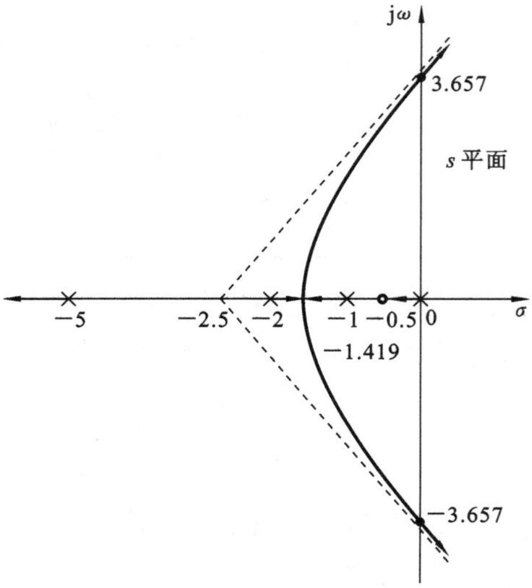

图 2-45 "逗留者号"转向控制系统的根轨迹图

(6) 求根轨迹与虚轴的交点。系统的闭环特征方程为

$$s^4+8s^3+17s^2+(10+K_1)s+0.5K_1=0$$

将 $s=\mathrm{j}\omega$ 代入上式并整理得

$$\omega^4-17\omega^2+0.5K_1+\mathrm{j}[-8\omega^3+(10+K_1)\omega]=0$$

令上式的实部和虚部同时为零,则有

$$\begin{cases}\omega^4-17\omega^2+0.5K_1=0\\-8\omega^3+(10+K_1)\omega=0\end{cases}$$

解得 $\begin{cases}\omega\approx\pm3.657\\K_1\approx91\end{cases}$ 或 $\begin{cases}\omega=0\\K_1=0(舍去)\end{cases}$

则系统根轨迹大致图形如图 2-45 所示。

2.4.3 广义根轨迹

在控制系统中,除根轨迹增益 K^* 为变化参数的根轨迹以外,其他情形下的根轨迹统称为广义根轨迹,将负反馈系统中 K^* 变化时的根轨迹称为常规根轨迹。

1. 参数根轨迹

通过将非开环增益设为变量来绘制的根轨迹图被称为参数根轨迹图,这与传统的以开环增益 K 为变量的根轨迹图有所区别。绘制参数根轨迹图的规则与绘制标准根轨迹图的规则保持一致。在绘制参数根轨迹图之前,引入等效单位反馈系统和等效传递函数的概念是必要的。一旦这个概念被引入,所有用于绘制标准根轨迹图的规则也同样适用于参数根轨迹图的绘制过程。

设 A 为除 K^* 外系统任意的变化参数,而 $P(s)$ 和 $Q(s)$ 为两个与 A 无关的首一多项式,有

$$Q(s)+AP(s)=1+G_1(s)H_1(s)=0 \tag{2-83}$$

根据式(2-83),可得等效单位反馈系统,其等效开环传递函数为

$$G_1(s)H_1(s)=A\frac{P(s)}{Q(s)} \tag{2-84}$$

利用式(2-84)画出的根轨迹,就是参数 A 变化时的参数根轨迹。需要强调指出,等效开环传递函数是根据式(2-83)得来的,因此"等效"的含义仅在闭环极点相同这一点上成立,而闭环零点一般是不同的。由于闭环零点对系统动态性能有影响,所以由闭环零、极点分布来分析和估算系统性能时,可以采用参数根轨迹上的闭环极点,但必须采用原来闭环系统的零点。这一处理方法和结论,对于绘制开环零极点变化时的根轨迹,同样适用。

2. 附加开环零点的作用

在控制系统设计中,我们常用附加位置适当的开环零点的方法来改善系统性能。设系统开环传递函数为

$$G(s)H(s)=\frac{K^*(s-z_1)}{s(s^2+2s+2)} \tag{2-85}$$

式中,z_1 为附加的开环实数零点,其值可在 s 左半平面内任意选择。当 $z_1\to\infty$ 时,表示

有限零点 z_1 不存在的情况。

令 z_1 为不同数值，对应于式(2-85)的闭环系统根轨迹如图 2-46 所示。由图可见，在开环极点保持固定的情况下，向控制系统中增加开环负实数零点会导致根轨迹图向附加零点方向发生偏移，并且随着这些零点向原点靠近，其影响将变得更加显著。如果新增的开环零点不是负实数零点，而是具有负实部的复共轭零点，它们对根轨迹图的影响与负实数零点的影响是一致的。此外，根据图 2-46 可知，在 s 左半平面内的适当位置上附加开环零点，可以显著改善系统的稳定性。

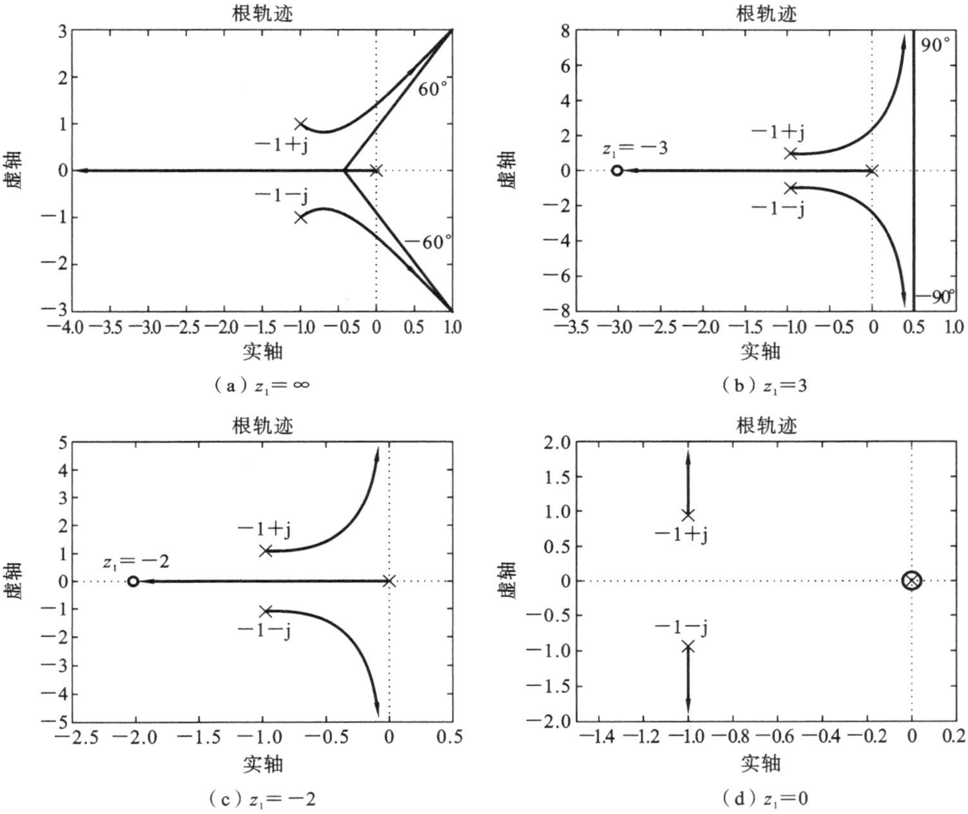

(a) $z_1=\infty$　(b) $z_1=3$　(c) $z_1=-2$　(d) $z_1=0$

图 2-46　z_1 为不同数值时 $G(s)H(s)=\dfrac{K^*(s-z_1)}{s(s^2+2s+2)}$ 的根轨迹图(MATLAB)

稳定性和动态性能对附加开环零点位置的要求，有时并不一致。只有当附加零点相对原有开环极点的位置选配得当，才能使系统的稳态性能和动态性能同时得到显著改善。

3. 零度根轨迹

如果所研究的控制系统为非最小相位系统，则有时不能采用常规根轨迹的绘制法则来绘制系统的根轨迹，因为其相角遵循 $0°+2k\pi$ 条件，而不是 $180°+2k\pi$ 条件，故一般称之为零度根轨迹。如在图 2-47 中内回路采用正反馈，分析整个控制系统的性能，首先要确定内回路的零、极点。正反馈内回路的闭环传递函数为

$$\frac{C(s)}{R_1(s)}=\frac{G_2(s)}{1-G_2(s)H_2(s)}$$

用根轨迹法确定内回路的零、极点，就相当于绘制正反馈系统的根轨迹。于是，得

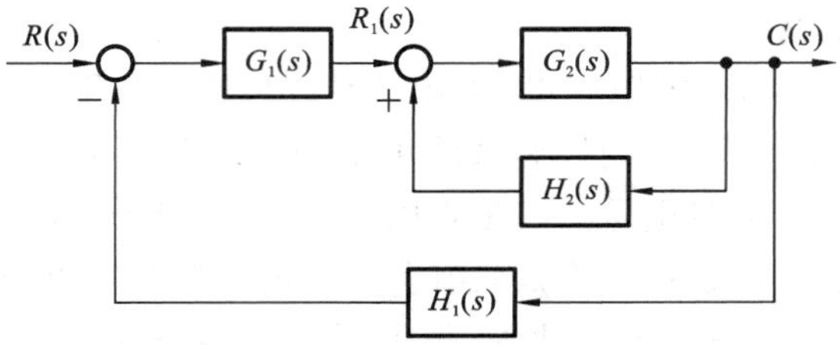

图 2-47 复杂控制系统结构图

到正反馈系统的根轨迹方程可等效为下列两个方程：

$$\sum_{j=1}^{m}\angle(s-z_j)-\sum_{i=1}^{n}\angle(s-p_i)=0^\circ+2k\pi;\quad k=0,\pm1,\pm2,\cdots \tag{2-86}$$

$$K^*=\frac{\prod_{i=1}^{n}|s-p_i|}{\prod_{j=1}^{m}|s-z_j|} \tag{2-87}$$

前者称为零度根轨迹的相角条件，后者称为零度根轨迹的模值条件。式中各符号的意义与以前指出的相同。

零度根轨迹是常规根轨迹的一种推广，常规根轨迹的绘制法则，可以应用于零度根轨迹的绘制，但需作适当调整。

表 2-10 列出了零度根轨迹图的绘制法则。

表 2-10 根轨迹图绘制法则

序号	内容	法则
法则 1	根轨迹的起点和终点	根轨迹起于开环极点，终于开环零点
法则 2	根轨迹的分支数，对称性和连续性	根轨迹的分支数等于开环极点数或开环零点数；根轨迹对称于实轴且是连续的
法则 3	根轨迹渐近线	$n-m$ 条渐近线与实轴的交角和交点为 $\varphi_a=\frac{2k\pi}{n-m};\quad k=0,1,\cdots,n-m-1$ $\sigma_a=\frac{\sum_{i=1}^{n}p_i-\sum_{j=1}^{m}z_j}{n-m}$
法则 4	根轨迹在实轴上的分布	实轴上某一区域，若其右方开环实数零、极点个数之和为偶数，则该区域必是根轨迹
法则 5	根轨迹的分离点与分离角	l 条根轨迹分支相遇，其分离点坐标由 $\sum_{j=1}^{m}\frac{1}{d-z_j}=\sum_{i=1}^{n}\frac{1}{d-p_i}$ 确定；分离角等于$(2k+1)\pi/l$
法则 6	根轨迹的起始角与终止角	起始角：$\theta_{p_i}=2k\pi+\left(\sum_{j=1}^{m}\varphi_{z_jp_i}-\sum_{\substack{j=1\\(j\neq i)}}^{n}\theta_{p_jp_i}\right)$ 终止角：$\varphi_{z_i}=2k\pi-\left(\sum_{\substack{j=1\\(j\neq i)}}^{m}\varphi_{z_jz_i}-\sum_{j=1}^{m}\theta_{p_jz_i}\right)$

续表

序号	内容	法则
法则 7	根轨迹与虚轴的交点	根轨迹与虚轴交点的 K^* 值和 ω 值，可用劳斯稳定判据确定
法则 8	根之和	$\sum_{i=1}^{n} s_i = \sum_{i=1}^{m} p_i$

2.4.4 系统性能的分析

应用根轨迹法，可以迅速确定系统在某一开环增益或某一参数值下的闭环零、极点位置，从而得到相应的闭环传递函数。

1. 闭环零、极点与时间响应

一旦用根轨迹法求出了闭环零点和极点，便可以写出系统的闭环传递函数，用拉氏反变换法不难得到系统的时间响应。研究具有如下闭环传递函数的系统：

$$\Phi(s)=\frac{20}{(s+10)(s^2+2s+2)}$$

该系统的单位阶跃响应

$$c(t)=1-0.024\mathrm{e}^{-10t}+1.55\mathrm{e}^{-t}\cos(t+129^\circ)$$

式中：指数项是由闭环极点 $s_1=-10$ 产生的；衰减余弦项是由闭环复数极点 $s_{2,3}=-1\pm \mathrm{j}$ 产生的。比较两者可见，指数项衰减迅速且幅值很小，因而可略。于是

$$c(t)\approx 1+1.55\mathrm{e}^{-t}\cos(t+129^\circ)$$

系统的动态性能基本上由接近虚轴的闭环极点确定。这样的极点，称为主导极点。必须注意，时间响应分量的消失速度，除取决于相应闭环极点的实部值外，还与该极点处的留数，即闭环零、极点之间的相互位置有关。只有既接近虚轴，又不十分接近闭环零点的闭环极点，才可能成为主导极点。

当闭环系统中的零点和极点彼此非常接近时，它们通常被称为偶极子。偶极子分为实数偶极子和复数偶极子两种类型，复数偶极子总是以共轭对的形式出现。显而易见，如果偶极子不接近坐标原点，它们对系统动态特性的影响就非常小，可以忽略不计。

然而，如果偶极子非常接近坐标原点，它们对系统动态特性的影响就变得不可忽视。尽管如此，无论偶极子如何接近原点，它们都不会改变系统主导极点的地位。复数偶极子也具有相同的特性。

在确定偶极子时，可以依据经验规则进行。经验规则表明，如果闭环零点和极点之间的距离小于它们模长的十分之一，那么这对闭环零点和极点就可以被视为偶极子。

在工程计算领域，有一种通过选取关键极点来近似整体系统性能的方法，这种方法被称为主导极点近似法。在应用此方法时，我们会在所有闭环极点中识别出那些最接近虚轴且与闭环零点距离适中的极点，将其作为主导极点。通过这种方法，我们可以更加高效地对高阶系统的动态特性进行评估。为了确保评估结果的准确性，选择的主导零点的数量不应超过主导极点的数量。同时，输入信号所对应的极点不包括在主导极点的选取范围内。

需要特别指出的是，在忽略偶极点和非主导零、极点的情况下，闭环系统的根轨迹增益可能会有所变化，这一点在进行系统性能估算时必须予以考虑。如果忽视了这一点，可能会导致对系统性能的错误评估。

2. 系统性能的定性分析

采用根轨迹法分析或设计线性控制系统时，了解闭环零点和实数主导极点对系统性能指标的影响，是非常重要的。对于具有一个闭环实数零点的振荡二阶系统，不同零点位置与超调量之间的关系曲线，如图 2-48 所示。一般说来，闭环零点对调节时间的影响是不定的。

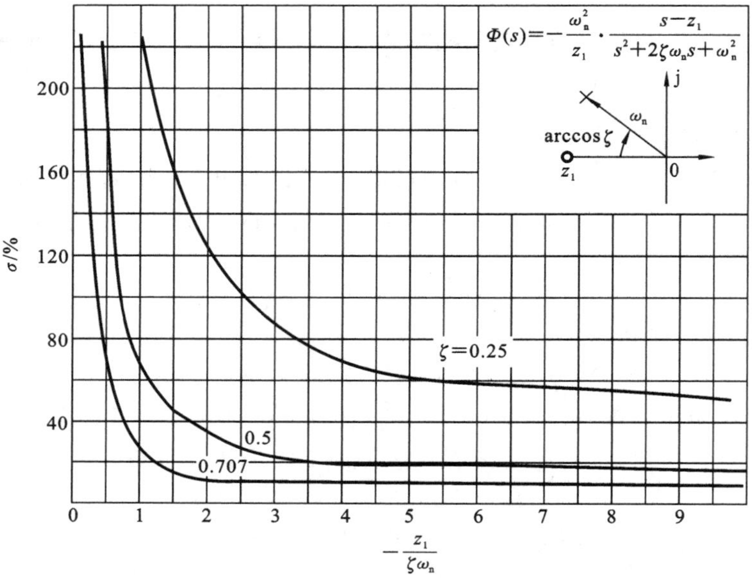

图 2-48 零点相对位置与超调量关系曲线

闭环系统中的实数主导极点对系统性能具有显著作用，它们相当于增加了系统的阻尼效果，导致峰值时间推迟，同时减少超调量。闭环系统的时间响应性能受零点和极点位置的共同影响，具体表现在以下几个方面。

(1) 稳定性。系统的稳定性完全取决于闭环极点是否全部位于复数平面的左半部分。如果所有闭环极点都位于左半平面，系统则表现出稳定性，这一点与闭环零点的位置无关。

(2) 响应特性。当闭环系统不存在零点，且所有闭环极点都是实数时，系统的时间响应将呈现单调性。相反，如果闭环极点都是复数，则系统的时间响应往往会表现出振荡性。

(3) 超调量。超调量主要取决于闭环复数主导极点的衰减率 $\sigma_1/\omega_d=\zeta/\sqrt{1-\zeta^2}$，并与其他闭环零、极点接近坐标原点的程度有关。

(4) 调节时间。调节时间主要取决于最靠近虚轴的闭环复数极点的实部绝对值 $\sigma_1=\zeta\omega_n$；如果实数极点距虚轴最近，并且它附近没有实数零点，则调节时间主要取决于该实数极点的模值。

(5) 实数零点和极点。实数零点会降低系统的阻尼效果,这会导致系统达到峰值的时间提前,并且增加系统的超调量。相反,实数极点会增加系统的阻尼,延迟峰值时间,减少超调量。这些影响随着零点和极点接近原点的程度而变得更加显著。

(6) 偶极子及其处理。如果零点和极点之间的距离远小于它们各自的模长,它们就形成了偶极子。对于那些远离原点的偶极子,它们对系统的影响可以忽略不计。但是,对于那些接近原点的偶极子,它们的影响则需要被认真考虑。

(7) 主导极点。在 s 平面上,那些最接近虚轴且周围没有闭环零点的闭环极点,对系统性能有最大的影响,这些极点被称为主导极点。其他闭环零点或极点,如果它们的实部比主导极点的实部大 3～6 倍,它们的影响通常可以忽略不计。

2.5 频域分析法

根据傅里叶变换(以下简称傅氏变换)可知,控制系统中的信号可以由不同频率正弦信号的合成。应用频率特性研究线性系统的经典方法称为频域分析法。频域分析法具有以下特点。

(1) 控制系统及其元部件的频率特性可以运用分析法和实验方法获得,并可用多种形式的曲线表示,因而系统分析和控制器设计可以应用图解法进行。

(2) 频率特性物理意义明确。对于一阶系统和二阶系统,频域性能指标和时域性能指标有确定的对应关系;对于高阶系统,可建立近似的对应关系。

(3) 控制系统的频域设计可以兼顾动态响应和噪声抑制两方面的要求。

(4) 频域分析法不仅适用于线性定常系统,还可以推广应用于某些非线性控制系统。

2.5.1 频率特性

频率特性代表系统对不同频率谐波分量的输出响应特性,频率特性可以用几何方法直观表示,包括频率特性曲线(奈奎斯特曲线)、对数频率特性曲线(伯德图)和幅相特性曲线表示。

1. 频率特性的基本概念

定义谐波输入下,输出响应中与输入同频率的谐波分量与谐波输入的幅值之比 $A(\omega)$ 为幅频特性,相位之差 $\varphi(\omega)$ 为相频特性,并称其指数表达形式

$$G(\mathrm{j}\omega)=A(\omega)\mathrm{e}^{\mathrm{j}\varphi(\omega)} \tag{2-88}$$

为系统的频率特性。

稳定系统的频率特性等于输出和输入的傅氏变换之比,而这正是频率特性的物理意义。频率特性与微分方程、传递函数一样,也表征了系统的运动规律,成为系统频域分析的理论依据。系统三种描述方法的关系可用图 2-49 说明。

2. 频率特性的几何表示法

通常把线性系统的频率特性画成曲线,再运用图解法进行研究。常用的频率特性曲线有以下三种。

1) 幅相频率特性曲线

幅相频率特性曲线又简称为幅相曲线或极坐标图。对于任一给定的频率 ω,频率

特性值为复数。若将频率特性表示为实数和虚数的形式，则实部为实轴坐标值，虚部为虚轴坐标值；若将频率特性表示为复指数形式，则为复平面上的向量，而向量的长度为频率特性的幅值，向量与实轴正方向的夹角等于频率特性的相位。一般只绘制 ω 从零变化至 $+\infty$ 的幅相曲线。

对于如图 2-17 所示的 RC 网络，可以推导得到：

$$\left[\mathrm{Re}G(\mathrm{j}\omega)-\frac{1}{2}\right]^2+\mathrm{Im}^2G(\mathrm{j}\omega)=\left(\frac{1}{2}\right)^2$$

表明 RC 网络的幅相曲线是以 $\left(\frac{1}{2},\mathrm{j}0\right)$ 为圆心、$\frac{1}{2}$ 为半径的半圆，如图 2-50 所示。

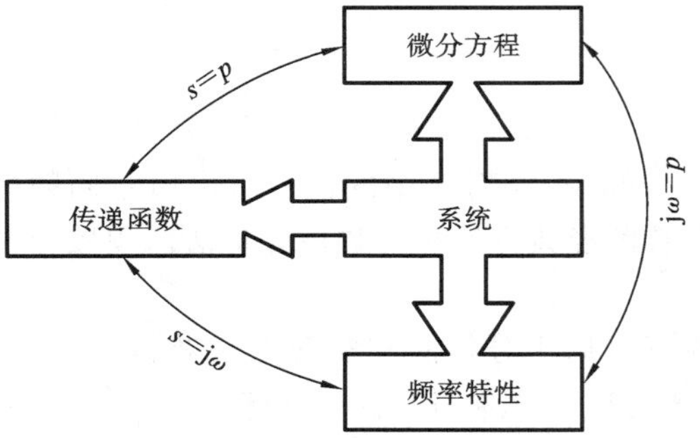

图 2-49 频率特性、传递函数和微分方程三种系统描述之间的关系

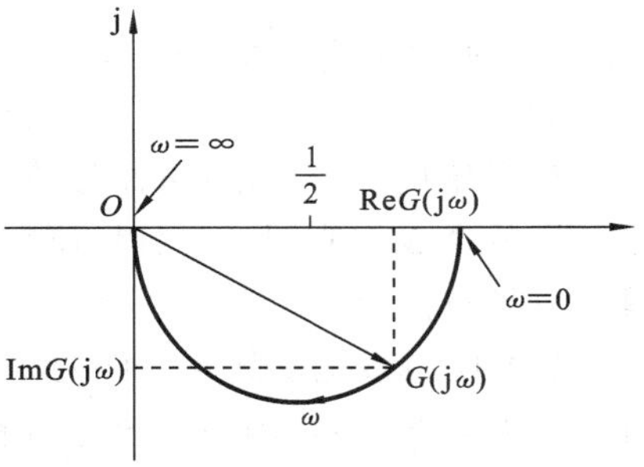

图 2-50 RC 网络的幅相曲线

2）对数频率特性曲线

对数频率特性曲线又称为伯德曲线或伯德图。对数频率特性曲线由对数幅频曲线和对数相频曲线组成。

对数频率特性曲线的横坐标按 $\lg\omega$ 分度，单位为弧度/秒(rad/s)，对数幅频曲线的纵坐标按线性分度，单位是分贝(dB)。对数相频曲线的纵坐标按 $\varphi(\omega)$ 线性分度，单位为度(°)。由此构成的坐标系称为半对数坐标系。对数幅频特性可表示为

$$L(\omega)=20\lg|G(\mathrm{j}\omega)|=20\lg A(\omega) \tag{2-89}$$

对数分度和线性分度如图 2-51 所示，对数频率特性采用 ω 的对数分度实现了横坐标的非线性压缩，便于在较大频率范围反映频率特性的变化情况。对数幅频特性采用 $20\lg A(\omega)$ 则将幅值的乘除运算化为加减运算，可以简化曲线的绘制过程。

3）对数幅相曲线

对数幅相曲线又称尼科尔斯曲线或尼科尔斯图，其特点是纵坐标为 $L(\omega)$，单位为分贝(dB)，横坐标为 $\varphi(\omega)$，单位为度(°)，均为线性分度，频率 ω 为参变量。

2.5.2 典型环节与开环系统的频率特性

设线性定常系统结构如图 2-52 所示，其开环传递函数为 $G(s)H(s)$，为了绘制系统开环频率特性曲线，本节先研究开环系统的典型环节及相应的频率特性。

1. 典型环节

由于开环传递函数的分子和分母多项式的系数皆为实数，系统开环零极点或为实数或为共轭复数。根据开环零极点可将分子和分母多项式分解成因式，再将因式分类，

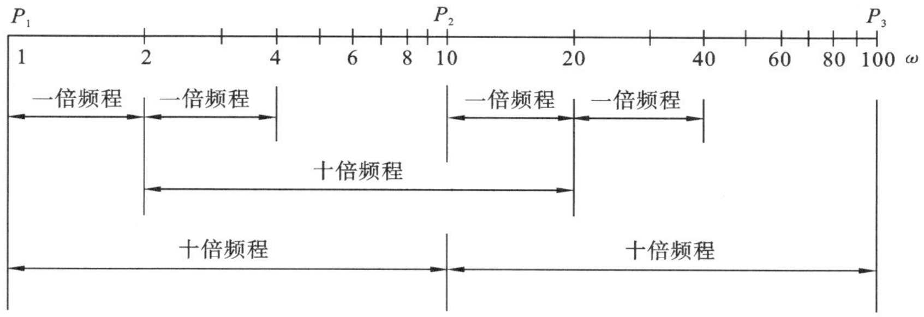

(a) 对数分度

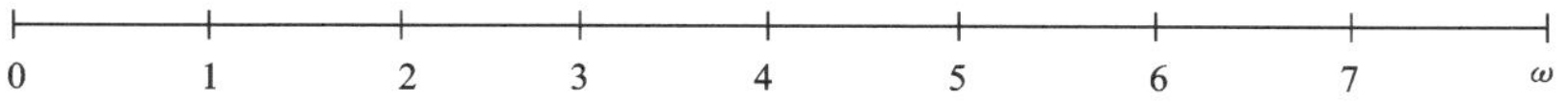

(b) 线性分度

图 2-51 对数分度与线性分度

即得典型环节。典型环节可分为两大类:一类为最小相位环节;另一类为非最小相位环节。

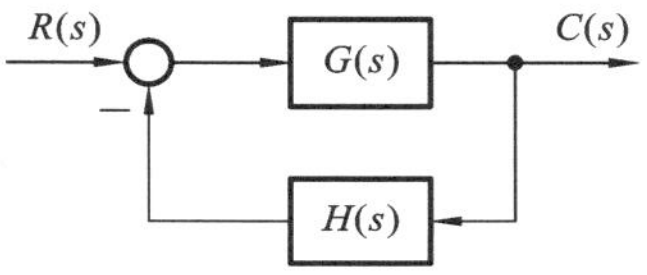

图 2-52 典型系统结构图

最小相位环节有七种:

(1) 比例环节 $K(K>0)$;

(2) 惯性环节$\frac{1}{Ts+1}(T>0)$;

(3) 一阶微分环节 $Ts+1(T>0)$;

(4) 振荡环节$\frac{1}{\frac{s^2}{\omega_n^2}+\frac{2\zeta}{\omega_n}\cdot s+1}(\omega_n>0,0\leqslant\zeta<1)$;

(5) 二阶微分环节$\frac{s^2}{\omega_n^2}+\frac{2\zeta}{\omega_n}\cdot s+1(\omega_n>0,0\leqslant\zeta<1)$;

(6) 积分环节$\frac{1}{s}$;

(7) 微分环节 s。

非最小相位环节有五种:

(1) 比例环节 $K(K<0)$;

(2) 惯性环节$\frac{1}{-Ts+1}(T>0)$;

(3) 一阶微分环节$-Ts+1(T>0)$;

(4) 振荡环节$\frac{1}{\frac{s^2}{\omega_n^2}-\frac{2\zeta}{\omega_n}\cdot s+1}(\omega_n>0,0<\zeta<1)$;

(5) 二阶微分环节$\frac{s^2}{\omega_n^2}-\frac{2\zeta}{\omega_n}\cdot s+1(\omega_n>0,0<\zeta<1)$。

除了比例环节外,非最小相位环节和与之相对应的最小相位环节的区别在于开环零极点的位置。非最小相位环节(2)~(5)对应于 s 右半平面的开环零点或极点,而最小相位环节(2)~(5)环节对应 s 左半平面的开环零点或极点。

系统开环频率特性表现为组成开环系统的各种典型环节频率特性的合成；而系统开环对数频率特性，则表现为各种典型环节对数频率特性叠加这一更为简单的形式。

2. 典型环节的频率特性

介绍典型环节频率特性曲线的若干重要特点。

1）非最小相位环节与对应的最小相位环节

对于每一种非最小相位的典型环节，都有一种最小相位环节与之对应，其特点是典型环节中的某个参数的符号相反。

最小相位的惯性环节 $G(s)=\dfrac{1}{1+Ts}(T>0)$，其幅频和相频特性为

$$A(\omega)=\frac{1}{(1+T^2\omega^2)^{\frac{1}{2}}};\quad \varphi(\omega)=-\arctan(T\omega) \tag{2-90}$$

非最小相位的惯性环节，又称为不稳定惯性环节，$G(s)=\dfrac{1}{1-Ts}(T>0)$，其幅频和相频特性为

$$A(\omega)=\frac{1}{(1+T^2\omega^2)^{\frac{1}{2}}};\quad \varphi(\omega)=\arctan(T\omega) \tag{2-91}$$

由式(2-90)和式(2-91)可知，最小相位惯性环节和非最小相位的惯性环节，其幅频特性相同，相频特性符号相反，幅相曲线关于实轴对称；对数幅频曲线相同，对数相频曲线关于 0°线对称。

2）传递函数互为倒数的典型环节

传递函数互为倒数的典型环节，对数幅频曲线关于 0 dB 线对称，对数相频曲线关于 0°线对称。在非最小相位环节中，同样存在传递函数互为倒数的典型环节，其对数频率特性曲线的对称性亦成立。

3）振荡环节和二阶微分环节

振荡环节的传递函数为

$$G(s)=\frac{1}{\left(\dfrac{s}{\omega_n}\right)^2+2\zeta\left(\dfrac{s}{\omega_n}\right)+1};\quad \omega_n>0,0<\zeta<1 \tag{2-92}$$

振荡环节的频率特性

$$A(\omega)=\frac{1}{\sqrt{\left(1-\dfrac{\omega^2}{\omega_n^2}\right)^2+4\zeta^2\dfrac{\omega^2}{\omega_n^2}}} \tag{2-93}$$

不同阻尼比 ζ 情况下，振荡环节的幅相特性曲线和对数频率特性曲线分别如图 2-53 和图 2-54 所示。

二阶微分环节的传递函数为振荡环节传递函数的倒数，按对称性可得二阶微分环节的对数频率曲线，并有

$$\begin{cases}A(0)=1\\ \varphi(0)=0^\circ\end{cases},\quad \begin{cases}A(\omega_n)=2\zeta\\ \varphi(\omega_n)=90^\circ\end{cases},\quad \begin{cases}A(\infty)=\infty\\ \varphi(\infty)=180^\circ\end{cases}$$

二阶微分环节的概略幅相特性曲线如图 2-55 所示。

非最小相位的二阶微分环节和不稳定振荡环节的频率特性曲线可按前述 1）中结论以及二阶微分环节和振荡环节的频率特性曲线加以确定。

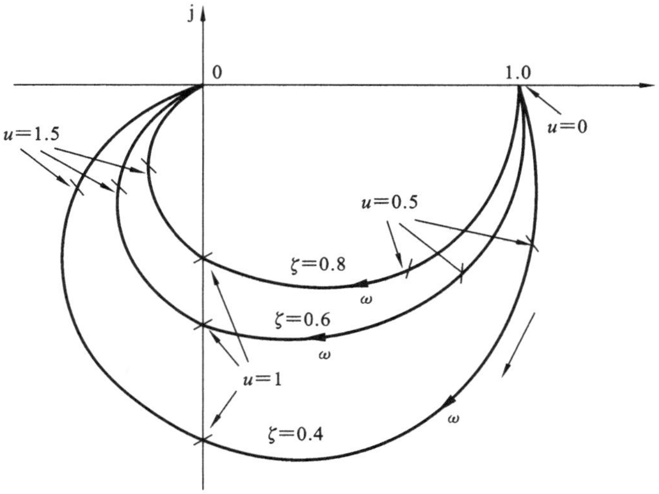

图 2-53 振荡环节的幅相特性曲线$\left(u=\frac{\omega}{\omega_n}\right)$

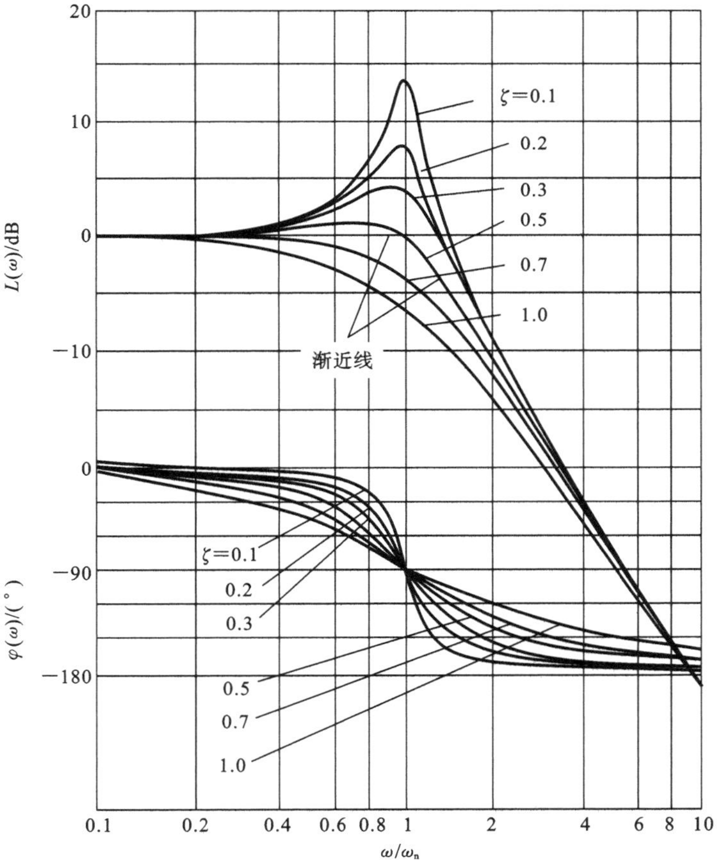

图 2-54 振荡环节的对数频率特性曲线

4）对数幅频渐近特性曲线

在控制工程中，为简化对数幅频曲线的作图，常用低频和高频渐近线近似表示对数幅频曲线，称之为对数幅频渐近特性曲线。

惯性环节的对数幅频渐近特性为

$$L_a(\omega)=\begin{cases}0, & \omega<\dfrac{1}{T}\\ -20\lg\omega T, & \omega>\dfrac{1}{T}\end{cases}$$

惯性环节的对数幅频渐近特性曲线如图 2-56 所示，低频部分和高频部分两条直线交于 $\omega=1/T$ 处，称频率 $1/T$ 为惯性环节的交接频率。用渐近特性近似表示对数幅频特性存在误差

$$\Delta L(\omega)=L(\omega)-L_a(\omega) \tag{2-94}$$

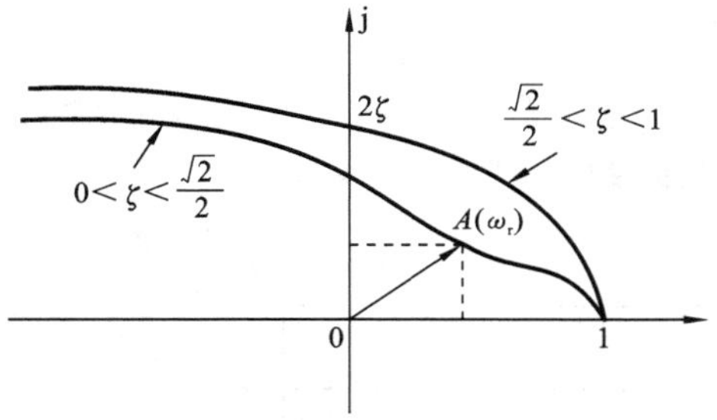

图 2-55 二阶微分环节的概略幅相特性曲线

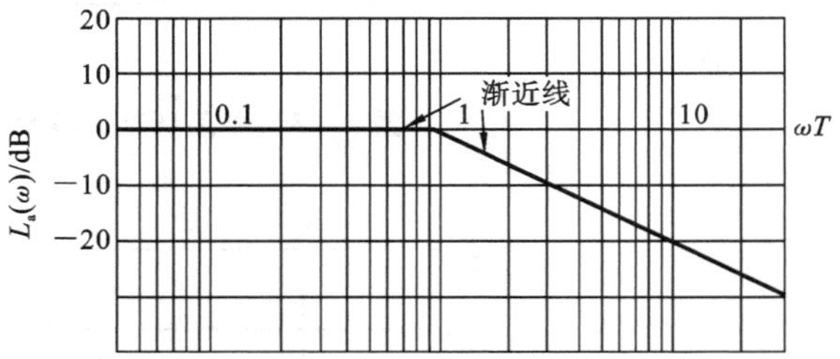

图 2-56 惯性环节的对数幅频渐近特性曲线

误差曲线如图 2-57 所示。在交接频率处误差最大，约为 −3 dB，由此可修正渐近特性曲线获得准确曲线。

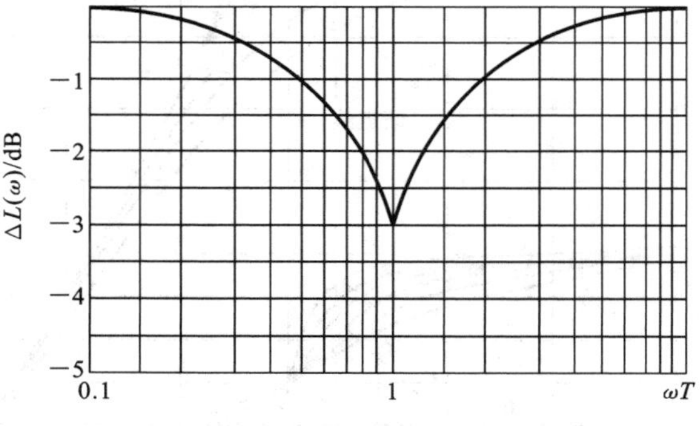

图 2-57 惯性环节的误差曲线

由于非最小相位惯性环节的对数幅频特性与惯性环节相同，故其对数幅频渐近特性亦相同，并可知一阶微分环节和非最小相位一阶微分环节与惯性环节的对数幅频渐近特性曲线以 0 dB 线互为镜像。

振荡环节的对数幅频特性为

$$L(\omega)=-20\lg\sqrt{\left(1-\frac{\omega^2}{\omega_n^2}\right)^2+4\zeta^2\frac{\omega^2}{\omega_n^2}} \tag{2-95}$$

对数幅频渐近特性为

$$L_a(\omega)=\begin{cases}0, & \omega<\omega_n\\ -40\lg\dfrac{\omega}{\omega_n}, & \omega>\omega_n\end{cases}$$

误差曲线如图 2-58 所示。根据对数幅频特性定义还可知，非最小相位振荡环节与振荡环节的对数幅频渐近特性曲线相同，二阶微分环节和非最小相位二阶微分环节与振荡环节的对数幅频渐近特性曲线关于 0 dB 线对称。

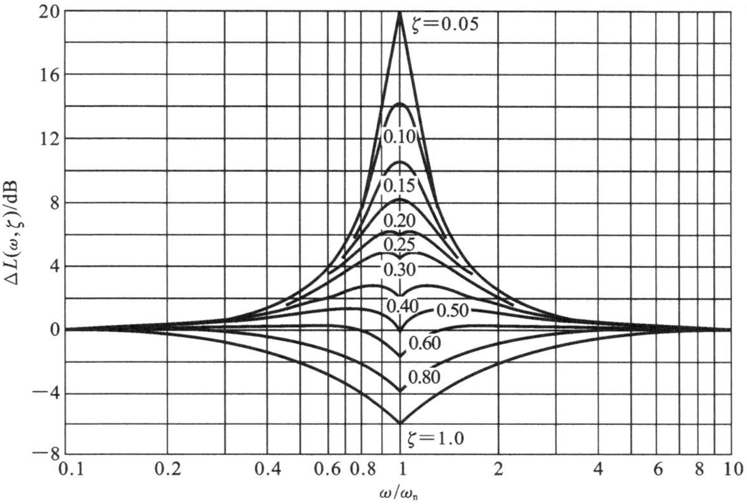

图 2-58　振荡环节的误差曲线

3. 开环幅相特性曲线

可以通过取点、计算和作图等方法绘制系统开环幅相特性曲线。

概略开环幅相特性曲线应反映开环频率特性的三个重要因素如下。

(1) 开环幅相特性曲线的起点($\omega=0_+$)和终点($\omega\to\infty$)。

(2) 开环幅相特性曲线与实轴的交点。设 $\omega=\omega_x$ 时，$G(j\omega_x)H(j\omega_x)$的虚部为

$$\mathrm{Im}[G(j\omega_x)H(j\omega_x)]=0 \tag{2-96}$$

或

$$\varphi(\omega_x)=\angle[G(j\omega_x)H(j\omega_x)]=k\pi;\quad k=0,\pm1,\pm2,\cdots \tag{2-97}$$

称 ω_x 为穿越频率，而开环频率特性曲线与实轴交点的坐标值为

$$\mathrm{Re}[G(j\omega_x)H(j\omega_x)]=G(j\omega_x)H(j\omega_x) \tag{2-98}$$

(3) 开环幅相特性曲线的变化范围(象限、单调性)。开环系统典型环节分解和典型环节幅相特性曲线的特点是绘制概略开环幅相特性曲线的基础。

系统含有非最小相位一阶微分环节，称开环传递函数含有非最小相位环节的系统为非最小相位系统，而开环传递函数全部由最小相位环节构成的系统称为最小相位系统。非最小相位环节的存在将对系统的频率特性产生一定的影响。

总结绘制概略开环幅相特性曲线的规律如下。

(1) 开环幅相特性曲线的起点，取决于比例环节 K 和系统积分或微分环节的个数 ν(系统型别)。

$\nu<0$，起点为原点。

$\nu=0$，起点为实轴上的点 K 处(K 为系统开环增益，注意 K 有正负之分)。

$\nu>0, K>0$ 时为 $\nu\times(-90^\circ)$ 的无穷远处，$K<0$ 时为 $\nu\times(-90^\circ)-180^\circ$ 的无穷远处。

(2) 开环幅相特性曲线的终点，取决于开环传递函数分子、分母多项式中最小相位环节和非最小相位环节的阶次和。

(3) 若开环系统存在等幅振荡环节，重数 l 为正整数，$\varphi(\omega)$ 在 $\omega=\omega_n$ 附近，相角突变 $-l\times180^\circ$。

4. 开环对数频率特性曲线

系统开环传递函数作典型环节分解后，可先作出各典型环节的对数频率特性曲线，然后采用叠加方法即可方便地绘制系统开环对数频率特性曲线。以下着重介绍开环对数幅频渐近特性曲线的绘制方法。

注意到典型环节中，K 及 $-K(K>0)$、微分环节和积分环节的对数幅频特性曲线均为直线，故可直接取其为渐近特性。系统开环对数幅频渐近特性：

$$L_a(\omega)=\sum_{i=1}^{N}L_{a_i}(\omega) \tag{2-99}$$

对于任意的开环传递函数，可按典型环节分解，将组成系统的各典型环节分为三部分。

(1) $\dfrac{K}{s^\nu}$ 或 $\dfrac{-K}{s^\nu}(K>0)$。

(2) 一阶环节，包括惯性环节、一阶微分环节以及对应的非最小相位环节，交接频率为 $\dfrac{1}{T}$。

(3) 二阶环节，包括振荡环节、二阶微分环节以及对应的非最小相位环节，交接频率为 ω_n。

开环对数幅频渐近特性曲线的绘制按以下步骤进行。

(1) 开环传递函数典型环节分解。

(2) 确定一阶环节、二阶环节的交接频率，将各交接频率标注在半对数坐标图的 ω 轴上。

(3) 绘制低频段渐近特性线。

(4) 作 $\omega\geqslant\omega_{\min}$ 频段渐近特性线：每两个相邻交接频率之间为直线，在每个交接频率点处，斜率发生变化，变化规律取决于该交接频率对应的典型环节的种类，如表 2-11 所示。

表 2-11 交换频率点处斜率的变化表

<table>
<tr><th>典型环节类别</th><th>典型环节传递函数</th><th>交接频率</th><th>斜率变化</th></tr>
<tr><td rowspan="4">一阶环节
$(r>0)$</td><td>$\dfrac{1}{1+Ts}$</td><td rowspan="4">$\dfrac{1}{T}$</td><td rowspan="2">-20 dB/dec</td></tr>
<tr><td>$\dfrac{1}{1-Ts}$</td></tr>
<tr><td>$1+Ts$</td><td rowspan="2">20 dB/dec</td></tr>
<tr><td>$1-Ts$</td></tr>
</table>

续表

典型环节类别	典型环节传递函数	交接频率	斜率变化
二阶环节 ($\omega_n>0,1>\zeta>0$)	$1\Big/\left(\frac{s^2}{\omega_n^2}+2\zeta\frac{s}{\omega_n}+1\right)$	ω_n	-40 dB/dec
	$1\Big/\left(\frac{s^2}{\omega_n^2}-2\zeta\frac{s}{\omega_n}+1\right)$		
	$\frac{s^2}{\omega_n^2}+2\zeta\frac{s}{\omega_n}+1$		40 dB/dec
	$\frac{s^2}{\omega_n^2}-2\zeta\frac{s}{\omega_n}+1$		

【工程案例 2-7】 绘制哈勃太空望远镜指向控制系统的 Nyquist 图

根据图 2-39(c),哈勃太空望远镜指向控制系统的开环传递函数为

$$G(s)=\frac{K_a}{s(s+K_1)} \tag{2-100}$$

式中,$K_1>0$,$K_a>0$,绘制开环传递函数的 Nyquist 曲线的概略图形。

解 系统的开环频率特性为

$$G(\mathrm{j}\omega)=\frac{K_a}{\mathrm{j}\omega(K_1+\mathrm{j}\omega)}=-\frac{K_a}{(K_1^2+\omega^2)}-\mathrm{j}\frac{K_1K_a}{\omega(K_1^2+\omega^2)}$$

由上式可知,系统由比例环节、积分环节和惯性环节组成。其实频特性 $P(\omega)=\mathrm{Re}[G(\mathrm{j}\omega)]=-\frac{K_a}{(K_1^2+\omega^2)}$,虚频特性 $Q(\omega)=\mathrm{Im}[G(\mathrm{j}\omega)]=-\frac{K_1K_a}{\omega(K_1^2+\omega^2)}$;幅频特性 $|G(\mathrm{j}\omega)|=\frac{K_a}{\omega\sqrt{K_1^2+\omega^2}}$,相频特性 $\angle G(\mathrm{j}\omega)=-90^\circ-\arctan\omega/K_1$。于是有以下两部分:

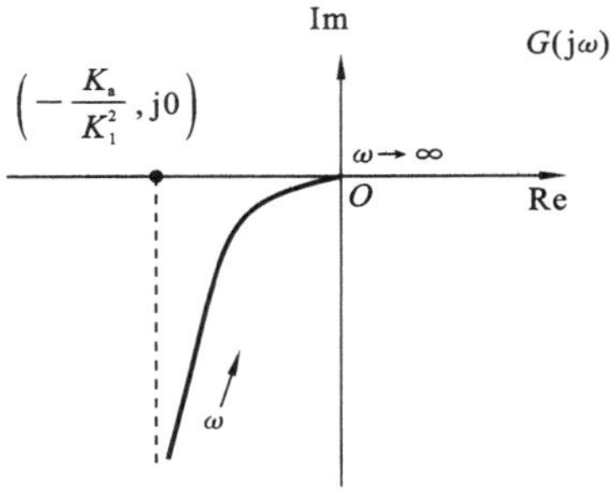

图 2-59 系统的 Nyquist 图

当 $\omega\to0$ 时,$P(\omega)=-\frac{K_a}{K_1^2}$,$Q(\omega)\to-\infty$,$|G(\mathrm{j}\omega)|\to\infty$,$\angle G(\mathrm{j}\omega)=-90^\circ$;

当 $\omega\to\infty$ 时,$P(\omega)=0$,$Q(\omega)=0$,$|G(\mathrm{j}\omega)|=0$,$\angle G(\mathrm{j}\omega)=-180^\circ$。

哈勃太空望远镜指向控制系统的开环传递函数 Nyquist 图如图 2-59 所示,频率特性的 Nyquist 图沿着渐近线 $-\frac{K_aK_a}{K_1^2}$ 起始于 -90°,从 -180° 收敛于原点。

例 2-10 已知系统开环传递函数为

$$G(s)H(s)=\frac{2000s-4000}{s^2(s+1)(s^2+10s+400)}$$

试绘制系统开环对数幅频渐近特性曲线。

解 开环传递函数的典型环节分解形式为

$$G(s)H(s)=\frac{-10\left(1-\frac{s}{2}\right)}{s^2(s+1)\left(\frac{s^2}{20^2}+\frac{1}{2}\frac{s}{20}+1\right)}$$

开环系统由六个典型环节串联而成：非最小相位比例环节、两个积分环节、非最小相位一阶微分环节、惯性环节和振荡环节。

(1) 确定各交接频率 $\omega_i, i=1,2,3$ 及斜率变化值。

非最小相位一阶微分环节：$\omega_2=2$，斜率增加 20 dB/dec

惯性环节：$\omega_1=1$，斜率减小 20 dB/dec

振荡环节：$\omega_3=20$，斜率减小 40 dB/dec

最小交接频率 $\omega_{\min}=\omega_1=1$。

(2) 绘制低频段($\omega<\omega_{\min}$)渐近特性曲线。因为 $v=2$，则低频渐近线斜率 $k=-40$ dB/dec，只考虑积分环节，令 $\omega_0=0$，相应的 $L_a(\omega_0)=20$ dB，得直线上一点($\omega_0, L_a(\omega_0)$)=(1,20 dB)。

(3) 绘制频段 $\omega \geqslant \omega_{\min}$ 渐近特性曲线。

$$\omega_{\min} \leqslant \omega < \omega_2, \quad k=-60 \text{ dB/dec}$$

$$\omega_2 \leqslant \omega < \omega_3, \quad k=-40 \text{ dB/dec}$$

$$\omega \geqslant \omega_3, \quad k=-80 \text{ dB/dec}$$

系统开环对数幅频渐近特性曲线如图 2-60 所示。

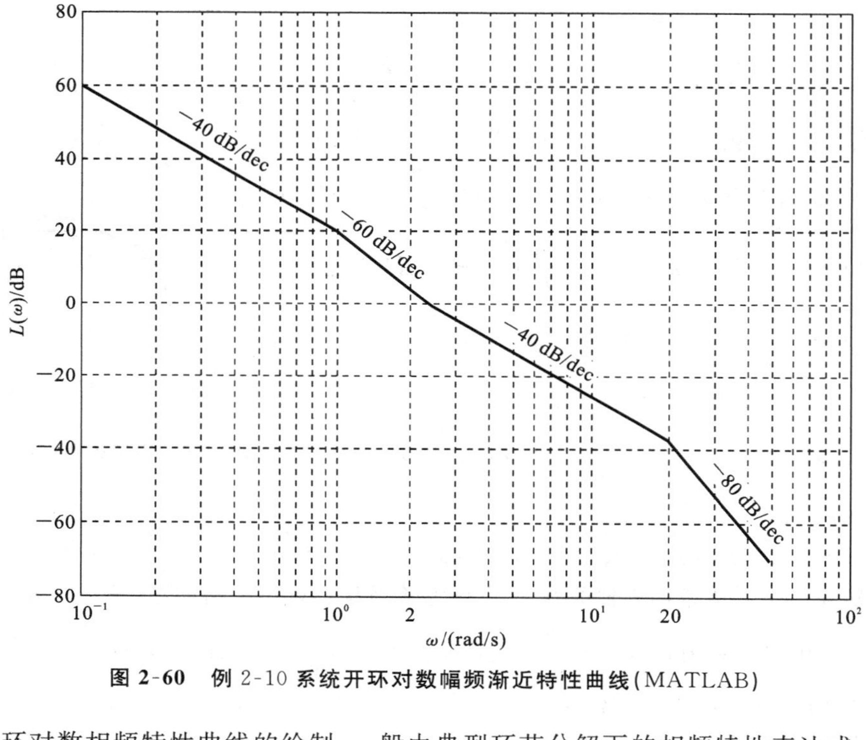

图 2-60　例 2-10 系统开环对数幅频渐近特性曲线(MATLAB)

开环对数相频特性曲线的绘制，一般由典型环节分解下的相频特性表达式，取若干个频率点，列表计算各点的相角并标注在对数坐标图中，最后将各点光滑连接，即可得开环对数相频特性曲线。具体计算相角时应注意判别象限。

5. 延迟环节和延迟系统

输出量经恒定延时后不失真地复现输入量变化的环节称为延迟环节。含有延迟环节的系统称为延迟系统。延迟环节的输入输出的时域表达式为

$$c(t)=1(t-\tau)r(t-\tau) \tag{2-101}$$

延迟环节的传递函数为

$$G(s)=\frac{C(s)}{R(s)}=e^{-\tau s} \tag{2-102}$$

延迟环节的频率特性为

$$G(j\omega)=e^{-j\tau\omega}=1\cdot\angle(-57.3\tau\omega) \tag{2-103}$$

可知，延迟环节幅相特性曲线为单位圆。当系统存在延迟现象，即开环系统表现为延迟环节和线性环节的串联形式时，延迟环节对系统开环频率特性的影响是造成了相频特性的明显变化，如图2-61所示。

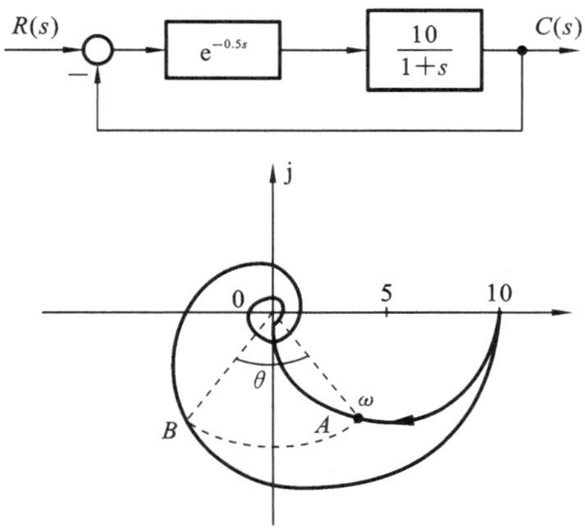

图 2-61 延迟系统及其开环幅相特性曲线

6. 传递函数的频域实验确定

已知稳定系统的频率响应为与输入同频率的正弦信号，且其幅值和相位的变化为频率的函数，因此可以运用频率响应实验确定稳定系统的数学模型。

实际系统并不都是最小相位系统，而最小相位系统可以和某些非最小相位系统具有相同的对数幅频特性曲线，因此具有非最小相位环节和延迟环节的系统，还需对相频特性的影响并结合实测相频特性予以确定。

2.5.3 频率域稳定判据

控制系统的闭环稳定性是系统分析和设计所需解决的首要问题，奈奎斯特稳定判据（简称奈氏判据）和对数频率稳定判据是常用的两种频域稳定判据。频域稳定判据的特点是根据开环系统频率特性曲线判定闭环系统的稳定性，频域判据使用方便，易于推广。

1. 奈氏判据的数学基础

复变函数中的幅角原理是奈氏判据的数学基础，幅角原理用于控制系统的稳定性的判定还需选择辅助函数和闭合曲线。

1）幅角原理

设 s 平面闭合曲线 Γ 包围 $F(s)$ 的 Z 个零点和 P 个极点，则 s 沿 Γ 顺时针运动一周时，在 $F(s)$ 平面上，$F(s)$ 闭合曲线 Γ_F 包围原点的圈数

$$R=P-Z \tag{2-104}$$

$R<0$ 和 $R>0$ 分别表示 Γ_F 顺时针包围和逆时针包围 $F(s)$ 平面的原点，$R=0$ 表示不包围 $F(s)$ 平面的原点。

2）复变函数 $F(s)$ 的选择

控制系统的稳定性判定是利用已知开环传递函数来判定闭环系统的稳定性。为应用幅角原理，选择复变函数

$$F(s)=1+G(s)H(s)=1+\frac{B(s)}{A(s)}=\frac{A(s)+B(s)}{A(s)} \tag{2-105}$$

由式(2-105)可知，$F(s)$ 具有以下特点：

(1) $F(s)$ 的零点为闭环传递函数的极点，$F(s)$ 的极点为开环传递函数的极点。

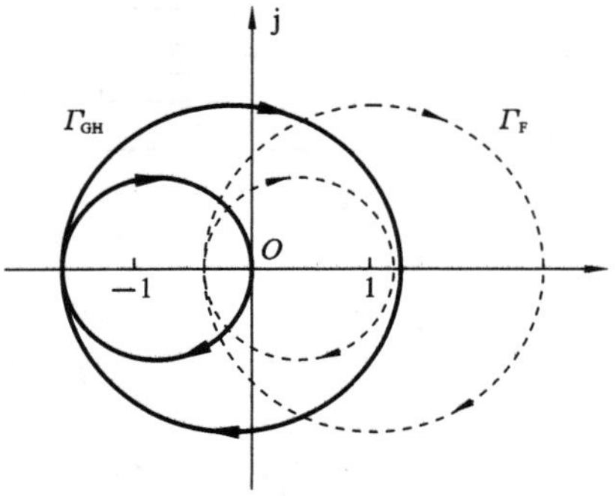

图 2-62 Γ_F 与 Γ_{GH} 的几何关系

(2) $F(s)$的零点和极点数相同。

(3) s 沿闭合曲线 Γ 运动一周所产生的两条闭合曲线 Γ_F 和 Γ_{GH} 只相差常数 1，即闭合曲线 Γ_F 可由 Γ_{GH} 沿实轴正方向平移一个单位长度获得。闭合曲线 Γ_F 包围 $F(s)$ 平面原点的圈数等于闭合曲线 Γ_{GH} 包围 $F(s)$ 平面$(-1,\mathrm{j}0)$点的圈数，其几何关系如图 2-62 所示。

3) s 平面闭合曲线 Γ 的选择

系统的闭环稳定性取决于系统闭环传递函数极点即 $F(s)$的零点的位置，因此当选择 s 平面闭合曲线 Γ 包围 s 平面的右半平面时，若 $F(s)$ 在 s 右半平面的零点数 $Z=0$(即闭环传函位于右半平面极点数为零)，则闭环系统稳定。Γ 可取图 2-63 所示的两种形式。

图 2-63(a)所示的是 $G(s)H(s)$ 无虚轴极点的情况，在虚轴上取半径为∞，圆心为原点的半圆。另外，开环系统含有积分环节时，圆心为原点、半径为无穷小的半圆，如图 2-63(b)所示；开环系统含有等幅振荡环节时，圆心为$\pm\mathrm{j}\omega_n$、半径为无穷小的半圆，如图 2-63(b)所示。

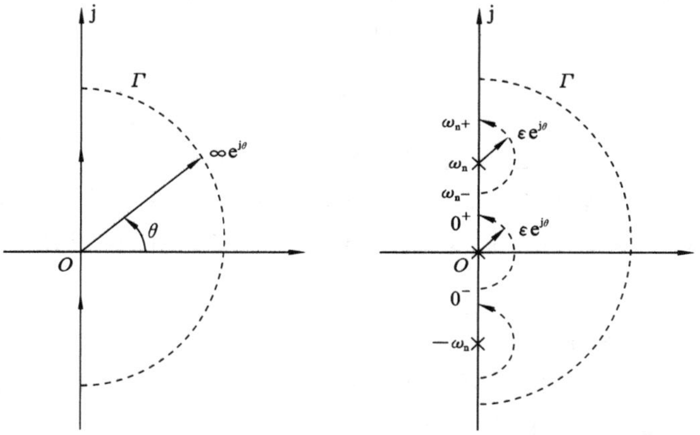

(a) $G(s)H(s)$无虚轴上的极点　　(b) $G(s)H(s)$有虚轴上的极点

图 2-63 s 平面的闭合曲线 Γ

4) $G(s)H(s)$闭合曲线的绘制

由图 2-63 知，s 平面闭合曲线 Γ 关于实轴对称，闭合曲线 Γ_{GH} 亦关于实轴对称，因此只需绘制 Γ_{GH} 在 $\mathrm{Im}s\geqslant 0, s\in\Gamma$ 对应的曲线既得 $G(s)H(s)$的半闭合曲线，称为奈奎斯特曲线，仍记为 Γ_{GH}。

5) 闭合曲线 Γ_F 包围原点圈数 R 的计算

根据半闭合曲线 Γ_{GH} 可获得包围原点的圈数 R。设 N 为 Γ_{GH} 穿越$(-1,\mathrm{j}0)$点左侧负实轴的次数，N_+ 表示正穿越的次数和(从上向下穿越)，N_- 表示负穿越的次数和(从下向上穿越)，则

$$R=2N=2(N_+-N_-) \tag{2-106}$$

计算 R 的过程中应注意正确判断 Γ_{GH} 穿越$(-1,\mathrm{j}0)$点左侧负实轴时的方向、半次

穿越和虚线圆弧所产生的穿越次数。

2. 奈奎斯特稳定判据(奈氏判据)

设闭合曲线 Γ 如图 2-63 所示,在已知开环系统右半平面的极点数(不包括虚轴上的极点)和半闭合曲线 Γ_{GH} 的情况下,根据幅角原理和闭环稳定条件,可得下述奈氏判据:反馈控制系统稳定的充分必要条件是半闭合曲线 Γ_{GH} 不穿过(−1,j0)点且逆时针包围临界点(−1,j0)点的圈数 R 等于开环传递函数的正实部极点数 P。

3. 对数频率稳定判据

奈氏判据基于复平面的半闭合曲线 Γ_{GH} 判定系统的闭环稳定性,由于半闭合曲线 Γ_{GH} 可以转换为半对数坐标下的曲线,所以可以推广运用奈氏判据,其关键问题是需要根据半对数坐标下的 Γ_{GH} 曲线确定穿越次数 N 或 N_+ 和 N_-。

复平面 Γ_{GH} 曲线一般由两部分组成:开环幅相曲线和开环系统存在积分环节和等幅振荡环节时所补作的半径为无穷大的虚圆弧。而 N 的确定取决于 $A(\omega)>1$ 时 Γ_{GH} 穿越负实轴的次数,因此应建立和明确以下对应关系:

(1) 穿越点确定;

(2) Γ_φ 确定;

(3) 穿越次数计算,应该指出的是,补作的虚直线所产生的穿越皆为负穿越。

对数频率稳定判据:设 P 为开环系统正实部的极点数,反馈控制系统稳定的充分必要条件是 $\varphi(\omega_c)\neq(2k+1)\pi(k=0,1,2,\cdots)$ 和 $L(\omega)>0$ 时,Γ_φ 曲线穿越 $(2k+1)\pi$ 线的次数

$$N=N_+-N_-$$

满足

$$Z=P-2N=0 \tag{2-107}$$

对数频率稳定判据和奈氏判据本质相同,其区别仅在于前者在 $L(\omega)>0$ 的频率范围内依 Γ_φ 曲线确定穿越次数 N。

【工程案例 2-8】 基于 Nyquist 稳定判据分析激光眼外科手术设备的稳定性

激光眼外科手术设备被用于治疗眼科疾病,如图 2-64(a)所示。激光眼外科手术设备必须能准确地控制激光的位置,控制系统框图如图 2-64(b)所示,$K=5$,试分析激光眼外科手术设备的稳定性。

解 激光眼外科手术设备控制系统的开环传递函数为

$$G(s)H(s)=\frac{10}{s(s+1)(s+4)} \tag{2-108}$$

$P_1=-1$,$P_2=-4$,$G(s)H(s)$ 含一个积分环节,在 s 平面的右半平面内无极点,即 $P=0$,开环稳定。

系统的开环频率特性为

$$G(j\omega)H(j\omega)=\frac{10}{j\omega(j\omega+1)(j\omega+4)}=-\frac{50}{(1+\omega^2)(16+\omega^2)}-j\frac{10(4-\omega^2)}{\omega(1+\omega^2)(16+\omega^2)}$$

由上式可知,系统是由比例环节、积分环节和惯性环节组成的,其实频特性 $P(\omega)=\mathrm{Re}[G(j\omega)H(j\omega)]=-\dfrac{50}{(1+\omega^2)(16+\omega^2)}$,虚频特性 $Q(\omega)=\mathrm{Im}[G(j\omega)H(j\omega)]=$

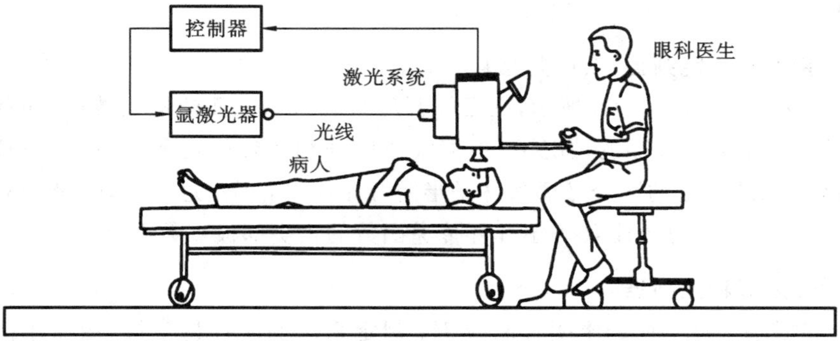

(a) 激光眼外科手术设备

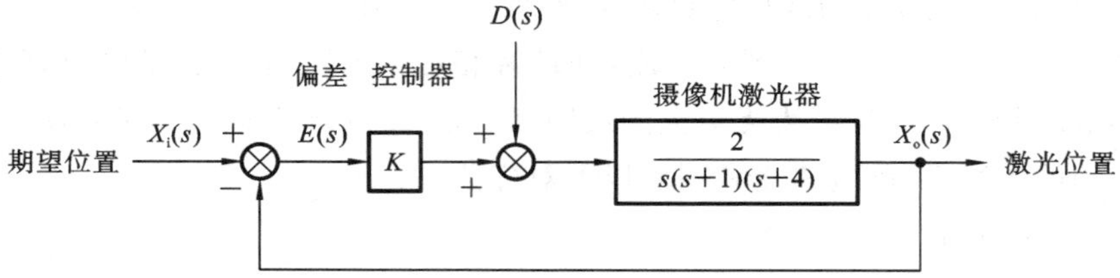

(b) 控制系统

图 2-64　激光眼外科手术设备控制系统

$-\dfrac{10(4-\omega^2)}{\omega(1+\omega^2)(16+\omega^2)}$，幅频特性 $|G(\mathrm{j}\omega)H(\mathrm{j}\omega)|=\dfrac{10}{\omega\sqrt{1+\omega^2}\sqrt{16+\omega^2}}$，相频特性 $\angle G(\mathrm{j}\omega)H(\mathrm{j}\omega)=-90°-\arctan\omega-\arctan(\omega/4)$。

于是，有：当 $\omega\to 0$ 时，$P(\omega)=-50/16$，$Q(\omega)\to-\infty$，$|G(\mathrm{j}\omega)H(\mathrm{j}\omega)|\to\infty$，$\angle G(\mathrm{j}\omega)H(\mathrm{j}\omega)=-90°$；当 $\omega\to\infty$ 时，$P(\omega)=0$，$Q(\omega)=0$，$|G(\mathrm{j}\omega)H(\mathrm{j}\omega)|=0$，$\angle G(\mathrm{j}\omega)H(\mathrm{j}\omega)=-270°$；令 $Q(\omega)=0$，求得 $\omega=2$，代入实部，$P(\omega)=-1/2$，即与负实轴交于点 $(-1/2,\mathrm{j}0)$。$G(\mathrm{j}\omega)H(\mathrm{j}\omega)$ 的 Nyquist 图如图 2-65 所示。

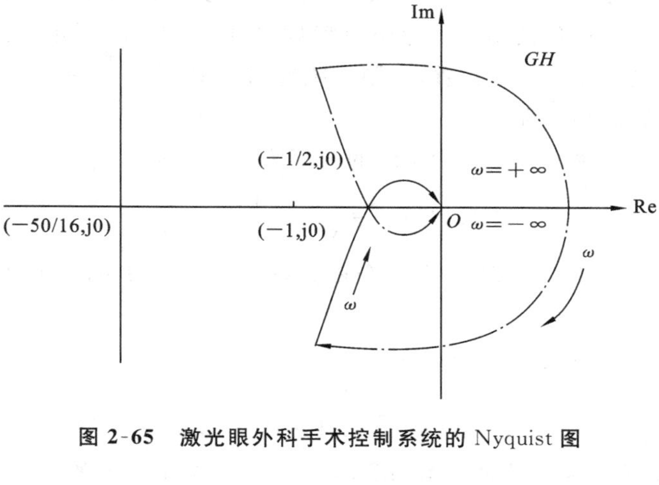

图 2-65　激光眼外科手术控制系统的 Nyquist 图

由于 $G(s)H(s)$ 在 s 平面的右半平面无极点，ω 由 $-\infty$ 变为 $+\infty$，$G(\mathrm{j}\omega)H(\mathrm{j}\omega)$ 的 Nyquist 曲线不包围 $(-1,\mathrm{j}0)$ 点，由 Nyquist 稳定判据判定闭环系统稳定。

4. 条件稳定系统

若开环传递函数在 s 右半平面的极点数 $P=0$，当开环传递函数的某些系数（如开环增益）改变时，闭环系统的稳定性将发生变化。这种闭环稳定有条件的系统称为条件稳定系统。

相应地，无论开环传递函数的系数怎样变化，例如 $G(s)H(s)=\dfrac{K}{s^2(Ts+1)}$，系统总是闭环不稳定的，这样的系统称为结构不稳定系统。为了表征系统的稳定程度，需要引入"稳定裕度"概念。

2.5.4 稳定裕度

在稳定性研究中，称 $(-1,\mathrm{j}0)$ 点为临界点，而闭合曲线 Γ_{GH} 相对于临界点的位置即偏离临界点的程度，反映系统的相对稳定性，相对稳定性亦影响系统时域响应的性能。

频域的相对稳定性即稳定裕度常用相角裕度 γ 和幅值裕度 h 来度量。

1. 相角裕度 γ

定义相角裕度为

$$\gamma=180^\circ+\angle[G(\mathrm{j}\omega_c)H(\mathrm{j}\omega_c)] \tag{2-109}$$

式中，ω_c 满足 $A(\omega_c)=1$ 或 $L(\omega_c)=0$。相角裕度 γ 的含义是，对于闭环稳定系统，如果系统开环相频特性再滞后 γ 度，则系统将处于临界稳定状态。

2. 幅值裕度 h

定义幅值裕度为

$$h=\frac{1}{|G(\mathrm{j}\omega_g)H(\mathrm{j}\omega_g)|} \tag{2-110}$$

对数坐标下，幅值裕度按下式定义：

$$h(\mathrm{dB})=-20\lg|G(\mathrm{j}\omega_g)H(\mathrm{j}\omega_g)|(\mathrm{dB}) \tag{2-111}$$

式中，ω_g 满足 $\varphi(\omega_g)=-180^\circ$。半对数坐标图中的 γ 和 h 的表示如图 2-66(a)所示。稳定裕度也可以用极坐标平面表示如图 2-66(b)所示。

减小开环增益 K，可以增大系统的相角裕度，但 K 的减小会使系统的稳态误差变大。为了使系统具有良好的过渡过程，通常要求相角裕度为 $30^\circ\sim60^\circ$，为了兼顾系统的稳态误差和过渡过程的要求，有必要应用校正方法。

3. 关于相角裕度和幅值裕度的几点说明

幅值裕度和相角裕度这两个裕量可以用来作为设计准则，为了确定系统的相对稳定性，必须同时给出这两个量。对于最小相位系统，只有当相角裕度和幅值裕度都是正值时，系统才是稳定的。负的裕度表示系统不稳定。

对于非最小相位系统，稳定裕度的正确解释需要仔细地进行研究。确定非最小相位系统稳定性的最好方法，是采用极坐标图法，而不是伯德图法。

2.5.5 闭环系统的频域性能指标

反馈控制系统的闭环传递函数为

$$\Phi(s)=\frac{G(s)}{1+G(s)H(s)}=\frac{1}{H(s)}\cdot\frac{G(s)H(s)}{1+G(s)H(s)}$$

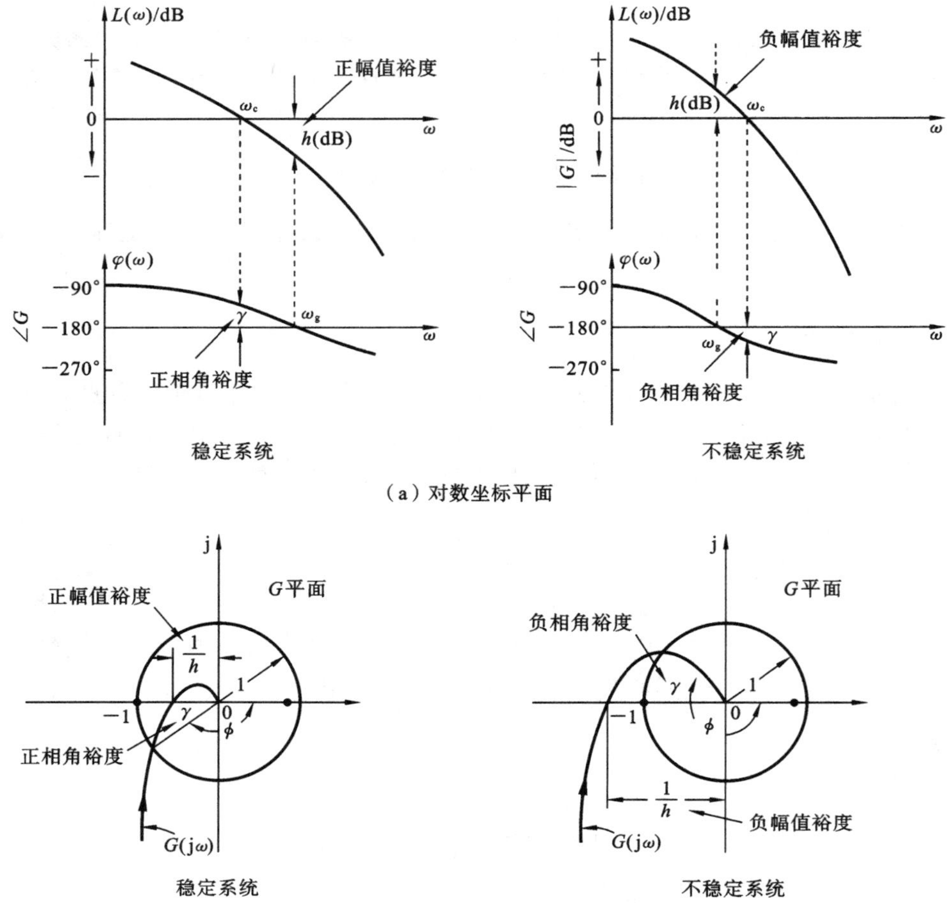

图 2-66　稳定和不稳定系统的相角裕度和幅值裕度

其中，$H(s)$为主反馈通道的传递函数，一般为常数。闭环系统的频域性能指标应该反映控制系统跟踪控制输入信号和抑制干扰信号的能力。

1. 控制系统的频带宽度

设 $\Phi(\mathrm{j}\omega)$为系统闭环频率特性，当闭环幅频特性下降到频率为零时的分贝值以下 3 分贝，即 $0.707|\Phi(\mathrm{j}0)|$(dB)时，对应的频率称为带宽频率，记为 ω_b。当 $\omega>\omega_b$ 时

$$20\lg|\Phi(\mathrm{j}\omega)|<20\lg|\Phi(\mathrm{j}0)|-3 \tag{2-112}$$

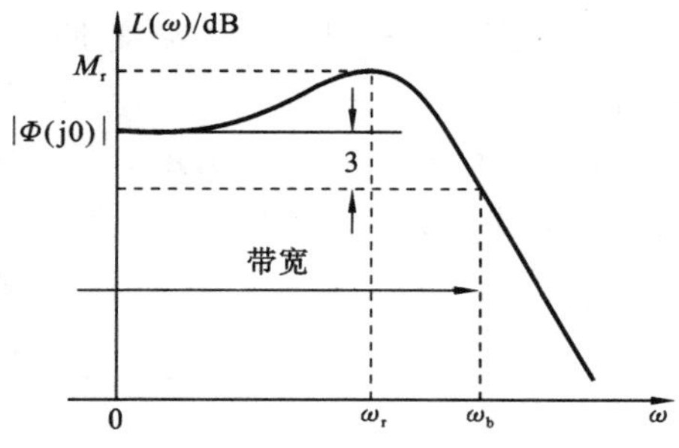

图 2-67　系统带宽频率与带宽

频率范围$(0,\omega_b)$称为系统的带宽，如图 2-67 所示。带宽定义表明，对高于带宽频率的正弦输入信号，系统输出将呈现较大的衰减。对于Ⅰ型和Ⅰ型以上的开环系统，由于$|\Phi(\mathrm{j}0)|=1$，$20\lg|\Phi(\mathrm{j}0)|=0$，故

$$20\lg|\Phi(\mathrm{j}\omega)|<-3(\mathrm{dB}),\quad \omega>\omega_b \tag{2-113}$$

带宽是频域中一项非常重要的性能指标。对于一阶和二阶系统，带宽频率和系统参数具有解析关系。

设一阶系统的闭环传递函数为

$$\Phi(s)=\frac{1}{Ts+1}$$

可求得带宽频率

$$\omega_b=\frac{1}{T} \tag{2-114}$$

对于二阶系统，闭环传递函数为

$$\Phi(s)=\frac{\omega_n^2}{s^2+2\zeta\omega_n s+\omega_n^2}$$

带宽频率

$$\omega_b=\omega_n[(1-2\zeta^2)+\sqrt{(1-2\zeta^2)^2+1}]^{\frac{1}{2}} \tag{2-115}$$

一阶系统的带宽频率和时间常数 T 成反比，二阶系统的带宽频率和自然频率 ω_n 成正比。系统的单位阶跃响应的速度和带宽成正比。对于任意阶次的控制系统，这一关系仍然成立。系统带宽的选择在设计中应折中考虑，不能一味求大。

2. 系统带宽与信号频谱的关系

系统的输入和输出端不可避免地存在扰动和噪声，因此要分析信号的频域分布及其对误差的影响。

1）周期信号的频谱

设 $f(t)$ 为周期函数，其周期为 T，可用下式描述：

$$f(t)=f(t+lT);\quad l=0,\pm1,\cdots \tag{2-116}$$

若 $f(t)$ 在区间 $[0,T]$ 内有界，且仅有有限个极值。幅值谱如图 2-68(b)所示。

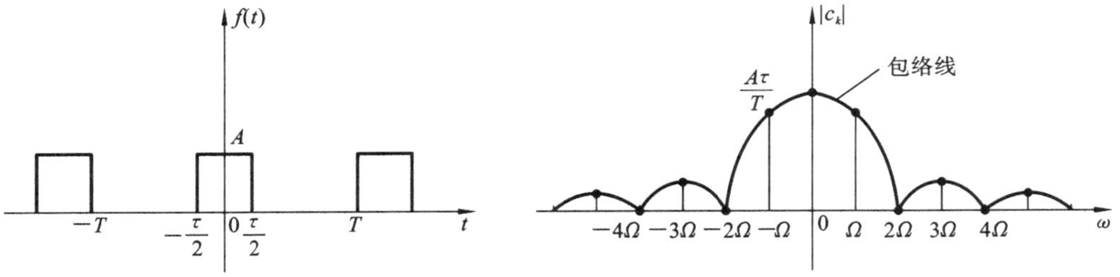

（a）矩形波　　（b）幅值谱

图 2-68　矩形波及其幅值谱

由图 2-68 可知，周期信号的幅值谱为一簇谱线，随 k 增大，即 $\omega=\frac{2\pi}{T}k$ 的增大，幅值谱的包络线衰减。若系统的控制输入为矩形波时，系统的跟踪能力取决于带宽覆盖矩形波频谱的范围，带宽大则处于较高频率范围的谱线衰减小，故失真小。

2）非周期函数的频谱

非周期函数可以看做周期 $T\to\infty$ 的周期函数，与周期信号的频谱不同，非周期信号的频谱为连续谱，单个方波的幅值谱特性如图 2-69 所示。

由图 2-69 可知，当控制输入信号频谱特性具有收敛形式时，可按跟踪要求选定常

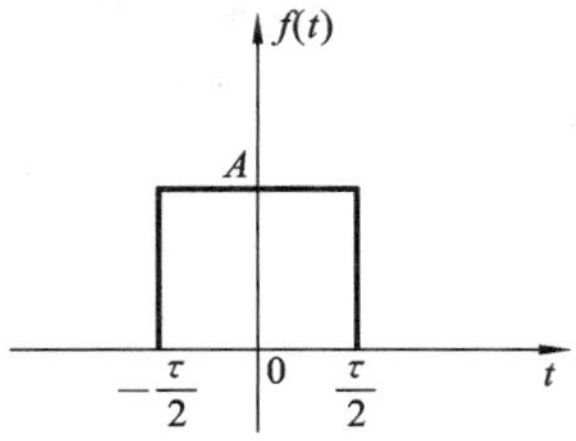

（a）单个方波

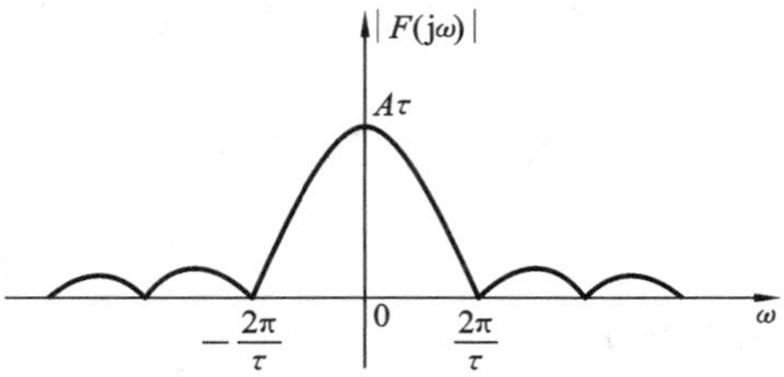

（b）频谱特性

图 2-69 单个方波及其频谱特性

数 ε，若 $\omega>\omega_n$ 时，$|F(j\omega)|<\varepsilon$，从而确定系统所需要的带宽频率 ω_b。

综上所述，系统的分析应区分输入信号的性质、位置，根据其频谱或谱密度以及相应的传递函数选择合适带宽，而系统的设计则主要围绕带宽来进行。为了设计合适的系统带宽，需要确定系统的闭环频率特性。

3. 确定闭环频率特性的方法

工程上常用 MATLAB 方法获得闭环频率特性：在已知系统开环传递函数条件下，直接调用命令 feedback 和 bode，可立即得到闭环对数幅频和相频曲线，然后可判读出系统谐振频率 ω_r、谐振峰值 M_r(dB)及带宽频率 ω_b。

4. 闭环系统频域指标和时域指标的转换

系统时域指标不能直接应用于频域的分析和综合。闭环系统频域指标 ω_b 虽然能反映系统的跟踪速度和抗干扰能力，但在校正元件的形式和参数尚需确定时显得较为不便。工程上常用相角裕度 γ 和截止频率 ω_c 来估算系统的时域性能指标。

1) 系统闭环和开环频域指标的关系

系统开环指标截止频率 ω_c 与闭环指标带宽频率 ω_b 有着密切的关系。如果两个系统的稳定程度相仿，则 ω_c 大的系统，ω_b 也大；ω_c 小的系统，ω_b 也小。因此 ω_c 和系统响应速度存在正比关系，ω_c 可用来衡量系统的响应速度。

鉴于闭环振荡性指标谐振峰值 M_r 和开环指标相角裕度 γ 都能表征系统的稳定程度，故下面建立 M_r 和 γ 的近似关系。

谐振峰值 M_r 定义为闭环系统幅频特性最大值，ω_r 为谐振频率(见图 2-67)

$$M_r=M(\omega_r)=\frac{1}{|\sin\gamma(\omega_r)|}\approx\frac{1}{|\sin\gamma|} \tag{2-117}$$

由于 $\cos\gamma(\omega_r)\leqslant 1$，故在闭环幅频特性的峰值处对应的开环幅值 $A(\omega_r)\geqslant 1$，而 $A(\omega_c)=1$，显然 $\omega_r\leqslant\omega_c$。控制系统的设计中，一般先根据控制要求提出闭环频域指标 ω_b 和 M_r，再由式(2-117)确定相角裕度 γ 和选择合适的截止频率 ω_c，然后根据 γ 和 ω_c 选择校正网络的结构并确定参数。

2) 开环频域指标和时域指标的关系

对于典型二阶系统，已建立了时域指标超调量 $\sigma\%$ 和调节时间 t_s 与阻尼比 ζ 的关系式。而欲确定 γ 和 ω_c 与 $\sigma\%$ 和 t_s 的关系，只需确定 γ 和 ω_c 关于 ζ 的计算公式。典型二阶系统求得相角裕度

$$\gamma=180^\circ+\angle[G(j\omega_c)]=180^\circ-90^\circ-\arctan\frac{\omega_c}{2\zeta\omega_n}$$

$$=\arctan\frac{2\zeta\omega_n}{\omega_c}=\arctan\left[2\zeta\left(\sqrt{4\zeta^4+1}-2\zeta^2\right)^{-\frac{1}{2}}\right] \tag{2-118}$$

图 2-70 是根据式(2-106)绘制的 γ-ζ 曲线。由图 2-70 可知，γ 为 ζ 的增函数。当选定 γ 后，可由 γ-ζ 曲线确定 ζ，再由 ζ 确定 $\sigma\%$ 和 t_s。

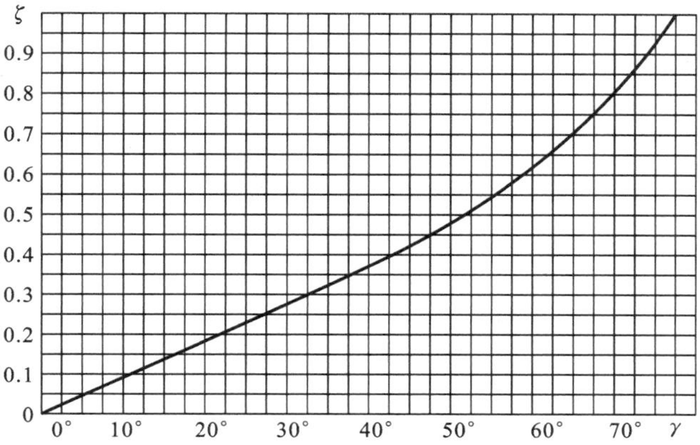

图 2-70 典型二阶系统的 γ-ζ 曲线

对于典型的无零点二阶系统，时域指标的估算结果是较准确的。

3)高阶系统的时域指标的估算

对于具有一对共轭复数闭环极点的线性定常高阶系统，阶跃动态响应与频率响应之间通常存在下列关系。

(1) M_r 值表征了相对稳定性。如果 M_r 的值在 $1.0<M_r<1.4$（0 dB$<M_r$(dB)$<$3 dB）范围内，这相当于有效阻尼比 ζ 在 $0.4<\zeta<0.7$ 范围内，则通常可以获得满意的动态性能。

(2) 谐振频率 ω_r 的大小表征了动态响应的速度。ω_r 的值越大，时间响应便越快。

(3) 对于弱阻尼系统，谐振频率 ω_r 与阶跃响应中的阻尼频率 ω_d 很接近。

如果高阶系统可以用标准二阶系统近似，或者说可以用一对共轭复数闭环极点近似，可以利用上述三条关系，将高阶系统的阶跃动态响应与频率响应联系起来。

对于一般高阶系统，开环频域指标和时域指标不存在解析关系式。通过对大量系统的 M_r 和 ω_c 的研究，并借助于式(2-104)，归纳为下述两个近似估算公式：

$$\sigma\%=0.16+0.4\left(\frac{1}{\sin\gamma}-1\right)\times100\%,\quad 35^\circ\leqslant\gamma\leqslant90^\circ \tag{2-119}$$

$$t_s=\frac{K_0\pi}{\omega_c} \tag{2-120}$$

其中 $$K_0=2+1.5\left(\frac{1}{\sin\gamma}-1\right)+2.5\left(\frac{1}{\sin\gamma}-1\right)^2,\quad 35^\circ\leqslant\gamma\leqslant90^\circ$$

应用上述经验公式估算高阶系统的时域指标，实际性能比估算结果要好。对控制系统进行初步设计时，使用经验公式，可以保证系统达到性能指标的要求且留有一定的余地，然后进一步应用 MATLAB 软件包进行验证。

2.5.6 控制系统频域设计

在工程实践中，当被控对象与控制要求给定后，按照被控对象的工作条件与要求，可以初步选定执行元件、测量变送元件，设计增益可调的前置放大器与功率放大器，构成系统中的不可变部分。设计控制系统的目的，是将构成控制器的各元件与被控对象适当组合起来，使之满足表征控制精度、阻尼程度和响应速度的时域或频域性能指标要求。

如果通过调整放大器增益后仍然不能全面满足设计要求的性能指标，就需要在系统中增加一些参数及特性可按需要改变的校正装置，使系统性能全面满足设计要求。这就是控制系统设计中的校正问题。

按照校正装置在系统中的连接方式，控制系统校正方式可分为串联校正、反馈校正、前馈校正和复合校正四种。其中，串联校正装置一般接在系统误差测量点之后和放大器之前，串接于系统前向通道之中；反馈校正装置接在系统局部反馈通路之中。串联校正与反馈校正连接方式如图 2-71 所示。

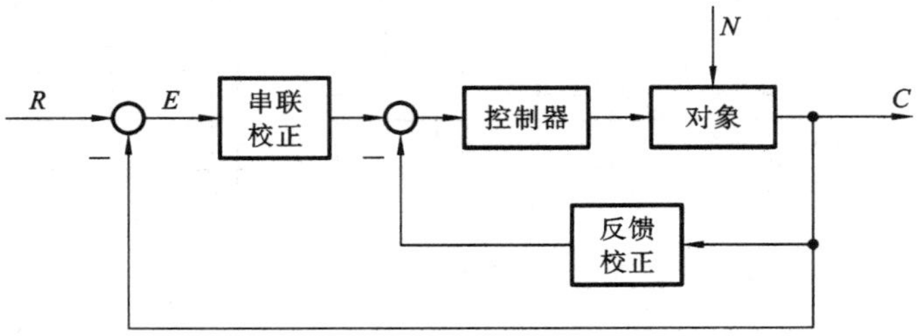

图 2-71 串联校正与反馈校正系统方框图

常用的串联校正包括相位超前校正、相位滞后校正、相位滞后-超前校正。以下通过三个工程案例讲解基于频域法设计三种串联校正装置的方法。

【工程案例 2-9】 采用 Bode 图对自动引导小车进行相位超前校正

自动引导小车如图 2-72(a)所示，它的控制系统如图 2-72(b)所示，要求设计串联校正环节，使系统具有 $K=12$，$\gamma=40°$，$\omega_c \geqslant 4$ rad/s。

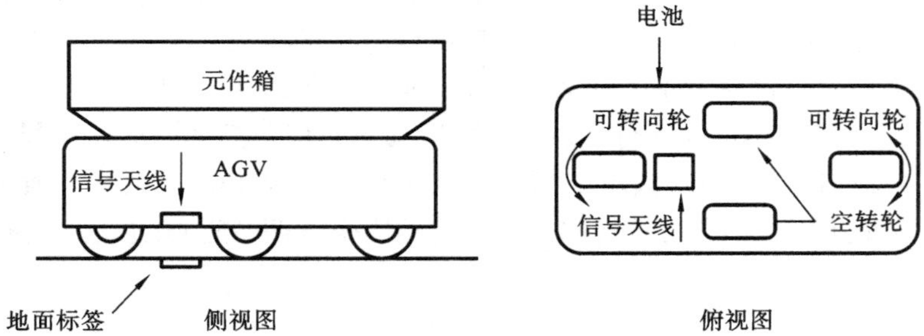

(a) 示意图

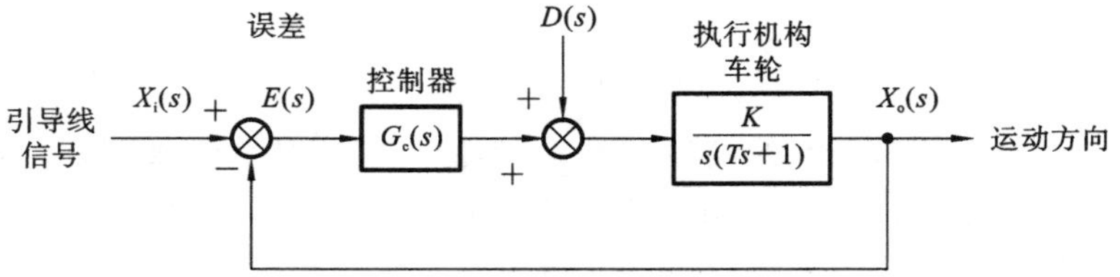

(b) 自动引导小车控制系统方框图

图 2-72 自动引导小车相位校正

解 (1) 自动引导小车是Ⅰ型系统，执行机构和车轮系统的传递函数为

$$G_k(s)=\frac{K}{s(s+1)} \tag{2-121}$$

执行机构和车轮系统是由一个比例环节、一个积分环节和一个惯性环节组成，转角频率 $\omega_T=1$ rad/s。当 $K=12$ 时，未校正系统的 Bode 曲线如图 2-73 中虚线 G_k 所示。由于 Bode 曲线自 $\omega_T=1$ rad/s 开始以 -40 dB/dec 的斜率与零分贝线相交于 ω_{c1}，故剪切频域 ω_{c1} 与增益 K 之间存在着如下关系：$20\lg 12=40\lg(\omega_{c1}/1)$，可以计算出幅值穿越频率 $\omega_{c1}=\sqrt{12}$ rad/s $=3.46$ rad/s，于是未校正系统的相位裕度 $\gamma_o=180°-90°-\arctan\omega_{c1}=16.12°<40°$，不满足设计要求，引入串联超前校正网络。

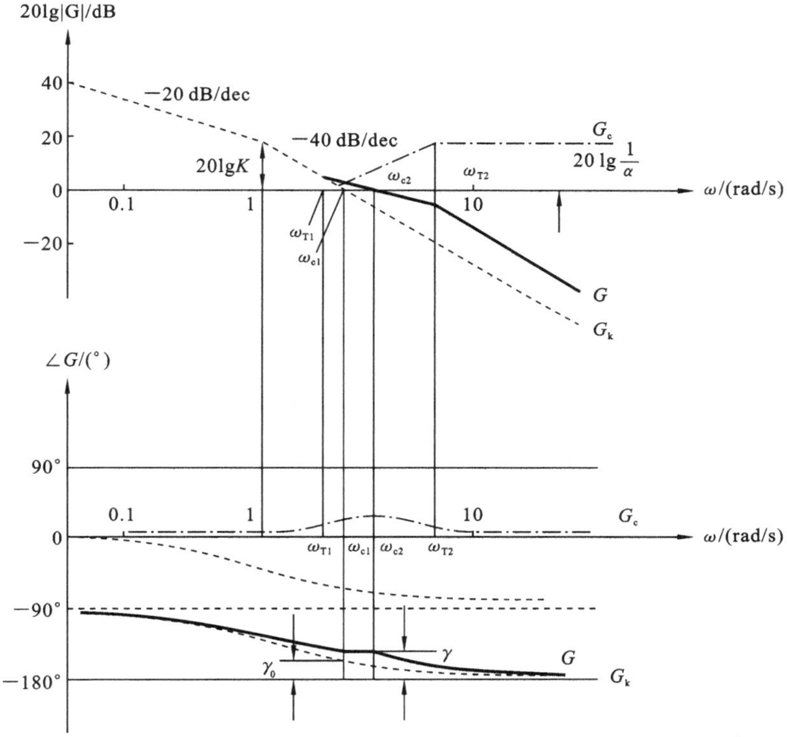

图 2-73 采用 Bode 图进行相位超前校正过程

(2) 所需相角超前量为 $\varphi_o=40°-16.12°+6.12°=30°$。

(3) 令 $\varphi_m=30°$，则 $\alpha=\frac{1-\sin 30°}{1+\sin 30°}=0.334$。

(4) 超前校正环节在 ω_m 处的增益为 $10\lg(1/0.334)=4.77$ dB。

根据前面计算 ω_{c1} 的原理，可以计算出未校正系统增益为 -4.77 dB 处的频率，即为校正后系统的剪切频率 ω_{c2}。由 $10\lg(1/0.334)=40\lg\omega_{c2}/\omega_{c1}$，可得

$$\omega_{c2}=\omega_{c1}\sqrt[4]{3}=4.55 \text{ rad/s}=\omega_m$$

(5) 校正环节的零点转角频率 ω_{T1} 和极点转角频率 ω_{T2} 分别为

$$\omega_{T1}=1/T=\omega_m\sqrt{\alpha}=2.63 \text{ rad/s},\quad \omega_{T2}=1/(\alpha T)=\omega_m/\sqrt{\alpha}=7.9 \text{ rad/s}$$

所以，校正装置的传递函数为

$$G_c(s)=\frac{s/2.63+1}{s/7.9+1}$$

校正环节的 Bode 图如图 2-72 中点画线 G_c 所示。

(6) 经超前校正后，系统开环传递函数为

$$G(s)=G_c(s)G_o(s)=\frac{12(s/2.63+1)}{s(s+1)(s/7.9+1)}$$

其剪切频率为 $\omega_c=4.55$ rad/s>4 rad/s，相位稳定裕度为

$$\gamma=180°-90°+\arctan4.55/2.63-\arctan4.55-\arctan4.55/7.9=42.4°>40°$$

均符合要求。系统的 Bode 图如图 2-73 中实线 G 所示。

【工程案例 2-10】 采用 Bode 图对雕刻机的控制系统进行相位滞后校正

如图 2-74(a)所示的雕刻机，在 x 轴方向使用了两个驱动电动机对雕刻针进行定位，x 轴位置控制系统框图如图 2-74(b)所示。采用 Bode 图对雕刻机的控制系统进行相位滞后校正，给定的稳态性能指标为单位恒速输入时的稳态误差 $e_{ss}=0.2$ s，频域性能指标为相位裕度 $\gamma\geqslant40°$，增益裕度 $20\lg K_g\geqslant10$ dB。

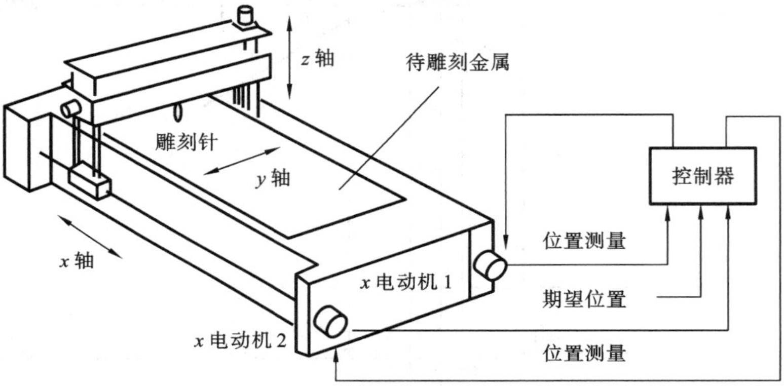

(a) 雕刻机示意图

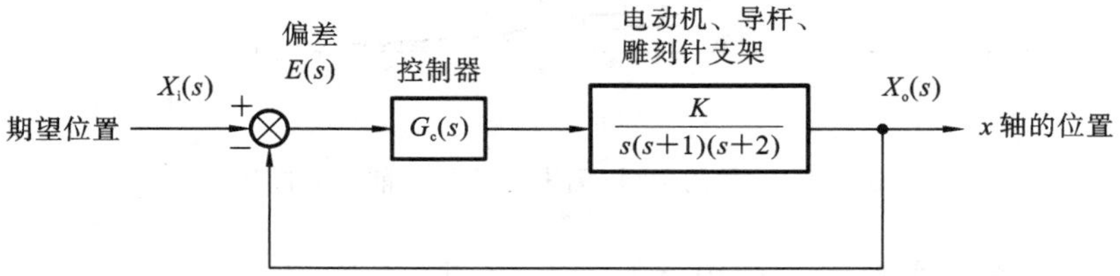

(b) x 轴位置控制系统

图 2-74　雕刻机 x 轴位置控制系统

解　(1) 根据给定系统的稳态性能指标，确定系统的开环增益 K。

雕刻机 x 轴位置控制系统是单位反馈控制系统，x 轴方向的位置驱动部分的传递函数为

$$G_k(s)=\frac{K/2}{s(s+1)(0.5s+1)} \tag{2-122}$$

x 轴方向的位置驱动部分的传递函数是 Ⅰ 型系统，根据第 4 章系统稳态误差分析可知，稳态偏差与稳态误差之间的关系为 $\varepsilon_{ss}=e_{ss}$，因此，单位恒速输入时系统的稳态偏

差为

$$\varepsilon_{ss}=2/K$$

即
$$K=\frac{2}{\varepsilon_{ss}}=10\ \mathrm{s}^{-1}$$

(2) 绘制未校正系统在 $K=5\ \mathrm{s}^{-1}$ 的情况下系统的 Bode 图,并求出其相位裕度。

系统由一个比例环节、一个积分环节和两个一阶惯性环节组成,转角频率 ω_T 分别为 1 和 2。系统的频率特性 $G_k(j\omega)$ 为

$$G_k(j\omega)=\frac{5}{j\omega(1+j\omega)(1+j0.5\omega)}$$

在 $K=10\ \mathrm{s}^{-1}$ 的情况下,系统 G_k 的 Bode 图如图 2-75 所示,未校正系统的相位裕度为 $-20°$,增益裕度为 $20\lg K_g=-8$ dB,系统是不稳定的。

(3) 采用相位滞后校正,取已校正系统的相位裕度为 50°,对应于相位裕度为 50°的频率大致为 $0.6\ \mathrm{s}^{-1}$,选已校正的系统的幅值穿越频率 ω_{c2} 为 $0.5\ \mathrm{s}^{-1}$。

(4) 令未校正系统的 Bode 图在 ω_{c2} 处的增益等于 $20\lg\beta$,由此确定滞后环节的 β 值。相位滞后校正环节的零点转角频率 $\omega_{T2}=1/T$ 应远低于已校正系统的相位穿越频率 ω_{c2},选 $\omega_{c2}/\omega_{T2}=5$,因此

$$\omega_{T2}=\frac{\omega_{c2}}{5}=\frac{0.5}{5}\ \mathrm{s}^{-1}=0.1\ \mathrm{s}^{-1}$$

$$T=\frac{1}{\omega_{T2}}=\frac{1}{0.1}\ \mathrm{s}=10\ \mathrm{s}$$

在图 2-75 中,要使 $\omega=0.5\ \mathrm{s}^{-1}$ 成为已校正的系统的相位穿越频率 ω_{c2},就需要在该点将 $G(j\omega)$ 的对数幅频特性移动 -20 dB,故在相位穿越频率上,相位滞后校正环节的对数幅频特性应为

$$20\lg\left|\frac{1+jT\omega_c}{1+j\beta T\omega_c}\right|=-20$$

当 $\beta T\geqslant 1$ 时,有

$$20\lg\left|\frac{1+jT\omega_c}{1+j\beta T\omega_c}\right|\approx-20\lg\beta$$

即
$$-20\lg\beta=-20\ \mathrm{dB}$$

故
$$\beta=10$$

(5) 确定滞后校正环节的转角频率。校正环节在此以 -20 dB 抵消 20 dB,应有 $\beta=10$。显然,极点转角频率 $\omega_{T1}=1/(\beta T)=0.01\ \mathrm{s}^{-1}$,零点转角频率 $\omega_{T2}=0.1\ \mathrm{s}^{-1}$。

(6) 校正环节的 Bode 图。相位滞后校正环节的频率特性为

$$G_c(j\omega)=\frac{1+jT\omega}{1+j\beta T\omega}=\frac{1+j10\omega}{1+j100\omega}$$

$G_c(j\omega)$ 的频率特性的 Bode 图如图 2-15 中的点画线 G_c 所示。

(7) 校验系统的性能指标。已校正系统的开环传递函数为

$$G(s)=G_c(s)G_k(s)=\frac{5(10s+1)}{s(0.5s+1)(s+1)(100s+1)}$$

校正后的 $G_c(j\omega)$ 的 Bode 图如图 2-75 中实线 G 所示。图中相位裕度 $\gamma=40°$,增益裕度 $20\lg K_g\approx 11$ dB。系统的稳态性能指标及频域性能指标都达到了设计要求。但由

于校正后开环系统的剪切频率从约 2 s^{-1}降到 0.5 s^{-1}，闭环系统的带宽也随之下降，所以，这种校正会使系统的响应速度降低。

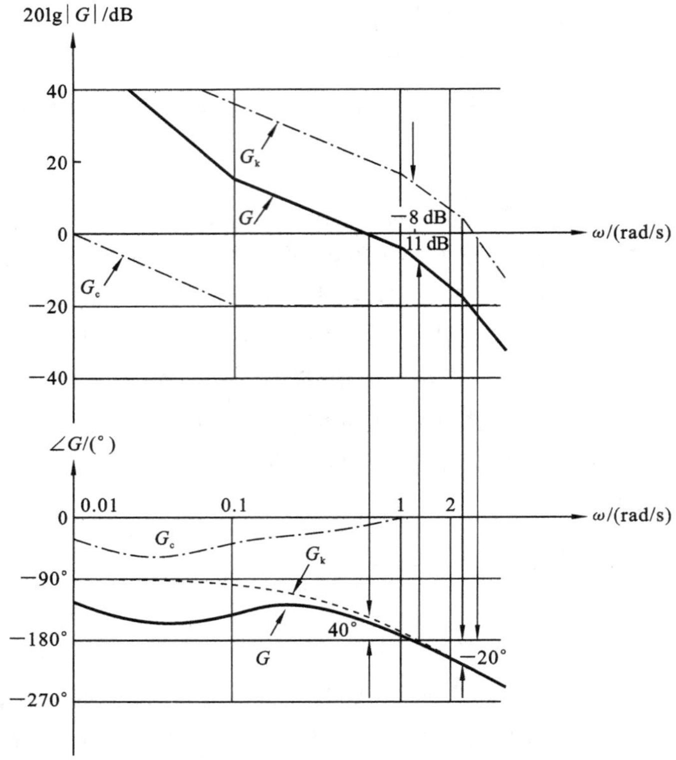

图 2-75 采用 Bode 图进行相位滞后校正过程

【工程案例 2-11】 采用 Bode 图对焊接机器人焊接头定位系统进行相位滞后-超前校正

现代汽车制造业广泛采用大型焊接机器人.要求焊接头在车身上快速而精确地向不同方向运动，焊接头定位控制系统如图 2-76 所示。采用 Bode 图对焊接头定位控制系统进行相位滞后-超前校正，设系统的稳态性能指标为：单位恒速输入时的稳态误差 $e_{ss}=0.1$；频域性能指标为相位裕度 $\gamma \geqslant 50°$，增益裕度 $20\lg K_g \geqslant 10$ dB。

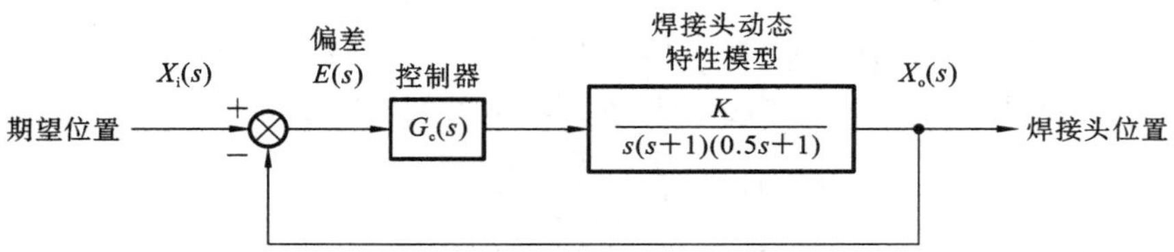

图 2-76 大型焊接机器人焊接头定位控制系统

解 (1) 根据给定系统的稳态性能指标，确定系统的开环增益 K。

焊接头动力学特性用传递函数描述为

$$G_k(s)=\frac{K}{s(s+1)(0.5s+1)} \tag{2-123}$$

焊接头定位控制系统开环传递函数是Ⅰ型系统，根据§2.3.6系统稳态误差分析可知，稳态偏差与稳态误差之间的关系是$\varepsilon_{ss}=e_{ss}$，单位恒速输入时系统的稳态误差为

$$\varepsilon_{ss}=1/K$$

则

$$K=\frac{1}{e_{ss}}=10$$

(2) 绘制未校正系统在$K=10$时系统Bode图，并求出其相位裕度。

系统由一个比例环节、一个积分环节和两个一阶惯性环节组成，转角频率ω_T分别为1和2。开环频率特性$G_k(j\omega)$的Bode图如图2-77中虚线所示。

$$G_k(j\omega)=\frac{10}{j\omega(1+j\omega)(1+j0.5\omega)}$$

由图2-77可以看出，该系统的相位裕度约为$-32°$，显然，系统是不稳定的。

(3) 设滞后-超前校正环节的传递函数为

$$G_c(s)=\frac{(T_1s+1)(T_2s+1)}{\left(\frac{T_1}{\beta}s+1\right)(\beta T_2s+1)}$$

式中，$T_1>0$，$T_2>0$，$T_2>T_1$，$\beta>1$。

相位滞后-超前校正环节由两个一阶微分环节、两个惯性环节组成，它们的转角频率分别为

$$\omega_{T1}=\frac{1}{\beta T_2},\quad \omega_{T2}=\frac{1}{T_2},\quad \omega_{T3}=\frac{1}{T_1},\quad \omega_{T4}=\frac{\beta}{T_1}$$

(4) 分别设计相位超前校正部分和滞后部分。

首先进行相位超前校正，使相频特性在$\omega=0.4\ s^{-1}$以上超前。但若单纯采用超前校正，则低频段衰减太大；若附加增益K_1，则剪切频率右移，幅值穿越频率ω_c。仍可能在相位穿越频率ω_g右边，系统仍然不稳定。因此，在此基础上再采用相位滞后校正，可使低频段有所衰减，因而有利于ω_c左移。

选未校正之前的相位穿越频率$\omega_g=1.5\ s^{-1}$为新系统的幅值穿越频率，则取相位裕度$\gamma=40°+10°=50°$。选滞后部分的零点转角频率ω_{T2}，远低于$\omega=1.5\ s^{-1}$，即$\omega_{T2}=\omega/10=0.15\ s^{-1}$，$T_2=\frac{1}{\omega_{T2}}=\frac{1}{0.15}=6.67$ s。选$\beta=10$，则极点转角频率为$\omega_{T1}=\frac{1}{\beta T_2}=0.015\ s^{-1}$。因此，滞后部分的频率特性为

$$\frac{1+jT_2\omega}{1+j\beta T_2\omega}=\frac{1+j6.67\omega}{1+j66.7\omega}$$

由图2-77可知，当$\omega=1.5\ s^{-1}$时，幅值≈13 dB。因为这一点在校正后是剪切频率，所以，校正环节在$\omega=1.5\ s^{-1}$点上应产生-13 dB增益。因此，在Bode图上过点$(1.5\ s^{-1}, -13\ dB)$绘出斜率为20 dB/dec的斜线，它和零分贝线及-20 dB线的交点就是超前部分的极点和零点转角频率。如图2-77所示，超前部分的零点转角频率$\omega_{T3}\approx0.7\ s^{-1}$，$T_1=\frac{1}{\omega_{T3}}=\frac{1}{0.7}$ s。极点转角频率为$\omega_{T4}=\frac{\beta}{T_1}=7\ s^{-1}$。超前部分的频率特性为

$$\frac{1+jT_1\omega}{1+j\frac{T_1}{\beta}\omega}=\frac{1+j\frac{1}{0.7}\omega}{1+j\frac{1}{7}\omega}=\frac{1+j1.43\omega}{1+j0.143\omega}$$

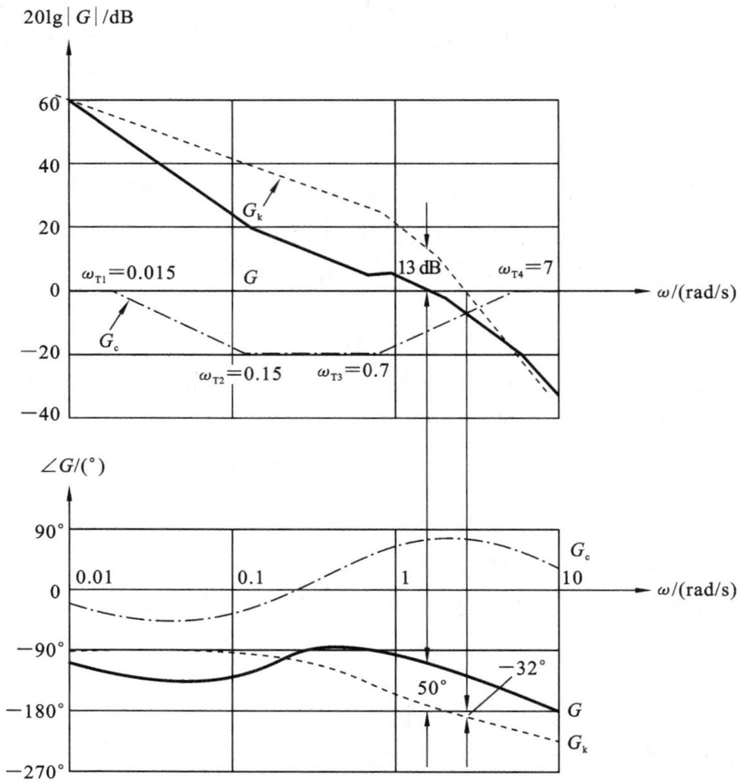

图 2-77 采用 Bode 图进行相位滞后-超前校正过程

由此,滞后-超前校正环节的频率特性为

$$G_c(j\omega)=\frac{1+j6.67\omega}{1+j66.7\omega}\cdot\frac{1+j1.43\omega}{1+j0.143\omega}$$

其特性曲线为图 2-77 中点画线。

已校正系统的开环传递函数为

$$G(s)=G_c(s)G_k(s)=\frac{10(6.67s+1)(1.43s+1)}{s(s+1)(0.5s+1)(66.7s+1)(0.143s+1)} \tag{2-124}$$

(5) 校正后系统的对数频率特性。

校正后系统的对数幅频特性和对数相频特性如图 2-77 中实线所示。

2.6 离散控制系统

与连续系统相比,离散系统在本质上有所区别,但在分析和研究方法上存在共通之处。通过应用 z 变换技术,可以使得在连续系统中发展出的概念和分析手段,得以扩展并应用于线性离散系统的分析中。

2.6.1 离散系统的基本概念

如果控制系统中有一处或几处信号是一串脉冲或数码,这些信号仅定义在离散时间上,则这样的系统称为离散时间系统。

1. 采样控制系统

采样过程可以划分为规则周期性采样和非规则周期性采样，也就是随机采样。本节讨论将限定在规则周期性采样的范畴内。采样系统中包含模拟组件，这些组件产生的信号在时间和幅度上均为连续，这类信号被定义为模拟信号。相对地，在控制器内部，脉冲元件产生的信号在时间上是断续的，但在幅度上保持连续，这种信号被称为脉冲连续信号。为了确保这两种类型的信号能够在系统中顺利传递，需要在连续信号与脉冲序列之间部署采样器，在脉冲序列与连续信号之间则需要保持器，以完成信号的相互转换。采样器和保持器是采样控制系统中两个至关重要的环节。

1）信号采样和复现

实现采样的装置称为采样器，或称采样开关。用 T 表示采样周期，单位为 s；$f_s=1/T$ 表示采样频率，单位为 s^{-1}；ω_s 表示采样角频率，单位为 rad/s。

在采样控制系统中，把脉冲序列转变为连续信号的过程称为信号复现过程。实现复现过程的装置称为保持器。需要在采样器后面串联一个信号复现滤波器，以使脉冲信号 $e^*(t)$ 复原成连续信号，再加到系统的连续部分。最简单的复现滤波器由保持器实现，可把脉冲信号 $e^*(t)$ 复现为阶梯信号 $e_h(t)$，如图 2-78 所示。由图可见，当采样频率足够高时，$e_h(t)$ 接近于连续信号。

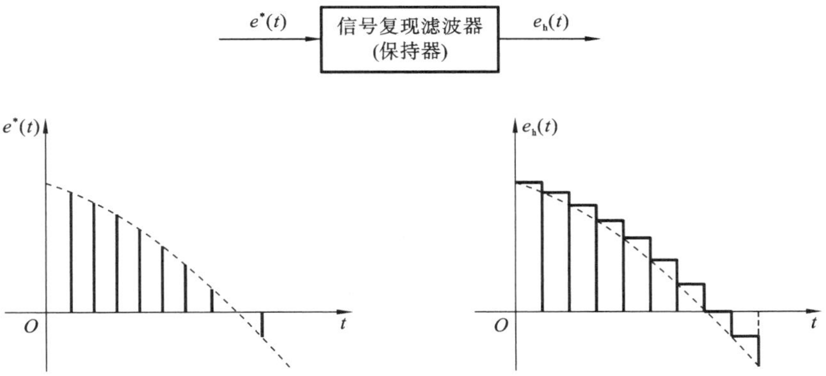

图 2-78 保持器的输入与输出信号

2）采样系统的典型结构图

在各种采样控制系统中，用得最多的是误差采样控制的闭环采样系统，其典型结构图如图 2-79 所示。由图 2-79 可见，当采样开关和系统其余部分的传递函数都具有线性特性时，这样的系统就称为线性采样系统。

2. 数字控制系统

数字控制系统是一种以数字计算机为控制器去控制具有连续工作状态的被控对象的闭环控制系统。因此，数字控制系统包括工作于离散状态下的数字计算机和工作于连续状态下的被控对象两大部分。

计算机作为系统的控制器，其输入和输出只能是二进制编码的数字信号，即在时间上和幅值上都离散的信号，而系统中被控对象和测量元件的输入和输出是连续信号，所以在计算机控制系统中，需要应用 A/D（模/数）和 D/A（数/模）转换器，以实现两种信

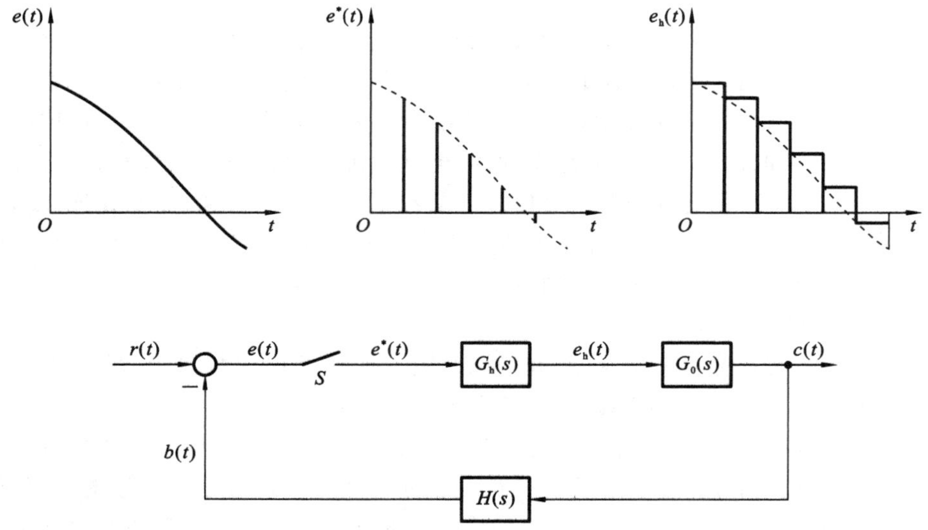

图 2-79 采样系统典型结构图

号的转换。计算机控制系统的典型原理图如图 2-80 所示。

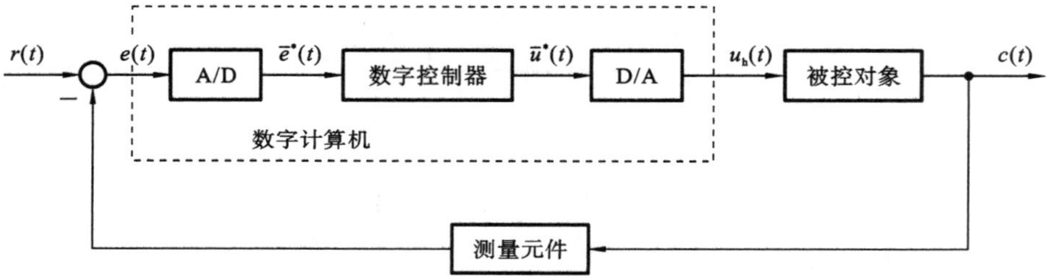

图 2-80 计算机控制系统典型原理图

A/D 转换器可以用周期为 T 的理想开关来代替。同理，将数字量转换为模拟量的 D/A 转换器可以用保持器取代，其传递函数为 $G_h(s)$。图 2-80 中数字控制器的功能是按照一定的控制规律，将采样后的误差信号 $e^*(t)$加工成所需要的数字信号，并以一定的周期 T 给出运算后的数字信号$\bar{u}^*(t)$，所以数字控制器实质上是一个数字校正装置，在结构图中可以等效为一个传递函数为 $G_c(s)$的脉冲控制器与一个周期为 T 的理想采样开关相串联，用采样开关每隔 T 秒输出的脉冲强度 $u^*(t)$来表示数字控制器每隔 T 秒输出的数字量$\bar{u}^*(t)$。如果再令被控对象的传递函数为 $G_0(s)$，测量元件的传递函数为 $H(s)$，则图 2-80 的等效采样系统结构图如图 2-81 所示。实际上，图 2-81 也是数字控制系统的常见典型结构图。

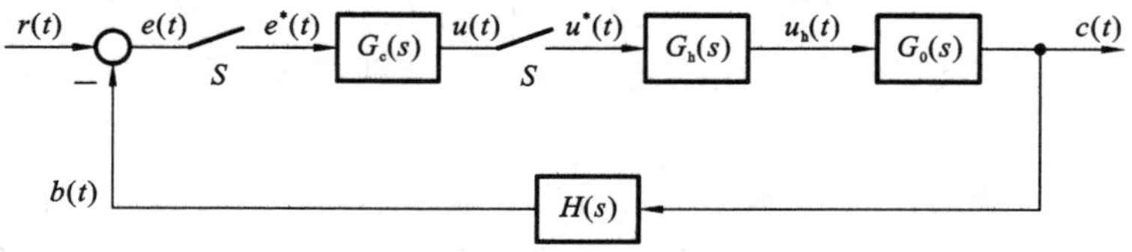

图 2-81 数字控制系统典型结构图

2.6.2 信号的采样与保持

为了定量研究离散系统，必须对信号的采样过程和保持过程用数学的方法加以描述。

1. 采样过程

把连续信号变换为脉冲序列的装置称为采样器，又称采样开关。采样器的采样过程，可以用一个周期性闭合的采样开关 S 来表示，如图 2-82 所示。假设采样器每隔 T 秒闭合一次，闭合的持续时间为 τ；采样器的输入 $e(t)$ 为连续信号；输出 $e^*(t)$ 为宽度等于 τ 的调幅脉动序列，在采样瞬时 $nT(n=0,1,2,\cdots,\infty)$ 时出现。换句话说，在 $t=0$ 时，采样器闭合 τ 秒，此时 $e^*(t)=e(t)$；$t=\tau$ 以后，采样器打开，输出 $e^*(t)=0$；以后每隔 T 秒重复一次这种过程。显然，采样过程要丢失采样间隔之间的信息。

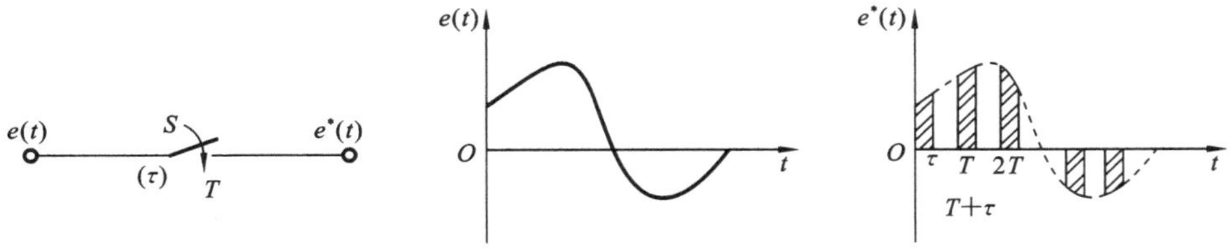

(a) 采样开关　(b) 连续信号　(c) 调幅脉冲序列

图 2-82　实际采样过程

2. 香农采样定理

香农采样定理指明了从采样信号中不失真地复现原连续信号所必需的理论上的最小采样周期 T。香农采样定理指出：如果采样器的输入信号 $e(t)$ 具有有限带宽，并且有直到 ω_h 的频率分量，则使信号 $e(t)$ 圆满地从采样信号 $e^*(t)$ 中恢复过来的采样周期 T 满足下列条件：

$$T\leqslant\frac{2\pi}{2\omega_h}\tag{2-125}$$

采样定理表达式(2-125)与 $\omega_s\geqslant2\omega_h$ 是等价的，式中 ω_s 称为采样角频率。

2.6.3 离散系统的数学模型

与连续系统的数学模型类似，线性离散系统的数学模型有差分方程、脉冲传递函数和离散状态空间表达式三种。

1. 线性常系数差分方程及其解法

对于一般的线性定常离散系统，k 时刻的输出 $c(k)$ 不但与 k 时刻的输入 $r(k)$ 有关，而且与 k 时刻以前的输入 $r(k-1)$，$r(k-2)$，$\cdots$ 有关，同时还与 k 时刻以前的输出 $c(k-1)$，$c(k-2)$，$\cdots$ 有关。这种关系可表示为

$$c(k)=-\sum_{i=1}^{n}a_ic(k-i)+\sum_{j=0}^{m}b_jr(k-j)\tag{2-126}$$

式(2-126)称为 n 阶线性常系数差分方程，它在数学上代表一个线性定常离散系统。线性定常离散系统也可描述为

$$c(k+n)=-\sum_{i=1}^{n}a_i c(k+n-i)+\sum_{j=0}^{m}b_j r(k+m-j) \tag{2-127}$$

常系数线性差分方程的求解方法有经典法、迭代法和 z 变换法。这里仅介绍后两种。

1）迭代法

若已知差分方程(2-126)或(2-127)，并且给定输出序列的初值，则可以利用递推关系，在计算机上一步一步地算出输出序列。

2）z 变换法

设差分方程如式(2-127)所示，则用 z 变换法解差分方程的实质，是对差分方程两端取 z 变换，并利用 z 变换的实数位移定理，得到以 z 为变量的代数方程，然后对代数方程的解 $C(z)$ 取 z 反变换，求得输出序列 $c(k)$。z 变换与 s 变换对照关系，请查阅本书附录 1。

2. 脉冲传递函数

z 变换更为重要的意义在于导出线性离散系统的脉冲传递函数，给线性离散系统的分析和校正带来极大的方便。

1）脉冲传递函数定义

对于线性连续系统，传递函数定义为在零初始条件下，输出量的拉氏变换与输入量的拉氏变换之比。对于线性离散系统，传递函数的定义类似。

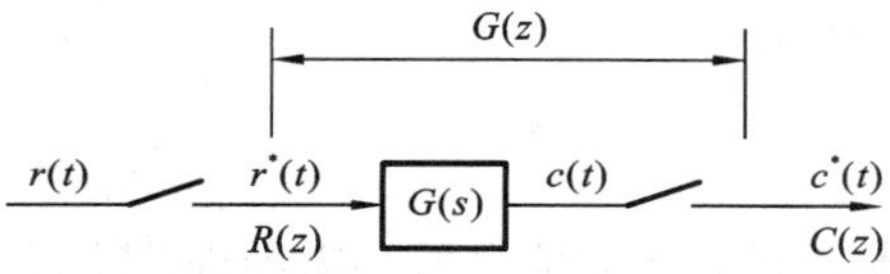

图 2-83　开环离散系统结构图

设开环离散系统如图 2-83 所示，如果系统的初始条件为零，输入信号为 $r(t)$，采样后 $r^*(t)$的 z 变换函数为 $R(z)$，系统连续部分的输出为 $c(t)$，采样后$c^*(t)$的 z 变换函数为 $C(z)$，则线性定常离散系统的脉冲传递函数定义为系统输出采样信号的 z 变换与输入采样信号的 z 变换之比，记为

$$G(z)=\frac{C(z)}{R(z)}=\frac{\sum_{n=0}^{\infty}c(nT)z^{-n}}{\sum_{n=0}^{\infty}r(nT)z^{-n}} \tag{2-128}$$

式(2-128)表明，如果已知 $R(z)$和 $G(z)$，则在零初始条件下，线性定常离散系统的输出采样信号为

$$c^*(t)=Z^{-1}[C(z)]=Z[G(z)R(z)]$$

由于 $R(z)$是已知的，因此求$c^*(t)$的关键在于求出系统的脉冲传递函数 $G(z)$。

如果系统的实际输出 $c(t)$比较平滑，且采样频率较高，则可用采样信号$c^*(t)$近似描述连续信号 $c(t)$。

2）脉冲传递函数意义

脉冲传递函数的含义是：系统脉冲传递函数 $G(z)$，就等于系统加权序列 $K(nT)$的 z 变换。描述线性定常离散系统的差分方程整理有

$$G(z)=\frac{C(z)}{R(z)}=\frac{\sum_{k=0}^{m}b_k z^{-k}}{1+\sum_{k=1}^{n}a_k z^{-k}} \tag{2-129}$$

这就是脉冲传递函数与差分方程的关系。

由上可见，差分方程、加权序列 $K(nT)$ 和脉冲传递函数 $G(z)$ 可以根据以上关系相互转化。

3）脉冲传递函数求法

由 $G(s)$ 求 $G(z)$ 的方法是：先求 $G(s)$ 的拉氏反变换，得到脉冲过渡函数 $K(t)$，再将 $K(t)$ 按采样周期离散化，得加权序列 $K(nT)$；最后将 $K(nT)$ 进行 z 变换，按

$$C(z) = K(z) = \sum_{n=0}^{\infty} K(nT) z^{-n}$$

求出 $G(z)$。根据 z 变换附表①可以直接从 $G(s)$ 得到 $G(z)$，而不必逐步推导。如果 $G(s)$ 为阶次较高的有理分式函数，可以由 $G(s)$ 直接求出 $G(z)$，记为

$$G(z) = Z[G^*(s)] \tag{2-130}$$

上式表明了加权序列 $K(nT)$ 的采样拉氏变换与其 z 变换的关系。习惯上，常把式(2-130)表示为 $G(z)=Z[G(s)]$ 并称之为 $G(s)$ 的 z 变换。

3. 开环系统脉冲传递函数

为了便于求出开环脉冲传递函数，需要了解采样函数拉氏变换 $G^*(s)$ 的有关性质。

1）有串联环节时的开环系统脉冲传递函数

如果开环离散系统由两个串联环节构成，则开环系统脉冲传递函数的求法与连续系统情况不完全相同。

(1) 串联环节之间有采样开关。设开环离散系统如图 2-84(a)所示，开环系统脉冲传递函数

$$G(z) = \frac{C(z)}{R(z)} = G_1(z) G_2(z) \tag{2-131}$$

式(2-131)表明，有理想采样开关隔开的两个线性连续环节串联时的脉冲传递函数，等于这两个环节各自的脉冲传递函数之积，可以推广到类似的 n 个环节相串联时的情况。

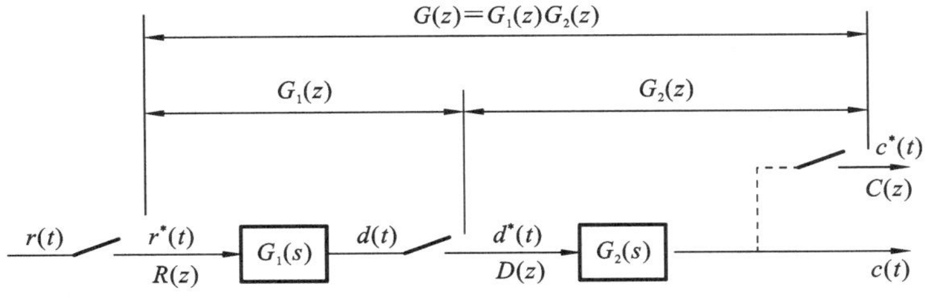

（a）串联环节之间有采样开关

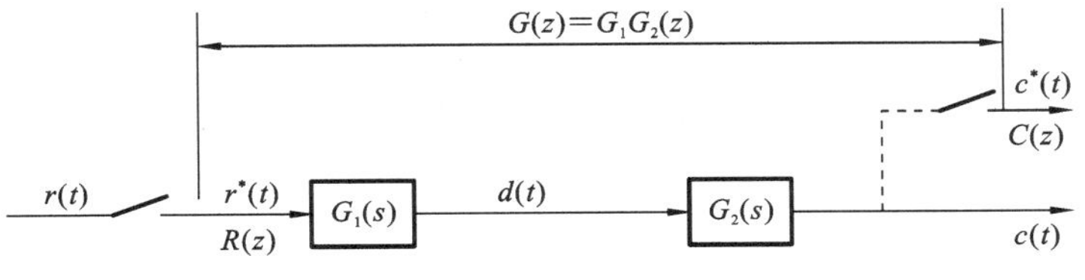

（b）串联环节之间无采样开关

图 2-84 环节串联时的开环离散系统脉冲传递函数

(2) 串联环节之间无采样开关。设开环离散系统如图 2-84(b)所示，系统连续信号的开环系统脉冲传递函数

$$G(z)=\frac{C(z)}{R(z)}=G_1G_2(z) \tag{2-132}$$

式(2-132)表明，脉冲传递函数，等于这两个环节传递函数乘积后的相应 z 变换。

2) 有零阶保持器时的开环系统脉冲传递函数

设有零阶保持器的开环离散系统如图 2-85(a)所示，将该图变换为图 2-85(b)所示的等效开环系统。

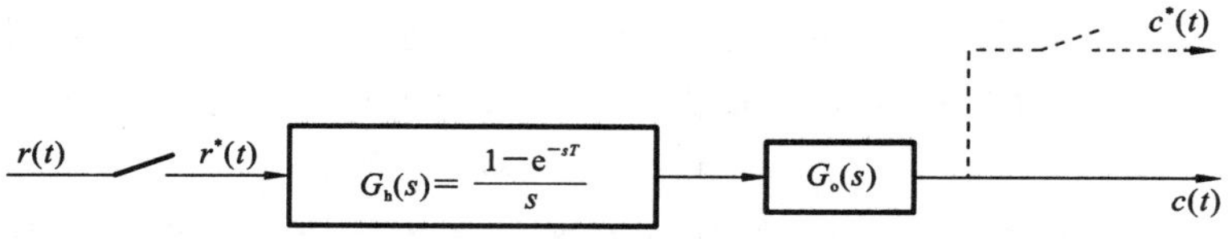

(a) 开环离散系统

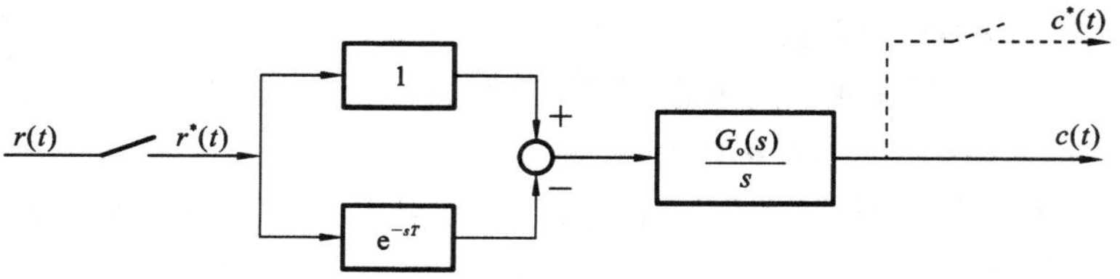

(b) 等效开环离散系统

图 2-85 有零阶保持器的开环离散系统结构图

有零阶保持器时，开环系统脉冲传递函数

$$G(z)=\frac{C(z)}{R(z)}=(1-z^{-1})Z\left[\frac{G_o(s)}{s}\right] \tag{2-133}$$

零阶保持器不影响离散系统脉冲传递函数的极点。

4. 闭环系统脉冲传递函数

闭环离散系统没有唯一的结构图形式。图 2-86 所示的是一种比较常见的误差采样闭环离散系统结构图。

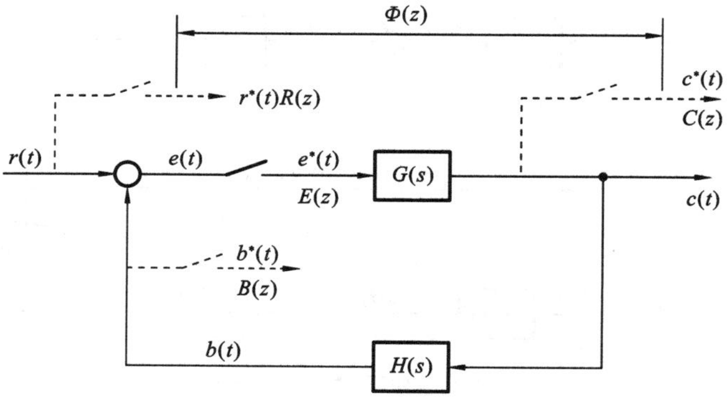

图 2-86 闭环离散系统结构图

可得到闭环离散系统的特征方程

$$D(z)=1+GH(z)=0 \tag{2-134}$$

对于采样器在闭环系统中具有各种配置的闭环离散系统典型结构图，及其输出采样信号的 z 变换函数 $C(z)$，可参见表 2-12。

表 2-12　典型闭环离散系统及输出 z 变换函数

序号	系统结构图	$C(z)$计算式
1	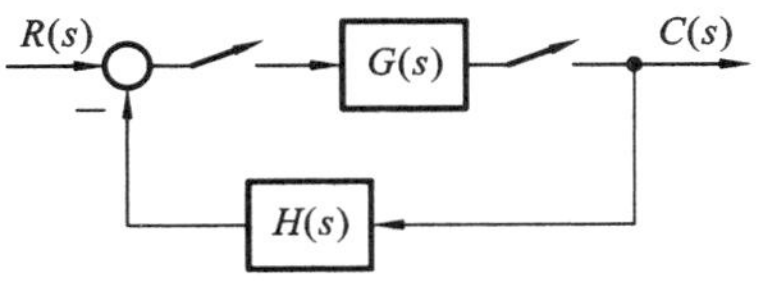	$\dfrac{G(z)R(z)}{1+G(z)H(z)}$
2	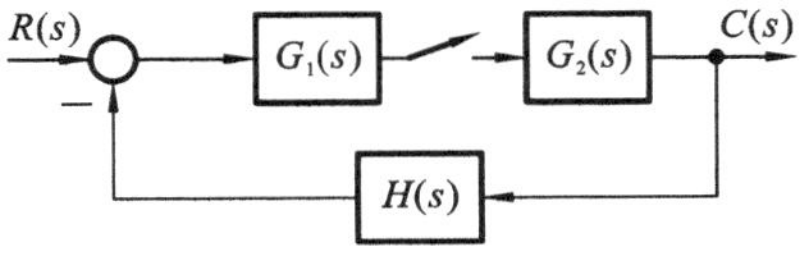	$\dfrac{RG_1(z)G_2(z)}{1+G_2(z)H(z)G_1(z)}$
3	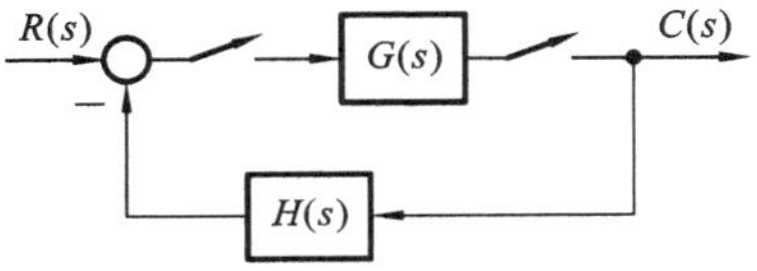	$\dfrac{G(z)R(z)}{1+G(z)H(z)}$
4	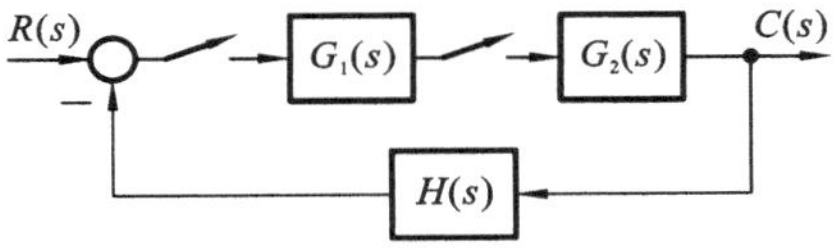	$\dfrac{G_1(z)G_2(z)R(z)}{1+G_1(z)G_2(z)H(z)}$
5	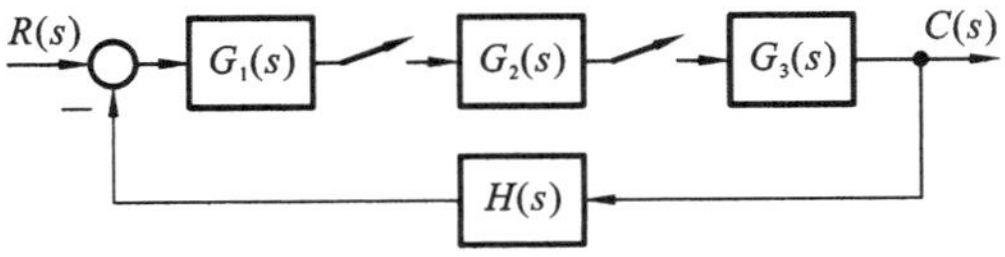	$\dfrac{R(z)G_1(z)G_2(z)G_3(z)}{1+G_2(z)G_1(z)G_3(z)H(z)}$
6	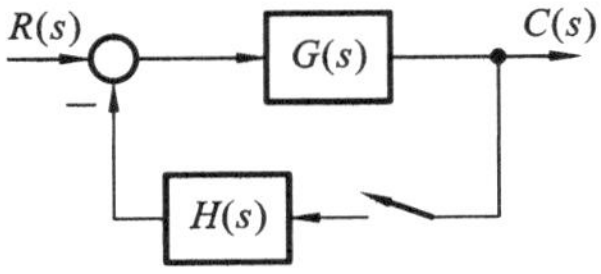	$\dfrac{R(z)G(z)}{1+H(z)G(z)}$
7	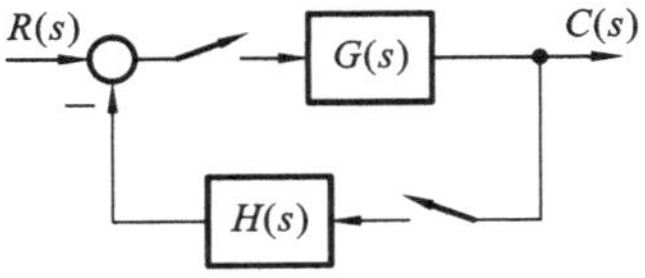	$\dfrac{R(z)G(z)}{1+G(z)H(z)}$
8	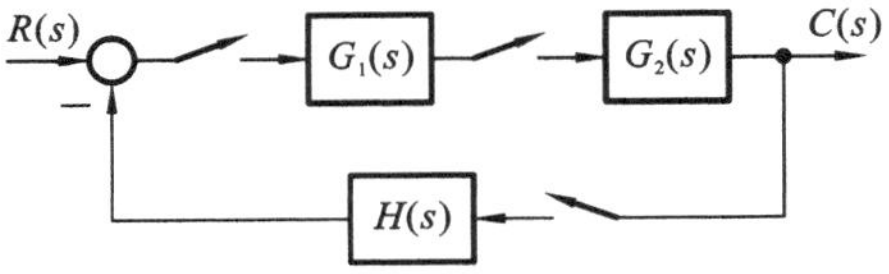	$\dfrac{G_1(z)G_2(z)R(z)}{1+G_1(z)G_2(z)H(z)}$

2.6.4 离散系统的稳定性与稳态误差

为了把连续系统在 s 平面上分析稳定性的结果移植到在 z 平面上分析离散系统的稳定性，首先需要研究 s 平面与 z 平面的映射关系。

1. 离散系统稳定的充分必要条件

定义 若离散系统在有界输入序列作用下，其输出序列也是有界的，则称该离散系统是稳定的。

在 z 域中，线性定常离散系统稳定的充分必要条件是：当且仅当离散系统特征方程(2-134)的全部特征根均分布在 z 平面上的单位圆内，或者所有特征根的模均小于 1，即 $|z_i|<1(i=1,2,\cdots,n)$，相应的线性定常离散系统是稳定的。

2. 离散系统的稳定性判据

如果令

$$z=\frac{w+1}{w-1} \tag{2-135}$$

则有

$$w=\frac{z+1}{z-1} \tag{2-136}$$

上式表明，复变量 z 与 w 互为线性变换，故 w 变换又称双线性变换。令复变量

$$z=x+\mathrm{j}y,\quad w=u+\mathrm{j}v$$

显然

$$u=\frac{(x^2+y^2)-1}{(x-1)^2+y^2}$$

z 平面和 w 平面的对应关系，如图 2-87 所示。

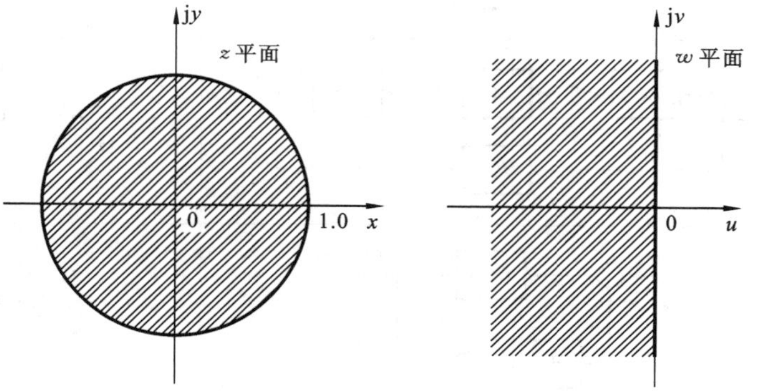

图 2-87 z 平面与 w 平面的对应关系

由 w 变换可知，离散系统稳定的充分必要条件，由特征方程 $1+GH(z)=0$ 的所有根位于 z 平面上的单位圆内，转换为特征方程 $1+GH(w)=0$ 的所有根位于 w 左半平面。根据 w 域中的特征方程系数，可以直接应用劳斯表判断离散系统的稳定性，并相应称为 w 域中的劳斯稳定判据。

例 2-11 设闭环离散系统如图 2-88 所示，其中采样周期 $T=0.1$ s，试求系统稳定时 K 的临界值。

解 求出 $G(s)$ 的 z 变换

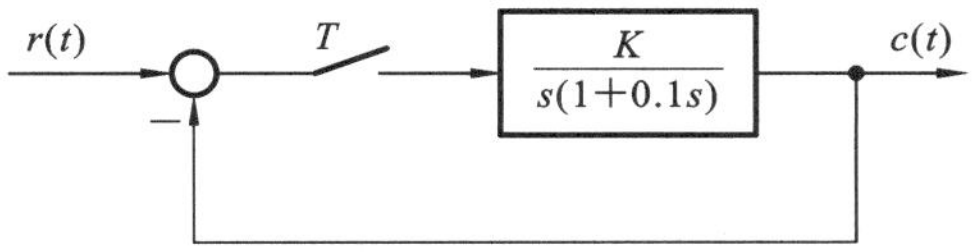

图 2-88 闭环离散系统

$$G(z)=\frac{0.632Kz}{z^2-1.368z+0.368}$$

故闭环特征方程

$$1+G(z)=z^2+(0.632K-1.368)z+0.368=0$$

令 $z=(w+1)/(w-1)$，得

$$\left(\frac{w+1}{w-1}\right)^2+(0.632K-1.368)\left(\frac{w+1}{w-1}\right)+0.368=0$$

化简后，得 w 域特征方程

$$0.632Kw^2+1.264w+(2.736-0.632K)=0$$

列出劳斯稳定判据表

w^2	$0.632K$	$2.736-0.632K$
w^1	1.264	0
w^0	$2.736-0.632K$	0

从劳斯稳定判据表第一列系数可以看出，为保证系统稳定，必须使 $K>0$ 和 $2.736-0.632K>0$，即 $K<4.33$。因此，系统稳定的临界增益 $K_c=4.33$。

对于线性定常离散系统，除了采用 w 变换，在 w 域中利用劳斯判据判断系统的稳定性外，还可以在 z 域中应用朱利判据判断离散系统的稳定性。

3. 离散系统的稳态误差

在连续系统中，稳态误差的计算可以采用两种方法：一种是建立在拉氏变换终值定理基础上的计算方法，可以求出系统的稳态误差；另一种是从系统误差传递函数出发的动态误差系数法，可以求出系统动态误差的稳态分量。这两种计算稳态误差的方法，在一定条件下都可以推广到离散系统。

设单位反馈误差采样系统如图 2-86 所示，其中 $G(s)$ 为连续部分的传递函数，$H(s)=1$，$e(t)$ 为系统连续误差信号，$e^*(t)$ 为系统采样误差信号，其 z 变换函数为

$$E(z)=R(z)-C(z)=[1-\Phi(z)]R(z)=\Phi_e(z)R(z)$$

其中

$$\Phi_e(z)=\frac{E(z)}{R(z)}=\frac{1}{1+G(z)}$$

为系统误差脉冲传递函数。

如果 $\Phi_e(z)$ 的极点全部位于 z 平面上的单位圆内，即若离散系统是稳定的，则可用 z 变换的终值定理求出采样瞬时的稳态误差

$$e_{ss}(\infty)=\lim_{t\to\infty}e^*(t)=\lim_{z\to1}(1-z^{-1})E(z)=\lim_{z\to1}\frac{(z-1)R(z)}{[1+G(z)]} \tag{2-137}$$

上式表明，线性定常离散系统的稳态误差，不但与系统本身的结构和参数有关，而且与

输入序列的形式及幅值有关。离散系统的稳态误差数值与采样周期的选取也有关。

如果希望求出其他结构形式离散系统的稳态误差，或者希望求出离散系统在扰动作用下的稳定误差，只要求出系统误差的 z 变换函数 $E(z)$ 或 $E_n(z)$，在离散系统稳定的前提下，同样可以应用 z 变换的终值定理算出系统的稳态误差。

4. 离散系统的型别与静态误差系数

开环脉冲传递函数 $G(z)$ 的极点，与相应的连续传递函数 $G(s)$ 的极点是一一对应的。在离散系统中，也可以把开环脉冲传递函数 $G(z)$ 具有 $z=1$ 的极点数 ν 作为划分离散系统型别的标准，称为 0 型、Ⅰ型和Ⅱ型离散系统等。

1）单位阶跃输入时的稳态误差

当系统输入为单位阶跃函数 $r(t)=1(t)$ 时，其 z 变换函数

$$R(z)=\frac{z}{z-1}$$

因而，由式(2-137)知，稳态误差为

$$e_{ss}(\infty)=\lim_{z\to1}\frac{1}{1+G(z)}=\frac{1}{\lim\limits_{z\to1}[1+G(z)]}=\frac{1}{K_p} \tag{2-138}$$

上式代表离散系统在采样瞬时的稳态位置误差。式中

$$K_p=\lim_{z\to1}[1+G(z)] \tag{2-139}$$

称为静态位置误差系数。若 $G(z)$ 没有 $z=1$ 的极点，则 $K_p\neq\infty$，从而 $e_{ss}(\infty)\to0$，这样的系统称为 0 型离散系统；若 $G(z)$ 有一个或一个以上 $z=1$ 的极点，则 $K_p\to\infty$，从而 $e_{ss}(\infty)=0$，这样的系统相应称为Ⅰ型或Ⅰ型以上的离散系统。

2）单位斜坡输入时的稳态误差

当系统输入为单位斜坡函数 $r(t)=t$ 时，其 z 变换函数

$$R(z)=\frac{Tz}{(z-1)^2}$$

因而稳态误差为

$$e_{ss}(\infty)=\lim_{z\to1}\frac{T}{(z-1)[1+G(z)]}=\frac{T}{\lim\limits_{z\to1}(z-1)G(z)}=\frac{T}{K_v} \tag{2-140}$$

上式也是离散系统在采样瞬时的稳态位置误差，可以仿照连续系统，称为速度误差。式中

$$K_v=\lim_{z\to1}(z-1)G(z) \tag{2-141}$$

称为静态速度误差系数。因为 0 型系统的 $K_v=0$，Ⅰ型系统的 K_v 为有限值，Ⅱ型和Ⅱ型以上系统的 $K_v\to\infty$，所以有如下结论：

0 型离散系统不能承受单位斜坡函数作用，Ⅰ型离散系统在单位斜坡函数作用下存在速度误差，Ⅱ型和Ⅱ型以上离散系统在单位斜坡函数作用下不存在稳态误差。

3）单位加速度输入时的稳态误差

当系统输入为单位加速度函数 $r(t)=t^2/2$ 时，其 z 变换函数

$$R(z)=\frac{T^2z(z+1)}{2(z-1)^3}$$

因而稳态误差为

$$e_{ss}(\infty)=\lim_{z\to 1}\frac{T^2(z+1)}{2(z-1)^2[1+G(z)]}=\frac{T^2}{\lim\limits_{z\to 1}(z-1)^2G(z)}=\frac{T^2}{K_a} \tag{2-142}$$

当然，上式也是系统的稳态位置误差，并称为加速度误差。式中

$$K_a=\lim_{z\to 1}(z-1)^2G(z) \tag{2-143}$$

称为静态加速度误差系数。由于 0 型及 Ⅰ 型系统的 $K_a=0$，Ⅱ 型离散系统的 K_a 为常值，Ⅲ 型及 Ⅲ 型以上系统的 $K_a\to\infty$，因此有如下结论成立：

0 型及 Ⅰ 型离散系统不能承受单位加速度函数作用，Ⅱ 型离散系统在单位加速度函数作用下存在加速度误差，只有 Ⅲ 型及 Ⅲ 型以上的离散系统在单位加速度函数作用下，才不存在采样瞬时的稳态位置误差。

不同型别单位反馈离散系统的稳态误差见表 2-13。

表 2-13 单位反馈离散系统的稳态误差

系统类型	位置误差 $r(t)=1(t)$	速度误差 $r(t)=t$	加速度误差 $r(t)=\frac{1}{2}t^2$
0 型	$\frac{1}{K_p}$	∞	∞
Ⅰ 型	0	$\frac{T}{K_v}$	∞
Ⅱ 型	0	0	$\frac{T^2}{K_a}$
Ⅲ 型	0	0	0

本章小结

本章内容主要包括经典控制理论概述、控制系统数学模型、时域分析法、根轨迹法、频域分析法和离散控制系统等。

在经典控制理论概述部分，主要介绍自动控制的基本原理与控制方式；自动控制系统的示例；控制系统的分类；工程实际应用对控制系统的基本要求——稳定性、快速性和准确性、典型外作用(测试信号)；自动控制系统的分析设计工具。

1) 控制系统数学模型

在控制系统数学模型部分主要讲解建立控制系统及其元部件数学模型，包括时域数学模型、复数域数学模型、方框图与信号流图。

(1) 时域数学模型：时域数学模型是描述系统变量随时间变化而变化的规律；控制对象时域数学模型建立方法；控制系统时域数学模型建立方法；线性系统的基本特性；线性定常微分方程的求解；非线性微分方程的线性化；运动的模态。

(2) 复数域数学模型：传递函数基本概念与基本性质；传递函数的零极点及其对输出的影响；典型环节的传递函数。

(3) 方框图与信号流图：方框图定义、用方框图表示系统数学模型、方框图的等效变换方法；信号流图定义、基本性质，将信号流图转换为传递函数的梅森公式。

2）时域分析法

在时域分析法部分主要讲解系统时间响应的性能指标、一二阶与高阶系统的时域响应、系统的稳定性分析、稳态误差及控制系统的时域设计等内容。

（1）系统时间响应的性能指标：时域动态性能指标用于衡量和比较系统的过渡过程的质量；典型的输入信号；动态过程与稳态过程；动态性能与稳态性能。

（2）系统时域响应：线性定常一、二阶和高阶系统的时域响应；三种类型系统的数学模型、单位阶跃响应；系统的动态性能指标与参数之间的关系；高阶系统分析方法（表示为一、二阶系统响应的合成）、闭环主导极点及其动态性能分析。

（3）系统的稳定性分析：稳定性是系统正常工作的首要条件；稳定性的概念；系统稳定的充分必要条件；劳斯-赫尔维茨稳定判据、特殊情况、判据的应用。

（4）稳态误差：稳态误差标志着系统的控制精度；稳态误差与系统的结构（型别）、参数、输入信号的形式及大小有关；位置误差、速度误差、加速度误差分别指输入为阶跃、斜坡、加速度时引起的输出位置上的误差。

（5）时域设计：根据时域分析法设计系统并用 MATLAB 仿真的方法；工程案例。

3）根轨迹法

在根轨迹法部分主要讲解根轨迹的概念、根轨迹绘制的基本法则、广义根轨迹和系统性能分析等内容。

（1）根轨迹的概念：开环系统某一参数从零变到无穷时，闭环系统特征方程式的根在 s 平面上变化的轨迹；根轨迹与系统的稳定性、稳态与动态性能的关系；闭环零极点与开环零极点的关系；根轨迹方程。

（2）根轨迹绘制的基本法则：起点、终点；分支数、对称性和连续性；渐近性；实轴分布、分离点与分离角；起始角与终止角；根轨迹与虚轴的交点；根之和。

（3）广义根轨迹：参数根轨迹；开环零点的作用；零度根轨迹。

（4）系统性能分析：闭环零、极点与时间响应；系统稳定性分析、系统动态性能、稳态性能分析和设计的方法。

4）频域分析法

在频域分析法部分主要讲解频率特性、典型环节与开环系统频率特性、频率域稳定判据、稳定裕度、闭环系统频域性能指标和控制系统的频域设计。

（1）频率特性：频率特性是线性定常系统在正弦函数作用下稳态输出与输入的复数比，也是一种数学模型；频率特性可采用奈氏图、伯德图及尼氏图等方法表示。

（2）典型环节与开环系统频率特性：典型环节的传递函数及其频率特性；典型环节的幅相特性曲线与对数频率特性曲线；系统的开环幅相特性曲线与对数频率特性曲线；延迟环节；传递函数的频域实验确定。

（3）频率域稳定判据：奈氏稳定判据的数学基础；奈氏稳定判据；对数频率稳定判据。

（4）稳定裕度：相角裕度；幅值裕度。

（5）频域性能指标：利用开环频率特性或闭环频率特性，可对系统的时域性能指标作出间接的评估；其中开环频域指标是相位裕量 y 和幅值穿越频率 ω_c；闭环频域指标是谐振峰值 M_r 和谐振频率 ω_r、带宽频率（频带宽度）ω_b。

（6）控制系统的频域设计：串联校正和反馈校正（并联校正）；超前校正；滞后校正；

滞后-超前校正;PID 校正与复合校正等。

5）离散控制系统

在离散控制系统部分,主要讲解离散控制系统的基本概念、信号的采样与保持、离散系统的数学模型、离散系统的稳定性与稳态误差等。

(1) 离散控制系统的基本概念:离散控制系统可以分为采样控制系统与数字控制系统;信号采样与复现、采样系统的典型结构;数字控制系统的特点与典型结构。

(2) 信号的采样与保持:采样过程;香农采样定理。

(3) 离散系统的数学模型:差分方程;脉冲传递函数;开环系统脉冲传递函数;闭环系统脉冲传递函数。

(4) 离散系统的稳定性与稳态误差:离散控制系统稳定的充分必要条件;稳定性判据;稳态误差;离散控制系统的型别与静态误差系数。

思考题

2-1　什么是开环控制？什么是闭环控制？分析比较两种控制各自的特点。

2-2　闭环控制系统是由哪些基本部分构成的？各部分的作用是什么？

2-3　简述对反馈控制系统的基本要求。

2-4　系统的动态特性指标有哪些？每个指标的定义是什么？

2-5　控制系统稳定性的定义有哪两种方式？

2-6　已知系统的微分方程为 $\dot{c}(t)+2c(t)=2r(t)$,试求系统的闭环传递函数 $\phi(s)$、单位阶跃响应 $h(t)$和单位脉冲响应 $k(t)$。

2-7　设单位负反馈系统的开环传递函数 $G(s)H(s)=\dfrac{16}{s(s+5)}$,试求系统在单位阶跃输入下的动态性能。

2-8　已知单位负反馈系统的开环传递函数 $G(s)H(s)=\dfrac{k}{s(s+1)(s^2+s+1)}$,试确定系统稳定时 K 的取值范围。

2-9　某机器人控制系统结构图如题 2-9 图(a)所示,单位阶跃响应如题 2-9 图(b)所示。试确定参数 K_1,K_2,a 值。

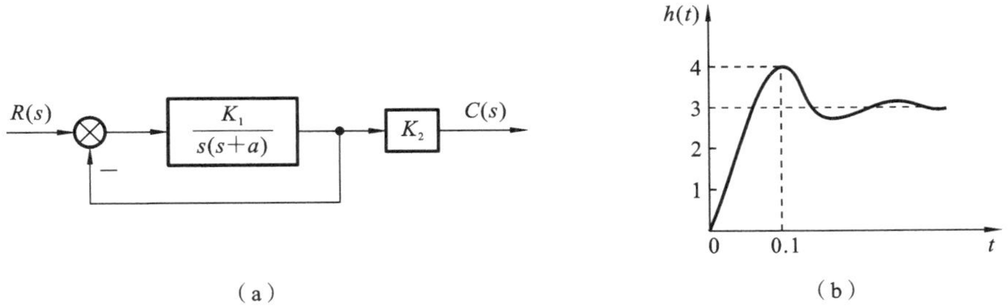

题 2-9 图　机器人控制系统结构与单位阶跃响应

2-10　宇航员利用手持喷气推进装置完成太空行走,推进装置控制系统的结构图如题 2-10 图所示。其中喷气控制器可用增益 K_2 表示,K_3 为速度反馈增益。若将宇航员以及他手臂上的装置一并考虑，系统中的转动惯量 $J=25\ \mathrm{N\cdot m\cdot s^2/rad}$，试求当输入为单位斜坡时，确定速度反馈增益 K_3 的取值，使系统的稳态误差 $e_{ss}(\infty)\leqslant 0.001\ \mathrm{m}$。

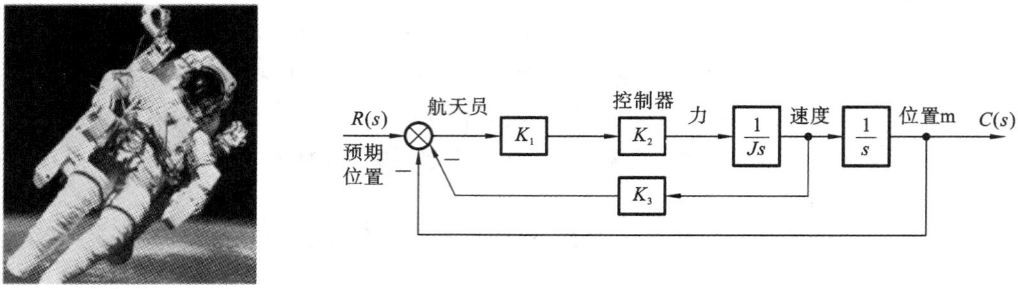

题 2-10 图　宇航员推进装置控制系统结构图

2-11　某电梯的位置控制系统，要求以高精度停靠在指定的楼层，其控制系统可以用单位反馈系统来表示，开环传递函数为 $G(s)=\dfrac{K(s+10)}{s(s+1)(s+20)}$，试确定使闭环复数根的阻尼比 $\xi\in[0.4\sim0.7]$ 范围时 K 的取值范围。

2-12　已知传递函数 $G(s)=\dfrac{Ks}{(s+a)(s^2+20s+100)}$，其对数频率特性如题 2-12 图所示，求 K 和 a 的值。

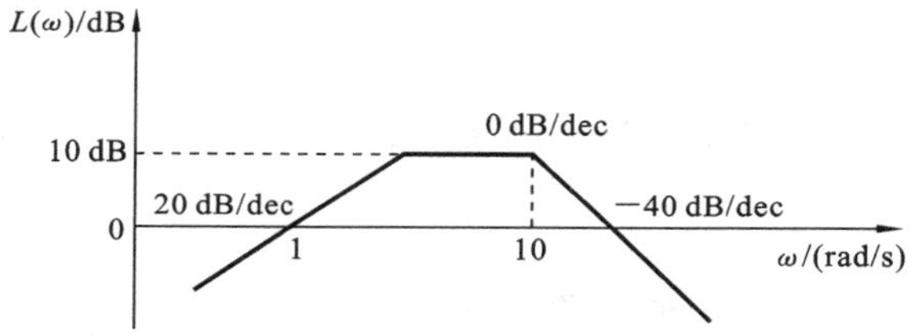

题 2-12 图　已知传递函数的对数频率特性

2-13　单位负反馈系统开环传递函数 $G(s)=\dfrac{K}{s(s+2)(s+50)}$，当 $K=1300$ 时，求相位裕量、幅值穿越频率和增益裕量。

2-14　设有单位反馈系统，其开环传递函数为 $G(s)=\dfrac{K}{s(s+3)(s+9)}$

(1) 确定 K 值，使系统在阶跃输入信号作用下超调量为 20%。

(2) 在上述 K 值下，求出系统的调节时间和速度误差系统。

(3) 对系统进行串联校正，使其对阶跃响应的超调量为 15%，调节时间降低 25 s，并使开环增益 $K\geqslant 20$。

2-15　设单位反馈系统的开环传递函数为 $G(s)=\dfrac{120}{s(0.1s+1)(0.015s+1)}$，设计一串联校正装置，使系统满足下列性能指标：

(1) 斜坡输入信号的频率为 $1\ \mathrm{s}^{-1}$ 时，稳态速度误差不大于 1/120；

(2) 系统的开环增益不变；

(3) 相角裕度不小于30°，剪切频率为20 s^{-1}。

2-16 脉冲传递函数是如何定义的？它与传递函数有什么区别和联系？一般情况下应如何选择采样周期？

2-17 离散系统稳定的条件是什么？

2-18 采样周期对离散系统的稳定性有什么影响？

2-19 求下列函数的 z 变换。

(1) $e(t)=t\cos\omega t$　(2) $e(t)=\mathrm{e}^{-at}\sin\omega t$　(3) $e(t)=t^2\mathrm{e}^{-3t}$

(4) $e(t)=\dfrac{1}{3!}t^3$　(5) $e(t)=1-\mathrm{e}^{-at}$

2-20 试确定下列函数的 z 反变换。

(1) $G(z)=\dfrac{z}{(z-\mathrm{e}^{-aT})(z-\mathrm{e}^{-bT})}$　(2) $G(z)=\dfrac{a}{(z-1)(z+0.5)^2}$

(3) $G(z)=\dfrac{z}{(z-1)^2(z-2)}$　(4) $G(z)=\dfrac{10z(z+1)}{(z-1)(z^2+z+1)}$

2-21 离散系统结构如题2-21图所示。

(1) 设 $T=1$ s，$K=1$，$a=2$，求系统的单位阶跃响应；

(2) 设 $T=1$ s，$a=1$，求使系统稳定的临界 K 值。

2-22 具有零阶保持器的离散系统结构如题2-22图所示，其中 $T=0.25$ s。

(1) 求使系统稳定的 K 值范围；

(2) 当输入 $r(t)=2+t$ 时，欲使稳态误差小于0.1，试选择 K 值。

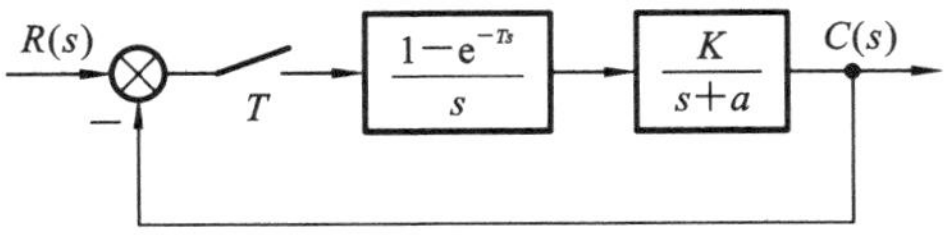

题2-21图 离散系统结构图

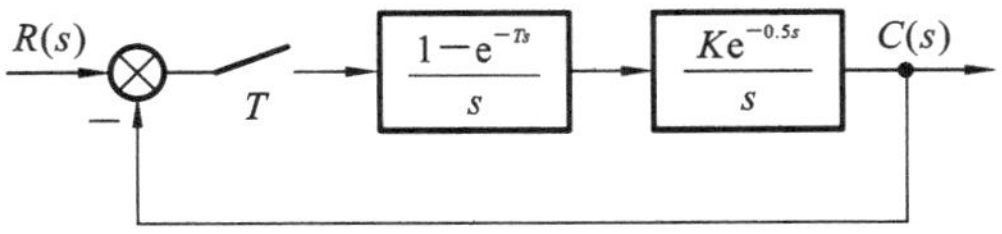

题2-22图 带零阶保持器离散系统结构图

3

现代控制理论

传统的线性系统理论在处理单输入单输出(SISO)线性时不变系统时表现出较高的效率,然而,它主要关注系统的输入输出特性,对于系统内部结构的深入理解存在局限,并且在处理多输入多输出(MIMO)系统时显得力不从心。

与之相对,现代控制理论采用状态空间方法来描述系统,这种方法不仅能够体现系统的输入输出特性,更能深入地揭示系统内部结构的本质特征。状态空间法适用于各种类型的系统,无论是 SISO 还是 MIMO 系统,无论是线性时不变的还是时变系统,都提供了一种有效的分析和综合手段。

本章将重点介绍基于状态空间法的系统描述理论,内容包括现代控制理论概述、状态空间与数学模型变换、离散系统状态空间的解、系统的能控能观性、系统稳定性及稳定判据,以及针对线性时不变系统的极点配置与观测器设计等关键知识点。

3.1 现代控制理论概述

现代控制理论与经典控制理论的发展过程是紧密联系的。实际上,现代控制理论与经典控制理论是人们根据其理论基础与应用方法进行的主观初步划分。本节主要讲解现代控制理论与经典控制理论之间的联系、现代控制理论的发展过程及其应用。

3.1.1 现代控制理论与经典控制理论的联系

如之前讨论的,传统控制理论主要依赖于反馈机制,专注于解决单输入单输出(SISO)控制系统的恒定值控制或跟随控制问题。它主要应用于线性时不变系统,使用拉普拉斯变换作为数学工具,构建了传递函数、方框图、根轨迹和频率响应等分析设计理论。

然而,当遇到更复杂的系统,例如多变量系统、时变系统或强耦合系统时,传统控制理论在实现有效控制方面存在局限,也难以深入理解这些系统的内在特性。

现代控制理论则以线性代数和微分方程为基础,采用状态空间方法,并借助计算机技术进行系统的分析、设计和控制。这种方法不仅提高了经典控制理论的精确度和理论深度,而且状态空间法作为一种时域分析手段,不仅描述了系统的输入输出特性,还揭示了系统的内部状态变化。

状态空间法及其基本应用,如极点配置和观测器设计,旨在基于系统内在规律,实现控制过程的优化。与传统控制理论相比,现代控制理论的应用范围更广,它适用于单变量和多变量系统，无论是线性还是非线性，时不变或时变，连续或离散。

在现代控制理论内部，根据不同的数学工具和系统描述方法，衍生出了多个分支，包括状态空间法、几何理论、代数理论、多变量频域方法，以及系统辨识、自适应控制、非线性系统控制、最优控制、鲁棒控制、模糊控制、预测控制、容错控制和复杂系统控制等。在这些分支中，状态空间法在线性系统理论中占据核心地位，具有广泛的影响力。因此，本节内容将专注于介绍线性系统的状态空间法。

3.1.2 现代控制理论的发展与应用

20 世纪 50 年代后期到 60 年代初期是控制理论发展的转折时期。第二次世界大战后，华尔德的序贯分析和贝尔曼的动态规划是转折时期的开端，他们在概念上提出一大类以初始状态参数化了的动态优化问题。这个理论的中心问题是建立最优性能的动态规划方程和确定最优反馈控制规律。与此同时，优化领域中不等式约束的线性和非线性规划也开始得到发展。经典控制理论到现代控制理论的一个重要标志就是卡尔曼系统地将状态空间概念引入控制理论。

在 20 世纪 50 年代，苏联研究人员对那些具有非线性特性、饱和效应以及受限制控制等元素的系统的最优瞬态响应表现出浓厚的兴趣。他们的研究推动了庞特里亚金的"极大值原理"的发展。这一原理为系统性地探索在状态和控制约束下，采用不连续控制函数的最优路径提供了理论基础。这些研究与变分法紧密相连，并进一步促进了非线性泛函分析中更抽象的优化问题的理论研究。极大值原理对于 20 世纪 60 年代和 70 年代的大量轨迹优化数值计算方法的研究起到了重要的推动作用。这种研究最终促成了众多空间运载工具的成功设计，例如阿波罗计划和其他航天飞行计划。

在 20 世纪 50 年代末期，控制理论领域迎来了另一个重要的转折点，即卡尔曼滤波器的发明。与早期基于维纳理论的滤波器设计相比，后者的设计并不受制于对平稳随机过程的假设，也不需要解决积分方程或傅里叶变换的分解问题。卡尔曼滤波器的优势在于其能够在小型计算机上以序贯算法的形式实现，其核心设计是求解矩阵黎卡提方程。利用对偶性原理，可以推导出表达相同方程的线性反馈控制方案。这些创新思想对全球产生了深远的影响，激发了大量关于反馈控制和滤波的研究，进而促成了控制理论在众多实际应用中的成功实施。

在过去的 30 年中，线性系统理论的研究领域呈现出显著的活跃态势。自从能控性、能观性、状态实现以及线性二次型高斯调节问题等概念被引入之后，这些理念不仅成为控制理论发展的核心基础，也成为将理论成果扩展到非线性和分布参数系统的标准范例，以及测试所有新型控制规范的基础。此外，线性系统理论本身也在不断进步，引入了新的概念、精确的结果和算法。几何方法在线性系统中的应用已经产生了诸如超不变性、能控子空间、干扰解耦和非关联控制等关键新概念，并为高增益反馈系统的渐近分析提供了方法。与此相辅相成的是线性控制问题数值分析的重要进展。近年来，众多先进的线性理论计算算法已经商业化，形成了可以在各种型号的计算机上使用的软件，包括个人计算机。

近期，在以非线性常微分方程为基础的反馈控制系统研究领域，已经融合了微分几何、李代数和非线性动力学等理论工具，取得了显著的进展。这些方法不仅成功解决了反馈线性化和非线性解耦的问题，而且在能控性的研究上也获得了更为精确的成果。

此外，利用非线性动力学的方法，已经将反馈稳定的概念扩展到那些无法通过线性化方法进行处理的非线性系统。

在 20 世纪 70 年代末期至 80 年代初期，在状态空间方法基于微分方程普及多年之后，基于输入输出关系或频率响应分析的设计方法再次受到重视。这种方法与鲁棒控制的研究相得益彰，因为它提供了对所有可能的镇定控制器进行参数化的能力，并允许从这些控制器中筛选出在全频率范围内性能均满足要求的最优解。在鲁棒控制领域，插入理论和复数函数理论的应用不仅增加了理论的深度，而且因其在实际应用中的重要性，这一理论成果被视为 20 世纪 80 年代的关键成就之一。

在现代控制理论的实践应用中，尽管已有的成熟方法正在被广泛采纳，但前沿理论的应用依然主要集中在高技术领域，如航天工程等。工业界为了在竞争中保持优势，正致力于开发更精细、高效和可靠的控制技术。现代控制理论之所以能够获得如此广泛的应用，不仅得益于计算机技术的进步，这些技术使得复杂的控制算法得以实现，还得益于现代化的仪表设备、完备的传感器和执行机构，以及成本效益高的电子硬件。此外，控制理论在处理模型和输出信号中的不确定性方面展现出的能力，也是其广泛应用的一个重要原因。同时，越来越多的工程师具备较强的数学背景，他们在推动控制理论发展和应用方面发挥了关键作用。

3.2 状态空间与数学模型变换

构建状态空间数学模型是现代控制理论的基础。本节主要讲解描述系统的两种基本类型、状态空间描述系统的方法、线性定常连续系统的状态空间表达式建立与传递函数矩阵等问题。

3.2.1 系统数学描述的两种基本类型

这里所谓的系统是指由一些相互制约的部分构成的整体，它可能是一个由反馈闭合的整体，也可能是控制装置或被控对象。本章所研究的系统均假定具有若干的输入端和输出端，如图 3-1 所示。

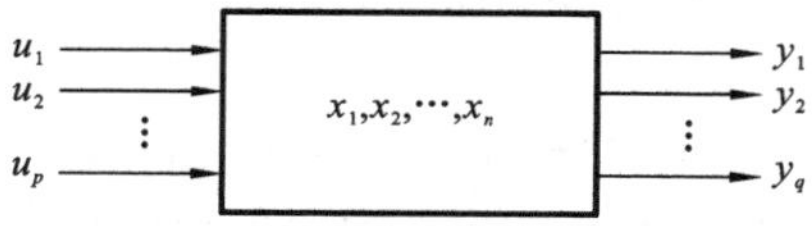

图 3-1 系统的方块图表示

图中方块以外的部分为系统环境，环境对系统的作用为系统输入，系统对环境的作用为系统输出，二者分别用向量 $\boldsymbol{u}=[u_1,u_2,\cdots,u_p]^{\mathrm{T}}$ 和 $\boldsymbol{y}=[y_1,y_2,\cdots,y_q]^{\mathrm{T}}$ 表示，它们均为系统的外部变量。描述系统内部每个时刻所处状况的变量为系统的内部变量，以向量 $\boldsymbol{x}=[x_1,x_2,\cdots,x_n]^{\mathrm{T}}$ 表示。系统的数学描述是反映系统变量间因果关系和变换关系的一种数学模型。

系统的数学描述通常有两种基本类型。一种是系统的外部描述，即输入输出描述。这种描述将系统看作一个“黑箱”，只是反映系统外部变量间即输入输出间的因果关系，而不去表征系统的内部结构和内部变量。

系统描述的另一种类型是内部描述，即状态空间描述。这种描述是基于系统内部结构分析的一类数学模型，通常由两个数学方程组成：一个是反映系统内部变量 $\boldsymbol{x}=[x_1,x_2,\cdots,x_n]^{\mathrm{T}}$ 和输入变量 $\boldsymbol{u}=[u_1,u_2,\cdots,u_p]^{\mathrm{T}}$ 间因果关系的数学表达式，常具有微分方程或差分方程的形式，称为状态方程；另一个是表征系统内部变量 $\boldsymbol{x}=[x_1,x_2,\cdots,x_n]^{\mathrm{T}}$ 及输入变量 $\boldsymbol{u}=[u_1,u_2,\cdots,u_p]^{\mathrm{T}}$ 和输出变量 $\boldsymbol{y}=[y_1,y_2,\cdots,y_q]^{\mathrm{T}}$ 间转换关系的数学表达式，具有代数方程的形式，称为输出方程。外部描述仅涉及系统对外呈现的特性，它无法揭示系统内部结构的本质特征。存在这样的情形：两个内部结构迥异的系统可能展现出一致的外部行为。因此，外部描述通常只能提供对系统的部分理解。相比之下，内部描述提供了一种全面的系统表述，能够详尽地反映系统的所有动态属性。只有在特定条件满足时，这两种描述方式才可能实现相互等价。

3.2.2　系统状态空间描述常用的基本概念

在系统状态空间描述中常用如下一些基本概念。

1）状态和状态变量

系统在时间域中的行为或运动信息的集合称为状态。确定系统状态的一组独立(数目最小)变量称为状态变量。

一个用 n 阶微分方程描述的系统，当 n 个初始条件 $x(t_0),\dot{x}(t_0),\cdots,x^{(n-1)}(t_0)$，及 $t\geqslant t_0$ 的输入如给定 $u(t)$ 时，可唯一确定方程的解，即系统将来的状态，故 $x(t),\dot{x}(t),\cdots,x^{(n-1)}(t)$ 这 n 个独立变量可选作状态变量。n 阶系统状态变量所含独立变量的个数为 n。

状态变量的选取不具有唯一性，同一个系统可能有多种不同的状态变量选取方法。状态变量也不一定在物理上可量测，有时只具有数学意义，而无任何物理意义。但在具体工程问题中，应尽可能选取容易量测的量作为状态变量，以便实现状态的前馈和反馈等设计要求。例如，机械系统中常选取线(角)位移和线(角)速度作为变量，RCL 网络中则常选取流经电感的电流和电容的端电压作为状态变量。

状态变量常用符号 $x_1(t),x_2(t),\cdots,x_n(t)$ 表示。

2）状态向量

把描述系统状态的 n 个状态变量 $x_1(t),x_2(t),\cdots,x_n(t)$ 看作向量 $\boldsymbol{x}(t)$ 的分量，即

$$\boldsymbol{x}(t)=[x_1(t),x_2(t),\cdots,x_n(t)]^{\mathrm{T}}$$

则向量 $\boldsymbol{x}(t)$ 称为 n 维状态向量。给定 $t=t_0$ 时的初始状态向量 $\boldsymbol{x}(t_0)$ 及 $t\geqslant t_0$ 的输入向量 $\boldsymbol{u}(t)$，则 $t\geqslant t_0$ 的状态由状态向量 $\boldsymbol{x}(t)$ 唯一确定。

3）状态空间

以 n 个状态变量作为基底所组成的 n 维空间称为状态空间。

4）状态轨线

系统在任一时刻的状态，在状态空间用一点来表示。随着时间推移，系统状态在变化，便在状态空间描绘出一条轨迹。这种系统状态在状态空间随时间变化而变化的轨迹称为状态轨迹或状态轨线。

5）线性系统的状态空间表达式

若线性系统描述系统状态量与输入量之间关系的状态方程是一阶向量线性微分方程或一阶向量线性差分方程，而描述输出量与状态量和输入量之间关系的输出方程是向量代数方程，则其组合称为线性系统状态空间表达式，又称动态方程，其连续形式为

$$\begin{aligned}\dot{\boldsymbol{x}}(t)&=\boldsymbol{A}(t)\boldsymbol{x}(t)+\boldsymbol{B}(t)\boldsymbol{u}(t)\\ \boldsymbol{y}(t)&=\boldsymbol{C}(t)\boldsymbol{x}(t)+\boldsymbol{D}(t)\boldsymbol{u}(t)\end{aligned}\tag{3-1}$$

对于线性离散时间系统，由于在实践中常取$t_k=kT$（T为采样周期），其状态空间表达式的一般形式可写为

$$\begin{aligned}\boldsymbol{x}(k+1)&=\boldsymbol{G}(k)\boldsymbol{x}(k)+\boldsymbol{H}(k)\boldsymbol{u}(k)\\ \boldsymbol{y}(k)&=\boldsymbol{C}(k)\boldsymbol{x}(k)+\boldsymbol{D}(k)\boldsymbol{u}(k)\end{aligned} \tag{3-2}$$

通常，若状态x、输入u、输出y的维数分别为n、p、q，则称$n\times n$矩阵$\boldsymbol{A}(t)$及$\boldsymbol{G}(k)$为系统矩阵或状态矩阵，称$n\times p$矩阵$\boldsymbol{B}(t)$及$\boldsymbol{H}(k)$为控制矩阵或输入矩阵，称$q\times n$矩阵$\boldsymbol{C}(t)$及$\boldsymbol{C}(k)$为观测矩阵或输出矩阵，称$q\times p$矩阵$\boldsymbol{D}(t)$及$\boldsymbol{D}(k)$为前馈矩阵或输入输出矩阵。

线性定常系统：在线性系统的状态空间表达式中，若系数矩阵$\boldsymbol{A}(t)$、$\boldsymbol{B}(t)$、$\boldsymbol{C}(t)$、$\boldsymbol{D}(t)$或$\boldsymbol{G}(k)$、$\boldsymbol{H}(k)$、$\boldsymbol{C}(k)$、$\boldsymbol{D}(k)$的各元素都是常数，则称该系统为线性定常系统，否则为线性时变系统。线性定常系统状态空间表达式的一般形式为

$$\begin{aligned}\dot{\boldsymbol{x}}(t)&=\boldsymbol{A}\boldsymbol{x}(t)+\boldsymbol{B}\boldsymbol{u}(t)\\ \boldsymbol{y}(t)&=\boldsymbol{C}\boldsymbol{x}(t)+\boldsymbol{D}\boldsymbol{u}(t)\end{aligned} \tag{3-3}$$

或

$$\begin{aligned}\boldsymbol{x}(k+1)&=\boldsymbol{G}\boldsymbol{x}(k)+\boldsymbol{H}\boldsymbol{u}(k)\\ \boldsymbol{y}(k)&=\boldsymbol{C}\boldsymbol{x}(k)+\boldsymbol{D}\boldsymbol{u}(k)\end{aligned} \tag{3-4}$$

当输出方程中$\boldsymbol{D}\equiv 0$时，系统称为绝对固有系统，否则称为固有系统。为书写方便，常把固有系统(3-3)或(3-4)简记为系统$\Sigma(\boldsymbol{A},\boldsymbol{B},\boldsymbol{C},\boldsymbol{D})$或系统$\boldsymbol{\Sigma}(\boldsymbol{G},\boldsymbol{H},\boldsymbol{C},\boldsymbol{D})$，而相应的绝对固有系统记为系统$\boldsymbol{\Sigma}(\boldsymbol{A},\boldsymbol{B},\boldsymbol{C})$或系统$\boldsymbol{\Sigma}(\boldsymbol{G},\boldsymbol{H},\boldsymbol{C})$。

线性系统的结构图：线性系统的状态空间表达式常用结构图表示。线性连续时间系统(3-3)的结构图如图3-2所示，线性离散时间系统(3-4)的结构图如图3-3所示。结构图中$\boldsymbol{I}$为$n\times n$单位矩阵，s是拉普拉斯算子，z^{-1}为单位延时算子，s和z均为标量。每一方块的输入-输出关系规定为

输出向量=(方块所示矩阵)×(输入向量)

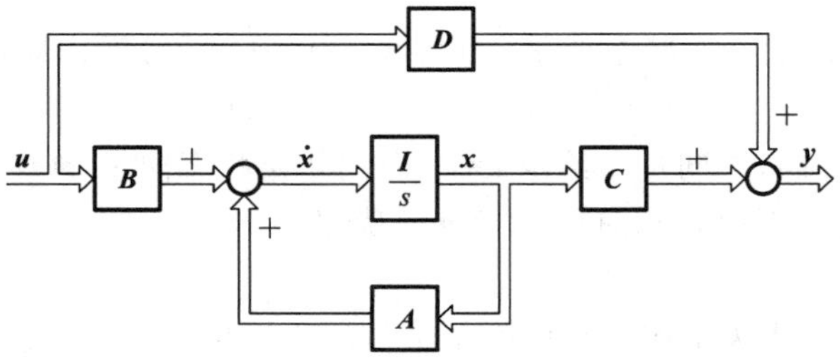

图3-2 线性连续时间系统结构图

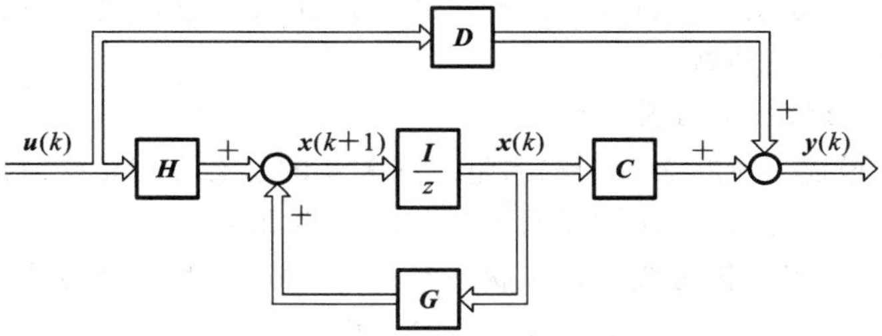

图3-3 线性离散时间系统结构图

应注意到在向量、矩阵的乘法运算中，相乘顺序不允许任意颠倒。

3.2.3　线性定常连续系统状态空间表达式的建立

建立状态空间表达式的方法主要有两种：一是直接根据系统的机理建立相应的微分方程或差分方程，继而选择有关的物理量作为状态变量，从而导出其状态空间表达式；二是由已知系统的其他数学模型经过转化而得到状态空间表达式。

1. 根据系统机理建立状态空间表达式

下面通过例题来介绍根据系统机理建立线性定常连续系统状态空间表达式的方法。

例 3-1　试列写如图 3-4 所示 RLC 电路网络的方程，选择几组状态变量并建立相应的状态空间表达式，就所选状态变量间的关系进行讨论。

解　根据电路定律可列写如下方程：

$$Ri + L\frac{\mathrm{d}i}{\mathrm{d}t} + \frac{1}{C}\int i\mathrm{d}t = e$$

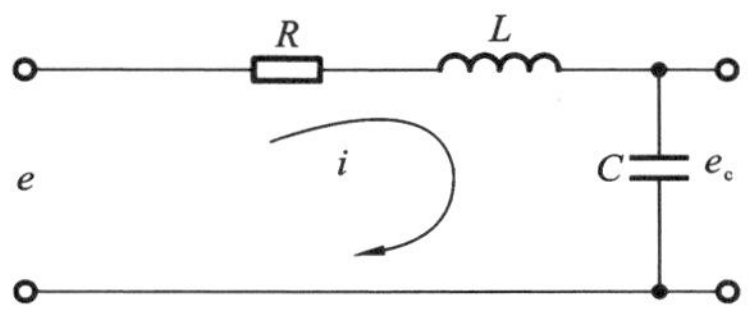

图 3-4　RLC 电路网络

电路输出量为

$$y = e_c = \frac{1}{C}\int i\mathrm{d}t$$

(1) 设状态变量 $x_1 = i, x_2 = \frac{1}{C}\int i\mathrm{d}t$，则状态方程为

$$\dot{x}_1 = -\frac{R}{L}x_1 - \frac{1}{L}x_2 + \frac{1}{L}e; \quad \dot{x}_2 = \frac{1}{C}i = \frac{1}{C}x_1$$

输出方程为

$$y = x_2$$

其向量-矩阵形式为

$$\begin{bmatrix}\dot{x}_1\\ \dot{x}_2\end{bmatrix} = \begin{bmatrix}-\frac{R}{L} & -\frac{1}{L}\\ \frac{1}{C} & 0\end{bmatrix}\begin{bmatrix}x_1\\ x_2\end{bmatrix} + \begin{bmatrix}\frac{1}{L}\\ 0\end{bmatrix}e, \quad y = \begin{bmatrix}0 & 1\end{bmatrix}\begin{bmatrix}x_1\\ x_2\end{bmatrix}$$

简记为

$$\dot{\boldsymbol{x}} = \boldsymbol{A}\boldsymbol{x} + \boldsymbol{b}e, \quad y = \boldsymbol{c}\boldsymbol{x}$$

式中

$$\dot{\boldsymbol{x}} = \begin{bmatrix}\dot{x}_1\\ \dot{x}_2\end{bmatrix}, \quad \boldsymbol{x} = \begin{bmatrix}x_1\\ x_2\end{bmatrix}, \quad \boldsymbol{A} = \begin{bmatrix}-\frac{R}{L} & -\frac{1}{L}\\ \frac{1}{C} & 0\end{bmatrix}, \quad \boldsymbol{b} = \begin{bmatrix}\frac{1}{L}\\ 0\end{bmatrix}, \quad \boldsymbol{c} = \begin{bmatrix}0 & 1\end{bmatrix}$$

(2) 设状态变量 $x_1 = i, x_2 = \int i\mathrm{d}t$，则有

$$\begin{bmatrix}\dot{x}_1\\ \dot{x}_2\end{bmatrix} = \begin{bmatrix}-\frac{R}{L} & -\frac{1}{LC}\\ 1 & 0\end{bmatrix}\begin{bmatrix}x_1\\ x_2\end{bmatrix} + \begin{bmatrix}\frac{1}{L}\\ 0\end{bmatrix}e, \quad y = \begin{bmatrix}0 & \frac{1}{C}\end{bmatrix}\begin{bmatrix}x_1\\ x_2\end{bmatrix}$$

(3) 设状态变量 $x_1 = \frac{1}{C}\int i\mathrm{d}t + Ri, x_2 = \frac{1}{C}\int i\mathrm{d}t$，则

$$x_1 = x_2 + Ri, \quad L\frac{\mathrm{d}i}{\mathrm{d}t} = -x_1 + e$$

故

$$\dot{x}_1 = \dot{x}_2 + R\frac{\mathrm{d}i}{\mathrm{d}t} = \frac{1}{RC}(x_1 - x_2) + \frac{R}{L}(-x_1 + e)$$

$$\dot{x}_2=\frac{1}{C}i=\frac{1}{RC}(x_1-x_2)$$

$$y=x_2$$

其向量-矩阵形式为

$$\begin{bmatrix}\dot{x}_1\\ \dot{x}_2\end{bmatrix}=\begin{bmatrix}\frac{1}{RC}-\frac{R}{L} & -\frac{1}{RC}\\ \frac{1}{RC} & -\frac{1}{RC}\end{bmatrix}\begin{bmatrix}x_1\\ x_2\end{bmatrix}+\begin{bmatrix}\frac{R}{L}\\ 0\end{bmatrix}\boldsymbol{e}$$

$$\boldsymbol{y}=[0\quad 1]\begin{bmatrix}x_1\\ x_2\end{bmatrix}$$

由上可见,系统的状态空间表达式不具有唯一性。选取不同的状态变量,便会有不同的状态空间表达式,但它们都描述了同一系统。可以推断,描述同一系统的不同状态空间表达式之间一定存在着某种线性变换关系。现研究本例题中两组状态变量之间的关系。

设 $x_1=i,x_2=\frac{1}{C}\int i\mathrm{d}t,\bar{x}_1=i,\bar{x}_2=\int i\mathrm{d}t$,则有

$$x_1=\bar{x}_1,\quad x_2=\frac{1}{C}\bar{x}_2$$

其相应的向量-矩阵形式为

$$\boldsymbol{x}=\boldsymbol{P}\bar{\boldsymbol{x}}$$

其中

$$\boldsymbol{x}=\begin{bmatrix}x_1\\ x_2\end{bmatrix},\quad \bar{\boldsymbol{x}}=\begin{bmatrix}\bar{x}_1\\ \bar{x}_2\end{bmatrix},\quad \boldsymbol{P}=\begin{bmatrix}1 & 0\\ 0 & \frac{1}{C}\end{bmatrix}$$

以上说明只要令 $\boldsymbol{x}=\bar{\boldsymbol{x}}$, $\boldsymbol{P}$ 为非奇异变换矩阵,便可将x_1,x_2 变换为 $\bar{x}_1,\bar{x}_2$。若取任意的非奇异变换阵 $\boldsymbol{P}$,便可变换出无穷多组状态变量,这就说明状态变量的选择不具有唯一性。对于图 3-4 所示 RLC 网络来说,由于电容端电压和电感电流容易测量,通常选择这些物理量作为状态变量。

2. 由系统微分方程建立状态空间表达式

按系统输入量中是否含有导数项来分别研究。

(1) 系统输入量中不含导数项。这种单输入单输出线性定常连续系统微分方程的一般形式为

$$y^{(n)}+a_{n-1}y^{(n-1)}+a_{n-2}y^{(n-2)}+\cdots+a_1\dot{y}+a_0y=\beta_0u \tag{3-5}$$

式中:y、u 分别为系统的输出、输入量;$a_0,a_1,\cdots,a_{n-1},\beta_0$ 是由系统特性确定的常系数。由于给定 n 个初值 $y(0),\dot{y}(0),\cdots,y^{n-1}(0)$及 $t\geqslant0$ 的 $u(t)$时,可唯一确定 $t>0$ 时系统的行为,可选取 n 个状态变量为$x_1=y,x_2=\dot{y},\cdots,x_n=y^{(n-1)}$,故式(3-5)可化为

$$\begin{cases}\dot{x}_1=x_2\\ \dot{x}_2=x_3\\ \quad\vdots\\ \dot{x}_{n-1}=x_n\\ \dot{x}_n=-a_0x_1-a_1x_1-a_1x_2-\cdots-a_{n-1}x_n+\beta_0u\\ y=x_1\end{cases} \tag{3-6}$$

其向量-矩阵形式为

$$\begin{aligned}\dot{\boldsymbol{x}}&=\boldsymbol{A}\boldsymbol{x}+\boldsymbol{b}u\\ y&=\boldsymbol{c}\boldsymbol{x}\end{aligned} \tag{3-7}$$

式中 $\boldsymbol{x}=\begin{bmatrix}x_1\\x_2\\\vdots\\x_{n-1}\\x_n\end{bmatrix}$，$\boldsymbol{A}=\begin{bmatrix}0&1&0&\cdots&0\\0&0&1&\cdots&0\\\vdots&\vdots&\vdots&&\vdots\\0&0&0&\cdots&1\\-a_0&-a_1&-a_2&\cdots&-a_{n-1}\end{bmatrix}$，$\boldsymbol{b}=\begin{bmatrix}0\\0\\\vdots\\0\\\beta_0\end{bmatrix}$

$$\boldsymbol{c}=[1\quad 0\quad \cdots\quad 0]$$

按式(3-6)绘制的结构图称为状态变量图，如图 3-5 所示。每个积分器的输出都是对应的状态变量，状态方程由各积分器的输入输出关系确定，输出方程在输出端获得。

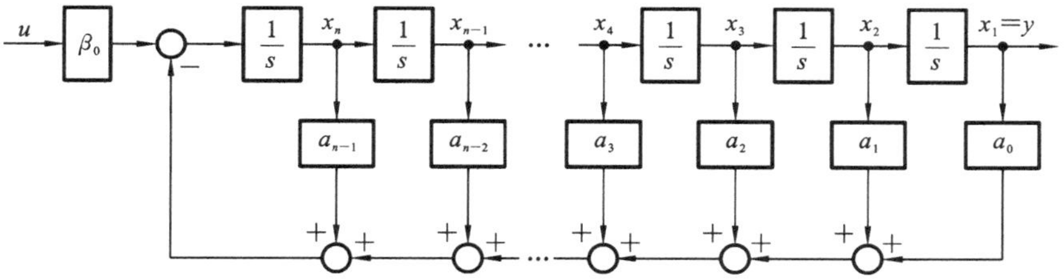

图 3-5 输入量中不含导数项时的系统状态变量图

(2) 系统输入量中含有导数项。这种单输入单输出线性定常连续系统微分方程的一般形式为

$$\begin{aligned}&y^{(n)}+a_{n-1}y^{(n-1)}+a_{n-2}y^{(n-2)}+\cdots+a_1\dot{y}+a_0y\\&=b_nu^{(n)}+b_{n-1}u^{(n-1)}+\cdots+b_1\dot{u}+b_0u\end{aligned} \tag{3-8}$$

一般输入导数项的次数小于或等于系统的阶数 n。首先研究$b_n\neq 0$ 时的情况。为了避免在状态方程中出现输入导数项，可按如下规则选择一组状态变量，设

$$\begin{cases}x_1=y-h_0u\\x_i=\dot{x}_{i-1}-h_{i-1}u\end{cases}\quad i=2,3,\cdots,n \tag{3-9}$$

其展开式为

$$\begin{aligned}&x_1=y-h_0u\\&x_2=\dot{x}_1-h_1u=\dot{y}-h_0\dot{u}-h_1u\\&x_3=\dot{x}_2-h_2u=\ddot{y}-h_0\ddot{u}-h_1\dot{u}-h_1u\\&\quad\vdots\\&x_{n-1}=\dot{x}_{n-2}-h_{n-2}u=y^{(n-2)}-h_0u^{(n-2)}-h_1u^{(n-3)}-\cdots-h_{n-2}u\\&x_n=\dot{x}_{n-1}-h_{n-1}u=y^{(n-1)}-h_0u^{(n-1)}-h_1u^{(n-2)}-\cdots-h_{n-1}u\end{aligned} \tag{3-10}$$

式中，$h_0,h_1,h_2,\cdots,h_{n-1}$是 n 个待定常数。由式(3-10)第一个方程可得输出方程

$$y=x_1+h_0u$$

其余可得 $n-1$ 个状态方程

$$\begin{aligned}&\dot{x}_1=x_2+h_1u\\&\dot{x}_2=x_3+h_2u\\&\quad\vdots\\&\dot{x}_{n-1}=x_n+h_{n-1}u\end{aligned}$$

对 x_n 求导数并考虑式(3-8)，有

$$\begin{aligned}\dot{x}_n &= y^{(n)} - h_0 u^{(n)} - h_1 u^{(n-1)} - \cdots - h_{n-1}\dot{u} \\ &= (-a_{n-1}y^{(n-1)} - a_{n-2}y^{(n-2)} - \cdots - a_1\dot{y} - a_0 y \\ &\quad + b_0 u^{(n)} + \cdots + b_1\dot{u} + b_0 u) - h_0 u^{(n)} - h_1 u^{(n-1)} - \cdots - h_{n-1}\dot{u}\end{aligned}$$

由式(3-10)将 $y^{(n-1)},\cdots,\dot{y},y$ 均以 x_i 及 u 的各阶导数表示，经整理可得

$$\begin{aligned}\dot{x}_n = & -a_0 x_1 - a_1 x_2 - \cdots - a_{n-2}x_{n-1} - a_{n-1}x_n + (b_n - h_0)u^{(n)} \\ & + (b_{n-1} - h_1 - a_{n-1}h_0)u^{(n-1)} + (b_{n-2} - h_2 - a_{n-1}h_1 - a_{n-2}h_0)u^{(n-2)} \\ & + \cdots + (b_1 - h_{n-1} - a_{n-1}h_{n-2} - a_{n-2}h_{n-3} - \cdots - a_1 h_0)\dot{u} \\ & + (b_0 - a_{n-1}h_{n-1} - a_{n-2}h_{n-2} - \cdots - a_1 h_1 - a_0 h_0)u\end{aligned}$$

令上式中 u 的各阶导数项的系数为零，可确定各 h 值

$$\begin{aligned}h_0 &= b_n \\ h_1 &= b_{n-1} - a_{n-1}h_0 \\ h_2 &= b_{n-2} - a_{n-1}h_1 - a_{n-2}h_0 \\ &\vdots \\ h_{n-1} &= b_1 - a_{n-1}h_{n-2} - a_{n-2}h_{n-3} - \cdots - a_1 h_0\end{aligned}$$

记 $h_n = b_0 - a_{n-1}h_{n-1} - a_{n-2}h_{n-2} - \cdots - a_1 h_1 - a_0 h_0$，故

$$\dot{x}_n = -a_0 x_1 - a_1 x_2 - \cdots - a_{n-2}x_{n-1} - a_{n-1}x_n + h_n u$$

则式(3-8)的向量-矩阵形式的动态方程为

$$\dot{\boldsymbol{x}} = \boldsymbol{A}\boldsymbol{x} + \boldsymbol{b}u, \quad y = \boldsymbol{c}\boldsymbol{x} + du \tag{3-11}$$

式中
$$\boldsymbol{A} = \begin{bmatrix} 0 & 1 & 0 & \cdots & 0 \\ 0 & 0 & 1 & \cdots & 0 \\ \vdots & \vdots & \vdots & & \vdots \\ 0 & 0 & 0 & \cdots & 0 \\ -a_0 & -a_1 & -a_2 & \cdots & -a_{n-1} \end{bmatrix}, \quad \boldsymbol{b} = \begin{bmatrix} h_1 \\ h_2 \\ \vdots \\ h_{n-1} \\ h_n \end{bmatrix}$$

$$\boldsymbol{c} = [1 \quad 0 \quad \cdots \quad 0], \quad d = h_0$$

式(3-8)的状态变量图见图 3-6。若输入量中仅含 m 次导数且 $m<n$，可将高于 m 次导数项的系数置零，仍可应用上述所得公式。当 $b_n=0$ 时，可以令上述公式中的 $h_0=0$ 得到所需要的结果。

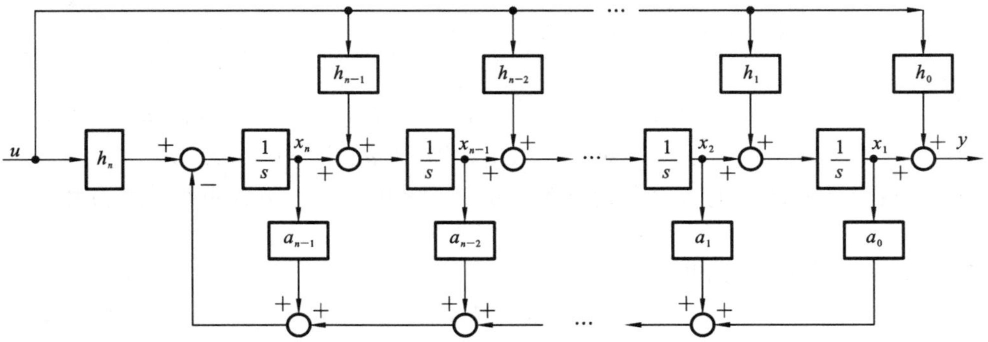

图 3-6 输入量中含有导数项时的系统状态变量图

可按如下规则选择另一组状态变量。设

$$\begin{cases} x_n = y \\ x_i = \dot{x}_{i+1} + a_i y - b_i u \end{cases} \quad i=1,2,\cdots,n-1 \tag{3-12}$$

其展开式为

$$x_{n-1} = \dot{x}_n + a_{n-1}y - b_{n-1}u = \dot{y} + a_{n-1}y - b_{n-1}u$$

$$x_{n-2} = \dot{x}_{n-1} + a_{n-2}y - b_{n-2}u = \ddot{y} + a_{n-1}\dot{y} - b_{n-1}\dot{u} + a_{n-2}y - b_{n-2}u$$

$$\vdots$$

$$x_2 = \dot{x}_3 + a_2 y - b_2 u = y^{(n-2)} + a_{n-1}y^{(n-3)} - b_{n-1}u^{(n-3)} + a_{n-2}y^{(n-4)} - b_{n-2}u^{(n-4)} + \cdots + a_2 y - b_2 u$$

$$x_1 = \dot{x}_2 + a_1 y - b_1 u = y^{(n-1)} + a_{n-1}y^{(n-2)} - b_{n-1}u^{(n-2)} + a_{n-2}y^{(n-3)} - b_{n-2}u^{(n-3)} + \cdots + a_1 y - b_1 u$$

故有 $n-1$ 个状态方程

$$\dot{x}_n = x_{n-1} - a_{n-1}x_n + b_{n-1}u$$

$$\dot{x}_{n-1} = x_{n-2} - a_{n-2}x_n + b_{n-2}u$$

$$\vdots$$

$$\dot{x}_2 = x_1 - a_1 x_n + b_1 u$$

对 x_1 由求导数且考虑式(3-8),经整理有

$$\dot{x}_1 = -a_0 x_n + b_0 u$$

则式(3-8)在 $b_n=0$ 时的动态方程为

$$\dot{\boldsymbol{x}} = \boldsymbol{A}\boldsymbol{x} + \boldsymbol{b}u, \quad y = \boldsymbol{c}\boldsymbol{x} \tag{3-13}$$

式中 $$\boldsymbol{A} = \begin{bmatrix} 0 & 0 & \cdots & 0 & -a_0 \\ 1 & 0 & 0 & \cdots & -a_1 \\ 0 & 1 & \cdots & 0 & -a_2 \\ \vdots & \vdots & & \vdots & \vdots \\ 0 & 0 & \cdots & 1 & -a_{n-1} \end{bmatrix}, \quad \boldsymbol{b} = \begin{bmatrix} b_0 \\ b_1 \\ b_2 \\ \vdots \\ b_{n-1} \end{bmatrix}, \quad \boldsymbol{c} = [0 \quad 0 \quad \cdots \quad 1]$$

例 3-2 设二阶系统微分方程为

$$\ddot{y} + 2\zeta\omega\dot{y} + \omega^2 y = T\dot{u} + u$$

试求系统状态空间表达式。

解 设状态变量 $x_1 = y - h_0 u$,$x_2 = \dot{x}_1 - h_1 u = \dot{y} - h_0\dot{u} - h_1 u$,故有

$$y = x_1 + h_0 u, \quad \dot{x}_1 = x_2 + h_1 u$$

对 x_2 求导数且考虑 x_1,x_2 及系统微分方程,有

$$\begin{aligned} \dot{x}_2 &= \ddot{y} - h_0\ddot{u} - h_1\dot{u} = (-\omega^2 y - 2\zeta\omega\dot{y} + T\dot{u} + u) - h_0\ddot{u} - h_1\dot{u} \\ &= -\omega^2 x_1 - 2\zeta\omega x_2 - h_0\ddot{u} + (T - 2\zeta\omega h_0 - h_1)\dot{u} + (1 - \omega^2 h_0 - 2\zeta\omega h_1)u \end{aligned}$$

令 $\ddot{u}$,$\dot{u}$ 项的系数为零,可得

$$h_0 = 0, \quad h_1 = T$$

故 $$\dot{x}_2 = -\omega^2 x_1 - 2\zeta\omega x_2 + (1 - 2\zeta\omega T)u$$

系统的状态空间表达式为

$$\begin{bmatrix} \dot{x}_1 \\ \dot{x}_2 \end{bmatrix} = \begin{bmatrix} 0 & 1 \\ -\omega^2 & -2\zeta\omega \end{bmatrix}\begin{bmatrix} x_1 \\ x_2 \end{bmatrix} + \begin{bmatrix} T \\ 1 - 2\zeta\omega T \end{bmatrix}u, \quad y = [1 \quad 0]\begin{bmatrix} x_1 \\ x_2 \end{bmatrix}$$

(3) 由系统传递函数建立状态空间表达式。

式(3-8)所对应的系统传递函数为

$$G(s)=\frac{Y(s)}{U(s)}=\frac{b_n s^n+b_{n-1}s^{n-1}+b_{n-2}s^{n-2}+\cdots+b_1 s+b_0}{s^n+a_{n-1}s^{n-1}+a_{n-2}s^{n-2}+\cdots+a_1 s+a_0} \tag{3-14}$$

应用综合除法有

$$G(s)=b_n+\frac{\beta_{n-1}s^{n-1}+\beta_{n-2}s^{n-2}+\cdots+\beta_1 s+\beta_0}{s^n+a_{n-1}s^{n-1}+a_{n-2}s^{n-2}+\cdots+a_1 s+a_0}\triangleq b_n+\frac{N(s)}{D(s)} \tag{3-15}$$

式中，b_n是直接联系输入与输出量的前馈系数，当 $G(s)$的分母次数大于分子次数时，$b_n=0$，$\frac{N(s)}{D(s)}$是严格有理真分式，其系数由综合除法得

$$\begin{aligned}
\beta_0&=b_0-a_0 b_n\\
\beta_1&=b_1-a_1 b_n\\
&\vdots\\
\beta_{n-2}&=b_{n-2}-a_{n-2}b_n\\
\beta_{n-1}&=b_{n-1}-a_{n-1}b_n
\end{aligned}$$

3. 几种标准形式动态方程

下面介绍由$\frac{N(s)}{D(s)}$导出几种标准形式动态方程的方法。

(1) $\frac{N(s)}{D(s)}$串联分解的情况。将$\frac{N(s)}{D(s)}$分解为两部分相串联，如图 3-7 所示，z 为中间变量，z，y 应满足

$$z^{(n)}+a_{n-1}z^{(n-1)}+\cdots+a_1\dot{z}+a_0 z=u$$

$$y=\beta_{n-1}z^{(n-1)}+\cdots+\beta_1\dot{z}+\beta_0 z$$

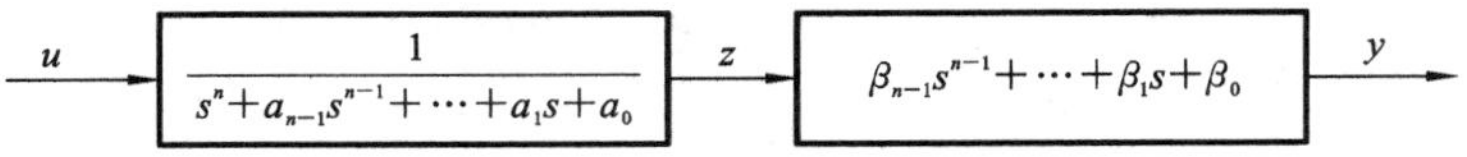

图 3-7 $\frac{N(s)}{D(s)}$串联分解

选取状态变量

$$x_1=z, x_2=\dot{z}, x_3=\ddot{z}, \cdots, x_n=z^{(n-1)}$$

则状态方程为

$$\begin{aligned}
\dot{x}_1&=x_2\\
\dot{x}_2&=x_3\\
&\vdots\\
\dot{x}_n&=-a_0 z-a_1\dot{z}-\cdots-a_{n-1}z^{(n-1)}+u\\
&=-a_0 x_1-a_1 x_2-\cdots-a_{n-1}x_n+u
\end{aligned}$$

输出方程为

$$y=-\beta_0 x_1-\beta_1 x_2-\cdots-\beta_{n-1}x_n$$

其向量-矩阵形式的动态方程为

$$\dot{\boldsymbol{x}}=\boldsymbol{A}\boldsymbol{x}+\boldsymbol{b}u, \quad y=\boldsymbol{c}\boldsymbol{x} \tag{3-16}$$

式中

$$\boldsymbol{A}=\begin{bmatrix}0 & 1 & 0 & \cdots & 0\\0 & 0 & 1 & \cdots & 0\\\vdots & \vdots & \vdots & & \vdots\\0 & 0 & 0 & \cdots & 1\\-a_0 & -a_1 & -a_2 & \cdots & -a_{n-1}\end{bmatrix},\quad \boldsymbol{b}=\begin{bmatrix}0\\0\\\vdots\\0\\1\end{bmatrix},\quad \boldsymbol{c}=[\beta_0 \quad \beta_1 \quad \cdots \quad \beta_{n-1}]$$

请读者注意 $\boldsymbol{A}$，$\boldsymbol{b}$ 的形状特征，这种 $\boldsymbol{A}$ 阵又称友矩阵，若状态方程中的 $\boldsymbol{A}$，$\boldsymbol{b}$ 具有这种形式，则称为能控标准型。当 $\beta_1=\beta_2=\cdots=\beta_{n-1}=0$ 时，$\boldsymbol{A}$，$\boldsymbol{b}$ 的形式不变，$\boldsymbol{c}=[\beta_0 \quad 0 \quad \cdots \quad 0]$。

因而，当 $G(s)=b_n+\dfrac{N(s)}{\mathrm{d}(s)}$ 时，$\boldsymbol{A}$，$\boldsymbol{b}$ 不变，$y=\boldsymbol{cx}+b_nu$。$\dfrac{N(s)}{D(s)}$ 串联分解时系统的能控标准型状态变量图如图 3-8 所示。

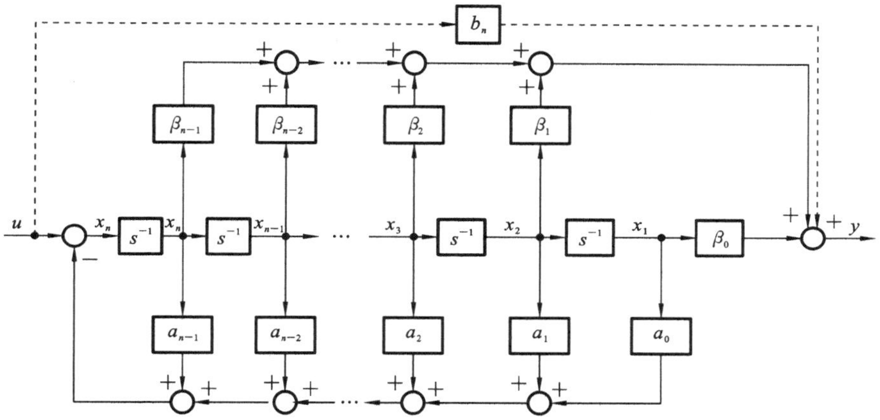

图 3-8 $\dfrac{N(s)}{D(s)}$ 串联分解系统能控标准型状态变量图

当 $b_n=0$ 时，若按式(3-12)选取状态变量，则系统的 $\boldsymbol{A}$，$\boldsymbol{b}$，$\boldsymbol{c}$ 矩阵为

$$\boldsymbol{A}=\begin{bmatrix}0 & 0 & \cdots & 0 & -a_0\\1 & 0 & 0 & \cdots & -a_1\\0 & 1 & \cdots & 0 & -a_2\\\vdots & \vdots & & \vdots & \vdots\\0 & 0 & \cdots & 1 & -a_{n-1}\end{bmatrix},\quad \boldsymbol{b}=\begin{bmatrix}\beta_0\\\beta_1\\\beta_2\\\vdots\\\beta_{n-1}\end{bmatrix},\quad \boldsymbol{c}=[0 \quad 0 \quad \cdots \quad 1]$$

请注意 $\boldsymbol{A}$、$\boldsymbol{c}$ 的形状特征，此处 $\boldsymbol{A}$ 矩阵是友矩阵的转置，若动态方程中的 $\boldsymbol{A}$、$\boldsymbol{c}$ 具有这种形式，则称为能观测标准型。

由上可见，能控标准型与能观标准型的各矩阵之间存在如下关系：

$$\boldsymbol{A}_c=\boldsymbol{A}_o^{\mathrm{T}},\quad \boldsymbol{b}_c=\boldsymbol{c}_o^{\mathrm{T}},\quad \boldsymbol{c}_c=\boldsymbol{b}_o^{\mathrm{T}} \tag{3-17}$$

式中：下标 c 表示能控标准型；o 表示能观标准型；T 为转置符号。式(3-17)所示关系称为对偶关系。

例 3-3 试列写例 3-2 所示系统的能控标准型、能观标准型动态方程，并分别确定状态变量与输入、输出量的关系。

解 该系统的传递函数为

$$G(s)=\frac{Y(s)}{U(s)}=\frac{Ts+1}{s^2+2\zeta\omega s+\omega^2}$$

能控标准型动态方程的各矩阵为

$$\boldsymbol{x}_c=\begin{bmatrix}x_{c1}\\x_{c2}\end{bmatrix}$$

由 $G(s)$ 串联分解并引入中间变量 z 有

$$\ddot{z}+2\zeta\omega\dot{z}+\omega^2 z=u$$
$$y=T\dot{z}+z$$

对 y 求导数并考虑上述关系式则有

$$\dot{y}=T\ddot{z}+\dot{z}=(1-2\zeta\omega T)\dot{z}-\omega^2 Tz+Tu$$

令 $x_{c1}=z$，$x_{c2}=\dot{z}$，可导出状态变量与输入、输出量的关系：

$$x_{c1}=\frac{[-T\dot{y}+(1-2\zeta\omega T)y+T^2u]}{1-2\zeta\omega T+\omega^2T^2}$$

$$x_{c2}=\frac{\dot{y}+\omega^2Ty-Tu}{1-2\zeta\omega T+\omega^2T^2}$$

能观标准型动态方程各矩阵为

$$\boldsymbol{x}_o=\begin{bmatrix}x_{o1}\\x_{o2}\end{bmatrix},\quad \boldsymbol{A}_o=\begin{bmatrix}0&-\omega^2\\1&-2\zeta\omega\end{bmatrix},\quad \boldsymbol{b}_o=\begin{bmatrix}1\\T\end{bmatrix},\quad \boldsymbol{c}_o=[0\quad 1]$$

根据式(3-12)可以写出状态变量与输入、输出量的关系

$$x_{o1}=\dot{y}+2\zeta\omega y-Tu$$
$$x_{o2}=y$$

(2) $\frac{N(s)}{D(s)}$只含单实极点时的情况。当$\frac{N(s)}{D(s)}$只含单实极点时，除了可化为上述能控标准型或能观标准型动态方程以外，还可化为对角型动态方程，其 $\boldsymbol{A}$ 阵是一个对角阵。

设 $D(s)$ 可分解为

$$D(s)=(s-\lambda_1)(s-\lambda_2)\cdots(s-\lambda_n)$$

式中，$\lambda_1,\cdots,\lambda_n$ 为系统的单实极点，则传递函数可展成部分分式之和

$$\frac{Y(s)}{U(s)}=\frac{N(s)}{D(s)}=\sum_{i=1}^{n}\frac{c_i}{s-\lambda_i}$$

而 $c_i=\left[\frac{N(s)}{D(s)}(s-\lambda_i)\right]\bigg|_{s=\lambda_i}$ 为$\frac{N(s)}{D(s)}$在极点几处的留数，且有

$$Y(s)=\sum_{i=1}^{n}\frac{c_i}{s-\lambda_i}U(s)$$

若令状态变量

$$x_i(s)=\frac{1}{s-\lambda_i}U(s);i=1,2,\cdots,n$$

其反变换结果为

$$\dot{\boldsymbol{x}}_i(t)=\boldsymbol{\lambda}_i\boldsymbol{x}_i(t)+\boldsymbol{u}(t)$$

$$y(t)=\sum_{i=1}^{n}c_ix_i(t)$$

展开得

$$\dot{x}_1=\lambda_1x_1+u$$

$$\dot{x}_2 = \lambda_2 x_2 + u$$

$$\vdots$$

$$\dot{x}_n = \lambda_n x_n + u$$

$$y = c_1 x_1 + c_2 x_2 + \cdots + c_n x_n$$

其向量-矩阵形式为

$$\begin{bmatrix} \dot{x}_1 \\ \dot{x}_2 \\ \vdots \\ \dot{x}_n \end{bmatrix} = \begin{bmatrix} \lambda_1 & & & 0 \\ & \lambda_2 & & \\ & & \ddots & \\ 0 & & & \lambda_n \end{bmatrix} \begin{bmatrix} x_1 \\ x_2 \\ \vdots \\ x_n \end{bmatrix} + \begin{bmatrix} 1 \\ 1 \\ \vdots \\ 1 \end{bmatrix} u, \quad \boldsymbol{y} = \begin{bmatrix} c_1 & c_2 & \cdots & c_n \end{bmatrix} \begin{bmatrix} x_1 \\ x_2 \\ \vdots \\ x_n \end{bmatrix} \quad (3\text{-}18)$$

其状态变量图如图 3-9(a)所示。

（a）能控对角型　　　　　　　　　　　（b）能视对角型

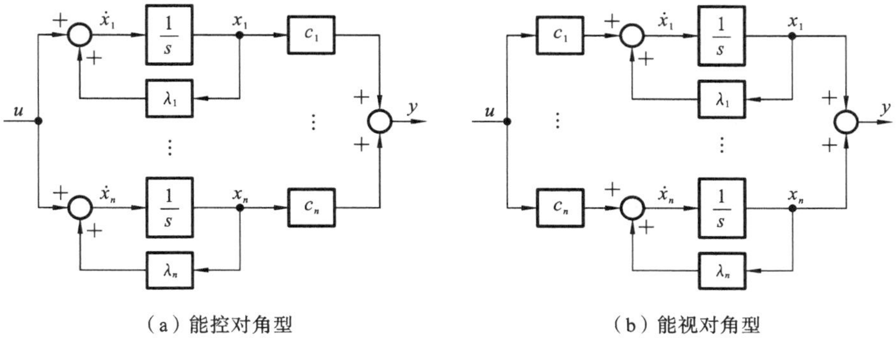

图 3-9　系统对角型动态方程的状态变量图

若令状态变量

$$X_i(s) = \frac{c_i}{s - \lambda_i} U(s); \quad i = 1, 2, \cdots, n$$

则

$$Y(s) = \sum_{i=1}^{n} X_i(s)$$

进行反变换并展开有

$$\dot{x}_1 = \lambda_1 x_1 + c_1 u$$

$$\dot{x}_2 = \lambda_2 x_2 + c_2 u$$

$$\vdots$$

$$\dot{x}_n = \lambda_n x_n + c_n u$$

$$y = x_1 + x_2 + \cdots + x_n$$

其向量-矩阵形式为

$$\begin{bmatrix} \dot{x}_1 \\ \dot{x}_2 \\ \vdots \\ \dot{x}_n \end{bmatrix} = \begin{bmatrix} \lambda_1 & & & 0 \\ & \lambda_2 & & \\ & & \ddots & \\ 0 & & & \lambda_n \end{bmatrix} \begin{bmatrix} x_1 \\ x_2 \\ \vdots \\ x_n \end{bmatrix} + \begin{bmatrix} c_1 \\ c_2 \\ \vdots \\ c_n \end{bmatrix} u, \quad \boldsymbol{y} = \begin{bmatrix} 1 & 1 & \cdots & 1 \end{bmatrix} \begin{bmatrix} x_1 \\ x_2 \\ \vdots \\ x_n \end{bmatrix} \quad (3\text{-}19)$$

其状态变量图如图 3-9(b)所示。显见式(3-19)与式(3-18)存在对偶关系。

(3) $\dfrac{N(s)}{D(s)}$ 含重实极点时的情况。当传递函数除含单实极点之外还含有重实极点时，不仅可化为能控、能观标准型，还可化为约当标准型动态方程，其 A 阵是一个含约当块的矩阵。设 $D(s)$ 可分解为

$$D(s)=(s-\lambda_1)^3(s-\lambda_4)\cdots(s-\lambda_n)$$

式中：λ_1 为三重实极点；$\lambda_4,\cdots,\lambda_n$ 为单实极点，则传递函数可展成下列部分分式之和。

$$\frac{Y(s)}{U(s)}=\frac{N(s)}{D(s)}=\frac{c_{11}}{(s-\lambda_1)^3}+\frac{c_{12}}{(s-\lambda_1)^2}+\frac{c_{13}}{(s-\lambda_1)}+\sum_{i=4}^{n}\frac{c_i}{s-\lambda_i}$$

其状态变量的选取方法与只含单实极点时相同，可分别得出向量-矩阵形式的动态方程：

$$\begin{bmatrix}\dot{x}_{11}\\ \dot{x}_{12}\\ \dot{x}_{13}\\ \cdots\\ \dot{x}_4\\ \vdots\\ \dot{x}_n\end{bmatrix}=\left[\begin{array}{ccc|ccc}\lambda_1 & 1 & 1 & & & \\ & \lambda_1 & 1 & & 0 & \\ & & \lambda_1 & & & \\ \hline & & & \lambda_4 & & \\ & 0 & & & \ddots & \\ & & & & & \lambda_n\end{array}\right]\begin{bmatrix}x_{11}\\ x_{12}\\ x_{13}\\ \cdots\\ x_4\\ \vdots\\ x_n\end{bmatrix}+\begin{bmatrix}0\\ 0\\ 1\\ \cdots\\ 1\\ \vdots\\ 1\end{bmatrix}u$$

$$\boldsymbol{y}=[c_{11}\quad c_{12}\quad c_{13}\ \vdots\ c_4\quad \cdots\quad c_n]\boldsymbol{x} \tag{3-20}$$

$$\begin{bmatrix}\dot{x}_{11}\\ \dot{x}_{12}\\ \dot{x}_{13}\\ \cdots\\ \dot{x}_4\\ \vdots\\ \dot{x}_n\end{bmatrix}=\left[\begin{array}{ccc|ccc}\lambda_1 & & & & & \\ 1 & \lambda_1 & & & 0 & \\ & 1 & \lambda_1 & & & \\ \hline & & & \lambda_4 & & \\ & 0 & & & \ddots & \\ & & & & & \lambda_n\end{array}\right]\begin{bmatrix}x_{11}\\ x_{12}\\ x_{13}\\ \cdots\\ x_4\\ \vdots\\ x_n\end{bmatrix}+\begin{bmatrix}c_{11}\\ c_{12}\\ c_{13}\\ \cdots\\ c_4\\ \vdots\\ c_n\end{bmatrix}u$$

$$\boldsymbol{y}=[0\quad 0\quad 1\ \vdots\ 1\quad \cdots\quad 1]\boldsymbol{x} \tag{3-21}$$

其对应的状态变量图如图 3-10(a)，(b)所示。式(3-20)与式(3-21)存在对偶关系。

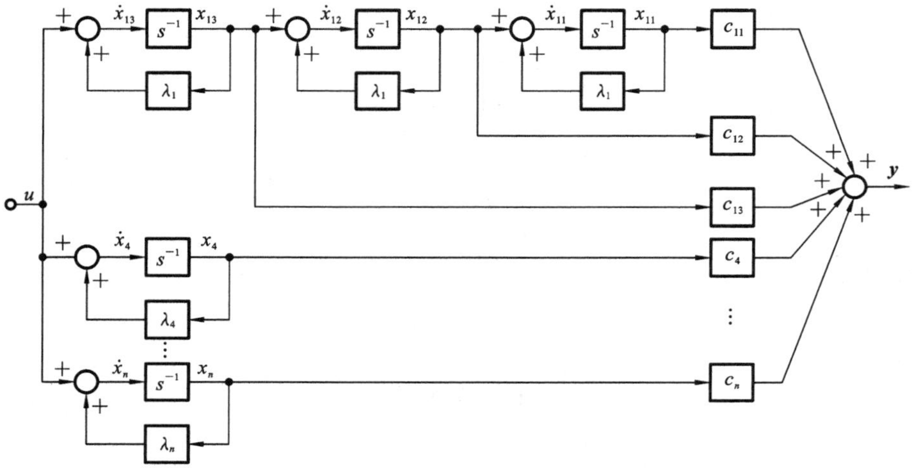

(a) 能控约当型

图 3-10 系统约当型动态方程的状态变量图

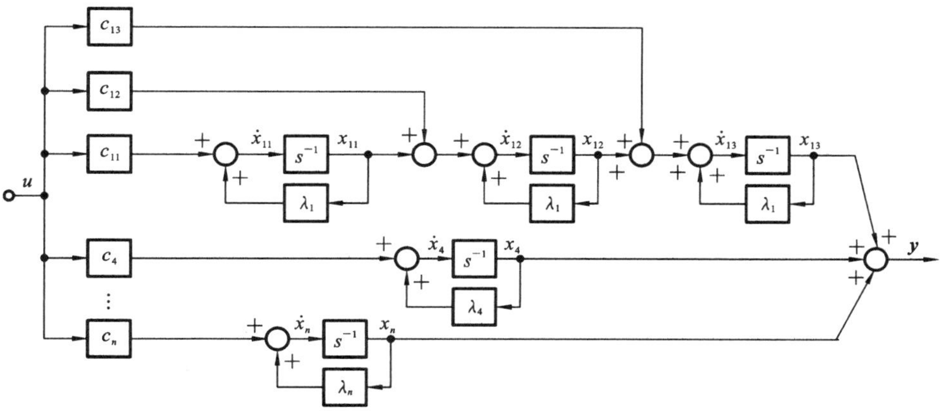

(b) 能观约当型

续图 3-10

3.2.4 线性定常连续系统状态方程的解

1. 齐次状态方程的解

状态方程

$$\dot{\boldsymbol{x}}(t)=\boldsymbol{A}\boldsymbol{x}(t) \tag{3-22}$$

称为齐次状态方程,通常采用幂级数法和拉普拉斯变换法求解。

(1) 幂级数法。设状态方程式(3-22)的解是 t 的向量幂级数

$$\boldsymbol{x}(t)=\boldsymbol{b}_0+\boldsymbol{b}_1 t+\boldsymbol{b}_2 t^2+\cdots+\boldsymbol{b}_k t^k+\cdots$$

式中,$\boldsymbol{x},\boldsymbol{b}_0,\boldsymbol{b}_1,\cdots,\boldsymbol{b}_k,\cdots$都是 n 维向量,则

$$\dot{\boldsymbol{x}}(t)=\boldsymbol{b}_1+2\boldsymbol{b}_2 t+\cdots+k\boldsymbol{b}_k t^{k-1}+\cdots=\boldsymbol{A}(\boldsymbol{b}_0+\boldsymbol{b}_1 t+\boldsymbol{b}_2 t^2+\cdots+\boldsymbol{b}_k t^k+\cdots)$$

令上式等号两边 t 的同次项的系数相等,则有

$$\boldsymbol{b}_1=\boldsymbol{A}\boldsymbol{b}_0$$

$$\boldsymbol{b}_2=\frac{1}{2}\boldsymbol{A}\boldsymbol{b}_1=\frac{1}{2}\boldsymbol{A}^2\boldsymbol{b}_0$$

$$\boldsymbol{b}_3=\frac{1}{3}\boldsymbol{A}\boldsymbol{b}_2=\frac{1}{6}\boldsymbol{A}^3 b_0$$

$$\vdots$$

$$\boldsymbol{b}_k=\frac{1}{k}\boldsymbol{A}\boldsymbol{b}_{k-1}=\frac{1}{k!}\boldsymbol{A}^k\boldsymbol{b}_0$$

$$\vdots$$

且 $x(0)=b_0$,故

$$\boldsymbol{x}(t)=\left(\boldsymbol{I}+\boldsymbol{A}t+\frac{1}{2}\boldsymbol{A}^2 t^2+\cdots+\frac{1}{k!}\boldsymbol{A}^k t^k+\cdots\right)x(0) \tag{3-23}$$

定义

$$\mathrm{e}^{\boldsymbol{A}t}=\boldsymbol{I}+\boldsymbol{A}t+\frac{1}{2}\boldsymbol{A}^2 t^2+\cdots+\frac{1}{k!}\boldsymbol{A}^k t^k+\cdots=\sum_{k=0}^{\infty}\frac{1}{k!}\boldsymbol{A}^k t^k \tag{3-24}$$

则

$$\boldsymbol{x}(t)=\mathrm{e}^{\boldsymbol{A}t}\boldsymbol{x}(0) \tag{3-25}$$

由于标量微分方程 $\dot{x}=ax$ 的解为 $x(t)=\mathrm{e}^{at}x(0)$,e^{at} 称为指数函数,而向量微分方

程式(3-22)具有相似形式的解(式(3-25)),故把 e^{At} 时称为矩阵指数函数,简称矩阵指数。对于线性定常系统,e^{At} 又称为状态转移矩阵,记为 $\boldsymbol{\Phi}(t)$ 即

$$\boldsymbol{\Phi}(t)=e^{\boldsymbol{A}t} \tag{3-26}$$

(2) 拉普拉斯变换法。将式(3-22)取拉氏变换、拉氏反变换,有

$$s\boldsymbol{X}(s)=\boldsymbol{A}\boldsymbol{X}(s)+\boldsymbol{x}(0)$$

则

$$(s\boldsymbol{I}-\boldsymbol{A})\boldsymbol{X}(s)=\boldsymbol{x}(0) \tag{3-27}$$

$$\boldsymbol{X}(s)=(s\boldsymbol{I}-\boldsymbol{A})^{-1}\boldsymbol{x}(0)$$

进行拉氏反变换,有

$$\boldsymbol{x}(t)=L^{-1}[(s\boldsymbol{I}-\boldsymbol{A})^{-1}]\boldsymbol{x}(0) \tag{3-28}$$

与式(3-25) 相比有

$$e^{\boldsymbol{A}t}=L^{-1}[(s\boldsymbol{I}-\boldsymbol{A})^{-1}] \tag{3-29}$$

式(3-29)给出了 e^{At} 的闭合形式,说明了式(3-24)所示级数的收敛性。

从上述分析可看出,求解齐次状态方程的问题,就是计算状态转移矩阵 $\boldsymbol{\Phi}(t)$ 的问题,因而有必要研究 $\boldsymbol{\Phi}(t)$ 的运算性质。

2. 状态转移矩阵的运算性质

重写状态转移矩阵 $\boldsymbol{\Phi}(t)$ 的幂级数展开式

$$\boldsymbol{\Phi}(t)=e^{\boldsymbol{A}t}=\boldsymbol{I}+\boldsymbol{A}t+\frac{1}{2}\boldsymbol{A}^2t^2+\cdots+\frac{1}{k!}\boldsymbol{A}^kt^k+\cdots \tag{3-30}$$

$\boldsymbol{\Phi}(t)$ 具有如下运算性质:

(1) $\boldsymbol{\Phi}(0)=\boldsymbol{I}$ (3-31)

(2) $\dot{\boldsymbol{\Phi}}(t)=\boldsymbol{A}\boldsymbol{\Phi}(t)=\boldsymbol{\Phi}(t)\boldsymbol{A}$ (3-32)

(3) $\boldsymbol{\Phi}(t_1\pm t_2)=\boldsymbol{\Phi}(t_1)\boldsymbol{\Phi}(\pm t_2)=\boldsymbol{\Phi}(\pm t_2)\boldsymbol{\Phi}(t_1)$ (3-33)

$\boldsymbol{\Phi}(t_1)$,$\boldsymbol{\Phi}(t_2)$,$\boldsymbol{\Phi}(t_1\pm t_2)$ 分别表示由状态 $\boldsymbol{x}(0)$ 转移至状态 $\boldsymbol{x}(t_1)$,$\boldsymbol{x}(t_2)$,$\boldsymbol{x}(t_1\pm t_2)$ 的状态转移矩阵。该性质表明 $\boldsymbol{\Phi}(t_1\pm t_2)$ 可分解为 $\boldsymbol{\Phi}(t_1)$ 与 $\boldsymbol{\Phi}(\pm t_2)$ 的乘积,且 $\boldsymbol{\Phi}(t_1)$ 与 $\boldsymbol{\Phi}(\pm t_2)$ 是可交换的。

(4) $\boldsymbol{\Phi}^{-1}(t)=\boldsymbol{\Phi}(-t)$, $\boldsymbol{\Phi}^{-1}(-t)=\boldsymbol{\Phi}(t)$ (3-34)

根据 $\boldsymbol{\Phi}(t)$ 的这一性质,对于线性定常系统,显然有

$$\boldsymbol{x}(t)=\boldsymbol{\Phi}(t)\boldsymbol{x}(0),\quad \boldsymbol{x}(0)=\boldsymbol{\Phi}^{-1}(t)\boldsymbol{x}(t)=\boldsymbol{\Phi}(-t)\boldsymbol{x}(t)$$

这说明状态转移具有可逆性,$\boldsymbol{x}(t)$ 可由 $\boldsymbol{x}(0)$ 转移而来,$\boldsymbol{x}(0)$ 也可由 $\boldsymbol{x}(t)$ 转移而来。

(5) $\boldsymbol{x}(t_2)=\boldsymbol{\Phi}(t_2-t_1)\boldsymbol{x}(t_1)$ (3-35)

由于

$$\boldsymbol{x}(t_1)=\boldsymbol{\Phi}(t_1)\boldsymbol{x}(0),\quad \boldsymbol{x}(0)=\boldsymbol{\Phi}^{-1}(t_1)\boldsymbol{x}(t_1)=\boldsymbol{\Phi}(-t_1)\boldsymbol{x}(t_1)$$

则

$$\boldsymbol{x}(t_2)=\boldsymbol{\Phi}(t_2)\boldsymbol{x}(0)=\boldsymbol{\Phi}(t_2)\boldsymbol{\Phi}(-t_1)\boldsymbol{x}(t_1)=\boldsymbol{\Phi}(t_2-t_1)\boldsymbol{x}(t_1) \tag{3-36}$$

即由 $\boldsymbol{x}(t_1)$ 转移至 $\boldsymbol{x}(t_2)$ 的状态转移矩阵为 $\boldsymbol{\Phi}(t_2-t_1)$。

(6) $\boldsymbol{\Phi}(t_2-t_0)=\boldsymbol{\Phi}(t_2-t_1)\boldsymbol{\Phi}(t_1-t_0)$ (3-37)

根据转移矩阵的这一性质,可把一个转移过程分为若干个小的转移过程来研究,如图 3-11 所示。

(7) $[\boldsymbol{\Phi}(t)]^k=\boldsymbol{\Phi}(kt)$ (3-38)

(8) 若 $\boldsymbol{\Phi}(t)$ 为 $\dot{\boldsymbol{x}}(t)=\boldsymbol{A}\boldsymbol{x}(t)$ 的状态转移矩阵,引入非奇异变换后状态转移矩阵为

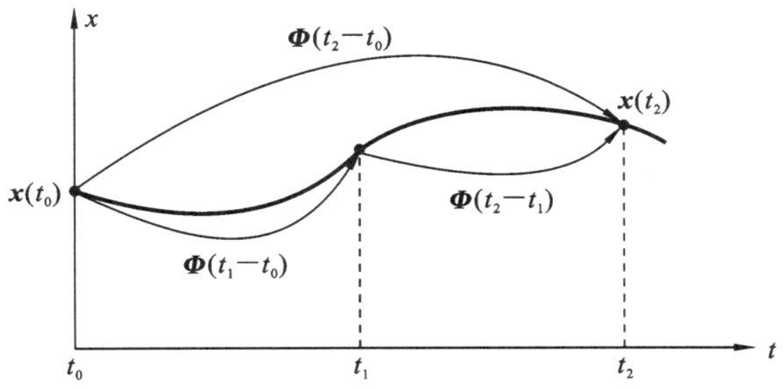

图 3-11　状态转移矩阵性质(6)的图示

$$\overline{\boldsymbol{\Phi}}(t)=\boldsymbol{P}^{-1}e^{\boldsymbol{A}t}\boldsymbol{P} \tag{3-39}$$

(9) 两种常见的状态转移矩阵。设 $\boldsymbol{A}=\mathrm{diag}[\lambda_1,\lambda_2,\cdots,\lambda_n]$ 且具有互异元素，则

$$\boldsymbol{\Phi}(t)=\begin{bmatrix} e^{\lambda_1 t} & & & 0 \\ & e^{\lambda_2 t} & & \\ & & \ddots & \\ 0 & & & e^{\lambda_n t} \end{bmatrix} \tag{3-40}$$

设 $\boldsymbol{A}$ 矩阵为 $m\times m$ 约当阵

$$\boldsymbol{A}=\begin{bmatrix} \lambda & 1 & & 0 \\ & \lambda & \ddots & \\ & & \ddots & 1 \\ 0 & & & \lambda \end{bmatrix}$$

则

$$\boldsymbol{\Phi}(t)=\begin{bmatrix} e^{\lambda t} & te^{\lambda t} & \frac{t^2}{2}e^{\lambda t} & \cdots & \frac{t^{m-1}}{(m-1)!}e^{\lambda t} \\ 0 & e^{\lambda t} & te^{\lambda t} & \cdots & \frac{t^{m-2}}{(m-2)!}e^{\lambda t} \\ \vdots & \vdots & \vdots & & \vdots \\ 0 & 0 & 0 & \cdots & te^{\lambda t} \\ 0 & 0 & 0 & \cdots & e^{\lambda t} \end{bmatrix} \tag{3-41}$$

例 3-4　设系统状态方程为

$$\begin{bmatrix} \dot{x}_1(t) \\ \dot{x}_2(t) \end{bmatrix}=\begin{bmatrix} 0 & 1 \\ -2 & -3 \end{bmatrix}\begin{bmatrix} x_1(t) \\ x_2(t) \end{bmatrix}$$

试求状态方程的解。

解　用拉氏变换求解

$$s\boldsymbol{I}-\boldsymbol{A}=\begin{bmatrix} s & 0 \\ 0 & s \end{bmatrix}-\begin{bmatrix} 0 & 1 \\ -2 & -3 \end{bmatrix}=\begin{bmatrix} s & -1 \\ 2 & s+3 \end{bmatrix}$$

$$(s\boldsymbol{I}-\boldsymbol{A})^{-1}=\frac{\mathrm{adj}(s\boldsymbol{I}-\boldsymbol{A})}{|s\boldsymbol{I}-\boldsymbol{A}|}=\frac{1}{(s+1)(s+2)}\begin{bmatrix} s+3 & 1 \\ -2 & s \end{bmatrix}=\begin{bmatrix} \frac{2}{s+1}-\frac{1}{s+2} & \frac{1}{s+1}-\frac{1}{s+2} \\ \frac{-2}{s+1}+\frac{2}{s+2} & \frac{-1}{s+1}+\frac{2}{s+2} \end{bmatrix}$$

$$\boldsymbol{\Phi}(t)=L^{-1}[(s\boldsymbol{I}-\boldsymbol{A})^{-1}]=\begin{bmatrix} 2e^{-t}-e^{-2t} & e^{-t}-e^{-2t} \\ -2e^{-t}+2e^{-2t} & -e^{-t}+2e^{-2t} \end{bmatrix}$$

状态方程的解为

$$\begin{bmatrix}x_1(t)\\x_2(t)\end{bmatrix}=\boldsymbol{\Phi}(t)\begin{bmatrix}x_1(0)\\x_2(0)\end{bmatrix}=\begin{bmatrix}2e^{-t}-e^{-2t} & e^{-t}-e^{-2t}\\-2e^{-t}+2e^{-2t} & -e^{-t}+2e^{-2t}\end{bmatrix}\begin{bmatrix}x_1(0)\\x_2(0)\end{bmatrix}$$

3. 非齐次状态方程的解

状态方程

$$\dot{\boldsymbol{x}}(t)=\boldsymbol{A}\boldsymbol{x}(t)+\boldsymbol{B}\boldsymbol{u}(t) \tag{3-42}$$

称为非齐次状态方程,有如下两种解法。

(1) 积分法。由式(3-42)可得

$$e^{-\boldsymbol{A}t}(\dot{\boldsymbol{x}}(t)-\boldsymbol{A}\boldsymbol{x}(t))=e^{-\boldsymbol{A}t}\boldsymbol{B}\boldsymbol{u}(t)$$

由于 $$\frac{d}{dt}(e^{-\boldsymbol{A}t}\boldsymbol{x}(t))=-\boldsymbol{A}e^{-\boldsymbol{A}t}\boldsymbol{x}(t)+e^{-\boldsymbol{A}t}\dot{\boldsymbol{x}}(t)=e^{-\boldsymbol{A}t}[\dot{\boldsymbol{x}}(t)-\boldsymbol{A}\boldsymbol{x}(t)]$$

积分可得

$$\boldsymbol{x}(t)=e^{\boldsymbol{A}t}\boldsymbol{x}(0)+\int_0^t e^{\boldsymbol{A}(t-\tau)}\boldsymbol{B}\boldsymbol{u}(\tau)d\tau=\boldsymbol{\Phi}(t)\boldsymbol{x}(0)+\int_0^t\boldsymbol{\Phi}(t-\tau)\boldsymbol{B}\boldsymbol{u}(\tau)d\tau \tag{3-43}$$

式中第一项是对初始状态的响应,第二项是对输入作用的响应。

若取 t_0 作为初始时刻,则有

$$e^{-\boldsymbol{A}t}\boldsymbol{x}(t)-e^{-\boldsymbol{A}t_0}\boldsymbol{x}(t_0)=\int_{t_0}^t e^{-\boldsymbol{A}\tau}\boldsymbol{B}\boldsymbol{u}(\tau)d\tau$$

$$\begin{aligned}\boldsymbol{x}(t)&=e^{\boldsymbol{A}(t-t_0)}\boldsymbol{x}(t_0)+\int_{t_0}^t e^{\boldsymbol{A}(t-\tau)}\boldsymbol{B}\boldsymbol{u}(\tau)d\tau\\&=\boldsymbol{\Phi}(t-t_0)\boldsymbol{x}(t_0)+\int_{t_0}^t\boldsymbol{\Phi}(t-\tau)\boldsymbol{B}\boldsymbol{u}(\tau)d\tau\end{aligned} \tag{3-44}$$

(2) 拉普拉斯变换法。将式(3-42)两端取拉氏变换,有

$$s\boldsymbol{X}(s)-\boldsymbol{x}(0)=\boldsymbol{A}\boldsymbol{X}(s)+\boldsymbol{B}\boldsymbol{U}(s)$$

则 $$(s\boldsymbol{I}-\boldsymbol{A})\boldsymbol{X}(s)=\boldsymbol{x}(0)+\boldsymbol{B}\boldsymbol{U}(s)$$

$$\boldsymbol{X}(s)=(s\boldsymbol{I}-\boldsymbol{A})^{-1}\boldsymbol{x}(0)+(s\boldsymbol{I}-\boldsymbol{A})^{-1}\boldsymbol{B}\boldsymbol{U}(s)$$

进行拉氏反变换,有

$$\boldsymbol{x}(t)=L^{-1}[(s\boldsymbol{I}-\boldsymbol{A})^{-1}]\boldsymbol{x}(0)+L^{-1}[(s\boldsymbol{I}-\boldsymbol{A})^{-1}\boldsymbol{B}\boldsymbol{U}(s)]$$

由拉氏变换卷积定理

$$L^{-1}[F_1(s)F_2(s)]=\int_0^t f_1(t-\tau)f_2(\tau)d\tau=\int_0^t f_1(\tau)f_2(t-\tau)d\tau$$

在此将 $(s\boldsymbol{I}-\boldsymbol{A})^{-1}$ 视为 $F_1(s)$,将 $\boldsymbol{B}\boldsymbol{U}(s)$ 视为 $F_2(s)$,则有

$$\boldsymbol{x}(t)=e^{\boldsymbol{A}t}\boldsymbol{x}(0)+\int_0^t e^{\boldsymbol{A}(t-\tau)}\boldsymbol{B}\boldsymbol{u}(\tau)d\tau=\boldsymbol{\Phi}(t)\boldsymbol{x}(0)+\int_0^t\boldsymbol{\Phi}(t-\tau)\boldsymbol{B}\boldsymbol{u}(\tau)d\tau$$

结果与式(3-43)相同。上式又可表示为

$$\boldsymbol{x}(t)=\boldsymbol{\Phi}(t)\boldsymbol{x}(0)+\int_0^t\boldsymbol{\Phi}(\tau)\boldsymbol{B}\boldsymbol{u}(t-\tau)d\tau \tag{3-45}$$

有时利用式(3-45)求解更为方便。

例 3-5 系统状态方程为

$$\begin{bmatrix}\dot{x}_1\\\dot{x}_2\end{bmatrix}=\begin{bmatrix}0 & 1\\-2 & -3\end{bmatrix}\begin{bmatrix}x_1\\x_2\end{bmatrix}+\begin{bmatrix}0\\1\end{bmatrix}u$$

且 $\boldsymbol{x}(0)=[x_1(0)\quad x_2(0)]^{\mathrm{T}}$。试求在 $u(t)=1(t)$ 作用下状态方程的解。

解 由于 $u(t)=1, u(t-\tau)=1$，根据式(3-45)可得

$$\boldsymbol{x}(t)=\boldsymbol{\Phi}(t)\boldsymbol{x}(0)+\int_0^t \boldsymbol{\Phi}(\tau)\boldsymbol{B}\mathrm{d}\tau$$

由例 3-4 已求得

$$\boldsymbol{\Phi}(t)=\begin{bmatrix} 2\mathrm{e}^{-t}-\mathrm{e}^{-2t} & \mathrm{e}^{-t}-\mathrm{e}^{-2t} \\ -2\mathrm{e}^{-t}+2\mathrm{e}^{-2t} & -\mathrm{e}^{-t}+2\mathrm{e}^{-2t} \end{bmatrix}$$

$$\int_0^t \boldsymbol{\Phi}(\tau)\boldsymbol{B}\mathrm{d}\tau=\int_0^t \begin{bmatrix} \mathrm{e}^{-\tau}-\mathrm{e}^{-2\tau} \\ -\mathrm{e}^{-\tau}+2\mathrm{e}^{-2\tau} \end{bmatrix}\mathrm{d}\tau=\begin{bmatrix} -\mathrm{e}^{-\tau}+\dfrac{1}{2}\mathrm{e}^{-2\tau} \\ \mathrm{e}^{-\tau}-\mathrm{e}^{-2\tau} \end{bmatrix}\Bigg|_0^t=\begin{bmatrix} -\mathrm{e}^{-t}+\dfrac{1}{2}\mathrm{e}^{-2t}+\dfrac{1}{2} \\ \mathrm{e}^{-t}-\mathrm{e}^{-2t} \end{bmatrix}$$

故

$$\boldsymbol{x}(t)=\begin{bmatrix} x_1(t) \\ x_2(t) \end{bmatrix}=\begin{bmatrix} 2\mathrm{e}^{-t}-\mathrm{e}^{-2t} & \mathrm{e}^{-t}-\mathrm{e}^{-2t} \\ -2\mathrm{e}^{-t}+2\mathrm{e}^{-2t} & -\mathrm{e}^{-t}+2\mathrm{e}^{-2t} \end{bmatrix}\begin{bmatrix} x_1(0) \\ x_2(0) \end{bmatrix}+\begin{bmatrix} -\mathrm{e}^{-t}+\dfrac{1}{2}\mathrm{e}^{-2t}+\dfrac{1}{2} \\ \mathrm{e}^{-t}-\mathrm{e}^{-2t} \end{bmatrix}$$

3.2.5 系统的传递函数矩阵

为了描述多输入多输出系统各输入信号对输出信号的影响，需要讨论传递函数矩阵。

1. 传递函数矩阵定义及表达式

初始条件为零时，输出向量的拉氏变换式与输入向量的拉氏变换式之间的传递关系称为传递函数矩阵，简称传递矩阵。

设系统动态方程为

$$\begin{aligned} \dot{\boldsymbol{x}}(t)&=\boldsymbol{A}\boldsymbol{x}(t)+\boldsymbol{B}\boldsymbol{u}(t) \\ \boldsymbol{y}(t)&=\boldsymbol{C}\boldsymbol{x}(t)+\boldsymbol{D}\boldsymbol{u}(t) \end{aligned} \tag{3-46}$$

令初始条件为零，进行拉氏变换有

$$s\boldsymbol{X}(s)=\boldsymbol{A}\boldsymbol{X}(s)+\boldsymbol{B}\boldsymbol{U}(s),\quad \boldsymbol{Y}(s)=\boldsymbol{C}\boldsymbol{X}(s)+\boldsymbol{D}\boldsymbol{U}(s)$$

则

$$\boldsymbol{X}(s)=(s\boldsymbol{I}-\boldsymbol{A})^{-1}\boldsymbol{B}\boldsymbol{U}(s)$$

$$\boldsymbol{Y}(s)=[\boldsymbol{C}(s\boldsymbol{I}-\boldsymbol{A})^{-1}\boldsymbol{B}+\boldsymbol{D}]\boldsymbol{U}(s)=\boldsymbol{G}(s)\boldsymbol{U}(s) \tag{3-47}$$

系统的传递函数矩阵表达式为

$$\boldsymbol{G}(s)=\boldsymbol{C}(s\boldsymbol{I}-\boldsymbol{A})^{-1}\boldsymbol{B}+\boldsymbol{D} \tag{3-48}$$

若输入 $\boldsymbol{u}$ 为 p 维向量，输出 $\boldsymbol{y}$ 为 q 维向量，则 $\boldsymbol{G}(s)$ 为 $q\times p$ 矩阵。式(3-47)的展开式为

$$\begin{bmatrix} Y_1(s) \\ Y_2(s) \\ \vdots \\ Y_q(s) \end{bmatrix}=\begin{bmatrix} G_{11}(s) & G_{12}(s) & \cdots & G_{1p}(s) \\ G_{21}(s) & G_{22}(s) & \cdots & G_{2p}(s) \\ \vdots & \vdots & & \vdots \\ G_{q1}(s) & G_{q2}(s) & \cdots & G_{qp}(s) \end{bmatrix}\begin{bmatrix} U_1(s) \\ U_2(s) \\ \vdots \\ U_p(s) \end{bmatrix} \tag{3-49}$$

式中，$G_{ij}(s)(i=1,2,\cdots,q;j=1,2,\cdots,p)$ 表示第 i 个输出量与第 j 个输入量之间的传递函数。

例 3-6 已知系统动态方程为

$$\begin{bmatrix} \dot{x}_1 \\ \dot{x}_2 \end{bmatrix}=\begin{bmatrix} 0 & 1 \\ 0 & -2 \end{bmatrix}\begin{bmatrix} x_1 \\ x_2 \end{bmatrix}+\begin{bmatrix} 1 & 0 \\ 0 & 1 \end{bmatrix}\begin{bmatrix} u_1 \\ u_2 \end{bmatrix}$$

$$\begin{bmatrix} y_1 \\ y_2 \end{bmatrix}=\begin{bmatrix} 1 & 0 \\ 0 & 1 \end{bmatrix}\begin{bmatrix} x_1 \\ x_2 \end{bmatrix}$$

试求系统的传递矩阵。

解 已知

$$\boldsymbol{A}=\begin{bmatrix} 0 & 1 \\ 0 & -2 \end{bmatrix},\quad \boldsymbol{B}=\begin{bmatrix} 1 & 0 \\ 0 & 1 \end{bmatrix},\quad \boldsymbol{C}=\begin{bmatrix} 1 & 0 \\ 0 & 1 \end{bmatrix},\quad \boldsymbol{D}=0$$

故

$$(s\boldsymbol{I}-\boldsymbol{A})^{-1}=\begin{bmatrix} s & -1 \\ 0 & s+2 \end{bmatrix}^{-1}=\begin{bmatrix} \dfrac{1}{s} & \dfrac{1}{s(s+2)} \\ 0 & \dfrac{1}{s+2} \end{bmatrix}$$

$$\boldsymbol{G}(s)=\boldsymbol{C}(s\boldsymbol{I}-\boldsymbol{A})^{-1}\boldsymbol{B}=\begin{bmatrix} 1 & 0 \\ 0 & 1 \end{bmatrix}\begin{bmatrix} \dfrac{1}{s} & \dfrac{1}{s(s+2)} \\ 0 & \dfrac{1}{s+2} \end{bmatrix}\begin{bmatrix} 1 & 0 \\ 0 & 1 \end{bmatrix}=\begin{bmatrix} \dfrac{1}{s} & \dfrac{1}{s(s+2)} \\ 0 & \dfrac{1}{s+2} \end{bmatrix}$$

2. 开环与闭环传递矩阵

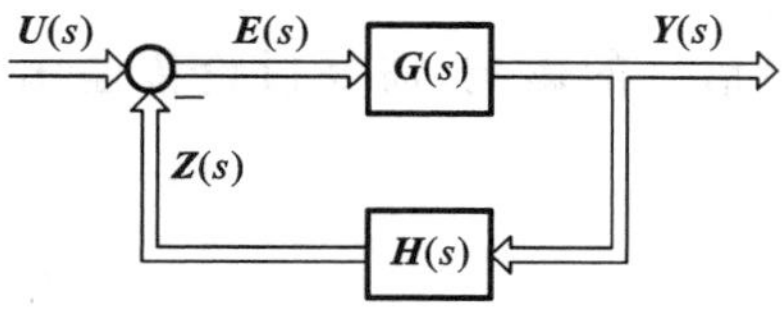

图 3-12 多输入多输出系统结构图

设多输入多输出系统结构图如图 3-12 所示。图中 $\boldsymbol{U},\boldsymbol{Y},\boldsymbol{Z},\boldsymbol{E}$ 分别为输入、输出、反馈、偏差向量；$\boldsymbol{G},\boldsymbol{H}$ 分别为前向通路和反馈通路的传递矩阵。由图可知

$$\boldsymbol{Z}(s)=\boldsymbol{H}(s)\boldsymbol{Y}(s)=\boldsymbol{H}(s)\boldsymbol{G}(s)\boldsymbol{E}(s) \tag{3-50}$$

定义偏差向量至反馈向量之间的传递矩阵 $\boldsymbol{H}(s)\boldsymbol{G}(s)$ 为开环传递矩阵，它描述了 $\boldsymbol{E}(s)$ 至 $\boldsymbol{Z}(s)$ 之间的传递关系。开环传递矩阵等于向量传递过程中所有部件传递矩阵的乘积，其相乘顺序与传递过程相反，顺序不能任意交换。由于

$$\boldsymbol{Y}(s)=\boldsymbol{G}(s)\boldsymbol{E}(s)=\boldsymbol{G}(s)[\boldsymbol{U}(s)-\boldsymbol{Z}(s)]=\boldsymbol{G}(s)[\boldsymbol{U}(s)-\boldsymbol{H}(s)\boldsymbol{Y}(s)]$$

则

$$\boldsymbol{Y}(s)=[\boldsymbol{I}+\boldsymbol{G}(s)\boldsymbol{H}(s)]^{-1}\boldsymbol{G}(s)\boldsymbol{U}(s) \tag{3-51}$$

定义输入向量至输出向量之间的传递矩阵为闭环传递矩阵，记为 $\boldsymbol{\Phi}(s)$，则

$$\boldsymbol{\Phi}(s)=[\boldsymbol{I}+\boldsymbol{G}(s)\boldsymbol{H}(s)]^{-1}\boldsymbol{G}(s) \tag{3-52}$$

它描述了 $\boldsymbol{U}(s)$ 至 $\boldsymbol{Y}(s)$ 之间的传递关系。由于

$$\boldsymbol{E}(s)=\boldsymbol{U}(s)-\boldsymbol{Z}(s)=\boldsymbol{U}(s)-\boldsymbol{H}(s)\boldsymbol{G}(s)\boldsymbol{E}(s)$$

则

$$\boldsymbol{E}(s)=[\boldsymbol{I}+\boldsymbol{H}(s)\boldsymbol{G}(s)]^{-1}\boldsymbol{U}(s) \tag{3-53}$$

定义输入向量至偏差向量之间的传递矩阵为偏差传递矩阵，记为 $\boldsymbol{\Phi}_e(s)$，则

$$\boldsymbol{\Phi}_e(s)=[\boldsymbol{I}+\boldsymbol{H}(s)\boldsymbol{G}(s)]^{-1} \tag{3-54}$$

它描述了 $\boldsymbol{U}(s)$ 至 $\boldsymbol{E}(s)$ 之间的传递关系。

3. 解耦系统的传递矩阵

将式(3-49)写成标量方程组

$$\begin{aligned} Y_1(s)&=G_{11}(s)U_1(s)+G_{12}(s)U_2(s)+\cdots+G_{1p}(s)U_p(s) \\ Y_2(s)&=G_{21}(s)U_1(s)+G_{22}(s)U_2(s)+\cdots+G_{2p}(s)U_p(s) \\ &\vdots \\ Y_q(s)&=G_{q1}(s)U_1(s)+G_{q2}(s)U_2(s)+\cdots+G_{qp}(s)U_p(s) \end{aligned} \tag{3-55}$$

可见，一般多输入多输出系统的传递矩阵不是对角阵，每一个输入量将影响所有输出量，而每一个输出量也都会受到所有输入量的影响。这种系统称为耦合系统，其控制方式称为耦合控制。

对一个耦合系统进行控制是复杂的，工程中常希望实现某一输出量仅受某一输入量的控制，这种控制方式称为解耦控制，其相应的系统称为解耦系统。解耦系统的输入向量和输出向量必有相同的维数，传递矩阵必为对角阵，即

$$\begin{bmatrix} Y_1(s) \\ Y_2(s) \\ \vdots \\ Y_m(s) \end{bmatrix} = \begin{bmatrix} G_{11}(s) & & & 0 \\ 0 & G_{22}(s) & & \\ & & \ddots & \\ 0 & & & G_{mm}(s) \end{bmatrix} \begin{bmatrix} U_1(s) \\ U_2(s) \\ \vdots \\ U_m(s) \end{bmatrix} \tag{3-56}$$

可以看出，解耦系统是由 m 个独立的单输入单输出系统

$$Y_i(s)=G_{ii}(s)U_i(s),\quad i=1,2,\cdots,m \tag{3-57}$$

组成。为了控制每个输出量，$G_{ii}(s)$不得为零，即解耦系统的对角化传递矩阵必须是非奇异的。在系统中引入适当的校正环节使传递矩阵对角化，称为解耦。系统的解耦问题是一个相当复杂的问题，研究解耦问题的人很多，解耦的方法也很多。下面介绍适用于线性定常连续系统的两种简单解耦方法。

(1) 用串联补偿器 $\boldsymbol{G}_c(s)$ 实现解耦。系统结构图如图 3-13 所示。未引入 $\boldsymbol{G}_c(s)$ 时，原系统为耦合系统，引入 $\boldsymbol{G}_c(s)$ 后的闭环传递矩阵为

$$\boldsymbol{\Phi}(s)=[\boldsymbol{I}+\boldsymbol{G}_0(s)\boldsymbol{G}_c(s)\boldsymbol{H}(s)]^{-1}\boldsymbol{G}_0(s)\boldsymbol{G}_c(s) \tag{3-58}$$

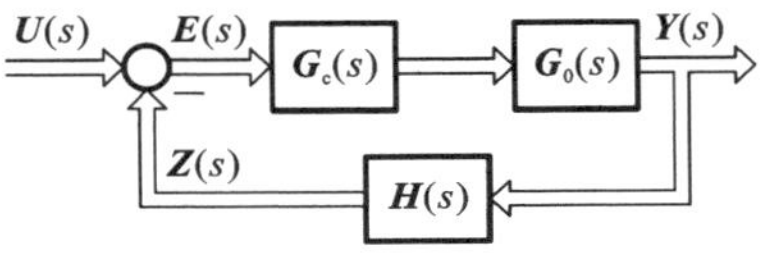

图 3-13 用串联补偿器实现解耦的系统结构图

以$[\boldsymbol{I}+\boldsymbol{G}_0(s)\boldsymbol{G}_c(s)\boldsymbol{H}(s)]$左乘式(3-58) 两端，经整理有

$$\boldsymbol{G}_0(s)\boldsymbol{G}_c(s)=\boldsymbol{\Phi}(s)[\boldsymbol{I}-\boldsymbol{H}(s)\boldsymbol{\Phi}(s)]^{-1} \tag{3-59}$$

式中，$\boldsymbol{\Phi}(s)$为所希望的对角阵，阵中各元素与性能指标要求有关。由式(3-59) 可见，在 $\boldsymbol{H}(s)$为对角阵的条件下，$[\boldsymbol{I}-\boldsymbol{H}(s)\boldsymbol{\Phi}(s)]^{-1}$仍为对角阵，故 $\boldsymbol{G}_0(s)\boldsymbol{G}_c(s)$应为对角阵，且有

$$\boldsymbol{G}_c(s)=\boldsymbol{G}_0^{-1}(s)\boldsymbol{\Phi}(s)[\boldsymbol{I}-\boldsymbol{H}(s)\boldsymbol{\Phi}(s)]^{-1} \tag{3-60}$$

按式(3-60)设计串联补偿器可使系统解耦。

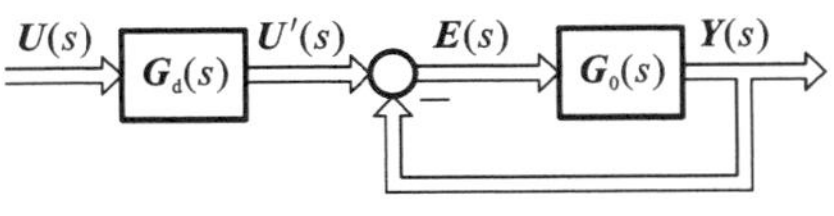

图 3-14 用前馈补偿器实现解耦的系统结构图

(2) 用前馈补偿器 $\boldsymbol{G}_d(s)$实现解耦。系统结构如图 3-14 所示，$\boldsymbol{G}_d(s)$的作用是对输入进行适当变换以实现解耦。未引入 $\boldsymbol{G}_d(s)$时原系统的闭环传递矩阵为

$$\boldsymbol{\Phi}'(s)=[\boldsymbol{I}+\boldsymbol{G}_0(s)]^{-1}\boldsymbol{G}_0(s) \tag{3-61}$$

引入 $\boldsymbol{G}_d(s)$后解耦系统的闭环传递矩阵为

$$\boldsymbol{\Phi}(s)=\boldsymbol{\Phi}'(s)\boldsymbol{G}_d(s)=[\boldsymbol{I}+\boldsymbol{G}_0(s)]^{-1}\boldsymbol{G}_0(s)\boldsymbol{G}_d(s) \tag{3-62}$$

式中，$\boldsymbol{\Phi}(s)$为所希望的对角阵。由式(3-62)可得

$$\boldsymbol{G}_d(s)=\boldsymbol{G}_0^{-1}(s)[\boldsymbol{I}+\boldsymbol{G}_0(s)]\boldsymbol{\Phi}(s) \tag{3-63}$$

按式(3-63)设计前馈补偿器可使系统解耦。

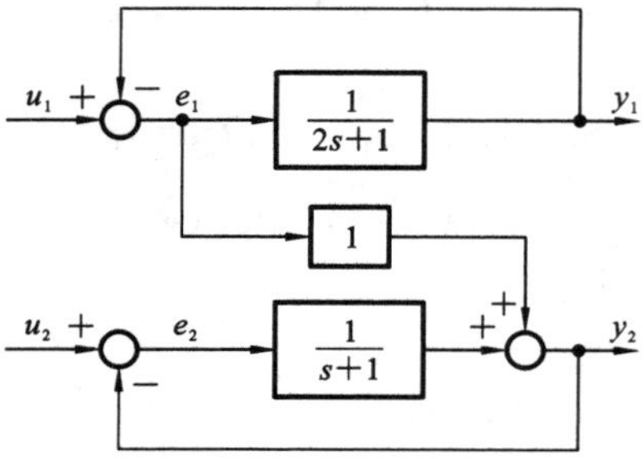

图 3-15 例 3-7 双输入双输出耦合系统结构图

例 3-7 已知双输入双输出单位反馈系统结构图如图 3-15 所示。试列写原系统的开、闭环传递矩阵,并求串联补偿器和前馈补偿器,使解耦系统的闭环传递矩阵为

$$\boldsymbol{\Phi}(s)=\begin{bmatrix}\frac{1}{s+1} & 0\\ 0 & \frac{1}{5s+1}\end{bmatrix}$$

并画出解耦系统的结构图。

解 求原系统开环传递矩阵 $\boldsymbol{G}_0(s)$,只需写出输出量(y_1,y_2)与误差量(e_1,e_2)各分量之间的关系,即

$$Y_1(s)=\frac{1}{2s+1}E_1(s)$$

$$Y_2(s)=E_1(s)+\frac{1}{s+1}E_2(s)$$

其向量-矩阵形式为

$$\boldsymbol{Y}(s)=\begin{bmatrix}Y_1(s)\\ Y_2(s)\end{bmatrix}=\begin{bmatrix}\frac{1}{2s+1} & 0\\ 1 & \frac{1}{s+1}\end{bmatrix}\begin{bmatrix}E_1(s)\\ E_2(s)\end{bmatrix}=\boldsymbol{G}_0(s)\boldsymbol{E}(s)$$

原系统开环传递矩阵为

$$\boldsymbol{G}_0(s)=\begin{bmatrix}\frac{1}{2s+1} & 0\\ 1 & \frac{1}{s+1}\end{bmatrix}$$

输出量(y_1,y_2)与输入量(u_1,u_2)各分量之间的关系为

$$Y_1(s)=\frac{1/(2s+1)}{1+1/(2s+1)}U_1(s)=\frac{1}{2(s+1)}U_1(s)$$

$$Y_2(s)=-\frac{1/(s+1)}{1+1/(s+1)}U_2(s)+\frac{1}{1+1/(s+1)}\cdot\frac{1}{1+1/(2s+1)}U_1(s)$$

$$=\frac{1}{s+2}U_2(s)+\frac{2s+1}{2(s+2)}U_1(s)$$

其向量-矩阵形式为

$$\boldsymbol{Y}(s)=\begin{bmatrix}Y_1(s)\\ Y_2(s)\end{bmatrix}=\begin{bmatrix}\frac{1}{2(s+1)} & 0\\ \frac{2s+1}{2(s+2)} & \frac{1}{s+2}\end{bmatrix}\begin{bmatrix}U_1(s)\\ U_2(s)\end{bmatrix}=\boldsymbol{\Phi}'(s)\boldsymbol{U}(s)$$

原系统闭环传递矩阵为

$$\boldsymbol{\Phi}'(s)=\begin{bmatrix}\frac{1}{2(s+1)} & 0\\ \frac{2s+1}{2(s+2)} & \frac{1}{s+2}\end{bmatrix}$$

① 串联补偿器 $G_c(s)$的设计：由式(3-60)并考虑 $\boldsymbol{H}(s)=\boldsymbol{I}$ 有

$$\boldsymbol{G}_c(s)=\boldsymbol{G}_0^{-1}(s)\boldsymbol{\Phi}(s)[\boldsymbol{I}-\boldsymbol{\Phi}(s)]^{-1}=\begin{bmatrix}\frac{1}{2s+1} & 0\\ 1 & \frac{1}{s+1}\end{bmatrix}^{-1}\begin{bmatrix}\frac{1}{s+1} & 0\\ 0 & \frac{1}{5s+1}\end{bmatrix}\begin{bmatrix}\frac{s}{s+1} & 0\\ 0 & \frac{5s}{5s+1}\end{bmatrix}$$

$$=\begin{bmatrix}2s+1 & 0\\ -(2s+1)(s+1) & s+1\end{bmatrix}\begin{bmatrix}\frac{1}{s+1} & 0\\ 0 & \frac{1}{5s+1}\end{bmatrix}\begin{bmatrix}\frac{s+1}{s} & 0\\ 0 & \frac{5s+1}{5s}\end{bmatrix}$$

$$=\begin{bmatrix}\frac{2s+1}{s} & 0\\ -\frac{(2s+1)(s+1)}{s} & \frac{s+1}{5s}\end{bmatrix}=\begin{bmatrix}G_{c11}(s) & G_{c12}(s)\\ G_{c21}(s) & G_{c22}(s)\end{bmatrix}$$

式中，$G_{cij}(s)$表示 $U_j(s)$至 $Y_i(s)(i,j=1,2)$通道的串联补偿器传递函数。可以验证这种解耦系统的开环传递矩阵 $\boldsymbol{G}_0(s)\boldsymbol{G}_c(s)$为对角阵：

$$\boldsymbol{G}_0(s)\boldsymbol{G}_c(s)=\begin{bmatrix}\frac{1}{2s+1} & 0\\ 1 & \frac{1}{s+1}\end{bmatrix}\begin{bmatrix}\frac{2s+1}{s} & 0\\ -\frac{(2s+1)(s+1)}{s} & \frac{s+1}{5s}\end{bmatrix}=\begin{bmatrix}\frac{1}{s} & 0\\ 0 & \frac{1}{5s}\end{bmatrix}$$

用串联补偿器实现解耦的系统结构图如图 3-16 所示。

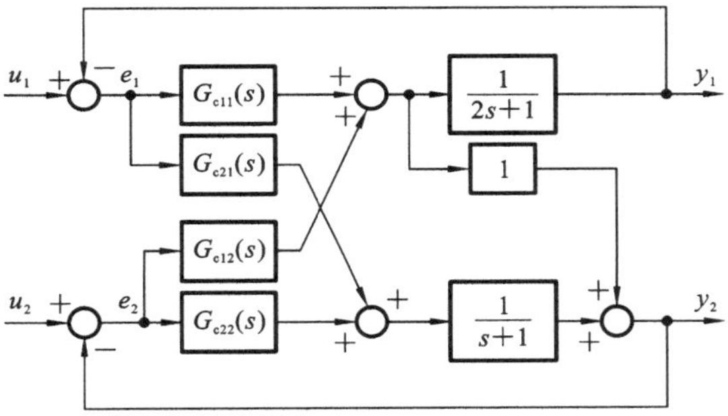

图 3-16 用串联补偿器实现解耦的系统结构图

② 前馈补偿器 $\boldsymbol{G}_d(s)$设计：由式(3-62)，有

$$\boldsymbol{G}_d(s)=\boldsymbol{\Phi}'^{-1}_0(s)\boldsymbol{\Phi}(s)=\begin{bmatrix}\frac{1}{2(s+1)} & 0\\ \frac{2s+1}{2(s+2)} & \frac{1}{s+2}\end{bmatrix}^{-1}\begin{bmatrix}\frac{1}{s+1} & 0\\ 0 & \frac{1}{5s+1}\end{bmatrix}$$

$$=\begin{bmatrix}2(s+1) & 0\\ -(2s+1)(s+1) & s+2\end{bmatrix}\begin{bmatrix}\frac{1}{s+1} & 0\\ 0 & \frac{1}{5s+1}\end{bmatrix}$$

$$=\begin{bmatrix}2 & 0\\ -(2s+1) & \frac{s+2}{5s+1}\end{bmatrix}\begin{bmatrix}G_{d11}(s) & G_{d12}(s)\\ G_{d21}(s) & G_{d22}(s)\end{bmatrix}$$

式中，$G_{dij}(s)$表示 $U_j(s)$至 $U'_i(s)(i,j=1,2)$通道的串联补偿器传递函数。

用前馈补偿器实现解耦的系统结构图见图 3-17。

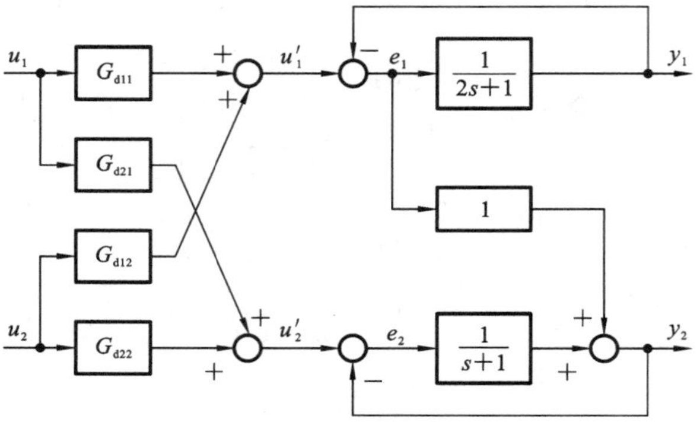

图 3-17 例 3-7 用前馈补偿器实现解耦的系统结构图

3.3 离散系统状态空间的解

离散系统的独特之处在于，它仅在特定的时间点上赋予变量特定的值，这些值仅在这些特定的时间点上被定义。状态空间的描述专注于在这些离散时间点上变量之间的相互依赖和变化路径，因此，这类系统被普遍定义为离散时间系统，简称为“离散系统”。这种系统不仅可以模拟实际的离散时间问题，例如社会经济或生态学问题，还可以作为连续系统的数字化模型。这种模型是为了适应数字计算机的计算或控制需求而人为地进行时间上的分割。线性离散系统的动态特性可以通过差分方程来构建，或者通过对连续动态方程进行离散化处理来获得。对于具有离散状态空间的系统，可以通过递推方法和 z 变换方法来进行分析和处理。

1. 由差分方程建立动态方程

在经典控制理论中离散系统通常用差分方程或脉冲传递函数来描述。单输入-单输出线性定常离散系统差分方程的一般形式为

$$\begin{aligned}&y(k+n)+a_{n-1}y(k+n-1)+\cdots+a_1y(k+1)+a_0y(k)\\&=b_nu(k+n)+b_{n-1}u(k+n-1)+\cdots+b_1u(k+1)+b_0u(k)\end{aligned}\tag{3-64}$$

式中：k 表示 kT 时刻；T 为采样周期；$y(k)$，$u(k)$分别为 kT 时刻的输出量和输入量；a_i，b_i($i=0,1,2,\cdots,n$，且 $a_n=1$)为表征系统特性的常系数。考虑初始条件为零时的 z 变换关系有

$$\boldsymbol{Z}[y(k)]=Y(z),\quad \boldsymbol{Z}[y(k+i)]=z^iY(z)$$

对式(3-64)两端取 z 变换并加以整理可得

$$\begin{aligned}G(z)&=\frac{Y(z)}{U(z)}=\frac{b_nz^n+b_{n-1}z^{n-1}+\cdots+b_1z+b_0}{z^n+a_{n-1}z^{n-1}+\cdots+a_1z+a_0}\\&=b_n+\frac{\beta_{n-1}z^{n-1}+\cdots+\beta_1z+\beta_0}{z^n+a_{n-1}z^{n-1}+\cdots+a_1z+a_0}=b_n+\frac{N(z)}{D(z)}\end{aligned}\tag{3-65}$$

$G(z)$称为脉冲传递函数，式(3-65)与式(3-15)在形式上相同，故连续系统动态方程的建立方法可用于离散系统。例如，在 $N(z)/D(z)$ 的串联分解中，引入中间变量 $Q(z)$ 则有

$$z^nQ(z)+a_{n-1}z^{n-1}Q(z)+\cdots+a_1zQ(z)+a_0Q(z)=U(z)$$

$$Y(z)=\beta_{n-1}z^{n-1}Q(z)+\cdots+\beta_1 zQ(z)+\beta_0 Q(z)$$

设

$$X_1(z)=Q(z)$$

$$X_2(z)=zQ(z)=zX_1(z)$$

$$\vdots$$

$$X_n(z)=z^{n-1}Q(z)=zX_{n-1}(z)$$

则

$$z^nQ(z)=-a_0X_1(z)-a_1X_2(z)-\cdots-a_{n-1}X_n(z)+U(z)$$

$$Y(z)=\beta_0X_1(z)+\beta_1X_2(z)+\cdots+\beta_{n-1}X_n(z)$$

利用 z 反变换关系

$$\boldsymbol{Z}^{-1}[X_i(z)]=x_i(k)$$

$$\boldsymbol{Z}^{-1}[zX_i(z)]=x_i(k+1)$$

可得动态方程为

$$x_1(k+1)=x_2(k)$$

$$x_2(k+1)=x_3(k)$$

$$\vdots$$

$$x_{n-1}(k+1)=x_n(k)$$

$$x_n(k+1)=-a_0x_1(k)-a_1x_2(k)-\cdots-a_{n-1}x_n(k)+u(k)$$

$$y(k)=\beta_0x_1(k)+\beta_1x_2(k)+\cdots+\beta_{n-1}x_n(k)$$

向量-矩阵形式为

$$\begin{bmatrix} x_1(k+1)\\ x_2(k+1)\\ \vdots\\ x_{n-1}(k+1)\\ x_n(k+1)\end{bmatrix}=\begin{bmatrix} 0 & 1 & 0 & \cdots & 0\\ 0 & 0 & 1 & \cdots & 0\\ \vdots & \vdots & \vdots & & \vdots\\ 0 & 0 & 0 & \cdots & 1\\ -a_0 & -a_1 & -a_2 & \cdots & -a_{n-1}\end{bmatrix}\begin{bmatrix} x_1(k)\\ x_2(k)\\ \vdots\\ x_{n-1}(k)\\ x_n(k)\end{bmatrix}+\begin{bmatrix}0\\0\\ \vdots\\0\\1\end{bmatrix}u(k) \tag{3-66a}$$

$$\boldsymbol{y}(k)=[\beta_0\quad \beta_1\quad \cdots\quad \beta_{n-1}]\boldsymbol{x}(k)+b_n\boldsymbol{u}(k) \tag{3-66b}$$

简记为

$$\boldsymbol{x}(k+1)=\boldsymbol{Gx}(k)+\boldsymbol{Hu}(k) \tag{3-67a}$$

$$\boldsymbol{y}(k)=\boldsymbol{Cx}(k)+\boldsymbol{Du}(k) \tag{3-67b}$$

式中：$\boldsymbol{G}$ 为友矩阵；$\boldsymbol{G}$,$\boldsymbol{H}$ 为能控标准型。可以看出，离散系统状态方程描述了 $(k+1)T$ 时刻的状态与 kT 时刻的状态及输入量之间的关系，其输出方程描述了 kT 时刻的输出量与 kT 时刻的状态及输入量之间的关系。

线性定常多输入多输出离散系统的动态方程为

$$\boldsymbol{x}(k+1)=\boldsymbol{Gx}(k)+\boldsymbol{Hu}(k) \tag{3-68a}$$

$$\boldsymbol{y}(k)=\boldsymbol{Cx}(k)+\boldsymbol{Du}(k) \tag{3-68b}$$

系统结构图如图 3-3 所示，图中 $\boldsymbol{I}/z$ 为单位延迟器，其输入为 $(k+1)T$ 时刻的状态，输出为延迟一个采样周期的 kT 时刻的状态。

2. 定常连续动态方程的离散化

已知定常连续系统状态方程 $\dot{\boldsymbol{x}}=\boldsymbol{Ax}+\boldsymbol{Bu}$ 在 $\boldsymbol{x}(t_0)$ 及 $\boldsymbol{u}(t)$ 作用下的解为

$$\boldsymbol{x}(t)=\boldsymbol{\Phi}(t-t_0)\boldsymbol{x}(t_0)+\int_{t_0}^{T}\boldsymbol{\Phi}(t-\tau)\boldsymbol{Bu}(\tau)\mathrm{d}\tau$$

令 $t_0=kT$，则 $\boldsymbol{x}(t_0)=\boldsymbol{x}(kT)=\boldsymbol{x}(k)$；令 $t=(k+1)T$，则 $\boldsymbol{x}(t)=\boldsymbol{x}[(k+1)T]=\boldsymbol{x}(k+1)$；

在 $t\in[k,k+1)$ 区间内,$\boldsymbol{u}(t)=\boldsymbol{u}(k)=$常数,于是其解化为

$$\boldsymbol{x}(k+1)=\boldsymbol{\Phi}[(k+1)T-kT]\boldsymbol{x}(k)+\int_{kT}^{(k+1)T}\boldsymbol{\Phi}[(k+1)T-\tau]\boldsymbol{B}\mathrm{d}\tau\cdot\boldsymbol{u}(k)$$

记

$$\boldsymbol{G}(T)=\int_{kT}^{(k+1)T}\boldsymbol{\Phi}[(k+1)T-\tau]\boldsymbol{B}\mathrm{d}\tau$$

为了便于计算 $\boldsymbol{G}(T)$,引入变量置换,令 $(k+1)T-\tau=\tau'$,则

$$\boldsymbol{G}(T)=\int_0^T\boldsymbol{Q}(\tau')\boldsymbol{B}\mathrm{d}\tau' \tag{3-69}$$

故离散化状态方程为

$$\boldsymbol{x}(k+1)=\boldsymbol{\Phi}(T)\boldsymbol{x}(k)+\boldsymbol{G}(T)\boldsymbol{u}(k) \tag{3-70}$$

式中,$\boldsymbol{\Phi}(T)$ 与连续系统状态转移矩阵 $\boldsymbol{\Phi}(t)$ 的关系为

$$\boldsymbol{\Phi}(T)=\boldsymbol{\Phi}(t)|_{t=T} \tag{3-71}$$

离散系统的输出方程仍为

$$\boldsymbol{y}(k)=\boldsymbol{C}\boldsymbol{x}(k)+\boldsymbol{D}\boldsymbol{u}(k)$$

3. 定常离散动态方程的解

求解离散动态方程的方法有递推法和 z 变换法,这里只介绍常用的递推法,令式(3-70)中的 $k=0,1,\cdots,k-1$,可得到 $T,2T,\cdots,kT$ 时刻的状态,即

$$\begin{aligned}
k=0:\boldsymbol{x}(1)&=\boldsymbol{\Phi}(T)\boldsymbol{x}(0)+\boldsymbol{G}(T)\boldsymbol{u}(0)\\
k=1:\boldsymbol{x}(2)&=\boldsymbol{\Phi}(T)\boldsymbol{x}(1)+\boldsymbol{G}(T)\boldsymbol{u}(1)\\
&=\boldsymbol{\Phi}^2(T)\boldsymbol{x}(0)+\boldsymbol{\Phi}(T)\boldsymbol{G}(T)\boldsymbol{u}(0)+\boldsymbol{G}(T)\boldsymbol{u}(1)\\
k=2:\boldsymbol{x}(3)&=\boldsymbol{\Phi}(T)\boldsymbol{x}(2)+\boldsymbol{G}(T)\boldsymbol{u}(2)\\
&=\boldsymbol{\Phi}^3(T)\boldsymbol{x}(0)+\boldsymbol{\Phi}^2(T)\boldsymbol{G}(T)\boldsymbol{u}(0)+\boldsymbol{\Phi}(T)\boldsymbol{G}(T)\boldsymbol{u}(1)+\boldsymbol{G}(T)\boldsymbol{u}(2)\\
&\vdots\\
k=k-1:\boldsymbol{x}(k)&=\boldsymbol{\Phi}(T)\boldsymbol{x}(k-1)+\boldsymbol{G}(T)\boldsymbol{u}(k-1)\\
&=\boldsymbol{\Phi}^k(T)\boldsymbol{x}(0)+\boldsymbol{\Phi}^{k-1}(T)\boldsymbol{G}(T)\boldsymbol{u}(0)+\boldsymbol{\Phi}^{k-2}(T)\boldsymbol{G}(T)\boldsymbol{u}(1)\\
&\quad+\cdots+\boldsymbol{\Phi}(T)\boldsymbol{G}(T)\boldsymbol{u}(k-2)+\boldsymbol{G}(T)\boldsymbol{u}(k-1)\\
&=\boldsymbol{\Phi}^k(T)\boldsymbol{x}(0)+\sum_{i=0}^{k-1}\boldsymbol{\Phi}^{k-1-i}(T)\boldsymbol{G}(T)\boldsymbol{u}(i)
\end{aligned} \tag{3-72}$$

式(3-72)为离散化状态方程的解,又称离散化状态转移方程。当 $\boldsymbol{u}(i)=0(i=0,1,\cdots,k-1)$ 时,有

$$\boldsymbol{x}(k)=\boldsymbol{\Phi}^k(T)\boldsymbol{x}(0)=\boldsymbol{\Phi}(kT)\boldsymbol{x}(0)=\boldsymbol{\Phi}(k)\boldsymbol{x}(0)$$

式中,$\boldsymbol{\Phi}(k)$ 称为离散系统动态转移矩阵。

输出方程为

$$\boldsymbol{y}(k)=\boldsymbol{C}\boldsymbol{x}(k)+\boldsymbol{D}\boldsymbol{u}(k)=\boldsymbol{C}\boldsymbol{\Phi}^k(T)\boldsymbol{x}(0)+\boldsymbol{C}\sum_{i=0}^{k-1}\boldsymbol{\Phi}^{k-1-i}(T)\boldsymbol{G}(T)\boldsymbol{u}(i)+\boldsymbol{D}\boldsymbol{u}(k) \tag{3-73}$$

对于离散动态方程式(3-68),采用递推法可得其解为

$$\boldsymbol{x}(k)=\boldsymbol{G}^k\boldsymbol{x}(0)+\sum_{i=0}^{k-1}\boldsymbol{G}^{k-1-i}\boldsymbol{H}\boldsymbol{u}(i) \tag{3-74}$$

$$\boldsymbol{y}(k)=\boldsymbol{C}\boldsymbol{G}^k\boldsymbol{x}(0)+\boldsymbol{C}\sum_{i=0}^{k-1}\boldsymbol{G}^{k-1-i}\boldsymbol{H}\boldsymbol{u}(i)+\boldsymbol{D}\boldsymbol{u}(k) \tag{3-75}$$

式中，$\boldsymbol{G}^k$表示 k 个 $\boldsymbol{G}$ 自乘。

例 3-8 已知连续时间系统的状态方程为

$$\dot{\boldsymbol{x}}=\begin{bmatrix}0 & 1\\ -2 & -3\end{bmatrix}\boldsymbol{x}+\begin{bmatrix}0\\ 1\end{bmatrix}\boldsymbol{u}$$

设 $T=1$，试求相应的离散时间状态方程。

解 由例 3-4 已知该连续系统的状态转移矩阵为

$$\boldsymbol{\Phi}(t)=\begin{bmatrix}2\mathrm{e}^{-t}-\mathrm{e}^{-2t} & \mathrm{e}^{-t}-\mathrm{e}^{-2t}\\ -2\mathrm{e}^{-t}+2\mathrm{e}^{-2t} & -\mathrm{e}^{-t}+2\mathrm{e}^{-2t}\end{bmatrix}$$

$$\boldsymbol{\Phi}(T)=\boldsymbol{\Phi}(t)\big|_{t=T=1}=\begin{bmatrix}0.6004 & 0.2325\\ -0.4651 & -0.0972\end{bmatrix}$$

$$\boldsymbol{G}(t)=\int_0^T\boldsymbol{\Phi}(\tau)\boldsymbol{B}\mathrm{d}\tau=\int_0^T\begin{bmatrix}\mathrm{e}^{-\tau}-\mathrm{e}^{-2\tau}\\ -\mathrm{e}^{-\tau}+2\mathrm{e}^{-2\tau}\end{bmatrix}\mathrm{d}\tau=\begin{bmatrix}\dfrac{1}{2}-\mathrm{e}^{-T}+\dfrac{1}{2}\mathrm{e}^{-2T}\\ \mathrm{e}^{-T}-\mathrm{e}^{-2T}\end{bmatrix}$$

$$\boldsymbol{G}(T)\big|_{T=1}=\begin{bmatrix}0.1998\\ 0.2325\end{bmatrix}$$

3.4 系统的能控能观性

在控制系统理论中，若一个系统允许其所有状态变量的动态变化完全受到输入信号的驱动，并且能够从任何初始状态通过输入信号的作用达到平衡点，这样的系统被称为具有完全能控性，或者更精确地表述为状态完全能控。简言之，我们称这样的系统为能控系统。与此相对，如果一个系统不能满足上述条件，即无法通过输入信号达到从任何初始状态到平衡点的转变，那么这样的系统则被认为是不完全能控的，或者简单地说，是不能控的。同样，对于观测性而言，如果一个系统的所有状态变量的运动形态都能够通过其输出信号得到完整的反映，那么这个系统就被认为是状态完全能观的，简称为能观系统。相反，如果系统的状态变量无法完全通过输出信号来观察，那么它就被认为是不完全能观的，或者简称为不能观。

3.4.1 线性定常连续系统的能控性判据

考虑线性定常连续系统的状态方程

$$\dot{\boldsymbol{x}}(t)=\boldsymbol{A}\boldsymbol{x}(t)+\boldsymbol{B}\boldsymbol{u}(t),\quad \boldsymbol{x}(0)=\boldsymbol{x}_0,t\geqslant 0 \tag{3-76}$$

式中：$\boldsymbol{x}$ 为 n 维状态向量；$\boldsymbol{u}$ 为 p 维输入向量；$\boldsymbol{A}$ 和 $\boldsymbol{B}$ 分别为 $n\times n$ 和 $n\times p$ 常值矩阵。下面根据 $\boldsymbol{A}$ 和 $\boldsymbol{B}$ 给出系统能控性的常用判据。

(1) 格拉姆矩阵判据：线性定常连续系统式(3-76)完全能控的充分必要条件是存在时刻 $t_1>0$，使如下定义的格拉姆矩阵：

$$\boldsymbol{W}(0,t_1)\triangleq\int_0^{t_1}\mathrm{e}^{-\boldsymbol{A}t}\boldsymbol{B}\boldsymbol{B}^{\mathrm{T}}\mathrm{e}^{-\boldsymbol{A}^{\mathrm{T}}t}\mathrm{d}t \tag{3-77}$$

为非奇异。

凯莱-哈密顿定理：设 n 阶矩阵 $\boldsymbol{A}$ 的特征多项式为

$$f(\lambda)=|\lambda\boldsymbol{I}-\boldsymbol{A}|=\lambda^n+a_{n-1}\lambda^{n-1}+\cdots+a_1\lambda+a_0 \tag{3-78}$$

则 $\boldsymbol{A}$ 满足其特征方程，即

$$f(\boldsymbol{A})=A^n+a_{n-1}A^{n-1}+\cdots+a_1A+a_0\boldsymbol{I}=0 \tag{3-79}$$

推论 1 矩阵 $\boldsymbol{A}$ 的 $k(k\geqslant n)$ 次幂可表示为 $\boldsymbol{A}$ 的 $n-1$ 阶多项式

$$\boldsymbol{A}^k=\sum_{m=0}^{n-1}\alpha_m\boldsymbol{A}^m,\quad k\geqslant n \tag{3-80}$$

上述推论成立。式(3-80)中的 α_m 与 $\boldsymbol{A}$ 阵的元素有关。此推论可用以简化矩阵幂的计算。

推论 2 矩阵指数 $\mathrm{e}^{\boldsymbol{A}t}$ 可表示为 $\boldsymbol{A}$ 的 $n-1$ 阶多项式

$$\mathrm{e}^{\boldsymbol{A}t}=\sum_{m=0}^{n-1}\alpha_{\mathrm{m}}(t)\boldsymbol{A}^m \tag{3-81}$$

(2) 秩判据：线性定常连续系统(3-76)完全能控的充分必要条件是

$$\operatorname{rank}[\boldsymbol{B}\quad \boldsymbol{AB}\quad \cdots\quad \boldsymbol{A}^{n-1}\boldsymbol{B}]=n \tag{3-82}$$

其中，n 为矩阵 $\boldsymbol{A}$ 的维数；$\boldsymbol{S}=[\boldsymbol{B}\quad \boldsymbol{AB}\quad \cdots\quad \boldsymbol{A}^{n-1}\boldsymbol{B}]$称为系统的能控性判别阵。

(3) PBH 秩判据：线性定常连续系统(3-76)完全能控的充分必要条件是，对矩阵 $\boldsymbol{A}$ 的所有特征值 $\lambda_i(i=1,2,\cdots,n)$，有

$$\operatorname{rank}[\lambda_i\boldsymbol{I}-\boldsymbol{A}\quad \boldsymbol{B}]=n,\quad i=1,2,\cdots,n \tag{3-83}$$

均成立，或等价地表示为

$$\operatorname{rank}[s\boldsymbol{I}-\boldsymbol{A}\quad \boldsymbol{B}]=n,\quad \forall s\in C \tag{3-84}$$

例 3-9 已知线性定常连续系统的状态方程为

$$\dot{\boldsymbol{x}}=\begin{bmatrix}0&1&0&0\\0&0&-1&0\\0&0&0&1\\0&0&5&0\end{bmatrix}\boldsymbol{x}+\begin{bmatrix}0&1\\1&0\\0&1\\-2&0\end{bmatrix}\boldsymbol{u},\quad n=4$$

试判别系统的能控性。

解 根据状态方程可写出

$$[s\boldsymbol{I}-\boldsymbol{A}\quad \boldsymbol{B}]=\begin{bmatrix}s&-1&0&0&0&1\\0&s&1&0&1&0\\0&0&s&-1&0&1\\0&0&-5&s&-2&0\end{bmatrix}$$

考虑到 $\boldsymbol{A}$ 的特征值为 $\lambda_1=\lambda_2=0,\lambda_3=\sqrt{5},\lambda_4=-\sqrt{5}$，所以只需用它们来检验上述矩阵的秩。通过计算可知，当 $s=\lambda_1=\lambda_2=0$ 时，有

$$\operatorname{rank}[s\boldsymbol{I}-\boldsymbol{A}\quad \boldsymbol{B}]=\operatorname{rank}\begin{bmatrix}-1&0&0&0\\0&1&0&1\\0&0&-1&0\\0&-5&0&-2\end{bmatrix}=4$$

当 $s=\lambda_3=\sqrt{5}$时，有

$$\operatorname{rank}[s\boldsymbol{I}-\boldsymbol{A}\quad \boldsymbol{B}]=\operatorname{rank}\begin{bmatrix}\sqrt{5}&-1&0&1\\0&\sqrt{5}&1&0\\0&0&0&1\\0&0&-2&0\end{bmatrix}=4$$

当 $s=\lambda_4=-\sqrt{5}$时，有

$$\operatorname{rank}[s\boldsymbol{I}-\boldsymbol{A}\quad \boldsymbol{B}]=\operatorname{rank}\begin{bmatrix}-\sqrt{5} & -1 & 0 & 1\\ 0 & -\sqrt{5} & 1 & 0\\ 0 & 0 & 0 & 1\\ 0 & 0 & -2 & 0\end{bmatrix}=4$$

计算结果表明，充分必要条件式(3-83)成立，故系统完全能控。

(4) 对角线规范型判据：若线性定常连续系统(3-76)矩阵 $\boldsymbol{A}$ 的特征值 $\lambda_1,\lambda_2,\cdots,\lambda_n$ 两两相异，由线性变换式(3-76)可变为对角线规范型

$$\dot{\bar{\boldsymbol{x}}}=\begin{bmatrix}\lambda_1 & & & 0\\ & \lambda_2 & & \\ & & \ddots & \\ 0 & & & \lambda_n\end{bmatrix}\boldsymbol{x}+\bar{\boldsymbol{B}}\boldsymbol{u} \tag{3-85}$$

则系统(3-76)完全能控的充分必要条件是，在式(3-85)中，$\bar{\boldsymbol{B}}$ 不包含元素全为零的行。

3.4.2 输出能控性

如果系统需要控制的是输出量而不是状态，则需研究系统的输出能控性。

输出能控性：若在有限时间间隔$[t_0,t_1]$内，存在无约束分段连续控制函数 $u(t),t\in[t_0,t_1]$，能使任意初始输出 $y(t_0)$转移到任意最终输出 $y(t_1)$，则称此系统输出完全能控，简称输出能控。

输出能控性判据：设线性定常连续系统的状态方程和输出方程为

$$\dot{\boldsymbol{x}}=\boldsymbol{A}\boldsymbol{x}+\boldsymbol{B}\boldsymbol{u},\quad \boldsymbol{x}(0)=\boldsymbol{x}_0,\quad t\in[0,t_1] \tag{3-86}$$

$$\boldsymbol{y}=\boldsymbol{C}\boldsymbol{x}+\boldsymbol{D}\boldsymbol{u} \tag{3-87}$$

式中：$\boldsymbol{u}$ 为 p 维输入向量；$\boldsymbol{y}$ 为 q 维输出向量；$\boldsymbol{x}$ 为 n 维状态向量。状态方程(3-86)的解为

$$\boldsymbol{x}(t_1)=\mathrm{e}^{\boldsymbol{A}t_1}\boldsymbol{x}_0+\int_0^{t_1}\mathrm{e}^{\boldsymbol{A}(t_1-t)}\boldsymbol{B}\boldsymbol{u}(t)\mathrm{d}t$$

则输出为

$$\boldsymbol{y}(t_1)=\boldsymbol{C}\mathrm{e}^{\boldsymbol{A}t_1}\boldsymbol{x}_0+\boldsymbol{C}\int_0^{t_1}\mathrm{e}^{\boldsymbol{A}(t_1-t)}\boldsymbol{B}\boldsymbol{u}(t)\mathrm{d}t+\boldsymbol{D}\boldsymbol{u}(t_1) \tag{3-88}$$

不失一般性，令 $\boldsymbol{y}(t_1)=0$，并应用凯莱-哈密顿定理的推论 2 有

$$\begin{aligned}\boldsymbol{C}\mathrm{e}^{\boldsymbol{A}t_1}x_0&=-\boldsymbol{C}\int_0^{t_1}\mathrm{e}^{\boldsymbol{A}(t_1-t)}\boldsymbol{B}\boldsymbol{u}(t)\mathrm{d}t-\boldsymbol{D}\boldsymbol{u}(t_1)=-\boldsymbol{C}\int_0^{t_1}\sum_{m=0}^{n-1}\alpha_\mathrm{m}(t)\boldsymbol{A}^m\boldsymbol{B}\boldsymbol{u}(t)\mathrm{d}t-\boldsymbol{D}\boldsymbol{u}(t_1)\\&=-\boldsymbol{C}\sum_{m=0}^{n-1}\boldsymbol{A}^m\boldsymbol{B}\int_0^{t_1}\alpha_\mathrm{m}(t)\boldsymbol{u}(t)\mathrm{d}t-\boldsymbol{D}\boldsymbol{u}(t_1)\end{aligned}$$

令 $\boldsymbol{u}_m(t_1)=\int_0^{t_1}\alpha_\mathrm{m}(t)\boldsymbol{u}(t)\mathrm{d}t$，则

$$\begin{aligned}\boldsymbol{C}\mathrm{e}^{\boldsymbol{A}t_1}\boldsymbol{x}_0&=-\boldsymbol{C}\sum_{m=0}^{n-1}\boldsymbol{A}^m\boldsymbol{B}\boldsymbol{u}_m(t)-\boldsymbol{D}\boldsymbol{u}(t_1)=-\boldsymbol{C}\boldsymbol{B}\boldsymbol{u}_0(t_1)\\&=\boldsymbol{C}\boldsymbol{A}\boldsymbol{B}\boldsymbol{u}_1(t_1)-\cdots-\boldsymbol{C}\boldsymbol{A}^{n-1}\boldsymbol{B}\boldsymbol{u}_{n-1}(t_1)-\boldsymbol{D}\boldsymbol{u}(t_1)\\&=-[\boldsymbol{C}\boldsymbol{B}\quad \boldsymbol{C}\boldsymbol{A}\boldsymbol{B}\quad\cdots\quad \boldsymbol{C}\boldsymbol{A}^{n-1}\boldsymbol{B}\quad \boldsymbol{D}]\begin{bmatrix}\boldsymbol{u}_0(t_1)\\ \boldsymbol{u}_1(t_1)\\ \vdots\\ \boldsymbol{u}_{n-1}(t_1)\\ \boldsymbol{u}(t_1)\end{bmatrix}\end{aligned} \tag{3-89}$$

令
$$S_0=[CB \quad CAB \quad \cdots \quad CA^{n-1}B \quad D] \tag{3-90}$$
S_0 为 $q\times(n+1)p$ 矩阵，称为输出能控性矩阵。输出能控的充分必要条件是，输出能控性矩阵的秩等于输出向量的维数 q，即
$$\text{rank } S_0=q \tag{3-91}$$
需要注意的是，状态能控性与输出能控性是两个不同的概念，二者无必然联系。

例 3-10 已知系统的状态方程和输出方程为
$$\dot{x}=\begin{bmatrix}0 & 1\\ -1 & -2\end{bmatrix}x+\begin{bmatrix}1\\ -1\end{bmatrix}u$$
$$y=[1 \quad 0]x$$
试判断系统的状态能控性和输出能控性。

解 系统的状态能控性矩阵为
$$S=[b \quad Ab]=\begin{bmatrix}1 & -1\\ -1 & 1\end{bmatrix}$$
$|S|=0$，rank $S<2$，故状态不完全能控。

输出能控性矩阵为
$$S_0=[cb \quad cAb \quad d]=[1 \quad -1 \quad 0]$$
rank $S_0=1=q$，故输出能控。

3.4.3 线性定常连续系统的能观性判据

考虑输入 $u=0$ 时系统的状态方程和输出方程
$$\dot{x}=Ax, \quad x(0)=x_0, \quad t\geqslant 0, \quad y=Cx \tag{3-92}$$
式中，x 为 n 维状态向量；y 为 q 维输出向量；A 和 C 分别为 $n\times n$ 和 $q\times n$ 的常值矩阵。

(1) 格拉姆矩阵判据：线性定常连续系统(3-92)完全能观的充分必要条件是，存在有限时刻 $t_1>0$，使如下定义的格拉姆矩阵：
$$M(0,t)\triangleq\int_0^{t_1} e^{A^{T}t}C^{T}Ce^{At}\,dt \tag{3-93}$$
为非奇异。

(2) 秩判据：线性定常连续系统(3-92)完全能观的充分必要条件是
$$\text{rank}V=\text{rank}\begin{bmatrix}C\\ CA\\ \vdots\\ CA^{n-1}\end{bmatrix}=n \tag{3-94}$$
或
$$\text{rank}V=\text{rand}[C^{T} \quad A^{T}C^{T} \quad (A^{T})^{2}C^{T} \quad \cdots \quad (A^{T})^{n-1}C^{T}]=n \tag{3-95}$$
式(3-94)和式(3-95)中的矩阵均称为系统能观性判别阵，简称能观性阵。

例 3-11 判断下列两个系统的能观性。
$$\dot{x}=Ax+Bu, \quad y=Cx$$

(1) $A=\begin{bmatrix}-2 & 0\\ 0 & -1\end{bmatrix}$，$b=\begin{bmatrix}3\\ 1\end{bmatrix}$，$c=[1 \quad 0]$；

(2) $A=\begin{bmatrix}1 & -1\\ 1 & 1\end{bmatrix}$，$B=\begin{bmatrix}2 & -1\\ 1 & 0\end{bmatrix}$，$C=\begin{bmatrix}1 & 0\\ -1 & 1\end{bmatrix}$。

解 (1) $\text{rank}\boldsymbol{V}=\text{rank}[\boldsymbol{c}^{\mathrm{T}}\quad \boldsymbol{A}^{\mathrm{T}}\boldsymbol{c}^{\mathrm{T}}]=\text{rank}\begin{bmatrix}1 & -2\\0 & 0\end{bmatrix}=1<n=2$,故系统不能观。

(2) $\text{rank}\boldsymbol{V}=\text{rank}[\boldsymbol{C}^{\mathrm{T}}\quad \boldsymbol{A}^{\mathrm{T}}\boldsymbol{C}^{\mathrm{T}}]=\text{rank}\begin{bmatrix}1 & -1 & 1 & 0\\0 & 1 & -1 & 2\end{bmatrix}=2=n$,故系统能观。

PBH 秩判据:线性定常连续系统(3-92)完全能观的充分必要条件是,对矩阵 $\boldsymbol{A}$ 的所有特征值 $\lambda_i(i=1,2,\cdots,n)$,均有

$$\text{rank}\begin{bmatrix}\boldsymbol{C}\\ \lambda_i\boldsymbol{I}-\boldsymbol{A}\end{bmatrix}=n;\quad i=1,2,\cdots,n \tag{3-96}$$

或等价地表示为

$$\text{rank}\begin{bmatrix}\boldsymbol{C}\\ s\boldsymbol{I}-\boldsymbol{A}\end{bmatrix}=n;\quad \forall s\in \boldsymbol{C} \tag{3-97}$$

对角线规范型判据:线性定常连续系统(3-92)完全能观的充分必要条件如下。

当矩阵 $\boldsymbol{A}$ 的特征值 $\lambda_1,\lambda_2,\cdots,\lambda_n$ 两两相异时,由式(3-92)线性变换导出的对角线规范型为

$$\dot{\bar{\boldsymbol{x}}}=\begin{bmatrix}\lambda_1 & & & 0\\ & \lambda_2 & & \\ & & \ddots & \\ 0 & & & \lambda_n\end{bmatrix}\bar{\boldsymbol{x}},\quad \boldsymbol{y}=\bar{\boldsymbol{C}}\bar{\boldsymbol{x}} \tag{3-98}$$

式中,$\bar{\boldsymbol{C}}$ 不包含元素全为零的列。

例 3-12 已知线性定常连续系统的对角线规范型为

$$\dot{\bar{\boldsymbol{x}}}=\begin{bmatrix}8 & 0 & 0\\0 & -1 & 0\\0 & 0 & 2\end{bmatrix}\bar{\boldsymbol{x}},\quad \bar{\boldsymbol{y}}=\begin{bmatrix}1 & 0 & 0\\0 & 2 & 3\end{bmatrix}$$

试判定系统的能观性。

解 显然,此规范型中 $\bar{\boldsymbol{C}}$ 不包含元素全为零的列,故系统为完全能观。

3.4.4 线性定常系统的线性变换与系统结构分解

为便于对系统进行分析和综合设计,经常需要对系统进行各种非奇异变换,例如将 $\boldsymbol{A}$ 阵对角化、约当化、将$\{\boldsymbol{A},\boldsymbol{b}\}$化为能控标准型,将$\{\boldsymbol{A},\boldsymbol{c}\}$化为能观标准型等。

1. 状态空间表达式的线性变换

在研究线性定常连续系统状态空间表达式的建立方法时可以看到,选取不同的状态变量便有不同形式的动态方程。若两组状态变量之间用一个非奇异矩阵联系着,则两组动态方程的系数矩阵与该非奇异矩阵有确定关系。

设系统动态方程为

$$\dot{\boldsymbol{x}}=\boldsymbol{A}\boldsymbol{x}+\boldsymbol{b}u,\quad y=\boldsymbol{c}\boldsymbol{x} \tag{3-99}$$

令

$$\boldsymbol{x}=\boldsymbol{P}\bar{\boldsymbol{x}} \tag{3-100}$$

式中,$\boldsymbol{P}$ 为非奇异线性变换矩阵,它将 $\boldsymbol{x}$ 变换为 $\bar{\boldsymbol{x}}$,变换后的动态方程为

$$\dot{\bar{\boldsymbol{x}}}=\bar{\boldsymbol{A}}\bar{\boldsymbol{x}}+\bar{\boldsymbol{b}}u,\quad \bar{y}=\bar{\boldsymbol{c}}\bar{\boldsymbol{x}}=y \tag{3-101}$$

式中

$$\bar{\boldsymbol{A}}=\boldsymbol{P}^{-1}\boldsymbol{A}\boldsymbol{P},\quad \bar{\boldsymbol{b}}=\boldsymbol{P}^{-1}\boldsymbol{b},\quad \bar{\boldsymbol{c}}=\boldsymbol{c}\boldsymbol{P} \tag{3-102}$$

并称为对系统进行 $\boldsymbol{P}$ 变换。对系统进行线性变换的目的在于使 $\bar{\boldsymbol{A}}$ 阵规范化，以便揭示系统特性及分析计算，并不会改变系统的原有性质，故称为等价变换。待获得所需结果之后，再引入反变换关系 $\bar{\boldsymbol{x}}=\boldsymbol{P}^{-1}\boldsymbol{x}$，换算回原来的状态空间中去，得出最终结果。

下面概括给出本章常用的几种线性变换关系。

1）化 $\boldsymbol{A}$ 阵为对角型

（1）设 $\boldsymbol{A}$ 阵为任意形式的方阵，且有 n 个互异实数特征值 $\lambda_1,\lambda_2,\cdots,\lambda_n$，则可由非奇异线性变换化为对角阵 $\boldsymbol{\Lambda}$，有

$$\boldsymbol{\Lambda}=\boldsymbol{P}^{-1}\boldsymbol{A}\boldsymbol{P}=\begin{bmatrix}\lambda_1 & & & 0\\ & \lambda_2 & & \\ & & \ddots & \\ 0 & & & \lambda_n\end{bmatrix} \tag{3-103}$$

$\boldsymbol{P}$ 阵由 $\boldsymbol{A}$ 阵的实数特征向量 $\boldsymbol{p}_i(i=1,2,\cdots,n)$ 组成

$$\boldsymbol{P}=[\boldsymbol{p}_1\quad \boldsymbol{p}_2\quad \cdots\quad \boldsymbol{p}_n] \tag{3-104}$$

特征向量满足

$$\boldsymbol{A}\boldsymbol{p}_i=\lambda_i\boldsymbol{p}_i,\quad i=1,2,\cdots,n \tag{3-105}$$

（2）若 $\boldsymbol{A}$ 阵为友矩阵，且有 n 个互异实数特征值 $\lambda_1,\lambda_2,\cdots,\lambda_n$，则用范德蒙德(Vandermonde)矩阵 $\boldsymbol{p}$ 可使 $\boldsymbol{A}$ 对角化。

2）化 $\boldsymbol{A}$ 阵为约当型

设 $\boldsymbol{A}$ 阵具有 m 重实特征值 λ_1，其余为 $n-m$ 个互异实特征值，但在求解 $\boldsymbol{A}\boldsymbol{p}_i=\lambda_1\boldsymbol{p}_i$ 时只有一个独立实特征向量 $\boldsymbol{p}_i$，则只能使 $\boldsymbol{A}$ 化为约当阵 $\boldsymbol{J}$。

$$\boldsymbol{J}=\boldsymbol{P}^{-1}\boldsymbol{A}\boldsymbol{P}=\left[\begin{array}{cccc:ccc}\lambda_1 & 1 & & & & & \\ & \lambda_2 & \ddots & & & & \\ & & \ddots & 1 & & & \\ & & & \lambda_m & & & \\ \hdashline & & & & \lambda_{m+1} & & \\ & 0 & & & & \ddots & \\ & & & & & & \lambda_n\end{array}\right] \tag{3-106}$$

$\boldsymbol{J}$ 中虚线表示存在一个约当块。

$$\boldsymbol{P}=[\boldsymbol{p}_1\quad \boldsymbol{p}_2\quad \cdots\quad \boldsymbol{p}_m\,|\,\boldsymbol{p}_{m+1}\quad \cdots\quad \boldsymbol{p}_n] \tag{3-107}$$

式中，$\boldsymbol{p}_2,\boldsymbol{p}_3,\cdots,\boldsymbol{p}_m$ 是广义实特征向量，满足

$$[\boldsymbol{p}_1\quad \boldsymbol{p}_2\quad \cdots\quad \boldsymbol{p}_m]\begin{bmatrix}\lambda_1 & 1 & & 0\\ & \lambda_2 & \ddots & \\ & & \ddots & 1\\ 0 & & & \lambda_n\end{bmatrix}\boldsymbol{A}[\boldsymbol{p}_1\quad \boldsymbol{p}_2\quad \cdots\quad \boldsymbol{p}_m] \tag{3-108}$$

$\boldsymbol{P}_{m+1},\cdots,\boldsymbol{P}_n$ 是互异特征值对应的实特征向量。

3）化能控系统为能控标准型

在前面研究状态空间表达式的建立问题时，曾得出单输入线性定常系统状态方程的能控标准型：

$$\begin{bmatrix} \dot{x}_1 \\ \dot{x}_2 \\ \vdots \\ \dot{x}_{n-1} \\ \dot{x}_n \end{bmatrix} = \begin{bmatrix} 0 & 1 & 0 & \cdots & 0 \\ 0 & 0 & 1 & \cdots & 0 \\ \vdots & \vdots & \vdots & & \vdots \\ 0 & 0 & 0 & \cdots & 1 \\ -a_0 & -a_1 & -a_2 & \cdots & -a_{n-1} \end{bmatrix} \begin{bmatrix} x_1 \\ x_2 \\ \vdots \\ x_{n-1} \\ x_n \end{bmatrix} + \begin{bmatrix} 0 \\ 0 \\ \vdots \\ 0 \\ 1 \end{bmatrix} \boldsymbol{u} \tag{3-109}$$

其能控性矩阵 $\boldsymbol{S}$ 形如

$$\boldsymbol{S} = [\boldsymbol{b} \quad \boldsymbol{A}\boldsymbol{b} \quad \cdots \quad \boldsymbol{A}^{n-1}\boldsymbol{b}] = \begin{bmatrix} 0 & 0 & 0 & \cdots & 0 & 1 \\ 0 & 0 & 0 & \cdots & 1 & -a_{n-1} \\ \vdots & \vdots & \vdots & & \vdots & \vdots \\ 0 & 0 & 1 & \cdots & \times & \times \\ 0 & 1 & -a_{n-1} & \cdots & \times & \times \\ 1 & -a_{n-1} & -a_{n-2} & \cdots & \times & \times \end{bmatrix} \tag{3-110}$$

与该状态方程对应的能控性矩阵 $\boldsymbol{S}$ 是一个右下三角阵，其主对角线元素均为 1，故 $\det(\boldsymbol{S}) \neq 0$，系统一定能控，这就是形如式(3-109)中的 $\boldsymbol{A}, \boldsymbol{b}$ 被称为能控标准型名称的由来。

一个能控系统，当 $\boldsymbol{A}, \boldsymbol{b}$ 不具有能控标准型时，一定可以选择适当的变换化为能控标准型。设系统状态方程为

$$\dot{\boldsymbol{x}} = \boldsymbol{A}\boldsymbol{x} + \boldsymbol{b}\boldsymbol{u} \tag{3-111}$$

进行 $\boldsymbol{P}^{-1}$ 变换，即令

$$\boldsymbol{x} = \boldsymbol{P}^{-1}\boldsymbol{z} \tag{3-112}$$

变换为

$$\dot{\boldsymbol{z}} = \boldsymbol{P}\boldsymbol{A}\boldsymbol{P}^{-1}\boldsymbol{z} + \boldsymbol{P}\boldsymbol{b}\boldsymbol{u} \tag{3-113}$$

要求

$$\boldsymbol{P}\boldsymbol{A}\boldsymbol{P}^{-1} = \begin{bmatrix} 0 & 1 & 0 & \cdots & 0 \\ 0 & 0 & 1 & \cdots & 0 \\ \vdots & \vdots & \vdots & & \vdots \\ 0 & 0 & 0 & \cdots & 1 \\ -a_0 & -a_1 & -a_2 & \cdots & -a_{n-1} \end{bmatrix}, \quad \boldsymbol{P}\boldsymbol{b} = \begin{bmatrix} 0 \\ 0 \\ \vdots \\ 0 \\ 1 \end{bmatrix} \tag{3-114}$$

下面具体推导变换矩阵 $\boldsymbol{P}$。设变换矩阵 $\boldsymbol{P}$ 为

$$\boldsymbol{P} = [\boldsymbol{p}_1^{\mathrm{T}} \quad \boldsymbol{p}_2^{\mathrm{T}} \quad \cdots \quad \boldsymbol{p}_n^{\mathrm{T}}]^{\mathrm{T}} \tag{3-115}$$

根据 $\boldsymbol{A}$ 阵变换要求，$\boldsymbol{P}$ 应满足式(3-114)，有

$$\begin{bmatrix} \boldsymbol{p}_1 \\ \boldsymbol{p}_2 \\ \vdots \\ \boldsymbol{p}_{n-1} \\ \boldsymbol{p}_n \end{bmatrix} \boldsymbol{A} = \begin{bmatrix} 0 & 1 & 0 & \cdots & 0 \\ 0 & 0 & 1 & \cdots & 0 \\ \vdots & \vdots & \vdots & & \vdots \\ 0 & 0 & 0 & \cdots & 1 \\ -a_0 & -a_1 & -a_2 & \cdots & -a_{n-1} \end{bmatrix} \begin{bmatrix} \boldsymbol{p}_1 \\ \boldsymbol{p}_2 \\ \vdots \\ \boldsymbol{p}_{n-1} \\ \boldsymbol{p}_n \end{bmatrix} \tag{3-116}$$

展开经整理得变换矩阵

$$\boldsymbol{P} = \begin{bmatrix} \boldsymbol{p}_1 \\ \boldsymbol{p}_1\boldsymbol{A} \\ \vdots \\ \boldsymbol{p}_1\boldsymbol{A}^{n-1} \end{bmatrix} \tag{3-117}$$

又根据 $\boldsymbol{b}$ 阵变换要求，$\boldsymbol{P}$ 应满足式(3-114)，有

$$\boldsymbol{Pb}=\begin{bmatrix}\boldsymbol{p}_1\\\boldsymbol{p}_1\boldsymbol{A}\\\vdots\\\boldsymbol{p}_1\boldsymbol{A}^{n-1}\end{bmatrix}\boldsymbol{b}=\boldsymbol{p}_1\begin{bmatrix}\boldsymbol{b}\\\boldsymbol{Ab}\\\vdots\\\boldsymbol{A}^{n-1}\boldsymbol{b}\end{bmatrix}=\begin{bmatrix}0\\\vdots\\0\\1\end{bmatrix}\tag{3-118}$$

即
$$\boldsymbol{p}_1[\boldsymbol{b}\quad\boldsymbol{Ab}\quad\cdots\quad\boldsymbol{A}^{n-1}\boldsymbol{b}]=[0\quad\cdots\quad 0\quad 1]\tag{3-119}$$

故
$$\boldsymbol{p}_1=[0\quad\cdots\quad 0\quad 1][\boldsymbol{b}\quad\boldsymbol{Ab}\quad\cdots\quad\boldsymbol{A}^{n-1}\boldsymbol{b}]\tag{3-120}$$

该式表明 $\boldsymbol{p}_1$ 是能控性矩阵的逆矩阵的最后一行，于是可得出变换矩阵 $\boldsymbol{p}^{-1}$ 的求法如下。

(1) 计算能控性矩阵 $\boldsymbol{S}=[\boldsymbol{b}\quad\boldsymbol{Ab}\quad\cdots\quad\boldsymbol{A}^{n-1}\boldsymbol{b}]$；

(2) 计算能控性矩阵的逆阵 $\boldsymbol{S}^{-1}$，设一般形式为

$$\boldsymbol{S}^{-1}=\begin{bmatrix}S_{11}&S_{12}&\cdots&S_{1n}\\S_{21}&S_{22}&\cdots&S_{2n}\\\vdots&\vdots&&\vdots\\S_{n1}&S_{n2}&\cdots&S_{nn}\end{bmatrix}$$

(3) 取出 $\boldsymbol{S}^{-1}$ 的最后一行(即第 n 行)构成 $\boldsymbol{p}_1$ 行向量

$$\boldsymbol{p}_1=[S_{n1}\quad S_{n2}\quad\cdots\quad S_{nn}]$$

(4) 构造 $\boldsymbol{P}$ 阵

$$\boldsymbol{P}=\begin{bmatrix}\boldsymbol{p}_1\\\boldsymbol{p}_1\boldsymbol{A}\\\vdots\\\boldsymbol{p}_1\boldsymbol{A}^{n-1}\end{bmatrix}$$

(5) $\boldsymbol{P}^{-1}$ 便是将非标准型能控系统化为能控标准型的变换矩阵。

2. 对偶原理

在研究系统的能控性和能观性时，利用对偶原理常常带来许多方便。

系统的能控性判别矩阵与对偶系统 Σ_2 的能观性矩阵完全相同；系统 Σ_1 的能观性矩阵与对偶系统 Σ_2 的能控性判别矩阵完全相同。

利用对偶性原理，我们可以将一个能观的单输入单输出系统的问题转化为其对偶系统的能控性问题。虽然对偶系统本身是能控的，但它并不一定处于能控标准型。我们可以通过应用将系统转换为能控标准型的方法和步骤，先对对偶系统进行转换。之后，再次应用对偶性原理，就可以得到原系统对应的能观标准型。以下是实现这一转换的计算步骤。

(1) 列出对偶系统的能控性矩阵(即原系统的能观性矩阵 $\boldsymbol{V}_1$)

$$\bar{\boldsymbol{S}}_2=\boldsymbol{V}_1=[\boldsymbol{c}^{\mathrm{T}}\quad\boldsymbol{A}^{\mathrm{T}}\boldsymbol{c}^{\mathrm{T}}\quad\cdots\quad(\boldsymbol{A}^{\mathrm{T}})^{n-1}\boldsymbol{c}^{\mathrm{T}}]$$

(2) 求 $\boldsymbol{V}_1$ 的逆阵 $\boldsymbol{V}_1^{-1}$，且记为行向量组

$$\boldsymbol{V}_1^{-1}=\begin{bmatrix}\boldsymbol{v}_1^{\mathrm{T}}\\\boldsymbol{v}_2^{\mathrm{T}}\\\vdots\\\boldsymbol{v}_n^{\mathrm{T}}\end{bmatrix}$$

(3) 取 $\boldsymbol{V}_1^{-1}$ 的第 n 行 $\boldsymbol{v}_n^{\mathrm{T}}$，并按下列规则构造变换矩阵 $\boldsymbol{P}$：

$$\boldsymbol{P}=\begin{bmatrix}\boldsymbol{v}_n^{\mathrm{T}}\\ \boldsymbol{v}_n^{\mathrm{T}}\boldsymbol{A}^{\mathrm{T}}\\ \vdots\\ \boldsymbol{v}_n^{\mathrm{T}}(\boldsymbol{A}^{\mathrm{T}})^{n-1}\end{bmatrix}$$

(4) 求 $\boldsymbol{P}$ 的逆阵 $\boldsymbol{P}^{-1}$，并引入 $\boldsymbol{P}^{-1}$ 变换，即 $\boldsymbol{z}=\boldsymbol{P}^{-1}\bar{\boldsymbol{z}}$，变换后动态方程为

$$\dot{\bar{\boldsymbol{z}}}=\boldsymbol{P}\boldsymbol{A}^{\mathrm{T}}\boldsymbol{P}^{-1}\bar{\boldsymbol{z}}+\boldsymbol{P}\boldsymbol{c}^{\mathrm{T}}\boldsymbol{v},\quad \bar{\boldsymbol{w}}=\boldsymbol{b}^{\mathrm{T}}\boldsymbol{P}^{-1}\bar{\boldsymbol{z}}$$

(5) 对对偶系统再利用对偶原理，便可获得原系统的能观标准型，结果为

$$\dot{\bar{\boldsymbol{x}}}=(\boldsymbol{P}\boldsymbol{A}^{\mathrm{T}}\boldsymbol{P}^{-1})^{\mathrm{T}}\bar{\boldsymbol{x}}+(\boldsymbol{b}^{\mathrm{T}}\boldsymbol{P}^{-1})^{\mathrm{T}}\boldsymbol{u}=\boldsymbol{P}^{-T}\boldsymbol{A}\boldsymbol{P}^{\mathrm{T}}\bar{\boldsymbol{x}}+\boldsymbol{P}^{-T}\boldsymbol{b}\boldsymbol{u}$$
$$\bar{\boldsymbol{y}}=(\boldsymbol{P}\boldsymbol{c}^{\mathrm{T}})^{\mathrm{T}}\bar{\boldsymbol{x}}=\boldsymbol{c}\boldsymbol{P}^{\mathrm{T}}\bar{\boldsymbol{x}}$$

与原系统动态方程相比较，可知将原系统化为可观测标准型需要进行 $\boldsymbol{P}^{\mathrm{T}}$ 变换，即令

$$\boldsymbol{x}=\boldsymbol{P}^{\mathrm{T}}\bar{\boldsymbol{x}} \tag{3-121}$$

其中

$$\boldsymbol{P}^{\mathrm{T}}=[\boldsymbol{v}_n\quad \boldsymbol{A}\boldsymbol{v}_n\quad \cdots\quad \boldsymbol{A}^{n-1}\boldsymbol{v}_n] \tag{3-122}$$

$\boldsymbol{v}_n$ 为原系统能观性矩阵的逆阵中第 n 行的转置。

3. 非奇异线性变换的不变特性

从前面的研究中可以看到，为了便于研究系统固有特性，常常需要引入非奇异线性变换。虽然变换中的 $\boldsymbol{P}$ 阵各不相同，但都是非奇异矩阵。经过变换后，系统的固有特性是否会引起改变呢？这当然是人们在研究线性变换时所需要回答的一个重要问题。下面的研究将会表明，系统经过非奇异线性变换，其特征值、传递矩阵、能控性、可观测性等重要性质均保持不变。

(1) 变换后系统特征值不变。对于非奇异线性变换，系统特征值具有不变性。

(2) 变换后系统传递矩阵不变。系统的传递矩阵对于非奇异线性变换具有不变性。

(3) 变换后系统能控性不变。变换后与变换前系统能控性矩阵的秩相等，根据系统能控性的秩判据可知，对于非奇异线性变换，系统的能控性不变。

(4) 变换后系统能观性不变。变换后与变换前系统的能观性矩阵的秩相等，故系统的能观性不变。

4. 线性定常系统的结构分解

系统中只要有一个状态变量不能控便称系统不能控，因而不能控系统便含有能控和不能控两种状态变量。从能控性和能观性出发，状态变量便可分为能控能观 x_{co}、能控不能观 $x_{c\bar{o}}$、不能控能观 $x_{\bar{c}o}$、不能控不能观 $x_{\bar{c}\bar{o}}$ 四类。由对应状态变量构成的子空间也分为四类，因而系统也对应分成了四类子系统，称为系统的结构分解，也有的参考文献称此为系统的规范分解。下面着重介绍结构分解的方法，有关证明略去。

(1) 系统按能控性的结构分解。设不能控系统的动态方程为

$$\dot{\boldsymbol{x}}=\boldsymbol{A}\boldsymbol{x}+\boldsymbol{B}\boldsymbol{u},\quad \boldsymbol{y}=\boldsymbol{C}\boldsymbol{x} \tag{3-123}$$

式中：$\boldsymbol{x}$ 为 n 维状态向量；$\boldsymbol{u}$ 为 p 维输入向量；$\boldsymbol{y}$ 为 q 维输出向量；$\boldsymbol{A},\boldsymbol{B},\boldsymbol{C}$ 为具有相应维数的矩阵。若系统能控性矩阵的秩为 $r(r<n)$，则可从能控性矩阵中选出 r 个线性

无关的列向量 $s_1, s_2, \cdots, s_r$，另外再任意选取尽可能简单的 $n-r$ 个 n 维列向量 s_{r+1}，$s_{r+2}, \cdots, s_n$，使它们与 $\{s_1, s_2, \cdots, s_r\}$ 线性无关，这样就可以构成 $n\times n$ 非奇异变换矩阵。

$$\boldsymbol{P}^{-1}=[\boldsymbol{s}_1 \quad \boldsymbol{s}_2 \quad \cdots \quad \boldsymbol{s}_r \quad \cdots \quad \boldsymbol{s}_{r+1} \quad \cdots \quad \boldsymbol{s}_n]$$

对式(3-123)进行非奇异线性变换可得子系统动态方程，其中能控子系统动态方程为

$$\dot{\boldsymbol{x}}_c=\bar{\boldsymbol{A}}_{11}\boldsymbol{x}_c+\bar{\boldsymbol{A}}_{12}\boldsymbol{x}_{\bar{c}}+\bar{\boldsymbol{B}}_1\boldsymbol{u}, \quad \boldsymbol{y}_1=\bar{\boldsymbol{C}}_1\boldsymbol{x}_c \tag{3-124}$$

不能控子系统动态方程为

$$\dot{\boldsymbol{x}}_{\bar{c}}=\bar{\boldsymbol{A}}_{22}\boldsymbol{x}_{\bar{c}}, \quad \boldsymbol{y}_2=\bar{\boldsymbol{C}}_2\boldsymbol{x}_{\bar{c}} \tag{3-125}$$

上述系统结构分解方式称为能控性规范分解，系统方块图如图 3-18 所示。

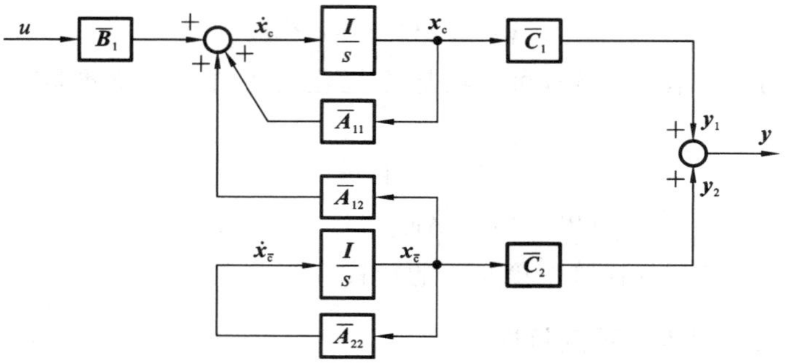

图 3-18 系统能控性规范分解方块图

系统结构的能控性规范分解具有下列特点。

①不能控系统与其能控子系统具有相同的传递函数矩阵。由于

$$\begin{aligned}\text{rank}[\boldsymbol{B} \quad \boldsymbol{AB} \quad \cdots \quad \boldsymbol{A}^{n-1}\boldsymbol{B}]&=\text{rank}[\boldsymbol{PB} \quad (\boldsymbol{PAP}^{-1})(\boldsymbol{PB}) \quad \cdots \quad (\boldsymbol{PAP}^{-1})^{n-1}(\boldsymbol{PB})]\\&=\text{rank}\begin{bmatrix}\bar{\boldsymbol{B}}_1 & \bar{\boldsymbol{A}}_{11}\bar{\boldsymbol{B}}_1 & \cdots & \bar{\boldsymbol{A}}_{11}^{n-1}\bar{\boldsymbol{B}}_1\\0 & 0 & \cdots & 0\end{bmatrix}\\&=\text{rank}[\bar{\boldsymbol{B}}_1 \quad \bar{\boldsymbol{A}}_{11}\bar{\boldsymbol{B}}_1 \quad \cdots \quad \bar{\boldsymbol{B}}_{11}^{n-1}\bar{\boldsymbol{B}}_1]\\&=r\end{aligned} \tag{3-126}$$

$$\begin{aligned}\boldsymbol{C}(s\boldsymbol{I}-\boldsymbol{A})^{-1}\boldsymbol{B}&=(\boldsymbol{CP}^{-1})(s\boldsymbol{I}-\boldsymbol{PAP}^{-1})(\boldsymbol{PB})\\&=[\bar{\boldsymbol{C}}_1 \quad \bar{\boldsymbol{C}}_2]\left[s\boldsymbol{I}-\begin{bmatrix}\bar{\boldsymbol{A}}_{11} & \bar{\boldsymbol{A}}_{12}\\ \boldsymbol{0} & \bar{\boldsymbol{A}}_{22}\end{bmatrix}\right]^{-1}\begin{bmatrix}\bar{\boldsymbol{B}}_1\\0\end{bmatrix}\\&=[\bar{\boldsymbol{C}}_1 \quad \bar{\boldsymbol{C}}_2]\begin{bmatrix}s\boldsymbol{I}-\bar{\boldsymbol{A}}_{11} & -\bar{\boldsymbol{A}}_{12}\\0 & s\boldsymbol{I}-\bar{\boldsymbol{A}}_{22}\end{bmatrix}^{-1}\begin{bmatrix}\bar{\boldsymbol{B}}_1\\0\end{bmatrix}\\&=[\bar{\boldsymbol{C}}_1 \quad \bar{\boldsymbol{C}}_2]\begin{bmatrix}(s\boldsymbol{I}-\bar{\boldsymbol{A}}_{11})^{-1} & (s\boldsymbol{I}-\bar{\boldsymbol{A}}_{11})^{-1}\bar{\boldsymbol{A}}_{12}(s\boldsymbol{I}-\bar{\boldsymbol{A}}_{22})^{-1}\\0 & (s\boldsymbol{I}-\bar{\boldsymbol{A}}_{22})^{-1}\end{bmatrix}\begin{bmatrix}\bar{\boldsymbol{B}}_1\\0\end{bmatrix}\\&=\bar{\boldsymbol{C}}_1(s\boldsymbol{I}-\bar{\boldsymbol{A}}_{11})^{-1}\bar{\boldsymbol{B}}_1\end{aligned}$$

因而 r 维子系统 $(\bar{\boldsymbol{A}}_{11}, \bar{\boldsymbol{B}}_1, \bar{\boldsymbol{C}}_1)$ 是能控的，并且和系统 $(\boldsymbol{A}, \boldsymbol{B}, \boldsymbol{C})$ 具有相同的传递函数矩阵。如果从传递特性的角度分析系统 $(\boldsymbol{A}, \boldsymbol{B}, \boldsymbol{C})$，可以等价地用分析子系统 $(\bar{\boldsymbol{A}}_{11}, \bar{\boldsymbol{B}}_1, \bar{\boldsymbol{C}}_1)$ 来代替，由于后者维数降低了很多，可能会使分析变得简单。

② 不能控子系统的特性与整个系统的稳定性及输出响应有关。

输入 $\boldsymbol{u}$ 只能通过能控子系统传递到输出，与不能控子系统无关，故 $\boldsymbol{u}$ 到 $\boldsymbol{y}$ 之间的传

递函数矩阵描述不能反映不能控部分的特性。但是，不能控子系统对整个系统的影响是存在的，不可忽视。因而要求 $\bar{A}_{22}$ 仅含稳定特征值，以保证整个系统稳定，并且应考虑到能控子系统的状态响应 $x_c(t)$ 和整个系统的输出响应 $y(t)$ 均与不能控子系统的状态 $x_{\bar{c}}$ 有关。

③ 不能控系统的能控性规范分解是不唯一的。

由于选取非奇异变换阵 P^{-1} 的列向量 $s_1, s_2, \cdots, s_r$ 及 $s_{r+1}, \cdots, s_n$ 的非唯一性，虽然系统能控性规范分解的形式不变，但诸系数阵不相同，故能控性规范分解不是唯一的。

④ 不能控系统的能控性规范分解将整个系统的特征值分解为能控因子与不能控因子两类。由于

$$\det(sI-\bar{A})=\det(sI-\bar{A}_{11})\cdot\det(sI-\bar{A}_{22}) \tag{3-127}$$

故 x_c 的稳定性完全由 $\bar{A}_{11}$ 的特征值 $\lambda_1, \lambda_2, \cdots, \lambda_r$ 决定；$x_{\bar{c}}$ 的稳定性完全由 $\bar{A}_{22}$ 的特征值 $\lambda_{r+1}, \cdots, \lambda_n$ 决定，而 $\lambda_1, \lambda_2, \cdots, \lambda_n$ 都是 A 的特征值。$\lambda_1, \cdots, \lambda_r$ 称为系统 (A, B, C) 的能控因子或能控振型，$\lambda_{r+1}, \cdots, \lambda_n$ 称为不能控因子或不能控振型。

例 3-13 已知系统 (A, b, c)，其中

$$A=\begin{bmatrix}1 & 2 & -1\\0 & 1 & 0\\1 & -4 & 3\end{bmatrix},\quad b=\begin{bmatrix}0\\0\\1\end{bmatrix},\quad c=\begin{bmatrix}1 & -1 & 1\end{bmatrix}$$

试按能控性分解为规范形式。

解 系统能控性矩阵为

$$S=\begin{bmatrix}b & Ab & A^2b\end{bmatrix}=\begin{bmatrix}0 & -1 & -4\\0 & 0 & 0\\1 & 3 & 8\end{bmatrix}$$

$$\operatorname{rank} S=2<n=3$$

故系统不能控。从能控性矩阵中选出两个线性无关的列向量 $[0\ 0\ 1]^T$ 和 $[-1\ 0\ 3]^T$，附加任意列向量 $[0\ 1\ 0]^T$，构成非奇异变换阵

$$P^{-1}=\begin{bmatrix}0 & -1 & 0\\0 & 0 & 1\\1 & 3 & 0\end{bmatrix}$$

计算矩阵 P 和变换后的各矩阵

$$P=(P^{-1})^{-1}=\begin{bmatrix}3 & 0 & 1\\-1 & 0 & 0\\0 & 1 & 0\end{bmatrix}$$

$$PAP^{-1}=\left[\begin{array}{cc:c}0 & -4 & 2\\1 & 4 & -2\\ \hdashline 0 & 0 & 1\end{array}\right],\quad Pb=\begin{bmatrix}1\\0\\0\end{bmatrix},\quad cP^{-1}=\left[\begin{array}{cc|c}1 & 2 & -1\end{array}\right]$$

能控子系统动态方程为

$$\dot{x}_c=\begin{bmatrix}0 & -4\\1 & 4\end{bmatrix}x_c+\begin{bmatrix}2\\-2\end{bmatrix}x_{\bar{c}}+\begin{bmatrix}1\\0\end{bmatrix}u,\quad y_1=\begin{bmatrix}1 & 2\end{bmatrix}x_c$$

不能控子系统动态方程为

$$\dot{x}_{\bar{c}}=x_{\bar{c}},\quad y_2=-x_{\bar{c}}$$

(2) 系统按能观性的结构分解。系统按能观性结构分解的所有结论,都对偶于系统按能控性结构分解的结果。

能观性规范分解也有与能控性规范分解相类似的分析与结论。

例 3-14 试将例 3-13 所示系统按能观性进行分解。

解 系统的能观性矩阵为

$$\boldsymbol{V}=\begin{bmatrix} c \\ cA \\ cA^2 \end{bmatrix}=\begin{bmatrix} 1 & -1 & 1 \\ 2 & -3 & 2 \\ 4 & -7 & 4 \end{bmatrix}$$

$$\text{rank}\ \boldsymbol{V}=2<n=3$$

故系统不能观。从能观性矩阵中选取两个线性无关行向量 $[1\quad -1\quad 1]$ 和 $[2\quad -3\quad 2]$,再选取一个与之线性无关的行向量 $[0\quad 0\quad 1]$,构成非奇异变换矩阵

$$\boldsymbol{T}=\begin{bmatrix} 1 & -1 & 1 \\ 2 & -3 & 2 \\ 0 & 0 & 1 \end{bmatrix}$$

计算变换后各矩阵

$$\boldsymbol{T}^{-1}=\begin{bmatrix} 3 & -1 & -1 \\ 2 & -1 & 0 \\ 0 & 0 & 1 \end{bmatrix},\quad \boldsymbol{TAT}^{-1}=\left[\begin{array}{cc:c} 0 & 1 & 0 \\ -2 & 3 & 0 \\ \hdashline -5 & 3 & 2 \end{array}\right]$$

$$\boldsymbol{Tb}=\begin{bmatrix} 1 \\ 2 \\ -1 \end{bmatrix},\quad \boldsymbol{cT}^{-1}=[1\quad 0|0]$$

能观子系统动态方程为

$$\dot{\boldsymbol{x}}_0=\begin{bmatrix} 0 & 1 \\ -2 & 3 \end{bmatrix}\boldsymbol{x}_0+\begin{bmatrix} 1 \\ 2 \end{bmatrix}\boldsymbol{u},\quad \boldsymbol{y}_1=[1\quad 0]\boldsymbol{x}_0=\boldsymbol{y}$$

不能观子系统动态方程为

$$\dot{\boldsymbol{x}}_0=[-5\quad 3]\boldsymbol{x}_0+2\boldsymbol{x}_0+\boldsymbol{u},\quad \boldsymbol{y}_2=0$$

3.4.5 线性离散时间系统的能控性和能观性

线性离散时间系统简称为线性离散系统。由于线性定常离散系统只是线性时变离散系统的一种特殊类型,为便于读者全面理解基本概念,我们利用线性时变离散系统给出有关定义,而在介绍能控性和能观性判据时,受篇幅限制,则仅限于线性定常离散系统。

1. 线性离散系统的能控性和能达性

设线性时变离散时间系统的状态方程为

$$\boldsymbol{x}(k+1)=\boldsymbol{G}(k)\boldsymbol{x}(k)+\boldsymbol{H}(k)\boldsymbol{u}(k),\quad k\in T_k \tag{3-128}$$

其中 T_k 为离散时间定义区间。如果对初始时刻 $l\in T_k$ 和状态空间中的所有非零状态 $x(l)$,都存在时刻 $m\in T_k$,$m>l$,和对应的控制 $u(k)$,使得 $x(m)=0$,则称系统在时刻 l 为完全能控。对应地,如果对初始时刻 $l\in T_k$ 和初始状态 $x(l)=0$,存在时刻 $m\in T_k$,$m>l$,和相应的控制 $u(k)$,使 $x(m)$ 可为状态空间中的任意非零点,则称系统在时刻 l

为完全能达。

对于离散时间系统,不管是时变的还是定常的,其能控性和能达性只有在一定条件下才是等价的。其等价的条件分别如下。

(1) 线性离散时间系统(3-128)的能控性和能达性为等价的充分必要条件是,系统矩阵 $\boldsymbol{G}(k)$ 对所有 $k\in[l,m-1]$ 为非奇异。

(2) 线性定常离散时间系统

$$\boldsymbol{x}(k+1)=\boldsymbol{Gx}(k)+\boldsymbol{Hu}(k);\quad k=0,1,2,\cdots \tag{3-129}$$

的能控性和能达性等价的充分必要条件是系统矩阵 $\boldsymbol{G}$ 为非奇异。

(3) 如果线性离散时间系统(3-128)或(3-129)是相应连续时间系统的时间离散化模型,则其能控性和能达性必是等价的。

线性定常离散系统的能控性判据:设单输入线性定常离散系统的状态方程为

$$\boldsymbol{x}(k+1)=\boldsymbol{Gx}(k)+\boldsymbol{hu}(k) \tag{3-130}$$

式中,$\boldsymbol{x}$ 为 n 维状态向量;$\boldsymbol{u}$ 为标量输入;$\boldsymbol{G}$ 为 $n\times n$ 非奇异矩阵。状态方程(3-130)的解为

$$\boldsymbol{x}(k)=\boldsymbol{G}^k\boldsymbol{x}(0)+\sum_{i=0}^{k-1}\boldsymbol{G}^{k-1-i}\boldsymbol{hu}(i) \tag{3-131}$$

根据能控性定义,假定 $k=n$ 时,$x(n)=0$,将式(3-131)两端左乘 $\boldsymbol{G}^{-n}$ 则有

$$\begin{aligned}\boldsymbol{x}(0)&=-\sum_{i=0}^{n-1}\boldsymbol{G}^{-1-i}\boldsymbol{Hu}(i)=-[\boldsymbol{G}^{-1}\boldsymbol{Hu}(0)+\boldsymbol{G}^{-2}\boldsymbol{Hu}(1)+\cdots+\boldsymbol{G}^{-n}\boldsymbol{Hu}(n-1)]\\&=[\boldsymbol{G}^{-1}\boldsymbol{h}\quad\boldsymbol{G}^{-2}\boldsymbol{h}\quad\cdots\quad\boldsymbol{G}^{-n}\boldsymbol{h}]\begin{bmatrix}u(0)\\u(1)\\u(n-1)\end{bmatrix}\end{aligned} \tag{3-132}$$

记

$$\boldsymbol{S}_1'=[\boldsymbol{G}^{-1}\boldsymbol{h}\quad\boldsymbol{G}^{-2}\boldsymbol{h}\quad\cdots\quad\boldsymbol{G}^{-n}\boldsymbol{h}] \tag{3-133}$$

称 $\boldsymbol{S}_1'$ 为 $n\times n$ 能控性矩阵。式(3-132)是一个非奇异线性方程组,含 n 个方程,有 n 个未知数 $u(0),u(1),\cdots,u(n-1)$。由线性方程组解的存在定理可知,当矩阵 $\boldsymbol{S}_1'$ 的秩与增广矩阵 $[\boldsymbol{S}_1'|x(0)]$ 的秩相等时,方程组有解且为唯一解,否则无解。在 $x(0)$ 为任意的情况下,使方程组有解的充分必要条件是矩阵 $\boldsymbol{S}_1'$ 满秩,即

$$\operatorname{rank}\boldsymbol{S}_1'=n \tag{3-134}$$

或矩阵 $\boldsymbol{S}_1'$ 的行列式不为零

$$\det\boldsymbol{S}_1'\neq 0 \tag{3-135}$$

或矩阵 $\boldsymbol{S}_1'$ 是非奇异的。

由于满秩矩阵与另一满秩矩阵 $\boldsymbol{G}^n$ 相乘其秩不变,故

$$\operatorname{rank}\boldsymbol{S}_1'=\operatorname{rank}[\boldsymbol{G}^{n-1}\boldsymbol{h}]=\operatorname{rank}[\boldsymbol{G}^{n-1}\boldsymbol{h}\quad\cdots\quad\boldsymbol{Gh}\quad\boldsymbol{h}]=n \tag{3-136}$$

交换矩阵的列,且记为 $\boldsymbol{S}_1$,其秩也不变,故有

$$\operatorname{rank}\boldsymbol{S}_1=\operatorname{rank}[\boldsymbol{h}\quad\boldsymbol{Gh}\quad\cdots\quad\boldsymbol{G}^{n-1}\boldsymbol{h}]=n \tag{3-137}$$

由于式(3-137)避免了矩阵求逆,在判断系统的能控性时,使用式(3-137)比较方便。

式(3-134)~式(3-137)都称为能控性判据,$\boldsymbol{S}_1'$ 和 $\boldsymbol{S}_1$ 都称为单输入离散系统的能控性矩阵。状态能控性取决于 $\boldsymbol{G}$ 和 $\boldsymbol{h}$。

当 $\operatorname{rank}\boldsymbol{S}_1<n$ 时,系统不能控,表示不存在使任意 $x(0)$ 转移至 $x(n)=0$ 的控制。

当 $\boldsymbol{G}$ 为非奇异阵时，系统的能控性和能达性是等价的。

推广到多输入系统，多输入线性离散系统状态能控的充分必要条件是

$$\operatorname{rank} \boldsymbol{S}'_2 = n \tag{3-138}$$

或

$$\operatorname{rank} \boldsymbol{S}'_2 = \operatorname{rank}[\boldsymbol{G}^n \boldsymbol{S}'_2] = \operatorname{rank}[\boldsymbol{G}^{n-1}\boldsymbol{H} \quad \cdots \quad \boldsymbol{GH} \quad \boldsymbol{H}] = n \tag{3-139}$$

或

$$\operatorname{rank} \boldsymbol{S}_2 = \operatorname{rank}[\boldsymbol{H} \quad \boldsymbol{GH} \quad \cdots \quad \boldsymbol{G}^{n-1}\boldsymbol{H}] = n \tag{3-140}$$

式(3-138)～式(3-140)都是多输入线性离散系统的能控性判据，通常使用式(3-140)较为方便。应当指出：

(1) 由于方程个数少于未知量个数，方程组的解便不唯一，任意假定 $np-n$ 个控制量，其余 n 个控制量才能唯一确定。多输入线性离散系统控制序列的选择，通常具有无穷多种方式。

(2) 由于 $\boldsymbol{S}_2$ 的行数总小于列数，因而在列写 $\boldsymbol{S}_2$ 时，只要所选取的列能判断出 $\boldsymbol{S}_2$ 的秩为 n，便不必再将 $\boldsymbol{S}_2$ 的其余列都列写出来。

(3) 多输入线性定常离散系统由任意初态转移至原点一般可少于 n 个采样周期。

例 3-15 设单输入线性定常离散系统状态方程为

$$\boldsymbol{x}(k+1) = \begin{bmatrix} 1 & 0 & 0 \\ 0 & 2 & -2 \\ -1 & 1 & 0 \end{bmatrix} \boldsymbol{x}(k) + \begin{bmatrix} 1 \\ 0 \\ 1 \end{bmatrix} \boldsymbol{u}(k)$$

试判断其能控性；若初始状态 $\boldsymbol{x}(0)=[2\ 1\ 0]^{\mathrm{T}}$，确定使 $\boldsymbol{x}(3)=0$ 的控制序列 $\boldsymbol{u}(0)$，$\boldsymbol{u}(1)$，$\boldsymbol{u}(2)$；研究使 $\boldsymbol{x}(2)=0$ 的可能性。

解 由题意知

$$\boldsymbol{G} = \begin{bmatrix} 1 & 0 & 0 \\ 0 & 2 & -2 \\ -1 & 1 & 0 \end{bmatrix}, \quad \boldsymbol{h} = \begin{bmatrix} 1 \\ 0 \\ 1 \end{bmatrix}$$

$$\operatorname{rank} \boldsymbol{S}_1 = \operatorname{rank}[\boldsymbol{h} \quad \boldsymbol{Gh} \quad \boldsymbol{G}^2\boldsymbol{h}] = \operatorname{rank} \begin{bmatrix} 1 & 1 & 1 \\ 0 & -2 & -2 \\ 1 & -1 & -3 \end{bmatrix} = 3 = n$$

故系统能控。可按式(3-132)求出 $\boldsymbol{u}(0)$、$\boldsymbol{u}(1)$、$\boldsymbol{u}(2)$，为了减少求逆阵的麻烦，现用递推法来求。令 $k=0,1,2$，可得状态序列

$$\boldsymbol{x}(1) = \boldsymbol{Gx}(0) + \boldsymbol{hu}(0) = \begin{bmatrix} 1 & 0 & 0 \\ 0 & 2 & -2 \\ -1 & 1 & 0 \end{bmatrix} \begin{bmatrix} 2 \\ 1 \\ 0 \end{bmatrix} + \begin{bmatrix} 1 \\ 0 \\ 1 \end{bmatrix} \boldsymbol{u}(0) = \begin{bmatrix} 2 \\ 2 \\ -1 \end{bmatrix} \begin{bmatrix} 1 \\ 0 \\ 1 \end{bmatrix} \boldsymbol{u}(0)$$

$$\boldsymbol{x}(2) = \boldsymbol{Gx}(1) + \boldsymbol{hu}(1) = \begin{bmatrix} 2 \\ 6 \\ 0 \end{bmatrix} + \begin{bmatrix} 1 \\ -2 \\ -1 \end{bmatrix} \boldsymbol{u}(0) + \begin{bmatrix} 1 \\ 0 \\ 1 \end{bmatrix} \boldsymbol{u}(1)$$

$$\boldsymbol{x}(3) = \boldsymbol{Gx}(2) + \boldsymbol{hu}(2) = \begin{bmatrix} 2 \\ 12 \\ 4 \end{bmatrix} + \begin{bmatrix} 1 \\ -2 \\ -3 \end{bmatrix} \boldsymbol{u}(0) + \begin{bmatrix} 1 \\ -2 \\ -1 \end{bmatrix} \boldsymbol{u}(1) + \begin{bmatrix} 1 \\ 0 \\ 1 \end{bmatrix} \boldsymbol{u}(2)$$

令 $\boldsymbol{x}(3)=0$，则有

$$\begin{bmatrix} 1 & 1 & 1 \\ -2 & -2 & 0 \\ -3 & -1 & 1 \end{bmatrix} \begin{bmatrix} \boldsymbol{u}(0) \\ \boldsymbol{u}(1) \\ \boldsymbol{u}(2) \end{bmatrix} = \begin{bmatrix} -2 \\ -12 \\ -4 \end{bmatrix}$$

其系数矩阵即能控性矩阵 $\boldsymbol{S}_1$ 是非奇异的,因而可得

$$\begin{bmatrix}\boldsymbol{u}(0)\\\boldsymbol{u}(1)\\\boldsymbol{u}(2)\end{bmatrix}=\begin{bmatrix}1&1&1\\-2&-2&0\\-3&-1&1\end{bmatrix}^{-1}\begin{bmatrix}-2\\-12\\-4\end{bmatrix}=\begin{bmatrix}\frac{1}{2}&\frac{1}{2}&-\frac{1}{2}\\-\frac{1}{2}&-1&\frac{1}{2}\\1&\frac{1}{2}&0\end{bmatrix}\begin{bmatrix}-2\\-12\\-4\end{bmatrix}=\begin{bmatrix}-5\\11\\-8\end{bmatrix}$$

若令 $\boldsymbol{x}(2)=0$,即解方程组

$$\begin{bmatrix}1&1\\-2&0\\-1&1\end{bmatrix}\begin{bmatrix}\boldsymbol{u}(0)\\\boldsymbol{u}(1)\end{bmatrix}=\begin{bmatrix}-2\\-6\\0\end{bmatrix}$$

容易看出其系数矩阵的秩为 2,但增广矩阵

$$\left[\begin{array}{cc:c}1&1&-2\\-2&0&-6\\-1&1&0\end{array}\right]$$

的秩为 3,两个秩不等,方程组无解,意味着不能在两个采样周期内使系统由初始状态转移至原点。若该两个秩相等,则可用两步完成状态转移。

2. 线性离散系统的能观性

设离散系统为

$$\begin{aligned}&\boldsymbol{x}(k+1)=\boldsymbol{G}(k)\boldsymbol{x}(k)+\boldsymbol{H}(k)\boldsymbol{u}(k),\quad k\in T_k\\&\boldsymbol{y}(k)=\boldsymbol{C}(k)\boldsymbol{x}(k)+\boldsymbol{D}(k)\boldsymbol{u}(k)\end{aligned}\tag{3-141}$$

若对初始时刻 $l\in T_k$ 的任一非零初始状态 $\boldsymbol{x}(l)=\boldsymbol{x}_0$,都存在有限时刻 $m\in T_k, m>l$,且可由$[l,m]$初上的输出 $\boldsymbol{y}(k)$唯一地确定 $\boldsymbol{x}_0$,则称系统在时刻 l 是完全能观的。

线性定常离散系统的能观性判据:设线性定常离散系统的动态方程为

$$\boldsymbol{x}(k+1)=\boldsymbol{G}\boldsymbol{x}(k)+\boldsymbol{H}\boldsymbol{u}(k),\quad \boldsymbol{y}(k)=\boldsymbol{C}\boldsymbol{x}(k)+\boldsymbol{D}\boldsymbol{u}(k)\tag{3-142}$$

式中,$\boldsymbol{x}(k)$为 n 维状态向量;$\boldsymbol{y}(k)$为 q 维输出向量,其解为

$$\boldsymbol{x}(k)=\boldsymbol{G}^k\boldsymbol{x}(0)+\sum_{i=0}^{k-1}\boldsymbol{G}^{k-1-i}\boldsymbol{H}\boldsymbol{u}(i)\tag{3-143}$$

$$\boldsymbol{y}(k)=\boldsymbol{C}\boldsymbol{G}^k\boldsymbol{x}(0)+\boldsymbol{C}\sum_{i=0}^{k-1}\boldsymbol{G}^{k-1-i}\boldsymbol{H}\boldsymbol{u}(i)+\boldsymbol{D}\boldsymbol{u}(k)\tag{3-144}$$

研究能观性问题时,$\boldsymbol{u}(k)$,$\boldsymbol{G}$,$\boldsymbol{H}$,$\boldsymbol{C}$,$\boldsymbol{D}$ 均为已知,故不失一般性,可将动态方程简化为

$$\boldsymbol{x}(k+1)=\boldsymbol{G}\boldsymbol{x}(k),\boldsymbol{y}(k)=\boldsymbol{C}\boldsymbol{x}(k)\tag{3-145}$$

对应的解为

$$\boldsymbol{x}(k)=\boldsymbol{G}^k\boldsymbol{x}(0),\quad \boldsymbol{y}(k)=\boldsymbol{C}\boldsymbol{G}^k\boldsymbol{x}(0)\tag{3-146}$$

将 $\boldsymbol{y}(k)$写成展开式

$$\begin{cases}\boldsymbol{y}(0)=\boldsymbol{C}\boldsymbol{x}(0)\\\boldsymbol{y}(1)=\boldsymbol{C}\boldsymbol{G}\boldsymbol{x}(0)\\\quad\vdots\\\boldsymbol{y}(n-1)=\boldsymbol{C}\boldsymbol{G}^{n-1}\boldsymbol{x}(0)\end{cases}\tag{3-147}$$

其向量-矩阵形式为

$$\begin{bmatrix} \boldsymbol{y}(0) \\ \boldsymbol{y}(1) \\ \vdots \\ \boldsymbol{y}(n-1) \end{bmatrix} = \begin{bmatrix} \boldsymbol{C} \\ \boldsymbol{CG} \\ \vdots \\ \boldsymbol{CG}^{n-1} \end{bmatrix} \begin{bmatrix} \boldsymbol{x}_1(0) \\ \boldsymbol{x}_2(0) \\ \vdots \\ \boldsymbol{x}_n(0) \end{bmatrix} \tag{3-148}$$

令

$$\boldsymbol{V}_1^{\mathrm{T}} = \begin{bmatrix} \boldsymbol{C} \\ \boldsymbol{CG} \\ \vdots \\ \boldsymbol{CG}^{n-1} \end{bmatrix} \tag{3-149}$$

$\boldsymbol{V}_1^{\mathrm{T}}$ 称为线性定常离散系统的能观性矩阵，为 $nq \times n$ 矩阵。式(3-148)含有 nq 个方程，若其中有 n 个独立方程，便可确定唯一的一组 $\boldsymbol{x}_1(0), \boldsymbol{x}_2(0), \cdots, \boldsymbol{x}_n(0)$。当独立方程个数大于 n 时，解会出现矛盾；当独立方程个数小于 n 时，便有无穷多解。系统能观的充分必要条件为

$$\operatorname{rank} \boldsymbol{V}_1^{\mathrm{T}} = n \tag{3-150}$$

由于 $\operatorname{rank} \boldsymbol{V}_1^{\mathrm{T}} = \operatorname{rank} \boldsymbol{V}_1$，故线性定常离散系统的能观性判据常表示为

$$\operatorname{rank} \boldsymbol{V}_1 = \operatorname{rank}[\boldsymbol{C}^{\mathrm{T}} \quad \boldsymbol{G}^{\mathrm{T}}\boldsymbol{C}^{\mathrm{T}} \quad \cdots \quad (\boldsymbol{G}^{\mathrm{T}})^{n-1}\boldsymbol{C}^{\mathrm{T}}] = n \tag{3-151}$$

3. 连续动态方程离散化后的能控性和能观性

在连续系统向离散系统转换的过程中，系统的能控性和能观性并不总能得以保持，即便原系统具备这些特性，如果离散化过程中的采样周期选择不当，那么转换后的离散系统可能就会失去这些特性。具体来说，如果采样周期设置不恰当，离散化系统可能变得既不能控也不能观。相反，如果连续系统本身不具备能控性或能观性，那么无论采样周期如何选择，离散化后的系统都将保持这一特性，即它将始终是不能控或不能观的。

3.5　系统的稳定性及稳定判据

在运动控制系统的设计和分析中，稳定性是其核心属性，因为一个缺乏稳定性的系统无法实现预定的控制目标。因此，识别系统的稳定性以及采取措施提升其稳定性，是系统工程中的一个关键议题。

历史上，俄罗斯数学家李雅普诺夫提出了两种方法来评估系统的稳定性：李雅普诺夫第一法和李雅普诺夫第二法。本节将重点介绍李雅普诺夫第二法。这种方法的独特之处在于，它不需要求解系统的动态方程，而是通过一个标量函数——李雅普诺夫函数，来直接评估系统的稳定性。这种方法特别适用于那些难以通过传统方法求解的非线性或时变系统。除了用于稳定性分析，李雅普诺夫第二法还能用于评估系统的瞬态行为质量，以及解决系统的参数优化问题。

3.5.1　李雅普诺夫关于稳定性的定义

在传统控制理论中，线性系统的稳定性主要取决于其结构和参数配置，而不受系统初始状态或外部干扰的影响。然而，对于非线性系统而言，稳定性不仅受系统结构和参数的影响，还与初始条件和外部扰动的强度密切相关。由于这一原因，经典控制理论并未提供一个适用于所有系统的稳定性通用定义。

李雅普诺夫第二法提供了一种适用于线性、非线性以及时变系统稳定性分析的通用方法。李雅普诺夫提出了一个普适的稳定性定义，适用于所有类型的系统，为稳定性分析提供了一个统一的框架。这种方法不仅能够评估系统的稳定性，还能够为系统设计提供理论基础。

1. 系统状态的运动及平衡状态

设所研究系统的齐次状态方程为

$$\dot{\boldsymbol{x}}=\boldsymbol{f}(\boldsymbol{x},t) \tag{3-152}$$

式中：$\boldsymbol{x}$ 为 n 维状态矢量；$\boldsymbol{f}$ 为与 $\boldsymbol{x}$ 同维的矢量函数，它是 $\boldsymbol{x}$ 的各元素 $\boldsymbol{x}_1,\boldsymbol{x}_2,\cdots,\boldsymbol{x}_n$ 和时间 t 的函数，一般为时变的非线性函数。如果不显含 t，则为定常的非线性系统。

设方程式(3-152)在给定初始条件$(t_0,\boldsymbol{x}_0)$下，有唯一解：

$$\boldsymbol{x}=\boldsymbol{\Phi}(t;\boldsymbol{x}_0,t_0) \tag{3-153}$$

式中：$\boldsymbol{x}_0=\boldsymbol{\Phi}(t_0;x_0,t_0)$为表示 $\boldsymbol{x}$ 在初始时刻 t_0 时的状态；t 是从 t_0 开始观察的时间变量。式(3-153)实际上描述了系统式(3-152)在 n 维状态空间中从初始条件$(t_0,\boldsymbol{x}_0)$出发的一条状态运动的轨迹，简称系统的运动或**状态轨线**。

若系统式(3-152)存在状态矢量 $\boldsymbol{x}_e$ 对所有 t 均有 $\boldsymbol{f}(\boldsymbol{x}_e,t)\equiv 0$ 成立，则称 $\boldsymbol{x}_e$ 为系统的平衡状态。

对于一个任意系统，不一定都存在平衡状态，有时即使存在也未必是唯一的，例如对线性定常系统：

$$\dot{\boldsymbol{x}}=\boldsymbol{f}(\boldsymbol{x},t)=\boldsymbol{A}\boldsymbol{x} \tag{3-154}$$

当 $\boldsymbol{A}$ 为非奇异矩阵时，满足 $\boldsymbol{A}\boldsymbol{x}_e\equiv 0$ 的解 $\boldsymbol{x}_e=0$ 是系统唯一存在的一个平衡状态。而当 $\boldsymbol{A}$ 为奇异矩阵时，则系统将有无穷多个平衡状态。

对于非线性系统通常可有一个或多个平衡状态。

2. 稳定性的几个定义

若用 $\|\boldsymbol{x}-\boldsymbol{x}_e\|$ 表示状态矢量 $\boldsymbol{x}$ 与平衡状态 $\boldsymbol{x}_e$ 的距离，用点集 $s(\varepsilon)$表示以 $\boldsymbol{x}_e$ 为中心 ε 为半径的超球体，那么 $\boldsymbol{x}\in s(\varepsilon)$，则表示：

$$\|\boldsymbol{x}-\boldsymbol{x}_e\|\leqslant\varepsilon \tag{3-155}$$

式中，$\|\boldsymbol{x}-\boldsymbol{x}_e\|$ 为欧几里得范数。在 n 维状态空间中，有

$$\|\boldsymbol{x}-\boldsymbol{x}_e\|=[(x_1-x_{1e})^2+(x_2-x_{2e})^2+\cdots+(x_n-x_{ne})^2]^{\frac{1}{2}} \tag{3-156}$$

当 ε 很小时，则称 $s(\varepsilon)$为 $\boldsymbol{x}_e$ 的**邻域**。因此，若有 $\boldsymbol{x}_0\in s(\delta)$，则意味着 $\|\boldsymbol{x}_0-\boldsymbol{x}_e\|\leqslant\delta$。同理，若方程式(3-152)的解 $\boldsymbol{\Phi}(t;\boldsymbol{x}_0,t_0)$位于球域 $s(\varepsilon)$内，便有：

$$\|\boldsymbol{\Phi}(t;\boldsymbol{x}_0,t_0)-\boldsymbol{x}_e\|\leqslant\varepsilon,\quad t\geqslant t_0 \tag{3-157}$$

式(3-157)表明齐次方程式(3-152)内初态 $\boldsymbol{x}_0$ 或短暂扰动所引起的自由响应是**有界**的。李雅普诺夫根据系统自由响应是否有界把系统的稳定性定义为四种情况。

1）李雅普诺夫意义下稳定

如果方程式(3-152)描述的系统对于任意选定的实数 $\varepsilon>0$，都对应存在另一个实数 $\delta(\varepsilon,t_0)>0$，使当

$$\|\boldsymbol{x}_0-\boldsymbol{x}_e\|\leqslant\delta(\varepsilon,t_0) \tag{3-158}$$

时，从任意初态 $\boldsymbol{x}_0$ 出发的解都满足：

$$\|\boldsymbol{\Phi}(t;\boldsymbol{x}_0,t_0)-\boldsymbol{x}_e\|\leqslant\varepsilon,\quad t_0\leqslant t<\infty \tag{3-159}$$

则称平衡状态 x_e 为李雅普诺夫意义下稳定。其中实数 δ 与 ε 有关，一般情况下也与 t_0 有关。如果 δ 与 t_0 无关，则称这种平衡状态是一致稳定的。

图 3-19 表示二阶系统稳定的平衡状态 x_e 以及从初始状态 $x_0 \in s(\delta)$ 出发的轨线 $x \in s(\varepsilon)$。从图可知，若对应于每一个 $s(\varepsilon)$，都存在一个 $s(\delta)$，使当 t 无限增长时，从 $s(\delta)$ 出发的状态轨线（系统的响应）总不离开 $s(\varepsilon)$，即系统响应的幅值是有界的，则称平衡状态 x_e 为李雅普诺夫意义下稳定，简称为稳定。

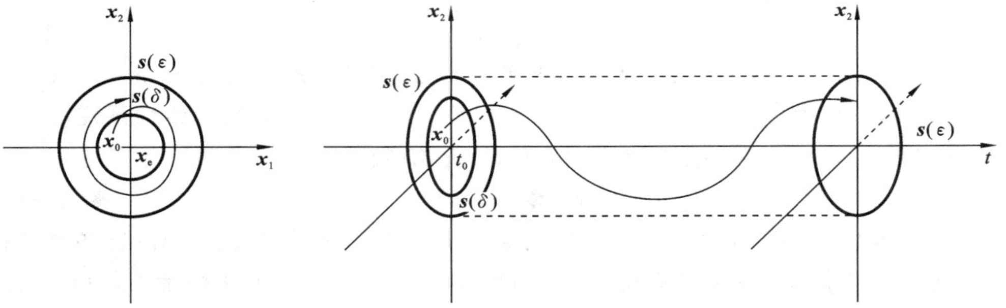

图 3-19 稳定的平衡状态及其状态轨线

2）渐近稳定

如果平衡状态 x_e 是稳定的，而且当 t 无限增长时，轨线不仅不超出 $s(\varepsilon)$，而且最终收敛于 x_e，则称这种平衡状态 x_e 渐近稳定。图 3-20 表示了渐近稳定情况在二维空间的几种解释。

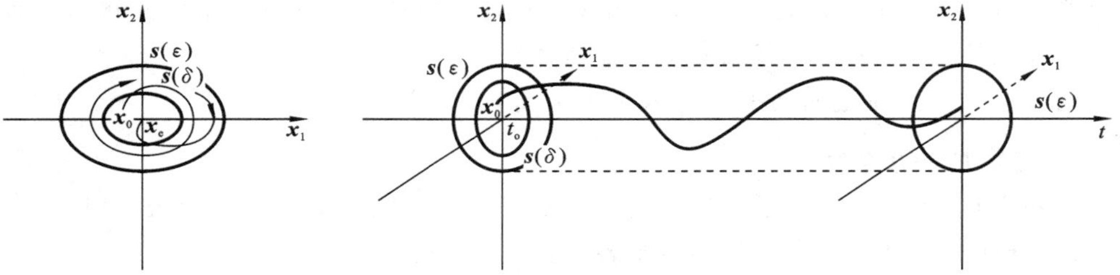

图 3-20 渐近稳定的平衡状态及其状态轨线

3）大范围渐近稳定

如果平衡状态 x_e 是稳定的，而且从空间中所有初始状态出发的轨线都具有渐近稳定性，则称这种平衡状态 x_e **大范围渐近稳定**。显然，大范围渐近稳定的必要条件是在整个状态空间只有一个平衡状态。对于线性系统来说，如果平衡状态是渐近稳定的，则必然也是大范围渐近稳定的。对于非线性系统，使 x_e 为渐近稳定平衡状态的球域 $s(\delta)$ 一般是不大的，常称这种平衡状态为小范围渐近稳定。

4）不稳定

如果对于某个实数 $\varepsilon>0$ 和任一实数 $\delta>0$，不管 δ 这个实数多么小，由 $s(\delta)$ 内出发的状态轨线，至少有一个轨线越过 $s(\varepsilon)$，则称这种平衡状态 x_e 不稳定。其二维空间的几何解析如图 3-21 所示。

从上述定义看出，球域 $s(\delta)$ 限制着初始状态 x_0 的取值，球域 $s(\varepsilon)$ 规定了系统自由响应 $x(t)=\boldsymbol{\Phi}(t;x_0,t_0)$ 的边界。简单地说，如果 $x(t)$ 为有界，则称 x_e 稳定。如果 $x(t)$

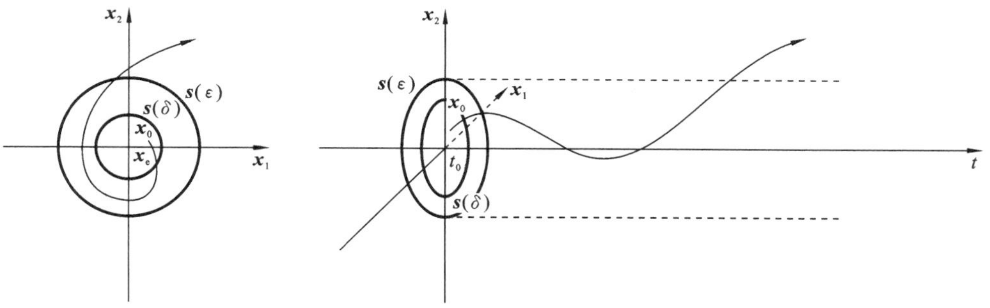

图 3-21 不稳定的平衡状态及其状态轨线

不仅有界而且有$\lim\limits_{t\to\infty}\boldsymbol{x}(t)=0$,收敛于原点,则称 $\boldsymbol{x}_e$ 渐近稳定。如果 $\boldsymbol{x}(t)$为无界,则称 $\boldsymbol{x}_e$ 不稳定。在经典控制理论中,只有渐近稳定的系统才称作稳定系统。只在李雅普诺夫意义下稳定,但不是渐近稳定的系统则称临界稳定系统,这在工程上属于不稳定系统。

3.5.2 李雅普诺夫稳定性方法及其在线性系统中的应用

判定系统稳定性的问题归纳为两种方法:李雅普诺夫第一法和李雅普诺夫第二法。其中第二法除了用于对系统进行稳定性分析外,还可用于对系统瞬态响应的质量进行评价以及求解参数最优化问题。

1. 李雅普诺夫第一法

李雅普诺夫第一法又称间接法。它的基本思路是通过系统状态方程的解来判别系统的稳定性。对于线性定常系统,只需解出特征方程的根即可作出稳定性判断。对于非线性不很严重的系统,则可通过线性化处理,取其一次近似得到线性化方程,然后再根据其特征根来判断系统的稳定性。

线性定常系统 $\sum:(\boldsymbol{A},\boldsymbol{b},\boldsymbol{c})$ 的矩阵形式为

$$\begin{aligned}\dot{\boldsymbol{x}}&=\boldsymbol{A}\boldsymbol{x}+\boldsymbol{b}u\\ y&=\boldsymbol{c}\boldsymbol{x}\end{aligned}\tag{3-160}$$

平衡状态 $\boldsymbol{x}_e=0$ 渐近稳定的充要条件是矩阵 $\boldsymbol{A}$ 的所有特征值均具有负实数。

如果系统对于有界输入 $\boldsymbol{u}$ 所引起的输出 $\boldsymbol{y}$ 是有界的,则称系统为**输出稳定**。

线性定常系统 $\sum:(\boldsymbol{A},\boldsymbol{b},\boldsymbol{c})$ 输出稳定的充要条件是其传递函数:

$$\boldsymbol{W}(s)=\boldsymbol{c}(s\boldsymbol{I}-\boldsymbol{A})^{-1}\boldsymbol{b}\tag{3-161}$$

的极点全部位于 s 的左半平面。

系统的状态稳定性与输出稳定性判定方法不同,但是在系统的传递函数 $\boldsymbol{w}(s)$不出现零、极点对消时,矩阵 $\boldsymbol{A}$ 的特征值与系统传递函数 $\boldsymbol{w}(s)$相同,其稳定性一致。

针对非线性系统,其稳定性则通过一次近似式实现系统线性化,再按线性系统的方法判定其稳定性。

2. 李雅普诺夫第二法

李雅普诺夫第二法又称直接法。它的基本思路不是通过求解系统的运动方程,而是借助于一个李雅普诺夫函数来直接对系统平衡状态的稳定性做出判断。它是从

能量观点进行稳定性分析的。如果一个系统被激励后，其储存的能量随着时间的推移逐渐衰减，到达平衡状态时，能量将达最小值，那么，这个平衡状态是渐近稳定的。反之，如果系统不断地从外界吸收能量，储能越来越大，那么这个平衡状态就是不稳定的。如果系统的储能既不增加，也不消耗，那么这个平衡状态就是李雅普诺夫意义下的稳定。

1）标量函数的符号性质

设 $\boldsymbol{V}(\boldsymbol{x})$ 为由 n 维矢量 $\boldsymbol{x}$ 所定义的标量函数，$\boldsymbol{x}\in\boldsymbol{\Omega}$，且在 $\boldsymbol{x}=0$ 处，恒有 $V(\boldsymbol{x})=0$。所有在域 $\boldsymbol{\Omega}$ 中的任何非零矢量 $\boldsymbol{x}$，如果：

(1) $\boldsymbol{V}(\boldsymbol{x})>0$，则称 $\boldsymbol{V}(\boldsymbol{x})$ 为正定的。例如，$\boldsymbol{V}(\boldsymbol{x})=x_1^2+x_2^2$。

(2) $\boldsymbol{V}(\boldsymbol{x})\geqslant0$，则称 $\boldsymbol{V}(\boldsymbol{x})$ 为半正定（或非负定）的。例如，$\boldsymbol{V}(\boldsymbol{x})=(x_1+x_2)^2$。

(3) $\boldsymbol{V}(\boldsymbol{x})<0$，则称 $\boldsymbol{V}(\boldsymbol{x})$ 为负定的。例如，$\boldsymbol{V}(\boldsymbol{x})=-(x_1^2+2x_2^2)$。

(4) $\boldsymbol{V}(\boldsymbol{x})\leqslant0$，则称 $\boldsymbol{V}(\boldsymbol{x})$ 为半负定（或非正定）的。例如，$\boldsymbol{V}(\boldsymbol{x})=-(x_1+x_2)^2$。

(5) $\boldsymbol{V}(\boldsymbol{x})>0$ 或 $\boldsymbol{V}(\boldsymbol{x})<0$，则称 $\boldsymbol{V}(\boldsymbol{x})$ 为不定。例如，$\boldsymbol{V}(\boldsymbol{x})=x_1+x_2$。

2）二次型标量函数

二次型函数在李雅普诺夫第二法分析系统的稳定性中起着很重要的作用。

设 $x_1,x_2,\cdots,x_n$ 为 n 个变量，定义二次型标量函数为

$$\boldsymbol{V}(\boldsymbol{x})=\boldsymbol{x}^{\mathrm{T}}\boldsymbol{P}\boldsymbol{x}=(x_1,x_2,\cdots,x_n)\begin{pmatrix}p_{11} & p_{12} & \cdots & p_{1n}\\ p_{21} & p_{22} & \cdots & p_{2n}\\ \vdots & \vdots & & \vdots\\ p_{n1} & p_{n2} & \cdots & p_{nn}\end{pmatrix}\begin{pmatrix}x_1\\ x_2\\ \vdots\\ x_n\end{pmatrix}$$

如果 $p_{ij}=p_{ji}$，则称 $\boldsymbol{P}$ 为实对称阵。

可以证明，存在正交矩阵 $\boldsymbol{T}$，通过线性变换 $\boldsymbol{x}=\boldsymbol{T}\bar{\boldsymbol{x}}$ 将其变换为二次型函数标准型，即只包含变量的平方项的形式。

此时，$\boldsymbol{V}(\boldsymbol{x})$ 正定的符号性质由 $\boldsymbol{P}$ 决定。

设 $\boldsymbol{P}$ 为 $n\times n$ 实对称方阵，$\boldsymbol{V}(\boldsymbol{x})=\boldsymbol{x}^{\mathrm{T}}\boldsymbol{P}\boldsymbol{x}$ 为由 $\boldsymbol{P}$ 所决定的二次型函数。

(1) 若 $\boldsymbol{V}(\boldsymbol{x})$ 正定，则称 $\boldsymbol{P}$ 为正定，记做 $\boldsymbol{P}>0$。

(2) 若 $\boldsymbol{V}(\boldsymbol{x})$ 负定，则称 $\boldsymbol{P}$ 为负定，记做 $\boldsymbol{P}<0$。

(3) 若 $\boldsymbol{V}(\boldsymbol{x})$ 半正定（非负定），则称 $\boldsymbol{P}$ 为半正定（非负定），记做 $\boldsymbol{P}\geqslant0$。

(4) 若 $\boldsymbol{V}(\boldsymbol{x})$ 半负定（非正定），则称 $\boldsymbol{P}$ 为半负定（非正定），记做 $\boldsymbol{P}\leqslant0$。

3）稳定判据

用李雅谱诺夫第二法分析系统的稳定性，可概括为以下几个稳定性判据。

设系统的状态方程为

$$\dot{\boldsymbol{x}}=\boldsymbol{f}(\boldsymbol{x}) \tag{3-162a}$$

平衡状态为 $\boldsymbol{x}_{\mathrm{e}}=0$，满足 $\boldsymbol{f}(\boldsymbol{x}_{\mathrm{e}})=0$。

如果存在一个标量函数 $\boldsymbol{V}(\boldsymbol{x})$，它满足：

(1) $\boldsymbol{V}(\boldsymbol{x})$ 对所有 x 都具有连续的一阶偏导数。

(2) $\boldsymbol{V}(\boldsymbol{x})$ 是正定的，即当 $\boldsymbol{x}=0$，$\boldsymbol{V}(\boldsymbol{x})=0$；$\boldsymbol{x}\neq0$，$\boldsymbol{V}(\boldsymbol{x})>0$。

(3) $\boldsymbol{V}(\boldsymbol{x})$ 沿状态轨迹方向计算的时间导数 $\dot{\boldsymbol{V}}(\boldsymbol{x})=\mathrm{d}\boldsymbol{V}(\boldsymbol{x})/\mathrm{d}t$ 分别满足下列条件：

① 若 $\dot{\boldsymbol{V}}(\boldsymbol{x})$ 为半负定，那么平衡状态 $\boldsymbol{x}_{\mathrm{e}}$ 为在李雅谱诺夫意义下稳定。此称稳定判据。

② 若 $\dot{V}(\boldsymbol{x})$为负定，若者虽然 $\dot{V}(\boldsymbol{x})$为半负定，但对任意初始状态 $\boldsymbol{x}(t_0)\neq 0$ 来说，除去 $\boldsymbol{x}=0$ 外，对 $\boldsymbol{x}\neq 0$，$\dot{V}(\boldsymbol{x})$不恒为零。那么原点平衡状态是渐近稳定的。如果进一步还有当 $\|\boldsymbol{x}\|\rightarrow\infty$时，$V(\boldsymbol{x})\rightarrow\infty$，则系统是大范围渐近稳定的。此称渐近稳定判据。

③ 若 $\dot{V}(\boldsymbol{x})$为正定，那么平衡状态 $\boldsymbol{x}_e$ 是不稳定的。此称不稳定判据。

针对第①种情况，即 $\dot{V}(\boldsymbol{x})$为半负定时存在两种可能情况：

a. $\dot{V}(\boldsymbol{x})$恒等于零，运动轨迹将落在某个特定曲面 $V(\boldsymbol{x})=C$ 上，不会收敛于原点，属于临界稳定状态；

b. $\dot{V}(\boldsymbol{x})$不恒等于零，运动轨迹只在特定时记得与特定曲面 $V(\boldsymbol{x})=C$ 相切，运动轨迹通过切点后继续向原点收敛，属于渐近稳定。

例 3-16　已知非线性系统状态方程

$$\dot{x}_1=x_2-x_1(x_1^2+x_2^2)$$
$$\dot{x}_2=-x_1-x_2(x_1^2+x_2^2)$$

试分析其平衡状态的稳定性。

解　坐标原点 $\boldsymbol{x}_e=0$ 是其唯一的平衡状态。

设正定的标量函数为

$$V(\boldsymbol{x})=x_1^2+x_2^2$$

沿任意轨迹求 $V(\boldsymbol{x})$对时间的导数，得

$$\dot{V}(\boldsymbol{x})=\frac{\partial V}{\partial x_1}\frac{\mathrm{d}x_1}{\mathrm{d}t}+\frac{\partial V}{\partial x_2}\frac{\mathrm{d}x_2}{\mathrm{d}t}=2x_1\dot{x}_1+2x_2\dot{x}_2$$

将状态方程代入上式，得该系统沿运动轨迹的 $\dot{V}(\boldsymbol{x})$为

$$\dot{V}(\boldsymbol{x})=-2(x_1^2+x_2^2)^2$$

是负定的。因此所选 $V(\boldsymbol{x})=x_1^2+x_2^2$ 是满足判据条件的一个李雅普诺夫函数。而且当 $\|\boldsymbol{x}\|\rightarrow\infty$时，有 $V(\boldsymbol{x})\rightarrow\infty$，所以，系统在坐标原点处为大范围渐近稳定。

因为 $V(\boldsymbol{x})=x_1^2+x_2^2=C$ 的几何图形是在 x_1x_2 平面上以原点为中心，以$\sqrt{C}$为半径的一簇圆。它表示系统存储的能量。如果储能越多，圆的半径越大，表示相应状态矢量到原点之间的距离越远。而 $\dot{V}(\boldsymbol{x})$为负定，则表示系统的状态在沿状态轨线从圆的外侧趋向内侧的运动过程中，能量将随着时间的推移而逐渐衰减，并最终收敛于原点。由此可见，如果 $V(\boldsymbol{x})$表示状态 x 与坐标原点间的距离，那么 $\dot{V}(\boldsymbol{x})$就表示状态 x 沿轨线趋向坐标原点的速度，也就是状态从 x_0 向 x_e 趋近的速度。

3. 李雅普诺夫方法在线性系统中的应用

设线性定常连续系统为

$$\dot{\boldsymbol{x}}=\boldsymbol{A}\boldsymbol{x} \tag{3-162b}$$

则平衡状态 $\boldsymbol{x}_e=0$ 为大范围渐近稳定的充要条件是 $\boldsymbol{A}$ 的特征根均具有负实数。

命题 3-1　矩阵 $\boldsymbol{A}\in\mathbf{R}^{n\times n}$的所有特征根均具有负实部，即 $\sigma(\boldsymbol{A})\subset\boldsymbol{C}^-$，等价于存在对称矩阵 $\boldsymbol{P}>0$，使得 $\boldsymbol{A}^{\mathrm{T}}\boldsymbol{P}+\boldsymbol{P}\boldsymbol{A}<0$。

对任意给定的正定实对称矩阵 $\boldsymbol{Q}$，若存在正定的实对称矩阵 $\boldsymbol{P}$，满足**李雅普诺夫方程**

$$\boldsymbol{A}^{\mathrm{T}}\boldsymbol{P}+\boldsymbol{P}\boldsymbol{A}=-\boldsymbol{Q} \tag{3-163}$$

则可取

$$V(x)=x^{T}Px \tag{3-164}$$

为系统的李雅普诺夫函数。

若选 $V(x)=x^{T}Px$ 为李雅普诺夫函数，则 $V(x)$ 是正定义的。将 $V(x)$ 取时间导数为

$$\dot{V}(x)=x^{T}P\dot{x}+\dot{x}^{T}Px \tag{3-165}$$

将式(3-162b)代入式(3-165)得

$$\dot{V}(x)=x^{T}PAx+(Ax)^{T}Px=x^{T}(PA+A^{T}P)x$$

欲使系统在原点渐近稳定，则要求 $\dot{V}(x)$ 必须为负定，即

$$\dot{V}(x)=-x^{T}Qx \tag{3-166}$$

式中，$Q=-(A^{T}P+PA)$ 为正定的。

在应用该判据时应注意以下几点：

(1) 实际应用时，通常是先选取一个正定矩阵 Q，代入李雅普诺夫方程式(3-163)解出矩阵 P，然后按希尔维斯特判据判定 P 的正定性，进而作出系统渐近稳定的结论。

(2) 为了方便计算，常取 $Q=I$，这时 P 应满足

$$A^{T}P+PA=-I \tag{3-167}$$

式中，I 为单位矩阵。

(3) 若 $\dot{V}(x)$ 沿任一轨迹不恒等于零，那么 Q 可取为半正定的。

(4) 上述判据所确定的条件与矩阵 A 的特征值具有负实部的条件等价，因而判据所给出的条件是充分必要的。因为设 $A=\Lambda$(或通过变换)，若取 $V(x)=\|x\|=x^{T}x$，则 $Q=-(\Lambda^{T}+\Lambda)=-2\Lambda=-2\Lambda$，显然只有当 Λ 全为负值时，Q 才是正定的。

例 3-17 已知系统状态方程

$$\dot{x}=\begin{pmatrix}0 & 1 & 0\\ 0 & -2 & 1\\ -K & 0 & -1\end{pmatrix}x$$

试确定系统增益 K 的稳定范围。

解 因 $\det A\neq 0$，故原点是系统唯一的平衡状态。选取半正定的实对称矩阵 Q 为

$$Q=\begin{pmatrix}0 & 0 & 0\\ 0 & 0 & 0\\ 0 & 0 & 1\end{pmatrix}$$

为了说明这样选取 Q 半正定是正确的，尚需证明 $\dot{V}(x)$ 沿任意轨迹应不恒等于零。由于

$$\dot{V}(x)=-x^{T}Qx=x_3^2$$

显然，$\dot{V}(x)\equiv 0$ 的条件是 $x_3\equiv 0$，但由状态方程可推知，此时 $x_1\equiv 0$，$x_2\equiv 0$，这表明只有在原点，即在平衡状态 $x_e=0$ 处才使 $\dot{V}(x)\equiv 0$，而沿任一轨迹 $\dot{V}(x)$ 均不会恒等于零。因此，允许选取 Q 为半正定的。

根据式(3-163)，有：

$$\begin{pmatrix}0 & 0 & -K\\ 1 & -2 & 0\\ 0 & 1 & -1\end{pmatrix}\begin{pmatrix}p_{11} & p_{12} & p_{13}\\ p_{21} & p_{22} & p_{23}\\ p_{31} & p_{32} & p_{33}\end{pmatrix}+\begin{pmatrix}p_{11} & p_{12} & p_{13}\\ p_{21} & p_{22} & p_{23}\\ p_{31} & p_{32} & p_{33}\end{pmatrix}\begin{pmatrix}0 & 1 & 0\\ 0 & -2 & 1\\ -K & 0 & -1\end{pmatrix}=\begin{pmatrix}0 & 0 & 0\\ 0 & 0 & 0\\ 0 & 0 & -1\end{pmatrix}$$

可解出矩阵：

$$P=\begin{bmatrix} \frac{K^2+12K}{12-2K} & \frac{6K}{12-2K} & 0 \\ \frac{6K}{12-2K} & \frac{3K}{12-2K} & \frac{K}{12-2K} \\ 0 & \frac{K}{12-2K} & \frac{6}{12-2K} \end{bmatrix}$$

为使 $\boldsymbol{P}$ 为正定矩阵,其充要条件为

$$12-2K>0 \quad 和 \quad K>0$$

即

$$0<K<6$$

这表明当 $0<K<6$ 时,系统原点是大范围渐近稳定的。

李雅普诺夫第二法不仅用于分析线性定常系统的稳定性,而且对线性时变系统以及线性离散系统也能给出相应的稳定性判据。

3.6 极点配置与观测器

在控制理论领域,系统分析和系统综合构成了研究的两个主要方向。系统分析是在数学模型的基础上,对系统性能进行评估,包括响应特性、能控性、能观性和稳定性等,以及这些性能指标与系统结构、参数和外部因素之间的相互关系。而系统综合则是设计控制器的过程,目的是开发出能够提升系统性能的控制策略,确保系统的各项性能指标均达到预定要求。

本节将探讨一种常规的综合设计方法,即通过反馈机制来实现对系统性能指标的满足。在反馈机制中,除了常见的输出反馈,状态反馈也是一种常用的方法。为了实现状态反馈,需要解决状态的测量问题或通过算法对状态进行估计,这正是状态观测器设计的核心,它在利用状态空间法进行系统综合设计中占据了重要位置。

3.6.1 线性定常系统常用反馈结构及其对系统特性的影响

在现代控制理论的研究中,控制系统的基本架构与经典控制理论相似,依然是由受控对象和反馈控制器组成的闭环系统。然而,在现代控制理论中,相较于经典理论中常用的输出反馈,现代理论更多地倾向于使用状态反馈。状态反馈的优势在于它能够提供更多的状态信息和更大的选择自由度,这有助于系统实现更优越的性能表现。在某些条件受限的情况下,输出反馈仍然是一个可行的选择。

1. 状态反馈

设有 n 维线性定常系统

$$\dot{\boldsymbol{x}}=\boldsymbol{A}\boldsymbol{x}+\boldsymbol{B}\boldsymbol{u}, \quad \boldsymbol{y}=\boldsymbol{C}\boldsymbol{x} \tag{3-168}$$

式中:$\boldsymbol{x}$、$\boldsymbol{u}$、$\boldsymbol{y}$ 分别为 n 维、p 维和 q 维向量;$\boldsymbol{A}$、$\boldsymbol{B}$、$\boldsymbol{C}$ 分别为 $n\times n$、$n\times p$、$q\times n$ 实数矩阵。

当将系统的控制量 $\boldsymbol{u}$ 取为状态变量的线性函数

$$\boldsymbol{u}=\boldsymbol{v}-\boldsymbol{K}\boldsymbol{x} \tag{3-169}$$

时,称之为线性直接状态反馈,简称为状态反馈,其中 $\boldsymbol{v}$ 为 p 维参考输入向量,$\boldsymbol{K}$ 为 $p\times n$ 维实反馈增益矩阵。在研究状态反馈时,假定所有的状态变量都是可以用来反馈的。

将式(3-169)代入式(3-168)可得状态反馈系统动态方程

$$\dot{x}=(A-BK)x+Bv,\quad y=Cx \tag{3-170}$$

其传递函数矩阵为

$$G_K(s)=C(sI-A+BK)^{-1}B \tag{3-171}$$

因此可用$\{A-BK,B,C\}$来表示引入状态反馈后的闭环系统。由式(3-170)可以看出，引入状态反馈后系统的输出方程没有变化。

加入状态反馈后多输入多输出系统的状态反馈结构如图 3-22 所示。

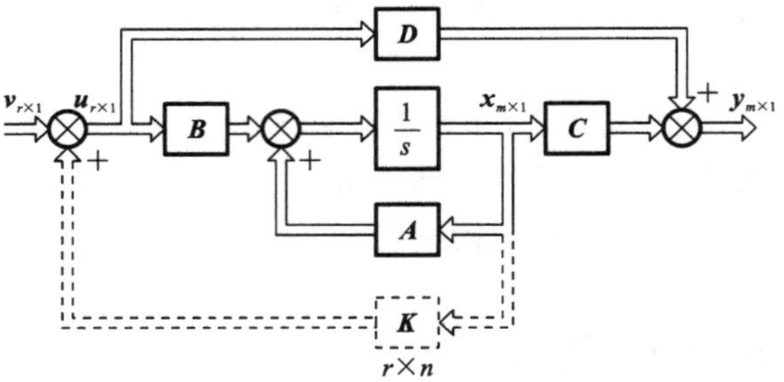

图 3-22 多输入多输出系统的状态反馈结构

2. 输出反馈

输出反馈的目的首先是使系统闭环成为稳定系统，然后在此基础上进一步改善闭环系统性能。输出反馈有两种形式：一种是将输出量反馈至状态微分，另一种是将输出量反馈至参考输入。

输出量反馈至状态微分系统方块图如图 3-23 所示。输出反馈系统的动态方程为

$$\dot{x}=Ax+Bu+Gy=(A+GC)x+(B+GD)u,\quad y=Cx \tag{3-172}$$

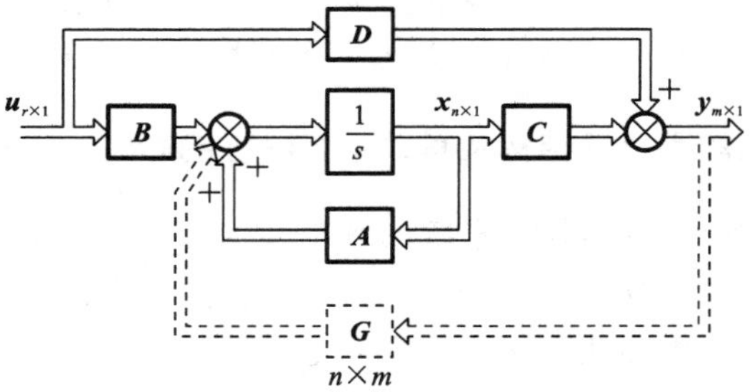

图 3-23 输出量反馈至状态微分系统

若 $D=0$，其传递函数矩阵为

$$G_G(s)=C(sI-(A+HC))^{-1}B \tag{3-173}$$

将输出量反馈至参考输入系统方块图如图 3-24 所示。

系统的控制量 u 取为输出 y 的线性函数

$$u=Hy+v \tag{3-174}$$

时，称为线性非动态输出反馈，简称为输出反馈，其中 v 为 p 维参考输入向量，H 为 $p\times q$ 维实反馈增益矩阵。这是一种最常用的输出反馈。

将式(3-174)代入式(3-168)可得输出反馈系统动态方程(若 $D=0$)

$$\dot{x}=(A+BHC)x+Bv,\quad y=Cx \tag{3-175}$$

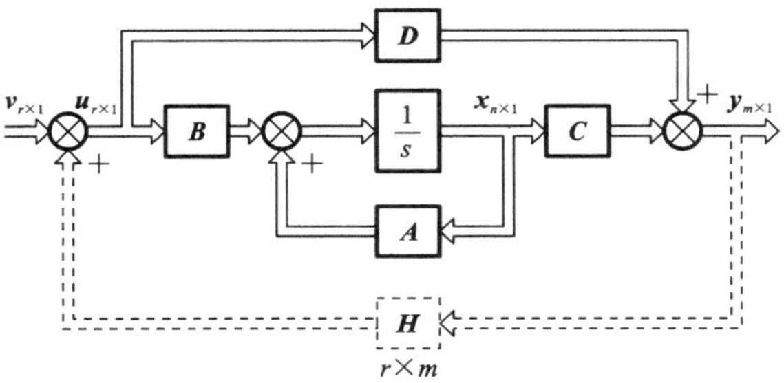

图 3-24 多输入多输出系统的输出反馈结构

其传递函数矩阵为

$$G_H(s)=C(sI-(A+BHC))^{-1}B \tag{3-176}$$

状态反馈与输出反馈虽然都能对状态的系数矩阵进行调整，但它们各自的功能和效果有所区别。状态反馈能够全面反映系统的动态特性，因此在应用时可以提供丰富的信息，允许在不增加系统复杂度的前提下，灵活地调整系统的响应特性。相比之下，输出反馈只基于状态变量的线性组合，它所提供的信息量有限，而且为了实现补偿，往往需要增加系统的维度，这可能会限制实现理想的响应特性。

尽管如此，输出反馈由于依赖于容易获取的输出变量，因此在实际应用中更为便捷，因此得到了广泛的使用。对于那些在状态反馈系统中难以直接测量的状态变量，通常需要通过状态观测器来实现状态的估计和重构。

3. 反馈结构对系统性能的影响

由于引入反馈，系统状态的系数矩阵发生了变化，对系统的能控性、能观性、稳定性、响应特性等均有影响。

1）对系统能控性和能观性的影响

定理 3-1 对于系统(3-168)，状态反馈的引入不改变系统的能控性，但可能改变系统的能观性。这表明状态反馈可能改变系统的能观性，其原因是状态反馈造成了所配置的极点与零点相对消。

定理 3-2 对于系统(3-168)，输出至状态微分反馈的引入不改变系统的能观性，但可能改变系统的能控性。

定理 3-3 对于系统(3-168)，输出至参考输入反馈的引入能同时不改变系统的能控性和能观性，即输出反馈系统 Σ_F 为能控(能观)的充分必要条件是被控系统 Σ_0 为能控(能观)。

2）对系统稳定性的影响

状态反馈和输出反馈都能影响系统的稳定性。加入反馈，使得通过反馈构成的闭环系统成为稳定系统，称之为镇定。由于状态反馈具有许多优越性，且输出反馈系统总可以找到与之性能等同的状态反馈系统，故在此只讨论状态反馈的镇定问题。对于线性定常被控系统

$$\dot{x}=Ax+Bu$$

如果可以找到状态反馈控制律

$$u=-Kx+v$$

其中,$\boldsymbol{v}$ 为参考输入,使得通过反馈构成的闭环系统

$$\dot{\boldsymbol{x}}=(\boldsymbol{A}-\boldsymbol{BK})\boldsymbol{x}+\boldsymbol{Bv}$$

是渐近稳定的,即$(\boldsymbol{A}-\boldsymbol{BK})$的特征值均具有负实部,称系统实现了状态反馈镇定。

定理 3-4 当且仅当系统(3-168)的不能控部分渐近稳定时,系统是状态反馈可镇定的。

3.6.2 系统的极点配置

控制系统性能在很大程度上由其根平面上的极点分布所决定。在综合系统性能指标时,通常会设定一组理想的极点,或者根据时间域的性能指标转化为一组等效的理想极点。无论是在传统控制理论还是现代控制理论中,系统综合设计的核心都是应用各种技术手段,尤其是反馈机制,来重新配置系统的极点和零点,以实现预期的性能。

所谓的极点配置,指的是通过状态反馈或输出反馈,使闭环系统的极点达到期望的位置。由于系统性能与其极点位置紧密相关,极点配置在系统设计中扮演着至关重要的角色。在这一过程中,需要解决两个关键问题:首先,要明确极点可配置的条件;其次,要确定实现极点配置所需的反馈增益矩阵。

1. 极点可配置条件

这里给出的极点可配置条件既适合于单输入单输出系统,也适合于多输入多输出系统。

(1) 利用状态反馈的极点可配置条件。

定理 3-5 利用状态反馈任意配置闭环极点的充分必要条件是被控系统 $\Sigma_0=(\boldsymbol{A},\boldsymbol{b},\boldsymbol{c})$完全能控。

(2) 利用输出反馈的极点可配置条件。

定理 3-6 用输出至状态微分的反馈任意配置闭环极点的充分必要条件是被控系统 $\Sigma_0=(\boldsymbol{A},\boldsymbol{b},\boldsymbol{c})$完全能观。

为了根据期望闭环极点来设计输出反馈向量 $\boldsymbol{h}$ 的参数,只需将期望的系统特征多项式与该输出反馈系统特征多项式$|\lambda\boldsymbol{I}-(\boldsymbol{A}+\boldsymbol{hc})|$相比即可。

2. 单输入单输出系统的极点配置算法

对于具体的能控单输入单输出系统,求解实现希望极点配置的状态反馈向量 $\boldsymbol{k}$ 时,只需要运行如下简单算法。

步骤 1:列写系统状态方程及状态反馈控制律

$$\dot{\boldsymbol{x}}=\boldsymbol{Ax}+\boldsymbol{bu},\quad \boldsymbol{u}=\boldsymbol{v}-\boldsymbol{kx}$$

其中 $\boldsymbol{k}=[k_0\quad k_1\quad \cdots\quad k_{n-1}]$。

步骤 2:检验$(\boldsymbol{A},\boldsymbol{b})$的能控性。若 $\mathrm{rank}[\boldsymbol{b}\quad \boldsymbol{Ab}\quad \cdots\quad \boldsymbol{A}^{n-1}\boldsymbol{b}]=n$,则转下步。

步骤 3:由要求配置的闭环极点 $\lambda_1,\lambda_2,\cdots,\lambda_n$,求出希望特征多项式 $a_0^*(s)=\prod_{i=1}^{n}(s-\lambda_i)$。

步骤 4:计算状态反馈系统的特征多项式 $a_0(s)=\det[s\boldsymbol{I}-(\boldsymbol{A}+\boldsymbol{bk})]$。

步骤 5:比较多项式 $a_0^*(s)$与 $a_0(s)$,令其对应项系数相等,可确定状态反馈增益向量 $\boldsymbol{k}$。

应当指出，应用极点配置方法来改善系统性能，有以下需要注意的方面：

(1) 配置极点时并非离虚轴越远越好，以免造成系统带宽过大使抗扰性降低。

(2) 状态反馈向量 $\boldsymbol{k}$ 中的元素不宜过大，否则物理实现不易。

(3) 闭环零点对系统动态性能影响甚大，在规定希望配置的闭环极点时，需要充分考虑闭环零点的影响。

(4) 状态反馈对系统的零点和能观性没有影响，只有当任意配置的极点与系统零点存在对消时，状态反馈系统的零点和能观性将会改变。

以上性质适用于单输入多输出或单输出系统，但不适用于多输入多输出系统。

例 3-18 已知单输入线性定常系统的状态方程为

$$\dot{\boldsymbol{x}}=\begin{bmatrix}0 & 0 & 0\\1 & -6 & 0\\0 & 1 & -12\end{bmatrix}\boldsymbol{x}+\begin{bmatrix}1\\0\\0\end{bmatrix}\boldsymbol{u}$$

求状态反馈向量 $\boldsymbol{k}$，使系统的闭环特征值为

$$\lambda_1=-2,\quad \lambda_2=-1+\mathrm{j},\quad \lambda_3=-1-\mathrm{j}$$

解 系统的能控性判别矩阵为

$$\boldsymbol{S}_c=[\boldsymbol{b}\quad \boldsymbol{A}\boldsymbol{b}\quad \boldsymbol{A}^2\boldsymbol{b}]=\begin{bmatrix}1 & 0 & 0\\0 & 1 & -6\\0 & 0 & 1\end{bmatrix}$$

$$\operatorname{rank}\boldsymbol{S}_c=3=n$$

系统能控，满足极点可配置条件。系统的期望特征多项式为

$$a_0^*(s)=(s-\lambda_1)(s-\lambda_2)(s-\lambda_3)=(s+2)(s+1-\mathrm{j})(s+1+\mathrm{j})=s^3+4s^2+6s+4$$

令

$$a_0^*(s)=\det(s\boldsymbol{I}-\boldsymbol{A}+\boldsymbol{b}\boldsymbol{k})=\begin{bmatrix}s+k_1 & k_2 & k_3\\-1 & s+6 & 0\\0 & -1 & s+12\end{bmatrix}$$

$$=s^3+(k_1+18)s^2+(18k_1+k_2+72)s+(72k_1+12k_2+k_3)$$

于是有

$$k_1+18=4$$

$$18k_1+k_2+72=6$$

$$72k_1+12k_2+k_3=4$$

可求得

$$k_1=-14,\quad k_2=186,\quad k_3=-1220$$

$$\boldsymbol{k}=[k_1\quad k_2\quad k_3]=[-14\quad 186\quad -1220]$$

3. 状态反馈对传递函数零点的影响

状态反馈在改变系统极点的同时，是否对系统的零点产生影响？下面来分析回答这一问题。已知完全能控的单输入单输出线性定常系统可经适当非奇异线性变换化为能控标准型

$$\dot{\bar{\boldsymbol{x}}}=\bar{\boldsymbol{A}}\bar{\boldsymbol{x}}+\bar{\boldsymbol{b}}\boldsymbol{u},\quad \boldsymbol{y}=\bar{\boldsymbol{c}}\bar{\boldsymbol{x}}$$

引入状态反馈后的闭环系统传递函数为

$$\boldsymbol{G}_K(s)=\boldsymbol{c}(s\boldsymbol{I}-\boldsymbol{A}+\boldsymbol{b}\boldsymbol{k})^{-1}\boldsymbol{b}=\bar{\boldsymbol{c}}(s\boldsymbol{I}-\bar{\boldsymbol{A}}+\overline{\boldsymbol{b}\boldsymbol{k}})^{-1}\bar{\boldsymbol{b}}$$

$$=\frac{[\beta_0\quad \beta_1\quad \cdots\quad \beta_{n-1}]}{s^n+a_{n-1}^*s^{n-1}+\cdots+a_1^*s+a_0^*}\begin{bmatrix}\times & \cdots & \times & 1\\\times & \cdots & \times & s\\\vdots & & \vdots & \vdots\\\times & \cdots & \times & s^{n-1}\end{bmatrix}\begin{bmatrix}0\\\vdots\\0\\1\end{bmatrix}$$

$$=\frac{\beta_{n-1}s^{n-1}+\cdots+\beta_1 s+\beta_0}{s^n+a_{n-1}^*s^{n-1}+\cdots+a_1^*s+a_0^*}$$

上述推导表明，$\boldsymbol{G}(s)$与$\boldsymbol{G}_K(s)$的分子多项式相同，即闭环系统零点与被控系统零点相同，状态反馈对$\boldsymbol{G}(s)$的零点没有影响，仅使$\boldsymbol{G}(s)$的极点改变为闭环系统极点。然而可能有这种情况：引入状态反馈后恰巧使某些极点移到$\boldsymbol{G}(s)$的零点处而构成极、零点对消，这时既失去了一个系统零点，又失去了一个系统极点，并且被对消掉的那些极点可能不能观。这也是对状态反馈可能使系统失去能观性的一个直观解释。

3.6.3 全维状态观测器及其设计

在实施状态反馈以调整系统极点的过程中，通常需要通过传感器来获取状态变量，以便于执行反馈操作。然而，实际情况往往是，只有系统的输入和输出可以通过传感器进行测量，许多状态变量则难以或无法直接测量。为了解决这一问题，提出了一种方法，即利用系统的输入和输出信息来构建状态观测器，也称为状态估计器或状态重构器，用以推断状态变量。当这种状态重构器能够完全恢复与被控对象相同维度的状态向量时，它被称为全维状态观测器。

1. 全维状态观测器构成方案

设被控对象动态方程为

$$\dot{\boldsymbol{x}}=\boldsymbol{A}\boldsymbol{x}+\boldsymbol{B}\boldsymbol{u},\quad \boldsymbol{y}=\boldsymbol{C}\boldsymbol{x} \tag{3-177}$$

构造一个动态方程与式(3-177)相同且能用计算机实现的模拟被控系统

$$\dot{\hat{\boldsymbol{x}}}=\boldsymbol{A}\hat{\boldsymbol{x}}+\boldsymbol{B}\boldsymbol{u},\quad \hat{\boldsymbol{y}}=\boldsymbol{C}\hat{\boldsymbol{x}} \tag{3-178}$$

式中，$\hat{\boldsymbol{x}}$、$\hat{\boldsymbol{y}}$分别为模拟系统的状态向量和输出向量，是被控对象状态向量和输出向量的估值。当模拟系统与被控对象的初始状态向量相同时，在同一输入作用下，有$\hat{\boldsymbol{x}}=\boldsymbol{x}$，可用$\hat{\boldsymbol{x}}$作为状态反馈所需用的信息。但是，被控对象的初始状态可能很不相同，模拟系统中积分器初始条件的设置又只能预估，因而两个系统的初始状态总有差异，即使两个系统的$\boldsymbol{A}$、$\boldsymbol{B}$、$\boldsymbol{C}$阵完全一样，也必定存在估计状态与被控对象实际状态的误差$(\hat{\boldsymbol{x}}-\boldsymbol{x})$，难以实现所需要的状态反馈。但是，$(\hat{\boldsymbol{x}}-\boldsymbol{x})$的存在必定导致$(\hat{\boldsymbol{y}}-\boldsymbol{y})$的存在，而被控系统的输出量总是可以用传感器测量的，于是可根据一般反馈控制原理，将$(\hat{\boldsymbol{y}}-\boldsymbol{y})$负反馈至$\dot{\hat{\boldsymbol{x}}}$处，控制$(\hat{\boldsymbol{y}}-\boldsymbol{y})$尽快逼近于零，从而使$(\hat{\boldsymbol{x}}-\boldsymbol{x})$尽快逼近于零，便可以利用$\hat{\boldsymbol{x}}$来形成状态反馈。按以上原理构成的状态观测器及其实现状态反馈的方块图如图3-25所示。状态观测器有两个输入，即$\boldsymbol{u}$和$\boldsymbol{y}$，输出为$\hat{\boldsymbol{x}}$。观测器含n个积分器并对全部状态变量作出估计。$\boldsymbol{H}$为观测器输出反馈阵，它把$(\hat{\boldsymbol{y}}-\boldsymbol{y})$负反馈至上处，是为配置观测器极点，提高其动态性能，即尽快使$(\hat{\boldsymbol{x}}-\boldsymbol{x})$逼近于零而引入的，它是前面介绍过的一种输出反馈。

2. 全维状态观测器分析设计

由图3-25可列出全维状态观测器动态方程

$$\dot{\hat{\boldsymbol{x}}}=\boldsymbol{A}\hat{\boldsymbol{x}}+\boldsymbol{B}\boldsymbol{u}-\boldsymbol{H}(\hat{\boldsymbol{y}}-\boldsymbol{y}),\quad \hat{\boldsymbol{y}}=\boldsymbol{C}\hat{\boldsymbol{x}} \tag{3-179}$$

故有

$$\dot{\hat{\boldsymbol{x}}}=\boldsymbol{A}\hat{\boldsymbol{x}}+\boldsymbol{B}\boldsymbol{u}-\boldsymbol{H}\boldsymbol{C}(\hat{\boldsymbol{x}}-\boldsymbol{x})=(\boldsymbol{A}-\boldsymbol{H}\boldsymbol{C})\hat{\boldsymbol{x}}+\boldsymbol{B}\boldsymbol{u}+\boldsymbol{H}\boldsymbol{y} \tag{3-180}$$

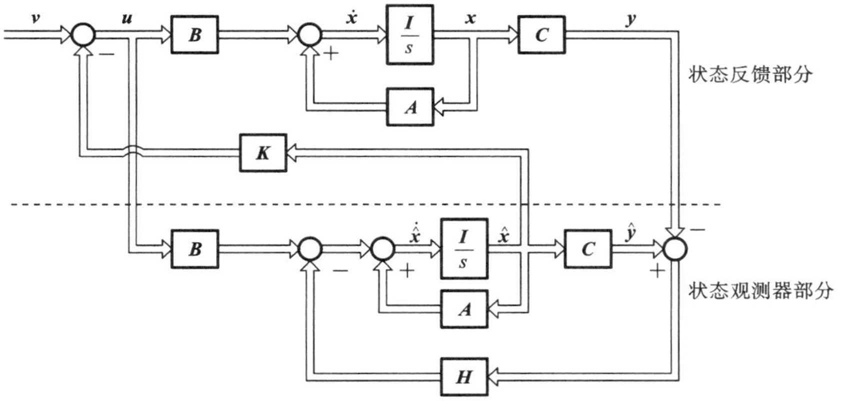

图 3-25 状态观测器及其实现状态反馈的系统方块图

式中，$(\boldsymbol{A}-\boldsymbol{HC})$称为观测器系统矩阵。观测器分析设计的关键问题是能否在任何初始条件下，即尽管 $\hat{\boldsymbol{x}}(t_0)$ 与 $\boldsymbol{x}(t_0)$ 不同，但总能保证

$$\lim_{t\to\infty}(\hat{\boldsymbol{x}}(t)-\boldsymbol{x}(t))=0 \tag{3-181}$$

成立。只有满足式(3-181)，状态反馈系统才能正常工作，式(3-180)所示系统才能作为实际的状态观测器，故式(3-182)称为观测器存在条件。

由式(3-180)与式(3-177)可得

$$\dot{\boldsymbol{x}}-\dot{\hat{\boldsymbol{x}}}=(\boldsymbol{A}-\boldsymbol{HC})(\boldsymbol{x}-\hat{\boldsymbol{x}}) \tag{3-182}$$

其解为

$$\boldsymbol{x}(t)-\hat{\boldsymbol{x}}(t)=\mathrm{e}^{(\boldsymbol{A}-\boldsymbol{HC})(t-t_0)}[\boldsymbol{x}(t_0)-\hat{\boldsymbol{x}}(t_0)] \tag{3-183}$$

显然，当 $\hat{\boldsymbol{x}}(t_0)=\boldsymbol{x}(t_0)$时，恒有 $\boldsymbol{x}(t)=\hat{\boldsymbol{x}}(t)$，所引入的输出反馈并不起作用。当 $\hat{\boldsymbol{x}}(t_0)\neq\boldsymbol{x}(t_0)$时，有 $\hat{\boldsymbol{x}}(t)\neq\boldsymbol{x}(t)$，这时只要$(\boldsymbol{A}-\boldsymbol{HC})$的全部特征值具有负实部，初始状态向量误差总会按指数衰减规律满足式(3-181)，其衰减速率取决于观测器的极点配置。由前面的输出反馈定理可知，若被控对象能观，则$(\boldsymbol{A}-\boldsymbol{HC})$的极点可任意配置，以满足 $\hat{\boldsymbol{x}}$ 逼近 $\boldsymbol{x}$ 的速率要求，因而保证了状态观测器的存在性。

定理 3-7 若被控系统 $\Sigma(\boldsymbol{A},\boldsymbol{B},\boldsymbol{C})$能观，则其状态可用形如

$$\dot{\hat{\boldsymbol{x}}}=\boldsymbol{A}\hat{\boldsymbol{x}}+\boldsymbol{B}\boldsymbol{u}-\boldsymbol{HC}(\hat{\boldsymbol{x}}-\boldsymbol{x})=(\boldsymbol{A}-\boldsymbol{HC})\hat{\boldsymbol{x}}+\boldsymbol{B}\boldsymbol{u}+\boldsymbol{H}\boldsymbol{y} \tag{3-184}$$

的全维状态观测器给出估值，其中矩阵 $\boldsymbol{H}$ 按任意配置观测器极点的需要来选择，以决定状态误差衰减的速率。

例 3-19 设被控对象传递函数为

$$\frac{\boldsymbol{Y}(s)}{\boldsymbol{U}(s)}=\frac{2}{(s+1)(s+2)}$$

试设计全维状态观测器，将极点配置在-10，-10。

解 被控对象的传递函数为

$$\frac{\boldsymbol{Y}(s)}{\boldsymbol{U}(s)}=\frac{2}{(s+1)(s+2)}=\frac{2}{s^2+3s+2}$$

根据传递函数可直接写出系统的能控标准型

$$\dot{\boldsymbol{x}}=\boldsymbol{A}\boldsymbol{x}+\boldsymbol{b}u,\quad y=\boldsymbol{c}\boldsymbol{x}$$

其中 $$\boldsymbol{A}=\begin{bmatrix}0 & 1\\ -2 & -3\end{bmatrix},\quad \boldsymbol{b}=\begin{bmatrix}0\\ 1\end{bmatrix},\quad \boldsymbol{c}=\begin{bmatrix}2 & 0\end{bmatrix}$$

显然，系统能控能观。令 $n=2,q=1$，输出反馈向量 $\boldsymbol{h}$ 为 2×1 向量。全维状态观测器系统矩阵为

$$\boldsymbol{A}-\boldsymbol{hc}=\begin{bmatrix}0 & 1\\ -2 & -3\end{bmatrix}-\begin{bmatrix}h_0\\ h_1\end{bmatrix}\begin{bmatrix}2 & 0\end{bmatrix}=\begin{bmatrix}-2h_0 & 1\\ -2-2h_1 & -3\end{bmatrix}$$

观测器特征方程为

$$|\lambda\boldsymbol{I}-(\boldsymbol{A}-\boldsymbol{hc})|=\lambda^2+(2h_0+3)\lambda+(6h_0+2h_1+2)=0$$

期望特征方程为

$$(\lambda+10)^2=\lambda^2+20\lambda+100=0$$

令两特征方程同次项系数相等，可得

$$2h_0+3=20,\quad 6h_0+2h_1+2=100$$

因而有

$$h_0=8.5,\quad h_1=23.5$$

h_0,h_1 分别为由 $(\hat{\boldsymbol{y}}-\boldsymbol{y})$ 引至 $\dot{\hat{\boldsymbol{x}}}_1,\dot{\hat{\boldsymbol{x}}}_2$ 的反馈系数。被控对象及全维状态观测器组合系统的状态变量图如图 3-26 所示。

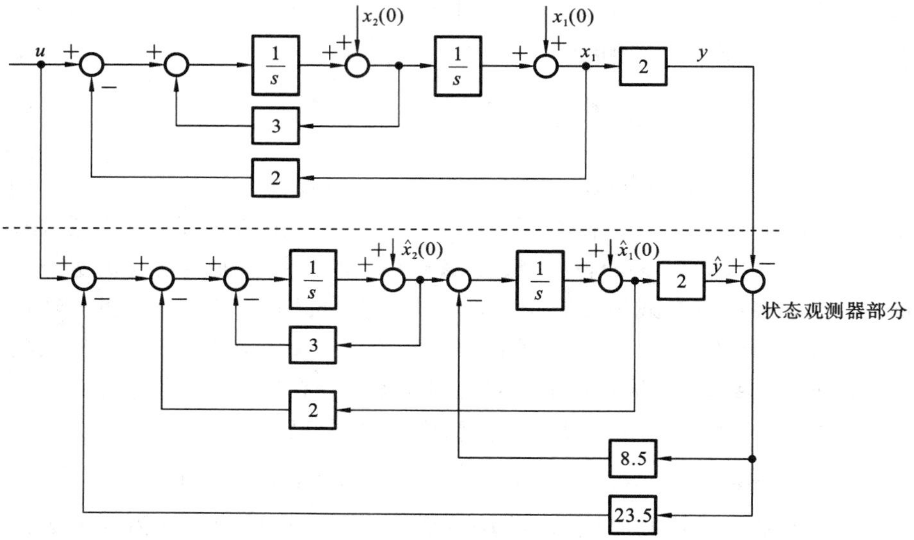

图 3-26 全维状态观测器及被控对象组合系统的状态变量图

3.6.4 分离特性

当用全维状态观测器提供的状态估值 $\hat{\boldsymbol{x}}$ 代替真实状态 $\boldsymbol{x}$ 来实现状态反馈时，为保持系统的期望特征值，其状态反馈阵 $\boldsymbol{K}$ 是否需要重新设计？当观测器被引入系统以后，状态反馈系统部分是否会改变已经设计好的观测器极点配置，其观测器输出反馈阵 $\boldsymbol{H}$ 是否需要重新设计？为此需要对引入观测器的状态反馈系统作进一步分析。整个系统的结构图如图 3-25 所示，是一个 $2n$ 维的复合系统，其中

$$\boldsymbol{u}=\boldsymbol{v}-\boldsymbol{K}\hat{\boldsymbol{x}} \tag{3-185}$$

状态反馈子系统动态方程为

$$\dot{\boldsymbol{x}}=\boldsymbol{A}\boldsymbol{x}+\boldsymbol{B}\boldsymbol{u}=\boldsymbol{A}\boldsymbol{x}-\boldsymbol{B}\boldsymbol{K}\hat{\boldsymbol{x}}+\boldsymbol{B}\boldsymbol{v},\quad \boldsymbol{y}=\boldsymbol{C}\boldsymbol{x} \tag{3-186}$$

全维状态观测器子系统动态方程为

$$\dot{\hat{\boldsymbol{x}}}=\boldsymbol{A}\hat{\boldsymbol{x}}+\boldsymbol{B}\boldsymbol{u}-\boldsymbol{H}(\hat{\boldsymbol{y}}-\boldsymbol{y})=(\boldsymbol{A}-\boldsymbol{B}\boldsymbol{K}-\boldsymbol{H}\boldsymbol{C})\hat{\boldsymbol{x}}+\boldsymbol{H}\boldsymbol{C}\boldsymbol{x}+\boldsymbol{B}\boldsymbol{v} \tag{3-187}$$

故复合系统动态方程为

$$\begin{bmatrix}\dot{\boldsymbol{x}}\\ \dot{\hat{\boldsymbol{x}}}\end{bmatrix}=\begin{bmatrix}\boldsymbol{A} & -\boldsymbol{B}\boldsymbol{K}\\ \boldsymbol{H}\boldsymbol{C} & \boldsymbol{A}-\boldsymbol{B}\boldsymbol{K}-\boldsymbol{H}\boldsymbol{C}\end{bmatrix}\begin{bmatrix}\boldsymbol{x}\\ \hat{\boldsymbol{x}}\end{bmatrix}+\begin{bmatrix}\boldsymbol{B}\\ \boldsymbol{B}\end{bmatrix}\boldsymbol{v} \tag{3-188a}$$

$$\boldsymbol{y}=\begin{bmatrix}\boldsymbol{C} & 0\end{bmatrix}\begin{bmatrix}\boldsymbol{x}\\ \hat{\boldsymbol{x}}\end{bmatrix} \tag{3-188b}$$

在复合系统动态方程中，不用状态估值 $\hat{\boldsymbol{x}}$，而用状态误差 $(x-\hat{x})$，将会使分析研究更加直观方便。由式(3-186)和式(3-187)可得

$$\dot{\boldsymbol{x}}-\dot{\hat{\boldsymbol{x}}}=(\boldsymbol{A}-\boldsymbol{H}\boldsymbol{C})(\boldsymbol{x}-\hat{\boldsymbol{x}}) \tag{3-189}$$

该式与 $\boldsymbol{u}$，$\boldsymbol{v}$ 无关，即 $(\boldsymbol{x}-\hat{\boldsymbol{x}})$ 是不能控的。不管施加什么样的控制信号，只要 $(\boldsymbol{A}-\boldsymbol{H}\boldsymbol{C})$ 全部特征值都具有负实部，状态误差总会衰减到零，这正是所希望的，是状态观测器所具有的重要性质。对式(3-188)引入非奇异线性变换

$$\begin{bmatrix}\boldsymbol{x}\\ \hat{\boldsymbol{x}}\end{bmatrix}=\begin{bmatrix}\boldsymbol{I}_n & 0\\ \boldsymbol{I}_n & -\boldsymbol{I}_n\end{bmatrix}\begin{bmatrix}\boldsymbol{x}\\ \boldsymbol{x}-\hat{\boldsymbol{x}}\end{bmatrix} \tag{3-190}$$

则有

$$\begin{bmatrix}\dot{\boldsymbol{x}}\\ \dot{\boldsymbol{x}}-\dot{\hat{\boldsymbol{x}}}\end{bmatrix}=\begin{bmatrix}\boldsymbol{A}-\boldsymbol{B}\boldsymbol{K} & \boldsymbol{B}\boldsymbol{K}\\ 0 & \boldsymbol{A}-\boldsymbol{H}\boldsymbol{C}\end{bmatrix}\begin{bmatrix}\boldsymbol{x}\\ \boldsymbol{x}-\hat{\boldsymbol{x}}\end{bmatrix}+\begin{bmatrix}\boldsymbol{B}\\ 0\end{bmatrix}\boldsymbol{v} \tag{3-191a}$$

$$\boldsymbol{y}=\begin{bmatrix}\boldsymbol{C} & 0\end{bmatrix}\begin{bmatrix}\boldsymbol{x}\\ \boldsymbol{x}-\hat{\boldsymbol{x}}\end{bmatrix} \tag{3-191b}$$

由于线性变换后系统传递函数矩阵具有不变性，由式(3-191)可导出系统传递函数矩阵

$$\boldsymbol{G}(s)=\begin{bmatrix}\boldsymbol{C} & 0\end{bmatrix}\begin{bmatrix}s\boldsymbol{I}-(\boldsymbol{A}-\boldsymbol{B}\boldsymbol{K}) & -\boldsymbol{B}\boldsymbol{K}\\ 0 & s\boldsymbol{I}-(\boldsymbol{A}-\boldsymbol{H}\boldsymbol{C})\end{bmatrix}^{-1}\begin{bmatrix}\boldsymbol{B}\\ 0\end{bmatrix} \tag{3-192}$$

利用分块矩阵求逆公式

$$\begin{bmatrix}\boldsymbol{R} & \boldsymbol{S}\\ 0 & \boldsymbol{T}\end{bmatrix}^{-1}=\begin{bmatrix}\boldsymbol{R}^{-1} & -\boldsymbol{R}^{-1}\boldsymbol{S}\boldsymbol{T}^{-1}\\ 0 & \boldsymbol{T}^{-1}\end{bmatrix} \tag{3-193}$$

可得

$$\boldsymbol{G}(s)=\boldsymbol{C}[s\boldsymbol{I}-(\boldsymbol{A}-\boldsymbol{B}\boldsymbol{K})]^{-1}\boldsymbol{B} \tag{3-194}$$

式(3-194)正是引入真实状态 $\boldsymbol{x}$ 作为反馈的状态反馈系统

$$\begin{aligned}\dot{\boldsymbol{x}}&=\boldsymbol{A}\boldsymbol{x}+\boldsymbol{B}(\boldsymbol{v}-\boldsymbol{K}\boldsymbol{x})=(\boldsymbol{A}-\boldsymbol{B}\boldsymbol{K})\boldsymbol{x}+\boldsymbol{B}\boldsymbol{v}\\ \boldsymbol{y}&=\boldsymbol{C}\boldsymbol{x}\end{aligned} \tag{3-195}$$

的传递函数矩阵。这说明复合系统与状态反馈子系统具有相同的传递特性，与观测器部分无关，可用估值状态 $\hat{\boldsymbol{x}}$ 代替真实状态 $\boldsymbol{x}$ 作为反馈。$2n$ 维复合系统导出了 $n\times n$ 传递矩阵，这是由于 $(\boldsymbol{x}-\hat{\boldsymbol{x}})$ 的不能控造成的。

由于线性变换后特征值具有不变性，由式(3-191)易导出其特征值满足关系式

$$\begin{vmatrix}s\boldsymbol{I}-(\boldsymbol{A}-\boldsymbol{B}\boldsymbol{K}) & -\boldsymbol{B}\boldsymbol{K}\\ 0 & s\boldsymbol{I}-(\boldsymbol{A}-\boldsymbol{H}\boldsymbol{C})\end{vmatrix}=|s\boldsymbol{I}-(\boldsymbol{A}-\boldsymbol{B}\boldsymbol{K})|\cdot|s\boldsymbol{I}-(\boldsymbol{A}-\boldsymbol{H}\boldsymbol{C})| \tag{3-196}$$

该式表明复合系统特征值是由状态反馈子系统和全维状态观测器的特征值组合而成，

且两部分特征值相互独立,彼此不受影响,因而状态反馈矩阵 $\boldsymbol{K}$ 和输出反馈矩阵 $\boldsymbol{H}$ 可根据各自的要求来独立进行设计,故有下述分离定理。

定理 3-8(分离定理) 若被控系统($\boldsymbol{A},\boldsymbol{B},\boldsymbol{C}$)能控能观,用状态观测器估值形成状态反馈时,其系统的极点配置和观测器设计可分别独立进行,即 $\boldsymbol{K}$ 和 $\boldsymbol{H}$ 阵的设计可分别独立进行。

本章小结

本章主要讲解现代控制理论的基础知识,包括现代控制理论概述、状态空间与数学模型变换、系统的能控能观性、系统的稳定性及稳定判据、极点配置和观测器等。

1) 概述部分

主要介绍现代控制理论与经典控制理论的关系、现代控制理论的发展应用。

(1) 现代控制理论以状态空间法为基础,是对经典控制理论精确化、数学化及理论化。

(2) 现代控制理论的研究对象和适用范围包括多变量的、非线性的、时变的、离散的系统。

2) 状态空间与数学模型变换部分

主要讲解系统数学描述类型、状态空间描述概念及其建立、线性定常系统的解、系统传递函数矩阵。

(1) 系统描述有外部描述与内部描述的区别。内部描述是一种完全的描述。

(2) 状态空间描述概念:状态与状态变量、状态向(矢)量、状态空间、状态轨线、状态空间表达式。

(3) 构建状态空间表达式的方法主要有两种:一是根据系统的机理建立状态空间表达式;二是由已知的系统其他数学模型转化得到状态空间表达式。

(4) 线性定常连续系统状态方程的解通常采用幂级数法和拉普拉斯变换法求解齐次状态方程、状态转移矩阵及其运算性质、非齐次方程的解。

(5) 系统传递函数矩阵:传递函数矩阵的定义、开环与闭环传递函数矩阵、解耦系统的传递矩阵。

3) 系统的能控能观性部分

主要讲解线性定常连续系统的能控性判据、线性定常连续系统的能观性判据、线性变换与系统结构分解。

(1) 线性定常连续系统的能控性判据:系统能控性与能观性的定义;能控性格拉姆矩阵判据、秩判据、对角线规范型判据;输出能控性判据。

(2) 线性定常连续系统的能观性判据。

(3) 线性变换与系统结构分解。

(4) 线性离散系统的能控性与能观性:格拉姆矩阵判据、秩判据、对角线规范型判据。

(5) 线性变换与系统结构分解状态空间表达式的线性变换、能控能观标准型;对偶原理;非奇异变换的不变性;线性定常系统的结构分解。

4) 系统的稳定性及稳定判据部分

主要讲解李雅普诺夫稳定性的定义、李雅普诺夫稳定性判定方法及其在线性系统中的应用。

(1) 李雅普诺夫稳定性的定义：系统的运动及平衡状态；李雅普诺夫意义下稳定、渐近稳定、大范围渐近稳定、不稳定的定义。

(2) 李雅普诺夫稳定性判定方法及其在线性系统中的应用：李雅普诺夫第一法（间接法）；李雅普诺夫第二法（直接法）；李雅普诺夫第二法在线性系统中的应用。

5) 极点配置和观测器部分

主要讲解线性定常系统常用反馈结构及其对系统的影响，系统极点配置，全维状态观测器及其设计、分离特性等。

(1) 线性定常系统常用反馈结构及其对系统的影响：状态反馈、输出反馈；反馈结构对系统性能（能控能观性、稳定性）的影响。

(2) 系统极点配置：极点可配置的条件；单输入单输出系统的极点配置算法；状态反馈对传递函数零点的影响。

(3) 全维状态观测器及其设计：全维状态观测器构成方案；全维状态观测器分析设计。

(4) 分离特性：极点配置与状态观测设计可独立进行（分离定理）。

思考题

3-1　有电路如题 3-1 图所示。以电压 $u(t)$ 为输入量，求以电感内的电流和电容上的电压作为状态变量的状态方程，和以电阻 R 上的电压作为输出量的输出方程。

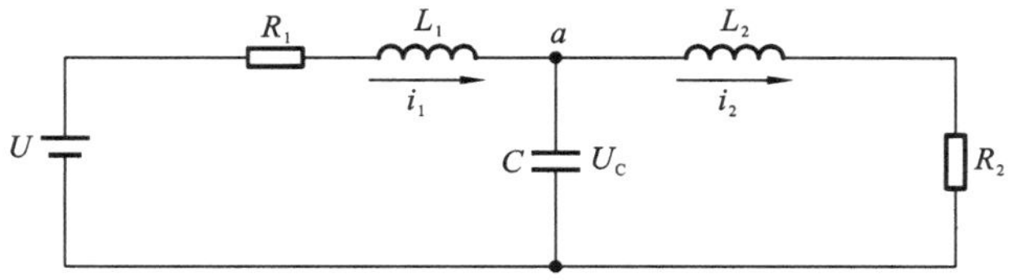

题 3-1 图　电路图

3-2　有机械系统如题 3-2 图所示，M_1 和 M_2 分别受外力 f_1 和 f_2 的作用。求以 M_1 和 M_2 的运动速度为输出的状态空间表达式。

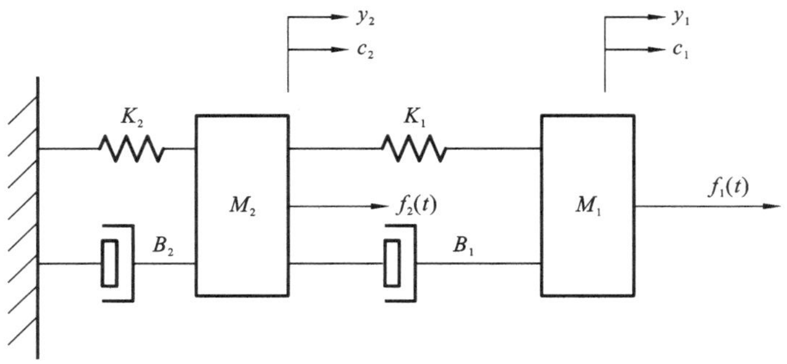

题 3-2 图　机械系统

3-3 已知系统传递函数 $W(s)=\dfrac{10(s-1)}{s(s+1)(s+3)}$，试求出系统的约当标准型的实现，并画出相应的模拟结构图。

3-4 求下列状态空间表达式的解：

$$\dot{\boldsymbol{x}}=\begin{pmatrix}0 & 1\\ 0 & 0\end{pmatrix}\boldsymbol{x}+\begin{pmatrix}0\\ 1\end{pmatrix}\boldsymbol{u}$$

$$\boldsymbol{y}=(1,0)\boldsymbol{x}$$

初始状态 $\boldsymbol{x}(0)=\begin{pmatrix}1\\ 1\end{pmatrix}$，输入 $\boldsymbol{u}$ 是单位阶跃函数。

3-5 用三种方法计算以下矩阵指数函数 e^{At}

(1) $\boldsymbol{A}=\begin{pmatrix}0 & -1\\ 4 & 0\end{pmatrix}$　　(2) $\boldsymbol{A}=\begin{pmatrix}1 & 1\\ 4 & 1\end{pmatrix}$

3-6 判别如下系统的能控性与能观性。系统中 a,b,c,d 的取值对能控性与能观性是否有关，若有关其取值条件如何？

$$\begin{bmatrix}\dot{x}_1\\ \dot{x}_2\\ \dot{x}_3\end{bmatrix}=\begin{bmatrix}-1 & 1 & 0\\ 0 & -1 & 0\\ 0 & 0 & -2\end{bmatrix}\begin{bmatrix}x_1\\ x_2\\ x_3\end{bmatrix}+\begin{bmatrix}2 & 1\\ a & 0\\ b & 0\end{bmatrix}\boldsymbol{u}$$

$$\begin{pmatrix}y_1\\ y_2\end{pmatrix}=\begin{pmatrix}c & 0 & d\\ 0 & 0 & 0\end{pmatrix}\begin{bmatrix}x_1\\ x_2\\ x_3\end{bmatrix}$$

3-7 线性系统的传递函数为：$\dfrac{\boldsymbol{y}(s)}{\boldsymbol{u}(s)}=\dfrac{s+\alpha}{s^3+10s^2+27s+18}$。

(1) 试确定 α 的取值、使系统成为不能控或为不能观的。

(2) 在上述 α 的取值下，求使系统为能控状态空间表达式。

(3) 在上述 α 的取值下，求使系统为能观的状态空间表达式。

3-8 试将如下系统按能控性进行结构分解。

$$\boldsymbol{A}=\begin{bmatrix}1 & 2 & -1\\ 0 & 1 & 0\\ 0 & -4 & 3\end{bmatrix},\quad \boldsymbol{b}=\begin{bmatrix}0\\ 0\\ 1\end{bmatrix},\quad \boldsymbol{c}=(1,-1,1)$$

3-9 试将如下系统按能观性进行结构分解。

$$\boldsymbol{A}=\begin{bmatrix}1 & 2 & -1\\ 0 & 1 & 0\\ 0 & -4 & 3\end{bmatrix},\quad \boldsymbol{b}=\begin{bmatrix}0\\ 0\\ 1\end{bmatrix},\quad \boldsymbol{c}=(1,-1,1)$$

3-10 试将下列系统按能控性和能观性进行结构分解。

$$\boldsymbol{A}=\begin{bmatrix}1 & 0 & 0 & 0\\ 2 & -3 & 0 & 0\\ 1 & 0 & -2 & 0\\ 4 & -1 & -2 & -4\end{bmatrix},\quad \boldsymbol{b}=\begin{bmatrix}0\\ 0\\ 1\\ 2\end{bmatrix},\quad \boldsymbol{c}=(3,0,1,0)$$

3-11 从传递函数是否出现零极点对消现象出发，说明题 3-11 图中闭环系统区的能控性与能观性和开环系统 Σ_0 的能控性和能观性是一致的。

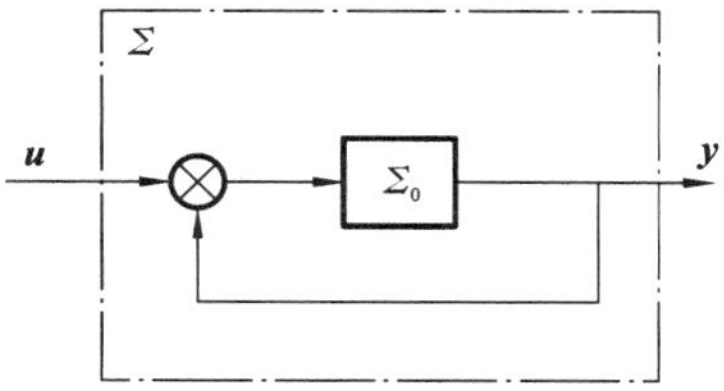

题 3-11 图

3-12 以李雅普诺夫第二法确定下列系统原点的稳定性：

(1) $\dot{\boldsymbol{x}}=\begin{pmatrix}-1 & 1\\ 2 & -3\end{pmatrix}\boldsymbol{x}$　　(2) $\dot{\boldsymbol{x}}=\begin{pmatrix}-1 & 1\\ -1 & -1\end{pmatrix}\boldsymbol{x}$

3-13 下列是描述两种生物个数的瓦尔特拉(Volterra)方程：

$$\dot{x}_1=\alpha x_1+\beta x_1 x_2$$
$$\dot{x}_2=\gamma x_2+\delta x_1 x_2$$

式中，x_1，x_2 分别表示两种生物的个数；α，β，γ，δ 为非 0 实数。

(1) 确定系统的平衡点。

(2) 在平衡点附近进行线性化，并讨论平衡点的稳定性。

3-14 已知系统状态方程为

$$\dot{\boldsymbol{x}}=\begin{bmatrix}1 & -1 & 1\\ 0 & 1 & 1\\ 1 & 0 & 1\end{bmatrix}\boldsymbol{x}+\begin{bmatrix}0\\ 0\\ 1\end{bmatrix}\boldsymbol{u}$$

试设计一状态反馈阵使闭环系统极点配置为-1，-2，-3。

3-15 已知系统状态方程为

$$\dot{\boldsymbol{x}}=\begin{pmatrix}0 & 1\\ 0 & 0\end{pmatrix}\boldsymbol{x}+\begin{pmatrix}0\\ 1\end{pmatrix}\boldsymbol{u}$$
$$\boldsymbol{y}=(1,0)\boldsymbol{x}$$

试设计一状态观测器，使观测器的极点为$-r$，$-2r(r>0)$。

3-16 设受控对象传递函数为$\dfrac{1}{s^3}$。

(1) 设计状态反馈，使闭环极点配置为-3，$-\dfrac{1}{2}\pm \mathrm{j}\dfrac{\sqrt{3}}{2}$。

(2) 设计极点为-5的降维观察器。

(3) 按(2)的结果，求等效的反馈校正和串联校正装置。

4

最优控制

最优控制是现代控制理论的关键组成部分，并且可以自成一体，构成一个完整的知识体系。最优控制的目标是在所有可能的控制策略中寻找最佳方案或规律，以确保控制系统能够以最优化的方式实现既定目标。从数学的角度来看，最优控制涉及解决一类具有约束条件的泛函极值问题，这属于变分法的领域。在解决这类问题时，动态规划和最小化原理是最常用的两种方法。

本章将重点介绍最优控制理论概念、最优控制的变分法、极小值原理，以及线性二次型最优控制系统的相关知识。

4.1 最优控制理论概述

随着航海、航天、导航和控制技术研究的不断深入，系统的最优化问题已成为一个重要的问题。最优控制理论也取得了很大的进展，并成为现代控制理论的一个非常重要的分支。本节主要介绍最优控制问题的概念、分类、求解方法。并对发展过程与方向作简要介绍。

4.1.1 最优控制问题

所谓最优控制问题，就是在一切可能的控制方案中寻求最优控制方案或最优控制规律，使控制系统最优地达到预期的目标，其研究的问题都是从具体工程实践中归纳和提炼出来的。请看以下案例。

【工程案例 4-1】 "嫦娥四号"探测器

中国"嫦娥四号"探测器是中国探月工程二期发射的月球探测器，于 2019 年 1 月 2 日(北京时间 1 月 3 日)在月球背面实现软着陆和巡视勘察。该探测器是人类第一个着陆月球背面的探测器，如图 4-1 所示。软着陆即探测器到达月球表面时的速度为零。在登月过程中，选择探测器(着陆器)发动机推力的最优控制律，使燃料消耗最少。由于探测器发动机的最大推力是有限的，因而这是一个控制有闭集约束的最小燃耗控制问题。

设探测器软着陆示意图如图 4-2 所示。图中，$m(t)$为探测器质量；$h(t)$为高度；$v(t)$ 为探测器垂直速度；g 为月球重力加速度；$u(t)$为探测器发动机推力。设探测器不含燃料时的质量为 M，探测器所载燃料质量为 F，探测器发动机工作的终端时刻为 t_f，

图 4-1 “嫦娥四号”探测器

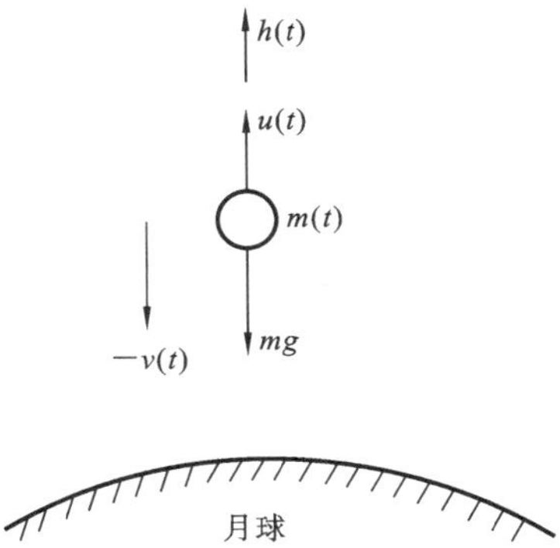

图 4-2 探测器软着陆示意图

发动机最大推力为 u_{max}。已知探测器登月时的初始高度为 h_0，初始垂直速度为 v_0，探测器初始质量为 m_0，则控制有约束的最小燃耗控制问题可归纳如下。

探测器降落时的运动方程为

$$\dot{h}(t)=\nu(t),\quad \dot{v}(t)=\frac{u(t)}{m(t)}-g$$

$$\dot{m}(t)=-ku(t),\quad k=\text{const}$$

边界条件包括初始条件和终端条件，其中，初始条件为

$$h(0)=h_0,\quad \nu(0)=\nu_0,\quad m(0)=m_0=M+F$$

终端条件为

$$h(t_f)=0,\quad \nu(t_f)=0$$

约束条件为

$$0\leqslant u(t)\leqslant u_{max}$$

性能指标为

$$J=m(t_f)$$

最优控制任务是在满足控制约束条件下，寻求发动机推力的最优变化律 $u^*(t)$，使探测器由已知初态转移到要求的终态，并使性能指标 $J=m(t_f)=\max$，从而使登月过程中燃料消耗量最小。

【工程案例 4-2】 导弹拦截问题

在现代战争中导弹的威力越来越大，如何快速防御敌方的来袭导弹成为现代高科技战争的一个重要的课题。

为简单起见，假设来袭导弹和拦截导弹在同一个平面内运动，设 $\boldsymbol{x}(t)$、$\boldsymbol{v}(t)$分别表示拦截导弹 L 与来袭导弹 M 的相对位置向量和相对速度向量。$\boldsymbol{a}(t)$是相对加速度向量，包括空气动力与地心引力所产生的加速度在内，它是 x、v 的函数。既然位置向量和速度向量是由运动微分方程所确定的时间函数，因此，相对加速度也可看成时间的函数。设 $m(t)$是拦截导弹的质量，$F(t)$是其推力的大小。$\boldsymbol{u}$ 是拦截导弹推力方向的单位矢量，C 是有效喷气速度，可视为常数。于是，拦截导弹 L 与来袭导弹 M 的相对运动方程能写成：

$$\dot{\boldsymbol{x}}(t)=\boldsymbol{v}(t)$$

$$\dot{\boldsymbol{v}}(t)=\dot{\boldsymbol{a}}(t)+\frac{F(t)}{m(t)}\boldsymbol{u}$$

$$\dot{m}(t)=-\frac{F(t)}{C}$$

初始条件为

$$\boldsymbol{x}(t_0)=\boldsymbol{x}_0,\quad \boldsymbol{v}(t_0)=\boldsymbol{v}_0,\quad \boldsymbol{m}(t_0)=\boldsymbol{m}_0$$

终值条件：要求拦截导弹 L 从相对于来袭导弹 M 的初始状态出发，在某末态时刻 t_f，与来袭导弹 M 相遇（实现拦截），即 $x(t_f)=0$。

约束条件：末态时刻拦截导弹的质量 $m(t_f)$ 大于所有燃料耗尽时的质量

$$m(t_f)\geqslant m_e$$

至于单位矢量 $\boldsymbol{u}$ 的幅度为 1，其方向不受限制

$$|\boldsymbol{u}|=\sqrt{\boldsymbol{u}_x^2+\boldsymbol{u}_y^2+\boldsymbol{u}_z^2}=1$$

推力 F 为最终实现拦截，既要控制拦截导弹的推力大小 $F(t)$，又要控制推力方向。u，导弹的最大推力 F_{max} 是有一定限度的，推力 $F(t)$ 应该满足：

$$0\leqslant F(t)\leqslant F_{max}$$

性能指标：一般来说，要达到拦截的目的，$F(t)$，$u(t)$ 和 t_f 并非唯一。为了实现快速拦截，并尽可能地节省燃料，可取性能指标为

$$J=\int_{t_0}^{t}[C_1+F(t)]\mathrm{d}t$$

式中，C_1 为加权函数。

导弹快速拦截问题变为在性能指标意义下的最优拦截问题。

“嫦娥四号”探测器与导弹拦截两个案例的最优控制问题表明，描述一个最优控制问题应包含以下四个方面内容。

1. 系统的数学模型

控制系统的数学模型反映系统运动过程应遵循的规律，可以用状态空间表达式来表示。

状态方程为

$$\dot{\boldsymbol{x}}(t)=f[\boldsymbol{x}(t),\boldsymbol{u}(t),t] \tag{4-1}$$

输出方程为

$$\boldsymbol{y}(t)=g[\boldsymbol{x}(t),\boldsymbol{u}(t),t] \tag{4-2}$$

式中：$\boldsymbol{x}(t)$ 为 n 维的状态矢量；$\boldsymbol{u}(t)$ 为 r 维的控制输入矢量；f，g 为矢量函数；t 为时间变量。

2. 系统的初态和终态

动态系统的初态和终态，也就是状态方程的边界条件。动态系统的运动归根结底是在状态空间里从一个状态转移到另一个状态，其运动随时间变化而变化对应于状态空间的一条轨线。轨线的初始状态可以记为 $x(t_0)$，t_0 为初始时间，$x(t_0)$ 为初始状态，轨线的终端状态可记为 $x(t_f)$，t_f 为到达终态的时间，$x(t_f)$ 为终端状态。

在最优控制问题中，初始状态一般是已知的，而终端状态可以归结为以下两种情况。

1）终端时间和终端状态都是固定的

终端时间固定指到达终点的时间是已知的或固定的，即 t_f 是一个定值。终端状态

固定指终端状态 $x(t_f)$ 对应于状态空间的一个固定点。

2）终端时间固定，终端状态是自由的

终端状态自由是指终端状态不再是一个点，而是一个满足所有条件的终端状态的集合，这个点的集合称为目标集，可以用 S 来表示。

对于以上两种情况，都可以用一个目标集 S 来概括，如果终端状态受某些条件的约束，则目标集 S 为状态空间的一个曲面；如果终端状态不受任何条件的约束，则目标集 S 扩展到整个状态空间；如果终端状态固定，则目标集 S 仅有一个元素。

3. 系统性能指标

在状态空间内，系统从初始状态向最终状态的转移可以通过多种控制策略来完成。评价这些控制策略的效果，需要一个量化的度量标准，这个度量标准就是性能指标。

最优控制问题的核心在于，在既定的性能指标框架内，探索如何实现系统性能的最优化。由于控制系统面临的挑战各异，因此它们所依据的性能指标也会有所不同。这意味着，我们不能为所有最优控制问题制定一个统一的性能指标模板。不存在一个普遍适用的、能够解决所有控制问题的性能指标，也不存在一个能够使所有性能指标都达到最优的单一系统。性能指标通常用符号 J 表示，在不同的技术文献中，它可能被称为性能泛函、价值函数、目标函数或效益函数等。

4. 容许控制集

对于一个实际的控制问题，输入控制 $\boldsymbol{u}(t)$ 的取值必定要受一定条件的约束。满足约束条件的控制作用 $\boldsymbol{u}(t)$ 的一个取值对应于 r 维空间的一个点，所有满足条件的控制作用 $\boldsymbol{u}(t)$ 的取值构成 r 维空间的一个集合，记为 Ω，称为容许控制集。凡是属于容许控制集 Ω 的控制，都是容许控制。

求解最优控制问题的关键，就是在规定的性能指标要求下，找出其最优控制作用 $\boldsymbol{u}(t)$，使系统的性能达到最优。最优控制作用用 $\boldsymbol{u}^*(t)$ 来表示，控制作用 $\boldsymbol{u}^*(t)$ 必须要满足以下 3 个条件才是最优控制作用 $\boldsymbol{u}^*(t)$：

(1) 最优控制一定是容许控制，即 $\boldsymbol{u}^*(t)\in\Omega$；

(2) $\boldsymbol{u}^*(t)$ 可以使系统从初始状态转移到目标集 S 中的某个终端状态；

(3) $\boldsymbol{u}^*(t)$ 可以使性能指标 J 取极大或极小值，即达到某种意义下的最优。

根据以上分析，可以把最优控制问题的提法抽象为一个数学问题。

取得最大或最小值的控制作用 $\boldsymbol{u}(t)$ 称为最优控制，记为 $\boldsymbol{u}^*(t)$。与之对应的 $\boldsymbol{x}(t)$ 称为最优轨线，记为 $\boldsymbol{x}^*(t)$。

设系统的状态方程为

$$\dot{\boldsymbol{x}}(t)=f[\boldsymbol{x}(t),\boldsymbol{u}(t),t] \tag{4-3}$$

初始条件为

$$\boldsymbol{x}(t_0)=\boldsymbol{x}_0$$

其中，$\boldsymbol{x}(t)\in\mathbf{R}^n$，$\boldsymbol{u}(t)\in\mathbf{R}^{\mathrm{T}}\in\Omega$，$t\in[t_0,t_f]$，矢量函数 $f[\boldsymbol{x}(t),\boldsymbol{u}(t),t]$ 是 $\boldsymbol{x}(t)$，$\boldsymbol{u}(t)$，t 的连续函数，并对 $\boldsymbol{x}(t)$ 和 t 连续可微。若存在一个在 $[t_0,t_f]$ 区间内有第一类间断点的分段连续的控制作用 $\boldsymbol{u}(t)$，能使系统从初态 $\boldsymbol{x}_0$ 转移到终态 $\boldsymbol{x}_f\in S$，并使下列性能指标

$$J(\boldsymbol{u})=\boldsymbol{\Phi}[\boldsymbol{x}(t_f),t_f]+\int_{t_0}^{t_f}L[\boldsymbol{x}(t),\boldsymbol{u}(t),t]\mathrm{d}t \tag{4-4}$$

其中，$\boldsymbol{\Phi}[\boldsymbol{x}(t_f),t_f]$和 $L[\boldsymbol{x}(t),\boldsymbol{u}(t),t]$都是 $\boldsymbol{x}(t)$和 t 的连续可微函数。

可见，最优控制属于系统综合与设计范畴。最优控制的任务是：给定一个被控系统或被控过程（包括有关的约束条件和边界条件）以及性能指标，如何设计相应的控制系统，使得在满足约束条件和边界条件的同时，其性能指标达到极小（或极大）。

4.1.2 最优控制问题的分类

可以按最优控制研究的对象和研究的问题做一个简要的分类。一般根据求解问题的特点，最优控制问题可以分为以下几类。

1. 无约束与有约束的最优化问题

探究最优控制的核心目标在于寻找能够使得性能指标达到最优的控制策略。当控制变量的选择不受任何限制时，所面对的是无约束优化问题，这类问题相对简单，其最优解即为性能指标的极值点。

然而，在现实世界的控制任务中，控制变量的取值往往受到一定的条件限制，这就构成了有约束的优化问题。在这种情况下，控制变量必须在特定的限制条件下寻求性能指标的最优解。约束条件主要分为两大类：等式约束和不等式约束。相应地，有约束的优化问题也可以细分为等式约束下的优化问题和不等式约束下的优化问题。

例如，某公司要在规定的时间内对其产品的生产做一个计划，那么它必须根据库存量、市场对该产品的需求量以及生产率来考虑，使产品的生产成本最低。那么这个问题就是一个经济学的最优控制问题。

设 T 是一个固定时间，$\boldsymbol{x}(1)$表示在时刻$(0\leqslant t\leqslant T)$时的产品存货量，$\boldsymbol{r}(t)$表示在时刻 t 时对产品的需求率。这里假定 $\boldsymbol{r}(t)$是一个定义上的时间 t 的已知连续函数，$\boldsymbol{u}(t)$表示在时刻 t 的生产率，函数 $\boldsymbol{u}(t)$由生产计划人员来选取，它就是生产计划或称控制。取 $\boldsymbol{u}(t)$为分段连续函数，则存货量由微分方程确定。

如果对于 $\boldsymbol{x}(t)$，$\boldsymbol{r}(t)$和 $\boldsymbol{u}(t)$不加任何的限制，那么这就是一个无约束的最优化问题。

但是，从实际意义来看，公司的最大库存量、最大生产率，产品的最大需求要受到实际条件限制。如果在做计划时考虑这些条件的限制，那么这个问题就是一个在不等式约束条件下的最优化问题。

2. 确定最优和随机规划问题

确定性最优控制问题涉及系统中所有变量的变化都遵循一个明确的模式，这些模式可以通过确切的数学公式来表达。例如，在电路中，电器的能耗与时间的关系可以通过一个确定的函数来描述。

相对地，随机性最优控制问题则包含一些变量，它们的变化无法通过固定的数学公式来精确描述。然而，这些变量的变动可以通过实验和统计方法来确定其概率分布。以产品需求率为例，如果该产品具有季节性特征，其在不同季节的需求可能会有所变化，而这些变化可能难以用确定的数学模型来表示。在这种情况下，可以通过市场调研来分析其需求的概率分布，并将其转化为数学规划模型。

对于那些能够转化为数学规划模型的随机最优问题，可以使用与确定性最优问题相同的规划方法来求解，这种方法被称为随机规划。

3. 线性和非线性最优化问题

如果目标函数和所有约束条件均为变量的线性函数(线性的),称为线性最优化问题或线性规划问题。如果目标函数或约束条件中至少有一个变量是非线性的,则称为非线性最优化问题或非线性规划问题。

线性规划问题是非线性规划问题的特例,求解线性规划问题有很成熟的方法,比较容易求解,求解非线性规划问题则困难得多。在实际工程应用中,往往采用线性化方法,用线性函数来近似非线性最优化中的非线性函数,把非线性最优化问题转化成线性最优化问题。

4. 静态和动态最优化问题

最优化问题根据其解是否随时间改变,可以分为两大类:当解保持恒定时,这类问题被称为静态最优化或参数最优化问题;而当解随时间变化而变化时,则被称为动态最优化或最优控制问题。静态最优化问题通常可以通过线性规划或非线性规划的技术来解决,而动态最优化问题则可以通过动态规划或最小化原理来处理。

值得注意的是,动态最优化问题与静态最优化方法并非完全互斥。如果一个动态最优化问题能够被建模为线性规划问题,那么它完全可以利用线性规划技术来求解。此外,动态规划不仅适用于动态最优化问题,它同样可以应用于静态最优化问题的求解。

5. 网络最优化问题

如果最优化问题的模型可以用网络图表示,则在网络图上寻优称为网络最优化问题。网络最优化问题是一种复杂系统的规划方法,在运输、通信电路、计算机网络以及工程施工的分析、设计、规划中得到非常广泛的应用。

4.1.3 最优控制问题的求解方法

最优控制在控制模型建立之后,主要问题就是如何找到一个方法解决寻优问题,这也是最优控制研究的主要问题。最优化问题的求解方法大致可以分为如下四类。

1. 解析法

解析法的求解方法是先按照函数极值的必要条件,用求导或变分法求出其解析解,然后按照充要条件或问题的实际物理意义确定其最优解。这种方法适用于目标函数和约束条件具有简单而明确的数学表达式的最优化问题。

2. 数值计算法

这种方法的基本思路是采用直接搜索方法经过一系列的迭代运算产生点的序列,使其逐步接近最优点,也称直接法。直接法往往是根据经验和不断的试验而得到最优解。这种方法适用于目标函数比较复杂甚至无明确的数学表达式或无法用解析法来求解的最优控制问题。

3. 梯度法

这种方法是一种解析与数值计算相结合的方法。在求解最优化问题时,不仅要计算目标函数的值,而且要计算目标函数的一阶或高阶导数,求出目标函数的梯度并以梯度的方向作为搜索极值的方向,这种方法适用于多变量最优化问题的求解。以梯度法为基础的数值解法主要有最速下降法、牛顿法与拟牛顿法、牛顿-高斯最小二乘法、变尺度法以及共轭梯度法。

4. 网络最优化法

网络最优方法是基于图论方法进行搜索的寻优方法，主要适用于可以用网络图描述的系统。本书仅介绍最优控制的解析求解方法，其他方法可查阅有关文献。

4.1.4 最优控制的发展

在第二次世界大战及其后的一段时期发展起来的自动控制理论，即所谓的经典控制理论，对于设计和分析简单的单输入单输出线性时不变系统显示出了极高的效率。然而，随着现代航空和航天技术的进步，对控制精度的需求日益增长，同时被控对象也变得更加复杂，常表现为多输入多输出系统。在这种情况下，使用传统的传递函数和频率特性方法来处理问题变得非常繁琐，甚至难以实施。

为了应对工程实践中遇到的挑战，研究者们重新审视问题的本质，深入探究控制系统的内在机制，并充分利用时域分析的优势。基于这些研究，建立了一种新的理论框架——现代控制理论，其核心是状态空间法，为解决复杂系统的控制问题提供了新的视角和工具。

在 20 世纪 50 年代初，就已经有学者从工程实践的角度出发，发表了关于最短控制时间问题的研究论文。尽管这些研究依赖于几何图形来证明最优性，具有启发式的特点，但它们为现代控制理论的萌芽提供了早期的实际案例。随着时间的推移，最优控制问题的进一步研究，以及空间技术发展所带来的迫切需求，吸引了众多数学家的广泛关注。在深入研究过程中，人们逐渐认识到最优控制问题实质上是一个变分问题。

然而，传统的变分理论主要适用于解决那些没有约束或只涉及开放集约束的简单最优控制问题。在工程实践中，更常见的是存在控制限制的情况，这属于闭集约束的最优控制问题，而经典变分理论在这些情况下显得力不从心。因此，为了解决这些实际问题，研究者们开始探索新的途径和方法，以求解最优控制问题。

在众多新方法中，有两种方法尤为突出。一种是由苏联学者庞特里亚金提出的“极小值原理”，另一种是美国学者贝尔曼发展的“动态规划”。庞特里亚金及其团队在 1958 年首次提出了极小值原理，并随后提供了严格的证明，使之成为解决闭集约束变分问题的强大工具。在 1953 年至 1957 年间，贝尔曼逐步发展了基于最优性原理的“动态规则”方法，他扩展了变分学中的哈密尔顿-雅可比理论，形成了“动态规划”，这是一种适合计算机处理且应用范围更广的方法。在现代控制理论的形成和发展过程中，极小值原理、动态规划以及卡尔曼的最优估计理论发挥了关键的推动作用。

随着数字计算机技术的迅猛进步，计算机逐渐成为自动控制系统中不可或缺的核心组件。“在线”控制的实现，使得许多复杂的控制策略得以在工程实践中应用。这一转变也催生了大量关于最优控制直接和间接计算的研究成果，进一步推动了现代控制理论的前进。

在过去的几十年里，现代控制理论和工程应用已经融合了现代数学的诸多成果，实现了显著的发展，并广泛应用于生产、生活、国防、城市规划、智能交通、管理等多个领域，其影响力日益增强。最优控制的研究成果包括分布式参数最优控制、随机最优控制、自适应控制、大系统最优控制、微分对策等，这些成果共同构建了一个较为完善的理论体系，为现代控制工程提供了坚实的理论基础。

特别值得注意的是，随着高性能嵌入式系统的普及和发展，最优控制理论在工程实践中的应用前景将变得更加广阔。

4.2 最优控制的变分法

在最优控制中由于目标函数是一个泛函数，最优控制的求解可以归结为求泛函极值问题。变分法是研究泛函极值的一种经典方法。

4.2.1 变分法的基本概念

1. 泛函的定义

对应于某一类函数中的每一个确定的函数 $y(x)$，因变量 J 都有一确定的值与之对应，称因变量 J 为函数 $y(x)$ 的泛函数，简称泛函，记为 $J=J[y(x)]$ 或简记为 J。$y(x)$ 称为泛函的宗量。通俗地说泛函就是"函数的函数"。

如图 4-3 所示，在平面上给定两点 A 和 B，连接 A、B 两点的弧长 J 就是个泛函数。

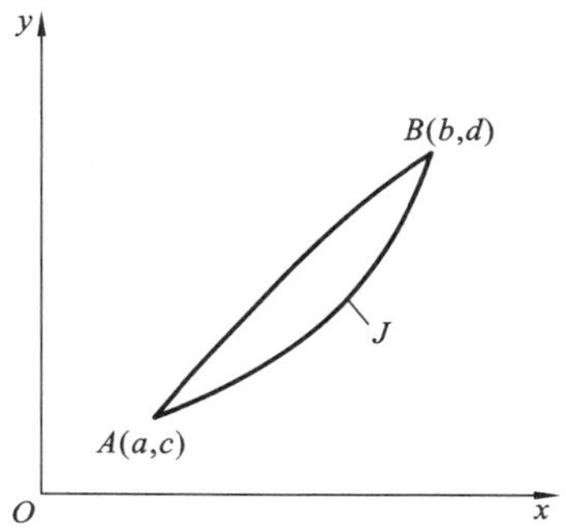

图 4-3 求弧长的变分问题

对不同的曲线 $y(x)$，就有不同的弧长 J 与之对应，因此弧长 J 是 $y(x)$ 的泛函，即

$$J[y(x)]=\int_a^b \sqrt{1+\dot{y}^2}\,\mathrm{d}x=\int_a^b L(\dot{y})\,\mathrm{d}x \tag{4-5}$$

$$L(\dot{y})=\sqrt{1+\dot{y}^2} \tag{4-6}$$

式中，$\dot{y}=\dfrac{\mathrm{d}y}{\mathrm{d}x}$。在控制系统中，自变量是 t，状态变量是 $x(t)$，系统的性能指标一般可以表示为

$$J=\int_{t_0}^{t_f} L[x(t),u(t),t] \tag{4-7}$$

可以表示为如式(4-7)算法的性能指标称为积分型性能泛函。J 的值取决于 $u(t)$，对于不同的 $u(t)$，有不同的 J 值与之对应，所以 J 是 $u(t)$ 的泛函，所谓求最优控制 $u^*(t)$，就是寻求使性能指标 J 取得极值的控制作用 $u(t)$。

2. 泛函的连续与线性泛函

为定义泛函的连续性，首先来了解一下函数间接近的概念。如果对于定义域的一切 x 有

$$|y(x)-y_0(x)|\leqslant\varepsilon$$

成立，其中 ε 是一个很小的正值，则称 $y(x)$ 与 $y_0(x)$ 有零阶接近度。如图 4-4 所示，两条曲线的形状差别很大，但它们具有零阶接近度。

如果不仅是函数，而且它的各阶导数也是接近的，即满足

$$|y(x)-y_0(x)|\leqslant\varepsilon$$
$$|y'(x)-y'_0(x)|\leqslant\varepsilon$$
$$|y''(x)-y''_0(x)|\leqslant\varepsilon$$
$$\vdots$$

$$|y^{(k)}(x)-y_0^{(k)}(x)|\leqslant\varepsilon \tag{4-8}$$

则称 $y(x)$ 与 $y_0(x)$ 有 k 阶接近度，如图 4-5 所示。从图中可见，接近度阶次越高，表明函数的接近程度越好。需要指出的是，如果函数有 k 阶接近度，则必定有 $k-1$ 阶接近度，反之则不成立。

如果泛函 $J[y(x)]$ 满足下列两个条件：

① $J[y_1(x)+y_2(x)]=J[y_1(x)]+J[y_2(x)]$ (4-9)

② $J[ay(x)]=aJ[y(x)]$ (4-10)

则称该泛函为线性泛函，式中 a 为任意常数。

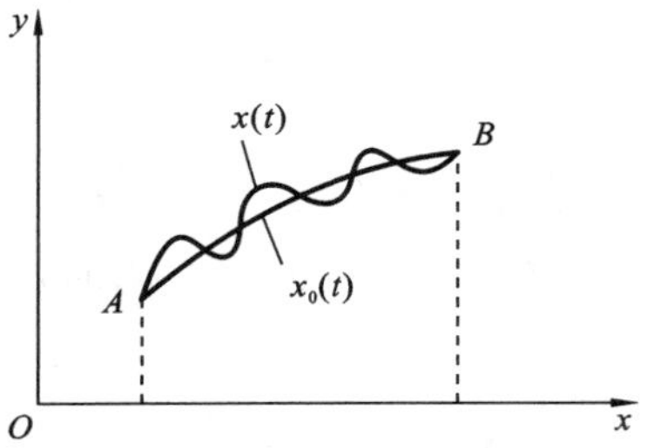

图 4-4 具有零阶接近度的曲线

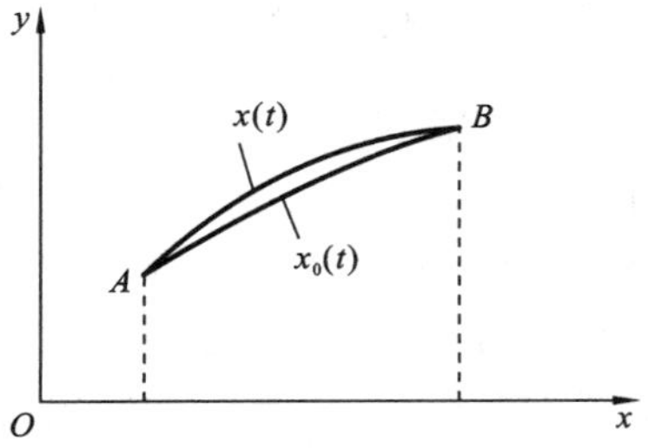

图 4-5 具有一阶接近度的曲线

对于线性泛函，泛函值随宗量 $y(x)$ 线性变化，例如：$J[y(x)]=\int_a^b[xy(x)+by(x)]\mathrm{d}x$；$J[y(x)]=y(x)|_{x=1}$ 都是线性函数。

3. 泛函的极值

如果泛函 $J[y(x)]$ 在任何一条与 $y_0(x)$ 接近的曲线上所取的值不小于 $J[y_0(x)]$，即

$$\Delta J=J[y(x)]-J[y_0(x)]\geqslant 0 \tag{4-11}$$

称泛函 $J[y(x)]$ 在 $y_0(x)$ 上达到极小值。反之，若

$$\Delta J=J[y(x)]-J[y_0(x)]\leqslant 0 \tag{4-12}$$

则称泛函 $J[y(x)]$ 在 $y_0(x)$ 上达到极大值。

泛函极值是一个相对的比较概念，如果 $y(x)$ 与 $y_0(x)$ 具有零阶接近度，则泛函达到的极值为强极值；如果 $y(x)$ 与 $y_0(x)$ 具有一阶（或一阶以上）接近度，则泛函达到的极值为弱极值。显然，在 $y_0(x)$ 上达到强极值的泛函，必然在 $y_0(x)$ 上达到弱极值，但反之不一定成立。同时，强极值是范围更大的一类曲线（函数）的泛函中比较出来的，所以强极大值大于或等于弱极大值，而强极小值小于或等于弱极小值。

4. 泛函的变分

泛函的增量可以表示为

$$\Delta J=J[y(x)+\delta y(x)]-J[y(x)]=L[y(x),\delta y(x)]+R[y(x),\delta y(x)] \tag{4-13}$$

式中：$\delta y(x)=y(x)-y_0(x)$ 为宗量 $y(x)$ 的变分；$L[y(x),\delta y(x)]$ 为 $\delta y(x)$ 的线性连续泛函；$R[y(x),\delta y(x)]$ 为 $\delta y(x)$ 的高阶无穷小量。

泛函增量的线性主部称为泛函的变分，记为

$$\delta J=L[y(x),\delta y(x)]$$

例 4-1 求泛函 $J=\int_0^1 x^2(t)\mathrm{d}t$ 的变分。

解 泛函的增量为

$$\begin{aligned}\Delta J &= \int_0^1[x(t)+\delta x(t)]^2\mathrm{d}t-\int_0^1 x^2(t)\mathrm{d}t\\ &=\int_0^1\{2x(t)\delta x(t)+[\delta x(t)]^2\}\mathrm{d}t\\ &=\int_0^1 2x(t)\delta x(t)\mathrm{d}t+\int_0^1[\delta x(t)]^2\mathrm{d}t\end{aligned}$$

泛函的变分就是泛函的线性主部,所以泛函的变化为

$$\delta J=\int_0^1 2x(t)\delta x(t)\mathrm{d}t$$

定理 4-1 如果泛函 $J[y(x)]$存在,则泛函的变分为

$$\delta J=\frac{\mathrm{d}}{\mathrm{d}\alpha}J[y(x)+\alpha\delta y(x)]|_{\alpha=0} \tag{4-14}$$

式中,α 为任意实数。(证明过程略)

同理,如果泛函的 n 阶变分存在,则其 n 阶变化为

$$\delta^{(n)}J[y(x)]=\frac{\partial^n}{\partial\alpha^n}J[y(x)+\alpha\delta y(x)]|_{\alpha=0} \tag{4-15}$$

如果泛函 $J[y(x)]$是多元泛函,即

$$J[y(x)]=J[y_1(x),y_2(x),\cdots,y_n(x)]$$

式中,$y_1(x),y_2(x),\cdots,y_n(x)$为泛函 $J[y(x)]$的宗量函数,则多元泛函的变分为

$$\delta J[y(x)]=\frac{\partial}{\partial\alpha}J[y_1(x)+\alpha\delta y_1(x),y_2(x)+\alpha\delta y_2(x),\cdots,y_n(x)+\alpha\delta y_n(x)]|_{\alpha=0} \tag{4-16}$$

例 4-2 求例 4-1 中泛函的变分。

解

$$\begin{aligned}\delta J &= \frac{\partial}{\partial\alpha}J[x(t)+\alpha\delta x(t)]\,|_{\alpha=0}=\int_0^1\frac{\partial}{\partial\alpha}[x(t)+\alpha\delta x(t)]^2\mathrm{d}t\,|_{\alpha=0}\\ &=\int_0^1 2[x(t)+\alpha\delta x(t)]\delta x(t)\mathrm{d}t\,|_{\alpha=0}=\int_0^1 2x(t)\delta x(t)\mathrm{d}t\end{aligned}$$

例 4-1 的结果完全一致。

例 4-3 求泛函 $J=\int_{t_0}^{t_1}L[t,x(t),\dot{x}(t)]\mathrm{d}t$ 的变分。

解 根据式(4-14),所求变分为

$$\begin{aligned}\delta J &= \frac{\partial}{\partial\alpha}J[y(x)+\alpha\delta y(x)]\,|_{\alpha=0}=\int_{t_0}^{t_1}\frac{\partial}{\partial\alpha}L[t,x(t)+\alpha\delta x(t),\dot{x}(t)+\alpha\delta\dot{x}(t)]\,|_{\alpha=0}\mathrm{d}t\\ &=\int_{t_0}^{t_1}\left\{\frac{\partial L[t,x(t),\dot{x}(t)]}{\partial x(t)}\delta x(t)+\frac{\partial L[t,x(t),\dot{x}(t)]}{\partial\dot{x}(t)}\delta\dot{x}(t)\right\}\mathrm{d}t\end{aligned} \tag{4-17}$$

这是计算泛函的普遍公式。

5. 泛函极值定理

定理 4-2 若可微泛函 $J[y(x)]$在 $y_0(x)$达到极值,则在 $y_0(x)$上的变分等于零,即

$$\delta J=0 \tag{4-18}$$

6. 变分学的基本引理

为了简化泛函达到极值的条件,并得出求解最优控制和最优控制轨线的公式,需要应用到变分学的两个基本引理。

引理 4-1 设 $M(t)$在区间$[t_0,t_f]$内处处连续,且具有连续二阶导数。对在 t_0 及 t_f 处为零,并对任意选取的函数 $\eta(t)$而言,有

$$\int_{t_0}^{t_f} \eta(t)M(t)\mathrm{d}t = 0 \tag{4-19}$$

则在整个区间$[t_0,t_f]$内,有

$$M(t)\equiv 0 \tag{4-20}$$

引理 4-2 设 n 维向量函数

$$M(t)=[M_1(t) \quad M_2(t) \quad \cdots \quad M_n(t)]^{\mathrm{T}}$$

在区间$[t_0,t_f]$内处处连续,且具有连续二阶导数。对在 t_0 及 t_f 处为零,并对任意选取的 n 维向量函数 $\eta(t)$

$$\eta(t)=[\eta_1(t) \quad \eta_2(t) \quad \cdots \quad \eta_n(t)]^{\mathrm{T}}$$

而言,有

$$\int_{t_0}^{t_f} \eta(t)M(t)\mathrm{d}t = 0 \tag{4-21}$$

则在整个区间$[t_0,t_f]$内,有

$$M(t)\equiv 0 \tag{4-22}$$

4.2.2 无约束条件下的变分问题

无约束条件下的变分问题是指泛函的宗量不受任何条件的限制,可以取任意函数。无约束条件的变分问题分为固定端点和变动端点两种情况。

1. 固定端点的变分问题

设 $x(t)$是 t 的二次可微函数,$L[x(t),\dot{x}(t),t]$不仅是 $x(t),\dot{x}(t),t$ 的连续函数,而且对 $x(t),\dot{x}(t)$的二阶偏导数存在且连续,求泛函

$$J = \int_{t_0}^{t_f} L[x(t),\dot{x}(t),t]\mathrm{d}t \tag{4-23}$$

的极值,就是要确定一个函数 $x(t)$,使 J 达到极小(大)值。

对于端点固定的情况,$x(t)$要满足下列边界条件:

$$x(t_0)=x_0, \quad x(t_f)=x_f$$

应用变分学的基本引理,可得泛函取得极值的必要条件为

$$L_x-\frac{\mathrm{d}}{\mathrm{d}t}L_{\dot{x}}=0 \tag{4-24}$$

式中:$L_x=\dfrac{\partial L}{\partial x}$;$L_{\dot{x}}=\dfrac{\partial L}{\partial \dot{x}}$。这个方程通常称为欧拉(Euler)方程,也称欧拉-拉格朗日方程。

说明:

① 当 $L_{\dot{x}\dot{x}}\neq 0$ 时,欧拉方程是二阶常微分方程,欧拉方程的积分曲线 $x=x(t,c_1,c_2)$称为极值曲线,只有在极值曲线上泛函才可能达到极小(大)值。对于固定端点的情况,正好可以利用两个边界条件确定积分常数,得到极值曲线。

将式(4-24)展开后,可得到

$$L_x - \frac{\mathrm{d}}{\mathrm{d}t}L_{\dot{x}} = L_x - L_{\dot{x}t} - \dot{x}L_{\dot{x}x} - \ddot{x}L_{\dot{x}\dot{x}} = 0 \tag{4-25}$$

一般情况下,二阶常微分方程,包括欧拉方程在内,只有个别情况下才能积分出来得到封闭形式的解析解,大部分情况难以得到封闭形式的解析解。

②当 L 中不显含 t 时,即 $L=L(x,\dot{x})$,欧拉方程有首部积分。可得

$$L - \dot{x}\frac{\partial L}{\partial \dot{x}} = c \tag{4-26}$$

或写成

$$L - \dot{x}L_{\dot{x}} = c \tag{4-27}$$

其中,c 为常数,这就是 L 中不显含 t 时,欧拉方程首部积分公式。

例 4-4 求泛函 $J=\int_1^x (\dot{x}+\dot{x}^2t^2)\mathrm{d}t$ 满足边界条件 $x(1)=1, x(2)=2$ 的极值曲线。

解 例 4-4 显然是一个固定端点泛函极值问题,且

$$L[x(t),\dot{x}(t),t] = \dot{x}+\dot{x}^2t^2$$

代入欧拉方程(4-24),有

$$L_x - \frac{\mathrm{d}}{\mathrm{d}t}L_{\dot{x}} = -\frac{\mathrm{d}}{\mathrm{d}t}(1+2\dot{x}t^2) = 0$$

解方程求得通解为

$$x(t) = \frac{1}{t}c_1 + c_2$$

代入边界条件可求得

$$c_1=-2, \quad c_2=3$$

因此,泛函极值曲线为

$$x(t) = -\frac{2}{t}+c$$

2. 变动端点的变分问题

1)问题的提出

如果其中一个或两个端点不固定,那么,此时泛函极值的必要条件如何呢?为使问题简单而又不失一般性,假定始端是固定的(t_0 和 $x(t_0)$给定),终端是可变的,并且沿给定曲线 $\varphi(t_f)$变动,$\varphi(t_f)$往往被称为靶线。

现在的问题是要寻找一条连续可微的极值曲线,当它由给定始端 $x(t_0)$到达终端约束曲线 $x(t_f)=\varphi(t_f)$时,使性能泛函

$$J=\int_{t_0}^{t_f} L[x(t),\dot{x}(t),t]\mathrm{d}t \tag{4-28}$$

取得极值。其中,t_f 是待确定的量。

此时我们不仅要确定最优轨线 $x^*(t)$,还要求出最优时间 t_f^*。

显然,终端变动时,泛函的形式比固定端点的情况要复杂,泛函取极值的必要条件也就应该是不同的。如图 4-6 所示。

2)端点变动时的泛函极值的必要条件

泛函取得极值的条件是泛函的变分为 0,即

$$\left.\frac{\partial J(\alpha)}{\partial \alpha}\right|_{\alpha=0} = 0 \tag{4-29}$$

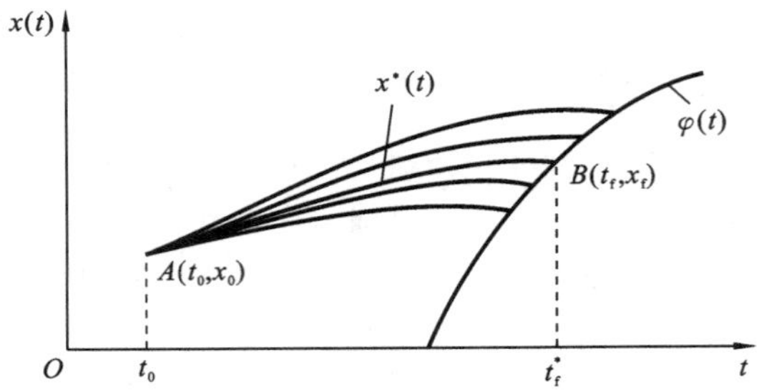

图 4-6 可变端点情况示意图

应用变分学的基本引理，必有

$$\frac{\partial L}{\partial x}-\frac{\mathrm{d}}{\mathrm{d}t}\frac{\partial L}{\partial \dot{x}}=0 \tag{4-30}$$

$$\left\{L+[\dot{\varphi}(t)-\dot{x}(t)]\frac{\partial L}{\partial \dot{x}}\right\}_{t=t_f}=0 \tag{4-31}$$

式(4-30)和式(4-31)就是终端变动时泛函取得极值的必要条件。式(4-31)建立了终端处 $\dot{\varphi}(t)$和 $\dot{x}(t)$之间的关系，并影响着 $x^*(t)$和 $\varphi(t)$在 t_f 时刻的交点，故被称为终端横截条件。

同理，可以推证，当终端固定，始端沿 $\varphi(t)$变化时的始端横截条件为

$$\left\{L+[\dot{\varphi}(t)-\dot{x}(t)]\frac{\partial L}{\partial \dot{x}}\right\}_{t=t_0}=0 \tag{4-32}$$

注意：这里独立变量 t 并不一定是指时间，但在最优控制问题中独立变量 t 往往表示时间。

对端点变动时泛函取得极值的必要条件的几点说明：

(1) 最优轨线仍然符合欧拉方程，是欧拉方程的解。

(2) 欧拉方程积分曲线有两个任意常数，当有任意一个端点变动时，这两个常数由固定点和横截条件共同确定。

(3) 在控制工程中，大多数靶线是平行或垂直于 t 轴的，横截条件可以做相应的简化。当始端固定，终端靶线平行于 t 轴时，$\dot{\varphi}(t)=0$，横截条件为

$$\left\{L-\dot{x}(t)\frac{\partial L}{\partial \dot{x}}\right\}_{t=t_f^*}=0 \tag{4-33}$$

当始端固定，终端靶线垂直于 t 轴时，$\dot{\varphi}(t)=\infty$，由式(4-32)可得

$$\frac{L(t_f^*)}{\dot{\varphi}(t_f^*)-\dot{x}(t_f^*)}+\left.\frac{\partial L}{\partial \dot{x}}\right|_{t=t_f^*}=0 \tag{4-34}$$

横截条件为

$$\left.\frac{\partial L}{\partial \dot{x}}\right|_{t=t_f^*}=0 \tag{4-35}$$

当终端固定，始端给定曲线 $\varphi(t)$平行于 t 轴时，$\dot{\varphi}(t)=0$，横截条件为

$$\left\{L-\dot{x}(t)\frac{\partial L}{\partial \dot{x}}\right\}_{t=t_0}=0 \tag{4-36}$$

当终端固定，始端给定曲线 $\varphi(t)$垂直于 t 轴时，$\dot{\varphi}(t)=\infty$，横截条件为

$$\left.\frac{\partial L}{\partial \dot{x}}\right|_{t=t_0}=0 \tag{4-37}$$

可变终端问题的典型例子是拦截问题，如图 4-7 所示。设目标正沿着轨道 $x=\varphi(t)$ 运动，现要发射一枚火箭拦截该目标，要求火箭发射出去消耗燃料最少，且在 $t=t_f$ 时刻，火箭的位置满足 $x(t_f)=\varphi(t_f)$，即在 t_f 时刻火箭与目标位置重合，也即满足式(4-32)的终端横截条件。

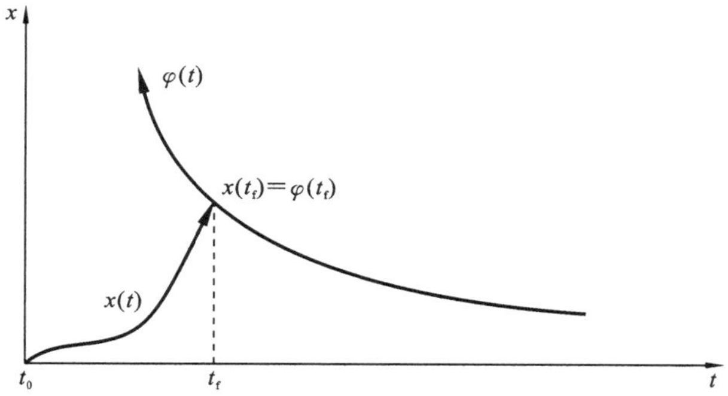

图 4-7 拦截问题示意图

3. 多元泛函的极值条件

前面讨论的泛函极值问题，很容易推广到多变量即向量的情况。

所以泛函 $J(x_1,x_2,\cdots,x_n)$取极值的必要条件是

$$\frac{\partial L}{\partial \boldsymbol{x}}-\frac{\mathrm{d}}{\mathrm{d}t}\frac{\partial L}{\partial \dot{\boldsymbol{x}}}=0 \quad \text{（欧拉方程向量形式）}$$
$$\boldsymbol{x}(t_0)=\boldsymbol{x}_0,\quad \boldsymbol{x}(t_f)=\boldsymbol{x}_f \quad \text{（边界条件）} \tag{4-38}$$

式中，$\boldsymbol{x}=(x_1,x_2,\cdots,x_n)$为向量。

4. 具有综合性能泛函的情况

前面研究的泛函极值问题仅限于积分型的一种，但在最优控制问题中，性能泛函常常含有性能项 $\Phi[x(t_f)]$，同时一般都是多变量系统，于是性能泛函为

$$J(\boldsymbol{x}) = \Phi[\boldsymbol{x}(t_f)] + \int_{t_0}^{t_f} L[\boldsymbol{x},\dot{\boldsymbol{x}},t]\mathrm{d}t \tag{4-39}$$

应用变分学的基本引理，性能泛函取极值的必要条件为

$$\frac{\partial L}{\partial \boldsymbol{x}}-\frac{\mathrm{d}}{\mathrm{d}t}\frac{\partial L}{\partial \dot{\boldsymbol{x}}}=0 \tag{4-40}$$

$$\frac{\partial L}{\partial \dot{\boldsymbol{x}}}=\frac{\partial \Phi[\boldsymbol{x}(t_f)]}{\partial \boldsymbol{x}(t_f)} \tag{4-41}$$

$$\boldsymbol{x}(t_0)=\boldsymbol{x}_0$$

4.2.3 等约束条件下的变分问题

1. 问题的提出

当泛函的各宗量之间存在依赖性，且涉及变分问题时，上一节的结论将不适用。这类问题被称作受约束的变分问题，其约束条件可以是等式约束或不等式约束。等式约束进一步分为过程等式约束和点式等式约束两种类型。过程等式约束包括微分约束、积分约束、控制等式约束、控制与轨迹等式约束以及轨迹等式约束等。在这些约束中，微分约束是最具代表性的，其他类型的过程等式约束通常可以转化为微分约

束的形式。因此,从微分约束条件下得出的结论通常可以扩展到其他类型的过程等式约束。

在最优控制问题中,泛函 J 所依赖的函数受到受控系统状态方程的约束,这是一个典型的微分等式约束问题。解决这类问题的策略是采用拉格朗日乘数法,将这种带有约束的泛函极值问题转化为一个无约束的泛函极值问题。

2. 拉格朗日问题

设系统的状态方程

$$\dot{\boldsymbol{x}}(t)=f[\boldsymbol{x}(t),\boldsymbol{u}(t),t],\quad t\in[t_0,t_f] \tag{4-42}$$

其中,$\boldsymbol{x}(t)\in\mathbf{R}^n$;$\boldsymbol{u}(t)\in\mathbf{R}^r$;$f[\boldsymbol{x}(t),\boldsymbol{u}(t),t]$是 n 维连续可微的矢量函数。

系统的初始状态为 $\boldsymbol{x}(t_0)=\boldsymbol{x}_0$,终端状态 $\boldsymbol{x}(t_f)$是自由的,性能泛函为

$$J=\int_{t_0}^{t_f}L[\boldsymbol{x}(t),\boldsymbol{u}(t),t]\mathrm{d}t$$

寻求最优控制 $\boldsymbol{u}^*(t)$,将系统从初始状态 $\boldsymbol{x}(t_0)=\boldsymbol{x}_0$ 转移到终端状态 $\boldsymbol{x}(t_f)$,并使性能泛函 J 取得极值。这就是最优控制中的拉格朗日问题。

将状态方程(4-42)写成等式约束方程形式

$$f[\boldsymbol{x}(t),\boldsymbol{u}(t),t]-\dot{\boldsymbol{x}}(t)=0 \tag{4-43}$$

引入一个待定的 n 维拉格朗日乘子矢量 $\boldsymbol{\lambda}(t)$,构造增广泛函

$$J'=\int_{t_0}^{t_f}\{L[\boldsymbol{x}(t),\boldsymbol{u}(t),t]+\boldsymbol{\lambda}^{\mathrm{T}}(t)f[[\boldsymbol{x}(t),\boldsymbol{u}(t),t]-\dot{\boldsymbol{x}}(t)]\}\mathrm{d}t \tag{4-44}$$

定义一个纯量函数

$$H(\boldsymbol{x},\boldsymbol{u},\boldsymbol{\lambda},t)=L[\boldsymbol{x},\boldsymbol{u},t]+\boldsymbol{\lambda}^{\mathrm{T}}f[\boldsymbol{x},\boldsymbol{u},t] \tag{4-45}$$

称 $H(\boldsymbol{x},\boldsymbol{u},\boldsymbol{\lambda},t)$为哈密尔顿函数,则

$$J'=\int_{t_0}^{t_f}\{H(\boldsymbol{x},\boldsymbol{u},\boldsymbol{\lambda},t)-\boldsymbol{\lambda}^{\mathrm{T}}\dot{\boldsymbol{x}}\}\mathrm{d}t \tag{4-46}$$

或

$$J'=\int_{t_0}^{t_f}\overline{H}(\boldsymbol{x},\boldsymbol{u},\boldsymbol{\lambda},t)\mathrm{d}t \tag{4-47}$$

式中 $\overline{H}(\boldsymbol{x},\boldsymbol{u},\boldsymbol{\lambda},t)=H(\boldsymbol{x},\boldsymbol{u},\boldsymbol{\lambda},t)-\boldsymbol{\lambda}^{\mathrm{T}}\dot{\boldsymbol{x}}=L[\boldsymbol{x},\boldsymbol{u},t]+\boldsymbol{\lambda}^{\mathrm{T}}\{f[\boldsymbol{x},\boldsymbol{u},t]-\dot{\boldsymbol{x}}\}$

因此有

$$\dot{\boldsymbol{x}}=\frac{\partial H}{\partial \boldsymbol{\lambda}}=f(\boldsymbol{x},\boldsymbol{u},t) \tag{4-48}$$

$$\dot{\boldsymbol{\lambda}}=-\frac{\partial H}{\partial \boldsymbol{x}}=-\frac{\partial}{\partial \boldsymbol{x}}(L+\boldsymbol{\lambda}^{\mathrm{T}}f) \tag{4-49}$$

$$\frac{\partial H}{\partial \boldsymbol{u}}=\frac{\partial}{\partial \boldsymbol{u}}(L+\boldsymbol{\lambda}^{\mathrm{T}}f)=0 \tag{4-50}$$

$$\boldsymbol{\lambda}\Big|_{t_0}^{t_f}=0 \tag{4-51}$$

式(4-48)为受控系统的状态方程,式(4-49)为系统的伴随方程或协态方程,两式联立称为哈密尔顿正则方程。式(4-50)为控制方程或极值条件,它表示哈密尔顿函数对最优控制而言取稳定值。这个方程是在假设控制 $\boldsymbol{u}(t)$不受任何约束条件限制,$\delta\boldsymbol{u}$ 变分任意取值时成立。如果 $\boldsymbol{u}(t)$受条件的约束,则 $\delta\boldsymbol{u}$ 变分不能任意取值,那么式(4-50)不成立。关于这种情况留待以后讨论。

式(4-51)称为横截条件,常用于补足边界条件。若始端固定,终端自由时,由于 $\delta\boldsymbol{x}(t_0)=0$,$\delta\boldsymbol{x}(t_f)$任意,则有

$$\boldsymbol{x}(t_0)=x_0 \tag{4-52}$$

$$\boldsymbol{\lambda}(t_f)=0 \tag{4-53}$$

若始端固定，终端固定时，由于 $\delta\boldsymbol{x}(t_0)=0$，$\delta\boldsymbol{x}(t_f)=0$，则有

$$\boldsymbol{x}(t_0)=x_0 \tag{4-54}$$

$$\boldsymbol{X}(t_f)=x_f \tag{4-55}$$

作为边界条件。

上述的泛函极值必要条件，也可由式(4-47)写出欧拉方程直接导出

$$\left.\begin{aligned}&\frac{\partial\overline{H}}{\partial\boldsymbol{x}}-\frac{\mathrm{d}}{\mathrm{d}t}\left(\frac{\partial\overline{H}}{\partial\dot{\boldsymbol{x}}}\right)=0\\&\frac{\partial\overline{H}}{\partial\boldsymbol{\lambda}}-\frac{\mathrm{d}}{\mathrm{d}t}\left(\frac{\partial\overline{H}}{\partial\dot{\boldsymbol{\lambda}}}\right)=0\\&\frac{\partial\overline{H}}{\partial\boldsymbol{u}}-\frac{\mathrm{d}}{\mathrm{d}t}\left(\frac{\partial\overline{H}}{\partial\dot{\boldsymbol{u}}}\right)=0\\&\left.\frac{\partial\overline{H}}{\partial\dot{\boldsymbol{x}}}\right|_{t_0}^{t_f}=0\end{aligned}\right.\Rightarrow\left\{\begin{aligned}&\dot{\boldsymbol{\lambda}}=-\frac{\partial H}{\partial\boldsymbol{x}}\\&\dot{\boldsymbol{x}}=\frac{\partial H}{\partial\boldsymbol{\lambda}}\\&\frac{\partial H}{\partial\boldsymbol{u}}=0\\&\left.\boldsymbol{\lambda}\right|_{t_0}^{t_f}=0\end{aligned}\right. \tag{4-56}$$

应用上述泛函极值的必要条件求解最优控制的基本步骤如下：

(1) 构造哈密尔顿函数 H；

(2) 由控制方程求解出 $\boldsymbol{u}^*(t)=\bar{\boldsymbol{u}}[\boldsymbol{x},\boldsymbol{\lambda}]$；

(3) 将 $\boldsymbol{u}^*(t)$代入正则方程解两点边值问题，求出 $\boldsymbol{x}^*$ 和 $\boldsymbol{\lambda}^*$；

(4) 再将 $\boldsymbol{x}^*$ 和 $\boldsymbol{\lambda}^*$ 代入得到最优控制 $\boldsymbol{u}^*(t)=\boldsymbol{u}[\boldsymbol{x}^*,\boldsymbol{\lambda}^*]$。

例 4-5 系统状态方程为

$$\dot{\boldsymbol{x}}=\begin{bmatrix}0&1\\0&0\end{bmatrix}\boldsymbol{x}+\begin{bmatrix}0\\1\end{bmatrix}\boldsymbol{u}$$

初始条件为

$$x_1(0)=1,\quad x_2(0)=1$$

终端条件为

$$x_1(2)=0,\quad x_2(2)=0$$

求最优控制 $\boldsymbol{u}^*(t)$，使性能泛函 $J=\dfrac{1}{2}\int_0^2\boldsymbol{u}^2(t)\mathrm{d}t$ 取极小值。

解 (1) 构造哈密尔顿函数

$$H=L+\boldsymbol{\lambda}^{\mathrm{T}}f=\frac{1}{2}\boldsymbol{u}^2(t)+\begin{bmatrix}\lambda_1(t)&\lambda_2(t)\end{bmatrix}\begin{bmatrix}x_2(t)\\\boldsymbol{u}(t)\end{bmatrix}$$

$$H=\frac{1}{2}\boldsymbol{u}^2(t)+\lambda_1(t)x_2(t)+\lambda_2(t)u(t) \tag{4-57}$$

(2) 由控制方程$\dfrac{\partial H}{\partial\boldsymbol{u}}=0$ 求解出

$$\boldsymbol{u}^*(t)=\bar{\boldsymbol{u}}[\boldsymbol{x},\boldsymbol{\lambda}]$$

$$\frac{\partial H}{\partial\boldsymbol{u}}=\boldsymbol{u}(t)+\lambda_2(t)=0$$

即

$$\boldsymbol{u}^*(t)=\bar{\boldsymbol{u}}[\boldsymbol{x},\boldsymbol{\lambda}]=-\lambda_2(t) \tag{4-58}$$

(3) 将 $\boldsymbol{u}^*(t)$代入正则方程解两点边值问题，求出 $\boldsymbol{x}^*$ 和 $\boldsymbol{\lambda}^*$。

$$\begin{cases} \dot{\boldsymbol{x}}=\dfrac{\partial H}{\partial \boldsymbol{\lambda}}=f(\boldsymbol{x},\boldsymbol{u},t)\Rightarrow\begin{cases}\dot{x}_1=x_2(t)\\ \dot{x}_2=\boldsymbol{u}(t)\end{cases} \\ \dot{\boldsymbol{\lambda}}=-\dfrac{\partial H}{\partial \boldsymbol{x}} \qquad\qquad \Rightarrow\begin{cases}\dot{\lambda}_1(t)=-\dfrac{\partial H}{\partial x_1}=0\\ \dot{\lambda}_2(t)=-\dfrac{\partial H}{\partial x_2}=-\lambda_1(t)\end{cases}\end{cases}$$

积分后可得

$$\lambda_1(t)=c_1$$

$$\lambda_2(t)=-c_1t+c_2$$

$$\dot{x}_2=\boldsymbol{u}(t)=-\lambda_2(t)=c_1t-c_2 \quad (\text{代入})$$

$$x_2(t)=\frac{1}{2}c_1t^2-c_2t+c_3 \quad (\text{积分})$$

$$\dot{x}_1=x_2(t)=\frac{1}{2}c_1t^2-c_2t+c_3 \quad (\text{代入})$$

$$x_1(t)=\frac{1}{6}c_1t^3-\frac{1}{2}c_2t^2+c_3t+c_4 \quad (\text{积分})$$

利用边界条件

$$x_1(0)=1,\quad x_2(0)=1$$

$$x_1(2)=0,\quad x_2(2)=0$$

确定积分常用数,可得

$$c_1=3,\quad c_2=\frac{7}{2},\quad c_3=1,\quad c_4=1$$

(4) 再将 $\boldsymbol{x}^*$ 和 $\boldsymbol{\lambda}^*$ 代入得到最优控制 $\boldsymbol{u}^*(t)=\bar{\boldsymbol{u}}[\boldsymbol{x}^*,\boldsymbol{\lambda}^*]$。最优控制为

$$\boldsymbol{u}^*(t)=-\lambda_2(t)=c_1t-c_2=3t-\frac{7}{2}$$

最优轨线为

$$x_1^*(t)=\frac{1}{6}c_1t^3-\frac{1}{2}c_2t^2+c_3t+c_4=\frac{1}{2}t^3-\frac{7}{4}t^2+t+1$$

$$x_2^*(t)=\frac{1}{2}c_1t^2-c_2t+c_3=\frac{3}{2}t^2-\frac{7}{2}t+1$$

最优解曲线如图 4-8 所示。

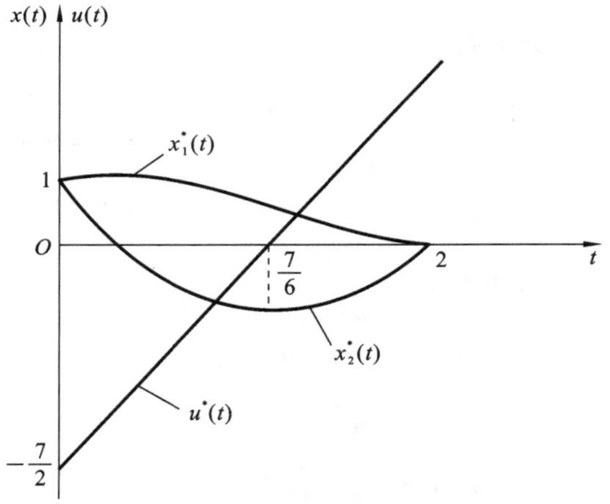

图 4-8　例 4-5 最优控制规律和最优轨线示意图

3. 波尔札问题

设系统的状态方程

$$\dot{\boldsymbol{x}}(t)=f[\boldsymbol{x}(t),\boldsymbol{u},t],\quad t\in[t_0,t_f] \tag{4-59}$$

其中，$\boldsymbol{x}(t)\in\mathbf{R}^n$；$\boldsymbol{u}(t)\in\mathbf{R}^r$；$f[\boldsymbol{x}(t),\boldsymbol{u}(t),t]$是 n 维连续可微的矢量函数。

系统的初始状态为 $\boldsymbol{x}(t_0)=\boldsymbol{x}_0$，终端状态 $\boldsymbol{x}(t_f)$满足

$$N[\boldsymbol{x}(t_f),t_f]=0 \tag{4-60}$$

N 为 q 维向量函数，且 $q\leqslant n$。性能泛函为

$$J=\Phi[\boldsymbol{x}(t_f),t_f]+\int_{t_0}^{t_f}L[\boldsymbol{x}(t),\boldsymbol{u}(t),t]\mathrm{d}t \tag{4-61}$$

其中，Φ,L 都是连续可微的标量函数，t_f 是待求终端时间。

最优控制问题就是要寻求最优控制 $\boldsymbol{u}^*(t)$，将系统从初始状态 $\boldsymbol{x}(t_0)=\boldsymbol{x}_0$ 转移到目标集 $N[\boldsymbol{x}(t_f),t_f]=0$，并称性能泛函 J 取得极值。

在这类泛函极值问题中，要处理两类约束：一是微分等式约束，二是端点边界约束，这一类问题被称为波尔札问题。

解决这类泛函极值问题的思路，依然是拉格朗日乘子法。因波尔札有两类约束条件，要引入两个乘子矢量，一个是 n 维 $\boldsymbol{\lambda}(t)$，另一个是 q 维 $\boldsymbol{\mu}$，把等式约束条件泛函极值问题变为无约束条件泛函极值问题来求解最优控制。

构造一个增广泛函

$$\begin{aligned}J'=&\Phi[\boldsymbol{x}(t_f),t_f]+\boldsymbol{\mu}^{\mathrm{T}}N[\boldsymbol{x}(t_f),t_f]+\int_{t_0}^{t_f}\{L[\boldsymbol{x}(t),\boldsymbol{u}(t),t]\\&+\boldsymbol{\lambda}^{\mathrm{T}}(t)[f(\boldsymbol{x}(t),\boldsymbol{u}(t),t)]-\dot{\boldsymbol{x}}(t)\}\mathrm{d}t\end{aligned} \tag{4-62}$$

这是一个可变端点变分问题。增广泛函的变分为

$$\begin{aligned}\delta J'=&\delta t_f\left\{H[\boldsymbol{x}(t_f),\boldsymbol{u}(t_f),\boldsymbol{\lambda}(t_f),t_f]+\frac{\partial\Phi[\boldsymbol{x}(t_f),t_f]}{\partial t_f}+\frac{\partial N^{\mathrm{T}}[\boldsymbol{x}(t_f),t_f]}{\partial t_f}\boldsymbol{\mu}\right\}\\&+\delta\boldsymbol{x}^{\mathrm{T}}(t_f)\left\{\frac{\partial\Phi[\boldsymbol{x}(t_f),t_f]}{\partial\boldsymbol{x}(t_f)}+\frac{\partial N^{\mathrm{T}}[\boldsymbol{x}(t_f),t_f]}{\partial\boldsymbol{x}(t_f)}\boldsymbol{\mu}-\boldsymbol{\lambda}(t_f)\right\}\\&+\int_{t_0}^{t_t}\left[(\delta\boldsymbol{x})^{\mathrm{T}}\left(\frac{\partial H}{\partial\boldsymbol{x}}+\dot{\boldsymbol{\lambda}}\right)+(\delta\boldsymbol{u})^{\mathrm{T}}\frac{\partial H}{\partial\boldsymbol{u}}\right]\mathrm{d}t\end{aligned} \tag{4-63}$$

使 J'取得极值的必要条件是对于任意的 $\delta t_f,\delta\boldsymbol{u},\delta\boldsymbol{x}$，都有 $\delta J'=0$ 成立。因此可得泛函取得极值的必要条件如下：

$$\dot{\boldsymbol{x}}=\frac{\partial H}{\partial\boldsymbol{\lambda}}=f(\boldsymbol{x},\boldsymbol{u},t),\quad\dot{\boldsymbol{\lambda}}=-\frac{\partial H}{\partial\boldsymbol{x}},\quad\frac{\partial H}{\partial\boldsymbol{u}}=0 \tag{4-64}$$

边界条件为

$$\begin{gathered}\boldsymbol{x}(t_0)=\boldsymbol{x}_0\\\frac{\partial\Phi[\boldsymbol{x}(t_f),t_f]}{\partial\boldsymbol{x}(t_f)}+\frac{\partial N^{\mathrm{T}}[\boldsymbol{x}(t_f),t_f]}{\partial\boldsymbol{x}(t_f)}\boldsymbol{\mu}-\boldsymbol{\lambda}(t_f)=0\\N[\boldsymbol{x}(t_f),t_f]=0\end{gathered} \tag{4-65}$$

终端时刻由下式计算

$$H[\boldsymbol{x}(t_f),\boldsymbol{u}(t_f),\boldsymbol{\lambda}(t_f),t_f]+\frac{\partial\Phi[\boldsymbol{x}(t_f),t_f]}{\partial t_f}+\frac{\partial N^{\mathrm{T}}[\boldsymbol{x}(t_f),t_f]}{\partial t_f}\boldsymbol{\mu}=0 \tag{4-66}$$

式中，$H[\boldsymbol{x}(t_f),\boldsymbol{u}(t_f),\boldsymbol{\lambda}(t_f),t_f]$为哈密尔顿函数在最优轨线终端上的值。

讨论：当 $\Phi[\boldsymbol{x}(t_f),t_f]=0$ 时，也即泛函为积分型性能泛函时，边界条件式(4-65)

化为

$$\boldsymbol{x}(t_0)=\boldsymbol{x}_0$$

$$\frac{\partial N^{\mathrm{T}}[\boldsymbol{x}(t_f),t_f]}{\partial \boldsymbol{x}(t_f)}\boldsymbol{\mu}-\boldsymbol{\lambda}(t_f)=0 \tag{4-67}$$

$$N[\boldsymbol{x}(t_f),t_f]=0$$

当始端和终端都受等式约束时，即

$$M[\boldsymbol{x}(t_0),t_0]=0 \tag{4-68}$$

$$N[\boldsymbol{x}(t_f),t_f]=0 \tag{4-69}$$

时，终端约束不影响正则方程，只改变横截条件。式(4-65)化为

$$\boldsymbol{\lambda}(t_0)=\frac{\partial M^{\mathrm{T}}[\boldsymbol{x}(t_0),t_0]}{\partial \boldsymbol{x}(t_0)}\boldsymbol{v}$$

$$\boldsymbol{\lambda}(t_f)=\frac{\partial \Phi[\boldsymbol{x}(t_f),t_f]}{\partial \boldsymbol{x}(t_f)}+\frac{\partial N^{\mathrm{T}}[\boldsymbol{x}(t_f),t_f]}{\partial \boldsymbol{x}(t_f)}\boldsymbol{\mu} \tag{4-70}$$

始端时刻的计算公式为

$$H[\boldsymbol{x}(t_0),\boldsymbol{u}(t_0),\boldsymbol{\lambda}(t_0),t_0]+\boldsymbol{v}^{\mathrm{T}}\frac{\partial M[\boldsymbol{x}(t_0),t_0]}{\partial t_0}=0 \tag{4-71}$$

式中，$\boldsymbol{v}$ 是对始端约束条件引入的待定拉格朗日乘子向量，其维数与始端约束方程数目相同。

终端时刻的计算公式为

$$H[\boldsymbol{x}(t_f),\boldsymbol{u}(t_f),\boldsymbol{\lambda}(t_f),t_f]+\frac{\partial \Phi[\boldsymbol{x}(t_f),t_f]}{\partial t_f}+\boldsymbol{\mu}^{\mathrm{T}}\frac{\partial N[\boldsymbol{x}(t_f),t_f]}{\partial t_f}=0 \tag{4-72}$$

式中，$\boldsymbol{\mu}$ 是对终端约束条件引入的待定拉格朗日乘子向量，其维数与终端约束方程数目相同。

哈密尔顿函数沿最优轨线随时间变化而变化的规律：哈密尔顿函数 $H[\boldsymbol{x}(t),\boldsymbol{u}(t_f),\boldsymbol{\lambda}(t_f),t_f]$ 对时间的全导数为

$$\frac{\mathrm{d}H}{\mathrm{d}t}=\frac{\partial H}{\partial t}+\left[\frac{\partial H}{\partial \boldsymbol{u}}\right]^{\mathrm{T}}\dot{\boldsymbol{u}}+\left[\frac{\partial H}{\partial \boldsymbol{x}}+\dot{\boldsymbol{\lambda}}\right]^{\mathrm{T}}f \tag{4-73}$$

如果 $\boldsymbol{u}$ 为最优控制，必满足

$$\frac{\partial H}{\partial \boldsymbol{u}}=0 \quad 及 \quad \dot{\boldsymbol{\lambda}}=-\frac{\partial H}{\partial \boldsymbol{x}} \tag{4-74}$$

因此有

$$\frac{\mathrm{d}H}{\mathrm{d}t}=\frac{\partial H}{\partial t} \tag{4-75}$$

表明哈密尔顿函数 $H[\boldsymbol{x}(t),\boldsymbol{u}(t_f),\boldsymbol{\lambda}(t_f),t_f]$ 沿最优轨线对时间的全导数等于它对时间的偏导，当哈密尔顿函数不显含 t 时，恒有

$$\frac{\mathrm{d}H}{\mathrm{d}t}=0 \tag{4-76}$$

即恒有

$$H(t)=c(常数),\quad t\in[t_0,t_f] \tag{4-77}$$

也就是说对于定常系数，沿最优轨线 H 为常数。

例 4-6 已知一阶系统

$$\dot{x}=\boldsymbol{u}$$

求使系统由初态 $\boldsymbol{x}(0)=1$ 出发，转移到 $\boldsymbol{x}(t_f)=0$ 且使性能泛函

$$J=t_f^*+\frac{1}{2}\int_{t_0}^{t_f}\beta\boldsymbol{u}^2(t)\mathrm{d}t$$

为最小值的最优控制 $\boldsymbol{u}(t)$ 及相应的最优轨迹 $\boldsymbol{x}(t)$。其中 α,β 均为确定常数。

解 终端约束条件为

$$N[\boldsymbol{x}(t_f),t_f]=\boldsymbol{x}(t_f)=0$$

哈密尔顿函数为

$$H=\frac{1}{2}\beta\boldsymbol{u}^2(t)+\boldsymbol{\lambda}(t)\boldsymbol{u}(t)$$

由正则方程(规范方程)可得

$$\begin{cases}\dot{\boldsymbol{x}}=\dfrac{\partial H}{\partial\boldsymbol{\lambda}}=f(\boldsymbol{x},\boldsymbol{u},t)\Rightarrow\dot{\boldsymbol{x}}=\boldsymbol{u}(t)\\ \dot{\boldsymbol{\lambda}}=-\dfrac{\partial H}{\partial\boldsymbol{x}}\qquad\Rightarrow\dot{\boldsymbol{\lambda}}(t)=-\dfrac{\partial H}{\partial\boldsymbol{x}}=0\end{cases}$$

由边界条件知

$$\boldsymbol{x}(0)=1,\quad \boldsymbol{x}(t_f)=0$$

由控制方程(极值方程)可得

$$\frac{\partial H}{\partial\boldsymbol{u}}=0\quad\Rightarrow\quad\beta\boldsymbol{u}+\boldsymbol{\lambda}(t)=0$$

由终端时刻的计算公式得

$$\frac{1}{2}\beta\boldsymbol{u}^2(t_f)+\boldsymbol{\lambda}(t_f)\boldsymbol{u}(t_f)+\alpha t_f^{\alpha-1}=0$$

联立上述方程可解得 $t_f,\boldsymbol{u}(t),\boldsymbol{x}(t)$。当 $\alpha=\beta=1$ 时,解得最优控制

$$\boldsymbol{u}(t)=-\sqrt{2}$$

最优轨线

$$\boldsymbol{x}^*(t)=1-\sqrt{2}t$$

最优终端时刻

$$t_f^*=\frac{\sqrt{2}}{2}$$

4.2.4 角点条件

在前面的讨论中,一直假设 $\boldsymbol{x}(t)$ 在区间 $[t_0,t_f]$ 是连续可微的函数,但在实际工程应用中,常常会遇到 $\boldsymbol{x}(t)$ 在该区间是分段光滑的,即函数 $\boldsymbol{x}(t)$ 在有限个点上连续而不可微,如图 4-9 所示。这种连续而不可微的点称为角点。角点上所应满足的条件称为角点条件,常称为维尔斯特拉斯欧德曼(Weierstrass-Erdman)条件。

设分段光滑曲线 $\boldsymbol{x}^*(t)$ 是使泛函

$$J=\int_{t_0}^{t_f}L[\boldsymbol{x}(t),\dot{\boldsymbol{x}}(t),t]\mathrm{d}t \tag{4-78}$$

取最小值的最优轨线,经过推导(推导过程见参考文献[16])可得最优轨线在角点处应该满足的条件,即角点条件为

$$\begin{cases}\left[L-\dot{\boldsymbol{x}}^{\mathrm{T}}\dfrac{\partial L}{\partial\dot{\boldsymbol{x}}}\right]_{t=t_f}=\left[L-\dot{\boldsymbol{x}}^{\mathrm{T}}\dfrac{\partial L}{\partial\dot{\boldsymbol{x}}}\right]_{t=t_f}\\ \left[\dfrac{\partial L}{\partial\dot{\boldsymbol{x}}}\right]_{t=t_f}=\left[\dfrac{\partial L}{\partial\dot{\boldsymbol{x}}}\right]_{t=t_f}\end{cases} \tag{4-79}$$

应该注意到,上述角点条件是假定角点位置不加任何限制条件的前提下得到的,如果对角点位置加以限制,这时泛函取得极值的必要条件如何呢?这就是所谓内点约束问题。

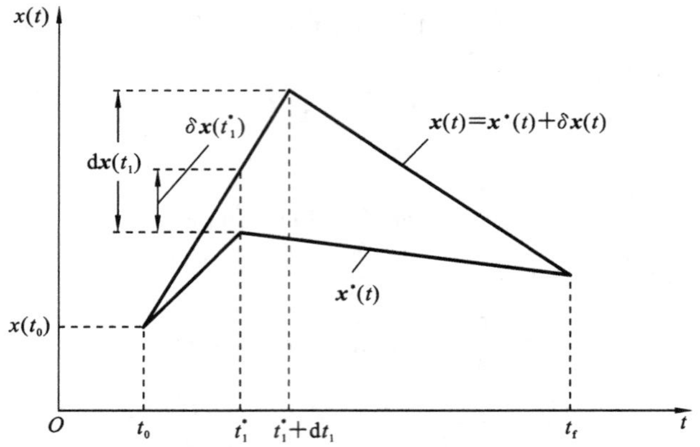

图 4-9 轨线上的角点示意图

根据拉格朗日乘子法的基本原理，新泛函 J' 在无约束条件时取得极值的必要条件，等效于原泛函 J 有约束条件时取得极值的必要条件。求出新泛函 J' 的变分（略），可推导出泛函极值的必要条件如下。

（1）状态方程为

$$\dot{\boldsymbol{x}}(t)=f_1[\boldsymbol{x}(t),\boldsymbol{u}(t),t],\quad t\in[t_0,t_1] \tag{4-80}$$

$$\dot{\boldsymbol{x}}(t)=f_2[\boldsymbol{x}(t),\boldsymbol{u}(t),t],\quad t\in[t_1,t_f] \tag{4-81}$$

（2）伴随方程（协态方程）为

$$\dot{\boldsymbol{\lambda}}=-\frac{\partial H_1}{\partial \boldsymbol{x}}=-\frac{\partial}{\partial \boldsymbol{x}}(L_1+\boldsymbol{\lambda}^{\mathrm{T}}f_1),\quad t\in[t_0,t_1] \tag{4-82}$$

$$\dot{\boldsymbol{\lambda}}=-\frac{\partial H_2}{\partial \boldsymbol{x}}=-\frac{\partial}{\partial \boldsymbol{x}}(L_2+\boldsymbol{\lambda}^{\mathrm{T}}f_2),\quad t\in[t_1,t_f] \tag{4-83}$$

（3）控制方程（极值条件）为

$$\dot{\boldsymbol{\lambda}}=\frac{\partial H_1}{\partial \boldsymbol{u}}=\frac{\partial}{\partial \boldsymbol{u}}(L_1+\boldsymbol{\lambda}^{\mathrm{T}}f_1),\quad t\in[t_0,t_1] \tag{4-84}$$

$$\dot{\boldsymbol{\lambda}}=\frac{\partial H_2}{\partial \boldsymbol{u}}=\frac{\partial}{\partial \boldsymbol{u}}(L_2+\boldsymbol{\lambda}^{\mathrm{T}}f_2),\quad t\in[t_1,t_f] \tag{4-85}$$

（4）端点约束为

$$M[\boldsymbol{x}(t_0),t_0]=0 \tag{4-86}$$

$$M[\boldsymbol{x}(t_f),t_f]=0 \tag{4-87}$$

（5）横截条件为

$$\boldsymbol{\lambda}(t_0)=\frac{\partial M^{\mathrm{T}}[\boldsymbol{x}(t_0),t_0]}{\partial \boldsymbol{x}(t_0)}\boldsymbol{\mu} \tag{4-88}$$

$$\boldsymbol{\lambda}(t_f)=\frac{\partial \Phi[\boldsymbol{x}(t_f),t_f]}{\partial \boldsymbol{x}(t_f)}+\frac{\partial N^{\mathrm{T}}[\boldsymbol{x}(t_f),t_f]}{\partial \boldsymbol{x}(t_f)}\boldsymbol{v} \tag{4-89}$$

$$H_1\boldsymbol{\lambda}(t_0)+\boldsymbol{\mu}^{\mathrm{T}}\ \frac{\partial[M(t_0),t_0]}{\partial t_0}=0 \tag{4-90}$$

$$H_2\boldsymbol{\lambda}(t_f)+\boldsymbol{v}^{\mathrm{T}}=\frac{\partial[N(t_f),t_f]}{\partial t_f}+\frac{\partial \Phi[\boldsymbol{x}(t_f),t_f]}{\partial t_f} \tag{4-91}$$

（6）角点约束为

$$\boldsymbol{\xi}[\boldsymbol{x}(t_1),t_1]=0,\quad t_0<t_1<t_f \tag{4-92}$$

(7) 角点条件为

$$\boldsymbol{\lambda}(t_1^-)=\boldsymbol{\lambda}(t_1^+)+\frac{\partial\boldsymbol{\xi}^{\mathrm{T}}[\boldsymbol{x}(t_1),t_1]}{\partial\boldsymbol{x}(t_1)}\boldsymbol{\gamma} \tag{4-93}$$

$$H_1(t_1^-)=H_2(t_1^+)-\boldsymbol{\gamma}^{\mathrm{T}}\frac{\partial\boldsymbol{\xi}[\boldsymbol{x}(t_1),t_1]}{\partial\boldsymbol{x}(t_1)} \tag{4-94}$$

可以看出,求有一个角点约束的泛函极值问题,需要求解三点边值问题,多一个角点约束便多一组边界条件,求解起来更加困难。

注意,在角点上状态变量是连续的,但协态变量和哈密尔顿函数在角点上是不连续的。式(4-93)和式(4-94)是协态变量和哈密尔顿函数在角点上的"跳跃"条件。

4.2.5 等式约束条件下泛函极值的充分条件

前面讨论了泛函取得极值的必要条件,那么泛函到底是取得极大值还是极小值呢?对于无约束条件时,当 $\delta^2 J\geqslant 0$ 泛函取得极小值,$\delta^2 J<0$ 泛函取得极大值,即极值的性质可用二阶变分的符号来确定。对具有等式约束条件的泛函,其极值的性质也可用二阶变分的符号确定。

设受控系统的状态方程为

$$\dot{\boldsymbol{x}}(t)=f[\boldsymbol{x}(t),\boldsymbol{u}(t),t],\quad t\in[t_0,t_f] \tag{4-95}$$

始端和终端约束条件为

$$M[\boldsymbol{x}(t_0),t_0]=0 \tag{4-96}$$

$$N[\boldsymbol{x}(t_f),t_f]=0 \tag{4-97}$$

性能泛函为

$$J=\Phi[\boldsymbol{x}(t_f),t_f]+\int_{t_0}^{t_f}L[\boldsymbol{x}(t),\boldsymbol{u}(t),t]\mathrm{d}t \tag{4-98}$$

应用拉格朗日乘子法,构成新的性能泛函为

$$\begin{aligned}J'=&\Phi[\boldsymbol{x}(t_f),t_f]+\boldsymbol{\mu}^{\mathrm{T}}M[\boldsymbol{x}(t_0),t_0]+\boldsymbol{\gamma}^{\mathrm{T}}\boldsymbol{\xi}[\boldsymbol{x}(t_f),t_f]\\&+\int_{t_0}^{t_f}[H[\boldsymbol{x}(t),\boldsymbol{u}(t),\boldsymbol{\lambda}(t),t]-\boldsymbol{\lambda}^{\mathrm{T}}(t)\dot{\boldsymbol{x}}(t)]\mathrm{d}t\end{aligned} \tag{4-99}$$

式中 $$H[\boldsymbol{x}(t),\boldsymbol{u}(t),\boldsymbol{\lambda}(t),t]=L[\boldsymbol{x}(t),\boldsymbol{u}(t),t]\mathrm{d}t+\boldsymbol{\lambda}^{\mathrm{T}}f[\boldsymbol{x}(t),\boldsymbol{u}(t),t]\mathrm{d}t \tag{4-100}$$

设最优控制 $\boldsymbol{u}^*(t)$的容许增量 $\Delta\boldsymbol{u}(t)$,最优轨线 $\boldsymbol{x}^*(t)$的容许增量 $\Delta\boldsymbol{x}(t)$,则容许控制和容许控制轨线分别为

$$\boldsymbol{u}(t)=\boldsymbol{u}^*(t)+\Delta\boldsymbol{u}(t) \tag{4-101}$$

$$\boldsymbol{x}(t)=\boldsymbol{x}^*(t)+\Delta\boldsymbol{x}(t) \tag{4-102}$$

显然,在满足泛函极值的必要条件下,当 $\delta^2 J'\geqslant 0$ 泛函取得极小值、$\delta^2 J'<0$ 泛函取得极大值,也即

$$\left[\frac{\partial^2}{\partial^2\boldsymbol{x}(t_f)}[[\boldsymbol{x}(t_f),t_f]+\boldsymbol{\gamma}^{\mathrm{T}}N[\boldsymbol{x}(t_f),t_f]]\right]_{n\times n} \tag{4-103}$$

$$\left[\frac{\partial^2}{\partial^2\boldsymbol{x}(t_0)}\boldsymbol{\mu}^{\mathrm{T}}M[\boldsymbol{x}(t_0),t_0]\right]_{n\times n} \tag{4-104}$$

$$\begin{bmatrix}\dfrac{\partial^2 H}{\partial^2\boldsymbol{x}} & \dfrac{\partial^2 H}{\partial\boldsymbol{u}\partial\boldsymbol{x}}\\[2ex]\dfrac{\partial^2 H}{\partial\boldsymbol{x}\partial\boldsymbol{u}} & \dfrac{\partial^2 H}{\partial^2\boldsymbol{u}}\end{bmatrix}_{(n+m)\times(n+m)} \tag{4-105}$$

均为正定或半正定时泛函取得极小值；反之，均为负定或半负定时泛函取得极大值。这就是泛函在等式约束下泛函取得极值的充分条件。

4.3 极小值原理

经典变分法求解最优控制问题，都是假定控制变量 $u(t)$ 的取值范围不受任何条件的限制。但大多数实际工程应用中，控制变量总要受到一定条件的限制，这种情况下控制方程 $\frac{\partial H}{\partial u}=0$ 不成立，不能再用变分法来处理最优控制问题。

最大值原理是适用性广泛又有严格理论依据的求解最优控制的简便方法，是求解最优控制问题的强有力的工具，被称为"现代变分法"。为了形式上的统一和便于记忆，将"最大值原理"统一改称为"极小值原理"。

4.3.1 连续系统的极小值原理

极小值原理是通过经典变分法推导得出的一系列结论，具体推导过程可以查阅参考文献。在这里直接以定理的形式给出极小值原理。

1. 极小值原理

定理 4-3 设系统的状态方程为

$$\dot{\boldsymbol{x}}=f[\boldsymbol{x}(t),\boldsymbol{u}(t),t],\quad \boldsymbol{x}(t)\in\mathbf{R}^n$$

始端条件为

$$\boldsymbol{x}(t_0)=\boldsymbol{x}_0$$

终端约束为

$$N[\boldsymbol{x}(t_f),t_f]=0,\quad N\in\mathbf{R}^m,\quad m\leqslant n,\quad t_f\text{ 待定}$$

控制约束为：$f[\boldsymbol{x}(t),\boldsymbol{u}(t),t]\geqslant 0$，$\boldsymbol{u}(t)\in\mathbf{R}^r$，$g\in\mathbf{R}^l$，$l\leqslant r\leqslant n$，为连续可微的矢量函数，且 $l\leqslant r$。

性能泛函为

$$J=\Phi[\boldsymbol{x}(t_f),t_f]+\int_{t_0}^{t_f}L[\boldsymbol{x}(t),\boldsymbol{u}(t),t]\mathrm{d}t$$

取哈密尔顿函数为

$$H=L[\boldsymbol{x},\boldsymbol{u},t]+\boldsymbol{\lambda}^{\mathrm{T}}f[\boldsymbol{x},\boldsymbol{u},t]$$

则实现最优控制的必要条件是：最优控制 $\boldsymbol{u}^*$、最优轨线 $\boldsymbol{x}^*$ 和最优协态矢量 $\boldsymbol{\lambda}^*$ 满足下列关系式。

(1) 沿最优轨线满足正则方程

$$\dot{\boldsymbol{x}}=\frac{\partial H}{\partial\boldsymbol{\lambda}}\tag{4-106}$$

$$\dot{\boldsymbol{\lambda}}=-\frac{\partial H}{\partial\boldsymbol{x}}-\frac{\partial g^{\mathrm{T}}}{\partial\boldsymbol{x}}\boldsymbol{\gamma}\tag{4-107}$$

当 g 中不含 $\boldsymbol{x}$ 时，$\dot{\boldsymbol{\lambda}}=\frac{\partial H}{\partial\boldsymbol{x}}$。

(2) 在最优轨线上，与最优控制 $\boldsymbol{u}^*$ 相对应的 H 函数取绝对极小值，即

$$\min_{u\in U}H[\boldsymbol{x}^*,\boldsymbol{\lambda}^*,\boldsymbol{u},t]=H[\boldsymbol{x}^*,\boldsymbol{\lambda}^*,\boldsymbol{u},t]\tag{4-108}$$

或 $$HH[\boldsymbol{x}^*,\boldsymbol{\lambda}^*,\boldsymbol{u},t]\geqslant HH[\boldsymbol{x}^*,\boldsymbol{\lambda}^*,\boldsymbol{u},t]$$

沿最优轨线

$$\frac{\partial H}{\partial \boldsymbol{u}}=-\frac{\partial g^{\mathrm{T}}}{\partial \boldsymbol{u}}\boldsymbol{\gamma} \tag{4-109}$$

(3) H 函数在最优轨线终点满足

$$\left[H+\frac{\partial \Phi}{\partial t_{\mathrm{f}}}+\frac{\partial N^{\mathrm{T}}}{\partial t_{\mathrm{f}}}\boldsymbol{\mu}\right]_{t=t_{\mathrm{f}}}=0 \tag{4-110}$$

(4) 协态终值满足横截条件

$$\boldsymbol{\lambda}(t_{\mathrm{f}})=\left[\frac{\partial \Phi}{\partial \boldsymbol{x}}+\frac{\partial N^{\mathrm{T}}}{\partial \boldsymbol{x}}\boldsymbol{\mu}\right]_{t=t_{\mathrm{f}}} \tag{4-111}$$

(5) 满足边界条件

$$\begin{aligned}&\boldsymbol{x}(t_0)=\boldsymbol{x}_0\\&N[\boldsymbol{x}(t_{\mathrm{f}}),t_{\mathrm{f}}]=0\end{aligned} \tag{4-112}$$

这就是著名的极小值原理。

2. 极小值原理的几点说明

1) 控制作用不等式约束与等式约束下最优控制的必要条件比较

横截条件和端点边界条件相同。控制方程 $\frac{\partial H}{\partial \boldsymbol{u}}=0$ 不成立,代之以下条件:

$$\frac{\partial H}{\partial \boldsymbol{u}}=-\frac{\partial g^{\mathrm{T}}}{\partial \boldsymbol{u}}\boldsymbol{\gamma} \tag{4-113}$$

$$H[\boldsymbol{x}^*,\boldsymbol{\lambda}^*,\boldsymbol{u},t]\geqslant H[\boldsymbol{x}^*,\boldsymbol{\lambda}^*,\boldsymbol{u}^*,t]$$

协态方程发生了改变

$$\dot{\boldsymbol{\lambda}}=-\frac{\partial H}{\partial \boldsymbol{x}}-\frac{\partial g^{\mathrm{T}}}{\partial \boldsymbol{x}}\boldsymbol{\gamma}$$

仅当 g 中不含 x 时,方程才与等式约束条件下相同:$\dot{\boldsymbol{\lambda}}=-\frac{\partial H}{\partial \boldsymbol{x}}$。

2) 极值条件的说明

第 1 条件和第 2 条件,即式(4-106)、式(4-107)和式(4-108)适用于求解各种类型的最优控制问题,且与边界条件形式或终端时刻是否自由无关。

第 2 条件,即式(4-108)说明当 $\boldsymbol{u}^*(t)$ 和 $\boldsymbol{u}(t)$ 都从容许的有界闭集 U 中取值时,只有 $\boldsymbol{u}^*(t)$ 能使 H 函数沿最优轨线 $\boldsymbol{x}^*(t)$ 取全局最小值,且与闭集的特性无关。

第 3 条件,即式(4-110)描述了 H 函数终值与 t_{f} 之间的关系,可以确定 t_{f} 的值,该条件是由于 t_{f} 变动产生的,当 t_{f} 固定时,该条件不存在。

第 4 条件和第 5 条件,即式(4-111)和式(4-112),为正则方程提供数量足够的边值条件。若初态固定,其一半由 $\boldsymbol{x}(t_0)=\boldsymbol{x}_0$ 提供,另一半由协态终值约束方程

$$N[\boldsymbol{x}(t_{\mathrm{f}}),t_{\mathrm{f}}]=0$$

和协态终值方程

$$\boldsymbol{\lambda}(t_{\mathrm{f}})=\left[\frac{\partial \Phi}{\partial \boldsymbol{x}}-\frac{\partial g^{\mathrm{T}}}{\partial \boldsymbol{x}}\boldsymbol{\mu}\right]_{t=t_{\mathrm{f}}}$$

共同提供。

3) 控制作用有界和无界时的区别和联系

(1) 当控制作用无界时,控制方程 $\frac{\partial H}{\partial \boldsymbol{u}}=0$ 成立,控制作用有界时不成立。

(2) 控制作用有界时，控制作用满足：

$$\frac{\partial H}{\partial \boldsymbol{u}}-\frac{\partial g^{\mathrm{T}}}{\partial \boldsymbol{u}}\boldsymbol{\gamma} \tag{4-114}$$

$$H[\boldsymbol{x}^*,\boldsymbol{\lambda}^*,\boldsymbol{u},t]\geqslant H[\boldsymbol{x}^*,\boldsymbol{\lambda}^*,\boldsymbol{u}^*,t] \tag{4-115}$$

(3) 控制作用有界是控制作用无界的一个特例。从上面的条件可以看出当控制作用有界时，由控制方程确定的最优控制实际上是使 H 极小或极大的驻点条件，取得的最优控制 $\boldsymbol{u}^*(t)$ 只能取得相对极小值或极大值。而控制作用有界时由式(4-114)和式(4-115)确定的最优控制 $\boldsymbol{u}^*(t)$ 保证了使 H 取得全局极小值。此外当控制作用有界时式(4-114)实际上蜕化为控制方程。

4) 根据极值条件求解最优控制的一般方法和步骤

正则方程是一组一阶微分方程组，共有 $2n$ 个方程，要求出它的解需要 $2n$ 个边值条件。当初端固定 $\boldsymbol{x}(t_0)=\boldsymbol{x}_0$ 提供 n 个边值条件，另外 n 个边值条件由协态终值约束方程和协态终值方程共同提供。当初端固定，终端也固定时，$\boldsymbol{x}(t_0)=\boldsymbol{x}_0$ 提供 n 个边值条件，$\boldsymbol{x}(t_f)=\boldsymbol{x}_f$，提供另外 n 个边值条件，而不需要对协态终值附加任何约束。求解最优控制的一般步骤如下。

(1) 根据要求构造哈密尔顿函数 H；

(2) 列写正则方程；

(3) 由正则方程求出 $\boldsymbol{u}(t)$ 和 $\boldsymbol{x}(t)$（带积分常数）；

(4) 写出边界条件、边界约束条件和协态终值方程；

(5) 联立求解，求出积分常数，确定出最优控制 $\boldsymbol{u}^*(t)$ 和最优轨线 $\boldsymbol{x}^*(t)$。

5) 极小值原理与极大值原理

最优控制 $\boldsymbol{u}^*(t)$ 保证哈密尔顿函数取全局最小值，所谓“极小值原理”正源于此。

如果定义 $\bar{\boldsymbol{\lambda}}=-\boldsymbol{\lambda}$，$\bar{H}=-H$ 可得结论

$$\max_{u\in U}\bar{H}[\boldsymbol{x}^*,\boldsymbol{\lambda}^*,\boldsymbol{u},t]=\bar{H}[\boldsymbol{x}^*,\boldsymbol{\lambda}^*,\boldsymbol{u}^*,t]$$

因此有些文献和资料中也称为“极大值原理”，“极小值原理”和“极大值原理”并没有本质的区别。

6) 极小值原理的实际意义

极小值原理在实际应用中的重要性体现在它对控制条件的放宽，这使得在控制变量属于有界闭集时的最优控制问题得以解决。在这种情况下，传统的变分法可能无法提供解决方案，而极小值原理的应用使得最优控制理论转化为一种能够应对实际控制工程问题的实用技术。

7) 极小值原理的局限性

尽管极小值原理为最优控制问题提供了必要的条件，但它并不是一个完备的条件。所有满足极小值原理的控制解仅是潜在的最优控制候选，要确定其是否为真正的最优解，还需依据问题的具体性质进行评估，或通过数学方法进一步验证。然而，在处理线性系统的优化问题时，极小值原理提供了充分且必要的条件，确保了泛函达到最小值。

现举一个简单的例子说明极小值原理的应用。

例 4-7 设系统的状态方程为

$$\dot{\boldsymbol{x}}=\boldsymbol{x}-\boldsymbol{u},\quad \boldsymbol{x}(0)=5$$

控制约束条件是 $0.5\leqslant\boldsymbol{u}\leqslant1$，求 $\boldsymbol{u}(t)$ 使性能泛函

$$J=\int_0^1(\boldsymbol{x}+\boldsymbol{u})\mathrm{d}t$$

取得最小值。

解 本题属于控制为有界闭集最优控制的求解问题，应用古典变分法是无法求解的。可以应用极小值原理来求解。

(1) 构造哈密尔顿函数 H

$$H=L+\boldsymbol{\lambda}^{\mathrm{T}}f[\boldsymbol{x},\dot{\boldsymbol{w}},t]=(1+\boldsymbol{\lambda})\boldsymbol{x}+(1-\boldsymbol{\lambda})\boldsymbol{u} \tag{4-116}$$

(2) 列写正则方程

$$\dot{\boldsymbol{x}}=\frac{\partial H}{\partial\boldsymbol{\lambda}}=\boldsymbol{x}-\boldsymbol{u} \tag{4-117}$$

由于控制约束条件为 $0.5\leqslant\boldsymbol{u}\leqslant1$，因此有

$$g=(\boldsymbol{u}-0.5)(1-\boldsymbol{u})\geqslant0 \tag{4-118}$$

g 与 x 无关，即有

$$\frac{\partial\boldsymbol{g}^{\mathrm{T}}}{\partial\boldsymbol{x}}=0 \tag{4-119}$$

可得协态方程

$$\dot{\boldsymbol{\lambda}}=-\frac{\partial H}{\partial\boldsymbol{x}}-\frac{\partial\boldsymbol{g}^{\mathrm{T}}}{\partial\boldsymbol{x}}\boldsymbol{\gamma}=-\frac{\partial H}{\partial\boldsymbol{x}}=-(1+\boldsymbol{\lambda}) \tag{4-120}$$

(3) 由协态方程求出 λ(带积分常数)：由式(4-120)可得

$$\dot{\boldsymbol{\lambda}}+\boldsymbol{\lambda}=-1 \tag{4-121}$$

其解为

$$\boldsymbol{\lambda}=-1+c\mathrm{e}^{-t} \tag{4-122}$$

(4) 确定出最优控制 $\boldsymbol{u}^*(t)$：由极小值原理可知，求 H 极小等效于求泛函极小，由式(4-116)可知 H 是 $\boldsymbol{u}$ 的线性函数，只要使 $(1-\boldsymbol{\lambda})\boldsymbol{u}$ 取得极小值即可。所以有：当 $\lambda>1$ 时，应取 $\boldsymbol{u}^*=1$(上界)；当 $\lambda<1$ 时，应取 $\boldsymbol{u}^*=0.5$(下界)。

(5) 确定积分时间常数和切换点：终端时间已知 $t_{\mathrm{f}}=1$，协态终值方程可得

$$\boldsymbol{\lambda}(t_{\mathrm{f}})=\left[\frac{\partial\Phi}{\partial\boldsymbol{x}}+\frac{\partial N^{\mathrm{T}}}{\partial\boldsymbol{x}}\boldsymbol{\mu}\right]_{t=t_{\mathrm{f}}}=0 \tag{4-123}$$

把式(4-122)代入式(4-123)得

$$-1+c\mathrm{e}^{-1}=0$$

求得

$$c=\mathrm{e}$$

所以

$$\lambda=-1+c^{-t+1} \tag{4-124}$$

切换点为 $\lambda=1$，代入式(4-124)即

$$1=-1+\mathrm{e}^{-t+1}$$

可解得切换时间为

$$t=1-\ln2\approx0.307$$

(6) 由状态方程求解最优轨线 $\boldsymbol{x}^*(t)$。当 $0\leqslant t<0.307$ 时 $\boldsymbol{\lambda}>1$，$\boldsymbol{u}^*=1$ 代入式(4-117)得

$$\dot{\boldsymbol{x}}=\boldsymbol{x}-1 \tag{4-125}$$

可解出

$$\boldsymbol{x}(t)=1+c_1\mathrm{e}^t \tag{4-126}$$

代入初始条件 $x(0)=5$ 可求出 $c_1=4$，所以

$$\boldsymbol{x}(t)=1+4\mathrm{e}^t \tag{4-127}$$

当 $0.307<t\leqslant 1$ 时 $\boldsymbol{\lambda}<1$，$\boldsymbol{u}^*=0.5$ 代入式(4-117)得

$$\boldsymbol{x}=\dot{\boldsymbol{x}}-0.5$$

解得

$$\boldsymbol{x}(t)=0.5+c_2\mathrm{e}^t$$

考虑到前一段的终点为 $x(0.307)=6.438$ 即为这一段的起点，代入可得 $c_2=4.368$，于是

$$\boldsymbol{x}(t)=0.5+4.368\mathrm{e}^t \tag{4-128}$$

(7) 求 $J^*=J(\boldsymbol{u}^*)$

$$J^*=J(\boldsymbol{u}^*)=\int_0^{0.307}(\boldsymbol{x}+1)\mathrm{d}t+\int_{0.307}^{1}(\boldsymbol{x}+0.5)\mathrm{d}t$$

$$=\int_0^{0.307}(1+4\mathrm{e}^t+1)\mathrm{d}t+\int_{0.307}^{1}(0.5+4.368\mathrm{e}^t+0.5)\mathrm{d}t=8.68$$

各有关曲线如图 4-10 所示。

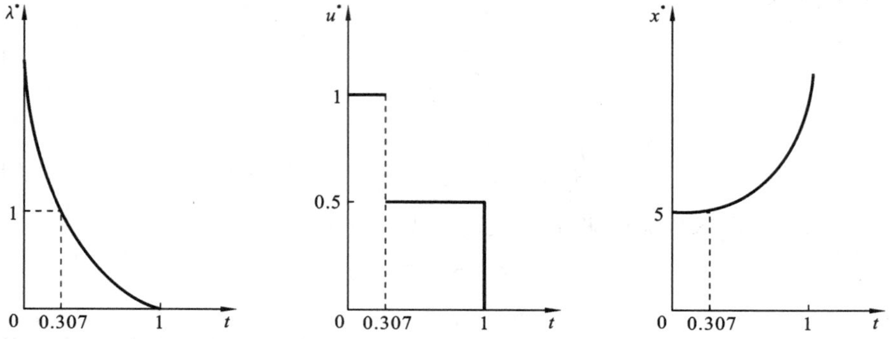

图 4-10　例 4-7 的最优解

3. 几种常见情况下极小值原理的具体形式

1) 始端固定、终端固定情况下的极小值原理

(1) 问题描述。

始端固定、终端固定情况下的极小值原理，指始端时间和状态固定，终端时间和终端状态也固定，容许控制在有界闭集 U 中取值的情况下，研究泛函取得极值的必要条件而得到的极小值原理具体形式。这类问题可描述如下。

设系统的状态方程为

$$\dot{\boldsymbol{x}}=f[\boldsymbol{x}(t),\boldsymbol{u}(t),t] \tag{4-129}$$

式中，$\boldsymbol{x}(t)\in\mathbf{R}^n$，$\boldsymbol{u}(t)\in\mathbf{R}^m$，$m\leqslant n$，$f[\boldsymbol{x}(t),\boldsymbol{u}(t),t]$为 n 维矢量函数。

初始时间为 t_0，初始状态为 $\boldsymbol{x}(t_0)=\boldsymbol{x}_0$。

终端时间 t_f 固定，终端状态为 $\boldsymbol{x}(t_\mathrm{f})=\boldsymbol{x}_\mathrm{f}$。

容许控制 $\boldsymbol{u}(t)$在 m 维向量空间 $\mathbf{R}^m$ 的有界闭集 U 中取值，即

$$\boldsymbol{u}(t)\in U\subset\mathbf{R}^m$$

性能泛函为

$$J=\Phi[\boldsymbol{x}(t_\mathrm{f}),t_\mathrm{f}]+\int_{t_0}^{t_\mathrm{f}}L[\boldsymbol{x}(t),\boldsymbol{u}(t),t]\mathrm{d}t \tag{4-130}$$

$\Phi[\boldsymbol{x}(t_\mathrm{f}),t_\mathrm{f}]$和 $L[\boldsymbol{x}(t),\boldsymbol{u}(t),t]$ 是连续可微的标量函数。要寻求最优容许控制$\boldsymbol{u}(t)$在满足上列条件下，使 J 为极小。

（2）极小值原理的具体形式。

这类问题与前面介绍极小值原理时描述的问题的不同点在于，容许控制 $\boldsymbol{u}(t)$ 限制仅是在 m 维向量空间 $\mathbf{R}^m$ 的有界闭集 U 中取值，这个限制条件可转化为与 $\boldsymbol{x}$ 无关的不等式约束条件。

终端时间 t_f 固定，终端状态 $\boldsymbol{x}_f$ 确定，即无 $N[\boldsymbol{x}(t_f),t_f]$ 项。显然，这是前面介绍极小值原理的一个特例，根据式(4-106)～式(4-112)可推导出这种情况下极小值原理具体形式。

① 沿最优轨线满足正则方程

$$\dot{\boldsymbol{x}}=\frac{\partial H}{\partial \boldsymbol{\lambda}} \tag{4-131}$$

$$\dot{\boldsymbol{\lambda}}=-\frac{\partial H}{\partial \boldsymbol{x}} \tag{4-132}$$

② 在最优轨线上，与最优控制 $\boldsymbol{u}^*$ 相对应的 H 函数取绝对极小值，即

$$\min_{u\in U} H[\boldsymbol{x}^*,\boldsymbol{\lambda}^*,\boldsymbol{u},t]=H[\boldsymbol{x}^*,\boldsymbol{\lambda}^*,\boldsymbol{u}^*,t] \tag{4-133}$$

③ 满足边界条件

$$\begin{aligned}\boldsymbol{x}(t_0)&=\boldsymbol{x}_0\\ \boldsymbol{x}(t_f)&=\boldsymbol{x}_f\end{aligned} \tag{4-134}$$

2）始端固定，终端时间固定、终端状态自由情况下的极小值原理

（1）问题描述。

始端固定，终端时间固定、终端状态自由情况下的极小值原理，指始端时间和状态固定，终端时间固定为 t_f，终端状态自由，容许控制在有界闭集 U 中取值的情况下，研究泛函取得极值的必要条件而得到的极小值原理具体形式。这类问题可描述如下。

设系统的状态方程为

$$\dot{\boldsymbol{x}}=f[\boldsymbol{x}(t),\boldsymbol{u}(t),t] \tag{4-135}$$

其中，$\boldsymbol{x}(t)\in\mathbf{R}^n$，$\boldsymbol{u}(t)\in\mathbf{R}^m$，$m\leqslant n$，$f[\boldsymbol{x}(t),\boldsymbol{u}(t),t]$ 为 n 维矢量函数。

初始时间为 t_0，初始状态为 $\boldsymbol{x}(t_0)=x_0$。

终端时间 t_f，固定；终端状态自由。

容许控制 $\boldsymbol{u}(t)$ 在 m 维向量空间 $\mathbf{R}^m$ 的有界闭集 U 中取值，即

$$\boldsymbol{u}(t)\in U\subset\mathbf{R}^m$$

性能泛函为

$$J=\Phi[\boldsymbol{x}(t_f),t_f]+\int_{t_0}^{t_f}L[\boldsymbol{x}(t),\boldsymbol{u}(t),t]\mathrm{d}t \tag{4-136}$$

$\varphi[\boldsymbol{x}(t_f),t_f]$ 和 $L[\boldsymbol{x}(t),\boldsymbol{u}(t),t]$ 是连续可微的标量函数。要寻求最优容许控制 $\boldsymbol{u}(t)$ 在满足上列条件下，使 J 为极小。

（2）极小值原理的具体形式。

与始端固定、终端固定的情况相比，不同之处在于终端状态自由，那么终端状态需要用协态终值横截条件来确定。根据式(4-106)～式(4-112)可推导出这种情况下极小值原理具体形式。

① 沿最优轨线满足正则方程

$$\dot{\boldsymbol{x}}=\frac{\partial H}{\partial \boldsymbol{\lambda}} \tag{4-137}$$

$$\dot{\boldsymbol{\lambda}}=-\frac{\partial H}{\partial \boldsymbol{x}} \tag{4-138}$$

② 在最优轨线上，与最优控制 $\boldsymbol{u}^*$ 相对应的 H 函数取绝对极小值，即

$$\min_{u\in U} H[\boldsymbol{x}^*,\boldsymbol{\lambda}^*,\boldsymbol{u},t]=H[\boldsymbol{x}^*,\boldsymbol{\lambda}^*,\boldsymbol{u}^*,t] \tag{4-139}$$

③ 协态终值满足横截条件

$$\boldsymbol{\lambda}(t_{\mathrm{f}})=0 \tag{4-140}$$

④ 满足边界条件

$$\boldsymbol{x}(t_0)=\boldsymbol{x}_0 \tag{4-141}$$

3）始端固定、终端约束情况下的极小值原理

（1）问题描述。

始端固定，终端约束情况下的极小值原理，指始端时间和状态固定，终端时间未知，终端状态受等式条件约束，容许控制在有界闭集 U 中取值的情况下，研究泛函取得极值的必要条件而得到的极小值原理具体形式。这类问题可描述如下。

设系统的状态方程为

$$\dot{\boldsymbol{x}}=f[\boldsymbol{x}(t),\boldsymbol{u}(t),t] \tag{4-142}$$

式中，$\boldsymbol{x}(t)\in\mathbf{R}^n$，$\boldsymbol{u}(t)\in\mathbf{R}^m$，$m\leqslant n$，$f[\boldsymbol{x}(t),\boldsymbol{u}(t),t]$为 n 维矢量函数。初始时间为 t_0，初始状态为 $\boldsymbol{x}(t_0)=\boldsymbol{x}_0$。

终态 $\boldsymbol{x}(t_{\mathrm{f}})$满足终端约束方程

$$N[\boldsymbol{x}(t_{\mathrm{f}}),t_{\mathrm{f}}]=0 \tag{4-143}$$

容许控制 $\boldsymbol{u}(t)$在 m 维向量空间 $\mathbf{R}^m$ 的有界闭集 U 中取值，即

$$\boldsymbol{u}(t)\in U\subset\mathbf{R}^m$$

性能泛函为

$$J=\Phi[\boldsymbol{x}(t_{\mathrm{f}}),t_{\mathrm{f}}]+\int_{t_0}^{t_{\mathrm{f}}} L[\boldsymbol{x}(t),\boldsymbol{u}(t),t]\mathrm{d}t \tag{4-144}$$

$\Phi[\boldsymbol{x}(t_{\mathrm{f}}),t_{\mathrm{f}}]$和 $L[\boldsymbol{x}(t),\boldsymbol{u}(t),t]$是连续可微的标量函数。要寻求最优容许控制$\boldsymbol{u}(t)$在满足上列条件下，使 J 为极小。

（2）极小值原理的具体形式。

与前面推导极小值原理设定的情况相比不同之处仅在于容许控制没有受不等式约束条件的约束，根据式(4-106)～式(4-112)可推导出这种情况下极小值原理具体形式。

① 沿最优轨线满足正则方程

$$\dot{\boldsymbol{x}}=\frac{\partial H}{\partial \boldsymbol{\lambda}} \tag{4-145}$$

$$\dot{\boldsymbol{\lambda}}=-\frac{\partial H}{\partial \boldsymbol{x}} \tag{4-146}$$

② 在最优轨线上，与最优控制 $\boldsymbol{u}^*$ 相对应的 H 函数取绝对极小值，即

$$\min_{u\in U} H[\boldsymbol{x}^*,\boldsymbol{\lambda}^*,\boldsymbol{u},t]=H[\boldsymbol{x}^*,\boldsymbol{\lambda}^*,\boldsymbol{u}^*,t] \tag{4-147}$$

③ H 函数在最优轨线终点满足

$$\left[H+\frac{\partial \Phi}{\partial t_f}+\frac{\partial N^{T}}{\partial t_f}\boldsymbol{\mu}\right]_{t=t_f}=0 \tag{4-148}$$

④ 状态终值满足横截条件

$$\boldsymbol{\lambda}(t_f)=\left[\frac{\partial \Phi}{\partial \boldsymbol{x}}+\frac{\partial N^{T}}{\partial \boldsymbol{x}}\boldsymbol{\mu}\right]_{t=t_f} \tag{4-149}$$

⑤ 满足边界条件

$$\begin{gathered}\boldsymbol{x}(t_0)=\boldsymbol{x}_0\\ N[\boldsymbol{x}(t_f),t_f]=0\end{gathered} \tag{4-150}$$

当终端同时受等式条件和不等式条件约束时，即终态 $\boldsymbol{x}(t_f)$满足终端约束方程

$$\begin{gathered}N_1[\boldsymbol{x}(t_f),t_f]=0\\ N_2[\boldsymbol{x}(t_f),t_f]\geqslant 0\end{gathered} \tag{4-151}$$

时需要引入另外一个乘子 $\boldsymbol{v}$ 来处理不等式约束条件，只影响 H 函数在最优轨线终点、协态终值条件和边界条件。

H 函数在最优轨线终点满足

$$\left[H+\frac{\partial \Phi}{\partial t_f}+\frac{\partial N_1^{T}}{\partial t_f}\boldsymbol{\mu}+\frac{\partial N_2^{T}}{\partial t_f}\boldsymbol{v}\right]_{t=t_f}=0$$

协态终值条件变为

$$\boldsymbol{\lambda}(t_f)=\left[\frac{\partial \Phi}{\partial \boldsymbol{x}}+\frac{\partial N_1^{T}}{\partial t_f}\boldsymbol{\mu}+\frac{\partial N_2^{T}}{\partial t_f}\boldsymbol{v}\right]_{t=t_f} \tag{4-152}$$

边界条件变为

$$\begin{gathered}\boldsymbol{x}(t_0)=\boldsymbol{x}_0\\ N_1[\boldsymbol{x}(t_f),t_f]=0\\ N_2[\boldsymbol{x}(t_f),t_f]\geqslant 0\end{gathered} \tag{4-153}$$

4）性能泛函为积分型情况时的极小值原理

（1）问题描述。

性能泛函为积分型情况时的极小值原理，指始端时间和状态固定，终端时间未知，终端状态受等式条件约束时，容许控制在有界闭集 U 中取值的情况下，性能泛函为积分型时研究泛函取得极值的必要条件而得到的极小值原理具体形式。这类问题可描述如下。

状态方程为

$$\dot{\boldsymbol{x}}=f[\boldsymbol{x}(t),\boldsymbol{u}(t),t] \tag{4-154}$$

初始时间为 t_0，初始状态为 $\boldsymbol{x}(t_0)=\boldsymbol{x}_0$。

终态 $\boldsymbol{x}(t_f)$满足终端约束方程

$$N[\boldsymbol{x}(t_f),t_f]=0 \tag{4-155}$$

容许控制 $\boldsymbol{u}(t)$在 m 维向量空间 $\mathbf{R}^m$ 的有界闭集 U 中取值，即

$$\boldsymbol{u}(t)\in U\subset \mathbf{R}^m$$

性能泛函为

$$J=\int_{t_0}^{t_f}L[\boldsymbol{x}(t),\boldsymbol{u}(t),t]\mathrm{d}t \tag{4-156}$$

(2) 极小值原理的具体形式。

① 沿最优轨线满足正则方程

$$\dot{\boldsymbol{x}}=\frac{\partial H}{\partial \boldsymbol{\lambda}} \tag{4-157}$$

$$\dot{\boldsymbol{\lambda}}=-\frac{\partial H}{\partial \boldsymbol{x}} \tag{4-158}$$

② 在最优轨线上,与最优控制 $\boldsymbol{u}^*$ 相对应的 H 函数取绝对极小值,即

$$\min_{u\in U} H[\boldsymbol{x}^*,\boldsymbol{\lambda}^*,\boldsymbol{u},t]=H[\boldsymbol{x}^*,\boldsymbol{\lambda}^*,\boldsymbol{u}^*,t] \tag{4-159}$$

③ H 函数在最优轨线终点满足

$$\left[H+\frac{\partial N^{\mathrm{T}}}{\partial t_{\mathrm{f}}}\boldsymbol{\mu}\right]_{t=t_{\mathrm{f}}}=0 \tag{4-160}$$

④ 状态终值满足横截条件

$$\boldsymbol{\lambda}(t_{\mathrm{f}})=\left[\frac{\partial N^{\mathrm{T}}}{\partial \boldsymbol{x}}\boldsymbol{\mu}\right]_{t=t_{\mathrm{f}}} \tag{4-161}$$

⑤ 满足边界条件

$$\begin{gathered}\boldsymbol{x}(t_0)=\boldsymbol{x}_0\\ N[\boldsymbol{x}(t_{\mathrm{f}}),t_{\mathrm{f}}]=0\end{gathered} \tag{4-162}$$

5) 性能泛函为末值型情况时的极小值原理

(1) 问题描述。

性能泛函为末值型情况时的极小值原理,指始端时间和状态固定,终端时间未知,终端状态受等式条件约束和不等式约束,容许控制在有界闭集 U 中取值的情况下,性能泛函为末值型时研究泛函取得极值的必要条件而得到的极小值原理具体形式。这类问题可描述如下。

设系统的状态方程为

$$\dot{\boldsymbol{x}}=f[\boldsymbol{x}(t),\boldsymbol{u}(t),t] \tag{4-163}$$

式中,$\boldsymbol{x}(t)\in\mathbf{R}^n$,$\boldsymbol{u}(t)\in\mathbf{R}^m$,$m\leqslant n$,$f[\boldsymbol{x}(t),\boldsymbol{u}(t),t]$为 n 维矢量函数。

初始时间为 t_0,初始状态为 $\boldsymbol{x}(t_0)=\boldsymbol{x}_0$。

终态 $\boldsymbol{x}(t_{\mathrm{f}})$满足终端约束方程

$$\begin{gathered}N_1[\boldsymbol{x}(t_{\mathrm{f}}),t_{\mathrm{f}}]=0\\ N_2[\boldsymbol{x}(t_{\mathrm{f}}),t_{\mathrm{f}}]\geqslant 0\end{gathered} \tag{4-164}$$

容许控制 $\boldsymbol{u}(t)$在 m 维向量空间 $\mathbf{R}^m$ 的有界闭集 U 中取值,即

$$\boldsymbol{u}(t)\in U\subset\mathbf{R}^m$$

性能泛函为

$$J=\Phi[\boldsymbol{x}(t_{\mathrm{f}}),t_{\mathrm{f}}] \tag{4-165}$$

(2) 极小值原理的具体形式。

① 沿最优轨线满足正则方程

$$\dot{\boldsymbol{x}}=\frac{\partial H}{\partial \boldsymbol{\lambda}} \tag{4-166}$$

$$\dot{\boldsymbol{\lambda}}=-\frac{\partial H}{\partial \boldsymbol{x}} \tag{4-167}$$

② 在最优轨线上，与最优控制 $\boldsymbol{u}^*$ 相对应的 H 函数取绝对极小值，即

$$\min_{u\in U} H[\boldsymbol{x}^*,\boldsymbol{\lambda}^*,\boldsymbol{u},t]=H[\boldsymbol{x}^*,\boldsymbol{\lambda}^*,\boldsymbol{u}^*,t] \tag{4-168}$$

③ H 函数在最优轨线终点满足

$$\left[H+\frac{\partial \Phi}{\partial t_f}+\frac{\partial N_1^T}{\partial t_f}\boldsymbol{\mu}+\frac{\partial N_2^T}{\partial t_f}\boldsymbol{v}\right]_{t=t_f}=0 \tag{4-169}$$

④ 协态终值满足横截条件

$$\boldsymbol{\lambda}(t_f)=\left[\frac{\partial \Phi}{\partial \boldsymbol{x}}+\frac{\partial N_1^T}{\partial t_f}\boldsymbol{\mu}+\frac{\partial N_2^T}{\partial t_f}\boldsymbol{v}\right]_{t=t_f} \tag{4-170}$$

⑤ 满足边界条件

$$\begin{gathered}\boldsymbol{x}(t_0)=\boldsymbol{x}_0\\ N_1[\boldsymbol{x}(t_f),t_f]=0\\ N_2[\boldsymbol{x}(t_f),t_f]\geqslant 0\end{gathered} \tag{4-171}$$

6）有积分限制情况下的极小值原理

（1）问题描述。

有积分限制情况下的极小值原理，指系统为时不变定常系统，始端时间和状态固定，终端时间未知，终端状态受积分条件约束，容许控制在有界闭集 U 中取值的情况下，性能泛函为积分型时研究泛函取得极值的必要条件而得到的极小值原理具体形式。这类问题可描述如下。

设系统的状态方程为

$$\dot{\boldsymbol{x}}=f[\boldsymbol{x}(t),\boldsymbol{u}(t)],\quad t\in[t_0,t_f] \tag{4-172}$$

式中，$\boldsymbol{x}(t)\in\mathbf{R}^n$，$\boldsymbol{u}(t)\in\mathbf{R}^m$，$m\leqslant n$，$f[\boldsymbol{x}(t),\boldsymbol{u}(t),t]$ 为 n 维矢量函数。

初始时间为 t_0，初始状态为 $\boldsymbol{x}(t_0)=\boldsymbol{x}_0$。

终端状态的约束条件为

$$J_1=\int_{t_0}^{t_f} L_1[\boldsymbol{x}(t),\boldsymbol{u}(t)]\mathrm{d}t=0 \tag{4-173}$$

$$J_2=\int_{t_0}^{t_f} L_2[\boldsymbol{x}(t),\boldsymbol{u}(t)]\mathrm{d}t\leqslant 0 \tag{4-174}$$

容许控制 $\boldsymbol{u}(t)$ 在 m 维向量空间 $\mathbf{R}^m$ 的有界闭集 U 中取值，即

$$\boldsymbol{u}(t)\in U\subset\mathbf{R}^m$$

性能泛函为

$$J=\int_{t_0}^{t_f} L[\boldsymbol{x}(t),\boldsymbol{u}(t)]\mathrm{d}t\leqslant 0 \tag{4-175}$$

（2）极小值原理的具体形式。

对于这类问题可采用扩充状态变量法，将其化为具有终值型性能指标、末代等式约束和不等式约束的时不变问题。

引入新的状态变量 $\boldsymbol{x}_0$，$\boldsymbol{x}_1$，$\boldsymbol{x}_2$，使它们分别满足如下方程及初始条件：

$$\begin{cases}\boldsymbol{x}_0=L[\boldsymbol{x}(t),\boldsymbol{u}(t)], & \boldsymbol{x}_0(t_0)=0\\ \boldsymbol{x}_1=L_1[\boldsymbol{x}(t),\boldsymbol{u}(t)], & \boldsymbol{x}_1(t_0)=0\\ \boldsymbol{x}_2=L_2[\boldsymbol{x}(t),\boldsymbol{u}(t)], & \boldsymbol{x}_2(t_0)=0\end{cases} \tag{4-176}$$

可推得实现最优控制的必要条件如下。

① 沿最优轨线满足正则方程

$$\dot{\boldsymbol{x}}=\frac{\partial H}{\partial \boldsymbol{\lambda}}f[\boldsymbol{x}(t),\boldsymbol{u}(t)] \tag{4-177}$$

$$\dot{\boldsymbol{\lambda}}=-\frac{\partial H}{\partial \boldsymbol{x}} \tag{4-178}$$

② 在最优轨线上，与最优控制 $\boldsymbol{u}^*$ 相对应的 H 函数取绝对极小值，即

$$\min_{u\in U}H[\boldsymbol{x}^*,\boldsymbol{\lambda}^*,\boldsymbol{u},t]=H[\boldsymbol{x}^*,\boldsymbol{\lambda}^*,\boldsymbol{u}^*,t] \tag{4-179}$$

③ H 函数在最优轨线终点满足

$$H[(\boldsymbol{x}^*,\boldsymbol{\lambda}^*,\boldsymbol{u}^*,t)]_{t=t_f}=0 \tag{4-180}$$

④ 端点满足

$$\begin{aligned}\boldsymbol{x}(t_0)&=\boldsymbol{x}_0\\ J_1&=\int_{t_0}^{t_f}L_1[\boldsymbol{x}(t),\boldsymbol{u}(t)]\mathrm{d}t=0\\ J_2&=\int_{t_0}^{t_f}L_2[\boldsymbol{x}(t),\boldsymbol{u}(t)]\mathrm{d}t\leqslant 0\end{aligned} \tag{4-181}$$

4.3.2 离散系统的极小值原理

解决离散系统的最优控制问题与连续系统的相似，当容许控制 $\boldsymbol{u}(t)$ 不受任何条件限制时，可以采用变分法处理，而当容许控制 $\boldsymbol{u}(t)$ 只能在控制向量空间的有界闭集 U 中取值时，则采用极小值原理处理。

1. 离散系统最优控制问题的提法

设系统的状态和控制变量是对连续信号等间隔采样得到的离散信号，采样周期为 T，系统的状态变量可以表示为 $\boldsymbol{x}(kT)$，或简记为 $\boldsymbol{x}(k)$。控制变量可表示为 $\boldsymbol{u}(kT)$ 或简记为 $\boldsymbol{u}(k)$。其中 $k=0,1,2,\cdots,k_f$ 表示离散点序号，k_f 是以步数表示的终态时间。离散系统的状态方程常用差分方程表示

$$\boldsymbol{x}(k+1)=f[\boldsymbol{x}(k),\boldsymbol{u}(k),k] \tag{4-182}$$

式中：$\boldsymbol{x}(k)=[x_1(k),x_2(k),\cdots,x_n(k)]^{\mathrm{T}}$ 为 n 维状态矢量，表示第 k 步的状态；$\boldsymbol{u}(k)=[u_1(k),u_2(k),\cdots,u_m(k)]^{\mathrm{T}}$ 为 m 维控制矢量，表示第 k 步的控制量。

性能泛函可表示为

$$J=\Phi[\boldsymbol{x}(k_fT),k_fT]+\sum_{k=k_0}^{k_f-1}L[\boldsymbol{x}(kT),\boldsymbol{x}[(k+1)T],kT] \tag{4-183}$$

或写为

$$J=\Phi[\boldsymbol{x}(k_f),k_f]+\sum_{k=k_0}^{k_f-1}L[\boldsymbol{x}(k),\boldsymbol{x}(k+1),k] \tag{4-184}$$

使系统的性能泛函取得极小值。与连续系统相对应，离散系统的最优控制问题可以描述为：在采样时刻 $k_0T,k_1T,k_2T,\cdots,k_fY$（如果把采样周期作为计时的单位时间可简写为 $k_0,k_1,k_2,\cdots,k_f$）寻找到最优控制向量 $\boldsymbol{u}^*(k_0),\boldsymbol{u}^*(k_1),\cdots,\boldsymbol{u}^*(k_f-1)$ 和相应的最优状态向量 $\boldsymbol{x}^*(k_0),\boldsymbol{x}^*(k_1),\cdots,\boldsymbol{x}^*(k_f)$ 使离散系统在各种约束条件下，系统经过 $k_f\sim k_0$ 步控制，系统状态由初始状态 $\boldsymbol{x}^*(k_0)$，转移到终态 $\boldsymbol{x}^*(k_f)$ 并使目标泛函

$$J=\Phi[\boldsymbol{x}(k_f),k_f]+\sum_{k=k_0}^{k_f-1}L[\boldsymbol{x}(k),\boldsymbol{x}(k+1),k] \tag{4-185}$$

取得最小值。

2. 离散欧拉方程

设离散系统的状态方程为

$$\boldsymbol{x}(k+1)=f[\boldsymbol{x}(k),\boldsymbol{u}(k),k],\quad (k=0,1,2,\cdots,k_{\mathrm{f}}-1) \tag{4-186}$$

性能泛函为

$$J=\sum_{k=k_0}^{k_{\mathrm{f}}-1}L[\boldsymbol{x}(k),\boldsymbol{x}(k+1),k] \tag{4-187}$$

性能泛函取得极值的必要条件为

$$\left.\frac{\partial J(\alpha)}{\partial \alpha}\right|_{\alpha=0}=0 \tag{4-188}$$

对于任意的 $\delta\boldsymbol{x}(k)$，上式都应该成立，所以可得泛函取得极值的必要条件为

$$\frac{\partial L[\boldsymbol{x}(k),\boldsymbol{x}(k+1),k]}{\partial \boldsymbol{x}(k)}+\frac{\partial L[\boldsymbol{x}(k-1),\boldsymbol{x}(k),k-1]}{\partial \boldsymbol{x}(k)}=0 \tag{4-189}$$

$$\left.\frac{\partial L[\boldsymbol{x}(k-1),\boldsymbol{x}(k),k-1]}{\partial \boldsymbol{x}(k)}\right|_{k=k_0}^{k=k_{\mathrm{f}}}=0 \tag{4-190}$$

式(4-189)是向量差分方程，常称为离散欧拉方程。式(4-190)则是相应的横截条件，当始端固定，即 $\boldsymbol{x}(k_0)=\boldsymbol{x}_0$，终端自由，即 $\boldsymbol{x}(k_{\mathrm{f}})$ 可为任何值时，则有

$$\boldsymbol{x}(k_0)=\boldsymbol{x}_0$$

$$\frac{\partial L[\boldsymbol{x}(k_{\mathrm{f}}-1),\boldsymbol{x}(k_{\mathrm{f}}),k_{\mathrm{f}}-1]}{\partial \boldsymbol{x}(k_{\mathrm{f}})}=0 \tag{4-191}$$

由此可知，离散系统拉格朗日问题的极值解 $\boldsymbol{x}^*(k)$ 必须满足离散欧拉方程和横截条件，也即是说，离散系统拉格朗日问题最优解 $\boldsymbol{x}^*(k)$ 的求解方法就是解离散欧拉方程，其边值条件由横截条件提供。横截条件的应用可以参照连续系统的情况。

对于综合型的性能指标，即

$$J=\Phi[\boldsymbol{x}(k_{\mathrm{f}}),k_{\mathrm{f}}]+\sum_{k=k_0}^{k_{\mathrm{f}}-1}L[\boldsymbol{x}(k),\boldsymbol{x}(k+1),k] \tag{4-192}$$

当始端固定即 $\boldsymbol{x}(k_0)=\boldsymbol{x}_0$，终端自由即 $\boldsymbol{x}(k_{\mathrm{f}})$ 可为任何值时，横截条件为

$$\boldsymbol{\lambda}(k_{\mathrm{f}})=\frac{\partial \Phi[\boldsymbol{x}(k_{\mathrm{f}}),k_{\mathrm{f}}]}{\partial \boldsymbol{x}(k_{\mathrm{f}})} \tag{4-193}$$

式中，$\boldsymbol{\lambda}(k_{\mathrm{f}})$ 为拉格朗日乘子。

如果系统受端点条件约束，即始端和终端满足下列条件

$$\boldsymbol{M}[\boldsymbol{x}(k_0),k_0]=0 \tag{4-194}$$

$$\boldsymbol{N}[\boldsymbol{x}(k_{\mathrm{f}}),k_{\mathrm{f}}]=0 \tag{4-195}$$

式中：$\boldsymbol{M}[\boldsymbol{x}(k_0),k_0]$ 为连续可微的 s 维向量函数；$\boldsymbol{N}[\boldsymbol{x}(k_{\mathrm{f}}),k_{\mathrm{f}}]$ 为连续可微的 r 维向量函数。

与连续系统一样，可以引入拉格朗日乘子将等式约束问题化为无约束的极值问题。此时横截条件变为

$$\boldsymbol{\lambda}(k_0)=-\frac{\partial \boldsymbol{M}^{\mathrm{T}}[\boldsymbol{x}(k_0),k_0]}{\partial \boldsymbol{x}(k_0)}\boldsymbol{\mu} \tag{4-196}$$

$$\boldsymbol{\lambda}(k_{\mathrm{f}})=-\frac{\partial \Phi[\boldsymbol{x}(k_{\mathrm{f}}),k_{\mathrm{f}}]}{\partial \boldsymbol{x}(k_{\mathrm{f}})}+\frac{\partial \boldsymbol{N}^{\mathrm{T}}[\boldsymbol{x}(k_{\mathrm{f}}),k_{\mathrm{f}}]}{\partial \boldsymbol{x}(k_{\mathrm{f}})}\boldsymbol{\gamma} \tag{4-197}$$

式中：$\boldsymbol{\mu}=[\mu_1(t),\mu_2(t),\cdots,\mu_s(t)]^{\mathrm{T}}$ 为待定的 s 维拉格朗日乘子向量；$\boldsymbol{\gamma}=[\gamma_1(t),\gamma_2(t),\cdots,\gamma_s(t)]^{\mathrm{T}}$ 为待定的 r 维拉格朗日乘子向量。

3. 离散系统极小值原理

离散系统的极小值原理叙述如下。

定理 4-4 设受控离散系统的状态方程为

$$\boldsymbol{x}(k+1)=\boldsymbol{f}[\boldsymbol{x}(k),\boldsymbol{u}(k),k],\quad (k=0,1,2,\cdots,k_{\mathrm{f}}-1) \tag{4-198}$$

式中：$\boldsymbol{x}(k)=[x_1(k),x_2(k),\cdots,x_n(k)]$为 n 维状态向量；$\boldsymbol{u}(k)=[u_1(k),u_2(k),\cdots,u_m(k)]$为 m 维控制向量，且 $m\leqslant n$，$\boldsymbol{u}(k)\in U\subset\mathbf{R}^m$；$\boldsymbol{f}[\boldsymbol{x}(k),\boldsymbol{u}(k),k]$为连续可微的向量函数。

边界条件：始端步数 k_0 和始端状态 $\boldsymbol{x}(k_0)$固定，即

$$\boldsymbol{x}(k_0)=\boldsymbol{x}_0 \tag{4-199}$$

终端步数 k_{f} 固定，终端状态 $\boldsymbol{x}(k_{\mathrm{f}})$未知，即终端自由。

性能泛函为

$$J=\Phi[\boldsymbol{x}(k_{\mathrm{f}}),k_{\mathrm{f}}]+\sum_{k=k_0}^{k_{\mathrm{f}}-1}L[\boldsymbol{x}(k),\boldsymbol{u}(k+1),k] \tag{4-200}$$

式中：$\Phi[\boldsymbol{x}(k_{\mathrm{f}}),k_{\mathrm{f}}]$为对 $\boldsymbol{x}(k_{\mathrm{f}})$连续可微的标量函数；$L[\boldsymbol{x}(k),\boldsymbol{u}(k+1),k]$为对 $\boldsymbol{x}(k)$连续可微的标量函数。

使性能泛函取得极小值的最优控制 $\boldsymbol{u}^*(k)$、最优轨线 $\boldsymbol{x}^*(k)$以及协态变量满足下列必要条件。

① 正则方程组：状态方程

$$\boldsymbol{x}(k+1)=\frac{\partial H[\boldsymbol{x}(k),\boldsymbol{u}(k),\boldsymbol{\lambda}(k+1),k]}{\partial\boldsymbol{\lambda}(k)}=\boldsymbol{f}[\boldsymbol{x}(k),\boldsymbol{u}(k),k] \tag{4-201}$$

协态方程

$$\begin{aligned}\boldsymbol{\lambda}(k)&=\frac{\partial H[\boldsymbol{x}(k),\boldsymbol{u}(k),\boldsymbol{\lambda}(k+1),k]}{\partial\boldsymbol{\lambda}(k)}\\&=\frac{\partial L[\boldsymbol{x}(k),\boldsymbol{u}(k),k]}{\partial\boldsymbol{x}(k)}+\frac{\partial\boldsymbol{f}^{\mathrm{T}}[\boldsymbol{x}(k),\boldsymbol{u}(k),k]}{\partial\boldsymbol{x}(k)}\boldsymbol{\lambda}(k+1)\end{aligned} \tag{4-202}$$

式中，$H[\boldsymbol{x}(k),\boldsymbol{u}(k),\boldsymbol{\lambda}(k+1),k]$为哈密尔顿函数。定义为

$$H[\boldsymbol{x}(k),\boldsymbol{u}(k),\boldsymbol{\lambda}(k+1),k]=L[\boldsymbol{x}(k),\boldsymbol{u}(k),k]+\boldsymbol{\lambda}^{\mathrm{T}}(k+1)\boldsymbol{f}[\boldsymbol{x}(k),\boldsymbol{u}(k),k] \tag{4-203}$$

② 极值条件

$$H[\boldsymbol{x}^*(k),\boldsymbol{u}^*(k),\boldsymbol{\lambda}(k+1),k]=\min_{\boldsymbol{u}(k)\in U}H[\boldsymbol{x}^*(k),\boldsymbol{u}(k),\boldsymbol{\lambda}(k+1),k] \tag{4-204}$$

③ 横截条件

$$\boldsymbol{\lambda}(k_{\mathrm{f}})=\frac{\partial\Phi[\boldsymbol{x}(k_{\mathrm{f}}),k_{\mathrm{f}}]}{\partial\boldsymbol{x}(k_{\mathrm{f}})} \tag{4-205}$$

如果容许控制 $\boldsymbol{u}(k)$不受任何条件的约束，则极值条件式(4-204)变为

$$\frac{\partial H[\boldsymbol{x}(k),\boldsymbol{u}(k),\boldsymbol{\lambda}(k+1),k]}{\partial\boldsymbol{u}(k)}=\frac{\partial L[\boldsymbol{x}(k),\boldsymbol{x}(k),k]}{\partial\boldsymbol{u}(k)}+\frac{\partial\boldsymbol{f}^{\mathrm{T}}[\boldsymbol{x}(k),\boldsymbol{x}(k),k]}{\partial\boldsymbol{u}(k)}\boldsymbol{\lambda}(k+1)=0 \tag{4-206}$$

上述必要条件表明，离散系统的最优控制问题导致一个离散两点边值问题，离散

最小值原理与离散变分求最优解的区别，仅在于极值条件的不同，而其他条件相同。

4.3.3 连续和离散极小值原理的比较

连续和离散极小值原理存在着某种关系，同时也存在差别，下面以拉格朗日问题为例，对连续和离散极小值原理进行分析和比较。连续系统的拉格朗日问题可以描述如下。

设受控系统的状态方程为

$$\dot{\boldsymbol{x}}=\boldsymbol{f}[\boldsymbol{x}(t),\boldsymbol{u}(t),t],\quad \boldsymbol{x}(t_0)=\boldsymbol{x}_0 \tag{4-207}$$

求性能泛函

$$J=\int_{t_0}^{t_f} L[\boldsymbol{x}(t),\boldsymbol{u}(t),t]\mathrm{d}t \tag{4-208}$$

为极小值的问题就是连续系统的拉格朗日问题。

根据连续系统的极小值原理，哈密尔顿函数、协态方程、极值条件和横截条件分别为

$$H[\boldsymbol{x}(t),\boldsymbol{u}(t),\boldsymbol{\lambda}(t),t]=L[\boldsymbol{x}(t),\boldsymbol{u}(t),t]+\boldsymbol{\lambda}^{\mathrm{T}}(t)\boldsymbol{f}[\boldsymbol{x}(t),\boldsymbol{u}(t),t] \tag{4-209}$$

$$\dot{\boldsymbol{\lambda}}=-\frac{\partial L[\boldsymbol{x}(t),\boldsymbol{u}(t),t]}{\partial \boldsymbol{x}}-\frac{\partial \boldsymbol{f}^{\mathrm{T}}[\boldsymbol{x}(t),\boldsymbol{u}(t),t]}{\partial \boldsymbol{x}}\boldsymbol{\lambda}(t) \tag{4-210}$$

$$\frac{\partial H}{\partial \boldsymbol{u}}=\frac{\partial L[\boldsymbol{x}(t),\boldsymbol{u}(t),t]}{\partial \boldsymbol{u}}+\frac{\partial \boldsymbol{f}^{\mathrm{T}}[\boldsymbol{x}(t),\boldsymbol{u}(t),t]}{\partial \boldsymbol{u}}\boldsymbol{\lambda}(t)=0 \tag{4-211}$$

$$\boldsymbol{\lambda}(t_f)=0 \tag{4-212}$$

式(4-209)～式(4-212)实际上构成了连续系统的两点边值问题。得到离散化两点边值问题的另一条途径是应用离散系统极小值原理。系统的离散状态方程可用一阶差分近似为

$$\boldsymbol{x}(k+1)=\boldsymbol{x}(k)+T\boldsymbol{f}[\boldsymbol{x}(k),\boldsymbol{u}(k),k],\quad \boldsymbol{x}(0)=\boldsymbol{x}_0 \tag{4-213}$$

性能泛函离散化表达式为

$$J=T\sum_{k=0}^{k_f-1}L[\boldsymbol{x}(k),\boldsymbol{u}(k+1),k] \tag{4-214}$$

根据离散系统极小值原理，哈密尔顿函数、协态方程、极值条件和横截条件分别为

$$H(k)=TL[\boldsymbol{x}(k),\boldsymbol{u}(k),k]+\boldsymbol{\lambda}^{\mathrm{T}}(k+1)\{\boldsymbol{x}(k)+T\boldsymbol{f}[\boldsymbol{x}(k),\boldsymbol{u}(k),k]\} \tag{4-215}$$

$$\boldsymbol{\lambda}(k)=T\frac{\partial L[\boldsymbol{x}(k),\boldsymbol{u}(k),k]}{\partial \boldsymbol{x}(k)}+\left\{\boldsymbol{I}+T\frac{\partial \boldsymbol{f}^{\mathrm{T}}[\boldsymbol{x}(k),\boldsymbol{u}(k),k]}{\partial \boldsymbol{x}(k)}\boldsymbol{\lambda}(k+1)\right\} \tag{4-216}$$

$$T\frac{\partial L[\boldsymbol{x}(k),\boldsymbol{u}(k),k]}{\partial \boldsymbol{x}(k)}+\left\{\boldsymbol{I}+T\frac{\partial \boldsymbol{f}^{\mathrm{T}}[\boldsymbol{x}(k),\boldsymbol{u}(k),k]}{\partial \boldsymbol{u}(k)}\boldsymbol{\lambda}(k+1)=0\right\} \tag{4-217}$$

$$\boldsymbol{\lambda}(k_f)=0 \tag{4-218}$$

式(4-215)～式(4-218)实际上构成了离散系统的两点边值问题。比较两种离散的边值问题我们可以得到以下结论：

①当采样周期 T 足够小时，两点边值问题的数值解本质相同。所以对于同一个问题，连续极小值原理和离散极小值原理可以互相沟通起来。

②连续极小值原理产生一非线性微分方程的两点边值问题，它的解是使相应连续系统最优的精确解。

③离散极小值原理产生一非线性差分方程的两点边值问题，它的解是使相应离散

系统最优的精确解。

④由连续两点边值问题离散化所得到的控制及轨线，既不能使连续时间问题严格最优，也不能使离散模型严格最优，是一个粗略解。

4.3.4 连续系统的离散化处理

如果采用数字计算机对连续系统进行求解，则必须先将连续系统进行离散化处理。连续系统进行离散化处理方法有两种：一种方法是根据连续系统的数学模型按照连续系统的求解方法确定出最优控制的定解条件，然后将这些条件离散化作为求最优解的依据；另一种方法是首先将连续系统的数学模型离散化以得到相应的离散系统的数学模型，然后按照离散系统的求解方法得到离散最优控制的定解条件，将这些定解条件作为求最优解的依据，并求出最优解。

设受控系统的状态方程为

$$\dot{\boldsymbol{x}}=f[\boldsymbol{x}(t),\boldsymbol{u}(t),t],\quad \boldsymbol{x}(t_0)=\boldsymbol{x}_0 \tag{4-219}$$

终端时间固定为 t_f，终端状态 $\boldsymbol{x}(t_f)$未知，求最优控制 $\boldsymbol{u}^*(t)$，使系统由初态转移到终态，并使性能泛函

$$J=\Phi[\boldsymbol{x}(t_f),t_f]+\int_{t_0}^{t_f}L[\boldsymbol{x}(t),\boldsymbol{u}(t),t]\mathrm{d}t \tag{4-220}$$

为极小值。

显然这是连续系统，如果要用数字计算机来求解，必须要对其进行离散化处理，下面分别就两种不同的离散化处理方法进行介绍。

1. 离散化处理方法一

根据连续系统的极小值原理，有：

(1) 哈密尔顿函数

$$H[\boldsymbol{x}(t),\boldsymbol{u}(t),\boldsymbol{\lambda}(t),t]=L[\boldsymbol{x}(t),\boldsymbol{u}(t),t]+\boldsymbol{\lambda}^{\mathrm{T}}(t)\boldsymbol{f}[\boldsymbol{x}(t),\boldsymbol{u}(t),t] \tag{4-221}$$

(2) 协态方程为

$$\dot{\boldsymbol{\lambda}}=-\frac{\partial L[\boldsymbol{x}(t),\boldsymbol{u}(t),t]}{\partial \boldsymbol{x}}+\frac{\partial \boldsymbol{f}^{\mathrm{T}}[\boldsymbol{x}(t),\boldsymbol{u}(t),t]}{\partial \boldsymbol{x}}\boldsymbol{\lambda}(t) \tag{4-222}$$

(3) 极值条件为

$$\frac{\partial H}{\partial \boldsymbol{u}}=\frac{\partial L[\boldsymbol{x}(t),\boldsymbol{u}(t),t]}{\partial \boldsymbol{u}}+\frac{\partial \boldsymbol{f}^{\mathrm{T}}[\boldsymbol{x}(t),\boldsymbol{u}(t),t]}{\partial \boldsymbol{u}}\boldsymbol{\lambda}(t)=0 \tag{4-223}$$

当控制输入受条件约束时，则为

$$H[\boldsymbol{x}^*(t),\boldsymbol{u}^*(t),\boldsymbol{\lambda}(t),t]=\min_{u(k)\in U}H[\boldsymbol{x}^*(t),\boldsymbol{u}(t),\boldsymbol{\lambda}(t),t] \tag{4-224}$$

(4) 横截条件为

$$\boldsymbol{\lambda}(t_f)=\frac{\partial \Phi[\boldsymbol{x}(t_f),t_f]}{\partial \boldsymbol{x}(t_f)} \tag{4-225}$$

一阶差商来逼近一阶微分，即

$$\dot{\boldsymbol{x}}\big|_{t=kT}=\frac{\boldsymbol{x}[(k+1)T]-\boldsymbol{x}[kT]}{T} \tag{4-226}$$

$$\dot{\boldsymbol{\lambda}}\big|_{t=kT}=\frac{\boldsymbol{\lambda}[(k+1)T]-\boldsymbol{\lambda}[kT]}{T} \tag{4-227}$$

其中，T 为采样步长或采样周期。

离散最优控制 $\boldsymbol{u}^*(k)$应该满足的条件如下。

（1）正则方程组的状态方程和协态方程为

$$\boldsymbol{x}(k+1)=\boldsymbol{x}(k)+T\boldsymbol{f}[\boldsymbol{x}(k),\boldsymbol{u}(k),k] \tag{4-228}$$

$$\boldsymbol{\lambda}(k+1)=\boldsymbol{\lambda}(k)-T\frac{\partial L[\boldsymbol{x}(k),\boldsymbol{u}(k),k]}{\partial \boldsymbol{x}(k)}-T\frac{\partial \boldsymbol{f}^{\mathrm{T}}[\boldsymbol{x}(k),\boldsymbol{u}(k),k]}{\partial \boldsymbol{x}(k)}\boldsymbol{\lambda}(k) \tag{4-229}$$

$k=0,1,2,\cdots,k_{\mathrm{f}}-1,k_{\mathrm{f}}$ 为以步长数计算的终态时间。

（2）极值条件

$$\frac{\partial L[\boldsymbol{x}(k),\boldsymbol{u}(k),k]}{\partial \boldsymbol{u}(k)}+\frac{\partial \boldsymbol{f}^{\mathrm{T}}[\boldsymbol{x}(k),\boldsymbol{u}(k),k]}{\partial \boldsymbol{u}(k)}\boldsymbol{\lambda}(k)=0 \tag{4-230}$$

当控制输入受条件约束时则为

$$H[\boldsymbol{x}(k),\boldsymbol{u}(k),\boldsymbol{\lambda}(k),k]=L[\boldsymbol{x}(k),\boldsymbol{u}(k),k]+\boldsymbol{\lambda}^{\mathrm{T}}(k)\boldsymbol{f}[\boldsymbol{x}(k),\boldsymbol{u}(k),k] \tag{4-231}$$

$$H[\boldsymbol{x}^*(k),\boldsymbol{u}^*(k),\boldsymbol{\lambda}(k+1),k]=\min_{\boldsymbol{u}(k)\in U}H[\boldsymbol{x}^*(k),\boldsymbol{u}(k),\boldsymbol{\lambda}(k+1),k] \tag{4-232}$$

（3）初始条件为

$$\boldsymbol{x}(k_0)=\boldsymbol{x}_0 \tag{4-233}$$

（4）横截条件为

$$\lambda(k_{\mathrm{f}})=\frac{\partial \Phi[\boldsymbol{x}(k_{\mathrm{f}}),k_{\mathrm{f}}]}{\partial \boldsymbol{x}(k_{\mathrm{f}})} \tag{4-234}$$

2. 离散化处理方法二

连续系统的数学模型离散化，即有

$$\boldsymbol{x}(k+1)=\boldsymbol{x}(k)+T\boldsymbol{f}[\boldsymbol{x}(k),\boldsymbol{u}(k),k],\quad \boldsymbol{x}(k_0)=\boldsymbol{x}_0 \tag{4-235}$$

$$J=\Phi[\boldsymbol{x}(k_{\mathrm{f}}),k_{\mathrm{f}}]+T\sum_{k=k_0}^{k_{\mathrm{f}}-1}L[\boldsymbol{x}(k),\boldsymbol{x}(k+1),k] \tag{4-236}$$

$k=0,1,2,\cdots,k_{\mathrm{f}}-1,k_{\mathrm{f}}$ 为以步长数计算的终态时间。

定义哈密尔顿函数为

$$H(k)=TL[\boldsymbol{x}(k),\boldsymbol{u}(k),k]+\boldsymbol{\lambda}^{\mathrm{T}}(k+1)\{\boldsymbol{x}(k)+T\boldsymbol{f}[\boldsymbol{x}(k),\boldsymbol{u}(k),k]\} \tag{4-237}$$

根据离散系统极小值原理，离散最优控制 $\boldsymbol{u}^*(k)$应该满足的条件如下。

（1）正则方程组的状态方程为

$$\boldsymbol{x}(k+1)=\boldsymbol{x}(k)+T\boldsymbol{f}[\boldsymbol{x}(k),\boldsymbol{u}(k),k] \tag{4-238}$$

也即

$$\boldsymbol{\lambda}(k+1)=\left\{\boldsymbol{I}+T\frac{\partial \boldsymbol{f}^{\mathrm{T}}[\boldsymbol{x}(k),\boldsymbol{u}(k),k]}{\partial \boldsymbol{x}(k)}\boldsymbol{\lambda}(k+1)\right\}^{-1}\times\left\{\boldsymbol{\lambda}(k)-T\frac{\partial L[\boldsymbol{x}(k),\boldsymbol{u}(k),k]}{\partial \boldsymbol{x}(k)}\right\} \tag{4-239}$$

$k=0,1,2,\cdots,k_{\mathrm{f}}-1,k_{\mathrm{f}}$ 为以步长数计算的终态时间，$\boldsymbol{I}$ 为单位矩阵。

（2）极值条件为

$$\frac{\partial L[\boldsymbol{x}(k),\boldsymbol{u}(k),k]}{\partial \boldsymbol{u}(k)}+\frac{\partial \boldsymbol{f}^{\mathrm{T}}[\boldsymbol{x}(k),\boldsymbol{u}(k),k]}{\partial \boldsymbol{u}(k)}\boldsymbol{\lambda}(k)=0 \tag{4-240}$$

当控制输入受条件约束时，则为

$$H[\boldsymbol{x}(k),\boldsymbol{u}(k),\boldsymbol{\lambda}(k),k]=L[\boldsymbol{x}(k),\boldsymbol{u}(k),k]+\boldsymbol{\lambda}^{\mathrm{T}}(k)\boldsymbol{f}[\boldsymbol{x}(k),\boldsymbol{u}(k),k] \tag{4-241}$$

$$H[\boldsymbol{x}^*(k),\boldsymbol{u}^*(k),\boldsymbol{\lambda}(k+1),k]=\min_{\boldsymbol{u}(k)\in U}H[\boldsymbol{x}^*(k),\boldsymbol{u}(k),\boldsymbol{\lambda}(k+1),k] \tag{4-242}$$

(3) 初始条件为

$$x(k_0)=x_0 \tag{4-243}$$

(4) 横截条件为

$$\lambda(k_f)=\frac{\partial\Phi[x(k_f),k_f]}{\partial x(k_f)} \tag{4-244}$$

比较式(4-228)～式(4-234)和式(4-238)～式(4-244)可以发现，两种方法所得的结果，只有协态方程有所不同。可以证明当采样周期 T 足够小时，两种方法计算的结果基本相同。

4.4 线性二次型最优控制系统

当一个系统遵循线性规律，并且其性能评估基于状态和控制变量的二次表达式时，我们可以将这种动态系统的最优控制问题定义为线性二次型最优控制问题，通常简称为 LQR 问题。与普通的最优控制问题相比，LQR 问题具有两个显著的特征：首先，它专注于多输入多输出(MIMO)动态系统的最优控制，同时涵盖了单输入单输出(SISO)系统作为特殊情况；其次，它所考虑的性能指标不仅综合了多方面因素，而且具有高度的适应性和实用性。

4.4.1 线性二次型问题

设线性时变系统的状态方程为

$$\dot{x}(t)=A(t)x(t)+B(t)u(t) \tag{4-245}$$

式中：$x(t)$为 n 维状态矢量；$u(t)$为 m 维控制矢量($m\leqslant n$)；$A(t)$为 $n\times n$ 维时变矩阵；$B(t)$ 为 $n\times m$ 维时变矩阵。

假定控制矢量 $u(t)$不受约束，试求最优控制 $u^*(t)$，使系统由任意给定的初始状态 $x(t_0)=x_0$ 转移到自由终态 $x(t_f)$时，系统的二次型性能指标

$$J=\frac{1}{2}x^{\mathrm{T}}(t_f)Sx(t_f)+\frac{1}{2}\int_0^{t_f}[x^{\mathrm{T}}(t)Q(t)x(t)+u^{\mathrm{T}}(t)R(t)u(t)]\mathrm{d}t \tag{4-246}$$

取极小值。式中：S 为 $n\times n$ 维半正定对称常数的终端加权矩阵；$Q(t)$为 $n\times n$ 维半正定对称时变的状态加权矩阵；$R(t)$为 $m\times m$ 维正定对称时变的控制加权矩阵；始端时间 t 及终端时间 t_f，固定。

假定 $A(t)$，$B(t)$，$Q(t)$和 $R(t)$的各元素均为时间 t 的连续函数，且所有矩阵函数及 $R^{-1}(t)$都是有界的。

在二次型性能指标(4-246)中，其各项都有明确的物理意义，可分述如下：

式(4-246)右侧第 1 项是终值项，称为终端代价，它实际是对终端状态提出一个合乎需要的要求，表示在给定的终端时间 t_f 到来时，系统的终态 $x(t_f)$接近预定状态的程度。这一项对于控制大气层外的导弹拦截或飞船的会合等航天航空问题是重要的。例如，在宇航的交会问题中，由于要求两个飞行物的终态严格一致，必须加上这一项以体现在终端时间 t 时的误差足够小。

式(4-246)右侧的积分项是一项综合指标。积分项中的第一项可以用来衡量整个控制期间系统的给定状态与实际状态之间的综合误差，这一积分项越小，说明控制的性

能越小。积分项中的第二项表示动态过程中对控制的约束或要求，即对控制过程总能量的一个限制，该项是用来衡量消耗能量大小的代价函数。

两个积分项实际上是相互制约的，求两个积分项之和的极小值，实质上是求取在某种最优意义下的折中。侧重哪方面的问题可通过加权矩阵 $\boldsymbol{Q}(t)$ 和 $\boldsymbol{R}(t)$ 的选择来体现，希望提高控制的快速响应特性可增大 $\boldsymbol{Q}(t)$ 中某一元素的比重；希望有效抑制控制量的幅值及其引起的能量消耗可提高 $\boldsymbol{R}(t)$ 中某一元素的比重。二次型性能指标中引入系数 $\frac{1}{2}$，是为了计算方便。

注意：之所以要求控制加权矩阵 $\boldsymbol{R}(t)$ 必须是正定对称矩阵，是因为在后面的最优控制律计算中需要用到 $\boldsymbol{R}(t)$ 的逆矩阵，即 $\boldsymbol{R}^{-1}(t)$，如果只要求 $\boldsymbol{R}(t)$ 为非负定，则不能保证 $\boldsymbol{R}^{-1}(t)$ 的必然存在。

线性二次型最优控制问题有状态调节器问题、输出调节器问题和跟踪问题，下面分别予以介绍。

4.4.2 状态调节器

当受控系统状态受到外部扰动或其他因素影响而偏离了给定的平衡状态时，则必须对系统加以控制，使系统恢复或接近于平衡状态，这类问题称为状态调节器问题。在研究这类问题时，通常是把初始状态矢量看作扰动，而把零状态取为平衡状态。此时，状态调节器问题就变成寻求最优控制 $\boldsymbol{u}^*(t)$，使系统在时间区间 $[t_0, t_f]$ 内从初始状态转移到零态，且给定的性能指标取极小值。

根据系统终端时间 t_f 是有限的（$t_f \neq \infty$）或无限的（$t_f \to \infty$）具体情况，状态调节器可分为有限时间状态调节器和无限时间状态调节器。

1. 有限时间状态调节器

设线性时变系统的状态方程为

$$\dot{\boldsymbol{x}}(t) = \boldsymbol{A}(t)\boldsymbol{x}(t) + \boldsymbol{B}(t)\boldsymbol{u}(t) \tag{4-247}$$

给定初始条件 $\boldsymbol{x}(t_0) = \boldsymbol{x}_0$，终端时间 $t_f \neq \infty$。试求最优控制 $\boldsymbol{u}^*(t)$，使系统的二次型性能指标

$$J = \frac{1}{2}\boldsymbol{x}^{\mathrm{T}}(t_f)\boldsymbol{S}\boldsymbol{x}(t_f) + \frac{1}{2}\int_0^{t_f}[\boldsymbol{x}^{\mathrm{T}}(t)\boldsymbol{Q}(t)\boldsymbol{x}(t) + \boldsymbol{u}^{\mathrm{T}}(t)\boldsymbol{R}(t)\boldsymbol{u}(t)]\mathrm{d}t \tag{4-248}$$

取极小值。

由于控制矢量 $\boldsymbol{u}(t)$ 不受约束，故可用极小值原理求解。

引入 n 维拉格朗日乘子矢量 $\boldsymbol{\lambda}(t)$，构成哈密尔顿函数

$$H[\boldsymbol{x}(t), \boldsymbol{u}(t), \boldsymbol{\lambda}(t), t] = \frac{1}{2}[\boldsymbol{x}^{\mathrm{T}}\boldsymbol{Q}(t)\boldsymbol{x}(t) + \boldsymbol{u}^{\mathrm{T}}\boldsymbol{R}(t)\boldsymbol{u}(t)] + \boldsymbol{\lambda}(t)[\boldsymbol{A}(t)\boldsymbol{x}(t) + \boldsymbol{B}(t)\boldsymbol{u}(t)] \tag{4-249}$$

于是，实现最优控制的必要条件如下。

① 正则方程组的状态方程和协态方程为

$$\dot{\boldsymbol{x}}(t) = \frac{\partial H}{\partial \boldsymbol{\lambda}(t)}[\boldsymbol{x}(t), \boldsymbol{u}(t), \boldsymbol{\lambda}(t), t] = \boldsymbol{A}(t)\boldsymbol{x}(t) + \boldsymbol{B}(t)\boldsymbol{u}(t) \tag{4-250}$$

$$\dot{\boldsymbol{\lambda}}(t) = -\frac{\partial H}{\partial \boldsymbol{x}(t)}[\boldsymbol{x}(t), \boldsymbol{u}(t), \boldsymbol{\lambda}(t), t] = -\boldsymbol{Q}(t)\boldsymbol{x}(t) - \boldsymbol{A}^{\mathrm{T}}(t)\boldsymbol{\lambda}(t) \tag{4-251}$$

② 极值条件为

$$\frac{\partial H}{\partial \boldsymbol{u}(t)}[\boldsymbol{x}(t),\boldsymbol{u}(t),\boldsymbol{\lambda}(t),t]=\boldsymbol{R}(t)\boldsymbol{u}(t)+\boldsymbol{B}^{\mathrm{T}}(t)\boldsymbol{\lambda}(t)=0 \tag{4-252}$$

③ 初始条件为

$$\boldsymbol{x}(t_0)=\boldsymbol{x}_0$$

④ 横截条件为

$$\boldsymbol{\lambda}(t_f)=\frac{\partial}{\partial \boldsymbol{x}(t_f)}\left[\frac{1}{2}\boldsymbol{x}^{\mathrm{T}}(t_f)\boldsymbol{S}\boldsymbol{x}(t_f)\right]=\boldsymbol{S}\boldsymbol{x}(t_f) \tag{4-253}$$

经过推导和计算可得

$$\boldsymbol{u}^*(t)=-\boldsymbol{R}^{-1}(t)\boldsymbol{B}^{\mathrm{T}}(t)\boldsymbol{P}(t)\boldsymbol{x}(t)=-\boldsymbol{K}(t)\boldsymbol{x}(t) \tag{4-254a}$$

式中，$\boldsymbol{K}(t)$为反馈增益矩阵，$\boldsymbol{K}(t)=\boldsymbol{R}^{-1}(t)\boldsymbol{B}^{\mathrm{T}}(t)\boldsymbol{P}(t)$。　(4-254b)

由式(4-254a)可见，$\boldsymbol{u}^*(t)$与$\boldsymbol{x}(t)$之间存在线性关系，从而可以实现最优线性反馈控制。状态调节器的结构如图4-11所示。

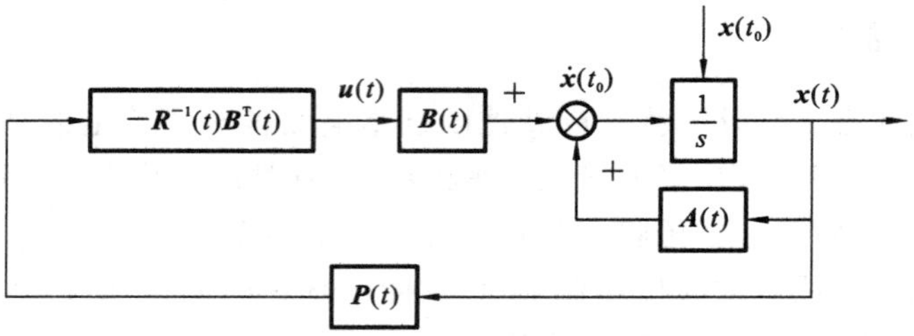

图4-11　状态调节器的结构图

$$\dot{\boldsymbol{P}}(t)=-\boldsymbol{P}(t)\boldsymbol{A}(t)-\boldsymbol{A}^{\mathrm{T}}(t)\boldsymbol{P}(t)+\boldsymbol{P}(t)\boldsymbol{B}(t)\boldsymbol{R}^{-1}(t)\boldsymbol{B}^{\mathrm{T}}(t)\boldsymbol{P}(t)-\boldsymbol{Q}(t) \tag{4-255}$$

式(4-255)为$n\times n$维非线性矩阵微分方程，称为黎卡提矩阵微分方程，简称黎卡提方程。

黎卡提方程的边界条件为

$$\boldsymbol{P}(t_f)=\boldsymbol{S} \tag{4-256}$$

黎卡提方程是一个非线性微分方程，求解方法相当烦琐，大多数情况只能通过计算机求出数值解。

状态调节器的设计步骤如下：

(1) 根据系统要求和工程实际经验，选定加权矩阵$\boldsymbol{S}$,$\boldsymbol{Q}(t)$和$\boldsymbol{R}(t)$；

(2) 由$\boldsymbol{A}(t)$,$\boldsymbol{B}(t)$,$\boldsymbol{S}$,$\boldsymbol{Q}(t)$,$\boldsymbol{R}(t)$求解黎卡提矩阵微分方程，求得矩阵$\boldsymbol{P}(t)$；

(3) 求反馈增益矩阵$\boldsymbol{K}(t)$及最优控制$\boldsymbol{u}^*(t)$；

(4) 求相应的最优轨迹$\boldsymbol{x}^*(t)$；

(5) 计算性能指标最优值。

例 4-8　二阶系统的状态方程为

$$\begin{cases}\dot{x}_1(t)=x_2(t)\\ \dot{x}_2(t)=\boldsymbol{u}(t)\end{cases}$$

二次型性能指标为

$$J=\frac{1}{2}[x_1^2(t_f)+2x_2^2(t_f)]+\frac{1}{2}\int_0^{t_0}\left(2x_1^2+4x_2^2+2x_1x_2+\frac{1}{2}u^2\right)dt$$

试求使系统指标 J 为极小值时的最优控制 $\boldsymbol{x}^*(t)$。

解 本题为定常线性系统。根据式(4-246)可知，本例中二次型性能指标的矩阵分别为

$$\boldsymbol{A}=\begin{bmatrix}0&1\\0&0\end{bmatrix},\quad \boldsymbol{B}=\begin{bmatrix}0\\1\end{bmatrix},\quad \boldsymbol{S}=\begin{bmatrix}1&0\\0&2\end{bmatrix},\quad \boldsymbol{Q}=\begin{bmatrix}2&1\\1&4\end{bmatrix},\quad \boldsymbol{R}=\frac{1}{2}$$

根据式(4-254)，最优控制为

$$\boldsymbol{u}^*(t)=-\boldsymbol{R}^{-1}\boldsymbol{B}^{\mathrm{T}}\boldsymbol{P}(t)\boldsymbol{x}=-2[0\quad 1]\begin{bmatrix}p_{11}(t)&p_{12}(t)\\p_{21}(t)&p_{22}(t)\end{bmatrix}\begin{bmatrix}\boldsymbol{x}_1\\\boldsymbol{x}_2\end{bmatrix}$$

因 $\boldsymbol{P}(t)$ 为对称矩阵，故

$$p_{12}(t)=p_{21}(t),\quad 即\quad \boldsymbol{u}^*(t)=-2p_{12}(t)\boldsymbol{x}_1-2p_{22}(t)\boldsymbol{x}_2$$

矩阵 $\boldsymbol{P}(t)$ 满足黎卡提微分方程式(4-255)，即

$$\dot{\boldsymbol{P}}(t)+\boldsymbol{P}(t)\boldsymbol{A}+\boldsymbol{A}^{\mathrm{T}}\boldsymbol{P}(t)-\boldsymbol{P}(t)\boldsymbol{B}\boldsymbol{R}^{-1}\boldsymbol{B}^{\mathrm{T}}\boldsymbol{P}(t)+\boldsymbol{Q}=0$$

或

$$\begin{bmatrix}\dot{p}_{11}(t)&\dot{p}_{12}(t)\\\dot{p}_{21}(t)&\dot{p}_{22}(t)\end{bmatrix}+\begin{bmatrix}p_{11}(t)&p_{12}(t)\\p_{21}(t)&p_{22}(t)\end{bmatrix}\begin{bmatrix}0&1\\0&0\end{bmatrix}+\begin{bmatrix}0&0\\1&0\end{bmatrix}\begin{bmatrix}p_{11}(t)&p_{12}(t)\\p_{21}(t)&p_{22}(t)\end{bmatrix}-$$

$$\begin{bmatrix}p_{11}(t)&p_{12}(t)\\p_{21}(t)&p_{22}(t)\end{bmatrix}\begin{bmatrix}0\\1\end{bmatrix}2[0\quad 1]\begin{bmatrix}p_{11}(t)&p_{12}(t)\\p_{21}(t)&p_{22}(t)\end{bmatrix}+\begin{bmatrix}2&1\\1&4\end{bmatrix}=\begin{bmatrix}0&0\\0&0\end{bmatrix}$$

根据黎卡提方程的边界条件式(4-256)，当 $t_f=3$ 时，则有

$$\begin{bmatrix}p_{11}(t)&p_{12}(t)\\p_{21}(t)&p_{22}(t)\end{bmatrix}=\boldsymbol{S}=\begin{bmatrix}1&0\\0&2\end{bmatrix}$$

黎卡提方程可分解为 3 个微分方程和相应的边界条件为

$$\dot{p}_{11}(t)=2p_{12}^2(t)-2$$

$$\dot{p}_{12}(t)=-p_{11}(t)+2p_{12}(t)p_{22}(t)-1$$

$$\dot{p}_{22}(t)=-2p_{12}(t)+2p_{22}^2(t)-4$$

$$p_{11}(3)=1$$

$$p_{12}(3)=0$$

$$p_{22}(3)=2$$

解此微分方程，则可得 $p_{11}(t)$，$p_{12}(t)$和 $p_{22}(t)$，将其代入 $\boldsymbol{u}^*(t)$的表达式，即可求得最优控制。显然，由于微分方程组的非线性，故不能直接求得其解析解，而只能利用计算机求得其数值解。

根据式(4-254b)，系统的反馈增益矩阵为

$$\boldsymbol{K}(t)=\boldsymbol{R}^{-1}\boldsymbol{B}^{\mathrm{T}}\boldsymbol{P}(t)=2[0\quad 1]\begin{bmatrix}p_{11}(t)&p_{12}(t)\\p_{21}(t)&p_{22}(t)\end{bmatrix}=2p_{12}(t)+2p_{22}(t)$$

本例中，虽然矩阵 $\boldsymbol{A}$、$\boldsymbol{B}$、$\boldsymbol{Q}$、$\boldsymbol{R}$ 均为常数矩阵，但系统最优控制的反馈增益仍然是时变的。

2. 无限时间状态调节器

对于有限时间状态调节器，即使系统的状态方程和性能指标是定常的，即矩阵 $\boldsymbol{A}$，$\boldsymbol{B}$，$\boldsymbol{Q}$，$\boldsymbol{R}$ 均为常数矩阵时，其系统总是时变和系数最优反馈增益是时变的，这是由于黎

卡提方程的解 $p(t)$是时变的缘故。

当终端时间 t_f 趋于无穷时，$p(t)$将趋于某常数，即 $p(t)$可视为恒值，从而最优反馈时变系统随之转化成最优控制定常系统，这样就得到无限时间($t_f\to\infty$)状态调节器。

设线性定常系统的状态方程为

$$\dot{\boldsymbol{x}}(t)=\boldsymbol{A}\boldsymbol{x}(t)+\boldsymbol{B}\boldsymbol{u}(t) \tag{4-257}$$

给定初始条件 $\boldsymbol{x}(t_0)=\boldsymbol{x}_0$，终端时间 $t_f\to\infty$。试求最优控制 $\boldsymbol{u}^*(t)$，使系统的二次型性能指标

$$J=\frac{1}{2}\int_{t_0}^{\infty}[\boldsymbol{x}^{\mathrm{T}}(t)\boldsymbol{Q}\boldsymbol{x}(t)+\boldsymbol{u}^{\mathrm{T}}(t)\boldsymbol{R}\boldsymbol{u}(t)]\mathrm{d}t \tag{4-258}$$

取极小值。式中：$\boldsymbol{A}$，$\boldsymbol{B}$ 为常数矩阵；$\boldsymbol{Q}$ 为半正定对称常数矩阵；$\boldsymbol{R}$ 为正定对称常数矩阵。

控制 $\boldsymbol{u}(t)$不受约束。可以证明，最优控制存在且唯一，即

$$\boldsymbol{u}^*(t)=-\boldsymbol{R}^{-1}\boldsymbol{B}^{\mathrm{T}}\boldsymbol{P}\boldsymbol{x}(t)=-\boldsymbol{K}\boldsymbol{x}(t) \tag{4-259}$$

式中，$\boldsymbol{P}$ 为 $n\times n$ 维正定常数矩阵，满足下列的黎卡提矩阵代数方程

$$\boldsymbol{P}\boldsymbol{A}+\boldsymbol{A}^{\mathrm{T}}\boldsymbol{P}-\boldsymbol{P}\boldsymbol{B}\boldsymbol{R}^{-1}\boldsymbol{B}^{\mathrm{T}}\boldsymbol{P}+\boldsymbol{Q}=0 \tag{4-260}$$

实际上，黎卡提矩阵代数方程式(4-260)的解 $\boldsymbol{P}$，就是黎卡提矩阵微分方程式(4-255)的稳态解。

最优轨迹满足下列的线性定常齐次方程

$$\dot{\boldsymbol{x}}(t)=[\boldsymbol{A}-\boldsymbol{B}\boldsymbol{R}^{-1}\boldsymbol{B}^{\mathrm{T}}\boldsymbol{P}]\boldsymbol{x}(t)=[\boldsymbol{A}-\boldsymbol{B}\boldsymbol{K}]\boldsymbol{x}(t)$$

其中，反馈增益为

$$\boldsymbol{K}=\boldsymbol{R}^{-1}\boldsymbol{B}^{\mathrm{T}}\boldsymbol{P}$$

无论初始时间 t_0 如何选择，最优控制 $\boldsymbol{u}^*(t)$所对应的最优性能指标为

$$J^*[\boldsymbol{x}(t_0)]=\frac{1}{2}\boldsymbol{x}^{\mathrm{T}}(t_0)\boldsymbol{P}\boldsymbol{x}(t_0)$$

适用于线性定常系统的无限时间状态调节器，要求系统完全能控，而对有限时间状态调节器，可不强调对系统能控性的要求。

例 4-9 二阶系统的微分方程为 $T^2\ddot{y}+\dot{y}=K_0u$，试确定最优控制律。

解 选取系统状态变量 $x_1=y$，$x_2=\dot{y}$，令 $a=\dfrac{1}{T^2}$，$b=\dfrac{K_0}{T^2}$，则系统的状态方程为

$$\begin{cases}\dot{x}_1=x_2\\ \dot{x}_2=ax_2+bu\end{cases}$$

初始状态和终端状态分别为 $\boldsymbol{x}(0)=\boldsymbol{x}_0$，$\boldsymbol{x}(\infty)=0$。

二次型性能指标为

$$J=\int_0^{\infty}(q_1x_1^2+q_2x_2^2+ru^2)\mathrm{d}t$$

可知，各矩阵分别为

$$\boldsymbol{A}=\begin{bmatrix}0&1\\0&a\end{bmatrix},\quad \boldsymbol{B}=\begin{bmatrix}0\\b\end{bmatrix},\quad \boldsymbol{Q}=\begin{bmatrix}q_1&0\\0&q_2\end{bmatrix},\quad \boldsymbol{R}=r$$

根据式(4-260)，黎卡提代数方程为

$$\begin{bmatrix}p_{11}&p_{12}\\p_{21}&p_{22}\end{bmatrix}\begin{bmatrix}0&1\\0&a\end{bmatrix}+\begin{bmatrix}0&0\\1&a\end{bmatrix}\begin{bmatrix}p_{11}&p_{12}\\p_{21}&p_{22}\end{bmatrix}-\begin{bmatrix}p_{11}&p_{12}\\p_{21}&p_{22}\end{bmatrix}\begin{bmatrix}0\\b\end{bmatrix}\frac{1}{r}[0\quad b]\begin{bmatrix}p_{11}&p_{12}\\p_{21}&p_{22}\end{bmatrix}$$

$$+\begin{bmatrix} q_1 & 0 \\ 0 & q_2 \end{bmatrix}=\begin{bmatrix} 0 & 0 \\ 0 & 0 \end{bmatrix}$$

展开整理,可得 3 个代数方程为

$$\frac{1}{r}b^2 p_{12}^2=q_1$$

$$p_{11}+ap_{12}-\frac{1}{r}b^2 p_{12}p_{22}=0$$

$$p_{12}+ap_{22}-\frac{1}{r}b^2 p_{22}^2+q_2=0$$

解之,可求得 p_{11}, p_{12}, p_{22},代入式(4-259)后可得最优控制为

$$\boldsymbol{u}^*(t)=-\boldsymbol{R}^{-1}\boldsymbol{B}^{\mathrm{T}}\boldsymbol{P}\boldsymbol{x}(t)=-\boldsymbol{K}\boldsymbol{x}(t)=-K_1\boldsymbol{x}_1(t)-K_2\boldsymbol{x}_2(t)$$

式中 $$K_1=\sqrt{\frac{1}{r}q_1},\quad K_2=-\frac{1}{K_0}\pm\sqrt{\frac{1}{K_0}+\frac{1}{r}q_2+\frac{2T}{K_0^2}\sqrt{\frac{1}{r}q_1}}$$

最优状态调节器闭环系统结构图如图 4-12 所示。

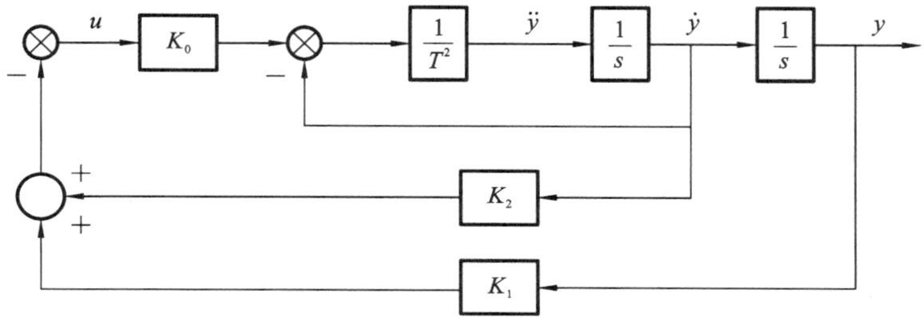

图 4-12 最优状态调节器闭环系统结构图

如果取 $T^2=1$ 和 $K_0=1$,则控制系统调节时间 t_s 的变化曲线如图 4-13 所示。由图可见,若要减少调节时间 t_s,则可控制 r, q_1 和 q_2 的最优比例和范围。

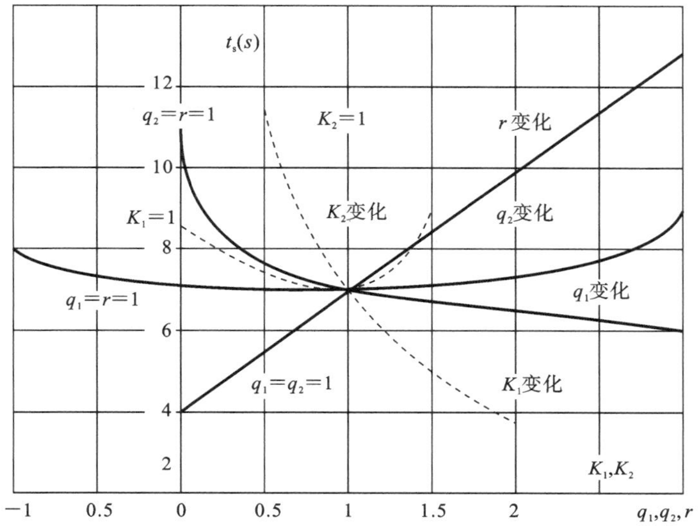

图 4-13 控制系统调节时间 t_s 变化曲线

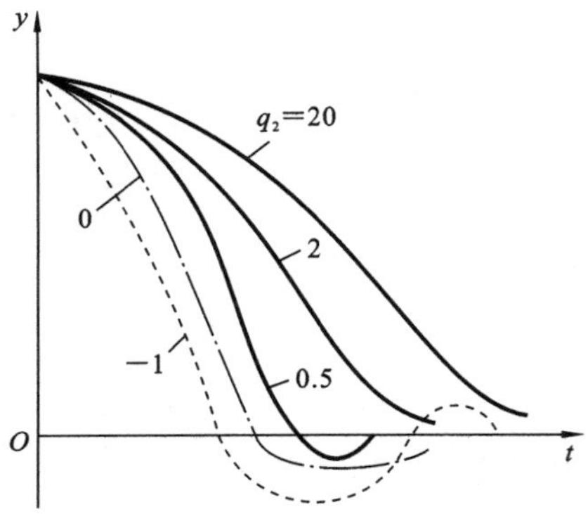

图 4-14 最优控制系统过程曲线

如果取 $q_1=1$ 和 $r=1$，则控制系统的过渡过程曲线如图 4-14 所示。由图可见，q_2 的取值不同时，其过渡过程调节曲线变化较大。

4.4.3 输出调节器

输出调节器的任务，是当受控系统受到外部扰动或其他因素影响而偏离了给定的平衡状态时，在不消耗过多能量的前提下，维持系统的输出矢量接近于其平衡状态。实际上，状态调节器和输出调节器问题描述的是同一个控制问题，因此，可根据受控系统的能观性条件，证明输出调节器问题可以转化成等效的状态调节器问题，应用类比方法来建立输出调节器的控制律。

根据系统终端时间 t_f 是有限的($t_f\neq\infty$)或无限的($t_f\to\infty$)具体情况，输出调节器问题可分为有限时间输出调节器问题和无限时间输出调节器问题。

1. 有限时间输出调节器

设线性时变系统的状态空间表达式为

$$\dot{\boldsymbol{x}}(t)=\boldsymbol{A}(t)\boldsymbol{x}(t)+\boldsymbol{B}(t)\boldsymbol{u}(t)$$
$$\boldsymbol{y}(t)=\boldsymbol{C}(t)\boldsymbol{x}(t)$$

式中：$\boldsymbol{x}(t)$为 n 维状态矢量；$\boldsymbol{u}(t)$为 m 维控制矢量($m\leqslant n$)；$\boldsymbol{A}(t)$为 $n\times n$ 维时变矩阵；$\boldsymbol{B}(t)$ 为 $n\times m$ 维时变矩阵；$\boldsymbol{y}(t)$为 l 维输出矢量($0<l\leqslant m\leqslant n$)；$\boldsymbol{C}(t)$为 $l\times n$ 维输出矩阵。

假定控制矢量 $\boldsymbol{u}(t)$不受约束，试求最优控制 $\boldsymbol{u}^*(t)$，使系统由任意给定的初始状态 $\boldsymbol{x}(t_0)=\boldsymbol{x}_0$ 转移到自由终态 $\boldsymbol{x}(t_f)$时，下列系统的二次型性能指标取极小值。

$$J=\frac{1}{2}\boldsymbol{y}^{\mathrm{T}}(t_f)\boldsymbol{S}\boldsymbol{y}(t_f)+\frac{1}{2}\int_{t_0}^{t_f}[\boldsymbol{y}^{\mathrm{T}}(t)\boldsymbol{Q}(t)\boldsymbol{y}(t)+\boldsymbol{u}^{\mathrm{T}}(t)\boldsymbol{R}(t)\boldsymbol{u}(t)]\mathrm{d}t \tag{4-261}$$

式中：$\boldsymbol{S}$ 为 $l\times l$ 维半正定对称常数矩阵；$\boldsymbol{Q}(t)$为 $l\times l$ 维半正定对称时变矩阵；$\boldsymbol{R}(t)$为 $m\times m$ 维正定对称时变矩阵；始端时间 t_0 及终端时间 t_f 固定，且 $t_f\neq\infty$。

这类问题的求解，可通过将式(4-261)转化为类似于状态调节器的二次型性能指标进行。

有关有限时间状态调节器问题的所有结论，可直接推广到有限时间输出调节器问题中去，即最优控制为

$$\boldsymbol{u}^*(t)=-\boldsymbol{R}^{-1}(t)\boldsymbol{B}^{\mathrm{T}}(t)\boldsymbol{P}(t)\boldsymbol{x}(t)=-\boldsymbol{K}(t)\boldsymbol{x}(t)$$

式中，反馈增益矩阵为

$$\boldsymbol{K}(t)=\boldsymbol{R}^{-1}(t)\boldsymbol{B}^{\mathrm{T}}(t)\boldsymbol{P}(t) \tag{4-262}$$

$\boldsymbol{P}(t)$为黎卡提方程

$$\dot{\boldsymbol{P}}(t)=-\boldsymbol{P}(t)\boldsymbol{A}(t)-\boldsymbol{A}^{\mathrm{T}}(t)\boldsymbol{P}(t)+\boldsymbol{P}(t)\boldsymbol{B}(t)\boldsymbol{R}^{-1}(t)\boldsymbol{B}^{\mathrm{T}}(t)\boldsymbol{P}(t)-\boldsymbol{C}^{\mathrm{T}}(t)\boldsymbol{Q}(t)\boldsymbol{C}(t)$$

在边界条件

$$\boldsymbol{P}(t_f)=\boldsymbol{C}^{\mathrm{T}}(t_f)\boldsymbol{S}\boldsymbol{C}(t_f)$$

下的解。

系统的最优性能指标为

$$J[\boldsymbol{x}(t),t]=\frac{1}{2}\boldsymbol{x}^{\mathrm{T}}(t)\boldsymbol{P}(t)\boldsymbol{x}(t)$$

有限时间最优输出调节器的结构图如图 4-15 所示。由图可见，最优输出调节器仍然是状态反馈，而不是输出反馈，这说明构成最优控制系统需要全部信息的本质问题。

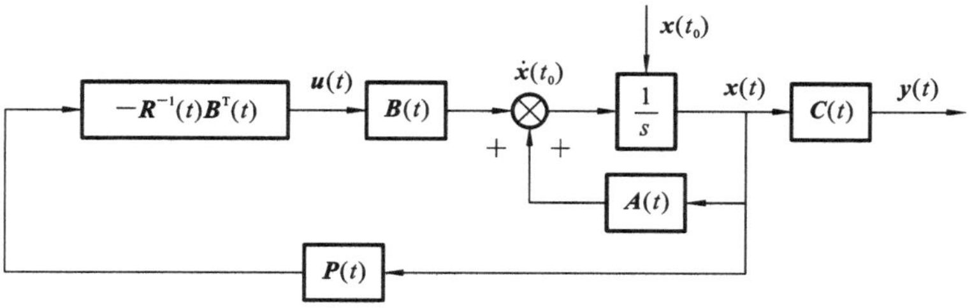

图 4-15　有限时间最优输出调节器的结构图

由式(4-262)可见，与有限时间状态调节器一样，即使矩阵 $\boldsymbol{A},\boldsymbol{B},\boldsymbol{Q},\boldsymbol{R}$ 均为常数矩阵，输出调节器的反馈增益也是时变的。

2. 无限时间输出调节器

设线性定常系统的状态空间表达式为

$$\dot{\boldsymbol{x}}(t)=\boldsymbol{A}\boldsymbol{x}(t)+\boldsymbol{B}\boldsymbol{u}(t)$$

$$\boldsymbol{y}(t)=\boldsymbol{C}\boldsymbol{x}(t)$$

给定初始条件 $\boldsymbol{x}(t_0)=\boldsymbol{x}_0$，终端时间 $t_f\to\infty$。试求最优控制 $\boldsymbol{u}^*(t)$，使系统的二次型性能指标为

$$J=\frac{1}{2}\int_0^{\infty}[\boldsymbol{y}^{\mathrm{T}}(t)\boldsymbol{Q}\boldsymbol{y}(t)+\boldsymbol{u}^{\mathrm{T}}(t)\boldsymbol{R}\boldsymbol{u}(t)]\mathrm{d}t$$

取极小值。式中：$\boldsymbol{A},\boldsymbol{B},\boldsymbol{C}$ 均为常数矩阵；$\boldsymbol{Q}$ 为半正定对称矩阵；$\boldsymbol{R}$ 为正定对称矩阵。设系统完全能控和完全能观，且控制 $\boldsymbol{u}(t)$ 不受约束。

与无限时间状态调节器问题一样，可以证明，最优控制存在且唯一，即

$$\boldsymbol{u}^*(t)=-\boldsymbol{R}^{-1}\boldsymbol{B}^{\mathrm{T}}\boldsymbol{P}\boldsymbol{x}(t)\tag{4-263}$$

式中，$\boldsymbol{P}$ 为 $n\times n$ 维正定常数矩阵，满足下列的黎卡提矩阵代数方程

$$\boldsymbol{P}\boldsymbol{A}+\boldsymbol{A}^{\mathrm{T}}\boldsymbol{P}-\boldsymbol{P}\boldsymbol{B}\boldsymbol{R}^{-1}\boldsymbol{B}^{\mathrm{T}}\boldsymbol{P}+\boldsymbol{C}^{\mathrm{T}}\boldsymbol{Q}\boldsymbol{C}=0\tag{4-264}$$

最优轨线满足下列的线性定常齐次方程

$$\dot{\boldsymbol{x}}(t)=[\boldsymbol{A}-\boldsymbol{B}\boldsymbol{R}^{-1}\boldsymbol{B}^{\mathrm{T}}\boldsymbol{P}]\boldsymbol{x}(t)=[\boldsymbol{A}-\boldsymbol{B}\boldsymbol{K}]x(t)$$

其中，反馈增益为

$$\boldsymbol{K}=\boldsymbol{R}^{-1}\boldsymbol{B}^{\mathrm{T}}\boldsymbol{P}$$

最优控制 $\boldsymbol{u}^*(t)$ 所对应的最优性能指标为

$$J[\boldsymbol{x}(t_0)]=\frac{1}{2}\boldsymbol{x}^{\mathrm{T}}(t_0)\boldsymbol{P}\boldsymbol{x}(t_0)$$

例 4-10　设受控系统

$$\ddot{y}(t)=\dot{u}(t)+\beta u(t)$$

其中，$\boldsymbol{y}(t)$ 为系统的输出；$\boldsymbol{u}(t)$ 为系统的控制；β 为常数，且 $\beta\neq 0$。

系统的性能指标为

$$J=\frac{1}{2}\int_0^{\infty}[y^2(t)+ru^2(t)]\mathrm{d}t$$

试求使系统的性能指标 J 为极小值时的最优控制 $\boldsymbol{u}^*(t)$，并画出最优反馈控制系统的结构图。

解　取状态变量为

$$x_1(t)=y(t)$$
$$x_2(t)=\dot{y}(t)-u(t)$$

则系统的状态变量表达式为

$$\dot{\boldsymbol{x}}(t)=\begin{bmatrix}0 & 1\\0 & 0\end{bmatrix}\boldsymbol{x}(t)+\begin{bmatrix}1\\\beta\end{bmatrix}\boldsymbol{u}(t)$$
$$\boldsymbol{y}(t)=[1\quad 0]\boldsymbol{x}(t)$$

本例中，各矩阵分别为

$$\boldsymbol{A}=\begin{bmatrix}1 & 0\\0 & 0\end{bmatrix},\quad \boldsymbol{B}=\begin{bmatrix}1\\\beta\end{bmatrix},\quad \boldsymbol{C}=[1\quad 0],\quad \boldsymbol{Q}=1,\quad \boldsymbol{R}=r$$

根据式(4-263)，最优控制为

$$\begin{aligned}\dot{\boldsymbol{u}}(t)&=-\frac{1}{r}[1\quad \beta]\begin{bmatrix}p_{11} & p_{12}\\p_{21} & p_{22}\end{bmatrix}\begin{bmatrix}x_1(t)\\x_2(t)\end{bmatrix}\\&=-\frac{1}{r}(p_{11}+\beta p_{21})x_1(t)-\frac{1}{r}(p_{12}+\beta p_{22})x_2(t)\end{aligned}$$

根据式(4-264)，黎卡提矩阵代数方程为

$$\begin{bmatrix}p_{11} & p_{12}\\p_{21} & p_{22}\end{bmatrix}\begin{bmatrix}0 & 1\\0 & 0\end{bmatrix}+\begin{bmatrix}0 & 0\\1 & 0\end{bmatrix}\begin{bmatrix}p_{11} & p_{12}\\p_{21} & p_{22}\end{bmatrix}-\begin{bmatrix}p_{11} & p_{12}\\p_{21} & p_{22}\end{bmatrix}\frac{1}{\beta}\frac{1}{r}[1\quad \beta]\begin{bmatrix}p_{11} & p_{12}\\p_{21} & p_{22}\end{bmatrix}$$
$$+\begin{bmatrix}1\\0\end{bmatrix}[1\quad 0]=0$$

展开整理，可得 3 个代数方程为

$$(p_{11}+\beta p_{12})^2=r$$
$$(p_{12}+\beta p_{22})(p_{11}+\beta p_{12})=rp_{11}$$
$$(p_{12}+\beta p_{22})^2=2rp_{12}$$

为保证 $\boldsymbol{P}$ 为正定矩阵，黎卡提方程的解必须满足

$$p_{11}>0,\quad p_{22}>0,\quad p_{11}p_{12}-p_{12}^2>0$$

解之可得

$$p_{11}=\frac{-1+\sqrt{1+2\beta\sqrt{r}}}{\beta}$$
$$p_{11}+\beta p_{12}=\sqrt{r}$$
$$p_{12}+\beta p_{22}=\frac{-\sqrt{r}(-1+\sqrt{1+2\beta\sqrt{r}})}{\beta}$$

因此，最优控制为

$$\begin{aligned}\boldsymbol{u}^*(t)&=-\frac{1}{r}(p_{11}+\beta p_{12})x_1(t)-\frac{1}{r}(p_{12}+\beta p_{22})x_2(t)\\&=-\frac{1}{\sqrt{r}}x_1(t)-\frac{1}{\beta\sqrt{r}}(-1+\sqrt{1+2\beta\sqrt{r}})x_2(t)\end{aligned}$$

最优闭环控制系统的结构图如图 4-16 所示。

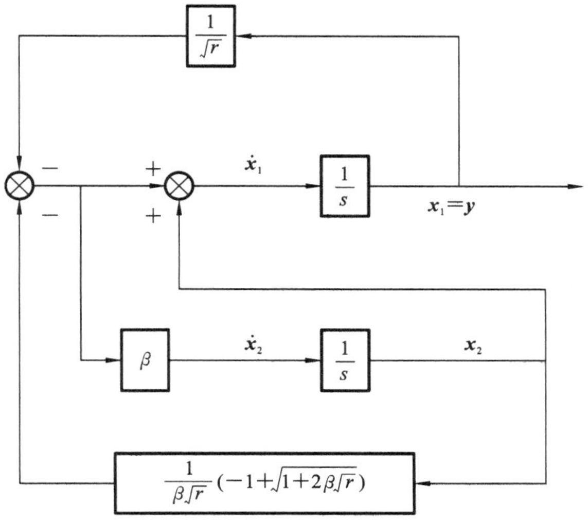

图 4-16 最优闭环控制系统的结构图

4.4.4 跟踪器

跟踪器的控制目的，是使系统的输出 $y(t)$ 紧紧跟随所希望的输出 $y_r(t)$，即寻找最优控制 $u^*(t)$，使系统的实际输出 $y(t)$ 在确定的时间间隔 $[t_0, t_f]$ 上尽量接近预期输出 $y_r(t)$，且不消耗过多的控制能量，这类问题称为最优跟踪问题，或简称跟踪问题。

对于跟踪问题，可以应用极小值原理直接推导出最优控制律，也可以通过变换转化为等效的状态调节器问题，从而用调节器理论求出最优控制律。实际上，调节器问题可视为一个特定的跟踪问题。

1. 线性时变系统的跟踪问题

设线性时变系统的状态空间表达式为

$$\dot{\boldsymbol{x}}(t)=\boldsymbol{A}(t)\boldsymbol{x}(t)+\boldsymbol{B}(t)\boldsymbol{u}(t) \tag{4-265}$$

$$\boldsymbol{y}(t)=\boldsymbol{C}(t)\boldsymbol{x}(t) \tag{4-266}$$

式中：$\boldsymbol{x}(t)$ 为 n 维状态矢量；$\boldsymbol{u}(t)$ 为 m 维控制矢量（$m\leqslant n$）；$\boldsymbol{A}(t)$ 为 $n\times n$ 维时变矩阵；$\boldsymbol{B}(t)$ 为 $n\times m$ 维时变矩阵；$\boldsymbol{y}(t)$ 为 l 维输出矢量（$0<l\leqslant m\leqslant n$）；$\boldsymbol{C}(t)$ 为 $l\times n$ 维输出矩阵。

假定 $\boldsymbol{A}(t)$，$\boldsymbol{B}(t)$，$\boldsymbol{C}(t)$ 连续有界，$[\boldsymbol{A},\boldsymbol{C}]$ 完全可观测，控制 $\boldsymbol{u}(t)$ 不受约束。

系统的初始状态为

$$\boldsymbol{x}(t_0)=\boldsymbol{x}_0 \tag{4-267}$$

定义误差矢量为

$$\boldsymbol{e}(t)=\boldsymbol{y}_r(t)-\boldsymbol{y}(t) \tag{4-268}$$

式中：$\boldsymbol{y}_r(t)$ 为 l 维预期输出矢量；$\boldsymbol{y}(t)$ 为 l 维实际输出矢量；$\boldsymbol{e}(t)$ 为预期输出与实际输出之间的误差。

试求最优控制 $\boldsymbol{u}^*(t)$，使系统的实际输出矢量 $\boldsymbol{y}(t)$ 跟踪预期输出矢量 $\boldsymbol{y}_r(t)$，并使下列系统的二次型性能指标取极小值：

$$J=\frac{1}{2}\boldsymbol{e}^{\mathrm{T}}(t_{\mathrm{f}})\boldsymbol{S}\boldsymbol{e}(t_{\mathrm{f}})+\frac{1}{2}\int_{t_0}^{t_{\mathrm{f}}}\{\boldsymbol{e}^{\mathrm{T}}(t)\boldsymbol{Q}(t)\boldsymbol{e}(t)+\boldsymbol{u}^{\mathrm{T}}(t)\boldsymbol{R}(t)\boldsymbol{u}(t)\}\mathrm{d}t \tag{4-269}$$

式中：$\boldsymbol{S}$ 为 $l\times l$ 维半正定对称常数矩阵；$\boldsymbol{Q}(t)$ 为 $l\times l$ 维半正定对称时变矩阵；$\boldsymbol{R}(t)$ 为 $m\times m$ 维正定对称时变矩阵。

假定 $\boldsymbol{Q}(t)$ 及 $\boldsymbol{R}(t)$ 连续有界，将式(4-266)代入式(4-268)后再代入式(4-269)，则有

$$\begin{aligned}J=&\frac{1}{2}[\boldsymbol{y}_{\mathrm{r}}(t_{\mathrm{f}})-\boldsymbol{C}(t_{\mathrm{f}})\boldsymbol{x}(t_{\mathrm{f}})]^{\mathrm{T}}\boldsymbol{S}[\boldsymbol{y}_{\mathrm{r}}(t_{\mathrm{f}})-\boldsymbol{C}(t_{\mathrm{f}})\boldsymbol{x}(t_{\mathrm{f}})]\\&+\frac{1}{2}\int_{t_0}^{t_{\mathrm{f}}}\{[\boldsymbol{y}_{\mathrm{r}}(t)-\boldsymbol{C}(t)\boldsymbol{x}(t)]^{\mathrm{T}}\boldsymbol{Q}(t)[\boldsymbol{y}_{\mathrm{r}}(t)-\boldsymbol{C}(t)\boldsymbol{x}(t)]\\&+\boldsymbol{u}^{\mathrm{T}}(t)\boldsymbol{R}(t)\}\mathrm{d}t\end{aligned} \tag{4-270}$$

可以看出，J 相对于 $\boldsymbol{x}(t)$ 已非二次型形式，但仍然可以应用极小值原理可得

$$\boldsymbol{\lambda}(t)=\boldsymbol{P}(t)\boldsymbol{x}(t)-\boldsymbol{g}(t) \tag{4-271}$$

式中：$\boldsymbol{P}(t)$ 为待求的 $n\times n$ 维时变或定常矩阵；$\boldsymbol{g}(t)$ 为由 $\boldsymbol{y}_{\mathrm{r}}(t)$ 引起的 n 维矢量。

进一步推导最优控制为

$$\boldsymbol{u}^{*}(t)=-\mathbf{R}^{-1}(t)\boldsymbol{B}^{\mathrm{T}}(t)[\boldsymbol{P}(t)\boldsymbol{x}(t)-\boldsymbol{g}(t)] \tag{4-272}$$

将式(4-272)代入状态方程即得到系统的最优轨线

$$\begin{aligned}\dot{\boldsymbol{x}}(t)&=\boldsymbol{A}(t)\boldsymbol{x}(t)-\boldsymbol{B}(t)\boldsymbol{R}^{-1}(t)\boldsymbol{B}^{\mathrm{T}}(t)\boldsymbol{\lambda}(t)\\&=[\boldsymbol{A}(t)-\boldsymbol{B}(t)\boldsymbol{R}^{-1}(t)\boldsymbol{B}^{\mathrm{T}}(t)\boldsymbol{P}(t)]\boldsymbol{x}(t)+\boldsymbol{B}(t)\boldsymbol{R}^{-1}(t)\boldsymbol{B}^{\mathrm{T}}(t)\boldsymbol{g}(t)\end{aligned} \tag{4-273}$$

综上所述，跟踪问题的最优控制规律归纳如下。

① $\boldsymbol{P}(t)$ 仅是矩阵 $\boldsymbol{A}(t)$，$\boldsymbol{B}(t)$，$\boldsymbol{C}(t)$，$\boldsymbol{S}$，$\boldsymbol{Q}(t)$ 和 $\boldsymbol{R}(t)$ 及终端时间 t_{f} 的函数，与预期输出 $\boldsymbol{y}_{\mathrm{r}}(t)$ 无关。也是说，只要受控系统、性能指标及终端时间给定，矩阵 $\boldsymbol{P}(t)$ 随之而定。

② 最优跟踪系统的反馈结构与最优输出调节器系统的反馈结构完全相同，而与预期输出 $\boldsymbol{y}_{\mathrm{r}}(t)$ 无关。

③ 最优跟踪系统与最优输出调节器系统的本质差异，主要反映在 $\boldsymbol{g}(t)$ 上。

④ 为了求得 $\boldsymbol{g}(t)$，必须在控制过程开始之前就知道全部 $\boldsymbol{y}_{\mathrm{r}}(t)$ 的信息。同时，$\boldsymbol{u}^{*}(t)$ 与 $\boldsymbol{g}(t)$ 有关，因而最优控制的现实值也要依赖于预期输出 $\boldsymbol{y}_{\mathrm{r}}(t)$ 的全部未来值，即为要实现最优跟踪，关键在于预先掌握预期输出 $\boldsymbol{y}_{\mathrm{r}}(t)$ 的变化规律。然而，预测输出的实际变动趋势通常不易预先界定，因此在构建最优跟踪系统的过程中，通常采取两种策略：首先，使用预期输出的“预测值”来替代其将来的实际值，这时系统的最优性能依赖于“预测值”与实际值的一致性；其次，将预期输出视为随机变量，基本上将确定性问题当做随机性问题来处理，所设计的系统在“平均”意义上达到最优，但无法确保在每一次实验中系统的响应都能满足要求。

根据式(4-273)构成的最优跟踪系统的结构图如图 4-17 所示。

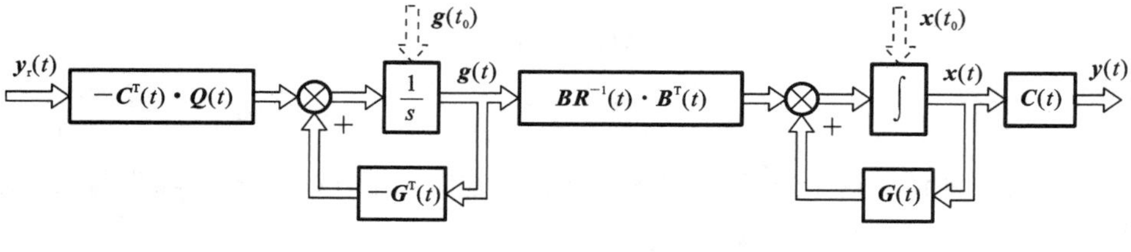

图 4-17 最优跟踪系统的结构图

图中
$$G(t)=A(t)-B(t)R^{-1}(t)B(t)P(t)$$
注意，图中标出的 $g(t_0)$ 为 $g(t)$ 的初始值，故应预先将 $g(t_0)$ 算出。

令 $t=t_f$，设闭环系统转移状态矩阵为 $\psi(t,t_0)$，则 $g(t)$ 可写成：

$$g(t_f)=\psi(t_f,t_0)g(t_0)-\int_{t_0}^{t_f}\psi(t_f,\tau)C^T(\tau)Q(\tau)y_r(\tau)\delta\tau$$

$$g(t_0)=\psi^{-1}(t_f,t_0)+\int_{t_0}^{t_f}\psi(t_0,\tau)C^T(\tau)Q(\tau)y_r(\tau)d\tau$$

2. 线性定常系统的跟踪问题

对于线性定常系统，如果要求输出矢量为常数矢量，且终端时间 t_f 很大时，则可按上述的线性时变系统的方法推导出一个近似的最优控制律。虽然这个结果并不适用于 t_f 趋向于无穷大的情况，但对一般工程系统是足够精确的，有重要的实用价值。

设线性定常系统的状态空间表达式为

$$\dot{x}(t)=Ax(t)+Bu(t)$$
$$y(t)=Cx(t)$$

系统的初始条件为

$$x(t_0)=x_0$$

定义误差矢量为

$$e(t)=y_r-y(t)$$

式中，y_r 为预期输出常数矢量。

试求最优控制 $u^*(t)$，使性能指标

$$J=\frac{1}{2}\int_{t_0}^{t_f}[e^T(t)Qe(t)+u^T(t)Ru(t)]dt$$

取极小值。

当终端时间 t_f 足够大且为有限值时，仿照线性时变系统跟踪问题的有关公式，得出如下的近似结果。

最优控制为

$$u^*(t)=-R^{-1}B^T[Px(t)-g]$$

式中，P 与 g 应满足

$$-PA-A^TP+PBR^{-1}B^TP-C^TQC=0$$
$$g\approx[PBR^{-1}B^T-A^T]^{-1}C^TQy_r$$

最优轨线应满足

$$\dot{x}(t)=[A-BR^{-1}B^TP]x(t)+BR^{-1}B^Tg$$

线性定常最优跟踪系统的结构图如图 4-18 所示。

例 4-11 已知一阶系统的状态空间表达式为

$$\dot{x}(t)=ax(t)+u(t)$$
$$y(t)=x(t)$$

控制 $u(t)$ 不受约束。用 y_r 表示预期输出，$e(t)=y_r(t)-y(t)=y_r(t)-x(t)$ 表示误差。试求最优控制 $u^*(t)$，使性能指标

$$J=\frac{1}{2}fe^2(t_f)+\frac{1}{2}\int_0^{t_f}[qe^2(t)+ru^2(t)]dt$$

取极小值。其中 $f\geqslant 0,q>0,r>0$。

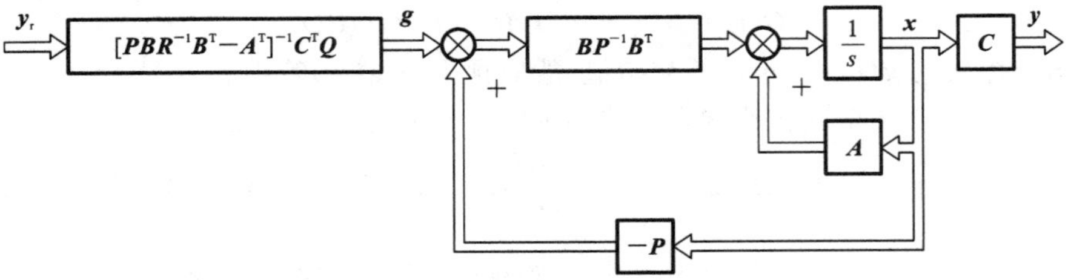

图 4-18 线性定常最优跟踪系统的结构图

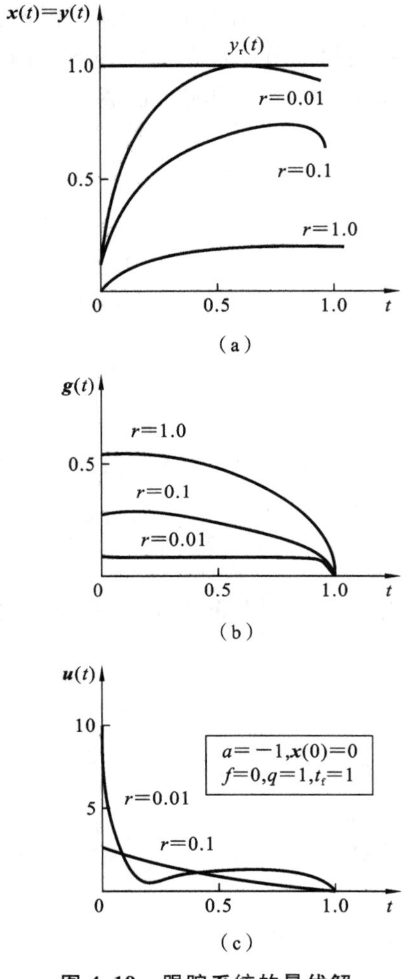

图 4-19 跟踪系统的最优解

解 根据式(6-272),最优控制为

$$u^*(t)=\frac{1}{r}[g(t)-p(t)x(t)]$$

其中,$p(t)$满足一阶黎卡提方程

$$\dot{p}(t)=-2ap(t)+\frac{1}{2}p^2(t)-q$$

$$p(t_f)=f$$

$g(t)$满足一阶线性方程

$$\dot{g}(t)=-\left[a-\frac{1}{r}p(t)\right]g(t)-qy_r(t)$$

$$g(t_f)=fy_r(t_f)$$

最优轨线 $x(t)$满足一阶线性微分方程

$$\dot{x}(t)=\left[a-\frac{1}{r}p(t)\right]x(t)+\frac{1}{r}g(t)$$

图 4-19 为最优跟踪系统在 $a=-1,x(0)=0,f=0,q=1$ 和 $t_f=1$ 情况下的一组响应曲线。其中,图 4-19(a)所示预期输出为阶跃函数,即对所有 $t\in[0,t_f]$,$y_r(t)=1$ 时,以 r 为参数量的一组响应曲线。由图可见,随着 r 的减少,系统的跟踪能力增强。此外,在控制区间的终端 t_f 附近,误差又复回升,这是由于 $f=0,q(t_f)=0,p(t_f)=0$,以致 $u(t_f)=0$ 的缘故。

图 4-19(b)为 $g(t)$对 $t\in[0,1]$的一组响应曲线。由图可见,随着 r 的减少,$g(t)$在控制区间的开始阶段几乎保持恒定,但由于 $f=0$,故 $g(t)$随后逐渐下降至零。

图 4-19(c)为最优控制 $u(t)$对 $t\in[0,1]$的一组响应曲线。由图可见,若 r 愈小(即表示不重视消耗能量的大小),则 $u(t)$的恒值愈大。相对而言,即重视误差的减小,故 $y(t)$对 $y_r(t)$的跟踪性能愈好。

本章小结

本章主要讲解最优控制理论概述、最优控制的变分法、极小值原理和线性二次型最优控制系统。

1）概述部分

主要介绍最优控制问题描述、分类、求解方法与发展。

（1）描述一个最优控制问题包含四个方面内容：系统的数学模型、系统的初态和终态、系统性能指标和容许控制集。

（2）根据求解问题的特点，最优控制问题可以分为无约束与有约束的最优化问题、确定最优和随机规划问题、线性和非线性最优化问题、静态和动态最优化问题、网络最优化问题等。

（3）最优控制问题可以采用解析法、数值计算法、梯度法和网络最优化的方法求解。

（4）近年最优控制理论吸收了现代数学的很多成果，在实际工程中应用愈来愈广泛。

2）最优控制变分法部分

主要讲解变分法的基本概念、无约束和等约束下的变分问题、角点条件、等式约束下泛函极值的充分条件。

（1）变分法的基本概念：泛函的定义、泛函的连续性、线性泛函、泛函的极值、泛函定理与引理。

（2）无约束的变分问题：固定端点的变分问题；变动端点变分问题；多元泛函的极值条件。

（3）等约束下的变分问题：问题的背景；拉格朗日问题和波尔札问题。

（4）角点条件：连续而不可微的点称为角点，角点上所应满足的条件称为角点条件；有角点约束的泛函极值问题，多一个角点约束便多一组边界条件。

（5）等式约束条件下泛函极值的充分条件：极值的性质（最大/最小）可用二阶变分符号确定。

3）极小值原理部分

主要讲解连续系统的极小值原理、离散系统极小值原理、连续与离散极小值原理的比较；连续系统的离散化处理。

（1）连续系统的极小值原理：极小值原理、极小值原理的几点说明、几种常见情况下极小值原理的具体形式。

（2）离散系统极小值原理：离散系统的最优控制问题的描述、离散欧拉方程、离散系统的极小值原理。

（3）连续与离散极小值原理的比较：采样周期足够短时，连续与离散数值解本质相同；连续极小值原理与离散极小值原理产生的非线性微分方程两边值问题的解，均为最优精确解；连续两边值问题离散化的解是粗糙解。

（4）连续系统的离散化处理：可以采用两种方法进行离散化处理，采样周期足够小时，计算结果基本相同。

4）线性二次型最优控制系统部分

主要讲解线性二次型问题、状态调节器、输出调节器和跟踪器。

（1）系统是线性的，性能指标是状态变量和控制变量的二次型函数，此类最优控制问题称为线性二次型最优控制问题，即线性二次型问题。

(2) 状态调节器:将非零初态转移到平衡状态的最优控制轨迹称为状态调节器问题;有限时间状态调节器、无限时间状态调节器问题。

(3) 输出调节器:输出调节器是当受控系统偏离了给定的平衡状态时,维持系统的输出矢量接近于其平衡状态的最优控制轨迹;有限时间输出调节器、无限时间输出调节器问题。

(4) 跟踪器:跟踪器的控制是使系统的输出跟随所希望的输出的最优控制轨迹;线性时变系统的跟踪问题、线性定常系统的跟踪问题。

思考题

4-1 求泛函

$$J[\boldsymbol{x}(t)]=\int_0^{\frac{\pi}{2}}(\dot{\boldsymbol{x}}^2-\boldsymbol{x}^2)\mathrm{d}t$$

满足边界条件 $\boldsymbol{x}(0)=0,\boldsymbol{x}\left(\frac{\pi}{2}\right)=1$ 的极值轨线。

4-2 求泛函

$$J[x_1(t),x_2(t)]=\int_0^{\frac{\pi}{2}}(2x_1x_2+\dot{x}_1^2+\dot{x}_2^2)\mathrm{d}t$$

4-3 已知受控系统的状态方程为

$$\dot{x}_1(r)=-x_1(t)+x_2(t)$$
$$\dot{x}_2(t)=\boldsymbol{u}(t)$$

初始状态为

$$x_1(0)=0,\quad x_2(t)=0$$

目标集为

$$x_1^2(t_f)=x_2^2(t_f)=t_f^2+1$$

试写出使目标泛函

$$J[\boldsymbol{u}(t)]=\int_0^{t_f}\boldsymbol{u}^2(t)\mathrm{d}t$$

为最小的必要条件。其中,t_f 是自由的。

4-4 系统的状态方程为

$$\dot{\boldsymbol{x}}=-\frac{1}{2}\boldsymbol{x}+\boldsymbol{u}$$

其始端状态和终端状态分别为 $\boldsymbol{x}(0)=\boldsymbol{x}_0,\boldsymbol{x}(1)$ 自由。求最优控制 $\boldsymbol{u}^*(t)$,使性能指标

$$J=\int_0^1(\boldsymbol{x}^2+\boldsymbol{u}^2)\mathrm{d}t$$

最优。

4-5 已知一阶系统的状态方程为

$$\dot{\boldsymbol{x}}(t)=\boldsymbol{u}(t)$$

给定初始条件为 $\boldsymbol{x}(0)=\boldsymbol{x}_0$,且控制 $\boldsymbol{u}(t)$ 无约束。试求最优控制 $\boldsymbol{u}^*(t)$,使性能指标

$$J=\frac{1}{2}\boldsymbol{x}^2(t_f)+\frac{1}{2}\int_{t_0}^{t_f}[\boldsymbol{x}^2(t)+\boldsymbol{u}^2(t)]\mathrm{d}t$$

取极小值。

4-6　设二阶系统的状态方程为

$$\dot{x}_1(t)=ax_2(t)+\boldsymbol{u}(t)$$
$$\dot{x}_2(t)=bx_2(t)$$

性能指标为

$$J=\frac{1}{2}[x_1^2(t_f)+gx_1(t)x_2(t_f)+hx_2^2(t_f)]$$
$$+\frac{1}{2}\left[x_1^2(t)+mx_1(t)x_2(t)+nx_2^2(t)+\frac{1}{2}\boldsymbol{u}^2(t)\right]\mathrm{d}t$$

试证明为使最优控制 $\boldsymbol{u}^*(t)$仅是 $x_1(t)$的函数时，其充分必要条件为

$$a=g=m=0$$

并阐明其物理意义。

4-7　已知一阶系统的传递函数为

$$G(s)=\frac{Y(s)}{U(s)}=\frac{1}{s+1}$$

试求最优控制 $\boldsymbol{u}^*(t)$，使性能指标

$$J=\frac{1}{2}\int_0^{\infty}[3\boldsymbol{y}^2(t)+\boldsymbol{u}^2(t)]\mathrm{d}t$$

取极小值，并绘出最优闭环系统的结构图。

4-8　给定一阶系统

$$\dot{\boldsymbol{x}}(t)=-\frac{1}{T}\boldsymbol{x}+\boldsymbol{u},\quad \boldsymbol{x}(0)=x_0$$

性能指标为

$$H=\frac{1}{2}\int_0^{\infty}[a\boldsymbol{x}^2+b\boldsymbol{u}^2]\mathrm{d}t$$

式中，$a=\frac{1}{x_m^2}$，$b=\frac{1}{u_m^2}$（x_m 和 u_m 分别为 $\boldsymbol{x}$ 和 $\boldsymbol{u}$ 的最大值）。

试求最优控制 $\boldsymbol{u}^*(t)$和闭环响应 $\boldsymbol{x}^*(t)$，并对所有选择的加权系数 a 和 b 的意义进行讨论。

5

自适应控制

自适应控制是对系统的变化进行连续地监测，并自动调节自身的控制参数，以保证系统的良好性能。自适应控制一般分为模型参考自适应与自校正控制两种类型。本章主要讲解自适应控制概述、模型参考自适应与自校正/多变量自校正控制相关内容。

5.1 自适应控制概述

为了使读者对自适应控制有个总体的了解，本节主要介绍自适应控制理论的产生背景与发展过程、自适应控制的概念与形式、自适应控制的发展与应用情况。

1. 自适应控制理论产生的背景

近年来，自适应控制在自动控制理论及其工程应用中已成为一个极为活跃的研究领域。设计出真正具备自适应能力的控制系统，是控制领域设计者所追求的重要目标。在控制工程的实际操作中，经常会遇到各种挑战，例如被控对象的动态特性未知或部分未知、存在随时间变化而变化的未知动态特性漂移(即时变性)，以及环境噪声干扰等问题。此外，还有一种普遍存在的情况，即被控制对象的特性极为复杂，如非线性、分布参数、大滞后等，这使得准确描述被控对象变得困难重重，即便能够描述，其数学模型也往往极其复杂。

在这些复杂情况下，如果依赖现有的控制理论，无论是经典控制理论还是现代控制理论，设计出一个理想的控制系统都是极具挑战性的，有时甚至是不现实的。因此，高性能的控制系统设计需要能够自动适应各种环境变化，并持续调整自身的控制策略，以实现较为理想的控制效果。

实际系统中不可避免地存在不确定性，这种不确定性意味着用于描述系统的数学模型可能包含未知元素或随机变量。在系统运行过程中，还会遭遇各种干扰，这些干扰同样会导致系统动态特性的变动。对于复杂的实际系统而言，首先建立一个精确的数学模型，然后基于此模型设计控制系统，在很多情况下是不切实际的。特别是随着控制技术在多个领域的广泛应用和对控制质量要求的持续提升，许多系统单纯依靠传统控制方法已无法实现理想的控制效果。

这种情况引出了一个问题：对于那些动态参数波动较大且对控制质量有较高要求的系统，如何实现理想的控制？显然，理想的控制系统应该具备适应被控对象参数变化的能力，并能够及时调整控制策略，以确保被控对象达到预期的控制效果。具备这种能力的系统被称为自适应控制系统。本章探讨这类系统的设计与分析问题。

近年来，由于闭环系统的全局稳定性的理论有了较大发展，计算机的性能有了很大提高，且使用成本也大大降低，因此，近十几年来，自适应控制系统从理论到实践都有了很大的进展，成为引人注目的一个学科方向。下面简单介绍几个与本书内容有关的问题。

2. 自适应控制的概念与形式

自适应控制领域至今尚未形成一个广泛认可的统一定义。普遍观点认为“自适应”这一概念最初可能源自于生物体的生理机制。在日常用语中，“自适应”描述的是生物体通过调整自己的行为来适应新环境的能力。根据韦氏词典的解释，“适应”意味着个体进行自我改变，以便其行为能够适应新的或已经发生变化的环境。基于这一定义，人体中的许多生理调节系统，如体温调节和血压调节系统，都可以被视为典型的自适应系统。

在苏联学者切普金的著作《学习系统的理论基础》中，他引用了马克·吐温的一个经典例子来阐释自适应的概念：一只猫在一次被热炉烫伤后，便不再在任何炉子上停留，哪怕是冷的炉子。切普金通过这个例子，突出了自适应行为的自动和条件反射特性。

自适应控制这一术语，据历史资料记载，最早在 20 世纪 50 年代初期就已经被使用。例如，1950 年 Aldwell 在其自适应调节器的研究中，已经涉及了自适应控制的概念。1961 年，在一次学术讨论会上，自适应系统被定义为基于自适应理念设计的物理系统，尽管这一定义当时并未获得普遍认可。

从直观的角度来看，控制系统在运行过程中，会持续监测并识别被控对象的状态、性能或参数。系统通过评估当前的运行情况，并与预设的目标进行比较，然后根据比较结果，做出调整控制器结构或参数的决策，或者根据自适应原则调整控制策略，以确保系统能够在特定条件下达到最优或次优的运行状态。这种基于自适应原则构建的控制系统，被称为自适应控制系统。

自适应控制系统主要由控制器、被控对象、自适应器及反馈控制回路和自适应回路组成。图 5-1 是自适应控制系统原理框图。与常规反馈控制系统比较，自适应控制系统有 3 个显著特点。

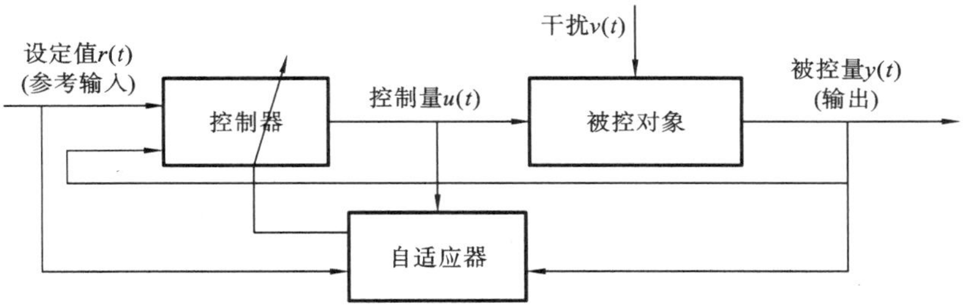

图 5-1 自适应控制系统原理框图

1）控制器可调

相对于常规反馈控制器固定的结构和参数，自适应控制系统的控制器在控制的过程中一般是根据一定的自适应规则，不断更改或变动着的，即自适应控制器在控制的过程中是可调的。

2）增加了自适应回路

自适应控制系统在常规反馈控制系统基础上增加了自适应回路（或称自适应外环），它的主要作用就是根据系统运行情况，自动调节控制器，以适应被控制对象特性的变化。

3）适用对象

自适应控制技术特别适用于那些特性不明确或随时间变化而变化的系统，在设计过程中并不需要对被控对象的数学模型有完全的了解。

随着对复杂系统性能要求的提高，系统内那些存在较大不确定性的参数变得尤为关键。有效管理这些不确定性，对于设计一个能够保持优秀性能的系统来说至关重要。简言之，自适应控制技术通过持续监测系统的变化，并自动调整其控制参数，以确保系统性能的优化。为了实现这一目标，传统的控制方法已不足以满足需求。

4）分类

由于设计理念和结构的差异，自适应控制技术呈现多样化的形态。目前，在众多自适应控制策略中，以下两种形式最为流行。

（1）模型参考自适应控制。

这种类型的自适应控制系统是历史上最早发展起来的，其显著特征在于系统内部集成了一个参考模型，该模型代表了人们对控制对象性能的期望。换言之，参考模型定义了理想中的控制对象特性。系统会根据控制对象的实际状态或输出与参考模型之间的差异，进行动态调整，以确保控制对象的动态行为尽可能地接近理想模型。这种设计确保了即使存在不确定性因素，控制对象仍能维持理想的性能。

（2）自校正控制系统。

自校正控制是实际应用中广泛采用的一种自适应控制策略，与系统辨识技术紧密相连。这种控制方法结合了在线辨识技术和最优设计方法。控制系统由两个主要部分组成：内环由控制对象和常规的反馈控制器构成，而控制器的参数调整则由外环完成。参数调整过程包括在线递推估计控制对象的参数（即系统辨识）和控制器的在线优化设计，从而实现对系统性能的持续优化。

3. 自适应控制的设计和理论问题

在设计控制器时，稳定性是必须首先满足的关键条件。如果一个控制器设计不能确保系统的稳定性，那么它就不符合控制系统设计的基本原则。这里所说的稳定性是一个广泛的概念，它不仅包括系统输入和输出的有界性，还涉及状态的稳定性，以及在线辨识算法和控制算法的收敛性。

除了稳定性，控制器设计的另一个重要方面是系统的动态响应能力，也称调节跟踪性能。对于恒定值控制系统，其主要的性能指标包括系统的上升时间、达到稳定所需的时间以及可能发生的超调量。而对于随动系统，跟踪性能则反映了系统能否准确地复现预期的输出。

鲁棒性是衡量系统抵抗干扰能力的指标，它要求即使在对象特性发生大范围变化或存在噪声干扰的情况下，闭环系统仍能保持稳定。

最后，控制器设计还需要考虑经济性。虽然高性能的控制器可以提供更好的控制效果，但这往往意味着更高的经济成本。因此，在设计控制器时，必须在经济性和系统性能之间找到一个平衡点，确保在满足性能要求的同时，也考虑到成本效益。

在进行自适应控制器的设计时，首要任务是明确控制器或控制系统应达到的性能指标。这些指标可以通过闭环系统的响应特性或设计规范来具体表述。例如，在模型参考自适应控制系统中，性能指标通常通过参考模型的结构和参数来明确。

接下来，设计者需要选择具有可调参数的控制策略，这是实现自适应控制功能的关键要素。根据不同的系统特性，可以选用多种不同的控制策略。

第三步是确定基于测量数据的参数更新机制，这通常涉及系统辨识算法。控制策略和辨识算法的恰当选择与结合，不仅使得自适应控制器的设计呈现多样化，也展示了设计者的专业技能。

最终，设计者需要决定控制策略的实施方式。自适应控制器的实现通常依赖于数字或模拟计算机。实现方法可以是硬件实现、软件实现，或者是软硬件结合的方式。随着计算机技术、电子技术，尤其是大规模集成电路技术的快速发展，自适应控制器的实现手段将变得更加多样化，这同时也将推动自适应控制技术的进步。

4. 自适应控制理论的发展与应用

自适应控制理论的提出可以追溯到较早的时期，但由于当时控制理论的局限性和计算机技术的限制，它的发展并未取得显著的进展。随着计算机技术的进步，自适应控制领域的研究得到了复兴。近年来，自适应控制系统在理论和应用方面都取得了显著的发展，已经成为控制理论领域一个引人注目的活跃分支，并在多个领域获得了成功的应用。

自适应控制的核心优势在于它打破了传统设计方法对精确数学模型的严格要求，而这一要求往往是许多传统设计方法难以实现的。由于实际过程中的动态特性总是存在不确定性，自适应控制系统正是为了应对这种不确定性而设计的，因此在实际控制过程中，它能够提供比传统控制系统更优越的性能。至今，自适应控制已经在多个领域显示出其应用价值。例如，在航空器控制领域，自适应控制技术的应用非常早，因为飞行过程中的动态气压、飞行高度、飞机质量、机翼角度、阻尼板位置等参数在不同环境下可能会有显著变化。对于这种工作环境复杂且参数变化大的控制对象，自适应控制是一个非常合适的选择。此外，大型油轮在海上的自动驾驶也是自适应控制应用的一个实例，通过预设的航线控制，可以实现油轮的平稳和快速航行。在工业过程控制中，自适应控制同样发挥着重要作用，如加热反应炉的温度控制可以使升温曲线尽可能接近理想曲线，此外，它还被应用于造纸机、矿石破碎机、热交换器、乙烯合成反应器、醋酸蒸发器、蒸馏塔、水泥生料混合、混凝土搅拌等多个控制场景。

自适应控制技术虽然在理论上取得了一定的进展，但仍存在不少需要完善的方面，其设计方法也尚未达到完美。由于设计理念和理论工具的限制，目前自适应控制系统的设计通常遵循两个核心原则。首先，设计时通常假设系统是线性且具有恒定特性的，尽管有时这一假设可以放宽。其次，设计过程以确保系统的稳定性为出发点，即使某些方法不直接基于稳定性理论，闭环系统的稳定性仍然是评估系统性能的一个基本且关键指标。

然而，确保闭环系统的稳定性是至关重要的，这不仅意味着系统在初始偏差一定范围内时，随着时间的推移偏差能够逐渐减小至零，这是系统设计的基本要求。但实际系统往往更为复杂，包括非线性、分散性和快速变化等特性，这些特性使得现有设计方法难以实现理想的控制效果。

除了稳定性，实际系统还要求具有快速的稳定速度。如果系统的稳定速度过慢，那么即使偏差最终能够减小至零，其实际意义也不大。设计理论中假定了系统的自适应速度，即系统偏差的减小速度应快于系统动态变化或环境变化的速度。这意味着在两次自适应过程之间，系统可以被视为具有恒定特性。但是，如果系统的稳定速度不够快，可能就无法满足这一要求。因此，确保设计的系统不仅稳定，而且具有所需的快速稳定速度，是设计过程中非常重要的考虑因素。

自适应控制技术致力于开发具有真正适应性的系统。这种设计理念模仿了生物体的适应性，这是生命系统的根本特性。从昆虫的变色能力到人类对环境变化的适应，适应性在自然界和社会中表现出多样化的层次。控制系统若能具备哪怕是最基本的生物适应能力，也能显著提升其性能。而提升这种适应性的关键，在于系统学习和智能的进化水平。因此，自适应控制技术的发展，将受益于对生命系统自我学习、自我组织等特性的研究，结合人工智能的深入探索，这无疑将为设计更高级的自适应控制系统提供强大的推动力。

在非工程领域，自适应控制方法已被广泛应用于研究不确定性较大的系统特性。例如，利用自适应滤波技术研究油田产量和船舶动态定位问题；应用随机自适应控制理论探讨随机资源分配和宏观经济系统的随机优化问题；以及使用自校正平滑理论来研究语言声学等领域。这些应用已经产生了丰富的研究成果，并有大量相关论文发表。

5.2 模型参考自适应控制

模型参考自适应控制(model reference adaptive control，MRAC)系统是比较常用的自适应系统，是目前解决自适应控制问题的主要方法之一。已经提出多种设计方法，有的比较成熟，有的正在发展完善过程。本节主要讨论其设计及应用问题。

5.2.1 模型参考自适应控制的概念

模型参考自适应控制系统通过一个参考模型来明确控制系统的目标。该模型定义了对输入信号的理想响应，其输出或状态代表了期望的系统行为。这种模型被称为参考模型。在系统运作过程中，目标是使受控过程的动态特性与参考模型保持一致。通过比较参考模型和实际过程的输出或状态，自适应控制器将进行调整，可能是改变线性控制器的某些参数，或生成一个补充输入，目的是为了在特定意义上最小化实际输出或状态与参考模型输出或状态之间的差异。

从工程实践的角度来看，设计者希望系统能够在维持良好系统特性和控制系统复杂度之间找到一个平衡点。为了简化设计，所确定的自适应控制策略应避免直接求解复杂的线性或非线性方程。因此，模型参考自适应系统的设计可以被视为一种自动化的调整过程，当系统的参数或状态偏离其设定的平衡点时自动进行调整。这种设计方法的典型结构通常在相关的技术文档或图表中有所展示，如图 5-2 所示。

系统结构由 3 部分组成：反馈控制系统、参考模型和控制器参数自动调整回路。用参考模型的输出 $y_m(t)$ 直接表示系统希望的动态响应，因此参考模型实际上相当于输

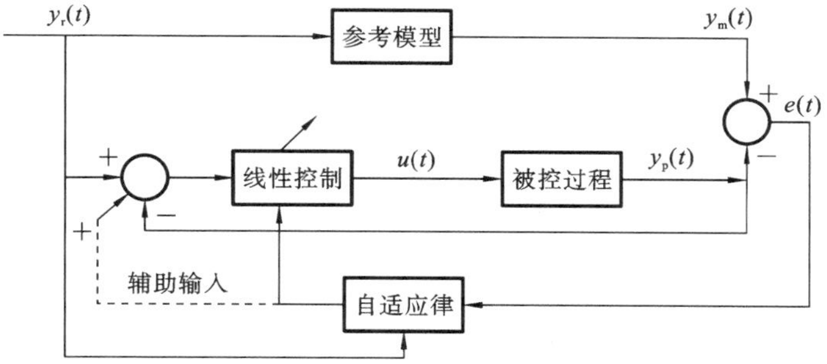

图 5-2 模型参考自适应控制系统的典型结构

出响应的一个样板。用一个参考模型来体现和概括控制的要求是一种有效的途径，可以解决用某一个控制指标难以准确体现工程要求的困难，对某些生产实际的控制系统是很直观、方便的。系统的工作概念可做如下叙述。

设参考模型的状态方程为

$$\begin{cases}\dot{\boldsymbol{x}}_m=\boldsymbol{A}_m\boldsymbol{x}_m+\boldsymbol{B}\boldsymbol{y}_r\\ \boldsymbol{y}_m=\boldsymbol{C}\boldsymbol{x}_m\end{cases} \tag{5-1}$$

实际被控过程的状态方程为

$$\begin{cases}\dot{\boldsymbol{x}}_p=\boldsymbol{A}_p(t)\boldsymbol{x}_p+\boldsymbol{B}_p(t)\boldsymbol{y}_r\\ \boldsymbol{y}_p=\boldsymbol{C}\boldsymbol{x}_p\end{cases} \tag{5-2}$$

其中，$\boldsymbol{x}_m$ 和 $\boldsymbol{x}_p$ 为模型和过程的 n 维向量，$\boldsymbol{y}_m$ 和 $\boldsymbol{y}_p$ 为对应的 m 维输出向量，$\boldsymbol{y}_r$ 是 r 维输入向量，$\boldsymbol{A}_m$ 和 $\boldsymbol{B}_m$ 是模型相应维数的常数矩阵；$\boldsymbol{A}_p$ 和 $\boldsymbol{B}_p$ 中有些元素是时变的，并且是可调矩阵。引入定义如下。

输出广义误差：

$$\boldsymbol{e}\triangleq\boldsymbol{y}_m-\boldsymbol{y}_p \tag{5-3}$$

或状态广义误差：

$$\boldsymbol{e}\triangleq\boldsymbol{x}_m-\boldsymbol{x}_p \tag{5-4}$$

控制系统性能可用一个与广义误差 $\boldsymbol{e}$ 有关的指标来表示，例如使

$$J=\int_0^t\boldsymbol{e}^{\mathrm{T}}(\tau)\boldsymbol{e}(\tau)\mathrm{d}\tau$$

$$\lim_{\tau\to\infty}(\tau)=0 \tag{5-5}$$

对这种系统的关键在于设计自适应律，以使指标达到最小，并分析可调受控闭环系统的性质。通过修正参数表执行自适应控制律，称为参数自适应型的；通过产生一个辅助输入来实现自适应控制律，称为信号综合型的。

本质是使受控闭环系统的特性和参考模型的特性一致，因而常常需要在受控系统的闭环回路内实现零极点的对消，因此这类系统通常只能适用逆稳定系统。

5.2.2 模型参考自适应控制系统的设计

1. MRAC 的工程应用

在深入探讨模型参考自适应控制系统的设计之前，首先需要对其应用背景有所了解。电力传动系统因其模型容易获取、时间常数较小、关键物理量的可测量性以及较低

的动态模型阶数,已成为自适应控制技术应用的典型领域之一。以晶闸管供电的直流电动机系统为例,这类系统常面临不可预测且难以测量的转动惯量变化和励磁电流波动,尤其在低速运行时还表现出非线性特性。传统的 PID 控制器在速度反馈控制中,难以满足高性能的要求。通过采用自适应控制策略,将受控过程简化为二阶系统,并仅调整两个关键参数,不仅能够在参数变化的情况下保持性能的稳定性,还能有效解决电动机速度接近零时常规 PID 控制器所面临的死区问题。

在光学跟踪望远镜的伺服系统中,MRAC 将被控过程当做一阶系统,通过自适应控制补偿了望远镜装置中的转动惯量变化、静摩擦和其他无规律现象的影响,改善了望远镜的动态跟踪精度,使位置误差精度提高几倍,并克服了静摩擦产生的死区,达到了常规控制无法达到的控制效果。MRAC 在工业机器人控制领域中的应用也很活跃。基于稳定性理论设计的模型参考自适应控制系统在机器人控制中的应用,主要解决机器人的非线性和自由度之间的干扰问题。

MRAC 技术在船舶自主导航领域的应用已取得显著成效。已有研究将复杂的非线性船舶运动模型简化为一阶线性模型,以应对如风、浪、流等外部环境因素的变化。当船舶的动态特性因吃水差、负载和水深等因素发生变化时,自适应控制的自动驾驶系统能够保持所需的性能,确保操作的安全性和可靠性。与常规的 PID 控制器相比,MRAC 技术能够实现 5%的油耗节省。

此外,MRAC 技术在四辊可逆冷轧机的液压弯辊伺服系统中的应用也得到了验证。实验结果表明,无论是将液压伺服系统简化为一阶还是二阶模型,都能获得良好的跟踪效果。即使在人为改变系统参数,模拟环境变化(如油温、阀门磨损等)的情况下,MRAC 技术仍能保持稳定的跟踪性能,而传统的 PID 控制则难以满足这些要求。

这些应用案例表明,当控制系统面临外部环境引起的参数变化或系统自身的非线性特性时,MRAC 方案能够实现传统 PID 控制难以达到的性能指标。然而,值得注意的是,在应用 MRAC 技术时,通常将复杂的非线性系统简化为一阶或二阶线性模型,很少使用三阶以上的模型。这是因为当 MRAC 应用于三阶以上的系统时,其复杂性会显著增加,实现起来较为困难。

总体来看,尽管有关应用性的文献资料相当丰富,但实际有效的工业应用案例相对较少。这种情况的出现有多重原因。首先,自适应控制(adaptive control)的前提假设条件往往过于苛刻,工业实际中很难找到完全符合这些条件的过程。目前的一些应用实验大多是在近似条件下进行的,通常无法完全达到这些严格的假设要求,这就意味着需要发展更贴近实际应用的自适应控制理论。其次,自适应控制本质上是处理非线性时变系统的,其复杂性远超过传统的控制器。再次,当前工业系统的设计相对保守,对性能指标的要求并不高,简单的传统控制器已足以满足需求,因此缺乏采用自适应控制技术的迫切性。最后,现代控制理论在工程技术人员中的普及程度还不够,导致对自适应控制技术的认识不足,这也限制了其在工业应用中的推广。

众所周知,任何技术的发展和完善都需要在不断的应用实践中进行。只有通过广泛的实际应用,技术才能得到检验、改进,并实现快速发展。

2. MRAC 的设计方法

模型参考自适应控制系统的设计可以通过两种不同的自适应律方法来实现。第一种方法是参数优化方法,这种方法通过优化技术来寻找一组控制器参数,以使得特定的性能指标最小化。其优势在于实现过程相对直接,但存在的不足是它不能保证所设计的控制系统在全球范围内是渐进稳定的。

第二种方法是以稳定性理论为基础的设计方法,其核心思想是确保控制器参数的自适应调整过程本身是稳定的,然后再通过各种手段加快这一调整过程的收敛速度。李雅普诺夫稳定性理论和波波夫超稳定性理论在此方法中扮演了重要的角色。这种方法不仅确保了系统的稳定性,而且通常能够提供较大的自适应律选择空间。然而,这种方法可能在动态性能方面存在不足,可能无法达到最优的动态响应。

在这两种设计方法中,选择哪一种取决于具体的应用场景和系统性能要求。设计者需要在稳定性、实现复杂度和动态性能之间做出权衡。

模型参考自适应控制系统的设计问题可以总结如下:

(1) 按希望的性能指标选择参考模型及其参数;

(2) 根据设计要求选择一个合适的自适应机构;

(3) 采用已有的设计方法设计自适应律;

(4) 以适当的手段实现参考模型和自适应律。

5.2.3 基于局部参数最优化理论的设计方法

在自适应控制系统的设计领域,存在多种方法和方案。本节专注于介绍一种基础的自适应控制系统设计,即 1958 年由美国麻省理工学院(MIT)仪表实验室提出的知名方案。

MIT 方案虽然简单,却包含了多个可调节的参数,例如可变增益和反馈补偿网络中的调节参数等。其设计的核心目标是确保系统输出与参考模型的输出保持一致性。当控制系统受到外部环境变化或其他干扰因素的影响,导致其特性发生改变时,自适应机制将自动调整这些参数,以抵消外部因素对系统性能的不利影响。因此,可以用参考模型的输出和被控过程的输出之间的广义误差构成的性能指标$(IP)_{RM}$,它既是广义误差的函数,也间接地依赖于可调参数 θ。因此,可将性能指标看作参数空间中的一个超曲面,即$(IP)_{RM}=f(\theta)$。局部参数最优化理论的方法是用非线性规划中的有关算法,在这个超曲面上寻求最优参数 O,使得$(IP)_{RM}$达到最小值,或使它处在最小值的某个邻域之中。最常用的局部参数最优化方法有梯度法、牛顿-拉夫森法、共轭梯度法等。本节主要采用梯度法。

1. 梯度法的基本原理

用梯度法实现系统可调参数的调整,其几何示意图如图 5-3 所示。闭合线表示$(IP)_{RM}$的等位曲线(超曲面),闭合线上的实直线箭头表示性能指标泛函在参数空间变化率最大的方向,称为$(IP)_{RM}$的梯度,用 $\mathrm{grad}(IP)_{RM}$表示。由图可知,使$(IP)_{RM}$下降的方向是它的负梯度方向,因此,用梯度法来实现可调参数的调整,其调整量如图中闭合线上的虚直线箭头所示。

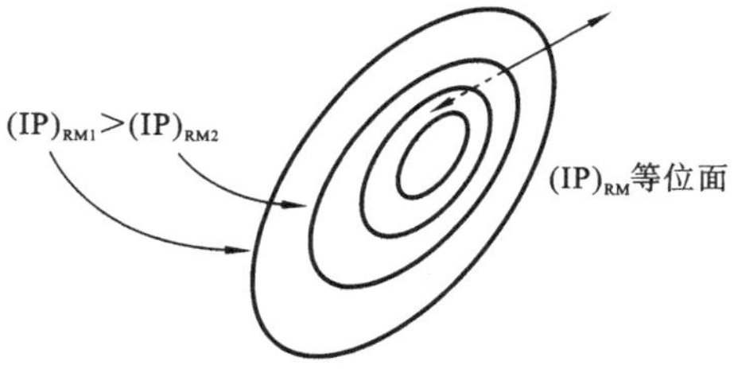

图 5-3 梯度法寻优示意图

可表示为

$$\Delta\theta=-\lambda\mathrm{grad}(IP)_{RM},\quad \lambda>O_{RM} \tag{5-6}$$

其中，λ 为调整量步长。以式(5-6)为基础即可导出调整参数的自适应律。

梯度法的主要特点是：

(1) 定义参考模型与可调系统之间状态(或参数)距离的二次型性能指标(IP)；

(2) 在额定点((IP)最小)的邻域内，在参数空间中定义(IP)＝常数的超曲面；

(3) 使用最优化技术改变参数，使(IP)从高的到低的超曲面过渡。

2. 具有可调增益的 MRAC

具有可调增益的模型参考自适应系统的结构如图 5-4 所示。

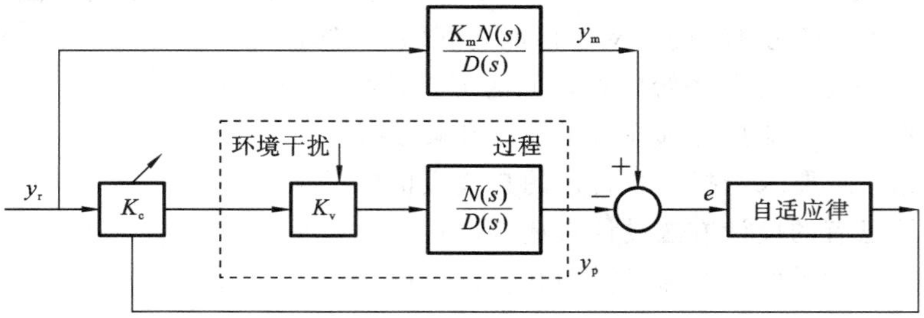

图 5-4　具有可调增益的自适应系统

图中虚线框内为被控过程，系统中具有一个可调整的增益 K_c，理想(参考)模型的增益 K 是常数。当被控过程增益 K_v，受环境条件的改变或其他干扰的影响而发生变化(漂移)时，将会使被控过程的动态特性与参考模型的动态特性之间产生偏差。为了克服 K_v 的漂移所造成的影响，就由自适应机构来调节可调增益 K_c，使得 K_c 与 K_v 的乘积始终与模型的增益 K_m 相一致。

设参考模型的传递函数为

$$G_M(s)=\frac{K_m N(s)}{D(s)} \tag{5-7}$$

被控过程的传递函数为

$$G_p(s)=\frac{K_v N(s)}{D(s)} \tag{5-8}$$

广义误差为

$$e=y_m-y_p \tag{5-9}$$

其中，y_m 为模型输出；y_p 为被控过程的输出。广义误差 e 表示输入信号为 $y_r(t)$ 时，被控过程的响应与参考模型的响应之间的偏差。

为了定量地导出自适应律，假设环境干扰引起被控过程参数 K_v 的变化，相对于自适应调节的速度要慢得多，即在讨论的时间间隔内，系统参数的改变完全是由自适应机构调节作用的结果。设所选性能指标泛函为

$$(\mathrm{IP})_{\mathrm{RM}}=\frac{1}{2}\int_{t_0}^{t} e^2(\tau)\mathrm{d}\tau \tag{5-10}$$

现用梯度法寻优，调整可调增益 K_c 使 $(\mathrm{IP})_{\mathrm{RM}}$ 到达最小。首先求出 $(\mathrm{IP})_{\mathrm{RM}}$ 对 K_c 的梯度

$$\frac{\partial(\mathrm{IP})_{\mathrm{RM}}}{\partial K_c}=\int_{t_0}^{t} e\frac{\partial e}{\partial K_c}\mathrm{d}\tau \tag{5-11}$$

根据梯度法可知，使 $(\mathrm{IP})_{\mathrm{RM}}$ 下降的方向是它的负梯度方向，因此，新的参数

$$K_c = -\lambda \frac{\partial(\mathrm{IP})_{RM}}{\partial K_c} + K_{c0} = -\lambda \int_{t_0}^{t} e \frac{\partial e}{\partial K_c} d\tau + K_{c0}, \quad \lambda > 0 \tag{5-12}$$

式中，K_{c0} 为可调增益的初始值。将式(5-12)两边对时间求导，就得到

$$\dot{K}_c = -\lambda e \frac{\partial e}{\partial K_c} \tag{5-13}$$

上式即表示可调增益 K_c 的自适应调整规律。

为了实现式(5-13)所示的自适应律，必须计算$\frac{\partial e}{\partial K_c}$。考虑到 $e = y_m - y_p$，有

$$\frac{\partial e}{\partial K_c} = \frac{\partial y_m}{\partial K_c} - \frac{\partial y_p}{\partial K_c} = -\frac{\partial y_p}{\partial K_c} \tag{5-14}$$

将式(5-14)代入式(5-13)，可得

$$\dot{K}_c = \lambda e \frac{\partial y_p}{\partial K_c} \tag{5-15}$$

式中，$\frac{\partial y_p}{\partial K_c}$称为被控过程对可调参数的敏感度函数。由于$\frac{\partial y_p}{\partial K_c}$不易直接得到，因此，需要寻找与$\frac{\partial y_p}{\partial K_c}$相等效而又容易获得的信息。

由图 5-4 可知，系统(广义误差对输入)的开环传递函数为

$$\frac{E(s)}{y_r(s)} = (K_m - K_c K_v) \frac{N(s)}{D(s)} \tag{5-16}$$

把式(5-16)转化为微分方程时域算子的形式

$$D(p)e(t) = (K_m - K_c K_v) N(p) y_r(t) \tag{5-17}$$

式中，$p = \frac{d}{dt}$。将式(5-17)两边对 K_c 求偏导，得

$$D(p)\frac{\partial e(t)}{\partial K_c} = -K_v N(p) y_r(t), \quad 即 \quad D(p)\frac{\partial y_p(t)}{\partial K_c} = -K_v N(p) y_r(t) \tag{5-18}$$

另一方面，根据参考模型的传递函数，可得到模型微分方程时域算子形式的方程

$$D(p) y_m(t) = K_m N(p) y_r(t) \tag{5-19}$$

比较式(5-18)和式(5-19)可知

$$\frac{\partial y_p(t)}{\partial K_c} = \frac{K_v}{K_m} y_m(t) \tag{5-20}$$

将式(5-20)代入式(5-15)，得

$$\dot{K}_c = \lambda \frac{K_v}{K_m} e y_m = \mu e y_m, \quad \mu = \lambda \frac{K_v}{K_m} \tag{5-21}$$

式(5-21)即为可调增益 K_c 的调节规律，亦即系统的自适应律，又称 MIT 自适应规则，这种自适应机构由一个乘法器和一个积分器所组成，具体结构如图 5-5 所示。

按 MIT 自适应规则，综合出来的自适应系统的数学模型可归纳为下列一组方程：

$$\begin{cases} D(p)e(t) = (K_m - K_c K_v) N(p) y_r(t) \\ D(p) y_m(t) = K_m N(p) y_r(t) \\ \dot{K}_c = \mu e y_m \end{cases} \tag{5-22}$$

其中，第 1 式为开环广义误差方程，第 2 式为参考模型方程，第 3 式为参数调节方程(自适应律)。

凡是用可调增益来构成自适应系统，都可套用上述数学模型。用 MIT 规则设计的

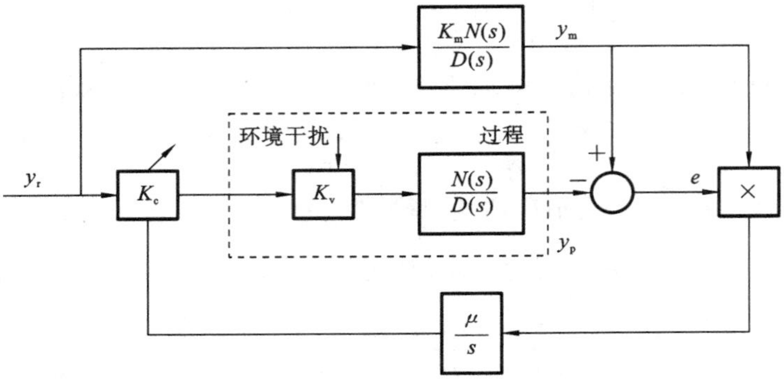

图 5-5　MIT 可调增益自适应系统

自适应系统，其缺点是在设计过程中未考虑稳定性问题，因此，求得自适应律后，尚需进行稳定性校验，以确保广义误差 e 在闭环回路中能收敛于某一允许的数值。

因此，可以补充假设：① 参考模型与可调系统的初始偏差比较小；② 自适应速度不能太快（即 μ 不能过大）。

例 5-1　设有二阶系统

$$D(s)=a_2p^2+a_1p+1;\quad N(s)=1 \tag{5-23}$$

那么参考模型的微分算子方程为

$$(a_2p^2+a_1p+1)y_m(t)=K_m y_r(t) \tag{5-24}$$

并联可调增益系统的微分算子方程为

$$(a_2p^2+a_1p+1)y_p(t)=K_cK_v y_r(t) \tag{5-25}$$

按 MIT 规则，可直接套用式(5-22)得数学模型：

$$\begin{cases} a_2\ddot{e}+a_1\dot{e}+e=(K_m-K_cK_v)y_r(t) \\ a_2\ddot{y}_m+a_1\dot{y}_m+y_m=K_m y_r(t) \\ \dot{K}_c=\mu e y_m \end{cases} \tag{5-26}$$

为了验证上述自适应系统的稳定性，由数学模型可求得闭环自适应回路的广义误差微分方程。根据假设，认为此时 y_r 不变。

$$a_2\dddot{e}+a_1\ddot{e}+\dot{e}=-K_v\mu e y_r=0 \tag{5-27}$$

由于参考模型是稳定的，则 y_m 收敛于 $K_m y_r$。将收敛值代入式(5-27)，得

$$a_2\dddot{e}+a_1\ddot{e}+\dot{e}+K_v\mu K_m e y_r^2=0 \tag{5-28}$$

根据 Hurwitz 稳定判据的条件，上述方程满足稳定的充要条件必须是

$$a_1>a_2K_v\mu K_m y_r^2\quad 或\quad \frac{a_1}{a_2}>\mu K_v K_m y_r^2 \tag{5-29}$$

由上式可见，如果输入 y_r 或自适应增益 μ 足够大，都可能使系统不稳定，为此，必须限制输入信号的有界范围，同时，自适应增益也不能选得过大，从而将导致自适应速度偏低。

图 5-6 所示的模型参考自适应系统的仿真结果是上述模型参考自适应系统在 $a_1=a_2=1$，$K_m=1$，$\mu=0.1$ 时的仿真结果，其中，y_r 分别为幅值 ±0.1，±1.0，±3.5 的方波。

由上例可知，参数的调整速率 $\dot{K}_c$ 受到模型的输出信号 y_m 的影响，即受到输入信

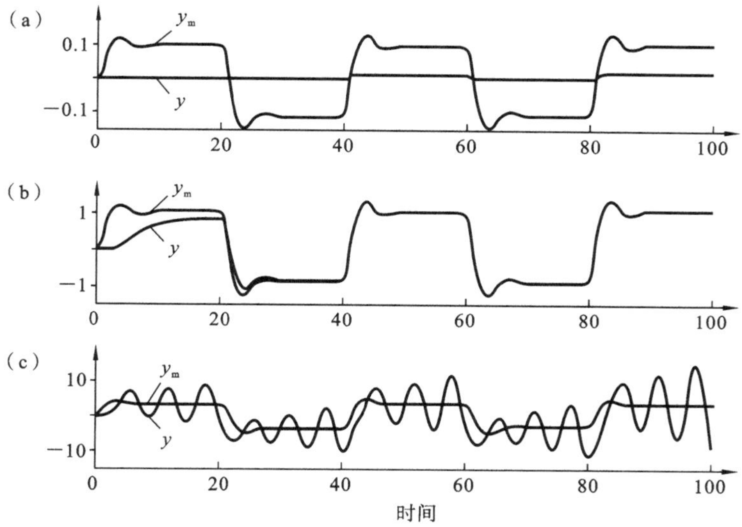

图 5-6 模型参考自适应系统的仿真结果

号幅值的影响。但在实际工程中往往希望参数调整速率不受输入信号幅值的影响。因此,可以对算法优化如下。

令

$$\dot{K}_c = -\lambda \mathrm{sat}\left\{\frac{e\dfrac{\partial e}{\partial K_c}}{\alpha+\left(\dfrac{\partial e}{\partial K_c}\right)^{\mathrm{T}}\left(\dfrac{\partial e}{\partial K_c}\right)},\ \beta'\right\} \tag{5-30}$$

式中引入 α 是为了避免零除现象。

根据式(5-14)和式(5-20),有

$$\frac{\partial e}{\partial K_c} = -\frac{\partial y_p}{\partial K_c} = -\frac{K_c}{K_m} y_m(t) \tag{5-31}$$

即得

$$\dot{K}_c = \mu \mathrm{sat}\left\{\frac{e y_m}{\alpha+\left(\dfrac{K_v}{K_m}\right)^2 y_m^2},\ \beta\right\} \tag{5-32}$$

sat(.)的定义为

$$\mathrm{sat}(x,\beta)=\begin{cases}-\beta, & x<-\beta \\ x, & |x|\leqslant\beta \\ \beta, & x>\beta\end{cases} \tag{5-33}$$

改进后的模型参考自适应系统仿真结果如图 5-7 所示,是在 $a_1=a_2=1, K_m=1, \alpha=0.1, \beta=2$ 时的仿真结果,其中,y_r 分别为幅值±0.1,±1.0,±3.5 的方波。

仿真结果表明,该自适应调整律在 y_r 幅值变化很大时,仍然工作良好。此时,稳定性主要受 μ 的影响。用其他给予局部参数最优化方法设计出的 MRAC 也同样存在稳定性问题,这就使得这种方法在实际应用中受到很大的局限。

梯度法是设计 MRAC 参数调整律的一种简单方法,能用于结构不同的控制系统,关键是灵敏度导数及其有关的近似计算。若自适应增益 μ 选择足够小,参数 k 初值又对应于一个稳定的闭环系统,则梯度法就能够正常工作。MIT 自适应规则是梯度法的

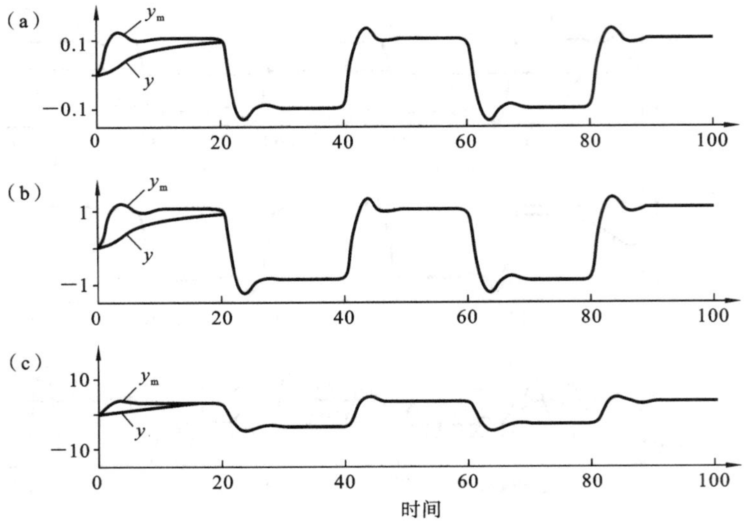

图 5-7　改进后模型参考自适应系统的仿真结果

一个例子，其特殊性是收敛率取决于输入信号的幅值，若不希望有这样的特征，可进行修正。

5.2.4　基于李雅普诺夫稳定性理论设计模型参考自适应方法

一个理想的模型参考自适应控制系统首先必须确保其全局稳定性。在上一节中提到的局部参数优化方法，虽然在直观上看似合理，但其设计结果仍需通过稳定性证明或检验来确认。然而，根据实践经验，许多实际的模型参考自适应控制系统（MRAC）难以通过解析方法来验证其全局稳定性。为了解决这一问题，20 世纪 60 年代中期，基于稳定性理论的设计方法应运而生。Parks 在 1966 年首次提出了这方面的工作，他利用李雅普诺夫直接法导出了自适应算法，以确保自适应控制系统能够实现全局渐近稳定。

1. 李雅普诺夫稳定性定理

在本书 3.5.2 小节中已讲解李雅普诺夫稳定性定理（李雅普诺夫第二法，稳定判据）。按照该判据，如果要证明系统(3-162)在零状态渐近稳定，就需要 $\boldsymbol{V}(x)$ 正定，$\dot{\boldsymbol{V}}(x)$ 负定，即有 $\dot{\boldsymbol{V}}(x)=\boldsymbol{x}^{\mathrm{T}}\boldsymbol{Q}\boldsymbol{x}$，$\boldsymbol{Q}$ 是正定的，而且

$$\boldsymbol{A}^{\mathrm{T}}\boldsymbol{P}+\boldsymbol{P}\boldsymbol{A}=-\boldsymbol{Q} \tag{5-34}$$

因此，反过来考虑，如果对某一给定的正定矩阵 $\boldsymbol{Q}$，从矩阵方程(5-34)可以解出正定的线性矩阵 $\boldsymbol{P}$，则系统(3-162)渐近稳定。式(5-34)称为李雅普诺夫矩阵方程。

当然，也可取一个对称正定矩阵 $\boldsymbol{P}$，然后解出 $\boldsymbol{Q}$，验证其是否正定。这样可得另一种描述形式的李雅普诺夫稳定性定理如下。

定理 5-1　系统(3-162)的平衡状态 $x=0$，在大范围内渐近稳定的充分必要条件是：对一个给定的实对称正定矩阵 $\boldsymbol{Q}$，李雅普诺夫矩阵方程(5-34)存在一个正实对称矩阵解 $\boldsymbol{P}$。

2. 自适应律的设计

在设计自适应控制策略时，通常需要依赖于可调系统的状态变量来构建自适应规

则。然而，对于许多实际应用系统来说，准确获取所有状态变量信息往往是具有挑战性的。鉴于此，人们开始关注基于被控过程的输入输出信息来构建自适应规则的方法。

研究主要沿着两个方向展开：第一种方法是直接基于被控过程的输入输出或系统的输出广义误差向量，设计出自适应规则，用以调整特定结构控制器的可调参数。目标是使得控制器与被控过程组成的系统，其传递函数能够与参考模型的传递函数实现匹配，这种方法被称为直接法。第二种方法则是利用过程的输入输出来设计一个自适应观测器，该观测器能够实时提供对过程未知参数和状态的估计。然后，利用这些估计值来构建自适应规则，以确保可调系统的传递函数或动态特性与参考模型保持一致，这种方法被称为间接法。

本节内容将重点介绍直接法的设计原理和实施步骤。

1）具有可调增益的一阶线性系统

可调增益自适应系统仍如图 5-5 所示。实际的被控过程在受干扰后，增益 K_cK_v 要偏离理想的 K_m，而这种偏离影响表现在输出的广义误差 e 上。

为了说明如何用李雅普诺夫第二法设计稳定的自适应控制系统，先从最简单的情况开始。设数学模型为

$$\begin{cases} D(s)=1+Ts \\ N(s)=1 \end{cases} \tag{5-35}$$

令 y_r 为输入设定值，已知系统的广义误差方程为 $e=y_m-y_p$，则可得

$$\begin{cases} E(s)=y_m(s)-y_p(s)=\left(\dfrac{K_mN(s)}{D(s)}-\dfrac{K_cK_vN(s)}{D(s)}\right)y_r(s) \\ D(s)E(s)=N(s)(K_m-K_cK_v)y_r(s) \\ Te+e=(K_m-K_cK_v)y_r(t)=K(t)y_r(t) \end{cases} \tag{5-36}$$

假定初始时刻 $K_m=K_cK_v$，令 $K(t)=K_m-K_cK_v$。按李雅普诺夫稳定性理论，如果能找到一个正定的李雅普诺夫函数 $V(e)$，使得它的导数 $\dot{V}(e)$ 是负定的，则该系统就能渐近稳定。

为此，试取李雅普诺夫函数：

$$V(e)=e^2+\lambda K^2(t)\quad(\lambda>0) \tag{5-37}$$

根据式(5-37)，$V(e)$ 是正定的，而

$$\frac{\mathrm{d}V}{\mathrm{d}t}=2e\dot{e}+2\lambda K\dot{K} \tag{5-38}$$

由式(5-36)中 $E(s)$ 作拉氏反变换即可得到：

$$\dot{e}=-\frac{e}{T}+\frac{Ky_r(t)}{T} \tag{5-39}$$

将式(5-39)代入式(5-38)，得

$$\begin{aligned} \frac{\mathrm{d}V}{\mathrm{d}t}&=2e\left(-\frac{e}{T}+\frac{Ky_r(t)}{T}\right)+2\lambda K\dot{K} \\ &=-\frac{2}{T}e^2+\frac{2}{T}Key_r(t)+2\lambda K\dot{K} \end{aligned} \tag{5-40}$$

显然，上式右端第一项是恒为负的，所以要使 $\dot{V}(e)$ 负定的一种简便办法是使后面两项之和恒为零，即

$$\frac{2}{T}Key_r(t)+2\lambda K\dot{K}=0 \tag{5-41}$$

所以
$$\dot{K}=-\frac{1}{\lambda T}ey_{\mathrm{r}}(t) \tag{5-42}$$

又因为
$$K(t)=K_{\mathrm{m}}-K_{\mathrm{c}}K_{\mathrm{v}}$$

所以
$$\dot{K}(t)=-K_{\mathrm{v}}\dot{K}_{\mathrm{c}} \tag{5-43}$$

比较式(5-42)和式(5-43)可得

$$\dot{K}_{\mathrm{c}}=\mu e y_{\mathrm{r}}(t) \tag{5-44}$$

式中，$\mu=\frac{1}{\lambda TK_{\mathrm{v}}}$，最后得到闭环自适应控制系统

$$\begin{cases}T\dot{e}+e=(K_{\mathrm{m}}-K_{\mathrm{c}}K_{\mathrm{v}})y_{\mathrm{r}}(t)\\ \dot{K}_{\mathrm{c}}=\mu e y_{\mathrm{r}}(t)\end{cases} \tag{5-45}$$

系统结构如图 5-8 所示。

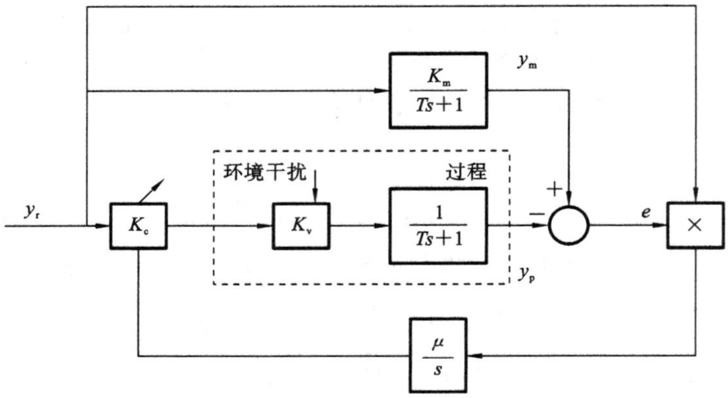

图 5-8 具有可调增益的一阶自适应系统

2）具有可调增益的二阶线性系统

设数学模型为

$$\begin{cases}D(s)=s^2+a_1s+a_2\\ N(s)=1\end{cases}\qquad a_1,a_2>0 \tag{5-46}$$

类似于一阶系统，有

$$\ddot{e}+a_1\dot{e}+a_2e=Ky_{\mathrm{r}}(t) \tag{5-47}$$

试取李雅普诺夫函数：

$$V(e,\dot{e})=a_1a_2e^2+a_1\dot{e}^2+\lambda K^2(t)\quad(\lambda>0) \tag{5-48}$$

$$\frac{\mathrm{d}V}{\mathrm{d}t}=2a_1a_2e\dot{e}+2a_1\dot{e}\ddot{e}+2\lambda K\dot{K} \tag{5-49}$$

将式(5-47)$\ddot{e}=-(a_1\dot{e}+a_2e)+Ky_{\mathrm{r}}(t)$代入式(5-49)得

$$\begin{aligned}\frac{\mathrm{d}V}{\mathrm{d}t}&=2a_1a_2e\dot{e}-2a_1\dot{e}(a_1\dot{e}+a_2e-Ky_{\mathrm{r}})+2\lambda K\dot{K}\\&=-2a_1^2\dot{e}^2+2\lambda K\dot{K}+2a_1\dot{e}Ky_{\mathrm{r}}\end{aligned}$$

要使 $\dot{V}(e)$负定，一种简便办法是使后面两项之和恒为零，即

$$2\lambda K\dot{K}=-2a_1\dot{e}Ky_{\mathrm{r}} \tag{5-50}$$

式中，$\dot{K}=-\frac{a_1}{\lambda}y_{\mathrm{r}}\dot{e}$，$\dot{K}_{\mathrm{c}}=\beta y_{\mathrm{r}}\dot{e}$，且 $\beta=\frac{a_1}{\lambda K_{\mathrm{v}}}$。

与一阶系统比较，$\dot{K}_c$ 的调整规律类似，但 e 变为了 $\dot{e}$。由此，可以看出基于李雅普诺夫稳定性理论设计模型参考自适应控制系统的基本思路如下：

(1) 系统必须稳定；

(2) 一定可以找出李雅普诺夫函数；

(3) 以该函数为约束条件或出发点，导出自适应律。

3) 一般 n 阶定常线性系统

设理想的模型传递函数是 $K_m \dfrac{N(s)}{D(s)}$，且有

$$\begin{cases} D(s)=s^n+a_1 s^{n-1}+\cdots+a_{n-1}s+a_n \\ N(s)=b_1 s^{n-1}+\cdots+b_{n-1}s+b_n \end{cases} \tag{5-51}$$

假定 $D(s)$ 的根均在 s 左半复平面，因此输出广义误差 $e=y_m-y_p$ 满足微分方程

$$e^{(n)}+a_1 e^{(n-1)}+\cdots+a_{n-1}\dot{e}+a_n e=K(b_n y_r^{n-1}+\cdots+b_n y_r) \tag{5-52}$$

其中 $K=K_m-K_c K_v$，如果选择如下的状态变量：

$$\begin{cases} x_1=e \\ x_2=\dot{x}_1-\beta_1 y_r \\ x_3=\dot{x}_2-\beta_2 y_r \\ \vdots \\ x_n=\dot{x}_{n-1}-\beta_{n-1} y_r \end{cases}$$

则式(5-52)可变成为等价的状态方程和输出方程

$$\begin{cases} \dot{\boldsymbol{X}}=\boldsymbol{A}\boldsymbol{X}+K\boldsymbol{B}y_r(t) \\ \boldsymbol{e}=\boldsymbol{C}\boldsymbol{X} \end{cases} \tag{5-53}$$

其中

$$\boldsymbol{X}=\begin{bmatrix} x_1 \\ x_2 \\ \vdots \\ x_n \end{bmatrix},\quad \boldsymbol{A}=\begin{bmatrix} 0 & & & \\ \vdots & & I_{n-1} & \\ 0 & & & \\ -a_n & -a_{n-1} & \cdots & -a_1 \end{bmatrix}$$

$$\boldsymbol{B}=\begin{bmatrix} \beta_1 \\ \beta_2 \\ \vdots \\ \beta_n \end{bmatrix}=\begin{bmatrix} 1 & & & & \\ a_1 & 1 & & 0 & \\ a_2 & a_1 & \ddots & & \\ \vdots & \vdots & \ddots & \ddots & \\ a_{n-1} & a_{n-2} & \cdots & n_1 & 1 \end{bmatrix}\begin{bmatrix} b_1 \\ b_2 \\ b_3 \\ \vdots \\ b_n \end{bmatrix}$$

$$\boldsymbol{C}=(1\quad 0\quad \cdots\quad 0),\quad K=K_m-K_c K_v$$

和上面讨论的一二阶系统的特殊情况一样，要设计一个稳定的自适应系统，就要找出一个适当的李雅普诺夫函数，然后以它为基础，综合出自适应律。试取

$$V(e)=\boldsymbol{X}^T\boldsymbol{P}\boldsymbol{X}+\lambda K^2,\quad \lambda>0 \tag{5-54}$$

其中 $\boldsymbol{P}$ 是正定对称矩阵，因而 V 是正定的。沿式(5-54)的轨迹对 t 求导，得

$$\frac{dV}{dt}=\dot{\boldsymbol{X}}\boldsymbol{P}\boldsymbol{X}+\boldsymbol{X}^T\boldsymbol{P}\dot{\boldsymbol{X}}+2\lambda K\dot{K}=\boldsymbol{X}^T(\boldsymbol{P}\boldsymbol{A}+\boldsymbol{A}^T\boldsymbol{P})\dot{\boldsymbol{X}}+2\boldsymbol{X}^T\boldsymbol{P}\boldsymbol{B}Ky_r+2\lambda K\dot{K}$$

为了使 $\dot{V}<0$，用以综合自适应律，在上式中可以取：① 第一项 $\boldsymbol{X}^T(\boldsymbol{P}\boldsymbol{A}+\boldsymbol{A}^T\boldsymbol{P})\dot{\boldsymbol{X}}$ 负定；② 后两项之和 $2\boldsymbol{X}^T\boldsymbol{P}\boldsymbol{B}Ky_r+2\lambda K\dot{K}$ 为零。由条件②可得出自适应控制律为

$$\dot{K}=-\frac{1}{\lambda}\boldsymbol{X}^{\mathrm{T}}\boldsymbol{PB}y_{\mathrm{r}} \tag{5-55}$$

或

$$\dot{K}_{\mathrm{c}}=\frac{1}{\lambda K_{\mathrm{v}}}\boldsymbol{X}^{\mathrm{T}}\boldsymbol{PB}y_{\mathrm{r}} \tag{5-56}$$

由条件①的要求，$\boldsymbol{PA}+\boldsymbol{A}^{\mathrm{T}}\boldsymbol{P}=-\boldsymbol{Q}$，$\boldsymbol{Q}$ 为正定矩阵。式中 $\boldsymbol{A}$ 是稳定的。

对式(5-56)分析，并由上述状态向量的构成可知，这时得到的自适应律依赖于整个状态向量 $\boldsymbol{X}(t)$，也就是说，自适应控制律不仅与广义误差 $e(t)$ 有关，而且与 $e(t)$ 的各阶导数 $\dot{e}$，$\ddot{e}$，…，e^{n-1} 有关。这种依赖于各阶导数的要求，为自适应律的实现带来了极大的不便。因为，通常广义误差 $e(t)$ 是可以测量的，而它的各阶导数则要增加滤波器、观测器等设备才能实现或产生，大大增加了系统的复杂性，也受到噪声等影响，带来误差。

因此，希望能够综合出只与广义误差 $e(t)$ 有关的自适应律。自然地，对选择李雅普诺夫函数提出如下要求(即增加一个约束条件)：

$$\boldsymbol{PB}=(\alpha,0,0,\cdots,0)^{\mathrm{r}} \tag{5-57}$$

这时综合出来的自适应律就只与 $e(t)$ 有关，而与 $e(t)$ 的其他各阶导数无关，亦即自适应律简化为

$$\dot{K}_{\mathrm{c}}=\mu e y_{\mathrm{r}} \tag{5-58}$$

式中，$\mu=\frac{\alpha}{\lambda K_{\mathrm{v}}}$，实现这种自适应律的闭环控制系统如图 5-9 所示。

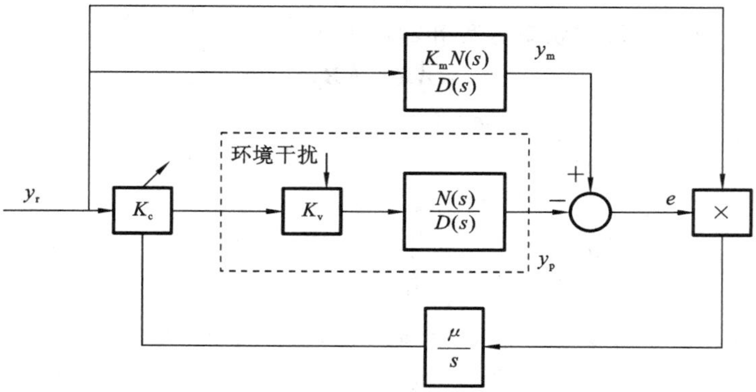

图 5-9 n 阶稳定可调增益自适应控制系统

基于李雅普诺夫稳定性理论设计模型参考自适应控制系统需要注意：

① 能找到李雅普诺夫函数是充分条件，但一时找不到并不说明系统不稳定；

② 该方法的困难在于如何扩大李雅普诺夫函数类，关键是找到适当的李雅普诺夫函数；

③ 自适应律不仅与 $e(t)$ 有关，还常常与其各阶导数有关。虽然可以找到与 $e(t)$ 的导数无关的自适应律，但条件的限制使寻找李雅普诺夫函数更加困难。

5.3 自校正控制

在每个控制周期内，计算机首先执行对受控对象的辨识过程，随后依据辨识结果得到的模型参数和预先设定的性能标准，实时计算出相应的控制信号。因此，自校正控制

系统是一种将参数的实时辨识与控制器的即时设计紧密结合的控制架构。在设计这类系统的辨识算法和控制算法时考虑了随机干扰的影响，因此，属于随机自适应控制系统。

5.3.1 自校正控制的概念

自校正控制系统的框图如图 5-10 所示。图中，$y(k)$为输出，$u(k)$为控制量，$r(k)$为参考输入(给定值)，$v(k)$为随机干扰。图中的“被控对象”为考虑了采样器和零阶保持器在内的离散化了的离散时间系统。图中，虚线框内各部分实际上均为计算机的程序。由图可见，自校正控制系统是在常规反馈控制(称为内环)的基础上增加了一个由“参数估计器”和“控制器参数计算”两框所组成的外环而构成的。正是这一外环的存在，使系统具有了自适应能力。

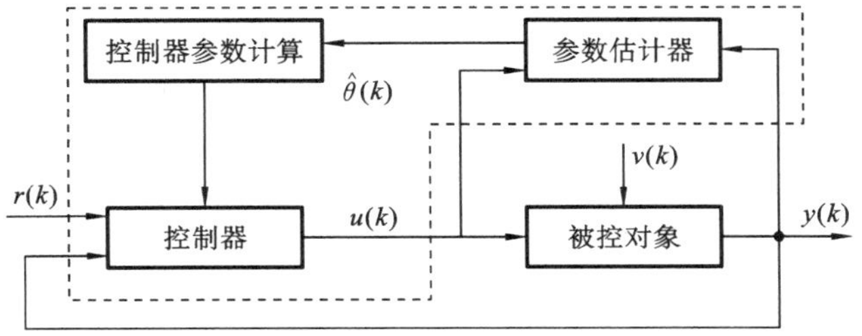

图 5-10 自校正控制系统的框图

“参数估计器”根据输入输出得到对象模型未知参数的估计值 $\hat{\theta}(k)$，“控制器参数计算”根据 $\hat{\theta}(k)$值计算控制器参数。“控制器”再用新的控制参数计算控制量。系统开始运行时，由于参数估计值 $\hat{\theta}(k)$与其真值 $\theta(k)$的差别可能很大，控制效果可能很差。但随着过程的进行，参数估计值会越来越精确，控制效果也会越来越好。当对象特性发生变化时，$\hat{\theta}(k)$会发生相应的改变。从而使控制器参数也发生相应的变化，自动适应变化了的对象。

自校正控制系统的设计往往基于确定性等价原理，这一原理假设所有未知的系统参数能够通过其估计值来替代，从而使得控制策略(即计算 $u(k)$ 的公式)与在参数已知情况下的最优控制策略形式一致。在设计控制器时，首先假定受控对象的所有参数已知，并根据既定的性能指标来制定控制策略，随后将控制策略中的未知参数替换为它们的估计值。这种方法通常不考虑参数估计的准确性，因此，自校正控制策略可能不是最终最优的。

自校正控制系统可以划分为显式自校正控制系统和隐式自校正控制系统两种类型。如图 5-10 所示，如果参数辨识器直接估计控制器参数，则可以省略“控制器参数计算”模块，从而形成隐式自校正控制系统。显然，显式算法在计算量上要大于隐式算法。

在自校正控制系统中，参数辨识的方法多种多样，控制器的设计方法也不尽相同。不同的辨识器与控制器的结合可以形成多种不同的自校正控制算法。

最初将最小二乘辨识方法与控制理论相结合的是 Kalman 于 1958 年的工作。进入 1970 年，Peterka 对这一主题进行了再次探讨。随后在 1973 年，Astrom 和 Wittenmark 在 Peterka 的研究基础上进一步发展，证明了在特定条件下自校正调节器能够收敛至某种形式的最优控制策略，为自校正调节器的理论发展提供了坚实的基础。基于这些贡献，自校正控制系统逐渐发展成为自适应控制领域内迅速成长的一个子领域。

5.3.2 单步输出预测自校正控制

单步输出预测自校正控制是自校正控制中最基本、最简单的一种。整个算法的关键是预测。本节首先介绍最小方差控制的基本概念，然后推导被控对象的预测模型，在此基础上得到预测控制律，然后讨论对象参数不确定时的自校正算法。

1. 最小方差控制

20 世纪 60 年代中期，Astrom 在 IBM 的北欧实验室开展了造纸机过程控制的研究。最小方差控制的提出就是源于对造纸机控制问题的研究。

纸的质量是用每平方米的重量来表示的，设纸的每平方米重量为 $y'(k)$，而造纸机的设定值应在 y_0，使得造出来的纸产生低于检验限的概率小于某一正数 β。如果 $y'(k)$ 的方差大，那么，为了满足"纸产生低于检验限的概率小于某一正数 β"的要求，设定值就应该定在远离检验限的地方（见图 5-11）。这时，所用的原材料（纸浆）多，能耗也大。如果 $y'(k)$ 的方差很小，那么可以把 $y'(k)$ 的设定值 y'_0 定在接近检验限的地方，这时所用的纸浆少、能耗低，且能获得高的经济效益。

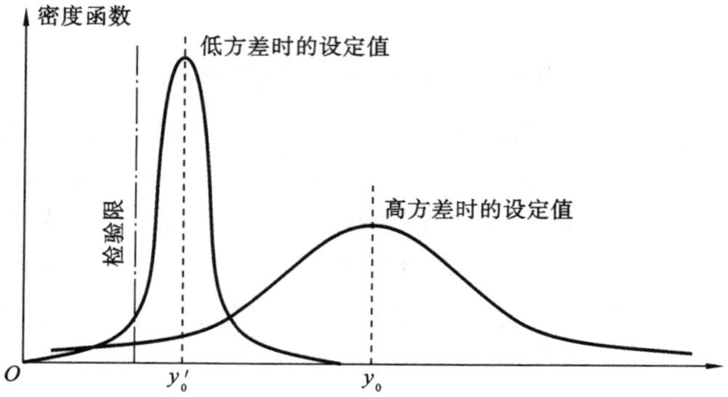

图 5-11 方差与设定值的关系

因此，减小 $y'(k)$ 的方差可以降低每平方米纸的重量，以此为目标，也即提高了系统控制的品质。自然地，提出了以输出方差最小为性能指标，设计最小方差控制系统的要求。

由于是线性系统，为了讨论问题方便，将 $y'(k)$ 以 y_0 为设定值的恒值控制问题，转化为 $y(k)=y'(k)-y_0$ 以 0 为设定值的恒值控制问题，即转化为调节器的设计问题。

假设 $y(k)$ 是下列系统的输出：

$$y(k)-1.7y(k-1)+0.7y(k-2)=u(k-1)+0.5u(k-2)+e_w(k)$$

要设计系统的最小方差控制器。

由过程模型可知，$y(k)$ 与 $e_w(k)$，$e_w(k-1)$，$e_w(k-2)$，…相关，且 $y(k)$ 与 $e_w(k+1)$ 无关（或独立）。于是，上式可改写为

$$y(k)=1.7y(k-1)-0.7y(k-2)+u(k-1)+0.5u(k-2)+e_w(k)$$

因此，方差为

$$E[y(k)]^2=E[1.7y(k-1)-0.7y(k-2)+u(k-1)+0.5u(k-2)]^2+E[e_w(k)]^2$$

$$E[y(k)]^2 \geqslant E[e_w(k)]^2$$

上述不等式中的等号只有在

$$1.7y(k-1)-0.7y(k-2)+u(k-1)+0.5u(k-2)=0$$

时成立。由此，可得最小方差控制律

$$u(k-1)=-1.7y(k-1)+0.7y(k-2)-0.5u(k-2)$$

即

$$u(k)=-1.7y(k)+0.7y(k-1)-0.5u(k-1)$$

推广一下，对于系统，如果设 z 变换时每个周期延时表示为 q^{-1}(即 z^{-1})，则

$$A(q^{-1})y(k)=B(q^{-1})u(k)+e_w(k)$$

这时可用上述方法来解，使 $u(k)$满足

$$[1-A(q^{-1})]y(k)+B(q^{-1})u(k)=0$$

这就是最小方差自适应控制律。

如果考虑一般的随机线性系统

$$A(q^{-1})y(k+m)=B(q^{-1})u(k)+\eta(k+m)$$

问题就要复杂一些。

2. 单步预测控制的基本思想

设对象用线性差分模型描述：

$$A(q^{-1})y(k+m)=B(q^{-1})u(k)+\eta(k+m) \tag{5-59}$$

式中，

$$\begin{cases} A(q^{-1})=1+a_1q^{-1}+\cdots+a_{n_A}+q^{-n_A} \\ B(q^{-1})=b_0+b_1q^{-1}+\cdots+b_{n_B}q^{-n_B} \end{cases}$$

$m\geqslant 1$ 为延时，$\eta(h+m)$为干扰。

由于系统输出响应存在 m 步滞后，即 k 时刻施加的控制量只能在 $k+m$ 时刻才开始对输出产生影响。因此，如果能在 k 时刻根据已获得的以前系统输入输出数据预测 $k+m$ 时刻的输出，即可适当施加控制 $u(k)$，使 $y(k+m)$尽可能接近给定值 $r(k)$。这一点再进一步解释如下。

根据上述思想，由 k 时刻及其以前的输入输出数据对 $y(k+m)$的预测律(预测器)可以表示为

$$\hat{y}(k+m/k)=f[y(k),y(k-1),\cdots,u(k),u(k-1),\cdots] \tag{5-60}$$

式中，$\hat{y}(k+m/k)$表示在 k 时刻对 $k+m$ 时刻输出的预测，它是 $y(k)$，$y(k-1)$，…，$u(k)$，$u(k-1)$，…的函数。若用 $\tilde{y}(k+m/k)$表示预测误差，则

$$y(k+m)=\hat{y}(k+m/k)+\tilde{y}(k+m/k) \tag{5-61}$$

该式即为对象的预测模型。

由于在 k 时刻采样后，$y(k)$已知，$[y(k-1),y(k-2),\cdots,u(k-1),u(k-2),\cdots]$为过去的输入输出数据且这些数据已知。这样，式(5-60)中只有 $u(k)$未知。从而根据控制的要求，可以令 $\hat{y}(k+m/k)=r(k)$，由此，可以解出 k 时刻的控制量 $u(k)$。$u(k)$是$[y(k),y(k-1),\cdots,u(k-1),u(k-2),\cdots]$的函数，该函数式即为控制律。

在 $u(k)$的控制作用下，$k+m$ 时刻的输出 $y(k+m)$与给定值 $r(k)$之差即为预测误差：

$$y(k+m)-r(k)=\tilde{y}\left(k+\frac{m}{k}\right)$$

由此可见，控制效果的好坏关键在于预测是否精确，即式(5-60)的模型是否精确。

3. 被控对象的预测模型

下面求预测模型的一般形式。

设给定的多项式 $T(q^{-1})$ 代表了关于噪声的先验知识，称为滤波多项式或观测多项式。

$$T(q^{-1})=1+t_1q^{-1}+\cdots+t_{n_T}q^{-n_T}$$

设

$$E(q^{-1})=1+e_1q^{-1}+\cdots+e_{m-1}q^{-(m-1)} \tag{5-62}$$

为 $\dfrac{T(q^{-1})}{A(q^{-1})}$ 的 $m-1$ 阶商($n_E=m-1$)。又设

$$\begin{aligned}q^{-m}F(q^{-1})&=q^{-m}(f_0+f_1q^{-1}+\cdots+f_{n_A-1}q^{-(n_A-1)})\\&=f_0q^{-m}+f_1q^{-(m+1)}+\cdots+f_{n_A-1}q^{(-n_A+m-1)}\end{aligned} \tag{5-63}$$

为 $\dfrac{T(q^{-1})}{A(q^{-1})}$ 的余式($n_F=n_A-1$)，则得恒等式：

$$\frac{T(q^{-1})}{A(q^{-1})}=E(q^{-1})+\frac{q^{-m}F(q^{-1})}{A(q^{-1})} \tag{5-64a}$$

该式也可以写成：

$$T(q^{-1})=A(q^{-1})E(q^{-1})+q^{-m}F(q^{-1}) \tag{5-64b}$$

本式称为 Diophantine 方程，是自校正控制中非常重要的方程。

将 $\dfrac{T(q^{-1})}{A(q^{-1})}$ 分解为 $E(q^{-1})+\dfrac{q^{-m}F(q^{-1})}{A(q^{-1})}$ 两个部分的目的是：把 $\dfrac{T(q^{-1})}{A(q^{-1})}e_w(k+m)$ 分解成与 $[y(k),y(k-1),y(k-2),\cdots]$ 独立和不与之独立的两个部分。独立部分

$$E(q^{-1})e_w(k+m)\Rightarrow[e_w(k+m),e_w(k+m-1),\cdots,e_w(k+1)]$$

不独立的部分

$$\frac{q^{-m}F(q^{-1})}{A(q^{-1})}e_w(k+m)\Rightarrow[e_w(k),e_w(k-1),e_w(k-2),\cdots]$$

多项式 $E(q^{-1})$ 和 $F(q^{-1})$ 可以通过长除法得到，也可以通过解恒等式(5-64b)，即令等式两边 q^{-1} 的同次幂的系数相等，然后解线性方程组而求得。

例 5-2 设 $A(q^{-1})=1.2q^{-1}+0.3q^{-2}$，$T(q^{-1})=1+1.5q^{-1}+0.6q^{-2}$，$m=2$，求 $E(q^{-1})$，$F(q^{-1})$。

解 $n_E=m-1=1,\quad n_F=n_A-1=1$

① 用长除法

$$\begin{array}{r|l} & 1+2.7q^{-1} \\ 1-1.2q^{-1}+0.3q^{-2} & 1+1.5q^{-1}+0.6q^{-2} \\ & \underline{1-1.2q^{-1}+0.3q^{-2}\ (-} \\ & 2.7q^{-1}+0.3q^{-2} \\ & \underline{2.7q^{-1}-3.24q^{-2}+0.81q^{-3}\ (-} \\ & 3.54q^{-2}-0.81q^{-3} \end{array}$$

$$E(q^{-1})=1+2.7q^{-1}$$

$$F(q^{-1})=3.54-0.81q^{-1}$$

② 解 Diophantine 方程

$$1+1.5q^{-1}+0.6q^{-2}=(1-1.2q^{-1}+0.3q^{-2})(1+e_1q^{-1})+q^{-2}(f_0+f_1q^{-1})$$

$$=1+(e_1-1.2)q^{-1}+(-1.2e_1+f_0+0.3)q^{-2}+(0.3e_1+f_1)q^{-3}$$

比较方程两边 q^{-1} 的同次幂的系数，有

$$\begin{cases}e_1-1.2=1.5\\-1.2e_1+f_0+0.3=0.6\\0.3e_1+f_1=0\end{cases}$$

解此方程组，得

$$\begin{cases}e_1=2.7\\f_0=3.54\\f_1=-0.81\end{cases}$$

所以有，$E(q^{-1})=1+2.7q^{-1}$，$F(q^{-1})=3.54-0.81q^{-1}$。

在引入了多项式 $T(q^{-1})$、$E(q^{-1})$、$F(q^{-1})$ 以后，就可以导出对象的预测模型：用 $E(q^{-1})$ 乘式(5-59)两边，得

$$E(q^{-1})A(q^{-1})y(k+m)=E(q^{-1})B(q^{-1})u(k)+E(q^{-1})\eta(k+m)$$

将 $E(q^{-1})A(q^{-1})$ 用式(5-64b)的 Diophantine 方程代入，得

$$[T(q^{-1})-q^{-m}F(q^{-1})]y(k+m)=E(q^{-1})B(q^{-1})u(k)+E(q^{-1})\eta(k+m)$$

于是有

$$T(q^{-1})y(k+m)=F(y^{-1})y(k)+E(q^{-1})B(q^{-1})u(k)+E(q^{-1})\eta(k+m)$$

令 $G(q^{-1})=E(q^{-1})B(q^{-1})$；$y'(k)=y(k)/T(q^{-1})$；$u'(k)=u(k)/T(q^{-1})$，则上式化为

$$y(k+m)=F(q^{-1})y'(k)+G(q^{-1})u'(k)+\frac{E(q^{-1})\eta(k+m)}{T(q^{-1})} \tag{5-65}$$

上式中，$y'(k)$ 和 $u'(k)$ 分别为 $y(k)$ 和 $u(k)$ 经过线性系统 $1/T(q^{-1})$ 滤波后的值，称为滤波数据。

式(5-65)称为对象的 m 步超前预测模型，预测律为

$$\hat{y}\left(k+\frac{m}{k}\right)=F(q^{-1})y'(k)+G(q^{-1})u'(k) \tag{5-66}$$

预测误差为

$$\tilde{y}\left(k+\frac{m}{k}\right)=\frac{E(q^{-1})\eta(k+m)}{T(q^{-1})} \tag{5-67}$$

$T(q^{-1})$ 的选择将决定预测模型的品质。

如用受控自回归移动平均模型(controlled auto regressive moving average model, CARMA)模型描述对象，即

$$\eta(k+m)=C(q^{-1})e_w(k+m)$$

则系统模型可以写成：

$$A(q^{-1})y(k+m)=B(q^{-1})u(k)+C(q^{-1})e_w(k+m) \tag{5-68}$$

$$C(q^{-1})=1+c_1q^{-1}+\cdots+c_{n_c}q^{-n_c}$$

$e_w(k)$ 为零均值白噪声，方差为 σ_w^2。当取 $T(q^{-1})=C(q^{-1})$ 时，得到最小方差预测，即预测误差的方差最小。

由式(5-65)的预测模型，有

$$y(k+m)=F(q^{-1})y'(k)+G(q^{-1})u'(k)+E(q^{-1})e_w(k+m) \tag{5-69}$$

其中 $y'(k)=\dfrac{y(k)}{T(q^{-1})}$，$u'(k)=\dfrac{u(k)}{T(q^{-1})}$。

设 k 时刻对 $k+m$ 时刻输出的预测为 $\hat{y}(k+m/k)$，则预测误差的方差为

$$E\left[y(k+m)-\hat{y}\left(k+\frac{m}{k}\right)\right]^2=E\left[F(q^{-1})y'(k)+G(q^{-1})u'(k)-\hat{y}\left(k+\frac{m}{k}\right)\right]^2$$

式中，$F(q^{-1})y'(k)+G(q^{-1})u'(k)-\hat{y}\left(k+\frac{m}{k}\right)$由 k 时刻以前(包括 k 时刻)的输入输出数据组成，而 $E(q^{-1})e_{\mathrm{w}}(k+m)$由 $k+1$ 时刻到 $k+m$ 时刻的白噪声组成，这两部分是统计独立的，且 $E(q^{-1})e_{\mathrm{w}}(k+m)$，具有零均值，即 $E[E(q^{-1})e_{\mathrm{w}}(k+m)]=0$，因此

$$E\left[F(q^{-1})y'(k)+G(q^{-1})u'(k)-\hat{y}\left(k+\frac{m}{k}\right)\right]\cdot E[E(q^{-1})e_{\mathrm{w}}(k+m)]=0$$

由于 $\hat{y}\left(k+\frac{m}{k}\right)$由 k 时刻以前(包括 k 时刻)的输入输出数据组成，而上式中的第 2 项决定于未来时刻的白噪声干扰，与 $\hat{y}\left(k+\frac{m}{k}\right)$无关，因此当

$$F(q^{-1})y'(k)+G(q^{-1})u'(k)-\hat{y}\left(k+\frac{m}{k}\right)=0$$

时，$E\left[y(k-m)-y\left(k+\frac{m}{k}\right)\right]^2$ 最小，即预测误差的方差最小，从而得出最优预测律也就是最小方差预测律，最小方差预测模型为

$$\hat{y}^*\left(k+\frac{m}{k}\right)=F(q^{-1})y'(k)+G(q^{-1})u'(k) \tag{5-70}$$

预测误差为

$$\begin{aligned}\tilde{y}^*\left(k+\frac{m}{k}\right)&=E(q^{-1})e_{\mathrm{w}}(k+m)\\&=e_{\mathrm{w}}(k+m)+e_1e_{\mathrm{w}}(k+m-1)+\cdots+e_{m-1}e_{\mathrm{w}}(k+1)\end{aligned} \tag{5-71}$$

为未来 $m-1$ 阶白噪声的移动平均。预测误差的方差为

$$\sigma^2=E[E(q^{-1})e_{\mathrm{w}}(k+m)]^2=(1+e_1^2+e_2^2+\cdots+e_{m-1}^2)\sigma_{\mathrm{w}}^2 \tag{5-72}$$

从式(5-72)可以看出，由于其由未来的白噪声组成，不可控制，因而这时的预测为最小方差预测。当噪声 $\eta(k)$不能写成 $C(q^{-1})e_{\mathrm{w}}(k)$时，$y(k+m)$的预测律(5-70)不是最优的，但还是比较好的。

4. 单步预测控制律

1) 单步预测最小方差控制系统的控制律

根据控制系统的要求，令预测值等于给定值即可解得控制律。对于一般 m 步预测模型(5-66)，令 $\hat{y}\left(k+\frac{m}{k}\right)=r(k)$，得

$$\hat{y}\left(k+\frac{m}{k}\right)=F(q^{-1})y'(k)+G(q^{-1})u'(k)=r(k)$$

或

$$\frac{F(q^{-1})}{T(q^{-1})}y(k)+\frac{G(q^{-1})}{T(q^{-1})}u(k)=r(k)$$

于是控制律为

$$u(k)=\frac{T(q^{-1})}{G(q^{-1})}r(k)-\frac{F(q^{-1})}{G(q^{-1})}y(k) \tag{5-73}$$

此时，闭环系统的输出误差即等于预测误差

$$\tilde{y}\left(k+\frac{m}{k}\right)=y(k+m)-r(k)=\frac{E(q^{-1})\eta(k+m)}{T(q^{-1})}$$

如果被控对象可以表达为式(5-68)的 CARMA 模型，取 $T(q^{-1})=C(q^{-1})$，则可令式(5-70)的最小方差预测等于 $r(k)$

$$\hat{y}^*\left(k+\frac{m}{k}\right)=F(q^{-1})y'(k)+G(q^{-1})u'(k)=r(k)$$

得最小方差控制律

$$u(k)=\frac{C(q^{-1})}{G(q^{-1})}r(k)-\frac{F(q^{-1})}{G(q^{-1})}y(k) \tag{5-74}$$

这时，闭环系统输出误差等于最小方差预测的预测误差：

$$\begin{aligned}\hat{y}^*\left(k+\frac{m}{k}\right)&=E(q^{-1})e_{\mathrm{w}}(k+m)\\&=e_{\mathrm{w}}(k+m)+e_1e_{\mathrm{w}}(k+m-1)+\cdots+e_{m-1}e_{\mathrm{w}}(k+1)\end{aligned}$$

为 $m-1$ 阶未来时刻的白噪声的移动平均。输出误差方差等于最小方差预测的预测误差方差：

$$E\left[\hat{y}^*\left(k+\frac{m}{k}\right)\right]^2=(1+e_1^2+e_2^2+\cdots+e_{m-1}^2)\sigma_{\mathrm{w}}^2$$

由于预测误差 $\hat{y}^*\left(k+\frac{m}{k}\right)$ 由未来的白噪声组成，故与 $u(k)$ 无关，是不可控制的，因而这时输出误差的方差最小。

在式(5-73)中，若 $r(k)=0$，则转化为给定值为零的调节问题，得最小方差调节器

$$u(k)=-\frac{F(q^{-1})}{G(q^{-1})}y(k) \tag{5-75}$$

例 5-3 设动态系统模型为

$$y(k)-1.5y(k-1)+0.7y(k-2)=u(k-1)+0.5u(k-2)+e_{\mathrm{w}}(k)$$

求最小方差控制律。$e_{\mathrm{w}}(k)$ 为零均值白噪声，$\sigma_{\mathrm{w}}^2=1$。

解

$$A(q^{-1})=1-1.5q^{-1}+0.7q^{-2}$$

$$B(q^{-1})=1+0.5q^{-1}$$

$$C(q^{-1})=1$$

$$m=1,\quad n_E=m-1=0,\quad n_F=n_A-1=1$$

由式(5-64)，$C(q^{-1})=A(q^{-1})E(q^{-1})+q^{-m}F(q^{-1})$。于是有

$$1=(1-1.5q^{-1}+0.7q^{-2})+q^{-1}(f_0+f_1q^{-1})$$

比较方程两边 q^{-1} 的同次幂的系数，有

$$\begin{cases}f_0=1.5\\f_1=-0.7\end{cases}$$

$$E(q^{-1})=1$$

$$F(q^{-1})=1.5-0.7q^{-1}$$

$$G(q^{-1})=B(q^{-1})E(q^{-1})=1+0.5q^{-1}$$

最小方差控制律为

$$u(k)=\frac{C(q^{-1})}{G(q^{-1})}r(k)-\frac{F(q^{-1})}{G(q^{-1})}y(k)=\frac{r(k)-(1.5-0.7q^{-1})y(k)}{1+0.5q^{-1}}$$

或　　$u(k)=r(k)-1.5y(k)+0.7y(k-1)-0.5u(k-1)$

事实上，由于该例对象没有纯延迟，可以直接从对象模型得到最小方差控制律。将被控对象模型改写为

$$y(k+1)=1.5y(k)-0.7y(k-1)+u(k)+0.5u(k-1)+e_w(k+1)$$

由于 $e_w(k+1)$ 为未来的白噪声，与 $u(k)$ 无关，不可控制，故当

$$1.5y(k)-0.7y(k-1)+u(k)+0.5u(k-1)=r(k)$$

时，输出误差方差 $E[y(k+1)-r(k)]^2=E[e_w(k+1)]^2$ 为最小，于是控制律为

$$u(k)=r(k)-1.5y(k)+0.7y(k-1)-0.5u(k-1)$$

注：针对本例，还可以考虑 $C(q^{-1})$ 取不同多项式时的情况，如 $C(q^{-1})=1+1.5q^{-1}+0.9q^{-2}$，以及 $m=1$ 和 3 的情况。可以发现随着系统的时延 m 增大，输出误差的最小方差将明显增大。造成的原因是 m 增大导致不可控项 $E(q^{-1})e(k+m)$ 项数增多。

2）最小方差系统的闭环特性与局限性

最小方差控制系统的闭环框图如图 5-12 所示。

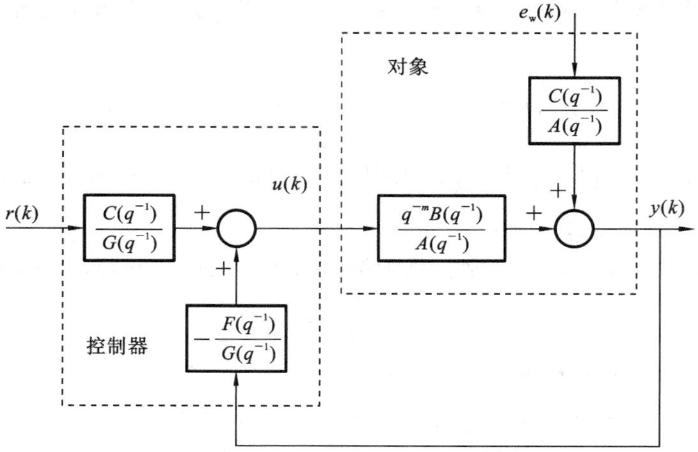

图 5-12　最小方差控制系统的闭环框图

从干扰到输出的闭环传递函数：

$$\frac{Y(q^{-1})}{E_w(q^{-1})}=\frac{\dfrac{C(q^{-1})}{A(q^{-1})}}{1+\dfrac{q^{-m}B(q^{-1})F(q^{-1})}{A(q^{-1})G(q^{-1})}}=\frac{\dfrac{C(q^{-1})}{A(q^{-1})}}{1+\dfrac{q^{-m}F(q^{-1})}{A(q^{-1})E(q^{-1})}}$$

$$=\frac{C(q^{-1})E(q^{-1})}{A(q^{-1})E(q^{-1})+q^{-m}F(q^{-1})}=\frac{C(q^{-1})E(q^{-1})}{C(q^{-1})}=E(q^{-1}) \tag{5-76}$$

即

$$y(k)=E(q^{-1})e_w(k) \tag{5-77}$$

从输入到输出的闭环传递函数为

$$\frac{Y(q^{-1})}{R(q^{-1})}=\frac{\dfrac{q^{-m}B(q^{-1})C(q^{-1})}{A(q^{-1})G(q^{-1})}}{1+\dfrac{q^{-m}B(q^{-1})F(q^{-1})}{A(q^{-1})G(q^{-1})}}=\frac{\dfrac{q^{-m}C(q^{-1})}{A(q^{-1})E(q^{-1})}}{1+\dfrac{q^{-m}F(q^{-1})}{A(q^{-1})E(q^{-1})}}$$

$$=\frac{q^{-m}C(q^{-1})}{A(q^{-}1)E(q^{-1})+q^{-m}F(q^{-1})}=\frac{q^{-m}C(q^{-1})}{C(q^{-1})}=q^{-m} \tag{5-78}$$

即
$$y(k)=q^{-m}r(k) \tag{5-79}$$

由上述传递函数可以看出，最小方差闭环控制系统的最优性能：其输出误差为 $m-1$ 阶白噪声的移动平均，且方差最小；输出在 m 步后就立刻跟上参考输入(给定值)。

但最小方差控制也有它的不足如下。

(1) 不适用于非最小相位系统。

如果 $B(q^{-1})$有单位圆外的零点，则被控对象称为非最小相位系统。由于最小方差控制器传递函数分母 $G(q^{-1})$含有因子 $B(q^{-1})$，因此对于非最小相位系统，控制器不稳定。

另一方面，在闭环传递函数推导中，控制器的不稳定极点和对象的非最小相位零点进行了对消。基于精确模型的极零点对消，不会对系统的稳定性造成影响。但是，绝对精确的数学模型是得不到的，系统的参数也不可能总保持不变。对于非最小相位系统，由于控制器的不稳定极点和对象的非最小相位零点对消不完全，$u(k)$中指数增长的不稳定分量仍旧会传递到输出，造成输出或整个系统不稳定。

(2) 由于最小方差控制器对控制量未加任何约束，$u(k)$的变化幅度会很大，这在有些实际系统中是不允许的。

5. 单步预测自校正控制算法

当模型参数已知时，可以直接使用前述方法来设计控制律(或最小方差控制器)，即设定一个多项式 $T(q^{-1})$，可以通过解 Diophatine 方程，求得多项式 $E(q^{-1})$，$F(q^{-1})$和 $G(q^{-1})$，然后由式(5-73)得到控制律、计算控制量。当对象用 CARMA 模型描述时，选择 $T(q^{-1})=C(q^{-1})$，则由式(5-74)得到最小方差控制律。

但是，当对象模型参数不确定(未知或者时变)时，可用递推、识别来估计这些参数；然后根据确定性等价原理，获得自校正控制算法。

自校正算法的基本思想是用递推(实时)最小二乘法在线估计预测模型(5-65)中 $F(q^{-1})$ 和 $G(q^{-1})$的系数，得到 $\hat{F}(q^{-1})$和 $\hat{G}(q^{-1})$，然后用 $\hat{F}(q^{-1})$和 $\hat{G}(q^{-1})$代替式(5-73)中的 $F(q^{-1})$和 $G(q^{-1})$，得到自校正控制器
$$u(k)=\frac{T(q^{-1})}{\hat{G}(q^{-1})}r(k)-\frac{\hat{F}(q^{-1})}{\hat{G}(q^{-1})}y(k) \tag{5-80}$$
如果给定值 $r(k)\equiv 0$，则得自校正调节器
$$u(k)=-\frac{\hat{F}(q^{-1})}{\hat{G}(q^{-1})}y(k) \tag{5-81}$$

下面讨论上述问题中的参数估计。预测模型(5-65)
$$y(k+m)=F(q^{-1})y'(k)+G(q^{-1})u'(k)+E(q^{-1})\eta(k+m)/T(q^{-1})$$
可以改写为
$$y(k)=\boldsymbol{\varphi}^{\mathrm{T}}\boldsymbol{\theta}^{\mathrm{T}}+\varepsilon(k) \tag{5-82}$$
式中
$$\begin{cases}\boldsymbol{\varphi}^{\mathrm{T}}=[y'(k-m),y'(k-m-1),\cdots,y'(k-m-n_F),u'(k-m),\\ \qquad u'(k-m-1),\cdots,u'(k-m-n_C)]\\ \boldsymbol{\theta}^{\mathrm{T}}=[f_0,f_1,\cdots,f_{n_F},g_0,g_1,\cdots,g_{n_G}]\end{cases} \tag{5-83}$$

$$\varepsilon(k)=E(q^{-1})\eta(k)/T(q^{-1})$$

为残差，即预测模型的预测误差。

式(5-82)为一个最小二乘估计(简称LSE模型)，可以用最小二乘估计算法直接估计控制器参数，因而这是一种隐式算法。采用这种自校正算法必须事先确定预测模型的结构，即时滞 m，阶 n_F 和 n_G。若已知对象的线性差分模型的结构，即已知 m，n_A 和 n_B，则 n_F 和 n_G 也可以确定：

$$n_F=n_A-1,\quad n_C=n_B+n_E=m+n_B-1$$

滤波多项式 $T(q^{-1})$ 也要提前选定，通常选 $T(q^{-1})$ 使 $1/T(q^{-1})$ 成为一低通滤波器。对于多数实际应用 $T(q^{-1})$ 为一阶多项式，即

$$T(q^{-1})=1+t_1q^{-1} \tag{5-84}$$

式中 $t_1=-\left(1-\dfrac{h}{T_{\mathrm{d}}}\right)$，$h$ 为采样周期，T_{d} 为过程阶跃响应达到63.2%的时间。由于自校正控制器运行在系统闭环的条件下，还必须考虑闭环可辨识问题。根据可辨识条件有：

(1) $n_G>n_B$，而这里 $n_G=n_B+m-1$，所以在 $m>1$ 时条件成立；

(2) $n_F>n_A-m$，而这里 $n_F=n_A-1$，所以在 $m>1$ 时条件成立。

因此，$m>1$ 时闭环可辨识条件满足；$m=1$ 时则必须先固定某个参数。

对于自校正调节器：

$$u(k)=-\frac{\hat{F}(q^{-1})}{\hat{G}(q^{-1})}y(k) \tag{5-85}$$

可以看出，上式右边的分子分母同乘以一常数，$u(k)$不变。因而，$\hat{F}(q^{-1})$和 $\hat{G}(q^{-1})$的估计值可以不唯一，参数估计值位于线性流线上，可能会过大或过小，产生数值问题。

解决的办法可以是先固定一个参数，让其不参加辨识。如令 $g_0=b_0$，则控制器的收敛速度与 $b_0/\hat{b}_0$ 成正比。若 $\hat{b}_0$ 太小，则 $u(k)$增大。可以证明，b_0 选择为何值并不十分重要。

整个自校正控制算法的计算过程如下。

(1) 获取 $N_0=m+\max(n_G,n_F)$个时刻的输入输出数据

$$\{y(k),y(k-1)\}$$

分别填入 y，u 数据区$\{y(k),y(k-1),\cdots,y(k-N_0+1),u(k),u(k-1),\cdots,u(k-N_0+1)\}$，并将 y，u 的滤波数据 y'，u'分别填入 y'，u'数据区。

这些输入输出数据的获取，一般是采用常规控制手段(如二位式控制、PID控制等)控制 N_0 步后得到的。获取这些数据的目的是在第一步参数估计递推时能构造数据向量 $\boldsymbol{\varphi}^{\mathrm{T}}$，也是为了在第一步实施自校正控制时能够计算出控制量。y，u 的滤波值由

$$\begin{cases}y'(k)=y(k)/T(q^{-1})\\u'(k)=u(k)/T(q^{-1})\end{cases}$$

即

$$\begin{cases}y'(k)=y(k)-t_1y'(k-1)-t_2y'(k-2)-\cdots t_{n_T}y'(k-n_T)\\u'(k)=u(k)-t_1u'(k-1)-u_2y'(k-2)-\cdots-t_{n_T}u'(k-n_T)\end{cases}$$

求出。初值 $y'(k-1)$，$y'(k-N_0-1)$，$\cdots$，$u'(k-1)$，$u'(k-N_0+1)$，$\cdots$，取为0。

(2) 设置参数向量初值 $\hat{\boldsymbol{\theta}}_0$，$\boldsymbol{P}$ 矩阵初值 $\boldsymbol{P}_0$。

(3) y,u,y',u'数据区的数据右移一位,即原来 k 时刻的数据变成 $k-1$ 时刻的数据,$h-1$ 时刻的数据变成 $h-2$ 时刻的数据。

(4) 采样得 $y(k)$,并填入 y 数据区。

(5) 计算滤波值 $y'(k)=y(k)/y(q^{-1})$,并填入 y'区。

(6) 按式(5-83)构造数据向量 $\boldsymbol{\varphi}^{\mathrm{T}}$。

(7) 依据递推最小二乘法公式,计算 $\hat{\boldsymbol{\theta}}(k)$和 $\boldsymbol{P}_k$。

(8) 由式(5-80)计算控制量:

$$\begin{aligned}u(k)&=\frac{T(q^{-1})}{\hat{G}(q^{-1})}r(k)-\frac{\hat{F}(q^{-1})}{\hat{G}(q^{-1})y(k)}\\&=[r(k)+t_1r(k-1)+\cdots+t_{n_r}r(k-n_\tau)-\hat{f}_0y(k)-\hat{f}_1y(k-1)\\&\quad-\cdots-\hat{f}_{n_F}y(k-n_F)-\hat{g}_1u(k-1)-\cdots-\hat{g}_{n_G}u(k-n_G)]/\hat{g}_0\end{aligned}$$

输出 $u(k)$,计算 $u'(k)$,将 $u(k),u'(k)$分别放入 u,u'数据区。

(9) 采样周期结束,转到(3)继续下一个采样周期,直到结束。

若取 $T(q^{-1})=1$,则数据向量直接由输入、输出数据组成,不需要滤波,式(5-83)变成

$$\begin{aligned}\boldsymbol{\varphi}^{\mathrm{T}}=[&y(k-m),y(k-m-1),\cdots,y(k-m-n_F),\\&u(k-m),u(k-m-1),\cdots,u(k-m-n_G)]\end{aligned}$$

式(5-80)变为

$$u(k)=\frac{r(k)-\hat{F}(q^{-1})y(k)}{\hat{G}(q^{-1})}$$

而式(5-81)不变。

Astrom 曾从理论上证明,若对象用 CARMA 模型描述(即 $\eta(k)=C(q^{-1})e_{\mathrm{w}}(k)$) ,则在参数估计收敛,$F(q^{-1})$和 $G(q^{-1})$没有公因子,$y(k)$的二阶矩遍历的条件下,即使 $C(q^{-1})$不知道也不估计,取 $T(q^{-1})=1$ 时的自校正调节器,当 $k\to\infty$时将收敛到参数已知时的最小方差调节器。因此,常常把 $T(q^{-1})=1$ 时的自校正调节器称为最小方差自校正器。

如前所述,最小方差控制系统的输出误差为 $m-1$ 阶白噪声的移动平均,即

$$\tilde{y}(k+m)=e_{\mathrm{w}}(k+m)+e_1e_{\mathrm{w}}(k+m-1)+\cdots+e_{m-1}e_{\mathrm{w}}(k+1)$$

输出误差的相关函数为

$$\begin{aligned}\phi_{\tilde{y}\tilde{y}}(n)&=E[\tilde{y}(k+n)\tilde{y}(k)]\\&=E\{[e_{\mathrm{w}}(k+n)+e_1e_{\mathrm{w}}(k+n-1)+\cdots+e_{m-1}e_{\mathrm{w}}(k+n-m+1)]\cdot\\&\quad[e_{\mathrm{w}}(k)+e_1e_{\mathrm{w}}(k-1)+\cdots+e_{m-1}e_{\mathrm{w}}(k-m+1)]\}\end{aligned}$$

可见,当 $n\geqslant m$ 时,$\phi_{\tilde{y}\tilde{y}}(n)=0$,可以利用这一特征来检验自校正控制系统是否收敛到了最小方差。

虽然取 $T(q^{-1})=1$ 时的自校正调节器在一定条件下能收敛到最小方差调节器,然而,实践表明,在许多情况下,适当选择 $T(q^{-1})\neq1$,将获得更好的鲁棒性和抗负载扰动性能。

例 5-4 设对象用下面的 CARMA 模型描述:

$$\begin{aligned}y(k)&=a_1y(k-1)+a_2y(k-2)\\&=b_0u(k-2)+b_1u(k-3)+e_{\mathrm{w}}(k)+c_1e_{\mathrm{w}}(k-1)+e_2e_{\mathrm{w}}(k-2)\end{aligned}$$

式中 $e_w(k)$是方差为 σ_w^2 的零均值白噪声，a_1,a_2,b_0,b_1,c_1，c_2 未知并有缓慢时变，试设计一个最小方差控制器。

解 ① 预测模型

$$m=2,\quad n_A=2,\quad n_B=1,\quad n_F=n_A-1=1,\quad n_G=n_B+m-1=2$$

$$\begin{aligned}y(k+2)&=F(q^{-1})y(k)+G(q^{-1})u(k)+\varepsilon(k+2)\\&=f_0y(k)+f_1y(k-1)+g_0u(k)+g_1u(k-1)+g_2u(k-2)+\varepsilon(k+2)\end{aligned}$$

② LSE 模型

$$\begin{aligned}y(k)&=f_0y(k-2)+f_1y(k-3)+g_0u(k-2)+g_1u(k-3)+g_2u(k-4)+\varepsilon(k)\\&=\varphi^{\mathrm{T}}\theta+\varepsilon(k)\end{aligned}$$

$$\boldsymbol{\varphi}^{\mathrm{T}}=[y(k-2),y(k-3),u(k-2),u(k-3),u(k-4)]$$

$$\boldsymbol{\theta}=[f_0,f_1,g_0,g_1,g_2]^{\mathrm{T}}$$

③ 估计器

$$\hat{\boldsymbol{\theta}}(0)=0,\quad \boldsymbol{P}(0)=\alpha^2 I$$

$$\hat{\boldsymbol{\theta}}(k)=\hat{\boldsymbol{\theta}}(k-1)+\frac{\boldsymbol{P}(k-1)\boldsymbol{\varphi}(k)}{\beta+\boldsymbol{\varphi}^{\mathrm{T}}(k)\boldsymbol{P}(k-1)\boldsymbol{\varphi}(k)}[y(k)-\boldsymbol{\varphi}^{\mathrm{T}}(k)\hat{\boldsymbol{\theta}}(k-1)]$$

$$\boldsymbol{P}(k)=\left[\boldsymbol{P}(k-1)-\frac{\boldsymbol{P}(k-1)\boldsymbol{\varphi}(k)\boldsymbol{\varphi}^{\mathrm{T}}(k)\boldsymbol{P}(k-1)}{\beta+\boldsymbol{\varphi}^{\mathrm{T}}(k)\boldsymbol{P}(k-1)\boldsymbol{\varphi}(k)}\right]\Big/\beta$$

④ 控制器

$$\begin{aligned}u(k)&=\frac{r(k)-\hat{F}(q^{-1})y(k)}{\hat{G}(q^{-1})}\\&=[r(k)-\hat{f}_0y(k)-\hat{f}_1y(k-1)-\hat{g}_1u(k-1)-\hat{g}_2u(k-2)]/\hat{g}_0\end{aligned}$$

⑤ 程序框图如图 5-13 所示。

需要指出：单步预测自校正器不能用于非最小相位系统，同时控制量的波动幅度也较大，为了更具一般性，使算法不仅能控制非最小相位对象，而且还能限制控制量的波动幅度，则可以采用控制加权自校正控制算法。感兴趣的读者可查阅相关文献。

5.3.3 自校正 PID 控制

PID 控制策略以其高效性和实用性，在工业过程控制及其他控制领域得到了广泛的应用。尽管现代控制理论和技术正以迅猛的速度发展，但 PID 控制因其简洁性、稳定性和可靠性等特性，在实际应用中仍然保持着其重要的地位。自校正 PID 控制技术是将自适应控制理念与传统 PID 控制技术相融合的成果，它整合了两种技术的优势，成为一种理想的实用控制算法，适用于工业过程控制。因此，自校正 PID 控制技术在近年来迅速发展，并已成为自适应控制技术发展中的一个重要趋势。

1. 自校正 PID 控制的理论基础与特点

常规连续 PID 控制的理想化方程为

$$u(t)=K\left[e(t)+\frac{1}{T_1}\int_0^t e(\tau)\mathrm{d}\tau+T_{\mathrm{D}}\frac{\mathrm{d}e(t)}{\mathrm{d}t}\right]\tag{5-86}$$

式中：K 为控制器增益；T_1 为积分时间；T_{D} 为微分时间。

对于小采样周期 T_0，式(5-86)可以用离散化的方法转换成差分方程。获得离散形

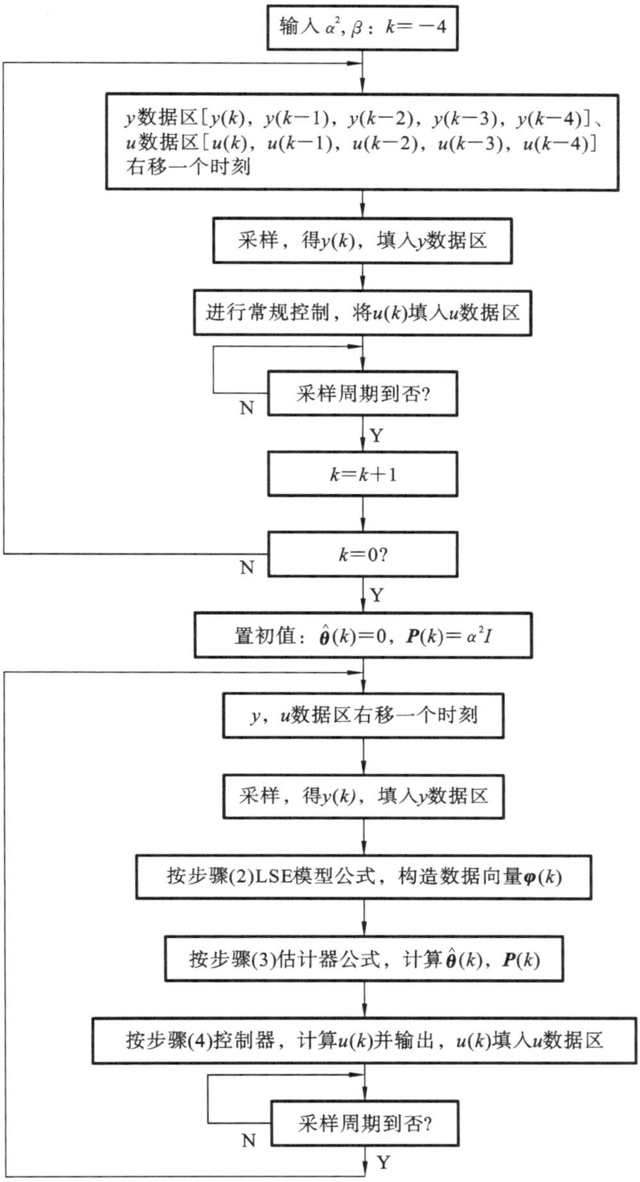

图 5-13　程序框图

式的 PID 控制算法。应用梯形积分法近似,则可由式(5-86)导出数字 PID 控制的位置型算式:

$$u(k) = K\left[e(k) + \frac{T_0}{T_1}\left(\frac{e(0)+e(k)}{2} + \sum_{i=1}^{k-1} e(i) + \frac{T_D}{T_0}(e(k) - e(k-1))\right)\right]$$

这是一个非递推控制算法,用来进行实时控制不太方便。比较常用的是数字 PID 控制的增量型算式:

$$u(k) = u(k-1) + q_0 e(k) + q_1 e(k-1) + q_2 e(k-2) \tag{5-87}$$

式中

$$q_0 = K\left(1 + \frac{T_0}{2T_1} + \frac{T_D}{T_0}\right)$$

$$q_1=-K\left(1+\frac{2T_D}{T_0}-\frac{T_0}{2T_1}\right)$$

$$q_2=K\frac{T_D}{T_0}$$

当采用矩形积分法近似时，式(5-87)的结构不变，但系数为

$$q_0=K\left(1+\frac{T_D}{T_0}\right)$$

$$q_1=-K\left(1+\frac{2T_D}{T_0}-\frac{T_0}{T_1}\right)$$

$$q_2=K\frac{T_D}{T_0}$$

由式(5-87)可得数字 PID 控制的脉冲传递函数为

$$\frac{U(q^{-1})}{E(q^{-1})}=\frac{q_0+q_1q^{-1}+q_2q^{-2}}{1-q^{-1}}$$

PID 控制策略之所以能够获得如此广泛的应用，主要是因为其结构设计简洁，仅包含三个可调节的参数，这些参数都具有清晰的物理意义，易于用户理解和操作。

此外，过程控制工程师在实施和调整 PID 控制方面积累了大量的实践经验。他们可以利用直观的技术手段或基于经验的公式、调节规则、参考表格和曲线图等工具来进行有效的调整，而无需深入掌握复杂的控制理论和过程特性知识。

PID 控制不要求操作人员具备复杂算法所需的高深数学知识，这使得更多的技术人员能够轻松掌握和应用。同时，PID 控制器本身具有良好的鲁棒性，能够在变化的工作条件下保持稳定运行，并且对于被控对象的参数变化不是非常敏感，对于一定范围内的控制对象，其控制效果通常是符合预期的。

正是由于这些优势，PID 控制已经成为实际生产过程中的主流控制方法。自 20 世纪 40 年代以来，它一直是绝大多数工业过程控制的首选技术。

随着社会的进步和生产技术水平的迅速提高，人们对自动控制技术所提出的要求也越来越高。常规 PID 控制在某些领域已不能满足，所存在的问题也日益突出。这些问题主要表现在以下两个方面。

(1) 为了确保控制系统达到预期的性能标准，必须基于控制对象的动态特性来细致调整控制器的参数。然而，目前 PID 控制的参数调整通常依赖于闭环系统的响应特性和一些既定的调整策略，这一过程往往需要操作者根据经验进行多次试验和调整。这种方法不仅耗费时间和劳力，而且最终的控制效果很大程度上受到操作者个人经验的影响，难以实现最优化的控制性能，也难以满足对高精度控制的需求。

(2) 在实际的生产过程中，经常会遇到各种工况和环境的变化，这些工艺过程往往是时变的、非线性的，并且容易受到随机因素的干扰。对于这类具有复杂特性的控制对象，随着对控制性能要求的提高，传统的 PID 控制器，由于其参数固定，已经难以适应这种多变的控制环境。因此，需要从控制算法的设计和研究入手，以提升系统对复杂工况的适应能力和控制性能。

经过多年的发展，最优控制、状态空间控制、随机控制等先进控制技术在理论研究上取得了显著成果，但要实现其在工业领域的广泛应用，仍存在一定的挑战。主要的障

碍在于这些理论往往基于较为严格的假设条件，对过程模型的精确度要求较高，同时涉及的数学理论较为深奥，不易被工程技术人员所理解和应用。为了解决这一问题，研究者开始探索将这些高级控制技术与广泛使用的、为大家所熟知的经典控制算法相结合，以开发出既具有高性能又具备良好实用性的控制算法，自校正 PID 控制便是其中的杰出代表。

自校正 PID 控制融合了先进的自适应控制理念和在实际工业过程中广泛应用的 PID 控制算法。它基于 PID 控制和自适应控制技术，利用超大规模集成电子技术作为实现手段。与传统的 PID 控制相比，自校正 PID 控制不仅保留了其结构特点，还具备了自适应控制的优势，如自动辨识受控过程的参数、自动调整控制算法参数、适应受控过程参数的变化等。

自校正 PID 控制的功能主要体现在两个方面。首先，当系统启动时，它能够依据一定的控制参数设定方法和规则，通过在线辨识受控过程的结构和参数，或对其特征参数进行模式识别，来设定 PID 控制参数，确保系统的一项或多项性能指标满足预定要求，或达到某种意义下的最优或接近最优状态。其次，当系统在运行过程中遇到受控对象特性或扰动特性的变化时，自校正 PID 控制能够根据在线辨识或模式识别的结果，自动调整 PID 控制参数，以适应这些变化，维持所需的性能指标，或使其达到或接近某种意义下的最优或接近最优状态。

自校正 PID 控制技术之所以备受推崇，主要是因为它不像最优控制那样对控制对象和模型有严格的限制，它在控制精度上明显超越了传统的 PID 控制，并且具有很好的适应性，能够抵御参数变化和工作点波动的干扰，易于操作者理解和应用，是作为传统 PID 控制的理想替代方案。

在过去的 20 年中，自校正 PID 控制的研究进展迅猛。然而，目前还没有形成一个关于自校正 PID 控制器的统一定义，也没有一套统一的处理方法。研究者们基于各自的具体情况和视角，发展出了多种自校正 PID 控制策略。这些策略的多样性不仅体现在设计自校正 PID 控制的核心理念上，还体现在即使在相同理念指导下采用的不同技术方法上，使得整个领域显得相当复杂。因此，目前还没有一个普遍接受的分类体系。

在这种情况下，根据是否进行在线参数辨识，可以将自校正 PID 控制算法大致分为两大类：一类是基于辨识的算法，另一类是不基于辨识的算法。

辨识算法的自校正 PID 控制基于对被控过程模型参数或特征参数的实时辨识以及 PID 控制参数的动态设计。该方法首先运用递推辨识算法来评估过程参数，随后依据这些参数的实时变化，依照既定的设计标准来调整 PID 控制器的参数。根据不同的设计准则，这类算法可以细分为多种类型：包括极点配置型、相消原理型、基于性能指标型、基于最优参数设定公式型、基于经验设定规则型以及二自由度型自校正 PID 控制器等。这些算法的特点在于它们依赖于实时的参数辨识技术，计算量相对较大，鲁棒性可能会受到辨识算法准确性的影响。然而，一旦辨识出的参数稳定，通常能够实现优秀的控制效果，因此这类算法是自校正 PID 控制研究中的一个热点领域。

非辨识算法的自校正 PID 控制则直接建立在被控过程的某些已知特征参数之上。通过模式识别技术或其他手段首先获得必要的过程特征参数，然后依据这些参数的变动，依照一定的参数设定规则或使用规则推理方法来调整 PID 控制参数。根据参数设定原理的差异，这类算法可以进一步分类为基于过程特征参数型、模糊逻辑型、智能或专家系统型自校正 PID 控制器等。这类算法的优势在于它们充分利用了人的智能和专家的丰富经验，将专家调整 PID 参数的思考过程融入控制器的自校正功能中。这种方法直观、适用范围广泛、计算量较小，且具有较好的鲁棒性。尽管如此，通过这种方法得到的 PID 参数可能并非最优解。由于其实用性，这类算法是当前研究中的一个非常活跃的领域。

下面着重介绍较为典型的极点配置自校正 PID 控制、二自由度自校正 PID 控制。

2. 极点配置自校正 PID 控制

极点配置自校正控制算法最初由 Wellstead 及其同事在 1979 年提出，随后在 1980 年由 Astrom 和 Wittenmark 等研究者进行了改进和发展，成为自校正控制领域的关键组成部分。在这一基础上，Wittenmark、Astrom 和 Isermann 等研究者于 1981 年进一步提出了极点配置自校正 PID 控制算法。该算法的核心理念是通过预先设定的系统闭环极点位置，基于经验或工艺需求，运用递推参数估计方法来识别系统参数，并最终形成具有 PID 结构的控制律参数。这种算法是显式的，计算量较大，并且主要适用于二阶系统。

R. Kelly 和 R. Ortega 对极点配置自校正 PID 控制器进行了深入研究，他们探讨了基于极点配置原理的隐式和显式自校正 PID 控制算法。他们提出的隐式算法能够直接识别控制器参数，从而减少了与显式算法相比的计算量。S. Tiokro 和 S. L. Shah 在 1985 年采用标准的控制器结构，在一定约束条件下开发了极点配置自校正 PID 控制器，适用于存在未知或时变纯时延以及可测量干扰噪声的控制对象，并且对于具有非最小相位特性的系统也是有效的。

J. H. Kim 和 K. K. Ohoi 在 1987 年研究了离散极点配置自校正 PID 控制器，通过引入 Bezout 恒等式和规范化处理，提出了一种能够直接估计控制器参数的隐式自校正 PID 算法，同样适用于非最小相位系统。考虑到工业过程中广泛存在的具有纯时延的控制对象，Harris 等人在 1982 年研究了具有纯时延补偿的极点配置自校正 PID 控制器。T. Fong，Ohee 和 H. R. Sirisena 在 1988 年进一步研究了针对大时延系统的基于 Smith 预估器的极点配置自校正 PID 控制器方案，克服了传统自校正 PID 控制器在稳定性和增益调整方面的一些局限。

在国内，章在 1986 年提出了一种简化的极点配置自校正 PID 控制器设计方法，其基本思想是将二阶被控对象的闭环系统校正为具有特定阻尼比和自然振荡频率的二阶振荡环节。1987 年刘伯春，以及 1989 年刘宏才等人也提出了类似的算法，并成功应用于实际控制场景中。

总之，极点配置自校正 PID 控制器根据经验或生产工艺的要求，以系统闭环极点配置原理和过程参数在线估计方法为基础，具有简单、灵活、控制性能好等特点。

3. 二自由度自校正 PID 控制器

1979 年，日本学者首次提出了二自由度自适应 PID 控制器的理论。这种控制器的设计初衷是为了解决传统单自由度 PID 控制器在面对外部干扰和设定值追踪时的局限性。传统 PID 控制器在参数调整时，往往需要在抑制干扰和追踪设定值之间做出权衡，因为它们分别对应着不同的最优控制参数，这限制了系统性能的全面优化。

日本学者提出的二自由度 PID 控制器通过分别针对系统的干扰抑制能力和设定

值追踪性能进行参数设计，旨在实现在这两个方面的性能最优化或渐进最优化，从而克服了传统控制器的这一缺陷。

北森俊行在1979年首次提出了连续域的部分模型匹配原理，通过比较系统闭环传递函数与理想模型，为传统PID控制器参数的获取提供了新方法。随后，他进一步利用参数估计技术来获取对象的部分特性，为二自由度自适应PID控制器的设计奠定了基础。1983年，重政隆引入了设定值滤波器到数字PID控制系统中，通过调整滤波器以匹配参考模型的传递特性，提高了系统的设定值追踪品质和干扰抑制能力。提兆旭在1985年设计了一种响应时间更短的设定值滤波器，进一步提升了系统响应速度。

広井和男在1986年和1988年详细分析了连续时间系统中传统PID控制器与二自由度PID控制器在设定值追踪和干扰抑制方面的差异，并提出了多种不同结构的PID控制器设计，为二自由度PID控制器的设计提供了深入的总结。此后，重政隆提出了一种更为简化的二自由度PID控制器设计方法，该方法基于经典控制理论和部分模型匹配原理，具有较高的实用价值。

日本东芝公司的TOSDIC200系列中的TOSDIC211D8自整定调节器采用了改进的二自由度PID控制算法，其在实际应用中表现出色，并已成功商业化。

尽管现已提出的二自由度PID控制器的设计方案已有很多，但这些方案的基本出发点几乎是一致的。其主要思想可大致归纳如下。

(1) 为了同时获得良好的设定值跟踪和抑制外部扰动的能力，对以PID控制器算法为中心的控制器在结构上进行改造，典型的是增加设定值滤波器或其他一些参数。

(2) 为了满足控制系统性能的设计要求，根据一定的设计方法，如部分模型匹配法、参考模型方法等，以及一定的约束条件，如闭环系统的稳定性，系统的稳态无差性能等，选择滤波器及其他参数。

(3) 控制器的两部分参数，PID控制参数和滤波器或其他参数分别确定。

二自由度PID控制器的实际应用结果表明，与传统控制方法相比，其在控制性能上有着显著的提升，代表了一种具有深远影响的新兴控制技术。例如，日本东芝公司在工业锅炉的控制系统中采用二自由度PID控制器替代了传统的PID控制，显著提升了控制性能和精度，进而实现了透平效率1.2%的提升和锅炉效率0.7%的增长。此外，基于此技术的限幅双交叉工业燃烧控制系统(ACC)也展现出了显著的效益。

为了使调整控制系统节省人力，缩短调节时间，研究人员还提出了二自由度PID控制器的自校正方法。感兴趣的读者可以查阅参考文献[20]。

5.4 新型自适应控制技术简介

除了前述的几种常见自适应控制之外，学者在自适应控制领域也提出了很多新型的方法。本节主要简单介绍模糊自适应控制技术、神经网络自校正控制、自适应逆控制和多模型自适应控制等。

5.4.1 模糊自适应控制技术

模糊自适应控制理论是模糊逻辑与自适应控制策略相结合的产物，它开辟了一个独特的研究领域。这种控制理论利用模糊集合理论，综合考虑各种系统因素，实现协调控制。它通过模糊控制规则将性能指标与控制输出相连接，通过模糊推理过程来确定控制信号，而无需深入考虑系统的内部机制。因此，模糊控制是解决控制系统中的不确定性问题的有效手段。然而，模糊控制也存在如下限制。

(1) 模糊控制系统对于动态性能的敏感度较低，但对稳定参数的变化较为敏感，这可能导致系统出现稳态误差或自激振荡；

(2) 传统模糊控制主要依赖于误差及其变化率，而这两个参数的动态范围需要经过反复调整，以最小化系统的稳态误差，从而限制了系统的动态性能；

(3) 在复杂的控制场景中，很难制定出完善的控制规则；

(4) 模糊控制模仿人类操作过程，通常不会引发不稳定，但其稳定性缺乏严格的理论支撑。

这些限制使得模糊控制在对静态和动态性能要求较高的领域的应用受到了限制。

另一方面，自适应控制的核心在于即使在系统面临不确定性时，也要保持系统的特性。因此，模糊自适应控制系统将模糊辨识与模糊控制相结合，它在控制过程中需要对被控对象有深入的理解。这种系统对参数和环境变化具有较低的敏感度，适用于非线性和多变量的复杂系统，能够在运行中不断调整控制规则，以提高控制效果。因此，它具有快速的收敛速度和良好的鲁棒性。

5.4.2 神经网络自校正控制

所谓的人工神经网络(ANN)是模拟生物神经系统的工作原理而建立的一种信息处理系统，它具有许多特点：

(1) 非线性描述——能实现任意的非线性映射；

(2) 并行分布处理功能；

(3) 学习与适应——可根据系统过去的数据来训练神经网络；

(4) 数据融合——神经网络可作为基于定量数据的系统与基于定性数据的人工智能系统的接口；

(5) 适用于多变量系统。

从控制理论的观点来看，能够对非线性控制系统进行描述和处理及它的学习与适应功能，是神经网络最主要的和最吸引人的特点。

自校正控制器的工作原理是依靠在线递推辨识(参数估计)系统方程的未知的参数，以此来在线设计控制器并实施实时反馈控制。神经网络自校正控制的工作原理是应用神经网络的非线性函数的映射能力，使它可以在自校正控制系统中充当未知系统方程逼近器。神经网络自校正控制系统结构形式如图 5-14 所示。

5.4.3 自适应逆控制

自适应控制的核心原则在于，它通过辨识未知系统的特性，并利用反馈机制来调整系统行为，以应对和控制外部干扰。与此同时，自适应信号处理则侧重于实时更新算法，以动态调整滤波器的权重系数，实现信号处理的优化。两者之间的一个关键差异在于，自适应滤波器在系统中不依赖于反馈机制(除了其自身适应过程所涉及的反馈)。将自适应信号处理的方法应用于自适应控制的特定问题，可以形成一种新的研究视角，即所谓的“自适应逆控制”概念。这种方法从不同的角度审视自适应控制，提供了一种

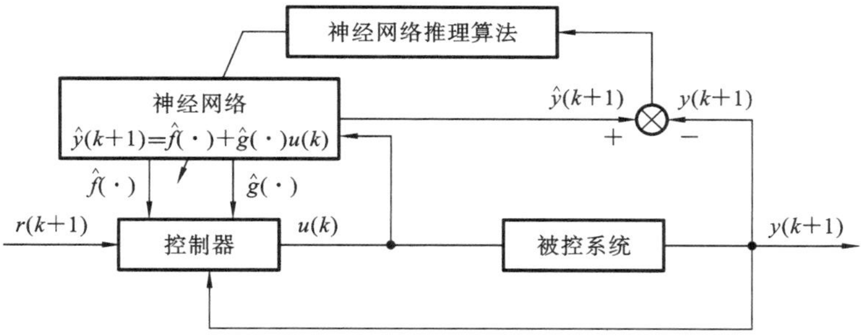

图 5-14 神经网络自校正控制系统结构形式

创新的解决方案。

1. 逆控制的基本思想

图 5-15 所示为一种传统的反馈控制系统。它的控制思想是通过单位反馈，使可测被控对象的输出信号 $y(k)$ 与指令输入信号 $r(k)$（即为希望输出）相比较，再利用比较误差信号 $e(k)$ 去激励控制器，控制目标是使对象输出 $y(k)$ 跟随指令输入 $r(k)$。

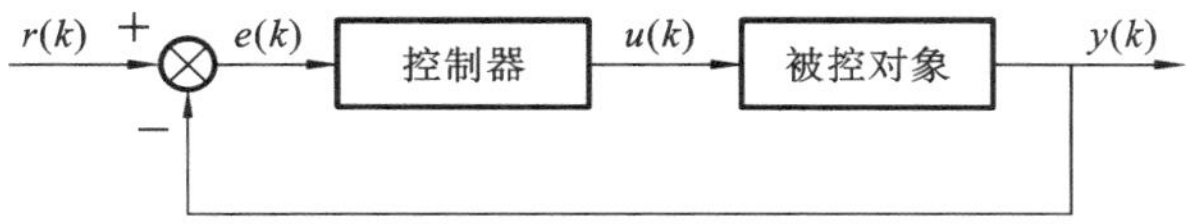

图 5-15 传统的反馈控制系统

这个控制系统的特点是 $y(k)$ 和 $r(k)$ 之间的任何差别就是一个误差信号，它由控制器处理后去驱动对象以减小误差。如果对象是未知，则用一种辨识过程来估计出对象随时间的变化特性，然后再用这些特性来确定控制器随时间变化的变化特性，即为自适应控制。

换一个角度来看自适应控制问题。它很不同于图 5-15 中的反馈控制方法。它的基本思想就是要用一个来自控制器的信号去驱动对象，而该控制器的传递函数就是该对象本身传递函数矩阵的逆。

图 5-16 所示的即为这样一个系统。该系统的控制目的与传统控制系统的控制目标一样，都是要使对象的输出 $y(k)$ 跟随着指令输入 $r(k)$。对于未知对象，则要应用自适应算法求得一个真正的对象的逆。然后用这个逆构造控制器的传递函数，设计一个自适应算法，使对象输出 $y(k)$ 和指令输入 $r(k)$ 之差的误差信号来调节控制器的参数，使该误差信号的均方误差最小。

图 5-16 所示的控制器可以看做是一个具有可调参数功能的输入输出信号滤波器。可调参数的控制可用一个"自适应算法"来完成，而该自适应算法又是由误差信号 $e(k)$ 来驱动的。而控制目标是使其误差信号 $e(k)$ 的均方误差最小。

比较图 5-17 和图 5-16 这两个系统的特点，在图 5-15 系统中，使均方误差最小是利用直接反馈过程中的误差信号来完成的，而在图 5-16 系统中，误差信号不直接反馈到对象的输入端，而是在一个反馈过程中用来控制该控制器的参数。显然，在图 5-16 系统中，如果控制器自适应是为了使误差最小，那么该控制器的传递函数就应该是对象

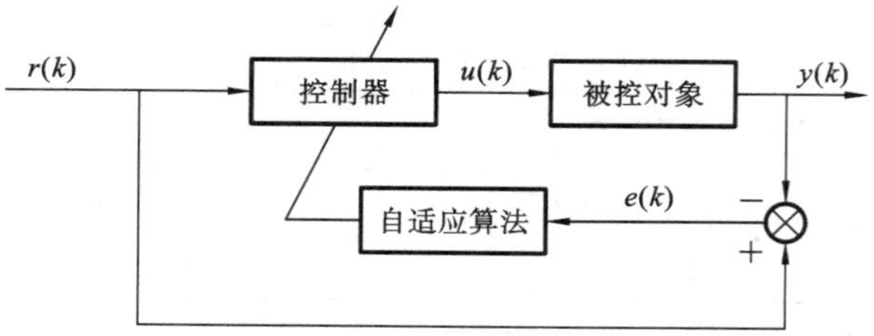

图 5-16 自适应逆控制的基本结构

传递函数的逆，因此控制器传递函数和对象传递函数的级联就应是一个增益为 1 的组合传递函数。

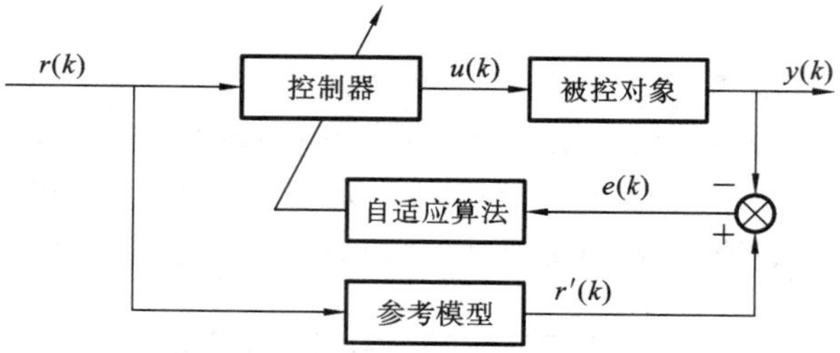

图 5-17 模型参考自适应逆控制系统示意图

2. 逆控制的自适应

在控制系统设计中，控制目标往往不是要求对象输出 $y(k)$跟踪指令输入 $r(k)$本身，而是要跟踪一个经延迟或平滑过的指令输入 $r'(k)$，这个平滑特性通常用一个平滑模型来表达，一般称为参考模型，增加了平滑模型的系统称为模型参考自适应逆控制系统，如图 5-17 所示。

参考模型可根据操作者对整个系统所要求的相同的动态响应进行设计。其控制目标还是控制被控对象以使均方误差最小。在这个情况下，控制器和对象的级联在收敛之后将有一个类似于参考模型特性那样的动态响应，控制器和对象传递函数的乘积将会非常近似于该参考模型的传递函数。

在控制系统设计中，如何解决噪声和扰动是一个困难的问题。如图 5-18 所示，噪声 $\varepsilon(k)$代表对象的扰动，而噪声 $\omega(k)$代表传感器的噪声。$e'(k)$表示对象输出端的噪声和扰动，$e''(k)$表示过滤后的噪声和扰动。从图中可看出，在理想的正向模型(参考模型)和逆对象模型条件下，对象输出和对象模型输出之差就是对象的噪声和扰动，因为，它们出现在对象的输出端。用对象输出噪声和扰动的和去驱动逆对象模型以产生经过滤后的噪声和扰动，并在对象输入中被减去，最终的效果就是在对象输出中消除噪声和扰动。

图 5-18 展示的自适应逆控制系统融合了模型参考控制的特性以及对系统内部噪声和干扰的抑制能力。在传统控制框架中，通常通过反馈机制来管理和减少噪声和干扰。然而，一旦将噪声和干扰的控制纳入反馈循环，系统的动态行为可能会发生改变。在设计阶段，为了在获得优异的动态响应的同时实现有效的噪声和干扰控制，通常需要在两者之间做出权衡。在图 5-18 所描述的系统中，噪声和干扰的控制是通过独立的自适应子系统来实现的，这样的设计使得每个子系统结构更为简洁，更易于进行分析和优

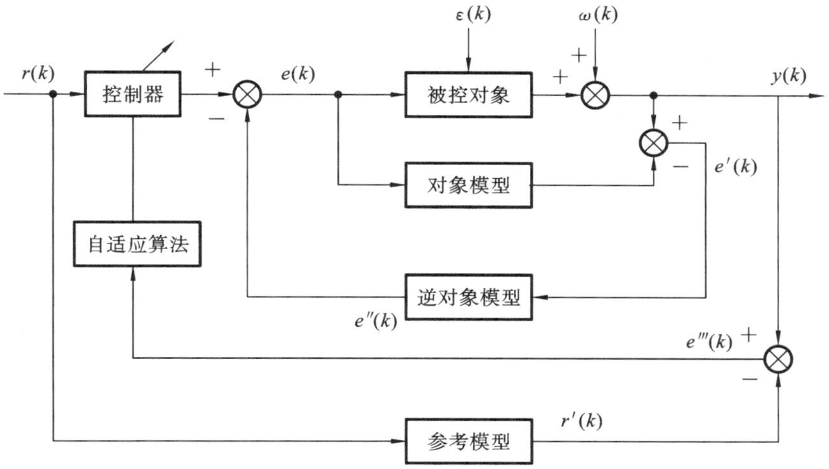

图 5-18 具有消除对象噪声和扰动的模型参考自适应逆控制系统

化。随后，在整体控制系统的背景下，对这些子系统的性能进行综合评估，并探讨它们之间的相互作用和影响。

5.4.4 多模型自适应控制

对于复杂控制系统，若系统的控制存在由一种操作环境突然变化到另一种操作环境的情况，此时系统参数将产生很大的变化，应用常规的自适应控制是很难跟随参数的实际变化，因此控制效果往往不好。为此，应用多模型来逼近系统的动态特性，再基于多模型设计自适应控制器，是解决此问题的一种思路。

1. 多模型自适应控制的组成

(1) 多模型集合

$$\Omega=\{M_i \mid i=1,2,\cdots,n\}$$

式中，Q 表示一个以模型 M 为元素的模型集，M 可表示系统模型，也可表示不同的状态反馈矩阵，或一个复杂工业过程的不同操作工序。

(2) 模型集合 Q 中的不同模型建立多个控制器，构成控制器集合

$$C=\{U_i \mid i=1,2,\cdots,n\}$$

式中，C 为基于设计的控制器，U 为基于 M 而设计的控制器。多模型自适应控制器首先基于每个元素模型构成元素模型控制器，然后被控系统的控制器由元素模型控制器通过一种线性或非线性关系构成。

(3) 给定切换原则，以选择能够描述当前被控对象的最佳模型，并将基于最佳模型而设计的控制器的切换为当前控制器

$$U_{syz}=f(U_1,U_2,\cdots,U_n,\boldsymbol{\theta})$$

式中，f 为一线性或非线性切换函数；$\boldsymbol{\theta}$ 为一参数向量。

在多模型自适应控制系统中，切换机制的设计是多样化的，可以采用不同的函数形式来实现。例如，一种切换策略是按照预定顺序进行，这种策略中控制器的切换顺序是预先设定的，而切换决策则直接基于系统的输出，这种方法被称为“顺序切换控制”。另

一种策略是基于特定性能指标的评估，选择能够使该性能指标达到最优的模型进行控制，从而切换到为该模型定制的控制器上，这种控制方式在多模型自适应控制中用于确定何时切换到哪个控制器，其主要目标是在最少的先验知识条件下提高系统的自适应稳定性，这种方法被称为"基于性能指标的切换控制"。还有一种切换策略是在系统稳定的前提下进行，例如滑模控制就是一种典型的基于稳定性的切换方法。

从多模型自适应控制的构成来看，其核心思想是通过多个模型来捕捉系统的不确定性，进而在这些模型的基础上构建控制器。因此，模型集合的构建方式以及构成模型的数量，将直接影响到控制的精确度和系统的整体性能。

2. 多模型自适应控制的模型集

在处理复杂控制系统时，由于外部环境的剧烈变动，系统的模型参数也随之变化，这使得仅用少数几个模型难以精确捕捉系统的特性。然而，如果模型数量过多，将不可避免地包含一些与系统实际行为拟合度低的部分，这不仅会造成资源浪费，还可能在实际应用中削弱控制器的性能。因此，构建的多模型自适应控制系统需要具备模型集的动态调整功能。以下是两种实现这一功能的方法。

(1) 基于系统稳定性的模型集设计：为被控对象构建一系列固定的模型，并根据特定的切换逻辑，在不同固定模型对应的控制器之间进行切换，同时确保在切换过程中闭环系统的稳定性。在此框架下，通过性能指标来选择最优的控制器，以改善系统的瞬态响应。

(2) 基于系统动态优化的模型集设计：提出结合自适应模型和固定模型来构建模型集，自适应模型的存在使得模型集能够随着时间不断调整，更贴近系统的真实行为。这样，固定模型设计的控制器能够保证快速响应，而自适应模型设计的控制器则确保了控制精度。一种具体的实施策略是将系统模型参数的变化范围划分为多个区域，在每个区域内选择具有代表性的模型。通过比较这些代表性模型的输出与系统的实际输出，并基于特定的性能指标，识别出最接近真实值的模型所在的区域，从而确定最有效的模型区域。

通过这些方法，多模型自适应控制系统能够更灵活地适应系统行为的变化，提高控制的准确性和效率。

3. 间接多模型自适应控制

多模型自适应控制有多种形式，这里介绍一种基于切换指标函数的离散时间系统间接多模型自适应控制，其特点是对参数跳变的被控对象建立多个模型，通过多个模型快速辨识被控对象模型参数，然后采用输入受限控制器构成多模型自适应控制器，从而保证被控对象输入输出稳定并改善过渡过程。

时变参数的线性离散时间系统为

$$A(k,q^{-1})y'(k)=B(k,q^{-1})u(k-1)$$

$$A(k,q^{-1})y(k)=\Delta^{l}A'(k,q^{-1})$$

$$\Delta=(1-q)^{-1}$$

$$\begin{cases}A'(k,q^{-1})=1+a_1(k)q^{-1}+\cdots+a_m(k)q^{-m}\\B(k,q^{-1})=b_0(k)+b_1(k)q^{-1}+\cdots+b_n(k)q^{-n}\end{cases}$$

式中：$y(k)$为被控对象输出；$u(k)$为被控对象输入；$l\geqslant 1$为一整数。

传统的自适应控制策略通常依赖于辨识算法来识别模型参数，并据此构建自适应控制器。然而，当辨识的初始值与真实值相差甚远时，参数的收敛过程可能会非常缓慢。对于模型参数可能出现突变的受控对象，这种传统方法很难实现高效的控制效果。

为了解决这一问题，一种基于切换指标函数的间接多模型自适应控制策略应运而生。该策略为受控对象构建了多个模型，并且在每个采样时刻，根据性能指标，选择最接近受控对象当前状态的模型参数作为辨识器的初始值。这样，辨识参数能够快速收敛到接近真实值的区域，从而确保基于这些参数构建的控制器能够实现更优的控制效果。

在前面的讨论中，我们已经介绍了自适应控制的基础理论和典型设计方法。可以明显看出，自适应控制技术的发展与控制理论的进步紧密相连。控制理论的多项成果与自适应控制技术相结合，催生了众多创新的自适应控制技术，例如将模糊技术与自适应思想结合形成的模糊自适应控制，将神经网络技术与自适应思想结合形成的神经网络自适应控制，将预测预报技术与自适应思想结合形成的自适应预测控制，以及将智能控制技术与自适应思想结合形成的智能自适应控制和多模型自适应控制等。这些自适应控制思想不仅在工业控制领域得到应用，也在社会、经济和管理等多个领域发挥着重要作用。

本章在自适应控制技术的发展和应用两个方面，简要介绍了一些自适应控制的新技术及其在实践中的应用案例，为读者提供一个初步的了解。对于更深入和具体的信息，建议感兴趣的读者进一步查阅相关文献资料。

本章小结

本章主要讲解自适应控制概述、模型参考自适应、自校正控制与新型自适应控制技术简介。

1）概述部分

主要介绍自适应控制理论产生的背景、概念与形式。自适应控制的设计与理论问题及发展与应用。

(1) 自适应控制主要针对控制对象复杂特性(非线性、分布参数、大滞后)、系统参数或干扰不确定性，而控制质量要求较高的需求。

(2) 相较于常规控制，自适应控制具有控制器可调、增加自适应回路、适用对象具有未知或时变的特性。模型参考自适应与自校正控制系统是两种应用最广的形式。

(3) 对自适应控制的设计要求包括稳定性、动态性能、鲁棒性与经济性。要解决的问题包括明确性能指标、选择好参数控制律与参数更新方法，设计控制律的实现方法。

(4) 自适应控制对工作环境复杂、参数变化大的对象适用性较好；自适应控制理论正在完善；在工程与非工程应用方面，已有大量实例。

2）模型参考自适应控制部分

主要讲解模型参考自适应概念、模型参考自适应设计、基于局部参数最优化理论的设计方法及基于李雅普诺夫稳定性理论设计方法。

(1) 模型参考自适应概念：参考模型给出对指令信号的希望响应性能；模型参考自适应系统的典型结构与数学描述；常用自适应律有参数自适应型与信号综合型。

(2) 模型参考自适应设计:应用情况与局限性;两类自适应律的设计方法——参数最优化方法、基于稳定性理论的设计方法。

(3) 基于局部参数最优化理论的设计方法:梯度法的基本原理、具有可调增益的MRAC。

(4) 基于李雅普诺夫稳定性理论设计方法:李雅普诺夫稳定性理论;针对具有可调增益的一阶线性系统、二阶线性系统和一般 n 阶定常线性系统的控制律设计方法。

3) 自校正控制部分

主要讲解自校正控制的概念、单步输出预测自校正控制、自校正 PID 控制。

(1) 自校正控制的概念:自校正控制系统是在常规反馈控制(称为内环)的基础上增加"参数估计器"和"控制器参数计算"两框所组成的外环构成;可分为显式(间接)自校正控制系统和隐式(直接)自校正控制系统两类。

(2) 单步输出预测自校正控制:最小方差控制的基本概念、被控对象的预测模型、预测控制律、对象参数不确定时的自校正算法。

(3) 自校正 PID 控制:自校正 PID 控制理论基础与特点、极点配置自校正 PID 控制、二自由度自校正 PID 控制器。

4) 新型自适应控制技术简介部分

主要介绍模糊自适应、神经网络自适应、自适应逆控制和多模型自适应控制等。

(1) 模糊自适应:模糊控制理论与自适应控制理论相结合的理论;适用于非线性多变量复杂控制系统。

(2) 神经网络自适应:应用神经网络的非线性函数的映射能力,在自校正控制系统中充当未知系统方程逼近器。

(3) 自适应逆控制:逆控制的原理与基本结构;自适应逆控制的特点。

(4) 多模型自适应控制:针对复杂控制系统的操作环境变化时,常规自适应控制控制效果不好;多模型逼近系统的动态特性并设计多模型自适应控制器;多模型自适应控制的组成、多模型自适应控制的模型集、间接多模型自适应控制。

思考题

5-1 自适应控制具有哪些优势,能解决何种问题?

5-2 自适应控制系统有哪几种常见形式,其系统结构是怎样的?

5-3 在 MRAC 中,为什么要引入参考模型?参考模型起到什么作用?参考模型是否属于控制器的一部分?在模型跟随控制器设计中,控制器形式为 $u(t)=-\boldsymbol{K}_{\mathrm{P}}\boldsymbol{x}_{\mathrm{s}}(t)+\boldsymbol{K}_{\mathrm{U}}\boldsymbol{u}_{\mathrm{w}}(t)$,在零极点配置控制器设计中,控制器形式为 $H(z^{-1})u(k)=E(z^{-1})w(k)-G(z^{-1})y(k)$,两者之间有哪些区别和联系?

5-4 针对如下的被控对象模型

$$\dot{\boldsymbol{x}}_{\mathrm{s}}(t)=\begin{bmatrix}1 & -2\\ 2 & -11\end{bmatrix}\boldsymbol{x}_{\mathrm{s}}(t)+\begin{bmatrix}2\\ 3\end{bmatrix}u(t)$$

参考模型为

$$\dot{\boldsymbol{x}}_{\mathrm{m}}(t)=\begin{bmatrix}0 & 2\\ -1 & -5\end{bmatrix}\boldsymbol{x}_{\mathrm{m}}(t)+\begin{bmatrix}4\\ 6\end{bmatrix}u_{\mathrm{w}}(t)$$

设计基于李雅普诺夫稳定性理论的模型参考自适应控制器，进行仿真实验，并分析仿真结果。

5-5　设被控对象模型的传递函数方程为 $G(s)=\frac{2}{s+1}$，参考模型的传递函数方程为 $G_m(s)=\frac{3}{s+2}$，当被控对象模型参数未知时，分别用李雅普诺夫稳定性理论和波波夫超稳定性理论设计自适应规律，画出模型参考自适应控制系统框图，并进行仿真，分析比较仿真结果。

5-6　针对下列确定性被控对象模型

$$y(k)+0.5y(k-1)=0.7u(k-3)-0.3u(k-4)$$
$$y(k)+1.5y(k-1)=0.7u(k-3)-0.3u(k-4)$$
$$y(k)+0.5y(k-1)=0.7u(k-3)-1.4u(k-4)$$
$$y(k)+1.5y(k-1)=0.7u(k-3)-1.4u(k-4)$$

将闭环极点配置为 0.5，采用零极点配置控制器进行控制器设计，给出设计步骤和控制器方程，进行仿真实验，并分析仿真效果。

5-7　针对如下被控对象模型

$$y(k)+0.5y(k-1)=0.7u(k-d)-1.4u(k-d-1)+\xi(k)+0.85\xi(k-1)$$

式中，考虑时延 d 按下列两种方式取值：

①$d=5$，且 d 已知；

②当 $0<k=100$ 时，$d=3$；当 $k>100$ 时，$d=5$，且 d 未知。

采用广义最小方差自校正控制器和零极点配置控制器进行仿真实验，分析仿真效果。

5-8　车辆悬架系统用以缓和不平路面给车身造成的冲击载荷，缓冲和吸收来自车轮的振动。车辆悬架控制系统的目标是使路面波动对车体垂直方向速度的影响为最小，意味着乘车人员的舒适感最佳。被控对象的输出为车体垂直方向的速度 $v_b(t)$，有

$$y(t)=v_b(t)=\dot{x}_b(t)$$

式中，变量 $x_b(t)$ 表示车体相对基准平面的位移。被控对象的控制输入为力发生器的指令信号 u。车辆悬架系统的数学模型可用下式来表示

$$y(k)=\frac{b_0+b_1z^{-1}}{1+a_1z^{-1}+a_2z^{-2}+a_3z^{-3}}\Delta u(k-1)+\frac{1+c_1z^{-1}}{1+a_1z^{-1}+a_2z^{-2}+a_3z^{-3}}\xi(k)$$

式中，假设 $\xi(k)$ 为白噪声，表示路面波动带来的干扰。假定上式参数未知，请推导最小方差自校正调节器，使得被控对象 k 时刻的输出 $y(k)$ 的方差极小，即 $\min J$。式中，$J=e\{y^2(k)\}$。

要求写出车辆悬架系统自校正调节律的设计过程，包括给出调节器方程和参数辨识方程(有关车辆悬架系统的详细介绍可查阅本书所列的参考文献[22]柴天佑《自适应控制》第 7.2 节)。

6

智能控制

智能控制领域是人工智能、运筹学和经典自动控制技术相互融合的产物，代表了一种新兴学科的发展。这种技术的运用，极大地拓宽了控制理论的应用边界，使得一些在传统控制理论中难以有效应对的复杂问题、高度非线性问题以及不确定性问题得到了解决或部分解决。本章介绍了智能控制概述、模糊逻辑控制和神经网络控制。

6.1 智能控制概述

传统控制策略依赖于对控制对象的精确数学模型，这使得它们主要适用于处理线性、时不变的简单控制任务。然而，面对系统固有的非线性特性、时变行为和不确定性等复杂情况，这些模型可能不再准确，甚至在某些情况下，建模变得不可行，导致传统控制方法无法实现预期的控制效果。

智能控制技术则源于实际生产中的观察，它结合了操作者的经验和控制理论，以解决那些复杂性较高的控制问题。这种控制方法采用了一种创新的途径，模仿人类的思维方式来构建逻辑模型，并采用类似人脑的处理方式来进行控制。智能控制技术能够适应控制对象的复杂性和不确定性。

本节内容将重点介绍智能控制的基础概念、发展的历史脉络以及在各个领域的应用情况。

6.1.1 智能控制的概念

智能控制是一种集成了计算机技术、传感器等现代科技手段的控制策略，它能够对系统的实时运行状态进行监测和分析。基于既定的规则和策略，智能控制系统能够自动调整相关参数和控制元件，旨在提升系统性能并满足特定的需求。接下来，我将简要阐述智能控制的研究范畴、其系统的核心特性，以及所依赖的数学工具。

1. 智能控制的研究对象

智能控制的研究覆盖了工业自动化、智能交通管理、水资源管理、环境监管、机器人技术、医疗健康管理以及金融经济等多个领域。与传统的控制对象相比，智能控制面对的系统具有以下特性。

1）任务的高复杂性

智能控制系统通常面对的任务需求较为复杂。以智能机器人系统为例，这类系统需要具备独立规划和决策的能力，能够在遇到障碍物时自主规避，并准确导航至预定目标点。

2）显著的非线性特征

智能控制领域的研究对象往往展现出显著的非线性特征，其输入与输出之间的关系并非遵循简单的线性模式。微小的输入变化有时能引起系统输出的巨大波动。这种非线性特性通常涉及多个变量的复杂的相互作用、非线性的耦合效应以及反馈机制，这些因素共同为系统的建模、控制策略的制定和优化过程带来了额外的难度。

3）模型的不确定性

传统控制方法依赖于已知或可通过辨识获得的确定性模型，包括控制对象和干扰因素的模型。相比之下，智能控制所面对的对象常常伴随着明显的不确定性，这种不确定性可能源于模型结构和参数的未知性（部分未知或完全未知），或者这些参数在宽广的范围内持续变动，从而给控制策略的设计和实施带来了额外的复杂性。

2. 智能控制系统

智能控制系统是一种融合了人工智能技术的先进控制解决方案，它整合了感知、决策和执行功能，使得系统能够对复杂环境进行自主学习、优化和适应性调整。这类系统采用前沿的算法和模型，并与传感器、执行器等硬件组件协同工作，以实现对系统的即时监控、数据分析和控制，进而提升系统性能、效率和可靠性。

智能控制系统的关键优势在于其自我学习和自我适应的能力，它们能够根据外部环境的变化和内部状态的反馈，动态调整控制逻辑，以实现更加智能化的决策过程和操作执行。

从系统论的视角来看，智能行为可以被视为一种从输入到输出的转换过程。以一位钢琴家演奏一曲动人的乐章为例，这是一种高度复杂的智能行为，其输入是乐谱，而输出则是钢琴家的手指动作和力度控制。尽管这种映射关系可以通过描述性语言来阐释，但它难以用数学公式精确表达，因此也就难以被其他人以相同的精度复现。

3. 智能控制系统的基本结构

智能控制系统有两种典型的结构形式，第一种结构如图 6-1 所示。

在该技术框架中，广义对象不仅包含传统意义上的控制目标，也涵盖了其所处的外部环境。以智能机器人系统为例，机器人的机械臂、操作对象以及它们所在的环境被统称为广义对象。传感器的种类也相当广泛，包括关节位置传感器、力传感器，以及可能的触觉、滑觉或视觉传感器等。感知信息处理是对传感器捕获的原始数据进行加工的过程。例如，视觉信息需要经过复杂的处理才能转化为有用的数据。

认知模块的主要功能是接收、存储知识、经验以及数据，并进行深入分析、推理，以制定行动决策，这些决策随后被传递到规划和控制模块。通信接口的作用不仅是建立人与机器之间的交互，也包括系统内部各模块之间的连接。规划和控制模块是整个系统的核心部分，它依据任务需求、反馈信息和经验知识，进行自动化的搜索、推理、决策和动作规划，最终生成具体的控制指令，通过执行机构对控制对象施加影响。

G. N. 萨里迪斯提出了智能控制系统的分层递阶结构形式，如图 6-2 所示。其中执

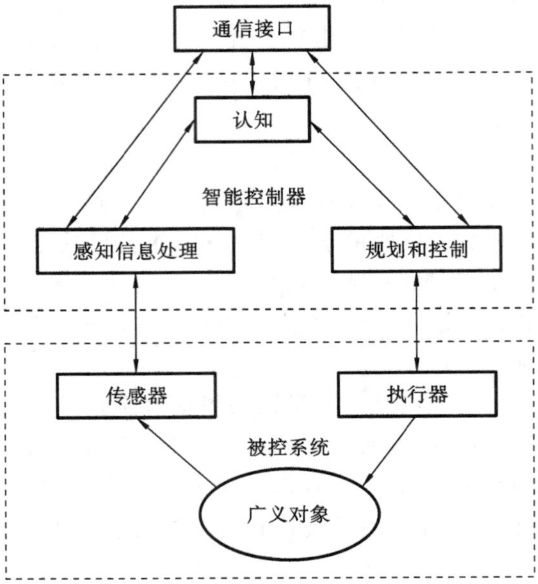

图 6-1 智能控制系统的典型结构

行级一般需要比较准确的模型，以实现具有一定精度要求的控制任务；协调级用来协调执行级的动作，它不需要精确的模型，但需具备学习功能以便在再现的控制环境中改善性能，并能接受上一级的模糊指令和符号语言；组织级将操作员的自然语言翻译成机器语言，组织决策、规划任务，并直接干预底层的操作；识别功能用于获得和翻译不同级中的检测与指令信息。

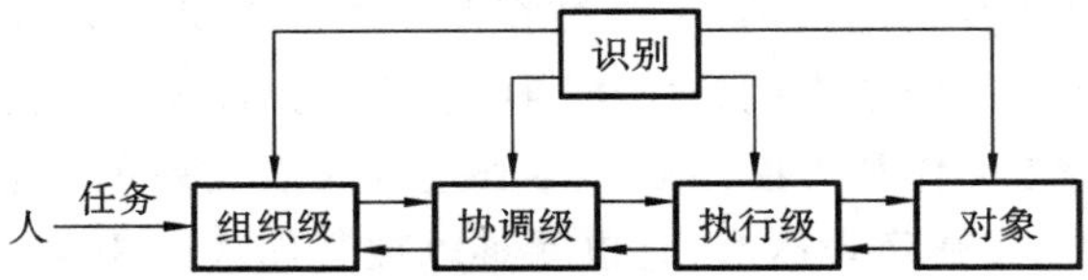

图 6-2 分层递阶智能控制结构

4. 智能控制系统的主要功能

在传统自动控制系统中，通常包括监测与感知、决策与控制以及自动故障检测等基本功能。智能控制系统则在这些传统功能之上，进一步集成了自学习能力、自适应能力和自组织能力。

1）自学习能力

智能控制系统能够识别并学习过程中未知的特征和环境信息，并将这些学习成果应用于后续的预测、分类、决策或控制过程，以此提升系统的整体性能。在较低层次，学习功能主要涉及对控制对象参数的掌握；而在更高层次，学习功能则扩展到知识的更新和淘汰。

2）自适应能力

智能控制系统的自适应能力超越了传统自适应控制的范畴，展现出更深层次的适应性。例如，它能够进行无需模型的自适应估计；在面对未学习过的输入时，系统能够进行有效的插值处理;即使在系统部分故障的情况下,也能保持正常运行;此外,系统还具备故障自诊断和自修复的能力。

3) 自组织能力

智能控制系统具备对复杂任务和分散的传感信息进行自我组织和协调的能力。这使得系统表现出更高的主动性和灵活性。例如,在任务要求的范围内进行自主决策和主动行动;在面对多目标冲突时,控制器能够独立进行决策和调整。

通过这些高级功能,智能控制系统能够更加灵活和高效地应对不断变化的环境和任务需求。

5. 智能控制研究的数学工具

1) 结合符号推理与数值计算

以专家控制系统为例,其上层为专家系统,利用人工智能中的符号推理技术;而下层则基于传统控制理论,使用数值计算方法。智能控制系统的数学工具便是这两种方法的融合。

2) 结合离散事件系统与连续时间系统分析

如计算机集成制造系统(CIMS)和智能机器人,它们是智能控制的典型应用。在CIMS中,上层的任务分配、调度、零件加工和传输等可以通过离散事件系统理论进行分析和设计;而底层的机床和机器人控制则采用连续时间系统的常规分析方法。

3) 融合两种方法的中间技术

(1) 神经网络。它通过大量简单元素构建复杂的函数关系,本质上是非线性动态系统,不依赖于特定模型。

(2) 模糊逻辑。虽然在形式上采用规则进行逻辑推理,但其逻辑值可以在 **0** 到 **1** 之间连续变化,采用的是数值处理而非符号处理方法。

6.1.2 智能控制主要分支与发展过程

智能控制是多学科交叉学科领域。傅京逊在 1971 年的文章中称智能控制是人工智能与自动控制的交叉。后来萨里迪斯加进了运筹学,认为智能控制是人工智能、运筹学和自动控制三者的交叉。当前,关于智能控制主要有三个分支:模糊控制、神经网络控制、智能搜索算法。

1. 模糊控制

传统控制策略通常依赖于对控制对象的精确数学描述,但随着系统复杂性的增加,构建这样的模型变得越来越具有挑战性。在实际工程操作中,经验丰富的操作员能够仅凭直觉和经验实现对复杂系统的高效控制。这种观察启发了模糊控制的诞生,即通过模仿人脑的思维方式来设计控制器,以实现对复杂系统的管理。

1965 年,美国加州大学伯克利分校的 L. A. Zadeh 教授首次提出了模糊集合理论,这为模糊控制的发展奠定了理论基础。1974 年,伦敦大学的 Ebrahim Mamdani 博士应用模糊逻辑开发了世界上第一台模糊控制蒸汽机,标志着模糊控制技术的诞生。1983 年,日本富士电机公司在水净化处理领域首次应用模糊控制技术,随后该公司继续深入研究模糊逻辑元件,并在 1987 年将模糊控制技术应用于仙台地铁线。到了1989 年,富士电机公司进一步推广模糊控制技术到消费品市场,使日本成为该技术领域的领导者。

模糊逻辑控制器的设计不依赖于控制对象的具体模型，而是依赖于控制专家或操作员的经验和知识。其主要优势在于能够将人类的控制经验有效地集成到控制器设计中。然而，如果没有足够的控制经验，设计出高效的模糊控制器将非常困难。模糊系统能够逼近任何复杂的非线性系统，而基于这种逼近的自适应模糊控制代表了模糊控制技术发展的更高级阶段。

2. 神经网络控制

神经网络的研究历程已跨越了数十年。1943 年，McCulloch 和 Pitts 首次提出了神经元的数学模型。从 1950 年到 1980 年，神经网络领域处于初步形成阶段，期间虽成果不多，但有重要进展。例如，1975 年 Albus 提出的记忆模型 CMAC 网络；1976 年 Grossberg 提出了一种自组织的无监督模式分类网络。1980 年代以后，神经网络进入了快速发展阶段，1982 年 Hopfield 提出了以其名字命名的 Hopfield 网络，它解决了某些类型的网络学习问题；1986 年 Rumelhart 等人在美国提出了 BP 神经网络，这是一种基于误差反向传播算法训练的多层前馈网络，为神经网络的应用带来了巨大的潜力。

将神经网络技术应用于控制领域，便诞生了神经网络控制。这种控制方法模仿人脑生理结构的简化模型，是一种新兴的智能控制技术，具有并行处理、模式识别、记忆保持和自我学习的能力。它能够适应并学习不确定系统的动态变化，展现出强大的鲁棒性和容错能力。神经网络能够逼近各种复杂的非线性系统，基于这种逼近技术的自适应神经网络控制代表了该领域的高级应用形式。神经网络控制在控制领域的应用前景十分广泛。

3. 智能搜索算法

智能搜索算法作为人工智能领域的关键分支，随着优化理论的不断进步，已经迅速发展并被广泛应用于多种搜索问题。这类算法包括遗传算法、粒子群优化算法和差分进化算法等，它们通过模拟自然界现象和过程来实现优化，具有独特的优势和机制，为解决现有搜索问题提供了有效的解决方案。

在 20 世纪 70 年代，美国密西根大学的霍兰教授及其学生提出了一种创新的优化算法——遗传算法。该算法的灵感来源于达尔文的自然选择理论，通过将问题编码为串(染色体)，可以是二进制或整数序列，形成串的群体，并在求解环境中根据自然选择的原则，选择适应性强的串进行复制，并通过交换和变异操作产生新一代更适应环境的串群。通过连续多代的迭代，最终收敛到最优解。

粒子群优化算法，由 Eberhart 博士和 Kennedy 博士于 1995 年提出，是一种模拟鸟群捕食行为的进化计算技术。它从随机解出发，通过迭代寻找最优解，使用适应度来评价解的质量。与遗传算法相比，粒子群优化算法规则更简单，没有交叉和变异操作，而是通过跟踪当前搜索到的最优值来探索全局最优。这种算法因其易于实现、高精度和快速收敛等优点受到学术界的关注，并在解决复杂问题上显示出其优越性。

差分进化算法，由 Storn 等人于 1995 年提出，是一种基于种群的全局搜索策略的进化计算技术。它采用实数编码、基于差分的变异操作和一对一竞争生存策略，简化了遗传操作的复杂性。差分进化算法具有记忆能力，能够动态跟踪搜索过程并调整搜索策略,具有强大的全局收敛能力和鲁棒性,适用于解决传统数学规划方法难以解决的复杂优化问题。

这些智能算法不依赖于问题的具体模型特性,能够高效地搜索复杂、高度非线性和多维空间问题,为智能控制的研究与应用提供了新的路径。

近年来,深度学习作为一种基于多层神经网络的机器学习方法,因其在图像识别、语音识别、自然语言处理等领域取得的显著成果而受到广泛关注。深度学习通过构建多层的神经网络结构,实现了对大量数据的深入学习和有效表征。

4. 智能控制的应用

智能控制作为控制理论发展的高级阶段,专注于处理那些传统控制手段难以应对的复杂系统控制问题。这些系统包括智能机器人、计算机集成制造、工业自动化、航空航天、社会经济管理、交通管理、环境保护和能源管理等。以下是智能控制在机器人和过程控制两个领域的应用实例。

1) *在运动控制领域的应用*

智能机器人技术是当前研究的热点。在 20 世纪 80 年代初,E. H. Mamdan 首次将模糊控制技术应用于真实机器人臂的控制。1975 年,J. S. Albus 提出了基于小脑控制肢体运动原理的 CMAC 神经网络模型,这一模型在机器人关节控制中得到了典型应用。目前,工业界使用的绝大多数机器人尚未达到智能化水平,但随着机器人技术的快速发展,市场对不同智能级别的机器人需求日益增长。

飞行器控制是智能控制展现其潜力的另一重要领域,由于其非线性、多变量和不确定性的特点,非常适合应用智能控制技术。神经网络的非线性逼近能力和自学习特性使其成为设计飞行器控制算法的理想选择。例如,结合反演控制和神经网络技术的非线性自适应方法已被用于飞行系统控制器的设计。

2) *在过程控制领域的应用*

过程控制涵盖了石油、化工、电力、冶金、轻工、纺织、制药和建材等行业的工业生产自动化,是自动化技术中极为关键的应用领域。智能控制在这一领域的应用十分广泛。例如,在石油化工行业,1994 年美国的 Gensym 公司和 Neuralware 公司合作,将神经网络技术应用于炼油厂的非线性工艺过程。在冶金行业,日本新日铁公司于 1990 年将专家控制系统应用于轧钢生产。在化工行业,日本的三菱化学合成公司开发了用于乙烯生产的模糊控制系统。

智能控制在过程控制领域的应用标志着控制理论发展的新趋势,展现了其在提高工业自动化水平方面的潜力和前景。

6.2 模糊逻辑控制

人类作为控制者参与的控制系统代表了智能控制的典型应用,这类系统内嵌了人类的高级智能行为。模糊控制技术在一定程度上模拟了人类的控制行为,它不依赖于控制对象的精确模型。因此,模糊控制被视为一种智能控制手段。本节将探讨模糊控制,它基于模仿人类的控制经验和知识来进行过程控制。作为一种智能控制形式,模糊控制不仅适用于简单的控制任务,同样也适用于处理复杂的控制过程。

6.2.1 模糊集合及其运算

1. 模糊集合的表示

模糊控制是利用模糊数学的基本思想和理论的控制方法。模糊集合是模糊控制的数学基础。

在数学上经常用到集合的概念。例如，集合 A 由 4 个离散值 x_1,x_2,x_3,x_4 组成，即

$$A=\{x_1,x_2,x_3,x_4\}$$

例如：集合 A 由 0 到 1 之间的连续实数值组成，即

$$A=\{x,x\in R,0.0\leqslant x\leqslant 1.0\}$$

以上两个集合是完全不模糊的。对任意元素 x，只有两种可能：属于 A 或不属于 A。这种特性可以用特征函数 $\mu_A(x)$ 来描述，即

$$\mu_A(x)=\begin{cases}1 & x\in A\\ 0 & x\notin A\end{cases} \tag{6-1}$$

为了表示模糊概念，需要引入模糊集合和隶属函数的概念，即

$$\mu_A(x)=\begin{cases}1 & x\in A\\ (0,1) & x\text{ 属于 }A\text{ 的程度}\\ 0 & x\notin A\end{cases} \tag{6-2}$$

其中 A 称为模糊集合，由 0,1 及 $\mu_A(x)$ 构成。$\mu_A(x)$ 表示元素 x 属于模糊集合 A 的程度，取值范围为 $[0,1]$，称 $\mu_A(x)$ 为 x 属于模糊集合 A 的隶属度。

隶属度将普通集合中的特征函数的取值 $\{0,1\}$ 扩展到闭区间 $[0,1]$，即可用 0～1 的实数来表达某一元素属于模糊集合的程度。

模糊集合的表示如下。

(1) 模糊集合 A 由离散元素构成。

模糊集合 A 由离散元素构成，表示为

$$A=\mu_1/x_1+\mu_2/x_2+\cdots+\mu_i/x_i+\cdots \tag{6-3}$$

或

$$A=\{(x_1,\mu_1),(x_2,\mu_2),\cdots,(x_i,\mu_i),\cdots\} \tag{6-4}$$

(2) 模糊集合 A 由连续函数构成。

各元素的隶属度就构成了隶属函数(membership function) $\mu_A(x)$，此时 A 表示为

$$A=\int \mu_A(x)/x \tag{6-5}$$

在模糊集合的表达中，符号“/”“+”和“$\int$”不代表数学意义上的除号、加号和积分，它们是模糊集合的一种表示方式，表示“构成”或“属于”。

模糊集合是以隶属函数来描述的，隶属度的概念是模糊集合理论的基石。

例 6-1 设论域 $U=\{$张三，李四，王五$\}$，评语为“学习好”。设三个人学习成绩总评分是张三得 95 分，李四得 90 分，王五得 85 分，三人都学习好，但又有差异。

若采用普通集合的观点，选取特征函数

$$C_A(u)=\begin{cases}1 & \text{学习好} \in A\\ 0 & \text{学习差} \notin A\end{cases}$$

此时特征函数分别为 C_A(张三)=1,C_A(李四)=1,C_A(王五)=1。这样就反映不出三者的差异。假若采用模糊子集的概念,选取[0,1]区间上的隶属度来表示它们属于"学习好"模糊子集 A 的程度,就能够反映出三人的差异。

采用隶属函数 $x/100$,由三人的成绩可知三人"学习好"的隶属度为 μ_A(张三)=0.95,μ_A(李四)=0.90,μ_A(王五)=0.85。用"学习好"这一模糊子集 A 可表示为

$$A=\{0.95,0.90,0.85\}$$

其含义为张三、李四、王五属于"学习好"的程度分别是 0.95,0.90,0.85。

例 6-2 以年龄为论域,取 $X=[0,100]$。Zadeh 给出"年轻"的模糊集 Y,其隶属函数为

$$Y(x)=\begin{cases}1.0 & 0\leqslant x\leqslant 25\\ \left[1+\left(\dfrac{x-25}{5}\right)^2\right]^{-1} & 25<x\leqslant 100\end{cases}$$

通过 MATLAB 仿真对上述隶属函数作图,隶属函数曲线如图 6-3 所示。

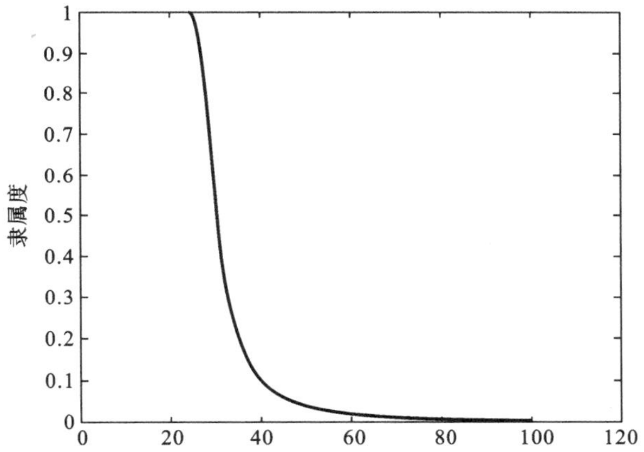

图 6-3 "年轻"的隶属函数曲线

2. 模糊集合的基本运算

1) 模糊集合的相等

若有两个模糊集合 A 和 B,对于所有的 $x\in X$,均有

$$\mu_A(x)=\mu_B(x) \tag{6-6}$$

则称模糊集合 A 与模糊集合 B 相等,记作 $A=B$。

2) 模糊集合的包含关系

若有两个模糊集合 A 和 B,对于所有的 $x\in X$,均有

$$\mu_A(x)<\mu_B(x) \tag{6-7}$$

则称 A 包含于 B 或 A 是 B 的子集,记作 $A\subseteq B$。

3) 模糊空集

若对所有 $x\in X$,均有

$$\mu_A(x)=0 \tag{6-8}$$

则称 A 为模糊空集,记作 $A=\varnothing$。

4) 模糊集合的并集

若有三个模糊集合 A、B 和 C,对于所有的 $x\in X$,均有

$$\mu_C(x)=\mu_A(x)\vee\mu_B(x)=\max[\mu_A(x),\mu_B(x)] \tag{6-9}$$

则称 C 为 A 与 B 的并集,记为 $C=A\cup B$。

5) 模糊集合的交集

若有三个模糊集合 A、B 和 C,对于所有的 $x\in X$,均有

$$\mu_C(x)=\mu_A(x)\wedge\mu_B(x)=\min[\mu_A(x),\mu_B(x)] \tag{6-10}$$

则称 C 为 A 与 B 的交集,记为 $C=A\cap B$。

6) 模糊集合的补集

若有两个模糊集合 A 与 B,对于所有的 $x\in X$,均有

$$\mu_B(x)=1-\mu_A(x) \tag{6-11}$$

则称 B 为 A 的补集,记为 $B=\overline{A}$。

7) 模糊集合的直积(Cartesian product)

若有两个模糊集合 A 和 B,其论域分别为 X 和 Y,则定义在积空间 $X\times Y$ 上的模糊集合 $A\times B$ 为 A 和 B 的直积,其隶属度函数为

$$\mu_{A\times B}(x,y)=\min[\mu_A(x),\mu_B(y)] \tag{6-12}$$

例 6-3 设论域 $X=\{a,b,c,d,e\}$ 上有两个模糊集分别为:$A=\frac{0.5}{a}+\frac{0.3}{b}+\frac{0.4}{c}+\frac{0.2}{d}+\frac{0.1}{e}$,$B=\frac{0.2}{a}+\frac{0.8}{b}+\frac{0.1}{c}+\frac{0.7}{d}+\frac{0.4}{e}$,求 $A\cap B$,$A\cup B$。

根据上面的定义,容易求得

$$\begin{aligned}A\cap B&=\frac{0.5\wedge 0.2}{a}+\frac{0.3\wedge 0.8}{b}+\frac{0.4\wedge 0.1}{c}+\frac{0.2\wedge 0.7}{d}+\frac{0.1\wedge 0.4}{e}\\&=\frac{0.2}{a}+\frac{0.3}{b}+\frac{0.1}{c}+\frac{0.2}{d}+\frac{0.1}{e}\\A\cup B&=\frac{0.5\vee 0.2}{a}+\frac{0.3\vee 0.8}{b}+\frac{0.4\vee 0.1}{c}+\frac{0.2\vee 0.7}{d}+\frac{0.1\vee 0.4}{e}\\&=\frac{0.5}{a}+\frac{0.8}{b}+\frac{0.4}{c}+\frac{0.7}{d}+\frac{0.4}{e}\end{aligned}$$

3. 模糊集合运算的基本性质

(1) 交换律(commutative law):对于任意两个模糊集合 A 和 B,交运算和并运算满足交换律,即

$$A\cap B=B\cap A,\quad A\cup B=B\cup A$$

(2) 结合律(associative law):对于任意三个模糊集合 A、B 和 C,交运算和并运算满足结合律,即

$$A\cup(B\cup C)=(A\cup B)\cup C,\quad A\cap(B\cap C)=(A\cap B)\cap C$$

(3) 分配律(distributive law):对于任意三个模糊集合 A、B 和 C,交运算和并运算满足分配律,即

$$A\cup(B\cap C)=(A\cup B)\cap(A\cup C),A\cap(B\cup C)=(A\cap B)\cup(A\cap C)$$

(4) 吸收律(absorption law):对于任意两个模糊集合 A 和 B,交运算和并运算满

足吸收律，即

$$A\cap(A\cup B)=A,\quad A\cup(A\cap B)=A$$

(5) 补运算的互补性(complementarity of complement)：对于任意一个模糊集合 A，其补运算满足互补性，即

$$A\cup\overline{A}=U,\quad A\cap\overline{A}=\varnothing$$

(6) 幂等律，即

$$A\cap A=A,\quad A\cup A=A$$

(7) 同一律，即

$$A\cup X=X,\quad A\cap X=A,\quad A\cup\varnothing=A,\quad A\cap\varnothing=\varnothing$$

其中 X 表示论域全集，$\varnothing$ 表示空集。

(8) 达·摩根律，即

$$\overline{A\cup B}=\overline{A}\cap\overline{B},\quad \overline{A\cap B}=\overline{A}\cup\overline{B}$$

4. 模糊集合的其他类型运算

在模糊集合的运算中，还常常用到其他类型的运算，下面列出主要的几种。

1) 代数和

若有三个模糊集合 A、B 和 C，对于所有的 $x\in X$，均有

$$\mu_C(x)=\mu_A(x)+\mu_B(x)-\mu_A(x)\mu_B(x) \tag{6-13}$$

则称 C 为 A 与 B 的代数和，记为 $C=A\hat{+}B$。上述说明也可简单表达为

$$A\hat{+}B\leftrightarrow\mu_A\hat{+}B(x)=\mu_A(x)+\mu_B(x)-\mu_A(x)\mu_B(x) \tag{6-14}$$

2) 代数积

$$A\cdot B\leftrightarrow\mu_{A\cdot B}(x)=\mu_A(x)\times\mu_B(x) \tag{6-15}$$

3) 有界和

$$A\oplus B\leftrightarrow\mu_{A\oplus B}(x)=(\mu_A(x)+\mu_B(x))\wedge 1 \tag{6-16}$$

4) 有界差

$$A\ominus B\leftrightarrow\mu_{A\ominus B}(x)=(\mu_A(x)-\mu_B(x))\vee 0 \tag{6-17}$$

5) 有界积

$$A\otimes B\leftrightarrow\mu_{A\otimes B}(x)=(\mu_A(x)+\mu_B(x)-1)\vee 0 \tag{6-18}$$

6) 强制和(drastic sum)

$$A\circledcirc B\leftrightarrow\mu_{A\circledcirc B}(x)=\begin{cases}\mu_A(x), & \mu_A(x)=0\\ \mu_B(x), & \mu_B(x)=0\\ 1, & \mu_A(x),\mu_B(x)>0\end{cases} \tag{6-19}$$

7) 强制积(drastic product)

$$A\odot B\leftrightarrow\mu_{A\odot B}(x)=\begin{cases}\mu_A(x), & \mu_A(x)=1\\ \mu_B(x), & \mu_B(x)=1\\ 0, & \mu_A(x),\mu_B(x)<1\end{cases} \tag{6-20}$$

6.2.2 模糊关系及其运算

在日常生活中经常听到诸如"A 与 B 很相似""X 比 Y 大很多"等描述模糊关系的语句。借助于模糊集合理论，可以定量地描述这些模糊关系。

1. 模糊关系的定义及表示

定义：n 元模糊关系 R 是定义在直积 $X_1\times X_2\times\cdots\times X_n$ 上的模糊集合，它可表示为

$$\begin{aligned}R_{X_1\times X_2\times\cdots\times X_n}&=\{((X_1\times X_2\times\cdots\times X_n),\mu_R(X_1\times X_2\times\cdots\times X_n))\mid\\&\quad(X_1\times X_2\times\cdots\times X_n)\in X_1\times X_2\times\cdots\times X_n\}\\&=\int_{X_1\times X_2\times\cdots\times X_n}\mu_R(X_1,X_2,\cdots,X_n)/(X_1,X_2,\cdots,X_n)\end{aligned}$$

用得较多的是 $n=2$ 时的模糊关系。存在集合 X 和 Y，它们的直积 $X\times Y$ 的一个子集 R 称为 X 到 Y 的二元关系或关系。可用特征函数表示为

$$\mu_R(x,y)=\begin{cases}0, & (x,y)\in R\\1, & (x,y)\notin R\end{cases}\tag{6-21}$$

例 6-4　设 X 是实数集合，且 $x,\ y\in X$，对于"y 比 x 大得多"的模糊关系 R，其隶属度函数可以表示为

$$\mu_R(x,y)=\begin{cases}0, & x\geqslant y\\ \dfrac{1}{1+\left(\dfrac{10}{y-x}\right)^2}, & x<y\end{cases}$$

而对于"x 和 y 大致相等"这样的模糊关系 R，其隶属度函数可表示为

$$\mu_R(x,y)=\mathrm{e}^{-a|x-y|},\quad a>0$$

因为模糊关系也是模糊集合，所以它可用如上所述的表示模糊集合的方法来表示。此外，有些情况下，它还可以用矩阵和图的形式来更形象地加以描述。

当 $X=\{x_1,x_2,\cdots,x_n\}$，$Y=\{y_1,y_2,\cdots,y_m\}$ 是有限集合时，定义在 $X\times Y$ 上的模糊关系 R 可用如下的 $n\times m$ 阶矩阵来表示：

$$\begin{bmatrix}\mu_R(x_1,y_1) & \mu_R(x_1,y_2) & \cdots & \mu_R(x_1,y_m)\\\mu_R(x_2,y_1) & \mu_R(x_2,y_2) & \cdots & \mu_R(x_2,y_m)\\\vdots & \vdots & & \vdots\\\mu_R(x_n,y_1) & \mu_R(x_n,y_2) & \cdots & \mu_R(x_n,y_m)\end{bmatrix}$$

这样的矩阵称为模糊矩阵，由于其元素均为隶属度函数，因此它们均在[0,1]中取值。

2. 模糊矩阵运算

设有 n 阶模糊矩阵 $\boldsymbol{A}$ 和 $\boldsymbol{B}$，$\boldsymbol{A}=(a_{ij})$，$\boldsymbol{B}=(b_{ij})$，且 $i,j=1,2,\cdots,n$。定义如下几种模糊矩阵运算方式。

(1) 相等。

若 $a_{ij}=b_{ij}$，则 $\boldsymbol{A}=\boldsymbol{B}$。

(2) 包含。

若 $a_{ij}\leqslant b_{ij}$，则 $\boldsymbol{A}\subseteq\boldsymbol{B}$。

(3) 并运算。

若 $c_{ij}=a_{ij}\vee b_{ij}$，则 $\boldsymbol{C}=(c_{ij})$ 为 $\boldsymbol{A}$ 和 $\boldsymbol{B}$ 的并，记为 $\boldsymbol{C}=\boldsymbol{A}\cup\boldsymbol{B}$。

(4) 交运算。

若 $c_{ij}=a_{ij}\wedge b_{ij}$，则 $\boldsymbol{C}=(c_{ij})$ 为 $\boldsymbol{A}$ 和 $\boldsymbol{B}$ 的交，记为 $\boldsymbol{C}=\boldsymbol{A}\cap\boldsymbol{B}$。

(5) 补运算。

若 $c_{ij}=1-a_{ij}$，则 $\boldsymbol{C}=(c_{ij})$ 为 $\boldsymbol{A}$ 的补，记为 $\boldsymbol{C}=\bar{\boldsymbol{A}}$。

例 6-5 设 $\boldsymbol{A}=\begin{bmatrix}0.7 & 0.1\\0.3 & 0.9\end{bmatrix}$，$\boldsymbol{B}=\begin{bmatrix}0.4 & 0.9\\0.2 & 0.1\end{bmatrix}$，则

$$\boldsymbol{A}\cup\boldsymbol{B}=\begin{bmatrix}0.7\vee 0.4 & 0.1\vee 0.9\\0.3\vee 0.2 & 0.9\vee 0.1\end{bmatrix}=\begin{bmatrix}0.7 & 0.9\\0.3 & 0.9\end{bmatrix}$$

$$\boldsymbol{A}\cap\boldsymbol{B}=\begin{bmatrix}0.7\wedge 0.4 & 0.1\wedge 0.9\\0.3\wedge 0.2 & 0.9\wedge 0.1\end{bmatrix}=\begin{bmatrix}0.4 & 0.1\\0.2 & 0.1\end{bmatrix}$$

$$\bar{\boldsymbol{A}}=\begin{bmatrix}1-0.7 & 1-0.1\\1-0.3 & 1-0.9\end{bmatrix}=\begin{bmatrix}0.3 & 0.9\\0.7 & 0.1\end{bmatrix}$$

3. 模糊矩阵的合成

所谓合成，即由两个或两个以上的关系构成一个新的关系。模糊关系也存在合成运算，是通过模糊矩阵的合成进行的。

设 $\boldsymbol{X},\boldsymbol{Y},\boldsymbol{Z}$ 是论域，$\boldsymbol{R}$ 是 $\boldsymbol{X}$ 到 $\boldsymbol{Y}$ 的一个模糊关系，$\boldsymbol{S}$ 是 $\boldsymbol{Y}$ 到 $\boldsymbol{Z}$ 的一个模糊关系，则 $\boldsymbol{R}$ 到 $\boldsymbol{S}$ 的合成 $\boldsymbol{T}$ 也是一个模糊关系，记为 $\boldsymbol{T}=\boldsymbol{R}\circ\boldsymbol{S}$，其具有隶属度

$$\mu_{R\cdot S}(x,z)=\bigvee_{y\in Y}(\mu_R(x,y)*\mu_S(y,z)) \tag{6-22}$$

例 6-6 设 $\boldsymbol{X}=\{$儿子，女儿$\}$，$\boldsymbol{Y}=\{$父亲，母亲$\}$，$\boldsymbol{Z}=\{$爷爷，奶奶$\}$，$\boldsymbol{W}=\{$外公，外婆$\}$，描述模糊关系“儿女与父母长得相像”“父母与爷爷奶奶长得相像”和“父母与外公外婆长得相像”的模糊关系矩阵分别是

$$\boldsymbol{R}=\begin{array}{c}\\ 儿\\ 女\end{array}\!\!\begin{array}{cc}父 & 母\\ \left[\begin{array}{c}0.8\\0.4\end{array}\right. & \left.\begin{array}{c}0.3\\0.7\end{array}\right]\end{array},\quad \boldsymbol{S}=\begin{array}{c}\\ 父\\ 母\end{array}\!\!\begin{array}{cc}爷爷 & 奶奶\\ \left[\begin{array}{c}0.6\\0.2\end{array}\right. & \left.\begin{array}{c}0.8\\0.1\end{array}\right]\end{array},\quad \boldsymbol{T}=\begin{array}{c}\\ 父\\ 母\end{array}\!\!\begin{array}{cc}外公 & 外婆\\ \left[\begin{array}{c}0.1\\0.9\end{array}\right. & \left.\begin{array}{c}0.2\\0.8\end{array}\right]\end{array}$$

则 $\boldsymbol{S}\cup\boldsymbol{T}$，$\boldsymbol{S}\cap\boldsymbol{T}$，$\boldsymbol{R}\circ\boldsymbol{S}$，$\boldsymbol{R}\circ\boldsymbol{T}$。

$$\boldsymbol{S}\cup\boldsymbol{T}=\begin{bmatrix}0.6\vee 0.1 & 0.8\vee 0.2\\0.2\vee 0.9 & 0.1\vee 0.8\end{bmatrix}=\begin{bmatrix}0.6 & 0.8\\0.9 & 0.8\end{bmatrix}$$

$$\boldsymbol{S}\cap\boldsymbol{T}=\begin{bmatrix}0.6\wedge 0.1 & 0.8\wedge 0.2\\0.2\wedge 0.9 & 0.1\wedge 0.8\end{bmatrix}=\begin{bmatrix}0.1 & 0.2\\0.2 & 0.1\end{bmatrix}$$

$$\boldsymbol{R}\circ\boldsymbol{S}=\begin{bmatrix}(0.8\wedge 0.6)\vee(0.3\wedge 0.2) & (0.8\wedge 0.8)\vee(0.3\wedge 0.1)\\(0.4\wedge 0.6)\vee(0.7\wedge 0.2) & (0.4\wedge 0.8)\vee(0.7\wedge 0.1)\end{bmatrix}=\begin{bmatrix}0.6 & 0.8\\0.4 & 0.4\end{bmatrix}$$

$$\boldsymbol{R}\circ\boldsymbol{T}=\begin{bmatrix}(0.8\wedge 0.1)\vee(0.3\wedge 0.9) & (0.8\wedge 0.2)\vee(0.3\wedge 0.8)\\(0.4\wedge 0.1)\vee(0.7\wedge 0.9) & (0.4\wedge 0.2)\vee(0.7\wedge 0.8)\end{bmatrix}=\begin{bmatrix}0.3 & 0.3\\0.7 & 0.7\end{bmatrix}$$

6.2.3 模糊语句与模糊推理

1. 模糊语句

将含有模糊概念的语法规则所构成的语句称为模糊语句。根据其语义和构成的语法规则不同，可分为以下几种类型。

(1) 模糊陈述句：语句本身具有模糊性，又称为模糊命题。如“今天天气很热”。

(2) 模糊判断句：是模糊逻辑中最基本的语句。语句形式如“x 是 a”，记作(a)，且 a 所表示的概念是模糊的。如“张三是好学生”。

(3) 模糊推理句：语句形式“若 x 是 a，则 x 是 b”，为模糊推理语句。如“今天是晴天，则今天暖和”。

2. 模糊推理

常用的有两种模糊条件推理语句：If **A** then **B** else **C**；If **A** and **B** then **C**。下面以第二种推理语句为例进行探讨，该语句可构成一个简单的模糊控制器，如图 6-4 所示。

图 6-4 二输入单输出模糊控制器

其中 **A**,**B**,**C** 分别为论域 **U** 上的模糊集合，**A** 为误差信号上的模糊子集，**B** 为误差变化率上的模糊子集，**C** 为控制器输出上的模糊子集。

模糊推理技术在多个领域中发挥着重要作用，其主要方法包括 Zadeh 方法和 Mamdani 方法。Mamdani 模糊系统由三个核心组件构成：模糊化输入处理算子、推理机制以及非模糊化输出处理算子。该系统利用一系列推理规则，实现从输入到输出的逻辑推演，构建起一个精确的模糊逻辑框架。

Mamdani 推理法则是模糊控制领域内广泛采纳的一种技术，其核心是基于模糊矩阵的合成推理过程。这种方法通过模糊集合的操作，实现了从模糊输入到模糊输出的映射，为处理不确定性和模糊性问题提供了有效的解决方案。

模糊推理语句"If **A** then **B** else **C**"蕴涵的关系为($\boldsymbol{A}\wedge\boldsymbol{B}\rightarrow\boldsymbol{C}$)，根据 Mamdani 模糊推理法，$\boldsymbol{A}\in\boldsymbol{U}$，$\boldsymbol{B}\in\boldsymbol{U}$，$\boldsymbol{C}\in\boldsymbol{U}$ 是三元模糊关系，其关系矩阵为

$$\boldsymbol{R}=(\boldsymbol{A}\times\boldsymbol{B})^{\mathrm{T1}}\times\boldsymbol{C} \tag{6-23}$$

其中$(\boldsymbol{A}\times\boldsymbol{B})^{\mathrm{T1}}$为模糊关系矩阵$(\boldsymbol{A}\times\boldsymbol{B})_{(m\times n)}$构成的 $m\times n$ 列向量，n 和 m 分别为 **A** 和 **B** 论域元素的个数。

例 6-7 设论域 $x=\{a_1,a_2,a_3\}$，$y=\{b_1,b_2,b_3\}$，$z=\{c_1,c_2,c_3\}$，已知 $\boldsymbol{A}=\frac{0.5}{a_1}+\frac{1}{a_2}+\frac{0.1}{a_3}$，$\boldsymbol{B}=\frac{0.1}{b_1}+\frac{1}{b_2}+\frac{0.6}{a_3}$，$\boldsymbol{C}=\frac{0.4}{c_1}+\frac{1}{c_2}$，试确定"If **A** then **B** else **C**"所决定的模糊关系 **R**，以及输入为 $\boldsymbol{A}_1=\frac{1.0}{a_1}+\frac{0.5}{a_2}+\frac{0.1}{a_3}$，$\boldsymbol{B}_1=\frac{1.0}{b_1}+\frac{0.5}{b_2}+\frac{0.1}{b_3}$时的输出 $\boldsymbol{C}_1$。

解 采用模糊矩阵合成推理算法，有

$$\boldsymbol{A}\times\boldsymbol{B}=\boldsymbol{A}^{\mathrm{T}}\wedge\boldsymbol{B}=\begin{bmatrix}0.5\\1\\0.1\end{bmatrix}\wedge[0.1\quad 1\quad 0.6]=\begin{bmatrix}0.1&0.5&0.5\\0.1&1.0&0.6\\0.1&0.1&0.1\end{bmatrix}$$

将 **A**×**B** 矩阵扩展成如下列向量

$$\boldsymbol{R}=(\boldsymbol{A}\times\boldsymbol{B})^{\mathrm{T1}}\times\boldsymbol{C}=[0.1\quad 0.5\quad 0.5\quad 0.1\quad 1.0\quad 0.6\quad 0.1\quad 0.1\quad 0.1]^{\mathrm{T}}\circ[0.4\quad 1]$$
$$=\begin{bmatrix}0.1&0.4&0.4&0.1&0.4&0.4&0.1&0.1&0.1\\0.1&0.5&0.5&0.1&1&0.6&0.1&0.1&0.1\end{bmatrix}^{\mathrm{T}}$$

当输入为 $\boldsymbol{A}_1$ 和 $\boldsymbol{B}_1$ 时，有

$$(\boldsymbol{A}_1\times\boldsymbol{B}_1)=\boldsymbol{A}_1^{\mathrm{T}}\times\boldsymbol{B}_1=\begin{bmatrix}1\\0.5\\0.1\end{bmatrix}\wedge[0.1\quad 0.5\quad 1]=\begin{bmatrix}0.1&0.5&1\\0.1&0.5&0.5\\0.1&0.1&0.1\end{bmatrix}$$

将 $\boldsymbol{A}_1\times\boldsymbol{B}_1$ 矩阵扩展成如下行向量

$$(\boldsymbol{A}\times\boldsymbol{B})^{\mathrm{T2}}=[0.1\quad 0.5\quad 1\quad 0.1\quad 0.5\quad 0.5\quad 0.1\quad 0.1\quad 0.1]$$

最后得

$$C_1=[0.1\quad 0.5\quad 1\quad 0.1\quad 0.5\quad 0.5\quad 0.1\quad 0.1\quad 0.1]\circ\begin{bmatrix}0.1 & 0.4 & 0.4 & 0.1 & 0.4 & 0.4 & 0.1 & 0.1 & 0.1\\ 0.1 & 0.5 & 0.5 & 0.1 & 1 & 0.6 & 0.1 & 0.1 & 0.1\end{bmatrix}^{\mathrm{T}}$$

$$=[0.4\quad 0.5]$$

即

$$C_1=\frac{0.4}{c_1}+\frac{0.5}{c_2}$$

6.2.4 模糊逻辑控制原理及其应用

1. 模糊控制原理

模糊控制技术基于模糊集合理论、模糊语言变量和模糊逻辑推理，它模拟人类的模糊推理和决策行为。这种方法通过将操作者或专家的知识和经验转化为模糊规则，然后对传感器接收的即时信号进行模糊化处理，以此作为输入进行模糊推理，最终将推理结果传递给执行器。

模糊控制的工作原理可以通过图 6-5 所示的框图来理解。图中点画线框内的部分展示了模糊控制器，它是系统的核心组件，其控制逻辑由计算机程序实现。模糊控制算法的执行过程如下：微型计算机通过中断采样获取被控对象的精确数值，与预设目标值比较后产生误差信号 E，通常将此误差信号作为模糊控制器的输入。误差信号 E 经过模糊化处理后，转化为模糊量，并用模糊语言表达，形成误差 E 的模糊集合的一个子集，表示为 $\boldsymbol{e}$（$\boldsymbol{e}$ 是一个模糊向量）。然后，结合 $\boldsymbol{e}$ 和模糊控制规则 $\boldsymbol{R}$，根据推理合成规则进行模糊决策，得出模糊控制量 $\boldsymbol{u}$，即

$$\boldsymbol{u}=\boldsymbol{e}\circ\boldsymbol{R} \tag{6-24}$$

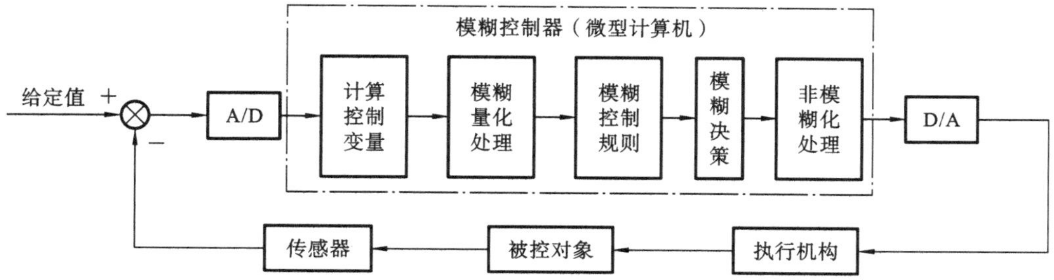

图 6-5 模糊控制原理框图

从图 6-5 中可以观察到，模糊控制系统与传统的数字计算机控制系统的主要区别在于其核心组件——模糊控制器的使用。模糊控制器的性能直接影响整个模糊控制系统的效果，其设计依赖于多个关键因素，包括控制器的架构、模糊规则的设定、合成推理的算法，以及决策过程的方法。

模糊控制器（fuzzy controller，FC）有时也被称作模糊逻辑控制器（fuzzy logic controller，FLC），它基于模糊理论中的模糊条件语句来构建控制规则。由于这些规则是通过语言描述来实现的，因此模糊控制器也可以被视为一种基于语言的控制器，进一步被称为模糊语言控制器（fuzzy language controller，FLC）。

2. 模糊控制器的组成

图 6-6 表示了模糊控制器的基本结构。

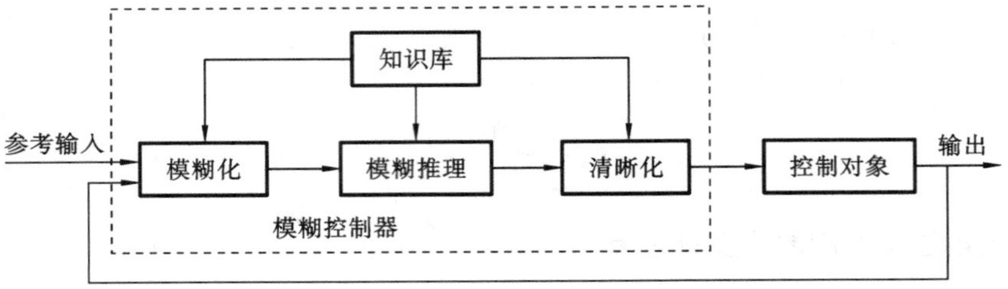

图 6-6 模糊控制器的结构图

1) 模糊化接口

模糊控制器的输入必须通过模糊化才能用于控制输出的求解，因此它实际上是模糊控制器的输入接口。它的主要作用是将真实确定的输入量转换为一个模糊矢量。对于一个模糊输入变量 e，其模糊子集通常可以作如下方式划分：

(1) e={负大，负小，零，正小，正大}={NB, NS, ZO, PS, PB}

(2) e={负大，负中，负小，零，正小，正中，正大}={NB,NM,NS,ZO,PS,PM,PB}

(3) e={负大，负中，负小，零负，零正，正小，正中，正大}={NB, NM, NS, NZ, PZ, PS, PM, PB}

其中(3)用三角形隶属度函数表示如图 6-7 所示。

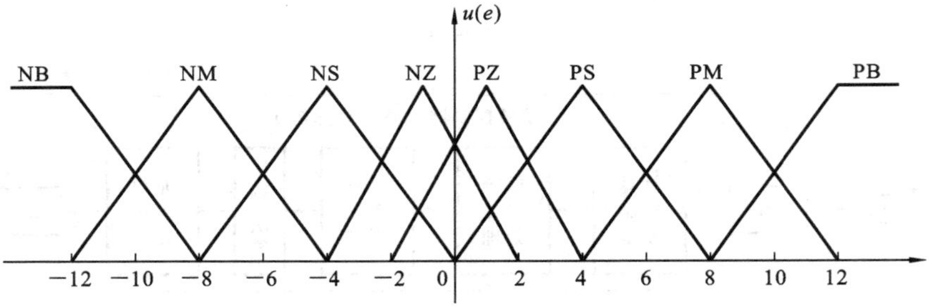

图 6-7 模糊子集和模糊化等级

2) 知识库

知识库由两大部分构成：数据存储和规则集合。

(1) 数据存储：这里存储的是所有输入和输出变量对应的模糊子集的隶属函数值（也就是离散化处理后的值集合），如果论域是连续的，则存储的是隶属度函数。在模糊推理过程中，数据存储向推理引擎提供必要的数据支持。

(2) 规则集合：模糊控制器中的规则是基于专业知识或操作者长期经验积累形成的，它们以一种接近人类直觉的语言形式表达。这些模糊规则通常由一系列的逻辑连接词构成，例如 if-then, else, also, and，or 等，这些连接词需要被“翻译”成数值形式以实现规则的量化。在多变量模糊控制系统中，常用的连接词包括 if-then、also、and 等。例如，某模糊控制系统输入变量为 e（误差）和 e_c（误差变化），它们对应的语言变量为 E

和 EC,可给出一组模糊规则:

R_1:If E is NB and EC is NB then U is PB

R_2:If E is NB and EC is NS then U is PM

通常把 if…部分称为“前提部”,而 then…部分称为“结论部”,其基本结构可归纳为 If **A** and **B** then **C**,其中 **A** 为论域 **U** 上的一个模糊子集,**B** 是论域 **V** 上的一个模糊子集。根据人工控制经验,可离线组织其控制决策表 **R**,**R** 是笛卡儿乘积集 **UXV** 上的一个模糊子集,则某一时刻其控制量由下式给出:

$$\boldsymbol{C}=(\boldsymbol{A}\times\boldsymbol{B})\circ\boldsymbol{R} \tag{6-25}$$

式中:×为模糊直积运算;∘为模糊合成运算。

3) 推理与去模糊化接口

在模糊控制器中,推理是根据输入的模糊量,利用模糊控制规则进行模糊推理,以求解模糊关系方程并得出模糊控制量的过程。在模糊控制实践中,考虑到推理速度,通常会选择计算上更为简便的推理方法。最基本的推理方式是 Zadeh 的近似推理,它包括正向推理和逆向推理两种类型。在模糊控制中,正向推理是常用的方法,而逆向推理则多应用于知识工程中的专家系统。

当推理结果生成时,意味着模糊控制规则的推理阶段已经完成。然而,此时得到的结果是一个模糊向量,不能直接作为控制信号使用,必须经过转换以获得具体的控制量,这个过程称为去模糊化。通常,执行这一转换功能的输出部分被称为去模糊化接口。

总的来说,模糊控制器实际上是通过计算机(或微控制器)构建的,其大部分功能都是通过计算机程序来实现的。随着专用模糊逻辑芯片的研究和开发,未来也有可能通过硬件逐步替代目前由软件实现的各个组件的功能。

3. 模糊控制系统的工作原理

以水位的模糊控制为例,如图 6-8 所示。设有一个水箱,通过调节阀可向内注水和向外抽水。设计一个模糊控制器,通过调节阀门将水位稳定在固定点 O 附近。按照日常的操作经验,可以得到基本的控制规则:

- “若水位高于 O 点,则向外排水,差值越大,排水越快”;
- “若水位低于 O 点,则向内注水,差值越大,注水越快”。

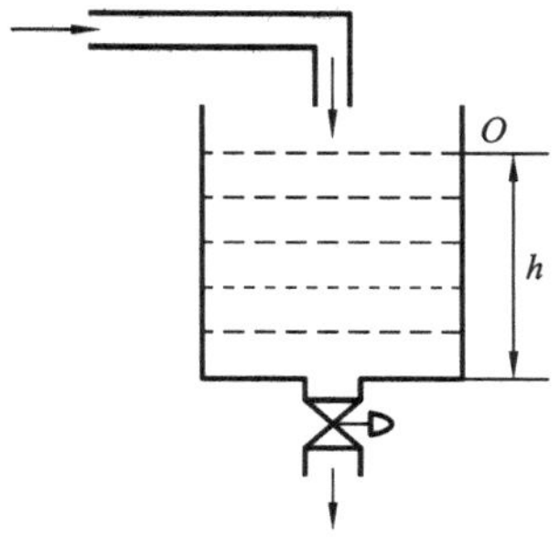

图 6-8 水箱液位控制

根据上述经验,按下列步骤设计模糊控制器。

1) 确定观测量和控制量

定义理想液位 O 点的水位为 h_0,实际测得的水位高度为 h,选择液位差

$$e=\Delta h=h_0-h \tag{6-26}$$

将当前水位对于 O 点的偏差 e 作为观测量。

2) 输入量和输出量的模糊化

将偏差 e 分为五个模糊集:负大(NB),负小(NS),零(ZO),正小(PS),正大(PB)。并根据偏差 e 的变化范围分为七个等级:−3,−2,−1,0,+1,+2,+3。得到水位变化模糊表如表 6-1 所示。

表 6-1　水位变化划分表

隶属度		变化等级						
		−3	−2	−1	0	1	2	3
模糊集	PB	0	0	0	0	0	0.5	1
	PS	0	0	0	0	1	0.5	0
	ZO	0	0	0.5	1	0.5	0	0
	NS	0	0.5	1	0	0	0	0
	NB	1	0.5	0	0	0	0	0

控制量 u 为调节阀门开度的变化。将其分为五个模糊集：负大(NB)，负小(NS)，零(ZO)，正小(PS)，正大(PB)，并根据 u 的变化范围分为九个等级：−4，−3，−2，−1，0，+1，+2，+3，+4。得到控制量模糊划分表如表 6-2 所示。

表 6-2　控制量变化划分表

隶属度		变化等级								
		−4	−3	−2	−1	0	1	2	3	4
模糊集	PB	0	0	0	0	0	0	0	0.5	1
	PS	0	0	0	0	0	0.5	1	0.5	0
	ZO	0	0	0	0.5	1	0.5	0	0	0
	NS	0	0.5	1	0.5	0	0	0	0	0
	NB	1	0.5	0	0	0	0	0	0	0

3）模糊规则的描述

根据日常的经验，设计以下模糊规则。

Rule1：若 e 负大，则 u 负大。

Rule2：若 e 负小，则 u 负小。

Rule3：若 e 为零，则 u 为零。

Rule4：若 e 正小，则 u 正小。

Rule5：若 e 正大，则 u 正大。

上述规则采用“IF A THEN B”形式来描述，即

Rule1：if e=NB then u=NB

Rule2：if e=NS then u=NS

Rule3：if e=0 then u=0

Rule4：if e=PS then u=PS

Rule5：if e=PB then u=PB

根据上述经验规则，可得模糊控制表如表 6-3 所示。

表 6-3　模糊控制规则表

若(IF)	NBe	NSe	ZOe	PSe	PBe
则(THEN)	NBu	NSu	ZOu	PSu	PBu

4）求模糊关系

模糊控制规则是一个多条语句，它可以表示为 $\boldsymbol{U}\times\boldsymbol{V}$ 上的模糊子集，即模糊关系

$$R=(\mathrm{NB}\boldsymbol{e}\times\mathrm{NB}\boldsymbol{u})\cup(\mathrm{NS}\boldsymbol{e}\times\mathrm{NS}\boldsymbol{u})\cup(\mathrm{ZO}\boldsymbol{e}\times\mathrm{ZO}\boldsymbol{u})\cup(\mathrm{PS}\boldsymbol{e}\times\mathrm{PS}\boldsymbol{u})\cup(\mathrm{PB}\boldsymbol{e}\times\mathrm{PB}\boldsymbol{u})$$

其中规则内的模糊集运算取交集，规则间的模糊集运算取并集。

$$\mathrm{NB}\boldsymbol{e}\times\mathrm{NB}\boldsymbol{u}=\begin{bmatrix}1.0 & 0.5 & 0 & 0 & 0 & 0 & 0 & 0 & 0\\ 0.5 & 0.5 & 0 & 0 & 0 & 0 & 0 & 0 & 0\\ 0 & 0 & 0 & 0 & 0 & 0 & 0 & 0 & 0\\ 0 & 0 & 0 & 0 & 0 & 0 & 0 & 0 & 0\\ 0 & 0 & 0 & 0 & 0 & 0 & 0 & 0 & 0\\ 0 & 0 & 0 & 0 & 0 & 0 & 0 & 0 & 0\\ 0 & 0 & 0 & 0 & 0 & 0 & 0 & 0 & 0\end{bmatrix}$$

$$\mathrm{NS}\boldsymbol{e}\times\mathrm{NS}\boldsymbol{u}=\begin{bmatrix}0 & 0 & 0 & 0 & 0 & 0 & 0 & 0 & 0\\ 0 & 0.5 & 0.5 & 0.5 & 0 & 0 & 0 & 0 & 0\\ 0 & 0.5 & 1.0 & 0.5 & 0 & 0 & 0 & 0 & 0\\ 0 & 0 & 0 & 0 & 0 & 0 & 0 & 0 & 0\\ 0 & 0 & 0 & 0 & 0 & 0 & 0 & 0 & 0\\ 0 & 0 & 0 & 0 & 0 & 0 & 0 & 0 & 0\\ 0 & 0 & 0 & 0 & 0 & 0 & 0 & 0 & 0\end{bmatrix}$$

$$\mathrm{ZO}\boldsymbol{e}\times\mathrm{ZO}\boldsymbol{u}=\begin{bmatrix}0 & 0 & 0 & 0 & 0 & 0 & 0 & 0 & 0\\ 0 & 0 & 0 & 0.5 & 0.5 & 0.5 & 0 & 0 & 0\\ 0 & 0 & 0 & 0.5 & 1.0 & 0.5 & 0 & 0 & 0\\ 0 & 0 & 0 & 0.5 & 0.5 & 0.5 & 0 & 0 & 0\\ 0 & 0 & 0 & 0 & 0 & 0 & 0 & 0 & 0\\ 0 & 0 & 0 & 0 & 0 & 0 & 0 & 0 & 0\\ 0 & 0 & 0 & 0 & 0 & 0 & 0 & 0 & 0\end{bmatrix}$$

$$\mathrm{PS}\boldsymbol{e}\times\mathrm{PS}\boldsymbol{u}=\begin{bmatrix}0 & 0 & 0 & 0 & 0 & 0 & 0 & 0 & 0\\ 0 & 0 & 0 & 0 & 0 & 0 & 0 & 0 & 0\\ 0 & 0 & 0 & 0 & 0 & 0 & 0 & 0 & 0\\ 0 & 0 & 0 & 0 & 0 & 0 & 0 & 0 & 0\\ 0 & 0 & 0 & 0 & 0 & 0.5 & 1.0 & 0.5 & 0\\ 0 & 0 & 0 & 0 & 0 & 0.5 & 0.5 & 0.5 & 0\\ 0 & 0 & 0 & 0 & 0 & 0 & 0 & 0 & 0\end{bmatrix}$$

$$\mathrm{PB}\boldsymbol{e}\times\mathrm{PB}\boldsymbol{u}=\begin{bmatrix}0 & 0 & 0 & 0 & 0 & 0 & 0 & 0 & 0\\ 0 & 0 & 0 & 0 & 0 & 0 & 0 & 0 & 0\\ 0 & 0 & 0 & 0 & 0 & 0 & 0 & 0 & 0\\ 0 & 0 & 0 & 0 & 0 & 0 & 0 & 0 & 0\\ 0 & 0 & 0 & 0 & 0 & 0 & 0 & 0 & 0\\ 0 & 0 & 0 & 0 & 0 & 0 & 0 & 0.5 & 0.5\\ 0 & 0 & 0 & 0 & 0 & 0 & 0 & 0.5 & 1.0\end{bmatrix}$$

由以上五个模糊矩阵求并集（即隶属函数最大值），得

$$R=\begin{bmatrix}1.0&0.5&0&0&0&0&0&0&0\\0.5&0.5&0.5&0.5&0&0&0&0&0\\0&0.5&1.0&0.5&0.5&0.5&0&0&0\\0&0&0&0.5&1.0&0.5&0&0&0\\0&0&0&0.5&0.5&0.5&1.0&0.5&0\\0&0&0&0&0&0.5&0.5&0.5&0.5\\0&0&0&0&0&0&0&0.5&1.0\end{bmatrix}$$

5）模糊决策

模糊控制器的输出为误差向量和模糊关系的合成，即

$$\boldsymbol{u}=\boldsymbol{e}\circ\boldsymbol{R} \tag{6-27}$$

当误差 e 为 NB 时，$\boldsymbol{e}=[1.0\quad 0.5\quad 0\quad 0\quad 0\quad 0\quad 0]$，控制器输出为

$$\boldsymbol{u}=\boldsymbol{e}\circ\boldsymbol{R}$$

$$=[1\quad 0.5\quad 0\quad 0\quad 0\quad 0\quad 0]\circ\begin{bmatrix}1.0&0.5&0&0&0&0&0&0&0\\0.5&0.5&0.5&0.5&0&0&0&0&0\\0&0.5&1.0&0.5&0.5&0.5&0&0&0\\0&0&0&0.5&1.0&0.5&0&0&0\\0&0&0&0.5&0.5&0.5&1.0&0.5&0\\0&0&0&0&0&0.5&0.5&0.5&0.5\\0&0&0&0&0&0&0&0.5&1.0\end{bmatrix}$$

$$=[1\quad 0.5\quad 0.5\quad 0.5\quad 0\quad 0\quad 0\quad 0\quad 0]$$

6）控制量的反模糊化

由模糊决策可知，当误差为负大时，实际液位远高于理想液位，e=NB，控制器的输出为一模糊向量，可表示为

$$u=\frac{1}{-4}+\frac{0.5}{-3}+\frac{0.5}{-2}+\frac{0.5}{-1}+\frac{0}{0}+\frac{0}{+1}+\frac{0}{+2}+\frac{0}{+3}+\frac{0}{+4} \tag{6-28}$$

如果按照“隶属度最大原则”进行反模糊化，则选择控制量为 $u=-4$，即阀门的开度应关大一些，减少进水量。

4. 模糊控制器的设计

模糊控制器最简单的实现方法是将一系列模糊控制规则离线转化为一个查询表（又称为控制表）。这种模糊控制结构简单，使用方便，是最基本的一种形式。本节以单变量二维模糊控制器为例，介绍这种形式模糊控制器的设计步骤，其设计思想是设计其他模糊控制器的基础。

1）模糊控制器的结构

单变量二维模糊控制器是最常见的结构形式。

2）定义输入输出模糊集

对误差 e、误差变化 e_c 及控制量 u 的模糊集及其论域定义如下。

e、e_c 和 u 的模糊集均为：{NB，NM，NS，ZO，PS，PM，PB}。

e、e_c 的论域均为：{−3，−2，−1，0，1，2，3}。

u 的论域为：{−4.5，−3，−1.5，0，1，3，4.5}。

3）定义输入输出隶属函数

模糊变量误差 $\boldsymbol{e}$、误差变化 $\boldsymbol{e}_c$ 及控制量 $\boldsymbol{u}$ 的模糊集和论域确定后，需对模糊语言变量确定隶属函数，确定论域内元素对模糊语言变量的隶属度。

4）建立模糊控制规则

根据人的经验，根据系统输出的误差及误差的变化趋势来设计模糊控制规则。模糊控制规则语句构成了描述众多被控过程的模糊模型。

5）建立模糊控制表

模糊控制规则可采用模糊规则表 6-4 来描述，共 49 条模糊规则，各个模糊语句之间是或的关系，由第一条语句所确定的控制规则可以计算出 u_1。同理，可以由其余各条语句分别求出控制量 $u_2,\cdots,u_{49}$，则控制量为模糊集合 $\boldsymbol{u}$ 可表示为

$$\boldsymbol{u}=u_1+u_2+\cdots+u_{49}$$

表 6-4 模糊规则表

$\boldsymbol{u}$		$\boldsymbol{e}$						
		NB	NM	NS	ZO	PS	PM	PB
$\boldsymbol{e}_c$	NB	NB	NB	NM	NM	NS	NS	ZO
	NM	NB	NM	NM	NS	NS	ZO	PS
	NS	NM	NM	NS	NS	ZO	PS	PS
	ZO	NM	NS	NS	ZO	PS	PS	PM
	PS	NS	NS	ZO	PS	PS	PM	PM
	PM	NS	ZO	PS	PS	PM	PM	PB
	PB	ZO	PS	PS	PM	PM	PB	PB

6）模糊推理

模糊推理是模糊控制的核心，它利用某种模糊推理算法和模糊规则进行推理，得出最终的控制量。

7）反模糊化

通过模糊推理得到的结果是一个模糊集合。但在实际模糊控制中，必须要有一个确定值才能控制或驱动执行机构。将模糊推理结果转化为精确值的过程称为反模糊化。

【工程案例 6-1】 洗衣机模糊控制

以模糊控制洗衣机的设计为例，其控制是一个开环的决策过程，模糊控制按以下步骤进行。

1）确定模糊控制器的结构

选用单变量二维模糊控制器。控制器的输入为衣物的污泥和油脂，输出为洗涤时间。

2）定义输入输出模糊集

将污泥分为三个模糊集：SD（污泥少），MD（污泥中），LD（污泥多），取值范围为[0,100]。

3）定义隶属函数

选用如下隶属函数：

$$\mu_{污泥}=\begin{cases}\mu_{SD}(x)=(50-x)/50, & 0\leqslant x\leqslant 50\\ \mu_{MD}(x)=\begin{cases}x/50, & 0\leqslant x\leqslant 50\\(100-x)/50, & 50<x\leqslant 100\end{cases}\\ \mu_{LD}(x)=(x-50)/50, & 50<x\leqslant 100\end{cases}$$

采用三角形隶属函数可实现污泥的模糊化。采用 MATLAB 仿真,可实现污泥隶属函数的设计,如图 6-9 所示。

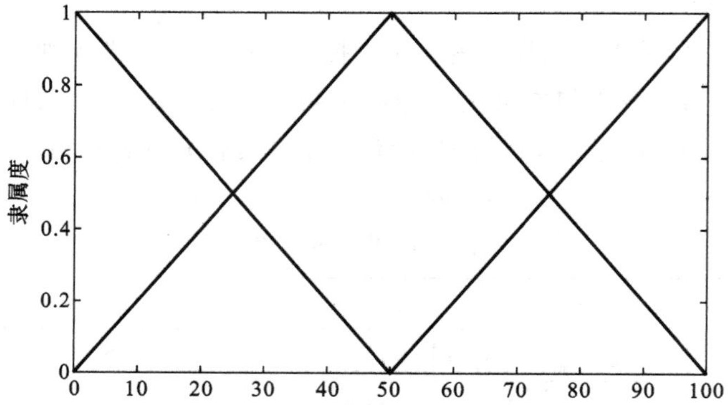

图 6-9 污泥隶属函数

将油脂分为三个模糊集:NG(无油脂),MG(油脂中),LG(油脂多),取值范围为[0,100]。选用如下隶属函数:

$$\mu_{油脂}=\begin{cases}\mu_{NG}(y)=(50-y)/50, & 0\leqslant y\leqslant 50\\ \mu_{MG}(y)=\begin{cases}y/50, & 0\leqslant y\leqslant 50\\(100-y)/50, & 50<y\leqslant 100\end{cases}\\ \mu_{LG}(y)=(y-50)/50, & 50\leqslant y\leqslant 100\end{cases}$$

采用三角形隶属函数实现油脂的模糊化,如图 6-10 所示。

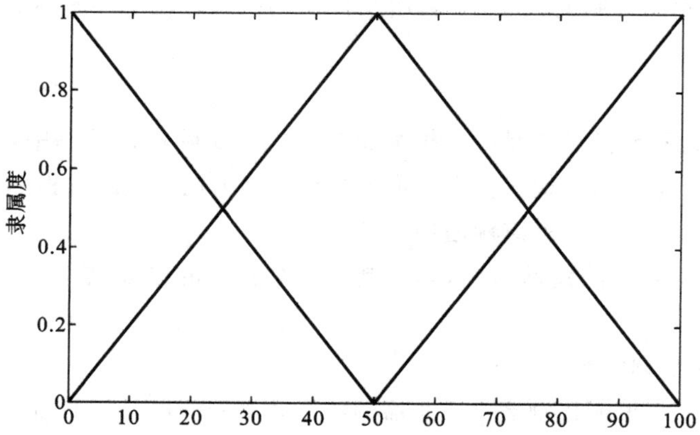

图 6-10 油脂隶属函数

将洗涤时间分为五个模糊集:VS(很短),S(短),M(中等),L(长),VL(很长),取值范围为[0,60]。选用如下隶属函数:

$$\mu_{洗涤时间}=\begin{cases}\mu_{VS}(z)=(10-z)/10, & 0\leqslant z\leqslant 10\\ \mu_{S}(z)=\begin{cases}z/10, & 0\leqslant z\leqslant 10\\ (25-z)/15, & 10<x\leqslant 25\end{cases}\\ \mu_{M}(z)=\begin{cases}(z-10)/15, & 10\leqslant z\leqslant 25\\ (40-z)/15, & 25<z\leqslant 40\end{cases}\\ \mu_{L}(z)=\begin{cases}(z-25)/15, & 25\leqslant z\leqslant 40\\ (60-z)/20, & 40<z\leqslant 60\end{cases}\\ \mu_{VL}(z)=(z-40)/20, & 40\leqslant z\leqslant 60\end{cases}$$

采用三角形隶属函数实现洗涤时间的模糊化,如图 6-11 所示。

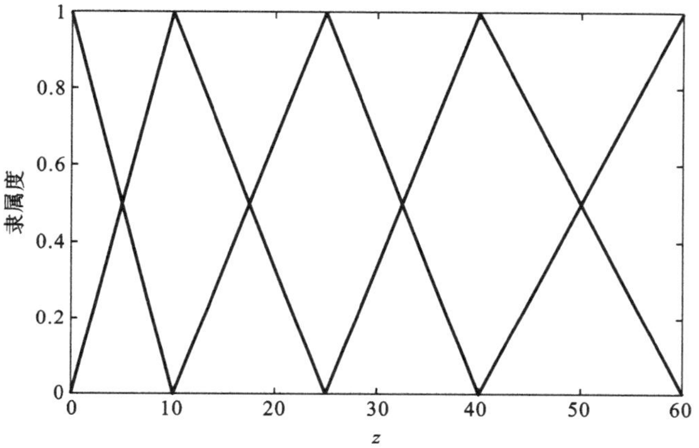

图 6-11 洗涤时间隶属函数

4) 建立模糊控制规则

根据人的操作经验设计模糊规则,模糊规则设计的标准为:“污泥越多,油脂越多,洗涤时间越长”“污泥适中,油脂适中,洗涤时间适中”“污泥越少,油脂越少,洗涤时间越短”。

5) 建立模糊控制表

根据模糊规则的设计标准,建立模糊规则如表 6-5 所示。

表 6-5 模糊洗衣机的洗涤规则

洗涤时间 z		污泥 x		
		SD	MD	LD
油脂 y	NG	VS	M	L
	MG	S	M	L
	LG	M	L	VL

6) 模糊推理

模糊推理分以下几步进行。

(1) 规则匹配。

假定当前传感器测得的信息为 x_0(污泥)=60,y_0(油脂)=70,分别代入所属的隶属函数中求隶属度,即

$$\mu_{SD}(60)=0,\quad \mu_{MD}(60)=\frac{4}{5},\quad \mu_{LD}(60)=\frac{1}{5}$$

$$\mu_{NG}(60)=0,\quad \mu_{MG}(60)=\frac{3}{5},\quad \mu_{LG}(60)=\frac{2}{5}$$

通过上述隶属度，可得到四条相匹配的模糊规则，如表 6-6 所示。

表 6-6 模糊推理结果

洗涤时间 z		污泥 x		
		SD	MD(4/5)	LD(1/5)
油脂 y	NG	0	0	0
	MG(3/5)	0	$\mu_M(z)$	$\mu_L(z)$
	LG(2/5)	0	$\mu_L(z)$	$\mu_{VL}(z)$

(2) 规则触发。

由上表可知，被触发的规则有如下 4 条。

Rule 1: IF y is MD and x is MG THEN z is M

Rule 2: IF y is MD and x is LG THEN z is L

Rule 3: IF y is LD and x is MG THEN z is L

Rule 4: IF y is LD and x is LG THEN z is VL

(3) 规则前提推理。

在同一条规则内，前提之间通过"与"的关系得到规则结论，前提之间通过取小运算，得到每一条规则总前提的可信度。

规则 1：前提的可信度为 min(4/5,3/5)=3/5。

规则 2：前提的可信度为 min(4/5,2/5)=2/5。

规则 3：前提的可信度为 min(1/5,3/5)=1/5。

规则 4：前提的可信度为 min(1/5,2/5)=1/5。

由此得到洗衣机规则前提可信度表，如表 6-7 所示。

表 6-7 规则前提可信度

规则前提		污泥 x		
		SD	MD(4/5)	LD(1/5)
油脂 y	NG	0	0	0
	MG(3/5)	0	$\mu_M(z)$	$\mu_L(z)$
	LG(2/5)	0	$\mu_L(z)$	$\mu_{VL}(z)$

(4) 将上述两个表进行"与"运算，得到每条规则总的输出，如表 6-8 所示。

表 6-8 规则总的可信度

规则前提		污泥 x		
		SD	MD(4/5)	LD(1/5)
油脂 y	NG	0	0	0
	MG(3/5)	0	$\min\left(\frac{3}{5},\mu_M(z)\right)$	$\min\left(\frac{3}{5},\mu_L(z)\right)$
	LG(2/5)	0	$\min\left(\frac{2}{5},\mu_L(z)\right)$	$\min\left(\frac{1}{5},\mu_{VL}(z)\right)$

(5) 模糊系统总的输出。

模糊系统总的输出为各条规则推理结果的并，即

$$\mu_{agg}(z)=\max\left\{\min\left(\frac{3}{5},\mu_M(z)\right),\min\left(\frac{2}{5},\mu_L(z)\right),\min\left(\frac{1}{5},\mu_L(z)\right),\min\left(\frac{1}{5},\mu_{VL}(z)\right)\right\}$$

$$=\max\left\{\min\left(\frac{3}{5},\mu_M(z)\right),\min\left(\frac{2}{5},\mu_L(z)\right),\min\left(\frac{1}{5},\mu_{VL}(z)\right)\right\}$$

(6) 反模糊化。

模糊系统总的输出实际上是三个规则推理结果的并集，需要进行反模糊化，才能得到精确的推理结果。下面以最大平均法为例，进行反模糊化。

将 $\mu=\frac{3}{5}$ 带入洗涤时间隶属函数中的 $\mu_M(z)$，得到规则前提隶属度 $\mu=\frac{3}{5}$ 与规则结论隶属度 $\mu_M(z)$ 的交点，有

$$\mu_M(z)=\frac{z-10}{15}=\frac{3}{5},\quad \mu_M(z)=\frac{40-z}{15}=\frac{3}{5}$$

得

$$z_1=19,\quad z_2=31$$

采用最大平均法，可得精确输出

$$z^*=\frac{z_1+z_2}{2}=\frac{19+31}{2}=25$$

6.2.5 自适应模糊控制原理及其应用

自适应模糊控制技术是一种集成了自适应学习机制的模糊逻辑控制系统，该学习机制依赖于数据驱动来优化模糊逻辑系统的相关参数。这种控制器可以由单一的自适应模糊逻辑单元构成，也可以由多个这样的单元组合而成。与标准自适应控制策略相比，自适应模糊控制的优势在于其能够整合操作者提供的定性模糊信息，这是传统自适应控制方法所不具备的，对于存在大量不确定性的系统，这一特性尤为关键。

自适应模糊控制技术分为两大类：直接自适应模糊控制和间接自适应模糊控制。直接自适应模糊控制通过监测系统实际表现与预期目标之间的差异，运用特定的调整策略直接对控制器参数进行优化；而间接自适应模糊控制则是通过实时识别系统的行为模型，基于这些模型在线调整模糊控制器的设计。

1. 间接自适应模糊控制原理

1) 问题描述

考虑如下 n 阶非线性系统：

$$\begin{cases}x^{(n)}=f(x,\dot{x},\cdots,x^{(n-1)})+g(x,\dot{x},\cdots,x^{(n-1)})u\\ y=x\end{cases}\tag{6-29}$$

其中 f 和 g 为未知非线性函数，$u\in R$ 和 $y\in R$ 分别为系统的输入和输出。

设位置指令为 y_m，令

$$\boldsymbol{e}=y_m-y=y_m-x,\quad \boldsymbol{e}=(e,\dot{e},\cdots,e^{(n-1)})^T\tag{6-30}$$

选择 $\boldsymbol{K}=(k_n,\cdots,k_1)^T$，使多项式 $s^n+k_1s^{(n-1)}+\cdots+k_n$ 的所有根部都在复平面左半开平面上。

取控制律为

$$u^* = \frac{1}{g(x)}[-f(x) + y_m^{(n)} + \boldsymbol{K}^T \boldsymbol{e}] \tag{6-31}$$

将式(6-31)代入式(6-29)，得到闭环控制系统的方程：

$$e^{(n)} + k_1 e^{(n-1)} + \cdots + k_n e = 0 \tag{6-32}$$

由 $\boldsymbol{K}$ 的选取，可得 $t \to \infty$ 时 $e(t) \to 0$，即系统的输出 y 渐进地收敛于理想输出 y_m。

如果非线性函数 $g(x)$ 和 $f(x)$ 是已知的，则可以选择控制 u 来消除其非线性的性质，然后再根据线性控制理论设计控制器。

2) 自适应模糊滑模控制器设计

如果 $f(x)$ 和 $g(x)$ 未知，控制律式(6-31)很难实现。可采用模糊系统 $\hat{f}(x)$ 和 $\hat{g}(x)$ 代替 $f(x)$ 和 $g(x)$，实现自适应模糊控制。

(1) 基本的模糊系统。

以 $\hat{f}(x|\theta_f)$ 来逼近 $f(x)$ 为例，可用两步构造模糊系统：

① 对变量 $x_i(i=1,2,\cdots,n)$，定义 p_i 个模糊集合 $A_i^{l_i}(l_i=1,2,\cdots,p_i)$。

② 采用以下 $\prod\limits_{i=1}^{n} p_i$ 条模糊规则来构造模糊系统，即

$$R^{(j)}: \text{IF } x_1 \text{ is } A_1^{l_1} \text{ and } \cdots \text{ and } x_n \text{ is } A_n^{l_n} \text{ then } \hat{f} \text{ is } E^{l_1 \cdots l_n} \tag{6-33}$$

其中 $l_i=1,2,\cdots,p_i, i=1,2,\cdots,n$。

采用乘积推理机、单值模糊器和中心平均解模糊器，则模糊系统的输出为

$$\hat{f}(x \mid \boldsymbol{\theta}_f) = \frac{\sum\limits_{l_1=1}^{p_1} \cdots \sum\limits_{l_n=1}^{p_n} \bar{y}_f^{l_1 \cdots l_n} \left(\prod\limits_{i=1}^{n} \mu_{A_i^{l_i}}(x_i) \right)}{\sum\limits_{l_1=1}^{p_1} \cdots \sum\limits_{l_n=1}^{p_n} \left(\prod\limits_{i=1}^{n} \mu_{A_i^{l_i}}(x_i) \right)} \tag{6-34}$$

其中 $\mu_{A_i^j}(x_i)$ 为 x_i 的隶属函数。

令 $\bar{y}^{l_1 \cdots l_{n_f}}$ 是自由参数，放在集合 $\boldsymbol{\theta}_f \in R^{\prod_{i=1}^{n} p_i}$ 中。引入向量 $\boldsymbol{\xi}(\boldsymbol{x})$，式(6-34)变为

$$\hat{f}(\boldsymbol{x} | \boldsymbol{\theta}_f) = \boldsymbol{\theta}_f^T \boldsymbol{\xi}(\boldsymbol{x}) \tag{6-35}$$

其中 $\boldsymbol{\xi}(\boldsymbol{x})$ 为 $\prod\limits_{i=1}^{n} p_i$ 维向量，其第 $l_1 \cdots, l_n$ 个元素为

$$\boldsymbol{\xi}_{l_1 \cdots l_n}(x) = \frac{\prod\limits_{i=1}^{n} \mu_{A_i^{l_i}}(x_i)}{\sum\limits_{l_1=1}^{p_1} \cdots \sum\limits_{l_n=1}^{p_n} \left(\prod\limits_{i=1}^{n} \mu_{A_i^{l_i}}(x_i) \right)} \tag{6-36}$$

(2) 自适应模糊滑模控制器的设计。

采用模糊系统逼近 f 和 g，则控制律式(6-31)变为

$$u = \frac{1}{\hat{g}(\boldsymbol{x} | \boldsymbol{\theta}_g)}[-\hat{f}(\boldsymbol{x} | \boldsymbol{\theta}_f) + y_m^{(n)} + \boldsymbol{K}^T \boldsymbol{e}] \tag{6-37}$$

$$\hat{f}(\boldsymbol{x} | \boldsymbol{\theta}_f) = \boldsymbol{\theta}_f^T \boldsymbol{\xi}(x), \ \hat{g}(\boldsymbol{x} | \boldsymbol{\theta}_g) = \boldsymbol{\theta}_g^T \boldsymbol{\eta}(x) \tag{6-38}$$

其中 $\boldsymbol{\xi}(\boldsymbol{x})$ 和 $\boldsymbol{\eta}(\boldsymbol{x})$ 为模糊向量，参数 $\boldsymbol{\theta}_f^T$ 和 $\boldsymbol{\theta}_g^T$ 根据自适应律而变化。

设计自适应律为

$$\dot{\boldsymbol{\theta}}_f = -\gamma_1 \boldsymbol{e}^T \boldsymbol{P} \boldsymbol{b} \boldsymbol{\xi}(\boldsymbol{x}) \tag{6-39}$$

$$\dot{\boldsymbol{\theta}}_g = -\gamma_2 \boldsymbol{e}^T \boldsymbol{P} \boldsymbol{b} \boldsymbol{\eta}(\boldsymbol{x}) u \tag{6-40}$$

(3) 稳定性分析。

由式(6-37)代入式(6-29)可得如下模糊控制系统的闭环动态

$$e^{(n)}=-\boldsymbol{K}^{\mathrm{T}}\boldsymbol{e}+[\hat{f}(\boldsymbol{x}|\boldsymbol{\theta}_{\mathrm{f}})-f(\boldsymbol{x})]+[\hat{g}(\boldsymbol{x}|\boldsymbol{\theta}_{\mathrm{g}})-g(\boldsymbol{x})]u \tag{6-41}$$

令

$$\boldsymbol{\Lambda}=\begin{bmatrix}0 & 1 & 0 & 0 & \cdots & 0 & 0\\ 0 & 0 & 1 & 0 & \cdots & 0 & 0\\ \cdots & \cdots & \cdots & \cdots & \cdots & \cdots & \cdots\\ 0 & 0 & 0 & 0 & \cdots & 0 & 1\\ -k_n & -k_{n-1} & \cdots & \cdots & \cdots & \cdots & -k_1\end{bmatrix},\quad \boldsymbol{b}=\begin{bmatrix}0\\0\\ \cdots\\0\\1\end{bmatrix} \tag{6-42}$$

则动态方程式(6-41)可写为向量形式:

$$\dot{\boldsymbol{e}}=\boldsymbol{\Lambda}\boldsymbol{e}+\boldsymbol{b}\{[\hat{f}(\boldsymbol{x}|\boldsymbol{\theta}_{\mathrm{f}})-f(\boldsymbol{x})]+[\hat{g}(\boldsymbol{x}|\boldsymbol{\theta}_{\mathrm{g}})-g(\boldsymbol{x})]u\} \tag{6-43}$$

设最优参数为

$$\boldsymbol{\theta}_{\mathrm{f}}^{*}=\arg\min_{\boldsymbol{\theta}_{\mathrm{f}}\in\Omega_{\mathrm{f}}}[\sup_{x\in R^n}|\hat{f}(\boldsymbol{x}|\boldsymbol{\theta}_{\mathrm{f}})-f(\boldsymbol{x})|] \tag{6-44}$$

$$\boldsymbol{\theta}_{\mathrm{g}}^{*}=\arg\min_{\boldsymbol{\theta}_{\mathrm{g}}\in\Omega_{\mathrm{g}}}[\sup_{x\in R^n}|\hat{g}(\boldsymbol{x}|\boldsymbol{\theta}_{\mathrm{g}})-g(\boldsymbol{x})|] \tag{6-45}$$

其中 $\boldsymbol{\Omega}_{\mathrm{f}}$ 和 $\boldsymbol{\Omega}_{\mathrm{g}}$ 分别为 $\boldsymbol{\theta}_{\mathrm{f}}$ 和 $\boldsymbol{\theta}_{\mathrm{g}}$ 的集合。

定义最小逼近误差为

$$\omega=\hat{f}(\boldsymbol{x}|\boldsymbol{\theta}_{\mathrm{f}}^{*})-f(\boldsymbol{x})+(\hat{g}(\boldsymbol{x}|\boldsymbol{\theta}_{\mathrm{g}}^{*})-g(\boldsymbol{x}))u \tag{6-46}$$

式(6-43)可写为

$$\dot{\boldsymbol{e}}=\boldsymbol{\Lambda}\boldsymbol{e}+\boldsymbol{b}\{[\hat{f}(\boldsymbol{x}|\boldsymbol{\theta}_{\mathrm{f}})-\hat{f}(\boldsymbol{x}|\boldsymbol{\theta}_{\mathrm{f}}^{*})]+[\hat{g}(\boldsymbol{x}|\boldsymbol{\theta}_{\mathrm{g}})-\hat{g}(\boldsymbol{x}|\boldsymbol{\theta}_{\mathrm{g}}^{*})]u+\omega\} \tag{6-47}$$

将式(6-38)代入式(6-47),可得闭环动态方程

$$\dot{\boldsymbol{e}}=\boldsymbol{\Lambda}\boldsymbol{e}+\boldsymbol{b}[(\boldsymbol{\theta}_{\mathrm{f}}-\boldsymbol{\theta}_{\mathrm{f}}^{*})^{\mathrm{T}}\boldsymbol{\xi}(\boldsymbol{x})+(\boldsymbol{\theta}_{\mathrm{g}}-\boldsymbol{\theta}_{\mathrm{g}}^{*})^{\mathrm{T}}\boldsymbol{\eta}(\boldsymbol{x})u+\omega] \tag{6-48}$$

该方程清晰地描述了跟踪误差和控制参数 $\boldsymbol{\theta}_{\mathrm{f}}$、$\boldsymbol{\theta}_{\mathrm{g}}$ 之间的关系。自适应律的任务是为 $\boldsymbol{\theta}_{\mathrm{f}}$、$\boldsymbol{\theta}_{\mathrm{g}}$ 确定一个调节机理,使得跟踪误差 $\boldsymbol{e}$ 和参数误差 $\boldsymbol{\theta}_{\mathrm{f}}-\boldsymbol{\theta}_{\mathrm{f}}^{*}$、$\boldsymbol{\theta}_{\mathrm{g}}-\boldsymbol{\theta}_{\mathrm{g}}^{*}$ 达到最小。

定义李雅普诺夫函数

$$V=\frac{1}{2}\boldsymbol{e}^{\mathrm{T}}\boldsymbol{P}\boldsymbol{e}+\frac{1}{2\gamma_1}(\boldsymbol{\theta}_{\mathrm{f}}-\boldsymbol{\theta}_{\mathrm{f}}^{*})^{\mathrm{T}}(\boldsymbol{\theta}_{\mathrm{f}}-\boldsymbol{\theta}_{\mathrm{f}}^{*})+\frac{1}{2\gamma_2}(\boldsymbol{\theta}_{\mathrm{g}}-\boldsymbol{\theta}_{\mathrm{g}}^{*})^{\mathrm{T}}(\boldsymbol{\theta}_{\mathrm{g}}-\boldsymbol{\theta}_{\mathrm{g}}^{*}) \tag{6-49}$$

式中:γ_1,γ_2 是正常数;$\boldsymbol{P}$ 为一个正定矩阵且满足李雅普诺夫方程

$$\boldsymbol{\Lambda}^{\mathrm{T}}\boldsymbol{P}+\boldsymbol{P}\boldsymbol{\Lambda}=-\boldsymbol{Q} \tag{6-50}$$

其中 $\boldsymbol{Q}$ 是一个任意的 $n\times n$ 正定矩阵,$\boldsymbol{\Lambda}$ 由式(6-42)给出。

取 $V_1=\frac{1}{2}\boldsymbol{e}^{\mathrm{T}}\boldsymbol{P}\boldsymbol{e}$,$V_2=\frac{1}{2\gamma_1}(\boldsymbol{\theta}_{\mathrm{f}}-\boldsymbol{\theta}_{\mathrm{f}}^{*})^{\mathrm{T}}(\boldsymbol{\theta}_{\mathrm{f}}-\boldsymbol{\theta}_{\mathrm{f}}^{*})$,$V_3=\frac{1}{2\gamma_2}(\boldsymbol{\theta}_{\mathrm{g}}-\boldsymbol{\theta}_{\mathrm{g}}^{*})^{\mathrm{T}}(\boldsymbol{\theta}_{\mathrm{g}}-\boldsymbol{\theta}_{\mathrm{g}}^{*})$。

令 $\boldsymbol{M}=\boldsymbol{b}[(\boldsymbol{\theta}_{\mathrm{f}}-\boldsymbol{\theta}_{\mathrm{f}}^{*})^{\mathrm{T}}\boldsymbol{\xi}(\boldsymbol{x})+(\boldsymbol{\theta}_{\mathrm{g}}-\boldsymbol{\theta}_{\mathrm{g}}^{*})^{\mathrm{T}}\boldsymbol{\eta}(\boldsymbol{x})u+\omega]$,则式(6-48)变为

$$\dot{\boldsymbol{e}}=\boldsymbol{\Lambda}\boldsymbol{e}+\boldsymbol{M}$$

$$\begin{aligned}\dot{V}_1&=\frac{1}{2}\dot{\boldsymbol{e}}^{\mathrm{T}}\boldsymbol{P}\boldsymbol{e}+\frac{1}{2}\boldsymbol{e}^{\mathrm{T}}\boldsymbol{P}\dot{\boldsymbol{e}}=\frac{1}{2}(\boldsymbol{e}^{\mathrm{T}}\boldsymbol{\Lambda}^{\mathrm{T}}+\boldsymbol{M}^{\mathrm{T}})\boldsymbol{P}\boldsymbol{e}+\frac{1}{2}\boldsymbol{e}^{\mathrm{T}}\boldsymbol{P}(\boldsymbol{\Lambda}\boldsymbol{e}+\boldsymbol{M})\\&=\frac{1}{2}\boldsymbol{e}^{\mathrm{T}}(\boldsymbol{\Lambda}^{\mathrm{T}}\boldsymbol{P}+\boldsymbol{P}\boldsymbol{\Lambda})\boldsymbol{e}+\frac{1}{2}\boldsymbol{M}^{\mathrm{T}}\boldsymbol{P}\boldsymbol{e}+\frac{1}{2}\boldsymbol{e}^{\mathrm{T}}\boldsymbol{P}\boldsymbol{M}=-\frac{1}{2}\boldsymbol{e}^{\mathrm{T}}\boldsymbol{Q}\boldsymbol{e}+\frac{1}{2}(\boldsymbol{M}^{\mathrm{T}}\boldsymbol{P}\boldsymbol{e}+\boldsymbol{e}^{\mathrm{T}}\boldsymbol{P}\boldsymbol{M})\\&=-\frac{1}{2}\boldsymbol{e}^{\mathrm{T}}\boldsymbol{Q}\boldsymbol{e}+\boldsymbol{e}^{\mathrm{T}}\boldsymbol{P}\boldsymbol{M}\end{aligned}$$

即

$$\dot{V}_1=-\frac{1}{2}\boldsymbol{e}^{\mathrm{T}}\boldsymbol{Q}\boldsymbol{e}+\boldsymbol{e}^{\mathrm{T}}\boldsymbol{P}\boldsymbol{b}\omega+(\boldsymbol{\theta}_{\mathrm{f}}-\boldsymbol{\theta}_{\mathrm{f}}^{*})^{\mathrm{T}}\boldsymbol{e}^{\mathrm{T}}\boldsymbol{P}\boldsymbol{b}\boldsymbol{\xi}(\boldsymbol{x})+(\boldsymbol{\theta}_{\mathrm{g}}-\boldsymbol{\theta}_{\mathrm{g}}^{*})^{\mathrm{T}}\boldsymbol{e}^{\mathrm{T}}\boldsymbol{P}\boldsymbol{b}\boldsymbol{\eta}(\boldsymbol{x})u$$

$$\dot{V}_2=\frac{1}{\gamma_1}(\boldsymbol{\theta}_f-\boldsymbol{\theta}_f^*)^T\dot{\boldsymbol{\theta}}_f$$

$$\dot{V}_3=\frac{1}{\gamma_2}(\boldsymbol{\theta}_g-\boldsymbol{\theta}_g^*)^T\dot{\boldsymbol{\theta}}_g$$

V 的导数为

$$\begin{aligned}\dot{V}&=\dot{V}_1+\dot{V}_2+\dot{V}_3\\&=-\frac{1}{2}\boldsymbol{e}^T\boldsymbol{Q}\boldsymbol{e}+\boldsymbol{e}^T\boldsymbol{P}\boldsymbol{b}\omega+\frac{1}{\gamma_1}(\boldsymbol{\theta}_f-\boldsymbol{\theta}_f^*)^T[\dot{\boldsymbol{\theta}}_f+\gamma_1\boldsymbol{e}^T\boldsymbol{P}\boldsymbol{b}\boldsymbol{\xi}(\boldsymbol{x})]\\&\quad+\frac{1}{\gamma_a}(\boldsymbol{\theta}_g-\boldsymbol{\theta}_g^*)^T[\dot{\boldsymbol{\theta}}_g+\gamma_2\boldsymbol{e}^T\boldsymbol{P}\boldsymbol{b}\boldsymbol{\eta}(\boldsymbol{x})u]\end{aligned}\tag{6-51}$$

将自适应律式(6-39)和式(6-40)代入式(6-51),得

$$\dot{V}=-\frac{1}{2}\boldsymbol{e}^T\boldsymbol{Q}\boldsymbol{e}+\boldsymbol{e}^T\boldsymbol{P}\boldsymbol{b}\omega\tag{6-52}$$

由于$-\frac{1}{2}\boldsymbol{e}^T\boldsymbol{Q}\boldsymbol{e}\leqslant 0$,通过选取最小逼近误差 ω 非常小的模糊系统,可实现 $\dot{V}\leqslant 0$。

2. 直接自适应模糊控制原理

直接自适应模糊控制和间接自适应模糊控制所采用的规则形式不同。间接自适应模糊控制利用的是被控对象的知识,而直接自适应模糊控制采用的是控制知识。

1)问题描述

考虑如下方程所描述的研究对象

$$\boldsymbol{x}^{(n)}=f(x,\dot{x},\cdots,x^{(n-1)})+bu\tag{6-53}$$

$$y=x\tag{6-54}$$

式中:f 为未知函数;b 为未知的正常数。

直接自适应模糊控制采用下面 IF-THEN 模糊规则来描述控制知识:

$$\text{如果 } x_1 \text{ 是 } P_1^r \text{ 且}\cdots\text{且 } x_n \text{是 } P_n^r\text{,则 } u \text{ 是 } Q^r\tag{6-55}$$

式中,P_i^r、Q^r 为 R 中模糊集合,且 $r=1,2,\cdots,L_u$。

设位置指令为 y_m,令

$$\boldsymbol{e}=y_m-y=y_m-x,\quad \boldsymbol{e}=(e,\dot{e},\cdots,e^{(n-1)})^T\tag{6-56}$$

选择 $\boldsymbol{k}=(k_n,\cdots,k_1)^T$,使多项式 $s^n+k_1s^{(n-1)}+\cdots+k_n$ 的所有根部都在复平面左半开平面上。取控制律为

$$u^*=\frac{1}{b}[-f(\boldsymbol{x})+y_m^{(n)}+\boldsymbol{K}^T\boldsymbol{e}]\tag{6-57}$$

将式(6-57)代入式(6-53),得到闭环控制系统的方程:

$$e^{(n)}+k_1e^{(n-1)}+\cdots+k_ne=0\tag{6-58}$$

由 K 的选取,可得 $t\to\infty$时 $\boldsymbol{e}(t)\to 0$,即系统的输出 y 渐进地收敛于理想输出 y_m。

直接型自适应模糊控制是基于模糊系统设计一个反馈控制器 $u=u(x|\boldsymbol{\theta})$和一个调整参数向量 $\boldsymbol{\theta}$ 的自适应律,使得系统输出 y 尽可能地跟踪理想输出 y_m。

2)模糊控制器的设计

直接自适应模糊控制器为

$$u=\boldsymbol{u}_D(\boldsymbol{x}|\boldsymbol{\theta})\tag{6-59}$$

式中:$\boldsymbol{u}_D$ 是一个模糊系统;$\boldsymbol{\theta}$ 是可调参数集合。

模糊系统 $\boldsymbol{u}_{\mathrm{D}}$ 可由以下两步来构造：

① 对变量 $x_i(i=1,2,\cdots,n)$，定义 m_i 个模糊集合 $A_i^{l_i}(l_i=1,2,\cdots,m_i)$。

② 采用以下 $\prod_{i=1}^{n} m_i$ 条模糊规则来构造模糊系统 $\boldsymbol{u}_{\mathrm{D}}(\boldsymbol{x}|\boldsymbol{\theta})$，即

$$R^{(j)}: \text{IF } x_1 \text{ is } A_1^{l_1} \text{ and } \cdots \text{ and } x_n \text{ is } A_n^{l_n} \text{ then } u_D \text{ is } S^{l_1\cdots l_n} \tag{6-60}$$

式中，$l_i=1,2,\cdots,m_i$，$i=1,2,\cdots,n$。

采用乘积推理机、单值模糊器和中心平均解模糊器来设计模糊控制器，即

$$\boldsymbol{u}_{\mathrm{D}}(\boldsymbol{x}|\boldsymbol{\theta})=\frac{\sum_{l_1=1}^{m_1}\cdots\sum_{l_n=1}^{m_n}\bar{y}_u^{l_1\cdots l_n}\left(\prod_{i=1}^{n}\mu_{A_i}^{l_i}(x_i)\right)}{\sum_{l_1=1}^{m_1}\cdots\sum_{l_n=1}^{m_n}\left(\prod_{i=1}^{n}\mu_{A_i}^{l_i}(x_i)\right)} \tag{6-61}$$

令 $\bar{y}_u^{l_1\cdots l_n}$ 是自由参数，放在集合 $\boldsymbol{\theta}\in R^{\prod_{i=1}^{n}m_i}$ 中，则模糊控制器为

$$\boldsymbol{u}_{\mathrm{D}}(\boldsymbol{x}|\boldsymbol{\theta})=\boldsymbol{\theta}^{\mathrm{T}}\boldsymbol{\xi}(\boldsymbol{x}) \tag{6-62}$$

式中，$\boldsymbol{\xi}(\boldsymbol{x})$ 为 $\prod_{i=1}^{n} m_i$ 维向量，其第 $l_1\cdots,l_n$ 个元素为

$$\xi_{l_1\cdots l_n}(\boldsymbol{x})=\frac{C_{i=1}^{n}\mu_{A_i^{l_i}}(x_i)}{\sum_{l_1=1}^{m_1}\cdots\sum_{l_n=1}^{m_n}\left(C_{i=1}^{n}\mu_{A_i^{l_i}}(x_i)\right)}$$

模糊控制规则(6-55)是通过设置其初始参数而被嵌入到模糊控制器中的。

3）自适应律的设计

将式(6-57)、式(6-59)代入式(6-53)，并整理得

$$e^{(n)}=-\boldsymbol{K}^{\mathrm{T}}\boldsymbol{e}+\boldsymbol{b}[\boldsymbol{u}^*-\boldsymbol{u}_{\mathrm{D}}(\boldsymbol{x}|\boldsymbol{\theta})] \tag{6-63}$$

令

$$\boldsymbol{\Lambda}=\begin{bmatrix}0 & 1 & 0 & 0 & \cdots & 0 & 0\\ 0 & 0 & 1 & 0 & \cdots & 0 & 0\\ \cdots & \cdots & \cdots & \cdots & \cdots & \cdots & \cdots\\ 0 & 0 & 0 & 0 & \cdots & 0 & 1\\ -k_n & -k_{n-1} & \cdots & \cdots & \cdots & \cdots & -k_1\end{bmatrix},\quad \boldsymbol{b}=\begin{bmatrix}0\\0\\\cdots\\0\\b\end{bmatrix} \tag{6-64}$$

则闭环系统动态方程(6-63)可写成向量形式

$$\dot{e}=\boldsymbol{\Lambda}\boldsymbol{e}+\boldsymbol{b}[\boldsymbol{u}^*-\boldsymbol{u}_{\mathrm{D}}(\boldsymbol{x}|\boldsymbol{\theta})] \tag{6-65}$$

定义最优参数为

$$\boldsymbol{\theta}^*=\arg\min_{\theta\in R^{\prod_{i=1}^{n}m_i}}\left[\sup_{x\in R^n}\left|\boldsymbol{u}_{\mathrm{D}}(\boldsymbol{x}|\boldsymbol{\theta})-\boldsymbol{u}^*\right|\right] \tag{6-66}$$

定义最小逼近误差为

$$\omega=\boldsymbol{u}_{\mathrm{D}}(\boldsymbol{x}|\boldsymbol{\theta}^*)-\boldsymbol{u}^* \tag{6-67}$$

由式(6-65)可得

$$\dot{e}=\boldsymbol{\Lambda}\boldsymbol{e}+\boldsymbol{b}(\boldsymbol{u}_{\mathrm{D}}(\boldsymbol{x}|\boldsymbol{\theta}^*)-\boldsymbol{u}_{\mathrm{D}}(\boldsymbol{x}|\boldsymbol{\theta}))-\boldsymbol{b}(\boldsymbol{u}_{\mathrm{D}}(\boldsymbol{x}|\boldsymbol{\theta}^*)-\boldsymbol{u}^*) \tag{6-68}$$

由式(6-62)，可将误差方程(6-68)改写为

$$\dot{e}=\boldsymbol{\Lambda}\boldsymbol{e}+\boldsymbol{b}(\boldsymbol{\theta}^*-\boldsymbol{\theta})^{\mathrm{T}}\boldsymbol{\xi}(\boldsymbol{x})-\boldsymbol{b}\omega \tag{6-69}$$

定义李雅普诺夫函数

$$\boldsymbol{V}=\frac{1}{2}\boldsymbol{e}^{\mathrm{T}}\boldsymbol{P}\boldsymbol{e}+\frac{\boldsymbol{b}}{2\gamma}(\boldsymbol{\theta}^*-\boldsymbol{\theta})^{\mathrm{T}}(\boldsymbol{\theta}^*-\boldsymbol{\theta}) \tag{6-70}$$

式中，参数 γ 是正的常数。

$\boldsymbol{P}$ 为一个正定矩阵且满足李雅普诺夫方程

$$\boldsymbol{\Lambda}^{\mathrm{T}}\boldsymbol{P}+\boldsymbol{P}\boldsymbol{\Lambda}=-\boldsymbol{Q} \tag{6-71}$$

式中，$\boldsymbol{Q}$ 是一个任意的 $n\times n$ 正定矩阵，$\boldsymbol{\Lambda}$ 由式(6-64)给出。

取 $V_1=\frac{1}{2}\boldsymbol{e}^{\mathrm{T}}\boldsymbol{P}\boldsymbol{e}$，$V_2=\frac{\boldsymbol{b}}{2\gamma}(\boldsymbol{\theta}^*-\boldsymbol{\theta})^{\mathrm{T}}(\boldsymbol{\theta}^*-\boldsymbol{\theta})$，令 $\boldsymbol{M}=\boldsymbol{b}(\boldsymbol{\theta}^*-\boldsymbol{\theta})^{\mathrm{T}}\boldsymbol{\xi}(\boldsymbol{x})-\boldsymbol{b}\omega$，则式(6-69)变为

$$\dot{e}=\boldsymbol{\Lambda}\boldsymbol{e}+\boldsymbol{M}$$

$$\begin{aligned}\dot{V}_1&=\frac{1}{2}\dot{\boldsymbol{e}}^{\mathrm{T}}\boldsymbol{P}\boldsymbol{e}+\frac{1}{2}\boldsymbol{e}^{\mathrm{T}}\boldsymbol{P}\dot{\boldsymbol{e}}=\frac{1}{2}(\boldsymbol{e}^{\mathrm{T}}\boldsymbol{\Lambda}^{\mathrm{T}}+\boldsymbol{M}^{\mathrm{T}})\boldsymbol{P}\boldsymbol{e}+\frac{1}{2}\boldsymbol{e}^{\mathrm{T}}\boldsymbol{P}(\boldsymbol{\Lambda}\boldsymbol{e}+\boldsymbol{M})\\&=\frac{1}{2}\boldsymbol{e}^{\mathrm{T}}(\boldsymbol{\Lambda}^{\mathrm{T}}\boldsymbol{P}+\boldsymbol{P}\boldsymbol{\Lambda})\boldsymbol{e}+\frac{1}{2}\boldsymbol{M}^{\mathrm{T}}\boldsymbol{P}\boldsymbol{e}+\frac{1}{2}\boldsymbol{e}^{\mathrm{T}}\boldsymbol{P}\boldsymbol{M}\\&=-\frac{1}{2}\boldsymbol{e}^{\mathrm{T}}\boldsymbol{Q}\boldsymbol{e}+\frac{1}{2}(\boldsymbol{M}^{\mathrm{T}}\boldsymbol{P}\boldsymbol{e}+\boldsymbol{e}^{\mathrm{T}}\boldsymbol{P}\boldsymbol{M})=-\frac{1}{2}\boldsymbol{e}^{\mathrm{T}}\boldsymbol{Q}\boldsymbol{e}+\boldsymbol{e}^{\mathrm{T}}\boldsymbol{P}\boldsymbol{M}\end{aligned}$$

即

$$\dot{V}_1=-\frac{1}{2}\boldsymbol{e}^{\mathrm{T}}\boldsymbol{Q}\boldsymbol{e}+\boldsymbol{e}^{\mathrm{T}}\boldsymbol{P}\boldsymbol{b}((\boldsymbol{\theta}^*-\boldsymbol{\theta})^{\mathrm{T}}\boldsymbol{\xi}(\boldsymbol{x})-\omega)$$

$$\dot{V}_2=-\frac{\boldsymbol{b}}{\gamma}(\boldsymbol{\theta}^*-\boldsymbol{\theta})^{\mathrm{T}}\dot{\boldsymbol{\theta}}$$

V 的导数为

$$\dot{V}=-\frac{1}{2}\boldsymbol{e}^{\mathrm{T}}\boldsymbol{Q}\boldsymbol{e}+\boldsymbol{e}^{\mathrm{T}}\boldsymbol{P}\boldsymbol{b}[(\boldsymbol{\theta}^*-\boldsymbol{\theta})^{\mathrm{T}}\boldsymbol{\xi}(\boldsymbol{x})-\omega]-\frac{\boldsymbol{b}}{\gamma}(\boldsymbol{\theta}^*-\boldsymbol{\theta})^{\mathrm{T}}\dot{\boldsymbol{\theta}} \tag{6-72}$$

令 p_n 为 $\boldsymbol{P}$ 的最后一列，由 $\boldsymbol{b}=[0,\cdots,0,b]^{\mathrm{T}}$ 可知 $\boldsymbol{e}^{\mathrm{T}}\boldsymbol{P}\boldsymbol{b}=\boldsymbol{e}^{\mathrm{T}}p_n\boldsymbol{b}$，则式(6-72)变为

$$\dot{V}=-\frac{1}{2}\boldsymbol{e}^{\mathrm{T}}\boldsymbol{Q}\boldsymbol{e}+\frac{\boldsymbol{b}}{\gamma}(\boldsymbol{\theta}^*-\boldsymbol{\theta})^{\mathrm{T}}[\gamma\boldsymbol{e}^{\mathrm{T}}p_n\boldsymbol{\xi}(\boldsymbol{x})-\dot{\boldsymbol{\theta}}]-\boldsymbol{e}^{\mathrm{T}}p_n\boldsymbol{b}\omega \tag{6-73}$$

取自适应律

$$\dot{\boldsymbol{\theta}}=\gamma\boldsymbol{e}^{\mathrm{T}}p_n\boldsymbol{\xi}(\boldsymbol{x}) \tag{6-74}$$

则

$$\dot{V}=-\frac{1}{2}\boldsymbol{e}^{\mathrm{T}}\boldsymbol{Q}\boldsymbol{e}-\boldsymbol{e}^{\mathrm{T}}p_n\boldsymbol{b}\omega \tag{6-75}$$

由于 $Q>0$，ω 是最小逼近误差，通过设计足够多规则的模糊系统 $\boldsymbol{u}_{\mathrm{D}}(\boldsymbol{x}|\boldsymbol{\theta})$，可使 ω 充分小，并满足 $|\boldsymbol{e}^{\mathrm{T}}p_n\boldsymbol{b}\omega|<\frac{1}{2}\boldsymbol{e}^{\mathrm{T}}\boldsymbol{Q}$，从而使得 $\dot{V}<0$。

【工程案例 6-2】 机械手模糊自适应滑模控制

传统的模糊自适应控制方法对于存在较大扰动等外界因素时，控制效果较差。为了减弱这些外界干扰因素的影响，可以采用模糊补偿器。仿真试验表明带模糊补偿器的自适应模糊控制方法可以很好地抑制摩擦、扰动、负载变化等因素影响。

1）系统描述

机械手的动态方程为

$$\boldsymbol{D}(\boldsymbol{q})\ddot{\boldsymbol{q}}+\boldsymbol{C}(\boldsymbol{q},\dot{\boldsymbol{q}})\dot{\boldsymbol{q}}+\boldsymbol{G}(\boldsymbol{q})+\boldsymbol{F}(\boldsymbol{q},\dot{\boldsymbol{q}},\ddot{\boldsymbol{q}})=\tau \tag{6-76}$$

式中：$\boldsymbol{D}(\boldsymbol{q})$ 为惯性力矩；$\boldsymbol{C}(\boldsymbol{q},\dot{\boldsymbol{q}})$ 是向心力和哥氏力矩；$\boldsymbol{G}(\boldsymbol{q})$ 是重力项；$\boldsymbol{F}(\boldsymbol{q},\dot{\boldsymbol{q}},\ddot{\boldsymbol{q}})$ 是由摩擦 $\boldsymbol{F}_{\mathrm{r}}$、扰动 τ_{d}、负载变化的不确定项组成。

2）基于传统模糊补偿的控制

假设 $\boldsymbol{D}(\boldsymbol{q})$、$\boldsymbol{C}(\boldsymbol{q},\dot{\boldsymbol{q}})$ 和 $\boldsymbol{G}(\boldsymbol{q})$ 为已知，且所有状态变量可测得。

定义滑模函数为

$$s=\dot{\tilde{q}}+\Lambda\tilde{q} \tag{6-77}$$

式中，Λ 为正定阵，$\tilde{q}(t)$ 为跟踪误差。

定义

$$\dot{q}_r(t)=\dot{q}_d(t)-\Lambda\tilde{q}(t) \tag{6-78}$$

定义李雅普诺夫函数

$$V(t)=\frac{1}{2}\left(s^T D s+\sum_{i=1}^{n}\tilde{\Theta}_i^T \Gamma_i \tilde{\Theta}_i\right) \tag{6-79}$$

式中，$\tilde{\Theta}_i=\Theta_i^*-\Theta_i$，$\Theta_i^*$ 为理想参数，$\Gamma_i>0$。

由于 $s=\dot{\tilde{q}}+\Lambda\tilde{q}=\dot{q}-\dot{q}_d+\Lambda\tilde{q}=\dot{q}-\dot{q}_r$，则

$$D\dot{s}=D\ddot{q}-D\ddot{q}_r=\tau-C\dot{q}-G-F-D\ddot{q}_r \tag{6-80}$$

则

$$\begin{aligned}\dot{V}(t)&=s^T D\dot{s}+\frac{1}{2}s^T\dot{D}s+\sum_{i=1}^{n}\tilde{\Theta}_i^T\Gamma_i\dot{\tilde{\Theta}}_i\\&=-s^T(-\tau+C\dot{q}+G+F+D\ddot{q}_r-Cs)+\sum_{i=1}^{n}\tilde{\Theta}_i^T\Gamma_i\dot{\tilde{\Theta}}_i\\&=-s^T(D\ddot{q}_r+C\dot{q}_r+G+F-\tau)+\sum_{i=1}^{n}\tilde{\Theta}_i^T\Gamma_i\dot{\tilde{\Theta}}_i\end{aligned} \tag{6-81}$$

式中，$F(q,\dot{q},\ddot{q})$ 为未知非线性函数，采用基于 MIMO 的模糊系统 $\hat{f}(q,\dot{q},\ddot{q}|\Theta)$ 来逼近 $F(q,\dot{q},\ddot{q})$。

3）自适应控制律的设计

设计控制律为

$$\tau=D(q)\ddot{q}_r+C(q,\dot{q})\dot{q}_r+G(q)+\hat{F}(q,\dot{q},\ddot{q}|\Theta)-K_D s-W\mathrm{sgn}(s) \tag{6-82}$$

式中，$K_D=\mathrm{diag}(K_i)$，$K_i>0$，$i=1,2,\cdots,n$，$W=\mathrm{diag}[w_{M_1},\cdots,w_{M_n}]$，$w_{M_i}\geqslant|w_i|$，$i=1,2,\cdots,n$。且

$$\hat{F}(q,\dot{q},\ddot{q}|\Theta)=\begin{bmatrix}\hat{F}_1(q,\dot{q},\ddot{q}|\Theta_1)\\\hat{F}_2(q,\dot{q},\ddot{q}|\Theta_2)\\\vdots\\\hat{F}_n(q,\dot{q},\ddot{q}|\Theta_n)\end{bmatrix}=\begin{bmatrix}\Theta_1^T\xi(q,\dot{q},\ddot{q})\\\Theta_2^T\xi(q,\dot{q},\ddot{q})\\\vdots\\\Theta_n^T\xi(q,\dot{q},\ddot{q})\end{bmatrix} \tag{6-83}$$

模糊逼近误差为

$$w=F(q,\dot{q},\ddot{q})-\hat{F}(q,\dot{q},\ddot{q}|\Theta^*) \tag{6-84}$$

将控制律式(6-82)代入式(6-81)，得

$$\begin{aligned}\dot{V}(t)&=-s^T(F(q,\dot{q},\ddot{q})-\hat{F}(q,\dot{q},\ddot{q}\mid\Theta)+K_D s-W\mathrm{sgn}(s))+\sum_{i=1}^{n}\tilde{\Theta}^T\Gamma_i\dot{\tilde{\Theta}}_i\\&=-s^T(F(q,\dot{q},\ddot{q})-\hat{F}(q,\dot{q},\ddot{q}\mid\Theta)+\hat{F}(q,\dot{q},\ddot{q}\mid\Theta^*)-\hat{F}(q,\dot{q},\ddot{q}\mid\Theta^*)\\&\quad+K_D s-W\mathrm{sgn}(s))+\sum_{i=1}^{n}\tilde{\Theta}_i^T\Gamma_i\tilde{\Theta}_i\\&=-s^T(\tilde{\Theta}^T\xi(q,\dot{q},\ddot{q})+w+K_D s-W\mathrm{sgn}(s))+\sum_{i=1}^{n}\tilde{\Theta}^T\Gamma_i\dot{\tilde{\Theta}}_i\\&=-s^T K_D s-s^T w-W\|s\|+\sum_{i=1}^{n}(\tilde{\Theta}_i^T\Gamma_i\dot{\tilde{\Theta}}_i-s_i\tilde{\Theta}_i^T\xi(q,\dot{q},\ddot{q}))\end{aligned}$$

其中，$\tilde{\boldsymbol{\Theta}}=\boldsymbol{\Theta}^*-\boldsymbol{\Theta}$，$\boldsymbol{\xi}^*(\boldsymbol{q},\dot{\boldsymbol{q}},\ddot{\boldsymbol{q}})$为模糊系统。

自适应律为

$$\dot{\boldsymbol{\Theta}}=-\boldsymbol{\Gamma}_i^{-1}s_i\boldsymbol{\xi}(\boldsymbol{q},\dot{\boldsymbol{q}},\ddot{\boldsymbol{q}}),\quad i=1,2,\cdots,n \tag{6-85}$$

则

$$\dot{V}(t)\leqslant-\boldsymbol{s}^{\mathrm{T}}\boldsymbol{K}_{\mathrm{D}}\boldsymbol{s} \tag{6-86}$$

当 $\dot{V}\equiv0$ 时，$s\equiv0$，根据 LaSalle 不变性原理，$t\to+\infty$时，$s\to0$)，从而 $\tilde{\boldsymbol{q}}\to0$，$\dot{\tilde{\boldsymbol{q}}}\to0$。系统的收敛速度取决于 $\boldsymbol{K}_{\mathrm{D}}$。由于 $V\geqslant0$，$\dot{V}\leqslant0$，则 V 有界，因此 $\tilde{\boldsymbol{\Theta}}_i$ 有界，但无法保证 $\tilde{\boldsymbol{\Theta}}_i$ 收敛于 0，即无法保证 $\tilde{\boldsymbol{F}}(\boldsymbol{q},\dot{\boldsymbol{q}},\ddot{\boldsymbol{q}})$的收敛精度。

假设机械手关节个数为 n，如果采用基于 MIMO 的模糊系统 $\hat{\boldsymbol{F}}(\boldsymbol{q},\dot{\boldsymbol{q}},\ddot{\boldsymbol{q}}\,|\,\boldsymbol{\Theta})$来逼 $\boldsymbol{F}(\boldsymbol{q},\dot{\boldsymbol{q}},\ddot{\boldsymbol{q}})$，则对每个关节来说，输入变量个数为 3。如果针对 n 个关节机械手，对每个输入变量设计 k 个隶属函数，则规则总数为 k^{3n}。

4) 基于摩擦模糊逼近的模糊补偿控制

只考虑针对摩擦进行模糊逼近的模糊补偿控制，由于摩擦力只与速度信号有关，则 $\boldsymbol{F}(\boldsymbol{q},\dot{\boldsymbol{q}},\dot{\boldsymbol{q}})=\boldsymbol{F}(\dot{\boldsymbol{q}})$用于逼近摩擦的模糊系统可表示为 $\hat{\boldsymbol{F}}(\dot{\boldsymbol{q}}\,|\,\boldsymbol{\theta})$，此时模糊系统的输入只有一个，可根据基于传统模糊补偿的控制器设计方法，即式(6-82)来设计控制律。

鲁棒模糊自适应控制律设计为

$$\boldsymbol{\tau}=\boldsymbol{D}(\boldsymbol{q})\ddot{\boldsymbol{q}}_{\mathrm{r}}+\boldsymbol{C}(\boldsymbol{q},\dot{\boldsymbol{q}})\dot{\boldsymbol{q}}_{\mathrm{r}}+\boldsymbol{G}(\boldsymbol{q})+\hat{\boldsymbol{F}}(\dot{\boldsymbol{q}}\,|\,\boldsymbol{\theta})-\boldsymbol{K}_{\mathrm{D}}\boldsymbol{s}-\boldsymbol{W}\mathrm{sgn}(\boldsymbol{s}) \tag{6-87}$$

自适应律设计为

$$\dot{\boldsymbol{\theta}}_i=-\boldsymbol{\Gamma}_i^{-1}s_i\boldsymbol{\xi}(\dot{\boldsymbol{q}}),\quad i=1,2,\cdots,n \tag{6-88}$$

模糊系统设计为

$$\hat{\boldsymbol{F}}(\dot{\boldsymbol{q}}\,|\,\boldsymbol{\theta})=\begin{bmatrix}\hat{F}_1(\dot{q}_1)\\\hat{F}_2(\dot{q}_2)\\\vdots\\\hat{F}_n(\dot{q}_n)\end{bmatrix}=\begin{bmatrix}\boldsymbol{\theta}_1^{\mathrm{T}}\boldsymbol{\xi}^1(\dot{q}_1)\\\boldsymbol{\theta}_2^{\mathrm{T}}\boldsymbol{\xi}^2(\dot{q}_2)\\\vdots\\\boldsymbol{\theta}_n^{\mathrm{T}}\boldsymbol{\xi}^n(\dot{q}_n)\end{bmatrix} \tag{6-89}$$

6.3 神经网络控制

本节主要探讨人工神经网络(神经网络)在系统建模和控制方面的应用。神经网络控制是一种基本上不依赖于模型的控制方法，它非常适用于那些具有不确定性或高度非线性的控制对象，并且具有较强的适应和学习功能，因此神经网络控制是智能控制领域的一个重要分支。本节首先介绍几种可用于控制的神经网络模型，然后详细介绍它们在系统建模和控制中的应用，最后专门介绍神经网络在机器人控制中的应用。

6.3.1 神经网络理论基础

1. 神经网络原理

神经科学领域的研究揭示了人脑的极端复杂性，它由超过一千亿个神经元以网状方式相互连接形成。大脑皮层包含大约 140 亿个神经元，而小脑皮层则包含大约 1000 亿个神经元。人脑不仅能够执行智能和思维等高级功能，而且其活动模拟的数学模型推动了对神经网络研究的深入。

单个神经元的结构如图6-12所示。神经系统的基本单元是神经元，也称神经细胞，它负责在人体内传递信息。每个神经元由以下几部分组成：一个细胞体，一个轴突（用于与其他神经元连接），以及一些较短的分支，即树突。轴突的作用是将本神经元的信号传递给其他神经元，其末端分支允许信号同时传递给多个神经元。树突则负责接收来自其他神经元的信号。神经元的细胞体对接收到的信号进行初步处理，然后通过轴突发送出去。神经元的轴突与其他神经元的末梢相连接的部位称为突触。

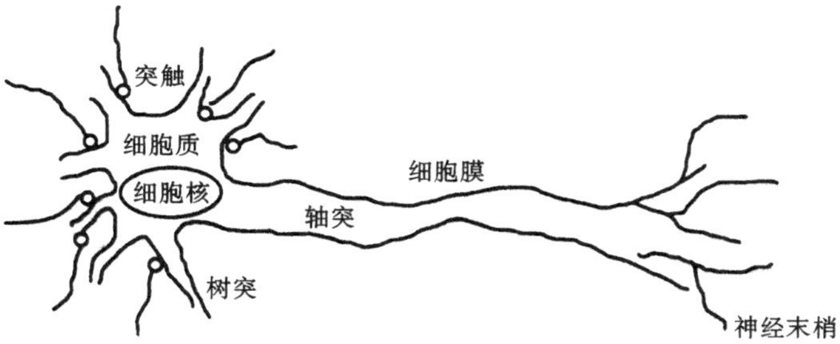

图6-12 单个神经元的解剖图

神经元的结构可以细分为四个主要部分：

(1) 细胞体（核心部分），含有细胞质、细胞膜和细胞核；

(2) 树突，其功能是接收并向细胞体传递信息；

(3) 轴突，负责将信息从细胞体传出，其末端形成轴突末梢，含有用于信息传递的化学物质；

(4) 突触是神经元之间的接口（$10^4 \sim 10^5$ 个/每个神经元）。

神经元通过其树突和轴突的复杂网络实现信息的交换与传递。

人工神经网络是一种利用数学模型来仿真人类大脑神经网络的结构和功能的技术。通过构建具有不同连接模式的人工神经元，可以创建多样的网络拓扑，以此模拟生物神经网络的行为。

人工神经网络的研究主要聚焦于三个核心领域：首先是神经元模型的设计，其次是网络拓扑结构的构建，最后是网络学习机制的算法开发。这些研究方向共同推动了人工神经网络技术的发展和应用。

2. 人工神经网络的分类

目前神经网络模型的种类相当丰富，已有近40余种神经网络模型，其中典型的有多层前向传播网络（BP网络）、Hopfield网络、CMAC小脑模型、ART自适应共振理论、BAM双向联想记忆、SOM自组织网络、Blotzman机网络和Madaline网络等。

根据神经网络的连接方式，神经网络可分为三种形式。

1) 前馈型神经网络结构

如图6-13所示的前馈型神经网络，由多层神经元构成，分为输入层、隐藏层以及输出层。在这种结构中，每一层的神经元仅从前一层接收信号。输入信号在经过各层的连续处理后，最终由输出层产生结果。网络中不存在神经元之间的反馈连接。例如，感知机和误差反向传播（backpropagation，BP）算法的网络都采用这种前馈型结构。这类网络通过将信号从输入层传递到输出层，实现了从输入到输出的映射转换。其信息处理的能力源自多个简单非线性函数的连续叠加。这种网络架构设计简洁，便于实现。BP 网络便是这种前馈网络的一个经典实例。

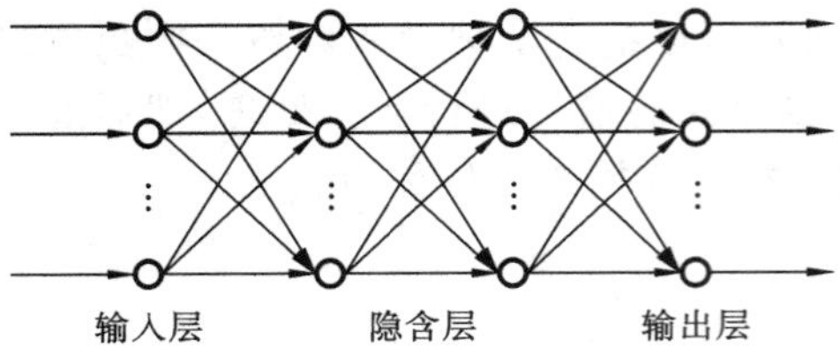

图 6-13 前馈型神经网络

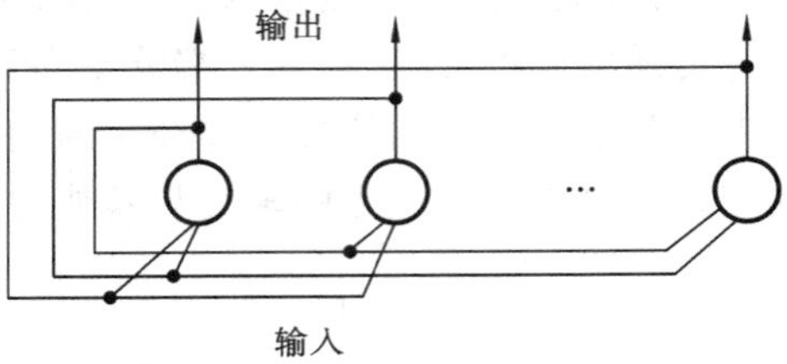

图 6-14 反馈型神经网络

2）反馈型神经网络

如图 6-14 所示的反馈型神经网络，在输出层与输入层之间建立了反馈路径，这意味着输入节点不仅接收外部信号，也可能接收来自输出层的反馈信号。此类神经网络构成了一个动态反馈系统，它需要经过一定时间的迭代过程才能达到稳定状态。Hopfield 网络作为递归网络中一个典型且广为人知的模型，以其联想记忆能力而著称。如果将李雅普诺夫函数应用于优化问题，Hopfield 网络同样能够应用于求解优化任务。

3）自组织映射网络

如图 6-15 所示的自组织神经网络，Kohonen 自组织映射（SOM）网络是自组织神经网络中的一个典型代表。Kohonen 提出，在网络处理外部输入信号的过程中，它会自发地形成不同的响应区域，每个区域对特定类型的信号具有独特的反应特性。这意味着网络中的神经元能够针对不同特性的输入信号做出最优的反应，创建出一种具有拓扑结构的特征映射图，这种映射本质上是一种非线性的转换。这一过程是无监督的，通过自适应学习实现，因此也被称作自组织特征映射。Kohonen 网络通过无需外部指导的学习方法来调整权重，经过稳定化过程后，网络能够对输入模式进行自然的特征映射，实现自动化的模式分类。

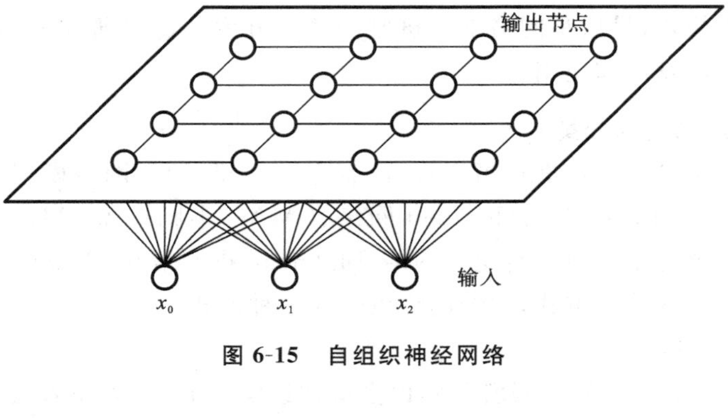

图 6-15 自组织神经网络

3. 人工神经网络学习算法

神经网络学习算法是神经网络智能特性的重要标志，神经网络通过学习算法，实现了自适应、自组织和自学习的能力。

目前神经网络的学习算法有多种，按有无监督分类，可分为有监督学习（supervised

learning)、无监督学习(unsupervised learning)和强化学习(reinforcement learning)等几大类。下面介绍两个基本的神经网络学习算法。

1) 智能 Hebb 学习规则

Hebb 学习规则是一种联想式学习算法。生物学家 D. O. Hebbian 基于对生物学和心理学的研究,认为两个神经元同时处于激发状态时,它们之间的连接强度将得到加强,这一论述的数学描述被称为 Hebb 学习规则,即

$$w_{ij}(k+1)=w_{ij}(k)+I_iI_j \tag{6-90}$$

其中,$w_{ij}(k)$为连接从 i 神经元到 j 神经元的当前权值,I_i和 I_j为神经元的激活水平。

Hebb 学习规则是一种无监督的学习方法,它只根据神经元连接间的激活水平改变权值,因此,这种方法又称为相关学习或并联学习。

2) Delta 学习规则

考虑网络输入为 X_p,输出为 Y_p,共有 n 个样本,误差准则函数为

$$E=\frac{1}{2}\sum_{p=1}^{P}(d_p-y_p)^2=\sum_{p=1}^{P}E_p \tag{6-91}$$

式中:d_p 代表期望的输出(监督信号);y_p 为网络的实际输出。$\boldsymbol{W}$ 为网络所有权值组成的向量:

$$\boldsymbol{W}=(w_0,w_1,\cdots,w_n)^{\mathrm{T}} \tag{6-92}$$

$\boldsymbol{X}_p$ 为输入模式

$$\boldsymbol{X}_p=(x_{p0},x_{p1},\cdots,x_{pn})^{\mathrm{T}} \tag{6-93}$$

式中,训练样本数为 $p=1,2,\cdots,m$。

神经网络学习的目的是通过调整权值 $\boldsymbol{W}$,使误差准则函数最小。可采用梯度下降法来实现权值的调整,其基本思想是沿着 E 的负梯度方向不断修正 W 值,直到 E 达到最小,这种方法的数学表达式为

$$\nabla\boldsymbol{W}=\eta\left(-\frac{\partial E}{\partial W_i}\right) \tag{6-94}$$

$$\frac{\partial E}{\partial W_i}=\sum_{p=1}^{P}\frac{\partial E_p}{\partial W_i} \tag{6-95}$$

其中

$$E_p=\frac{1}{2}(d_p-y_p)^2 \tag{6-96}$$

令 $\theta_p=\boldsymbol{W}x_p$,则

$$\frac{\partial E_p}{\partial W_i}=\frac{\partial E_p}{\partial\theta_p}\frac{\partial\theta_p}{\partial W_i}=\frac{\partial E_p}{\partial y_p}\frac{\partial y_p}{\partial\theta_p}X_{ip}=-(d_p-y_p)f'(\theta_p)X_{ip} \tag{6-97}$$

$\boldsymbol{W}$ 的修正规则为

$$\Delta W_i=\eta\sum_{p=1}^{P}(d_p-y_p)f'(\theta_p)X_{ip} \tag{6-98}$$

式(6-98)称为 δ 学习规则,又称误差修正规则。

6.3.2 典型人工神经网络

根据神经网络的连接方式,神经网络可分为三种形式:前馈型神经网络、反馈型神经网络和自组织神经网络。典型的前馈型神经网络有单神经元网络、BP 神经网络和 RBF 神经网络;反馈型神经网络主要有 Hopfield 神经网络。

1. BP 神经网络

1) BP 神经网络特点

1986 年，Rumelhart 等人提出了误差反向传播神经网络，简称 BP 神经网络（back propagation），该网络是一种单向传播的多层前向网络。

误差反向传播的 BP 算法简称 BP 算法，其基本思想是最小二乘法。它采用梯度搜索技术，以期使网络的实际输出值与期望输出值的误差均方值为最小。

BP 神经网络具有以下几个特点。

(1) BP 神经网络是一种多层网络，包括输入层、隐含层和输出层；

(2) 层与层之间采用全互联方式，同一层神经元之间不连接；

(3) 权值通过 δ 学习算法进行调节；

(4) 神经元激发函数为 S 函数；

(5) 学习算法由正向传播和反向传播组成；

(6) 层与层的连接是单向的，信息的传播是双向的。

2) BP 神经网络结构与算法

含一个隐含层的 BP 神经网络结构如图 6-16 所示，图中 i 为输入层神经元，j 为隐含层神经元，k 为输出层神经元。

二输入单输出的 BP 神经网络如图 6-17 所示。

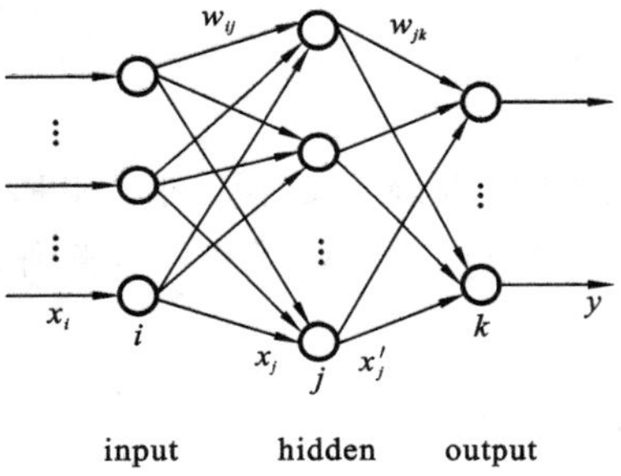

图 6-16 BP 神经网络结构图

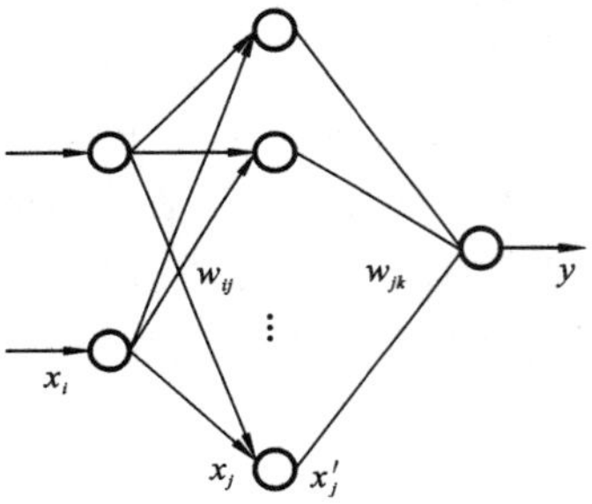

图 6-17 二输入单输出的 BP 神经网络

BP 算法输入信息从输入层经隐含层逐层处理，并传向输出层，每层神经元（节点）的状态只影响下一层神经元的状态。

隐含层神经元的输入为所有输入的加权之和，有

$$x_j = \sum_i w_{ij} x_i \tag{6-99}$$

隐含层神经元采用函数 S 激发 x_j，输出 x'_j 有

$$x'_j = f(x_j) = \frac{1}{1+e^{-x_j}} \tag{6-100}$$

则

$$\frac{\partial x'_j}{\partial x_j} = x'_j(1-x'_j) \tag{6-101}$$

输出层神经元的输出为

$$y = \sum_j w_{jk} x'_j \tag{6-102}$$

BP 神经网络具备以下优势。

(1) 只要网络拥有充足的隐藏层和节点，它能够近似模拟各种复杂的非线性函数

关系；

（2）BP 神经网络的学习方法具备良好的泛化效果；

（3）网络中的连接权重分散存储了输入与输出之间的关联信息，因此即使部分神经元受损，对整个网络的性能影响也较小，显示出 BP 网络的容错能力较强。

然而，BP 神经网络也存在一些不足之处。

（1）需要优化的参数数量众多，导致学习过程的收敛速度较慢；

（2）由于目标函数可能存在多个局部最小值，使用梯度下降法进行优化时网络可能陷入这些局部最小值，而非全局最小值；

（3）确定隐藏层及其节点数量的方法尚不成熟，目前主要依赖于经验进行尝试和调整。

尽管存在这些局限性，BP 神经网络因其出色的非线性映射逼近能力，在控制领域中仍具有重要应用。理论上，一个三层的 BP 网络能够近似任何非线性函数。但考虑到 BP 网络的双层权重结构可能导致的收敛缓慢和局部最小值问题，这可能会影响其在要求高实时性的控制系统中的应用。

2. RBF 神经网络

径向基函数（radial basis function，RBF）神经网络是由 J. Moody 和 C. Darken 在 20 世纪 80 年代末提出的一种神经网络，它是具有单隐层的三层前馈网络。RBF 神经网络模拟了人脑中局部调整、相互覆盖接收域的神经网络结构，已证明 RBF 神经网络能任意精度逼近任意连续函数。

RBF 神经网络的学习过程与 BP 神经网络的学习过程类似，两者的主要区别在于各自使用不同的作用函数。BP 神经网络中隐含层使用的是 Sigmoid 函数，而 RBF 神经网络中的作用函数是高斯基函数。

RBF 神经网络是一种三层前向网络，由输入到输出的映射是非线性的，而隐含层空间到输出空间的映射是线性的，而且 RBF 神经网络是局部逼近的神经网络，因而采用 RBF 神经网络可大大加快学习速度并避免局部极小值问题，适合于实时控制的要求。采用 RBF 神经网络构成神经网络控制方案，可有效提高系统的精度、鲁棒性和自适应性。

1）网络结构

在 RBF 神经网络中，$\boldsymbol{x}=[x_1,x_2,\cdots,x_n]^{\mathrm{T}}$ 为网络输入，h_j 为隐含层第 j 个神经元的输出，即

$$h_j=\exp\left(-\frac{\|\boldsymbol{x}-\boldsymbol{c}_j\|^2}{2\boldsymbol{b}_j^2}\right),\quad j=1,2,\cdots,m \tag{6-103}$$

式中：$\boldsymbol{c}_j=[c_{j1},\cdots,c_{jn}]$为第 j 个隐含层神经元的中心点向量值；高斯基函数的宽度矢量为 $\boldsymbol{b}=[b_1,\cdots,b_m]^{\mathrm{T}}$，$\boldsymbol{b}_j>0$ 为隐含层神经元 j 的高斯基函数的宽度。

网络的权值为

$$\boldsymbol{w}=[w_1,\cdots,w_m]^{\mathrm{T}} \tag{6-104}$$

RBF 神经网络的输出为

$$y=w_1h_1+w_2h_2+\cdots\cdots+w_mh_m \tag{6-105}$$

由于 RBF 神经网络只调节权值，因此，RBF 神经网络较 BP 神经网络有算法简单、运行时间快的优点。但由于 RBF 神经网络中，输入空间到输出空间是非线性的，而隐含空

间到输出空间是线性的，因而其非线性能力不如 BP 神经网络。

2）控制系统设计中 RBF 神经网络的逼近

RBF 神经网络可对任意未知非线性函数进行任意精度的逼近。在控制系统设计中，采用 RBF 神经网络可实现对未知函数的逼近。

例如，为了估计未知函数 $f(x)$，可采用如下 RBF 神经网络算法进行逼近

$$f=W^{*\mathrm{T}}h(x)+\varepsilon \tag{6-106}$$

式中：W^* 为理想权值；ε 为网络的逼近误差，满足 $\varepsilon\leqslant\varepsilon_N$。

在控制系统设计中，可采样 RBF 神经网络对未知函数 f 进行逼近。一般可采用系统状态作为网络的输入，网络输出为

$$\hat{f}(x)=\hat{W}^{\mathrm{T}}h(x) \tag{6-107}$$

式中，$\hat{W}$ 为估计权值。

在控制系统设计中，定义 $\widetilde{W}=\hat{W}-W^*$，$\hat{W}$ 的调节可通过自适应方法进行设计。

在实际的控制系统设计中，为了保证网络的输入值处于高斯函数的有效范围，应根据网络的输入值实际范围确定高斯函数中心点坐标向量 $\boldsymbol{c}$ 值，为了保证高斯函数的有效映射，需要将高斯函数的宽度 b 取适当的值。

3. 模糊 RBF 神经网络

神经网络与模糊系统相结合，构成模糊神经网络，该网络是建立在 RBF 神经网络基础上的一种多层神经网络。模糊神经网络在本质上是将常规的神经网络赋予模糊输入信号和模糊权值。模糊神经网络的设计步骤：① 定义模糊神经网络结构；② 设计输入隶属函数并进行模糊化；③ 设计模糊控制规则；④ 设计模糊推理算法；⑤ 设计网络权值的学习算法。

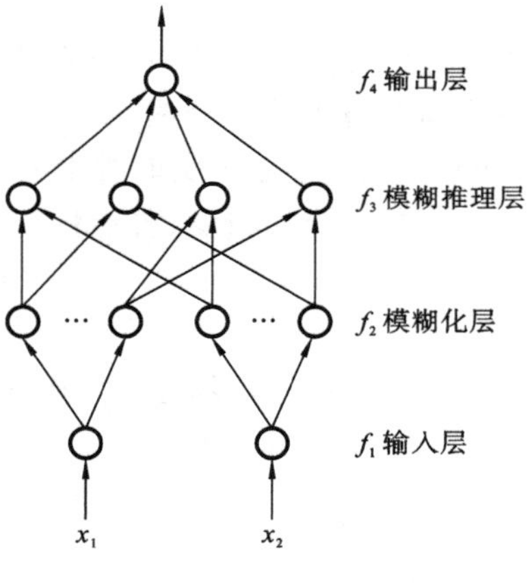

图 6-18　二输入单输出的模糊神经网络结构

1）模糊 RBF 神经网络结构

以二输入单输出的模糊神经网络为例，图6-18所示的是模糊神经网络结构图，该网络由输入层、模糊化层、模糊推理层和输出层构成。

模糊神经网络中信号传播及各层的功能表示如下。

第一层：输入层。该层的各个节点直接与输入层的各个输入连接，将输入量传到下一层。对该层的每个节点 i 的输入输出表示为

$$f_1(i)=x=[x_1,x_2] \tag{6-108}$$

第二层：模糊化层。图 6-19 中，针对每个输入采用 5 个隶属函数进行模糊化。采用高斯型函数作为隶属函数，c_{ij} 和 b_j 分别是第 i 个输入变量和第 j 个模糊集合隶属函数的中心点位置和宽度，有

$$f_2(i,j)=\exp\left\{-\frac{[f_1(i)-c_{ij}]^2}{b_j^2}\right\} \tag{6-109}$$

式中：$i=1,2$；$j=1,2,3,4,5$。

模糊化是模糊神经网络的关键。为了使输入得到有效的映射，需要根据网络输入值的范围设计隶属函数参数。以单个输入 $x=3\sin(2\pi t)$ 为例，输入值范围为[-3,3]，

设计 5 个高斯基隶属函数进行模糊化，取 $c=[-1.5,-1,0,1,1.5]$，$b_j=0.50$，仿真结果如图 6-19 所示。显然，该程序适合范围为[−3,3]的网络输入的模糊化。

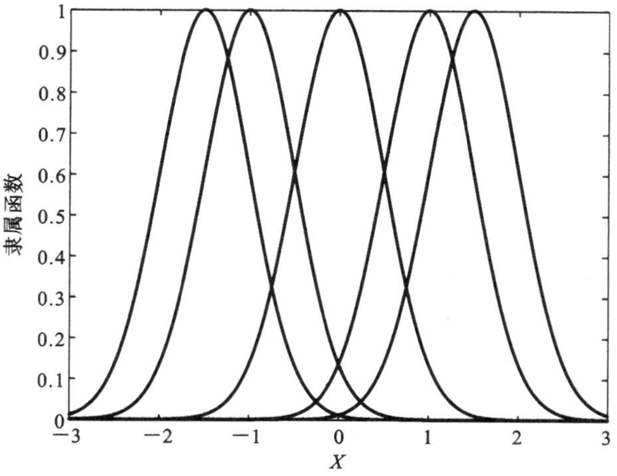

图 6-19 5 个高斯基隶属函数

第三层：模糊推理层。该层通过与模糊化层的连接来完成模糊规则的匹配，各个节点之间通过模糊化的运算，即通过各个模糊节点的组合得到相应的输出。

由于第 1 个输入经模糊化后输出为 5 个，第 2 个输入经模糊化后输出为 5 个，具有相同输入的输出之间不进行组合，通过两两组合后，构成 25 条模糊规则，每条模糊规则的输出为

$$f_3(l)=f_2(1,j_1)f_2(2,j_2) \tag{6-110}$$

式中：$j_1=1,2,3,4,5$；$j_2=1,2,3,4,5$；$l=1,2,\cdots,25$。

第四层：输出层。输出层为 f_4，采用加权得到最后的输出，即

$$f_4=\sum_{l=1}^{25}\boldsymbol{w}(l)f_3(l) \tag{6-111}$$

式中，$\boldsymbol{w}$ 为输出节点与第三层各节点的连接权矩阵。

2）模糊 RBF 神经网络学习算法

模糊神经网络的训练过程如下：正向传播采用算法式(6-108)～式(6-111)，输入信号从输入层经模糊化层和模糊推理层传向输出层，若输出层得到了期望的输出，则学习算法结束；否则，转至反向传播。反向传播采用梯度下降法，调整神经网络的输出层权值。

理想的输入输出为$[x^s,y^s]$，网络第 l 个输出与相应理想输出 y_l^s 的误差为

$$e_l=y_l^s-y_l \tag{6-112}$$

第 p 个样本的误差性能指标函数为

$$E_p=\frac{1}{2}\sum_{l=1}^{N}e_l^2 \tag{6-113}$$

式中，N 为网络输出层神经元的个数。

输出层的权值通过如下方式来调整

$$\Delta w(k)=-\eta\frac{\partial E_\varphi}{\partial w}=-\eta\frac{\partial E_\varphi}{\partial e}\frac{\partial e}{\partial y}\frac{\partial y}{\partial w}=\eta e(k)f_3 \tag{6-114}$$

则输出层的权值学习算法为

$$w(k)=w(k-1)+\Delta w(k)+\alpha[w(k-1)-w(k-2)] \tag{6-115}$$

式中：η 为学习速率；α 为动量因子。

针对多个样本，在每次迭代中，分别依次对各个样本进行训练，更新权值，待所有样本训练完毕，再进行下一次迭代，直到满足误差性能指标的要求为止。

6.3.3 自适应 RBF 神经网络控制及应用

采用梯度下降法调整神经网络权值，易陷入局部最优，且不能保证闭环系统的稳定性。基于 Lyapunov 稳定性分析的在线自适应神经网络控制可有效解决这一难题。

1. 一阶系统神经网络自适应控制

1）系统描述

考虑如下一阶被控对象：

$$\dot{x}=bu+f(x)+d(t) \tag{6-116}$$

式中：u 为控制输入；$b\neq 0$ 为已知常数；$d(t)$ 为干扰，满足 $|d(t)|\leqslant D$，其中 D 为已知常数。

2）滑模控制器设计

针对一阶系统，需要引入积分设计滑模函数，即

$$s(t)=e(t)+c\int_0^t e(\tau)\mathrm{d}\tau \tag{6-117}$$

式中，$c>0$ 为设计参数。

跟踪误差为 $e=x-x_{\mathrm{d}}$，其中 x_{d} 为理想信号。定义李雅普诺夫函数为

$$V=\frac{1}{2}s^2 \tag{6-118}$$

则
$$\dot{s}=\dot{e}+ce=bu+f(x)+d-\dot{x}_{\mathrm{d}}+ce \tag{6-119}$$

为了保证 $s\dot{s}\leqslant 0$，设计滑模控制律为

$$u=\frac{1}{b}(-ce+\dot{x}_{\mathrm{d}}-f(x)-ks-D\mathrm{sgn}(s)) \tag{6-120}$$

式中，$k>0$ 为设计参数，则有

$$\dot{s}=ce+(-ce+\dot{x}_{\mathrm{d}}-ks-D\mathrm{sgn}(s))+d-\dot{x}_{\mathrm{d}}=-ks-D\mathrm{sgn}(s)+d \tag{6-121}$$

从而
$$\dot{V}=s\dot{s}=-ks^2-D|s|+ds\leqslant -ks^2=-\frac{k}{2}V \tag{6-122}$$

由上述不等式有

$$V(t)\leqslant \exp\left(-\frac{k}{2}t\right)V(0) \tag{6-123}$$

可见，$V(t)$ 指数收敛至 0，则 $s(t)$ 指数收敛至 0，从而有 $\int_0^t e(\tau)\mathrm{d}\tau$ 和 $e(t)$ 指数收敛至 0，收敛速度取决于 k。指数项 $-ks$ 能保证当 s 较大时，系统状态能以较大的速度趋近于滑动模态。因此，指数趋近律尤其适合解决具有大阶跃的响应控制问题。

3）一阶系统自适应 RBF 控制

如果 $f(x)$ 为未知，可采用 RBF 神经网络对 $f(x)$ 进行逼近。RBF 神经网络算法为

$$h_i=\exp(-|x-c_i|^2/b^2) \tag{6-124}$$

$$f(x)=\boldsymbol{W}^{*\mathrm{T}}\boldsymbol{h}(x)+\varepsilon(x) \tag{6-125}$$

式中：$\boldsymbol{h}=[h_1,h_2,\cdots,h_n]^{\mathrm{T}}$ 为基函数向量；$\boldsymbol{W}^*$ 为权值向量；$\varepsilon(x)$为逼近误差，满足$|\varepsilon(x)|\leqslant\varepsilon_N$，$\varepsilon_N$ 为常数。

采用 RBF 逼近未知函数 $f(x)$网络的输入取 x，则 RBF 神经网络的输出为

$$\hat{f}(x)=\hat{\boldsymbol{W}}^{\mathrm{T}}\boldsymbol{h}(x) \tag{6-126}$$

式中，$\hat{\boldsymbol{W}}$ 为 $\boldsymbol{W}$ 的估计。

定义 $\widetilde{\boldsymbol{W}}=\hat{\boldsymbol{W}}-\boldsymbol{W}^*$，则 $f(x)-\hat{f}(x)=\boldsymbol{W}^{*\mathrm{T}}\boldsymbol{h}(x)+\varepsilon-\hat{\boldsymbol{W}}^{\mathrm{T}}\boldsymbol{h}(x)=\widetilde{\boldsymbol{W}}^{\mathrm{T}}\boldsymbol{h}(x)+\varepsilon$。

定义李雅普诺夫函数为

$$V=\frac{1}{2}s^2+\frac{1}{2\gamma}\widetilde{\boldsymbol{W}}^{\mathrm{T}}\widetilde{\boldsymbol{W}} \tag{6-127}$$

式中，$\gamma>0$ 为设计参数。

由于

$$\dot{s}=\dot{e}+ce=\dot{x}-\dot{x}_{\mathrm{d}}+ce=bu+f(x)+d-\dot{x}_{\mathrm{d}}+ce \tag{6-128}$$

为了保证 $s\dot{s}\leqslant 0$，将 RBF 神经网络的输出代替式(6-120)中的未知函数 f，设计控制器为

$$u=\frac{1}{b}(-ce+\dot{x}_{\mathrm{d}}-\hat{f}(x)-ks-\overline{D}\operatorname{sgn}(s)) \tag{6-129}$$

式中，$k>0$，$\overline{D}\geqslant D+\varepsilon_N$，则

$$\begin{aligned}\dot{s}(t)&=(-ce+\dot{x}_{\mathrm{d}}-\hat{f}(x)-ks-\overline{D}\operatorname{sgn}(s))+f(x)+d-\dot{x}_{\mathrm{d}}+ce\\&=-\widetilde{\boldsymbol{W}}^{\mathrm{T}}h(x)+\varepsilon-ks-\overline{D}\operatorname{sgn}(s)+d\end{aligned} \tag{6-130}$$

从而

$$\begin{aligned}\dot{V}&=s\dot{s}+\frac{1}{\gamma}\widetilde{\boldsymbol{W}}^{\mathrm{T}}\dot{\hat{\boldsymbol{W}}}=s(-\widetilde{\boldsymbol{W}}^{\mathrm{T}}h(x)+\varepsilon-ks-\overline{D}\operatorname{sgn}(s)+d)+\frac{1}{\gamma}\widetilde{\boldsymbol{W}}^{\mathrm{T}}\dot{\hat{\boldsymbol{W}}}\\&=-s\widetilde{\boldsymbol{W}}^{\mathrm{T}}h(x)+\varepsilon s-ks^2-\overline{D}|s|+ds+\frac{1}{\gamma}\widetilde{\boldsymbol{W}}^{\mathrm{T}}\dot{\hat{\boldsymbol{W}}}\\&=\widetilde{\boldsymbol{W}}^{\mathrm{T}}\left(\frac{1}{\gamma}\dot{\hat{W}}-sh(x)\right)-ks^2+(\varepsilon+d)s-\overline{D}|s|\end{aligned} \tag{6-131}$$

设计自适应律为

$$\dot{\hat{W}}=\gamma sh(x) \tag{6-132}$$

$$\dot{V}=-ks^2+(\varepsilon+d)s-\overline{D}|s|\leqslant -ks^2 \tag{6-133}$$

根据上式和 Barbalat 引理可知，闭环系统内所有信号一致有界，且当 $t\to+\infty$时，$s(t)$、$\int_0^t e(\tau)\mathrm{d}\tau$ 和 $e(t)$收敛至零。

2. 二阶系统自适应 RBF 神经网络控制

1）系统描述

考虑如下二阶被控对象：

$$\dot{x}_1=x_2 \tag{6-134}$$

$$\dot{x}_2=f(x)+bu+d(t) \tag{6-135}$$

式中：$\boldsymbol{x}=[x_1,x_2]^{\mathrm{T}}\in R^2$ 为系统状态；$u\in R$ 为控制输入；$f(x)$为非线性函数；$b\neq 0$。$d(t)\in R$ 为干扰，满足$|d(t)|\leqslant D$，其中 D 为已知常数。

理想跟踪指令为 $x_{1\mathrm{d}}$，定义跟踪误差为

$$e=x_{1\mathrm{d}}-x_1 \tag{6-136}$$

设计滑模变量为 $s=\dot{e}+ce$，$c>0$，则

$$\dot{s}=\ddot{e}+c\dot{e}=\ddot{x}_{\mathrm{d}}-\ddot{x}_1+c\dot{e}=\ddot{x}_{1\mathrm{d}}-f-bu-d(t)+c\dot{e} \tag{6-137}$$

如果 f 和 b 是已知的,可设计控制律为

$$u=\frac{1}{b}(-f+\ddot{x}_{1\mathrm{d}}+c\dot{e}+\eta\mathrm{sgn}(s)+ls) \tag{6-138}$$

式中,$l>0$ 和 η 为设计参数。将式(6-138)代入式(6-137),可得

$$\dot{s}=-ls-\eta\mathrm{sgn}(s)-d \tag{6-139}$$

如果选择 $\eta\geqslant D$,可得

$$s\dot{s}=-ls^2-\eta|s|-sd<0 \tag{6-140}$$

如果 $f(x)$未知,可通过逼近 $f(x)$来实现稳定控制设计。下面介绍 RBF 神经网络对未知项 $f(x)$的逼近算法。

2) 基于 RBF 神经网络逼近 $f(x)$的滑模控制

采用 RBF 神经网络逼近 $f(x)$,RBF 神经网络算法为

$$h_i=\exp\left(-\frac{\|\boldsymbol{x}-\boldsymbol{\delta}_i\|^2}{2b^2}\right) \tag{6-141}$$

$$f(x)=\boldsymbol{W}^{*\mathrm{T}}\boldsymbol{h}(x)+\varepsilon(x) \tag{6-142}$$

式中:$\boldsymbol{h}=[h_1,h_2,\cdots,h_n]^{\mathrm{T}}$ 为基函数向量;$\boldsymbol{W}^*$ 为权值向量;$\varepsilon(x)$为逼近误差,满足 $|\varepsilon(x)|\leqslant\varepsilon_N$,$\varepsilon_N$ 为常数。

网络的输入取 x,则 RBF 神经网络的输出为

$$\hat{f}(x)=\hat{\boldsymbol{W}}^{\mathrm{T}}h(x) \tag{6-143}$$

式中:$\hat{\boldsymbol{W}}$ 为 $\boldsymbol{W}$ 的估计;$\boldsymbol{h}(x)$为 RBF 神经网络的高斯函数。

则控制输入式(6-138)可写为

$$u=\frac{1}{b}(-\hat{f}+\ddot{x}_{1d}+c\dot{e}+\eta\mathrm{sgn}(s)+ls) \tag{6-144}$$

式中,$l>0$ 和 $\eta\geqslant\varepsilon_N+D$ 为设计参数。将控制律式(6-144)代入式(6-137)中,可得

$$\begin{aligned}\dot{s}&=\ddot{x}_{1\mathrm{d}}-f-bu-d+c\dot{e}=\ddot{x}_{1\mathrm{d}}-f-(-\hat{f}+\ddot{x}_{1\mathrm{d}}+c\dot{e}+\eta\mathrm{sgn}(s)+ls)-d+c\dot{e}\\&=-f+\hat{f}-\eta\mathrm{sgn}(s)-ls-d=-\tilde{\boldsymbol{W}}^{\mathrm{T}}\boldsymbol{h}(x)-\varepsilon-d-\eta\mathrm{sgn}(s)-ls\end{aligned} \tag{6-145}$$

其中

$$f(x)-\hat{f}(x)=\boldsymbol{W}^{*\mathrm{T}}\boldsymbol{h}(x)+\varepsilon-\hat{\boldsymbol{W}}^{\mathrm{T}}\boldsymbol{h}(x)=\tilde{\boldsymbol{W}}^{\mathrm{T}}\boldsymbol{h}(x)+\varepsilon \tag{6-146}$$

并定义

$$\tilde{\boldsymbol{W}}=\boldsymbol{W}^*-\hat{\boldsymbol{W}}$$

定义李雅普诺夫函数为

$$V=\frac{1}{2}s^2+\frac{1}{2}\gamma\tilde{\boldsymbol{W}}^{\mathrm{T}}\tilde{\boldsymbol{W}} \tag{6-147}$$

式中,$\gamma>0$ 为设计参数。

对李雅普诺夫函数 L 求导,综合式(6-145)和式(6-146),可得

$$\begin{aligned}\dot{V}&=s\dot{s}+\gamma\tilde{\boldsymbol{W}}^{\mathrm{T}}\dot{\tilde{\boldsymbol{W}}}=s(-\tilde{\boldsymbol{W}}^{\mathrm{T}}\boldsymbol{h}(x)-\varepsilon-d-\eta\mathrm{sgn}(s)-ls)-\gamma\tilde{\boldsymbol{W}}^{\mathrm{T}}\dot{\hat{\boldsymbol{W}}}\\&=-ls^2-\tilde{\boldsymbol{W}}^{\mathrm{T}}(\mathrm{sh}(x)+\gamma\dot{\hat{\boldsymbol{W}}})-s(\varepsilon+d+\eta\mathrm{sgn}(s))\end{aligned} \tag{6-148}$$

设计自适应律为

$$\dot{\hat{\boldsymbol{W}}}=-\frac{1}{\gamma}\mathrm{sh}(x) \tag{6-149}$$

则

$$\dot{V}=-ls^2-s(\varepsilon+d+\eta\mathrm{sgn}(s))\leqslant-ls^2 \tag{6-150}$$

根据上式和 Barbalat 引理可知,闭环系统内所有信号一致有界,且当 $t\to+\infty$时,

$s(t)$和$e(t)$收敛至零。

当逼近误差和干扰较大时，需要较大增益η，这可能会造成较大的抖振。为了防止抖振，控制器中可考虑采用饱和函数sat(s)来代替符号函数sgn(s)，即

$$\text{sat}(s)=\begin{cases}1 & s>\Delta \\ ks & |s|\leqslant\Delta,k=1/\Delta \\ -1 & s<-\Delta\end{cases} \tag{6-151}$$

其中，$\Delta>0$为边界层厚度。

【工程案例 6-3】 基于 RBF 神经网络逼近的机械手自适应控制

1）问题的提出

设n关节机械手方程为

$$\boldsymbol{M}(\boldsymbol{q})\ddot{q}+\boldsymbol{C}(q,\dot{q})\dot{q}+\boldsymbol{G}(q)+\boldsymbol{F}(\dot{q})=\boldsymbol{\tau} \tag{6-152}$$

式中：$q\in\mathbf{R}^n$为关节角度；$\boldsymbol{M}(q)\in\mathbf{R}^{n\times n}$为惯量矩阵；$\boldsymbol{C}(q,\dot{q})\in\mathbf{R}^{n\times n}$为离心力和哥氏力项；$\boldsymbol{G}(q)\in\mathbf{R}^n$为重力项；$\boldsymbol{F}(\dot{q})$为摩擦力矩；$\boldsymbol{\tau}\in\mathbf{R}^n$为控制力矩。

n关节机械手模型具有如下特性。

特性1：$\boldsymbol{M}(\boldsymbol{q})-2\boldsymbol{C}(\boldsymbol{q},\dot{\boldsymbol{q}})$为斜对称矩阵，对任意$\boldsymbol{y}\in\mathbf{R}^n$有

$$\boldsymbol{y}^{\mathrm{T}}(\boldsymbol{M}(\boldsymbol{q})-2\boldsymbol{C}(\boldsymbol{q},\dot{\boldsymbol{q}}))\boldsymbol{y}=0 \tag{6-153}$$

特性2：$\boldsymbol{M}(\boldsymbol{q})$为正定对称矩阵，且存在常数$m_1>0$和$m_2>0$使得

$$m_1\|\boldsymbol{y}\|^2\leqslant\boldsymbol{y}^{\mathrm{T}}\boldsymbol{M}(\boldsymbol{q})\boldsymbol{y}\leqslant m_2\|\boldsymbol{y}\|^2 \tag{6-154}$$

控制目的：在机械手非线性未知的情形下设计控制器使得$\boldsymbol{q}$跟踪期望轨迹$\boldsymbol{q}_{\mathrm{d}}$，其中$\boldsymbol{q}_{\mathrm{d}}$，$\dot{\boldsymbol{q}}_{\mathrm{d}}$和$\ddot{\boldsymbol{q}}_{\mathrm{d}}$有界且已知。

定义跟踪误差为

$$\boldsymbol{e}=\boldsymbol{q}_{\mathrm{d}}-\boldsymbol{q} \tag{6-155}$$

定义滑模变量为

$$\boldsymbol{r}=\dot{\boldsymbol{e}}+\boldsymbol{\Lambda e} \tag{6-156}$$

式中，$\boldsymbol{\Lambda}=\boldsymbol{\Lambda}^{\mathrm{T}}>0$，则

$$\dot{\boldsymbol{q}}=-\boldsymbol{r}+\dot{\boldsymbol{q}}_{\mathrm{d}}+\boldsymbol{\Lambda e} \tag{6-157}$$

$$\begin{aligned}\boldsymbol{M}\dot{\boldsymbol{r}}&=\boldsymbol{M}(\ddot{\boldsymbol{q}}_{\mathrm{d}}-\ddot{\boldsymbol{q}}+\boldsymbol{\Lambda}\dot{\boldsymbol{e}})=\boldsymbol{M}(\ddot{\boldsymbol{q}}_{\mathrm{d}}+\boldsymbol{\Lambda}\dot{\boldsymbol{e}})-\boldsymbol{M}\ddot{\boldsymbol{q}}\\&=\boldsymbol{M}(\ddot{\boldsymbol{q}}_{\mathrm{d}}+\boldsymbol{\Lambda}\dot{\boldsymbol{e}})+\boldsymbol{C}\dot{\boldsymbol{q}}+\boldsymbol{G}+\boldsymbol{F}-\boldsymbol{\tau}\\&=\boldsymbol{M}(\ddot{\boldsymbol{q}}_{\mathrm{d}}+\boldsymbol{\Lambda}\dot{\boldsymbol{e}})-\boldsymbol{Cr}+\boldsymbol{C}(\dot{\boldsymbol{q}}_{\mathrm{d}}+\boldsymbol{\Lambda e})+\boldsymbol{G}+\boldsymbol{F}-\boldsymbol{\tau}\\&=-\boldsymbol{Cr}-\boldsymbol{\tau}+\boldsymbol{f}(\boldsymbol{x})\end{aligned} \tag{6-158}$$

式中，$\boldsymbol{f}(\boldsymbol{x})=\boldsymbol{M}(\ddot{\boldsymbol{q}}_{\mathrm{d}}+\boldsymbol{\Lambda}\dot{\boldsymbol{e}})+\boldsymbol{C}(\boldsymbol{q}_{\mathrm{d}}+\boldsymbol{\Lambda e})+\boldsymbol{G}+\boldsymbol{F}$。

在实际工程中，模型不确定项f为未知，为此，需要对不确定项f进行逼近。采用RBF神经网络可逼近f，根据$f(x)$的表达式，网络输入取

$$x=[q^{\mathrm{T}},\dot{q}^{\mathrm{T}},q_{\mathrm{d}}^{\mathrm{T}},\dot{q}_{\mathrm{d}}^{\mathrm{T}},\ddot{q}_{\mathrm{d}}^{\mathrm{T}}]^{\mathrm{T}} \tag{6-159}$$

设计控制律为

$$\tau=\hat{f}+K_{\mathrm{v}}r \tag{6-160}$$

式中，$f(x)$为RBF神经网络的输出。

将控制律式(6-160)代入式(6-158)，得

$$\boldsymbol{M}\dot{\boldsymbol{r}}=-\boldsymbol{Cr}-\hat{\boldsymbol{f}}-\boldsymbol{K}_{\mathrm{v}}\boldsymbol{r}+\boldsymbol{f}+\boldsymbol{\tau}_{\mathrm{d}}=-(\boldsymbol{K}_{\mathrm{v}}+\boldsymbol{C})+\hat{\boldsymbol{f}}+\boldsymbol{\tau}_{\mathrm{d}}=-(\boldsymbol{K}_{\mathrm{v}}+\boldsymbol{C})+\boldsymbol{\xi}_0 \tag{6-161}$$

式中，$\widetilde{\boldsymbol{f}}=\boldsymbol{f}-\hat{\boldsymbol{f}}$，$\boldsymbol{\xi}_0=\widetilde{\boldsymbol{f}}+\boldsymbol{\tau}_{\mathrm{d}}$。

如果定义李雅普诺夫函数

$$L=\frac{1}{2}\boldsymbol{r}^{\mathrm{T}}\boldsymbol{M}\boldsymbol{r} \tag{6-162}$$

则

$$\dot{L}=\boldsymbol{r}^{\mathrm{T}}\boldsymbol{M}\dot{\boldsymbol{r}}+\frac{1}{2}\boldsymbol{r}^{\mathrm{T}}\dot{\boldsymbol{M}}\boldsymbol{r}=-\boldsymbol{r}^{\mathrm{T}}\boldsymbol{K}_{\mathrm{v}}\boldsymbol{r}+\frac{1}{2}\boldsymbol{r}^{\mathrm{T}}(\dot{\boldsymbol{M}}-2\boldsymbol{C})\boldsymbol{r}+\boldsymbol{r}^{\mathrm{T}}\boldsymbol{\xi}_0 \tag{6-163}$$

$$\dot{L}=\boldsymbol{r}^{\mathrm{T}}\boldsymbol{\xi}_0-\boldsymbol{r}^{\mathrm{T}}\boldsymbol{K}_{\mathrm{v}}\boldsymbol{r} \tag{6-164}$$

这说明在 K_{v} 固定条件下，控制系统的稳定依赖于 ξ_0，即 $\hat{f}$ 对 f 的逼近精度及干扰 τ_{d} 的大小。采用 RBF 神经网络对不确定项 f 进行逼近。理想的 RBF 神经网络算法为

$$\varphi_i=g(\|\boldsymbol{x}-\boldsymbol{c}_i\|^2/\sigma_i^2),\quad i=1,2,\cdots,n \tag{6-165}$$

$$f(x)=\boldsymbol{W}\boldsymbol{\varphi}(\boldsymbol{x})+\boldsymbol{\varepsilon} \tag{6-166}$$

式中，x 为网络的输入信号，$\boldsymbol{\varphi}=[\varphi_1\quad \varphi_2\quad \cdots\quad \varphi_n]$，$\|\boldsymbol{\varepsilon}\|\leqslant\varepsilon_N$。

2）基于 RBF 神经网络逼近的控制器

（1）控制器的设计。采用 RBF 神经网络逼近 f，则 RBF 神经网络的输出为

$$\hat{\boldsymbol{f}}(\boldsymbol{x})=\hat{\boldsymbol{W}}^{\mathrm{T}}\boldsymbol{\varphi}(\boldsymbol{x}) \tag{6-167}$$

取

$$\widetilde{\boldsymbol{W}}=\boldsymbol{W}-\hat{\boldsymbol{W}},\quad \|\boldsymbol{W}\|_F\cdot W_{\max} \tag{6-168}$$

设计控制律为

$$\tau=\hat{\boldsymbol{W}}^{\mathrm{T}}\boldsymbol{\varphi}(\boldsymbol{x})+\boldsymbol{K}_{\mathrm{v}}\boldsymbol{r}-\boldsymbol{v} \tag{6-169}$$

式中，$\boldsymbol{v}$ 为用于克服神经网络逼近误差 ε 的鲁棒项，$K_{\mathrm{v}}>0$。

将控制律式(6-169)代入式(6-158)，得

$$\boldsymbol{M}\dot{\boldsymbol{r}}=-(\boldsymbol{K}_{\mathrm{v}}+\boldsymbol{C})\boldsymbol{r}+\widetilde{\boldsymbol{W}}^{\mathrm{T}}\boldsymbol{\varphi}(\boldsymbol{x})+(\boldsymbol{\varepsilon}+\boldsymbol{\tau}_{\mathrm{d}})+\boldsymbol{v}=-(\boldsymbol{K}_{\mathrm{v}}+\boldsymbol{C})\boldsymbol{r}+\boldsymbol{\xi}_1 \tag{6-170}$$

式中，$\boldsymbol{\xi}_1=\widetilde{\boldsymbol{W}}^{\mathrm{T}}\boldsymbol{\varphi}(\boldsymbol{x})+(\boldsymbol{\varepsilon}+\boldsymbol{\tau}_{\mathrm{d}})+\boldsymbol{v}$。

（2）稳定性及收敛性分析。将鲁棒项设计为

$$\boldsymbol{v}=-(\boldsymbol{\varepsilon}_N+\boldsymbol{b}_{\mathrm{d}})\mathrm{sgn}(\boldsymbol{r}) \tag{6-171}$$

定义李雅普诺夫函数

$$L=\frac{1}{2}\boldsymbol{r}^{\mathrm{T}}\boldsymbol{M}\boldsymbol{r}+\frac{1}{2}\mathrm{tr}(\widetilde{\boldsymbol{W}}^{\mathrm{T}}\boldsymbol{F}^{-1}\widetilde{\boldsymbol{W}}) \tag{6-172}$$

式中，tr(·)为矩阵的迹，$\mathrm{tr}(X)=\sum_{i=1}^{n}x_{ii}$，$x_{ii}$ 为 $n\times n$ 阶方阵 X 主对角线元素，则

$$\dot{L}=\boldsymbol{r}^{\mathrm{T}}\boldsymbol{M}\dot{\boldsymbol{r}}+\frac{1}{2}\boldsymbol{r}^{\mathrm{T}}\dot{\boldsymbol{M}}\boldsymbol{r}+\mathrm{tr}(\widetilde{\boldsymbol{W}}^{\mathrm{T}}\boldsymbol{F}^{-1}\widetilde{\boldsymbol{W}}) \tag{6-173}$$

将式(6-170)代入上式，得

$$\dot{L}=-\boldsymbol{r}^{\mathrm{T}}\boldsymbol{K}_{\mathrm{v}}\boldsymbol{r}+\frac{1}{2}\boldsymbol{r}^{\mathrm{T}}(\dot{\boldsymbol{M}}-2\boldsymbol{C})\boldsymbol{r}+\mathrm{tr}\widetilde{\boldsymbol{W}}^{\mathrm{T}}(\boldsymbol{F}^{-1}\dot{W}+\boldsymbol{\varphi}\boldsymbol{r}^{\mathrm{T}})+\boldsymbol{r}^{\mathrm{T}}(\boldsymbol{\varepsilon}+\boldsymbol{\tau}_{\mathrm{d}}+\boldsymbol{v}) \tag{6-174}$$

神经网络自适应律为

$$\dot{\hat{\boldsymbol{W}}}=\boldsymbol{F}\boldsymbol{\varphi}\boldsymbol{r}^{\mathrm{T}} \tag{6-175}$$

式中，$F>0$，由于 $\boldsymbol{r}^{\mathrm{T}}(\dot{\boldsymbol{M}}-2\boldsymbol{C})\boldsymbol{r}=0$，$\widetilde{\boldsymbol{W}}=\boldsymbol{W}-\hat{\boldsymbol{W}}$，$\dot{\boldsymbol{W}}=-\dot{\hat{\boldsymbol{W}}}=-\boldsymbol{F}\boldsymbol{\varphi}\boldsymbol{r}^{\mathrm{T}}$，则

$$\dot{L}=-\boldsymbol{r}^{\mathrm{T}}\boldsymbol{K}_{\mathrm{v}}\boldsymbol{r}+\boldsymbol{r}^{\mathrm{T}}(\boldsymbol{\varepsilon}+\boldsymbol{\tau}_{\mathrm{d}}+\boldsymbol{v}) \tag{6-176}$$

由于

$$\boldsymbol{r}^{\mathrm{T}}(\boldsymbol{\varepsilon}+\boldsymbol{\tau}_{\mathrm{d}}+\boldsymbol{v})=\boldsymbol{r}^{\mathrm{T}}(\boldsymbol{\varepsilon}+\boldsymbol{\tau}_{\mathrm{d}})+\boldsymbol{r}^{\mathrm{T}}\boldsymbol{v}=\boldsymbol{r}^{\mathrm{T}}(\boldsymbol{\varepsilon}+\boldsymbol{\tau}_{\mathrm{d}})-\|\boldsymbol{r}\|(\boldsymbol{\varepsilon}_N+\boldsymbol{b}_{\mathrm{d}})\cdot 0$$

则

$$\dot{L}=\boldsymbol{r}^{\mathrm{T}}\boldsymbol{K}_{\mathrm{v}}\boldsymbol{r}\cdot 0 \tag{6-177}$$

当 $\dot{L}=0$ 时，$\boldsymbol{r}=0$，根据 LaSalle 不变性原理，$t\to+\infty$时，$\boldsymbol{r}\to 0$，从而 $e\to 0$，$\dot{e}\to 0$，系统的收敛速度取决于 K_{v}。由于 $L\geqslant 0$，$\dot{L}\leqslant 0$，则 L 有界，因此 $\widetilde{\boldsymbol{W}}$ 有界，但无法保证 $\widetilde{\boldsymbol{W}}$ 收敛于 0。

3）仿真实例

选二关节机械臂系统，其动力学模型为

$$M(q)\ddot{q}+C(q,\dot{q})\dot{q}+G(q)+F(\dot{q})+\tau_{\mathrm{d}}=\tau \tag{6-178}$$

其中

$$M(q)=\begin{bmatrix} p_1+p_2+2p_3\cos q_2 & p_2+p_3\cos q_2 \\ p_2+p_3\cos q_2 & p_2 \end{bmatrix}$$

$$V(q,\dot{q})=\begin{bmatrix} -p_3\dot{q}_2\sin q_2 & -p_3(\dot{q}_1+\dot{q}_2)\sin q_2 \\ p_3\dot{q}_1\sin q_2 & 0 \end{bmatrix},\quad G(q)=\begin{bmatrix} p_4\bar{g}\cos q_1+p_5\bar{g}\cos(q_1+q_2) \\ p_5\bar{g}\cos(q_1+q_2) \end{bmatrix}$$

$$F(\dot{q})=0.02\mathrm{sgn}(\dot{q}),\quad \tau_{\mathrm{d}}=[0.2\sin t \quad 0.2\sin t]^{\mathrm{T}}$$

取 $p=[p_1,p_2,p_3,p_4,p_5]=[2.9,0.76,0.87,3.04,0.87]$。RBF 神经网络高斯函数参数的取值对神经网络控制的作用很重要，如果参数取值不合适，将使高斯函数无法得到有效的映射，从而导致 RBF 神经网络无效。因此，c_i 按网络输入值的范围取值，取 $\sigma_i=0.20$，网络的初始权值取零，网络输入取 $z=[e \quad \dot{e} \quad q_d \quad \dot{q}_d \quad \ddot{q}_d]$。

系统的初始状态为 $[0.09,0,-0.09,0]$，两个关节的角度指令分别为 $q_{1\mathrm{d}}=0.1\sin t$，$q_{2\mathrm{d}}=0.1\sin t$，控制参数取 $K_{\mathrm{v}}=\mathrm{diag}\{50,50\}$，$F=\mathrm{diag}\{25,25\}$，$A=\mathrm{diag}\{5,5\}$，在鲁棒项中，取 $\varepsilon_N=0.20$，$b_{\mathrm{d}}=0.10$。

采用 Simulink 和 S 函数进行控制系统的设计。控制律取式(6-160)，自适应律取式(6-175)，仿真结果如图 6-20～图 6-23 所示。

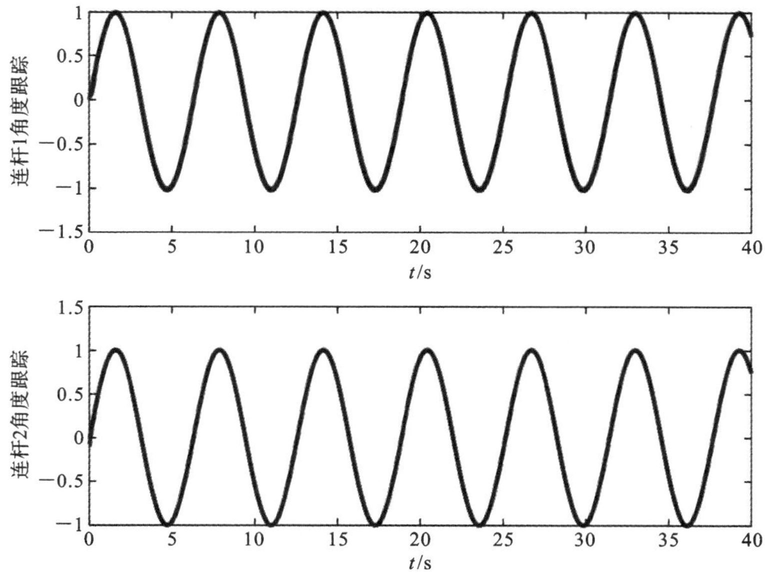

图 6-20 关节 1 及关节 2 的角度跟踪

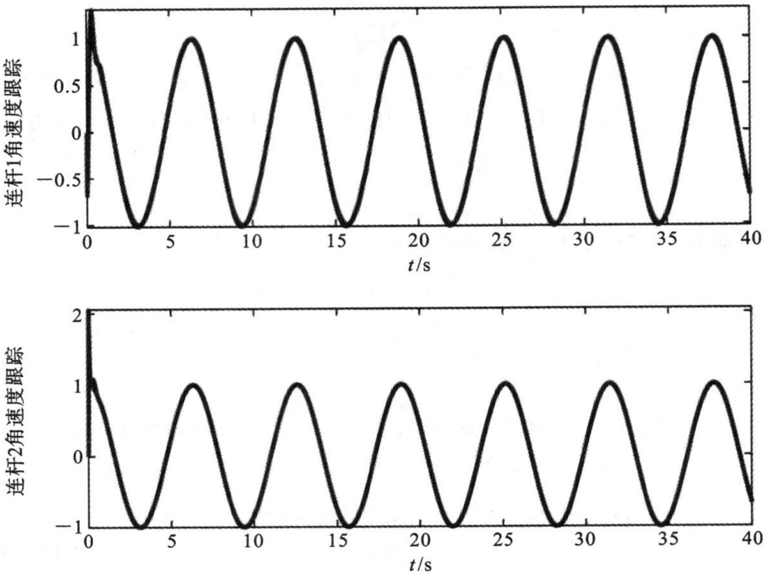

图 6-21 关节 1 及关节 2 的角度跟踪

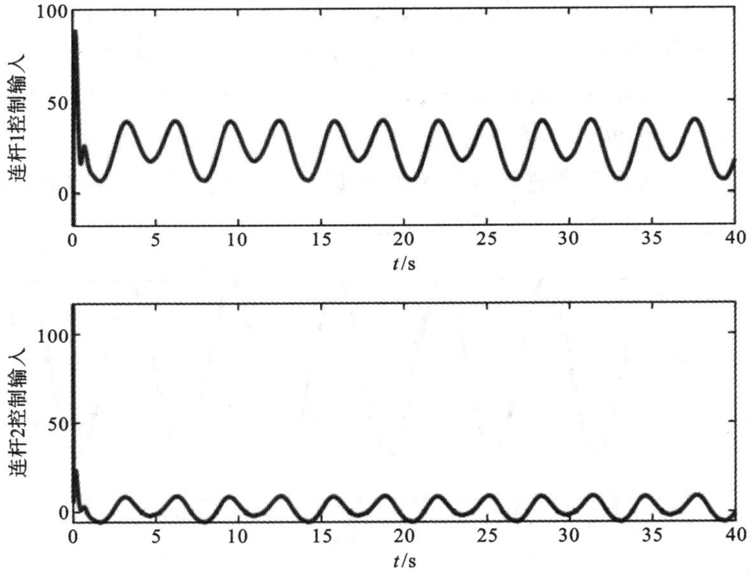

图 6-22 关节 1 及关节 2 的控制输入信号

6.3.4 基于 LMI 的神经网络自适应控制

在处理控制理论问题时，都可将所控制问题转化为一个线性矩阵不等式或带有线性矩阵不等式约束的最优化问题。利用线性矩阵不等式技术 LMI 来求解一些控制问题，是目前和今后控制理论发展的一个重要方向。YALMIP 是 MATLAB 的一个独立的工具箱，具有很强的优化求解能力。本节介绍一种基于 LMI 的神经网络自

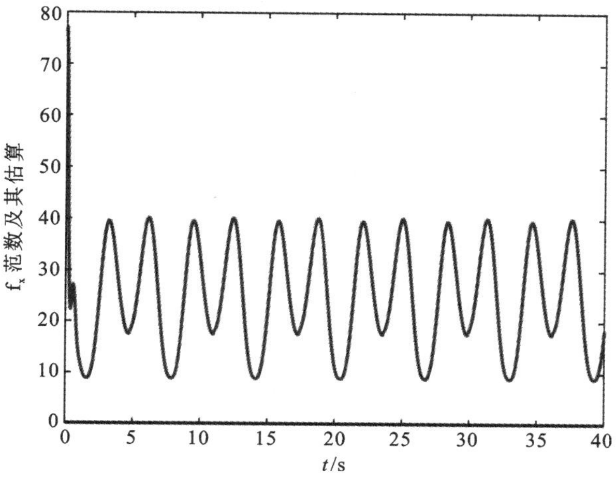

图 6-23 关节 1 及关节 2 的 $\|f(x)\|$ 及其逼近 $\|\hat{f}(x)\|$

适应控制器设计和仿真方法，其中 LMI 是在 MATLAB 下采用 YALMIP 工具箱进行仿真。

1. 基于 LMI 的控制

1）系统描述

考虑如下对象

$$\dot{x}_1 = x_2 \tag{6-179}$$

$$\dot{x}_2 = \boldsymbol{u} + f(\boldsymbol{x}) \tag{6-180}$$

写成状态方程为

$$\dot{\boldsymbol{x}} = \boldsymbol{A}\boldsymbol{x} + \boldsymbol{B}[\boldsymbol{u} + f(\boldsymbol{x})] \tag{6-181}$$

式中：$\boldsymbol{A} = \begin{bmatrix} 0 & 1 \\ 0 & 0 \end{bmatrix}$；$\boldsymbol{x} = [x_1 \quad x_2]^{\mathrm{T}}$；$\boldsymbol{u}$ 为控制输入；$f(\boldsymbol{x})$为已知函数，$\boldsymbol{B} = [0 \quad 1]^{\mathrm{T}}$。控制目标为通过设计控制器，实现 $x \to 0$。

2）控制器的设计与分析

控制器设计为

$$u = \boldsymbol{K}\boldsymbol{x} - f(\boldsymbol{x}) \tag{6-182}$$

式中，$\boldsymbol{K} = [k_1 \quad k_2]$。控制目标为通过设计 LMI 求解 $\boldsymbol{K}$，实现 $t \to 0$ 时，$\boldsymbol{x} \to 0$。

设计 Lyapunov 函数如下

$$V = \boldsymbol{x}^{\mathrm{T}} P \boldsymbol{x} \tag{6-183}$$

式中，$\boldsymbol{P} > 0$，$\boldsymbol{P} = \boldsymbol{P}^{\mathrm{T}}$。

通过 $\boldsymbol{P}$ 的设计可有效地调节 $\boldsymbol{x}$ 的收敛效果，并有利于 LMI 的求解。有

$$\begin{aligned} \dot{V} &= \dot{\boldsymbol{x}}^{\mathrm{T}} \boldsymbol{P}\boldsymbol{x} + \boldsymbol{x}^{\mathrm{T}} \boldsymbol{P}\dot{\boldsymbol{x}} = \{\boldsymbol{A}\boldsymbol{x} + \boldsymbol{B}[\boldsymbol{u} + f(\boldsymbol{x})]\}^{\mathrm{T}} \boldsymbol{P}\boldsymbol{x} + \boldsymbol{x}^{\mathrm{T}} \boldsymbol{P}\{\boldsymbol{A}\boldsymbol{x} + \boldsymbol{B}[\boldsymbol{u} + f(\boldsymbol{x})]\} \\ &= \boldsymbol{x}^{\mathrm{T}} \boldsymbol{A}^{\mathrm{T}} \boldsymbol{P}\boldsymbol{x} + \boldsymbol{x}^{\mathrm{T}} \boldsymbol{K}^{\mathrm{T}} \boldsymbol{B}^{\mathrm{T}} \boldsymbol{P}\boldsymbol{x} + \boldsymbol{x}^{\mathrm{T}} \boldsymbol{P}\boldsymbol{A}\boldsymbol{x} + \boldsymbol{x}^{\mathrm{T}} \boldsymbol{P}\boldsymbol{B}\boldsymbol{K}\boldsymbol{x} \\ &= \boldsymbol{x}^{\mathrm{T}} (\boldsymbol{A}^{\mathrm{T}} \boldsymbol{P} + \boldsymbol{K}^{\mathrm{T}} \boldsymbol{B}^{\mathrm{T}} \boldsymbol{P})\boldsymbol{x} + \boldsymbol{x}^{\mathrm{T}} (\boldsymbol{P}\boldsymbol{A} + \boldsymbol{P}\boldsymbol{B}\boldsymbol{K})\boldsymbol{x} \\ &= \boldsymbol{x}^{\mathrm{T}} [\boldsymbol{P}(\boldsymbol{A} + \boldsymbol{B}\boldsymbol{K})]^{\mathrm{T}} \boldsymbol{x} + \boldsymbol{x}^{\mathrm{T}} \boldsymbol{P}(\boldsymbol{A} + \boldsymbol{B}\boldsymbol{K})\boldsymbol{x} \end{aligned} \tag{6-184}$$

令

$$\boldsymbol{\Phi} = \boldsymbol{P}(\boldsymbol{A} + \boldsymbol{B}\boldsymbol{K}) + [\boldsymbol{P}(\boldsymbol{A} + \boldsymbol{B}\boldsymbol{K})]^{\mathrm{T}} \tag{6-185}$$

则

$$\dot{V}=\boldsymbol{x}^{\mathrm{T}}\boldsymbol{\Phi}\boldsymbol{x} \tag{6-186}$$

为使 $\boldsymbol{\Phi}<-\alpha\boldsymbol{P},\alpha>0$，则

$$[\boldsymbol{P}(\boldsymbol{A}+\boldsymbol{BK})+*]+\alpha\boldsymbol{P}<0 \tag{6-187}$$

左右同乘 $\mathrm{diag}\boldsymbol{P}^{-1}$，可得

$$[(\boldsymbol{A}+\boldsymbol{BK})\boldsymbol{P}^{-1}+*]+\alpha\boldsymbol{P}^{-1}<0 \tag{6-188}$$

令 $\boldsymbol{Q}=\boldsymbol{P}^{-1}$，$\boldsymbol{R}=\boldsymbol{KQ}$，可得第 1 个 LMI

$$\Psi=[\boldsymbol{AQ}+\boldsymbol{BR}+*]+\alpha\boldsymbol{Q}<0 \tag{6-189}$$

根据 $\boldsymbol{Q}=\boldsymbol{P}^{-1}$，$\boldsymbol{P}>0$，可得第 2 个 LMI

$$\boldsymbol{Q}>0 \tag{6-190}$$

根据以上两个 LMI 可求 $\boldsymbol{R}$ 和 $\boldsymbol{Q}$，由 $\boldsymbol{R}=\boldsymbol{KQ}$ 可得

$$\boldsymbol{K}=\boldsymbol{RQ}^{-1},\quad \boldsymbol{P}=\boldsymbol{Q}^{-1} \tag{6-191}$$

根据上述分析可知收敛性分析如下

$$\dot{V}\leqslant\boldsymbol{x}^{\mathrm{T}}\boldsymbol{\Phi}\boldsymbol{x}=-\alpha\boldsymbol{x}^{\mathrm{T}}\boldsymbol{P}\boldsymbol{x}=-\alpha\boldsymbol{V} \tag{6-192}$$

采用不等式求解定理，由 $\dot{V}-\alpha V$ 可得解为

$$V(t)\leqslant V(0)\exp(-\alpha t) \tag{6-193}$$

如果 $t\to+\infty$，则 $V(t)\to0$，$x\to0$ 且指数收敛。

3）仿真实例

被控对象取式(6-181)，$f(\boldsymbol{x})=10x_1x_2$，初始状态值为 $\boldsymbol{x}(0)=[1,\ 0]$。

在 MATLAB 下采用 YALMIP 工具箱进行仿真。取 $\alpha=3$，求解 LMI 式(6-189)和式(6-190)，MATLAB 运行后显示有可行解，解为 $\boldsymbol{K}=[-10.6726,\ -4.7917]$，控制律采用式(6-182)，仿真结果如图 6-24 和图 6-25 所示。

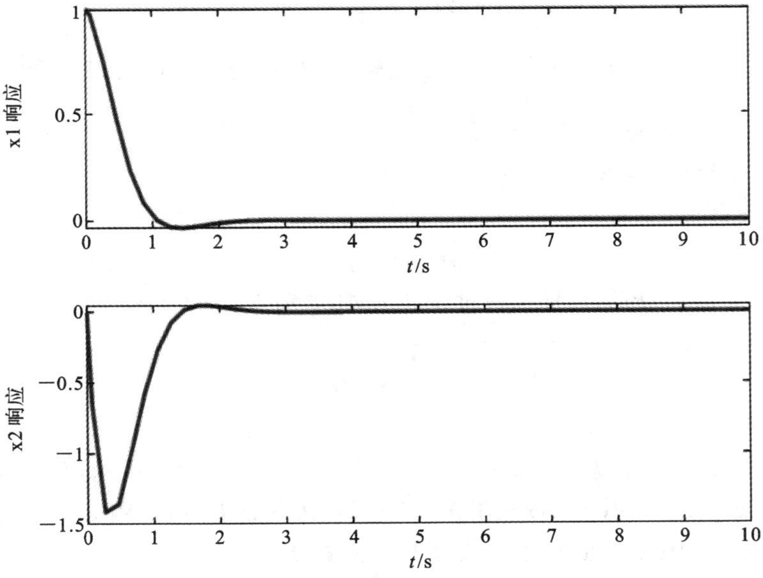

图 6-24　状态响应

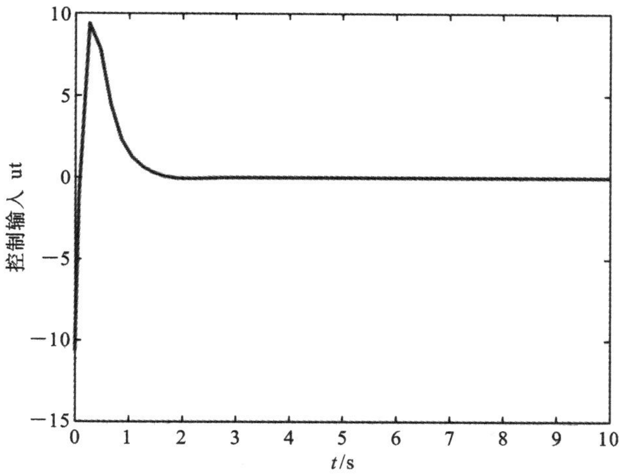

图 6-25 控制输入信号

2. 基于 LMI 的神经网络自适应控制

1）系统描述

考虑如下对象

$$\dot{x}_1 = x_2 \tag{6-194}$$

$$\dot{x}_2 = \boldsymbol{u} + f(\boldsymbol{x}) \tag{6-195}$$

写成状态方程为

$$\dot{\boldsymbol{x}} = \boldsymbol{A}\boldsymbol{x} + \boldsymbol{B}[\boldsymbol{u} + f(\boldsymbol{x})] \tag{6-196}$$

式中：$\boldsymbol{A}=\begin{bmatrix}0 & 1\\ 0 & 0\end{bmatrix}$；$\boldsymbol{x}=[x_1 \quad x_2]^{\mathrm{T}}$；$\boldsymbol{u}$ 为控制输入；$f(\boldsymbol{x})$为已知函数；$\boldsymbol{B}=[0 \quad 1]^{\mathrm{T}}$。

控制目标为通过设计控制器，实现 $\boldsymbol{x}\to 0$。

2）RBF 神经网络设计

采用 RBF 神经网络可实现未知函数 $f(\boldsymbol{x})$的逼近，RBF 神经网络算法为

$$h_j = g(\| x - c_{ij} \|^2 / b_j^2) \tag{6-197}$$

$$f(\boldsymbol{x}) = \boldsymbol{W}^{*\mathrm{T}}\boldsymbol{h}(\boldsymbol{x}) + \boldsymbol{\varepsilon} \tag{6-198}$$

式中：$\boldsymbol{x}$ 为网络的输入；i 为网络的输入个数；j 为网络隐含层第 j 个节点；$\boldsymbol{h}=[h_1, h_2, \cdots, h_n]$高斯函数的输出；$\boldsymbol{W}^*$ 为网络的理想权值；$\boldsymbol{\varepsilon}$ 为网络的逼近误差，$|\boldsymbol{\varepsilon}|\boldsymbol{\varepsilon}_N$。

采用 RBF 逼近未知函数 $f(\boldsymbol{x})$，网络的输入取 $\boldsymbol{x}=[x_1 \quad x_2]^{\mathrm{T}}$，则 RBF 神经网络的输出为

$$\hat{f}(\boldsymbol{x}) = \hat{\boldsymbol{W}}^{\mathrm{T}}\boldsymbol{h}(\boldsymbol{x}) \tag{6-199}$$

则
$$\tilde{f}(\boldsymbol{x}) = f(\boldsymbol{x}) - \hat{f}(\boldsymbol{x}) = \boldsymbol{W}^{*\mathrm{T}}\boldsymbol{h}(\boldsymbol{x}) + \boldsymbol{\varepsilon} - \hat{\boldsymbol{W}}^{\mathrm{T}}\boldsymbol{h}(\boldsymbol{x}) = \tilde{\boldsymbol{W}}^{\mathrm{T}}\boldsymbol{h}(\boldsymbol{x}) + \boldsymbol{\varepsilon} \tag{6-200}$$

式中，$\tilde{\boldsymbol{W}} = \boldsymbol{W}^* - \hat{\boldsymbol{W}}$。

3）控制器的设计与分析

控制器设计为

$$\boldsymbol{u} = \boldsymbol{K}\boldsymbol{x} - \hat{f}(\boldsymbol{x}) \tag{6-201}$$

式中，$\boldsymbol{K}=[k_1, k_2]$。

控制目标为通过设计 LMI 求解 K，实现 $t\to\infty$时，$x\to 0$。

设计 Lyapunov 函数如下

$$V=\boldsymbol{x}^{\mathrm{T}}\boldsymbol{P}\boldsymbol{x}+\frac{1}{\gamma}\widetilde{\boldsymbol{W}}^{\mathrm{T}}\widetilde{\boldsymbol{W}} \tag{6-202}$$

式中，$\boldsymbol{P}>0$，$\boldsymbol{P}=\boldsymbol{P}^{\mathrm{T}}$，$\gamma>0$。

通过 $\boldsymbol{P}$ 的设计可有效地调节 $\boldsymbol{x}$ 的收敛效果，并有利于 LMI 的求解。有

$$\begin{aligned}\dot{V}&=2\boldsymbol{x}^{\mathrm{T}}\boldsymbol{P}\dot{\boldsymbol{x}}-\frac{2}{\gamma}\widetilde{\boldsymbol{W}}^{\mathrm{T}}\dot{\hat{\boldsymbol{W}}}=2\boldsymbol{x}^{\mathrm{T}}\boldsymbol{P}\{\boldsymbol{A}\boldsymbol{x}+\boldsymbol{B}[\boldsymbol{u}+f(\boldsymbol{x})]\}-\frac{2}{\gamma}\widetilde{\boldsymbol{W}}^{\mathrm{T}}\dot{\hat{\boldsymbol{W}}}\\&=2\boldsymbol{x}^{\mathrm{T}}\boldsymbol{P}\{\boldsymbol{A}\boldsymbol{x}+\boldsymbol{B}[\boldsymbol{K}\boldsymbol{x}-\hat{f}(\boldsymbol{x})+f(\boldsymbol{x})]\}-\frac{2}{\gamma}\widetilde{\boldsymbol{W}}^{\mathrm{T}}\dot{\hat{\boldsymbol{W}}}\\&=2\boldsymbol{x}^{\mathrm{T}}\boldsymbol{P}\{\boldsymbol{A}\boldsymbol{x}+\boldsymbol{B}[\boldsymbol{K}\boldsymbol{x}+\widetilde{\boldsymbol{W}}^{\mathrm{T}}h(\boldsymbol{x})+\boldsymbol{\varepsilon}]\}-\frac{2}{\gamma}\widetilde{\boldsymbol{W}}^{\mathrm{T}}\dot{\hat{\boldsymbol{W}}}\\&=2\boldsymbol{x}^{\mathrm{T}}\boldsymbol{P}(\boldsymbol{A}+\boldsymbol{B}\boldsymbol{K})\boldsymbol{x}+2\widetilde{\boldsymbol{W}}^{\mathrm{T}}\{\boldsymbol{x}^{\mathrm{T}}\boldsymbol{P}\boldsymbol{B}h(\boldsymbol{x})-\frac{1}{\gamma}\dot{\hat{\boldsymbol{W}}}\}+2\boldsymbol{x}\boldsymbol{P}\boldsymbol{B}\boldsymbol{\varepsilon}\end{aligned} \tag{6-203}$$

设计神经网络自适应律为

$$\dot{\hat{\boldsymbol{W}}}=\gamma\boldsymbol{x}^{\mathrm{T}}\boldsymbol{P}\boldsymbol{B}h(\boldsymbol{x}) \tag{6-204}$$

则

$$\begin{aligned}\dot{V}&=2\boldsymbol{x}^{\mathrm{T}}\boldsymbol{P}(\boldsymbol{A}+\boldsymbol{B}\boldsymbol{K})\boldsymbol{x}+2\boldsymbol{x}^{\mathrm{T}}\boldsymbol{P}\boldsymbol{B}\boldsymbol{\varepsilon}\,2\boldsymbol{x}^{\mathrm{T}}\boldsymbol{P}(\boldsymbol{A}+\boldsymbol{B}\boldsymbol{K})\boldsymbol{x}+\delta\boldsymbol{x}^{\mathrm{T}}\boldsymbol{P}\boldsymbol{B}(\boldsymbol{x}^{\mathrm{T}}\boldsymbol{P}\boldsymbol{B})^{\mathrm{T}}+\frac{1}{\delta}\boldsymbol{\varepsilon}_N^2\\&=\boldsymbol{x}^{\mathrm{T}}\{\boldsymbol{P}(\boldsymbol{A}+\boldsymbol{B}\boldsymbol{K})+[\boldsymbol{P}(\boldsymbol{A}+\boldsymbol{B}\boldsymbol{K})]^{\mathrm{T}}+\delta\boldsymbol{P}\boldsymbol{B}\boldsymbol{B}^{\mathrm{T}}\boldsymbol{P}\}\boldsymbol{x}+\frac{1}{\delta}\boldsymbol{\varepsilon}_N^2\end{aligned} \tag{6-205}$$

式中，$\delta>0$。令

$$\boldsymbol{\Phi}=\boldsymbol{P}(\boldsymbol{A}+\boldsymbol{B}\boldsymbol{K})+[\boldsymbol{P}(\boldsymbol{A}+\boldsymbol{B}\boldsymbol{K})]^{\mathrm{T}}+\delta\boldsymbol{P}\boldsymbol{B}\boldsymbol{B}^{\mathrm{T}}\boldsymbol{P} \tag{6-206}$$

则

$$\dot{V}=\boldsymbol{x}^{\mathrm{T}}\boldsymbol{\Phi}\boldsymbol{x}+\frac{1}{\delta}\boldsymbol{\varepsilon}_N^2 \tag{6-207}$$

为使 $\boldsymbol{\Phi}+\alpha\boldsymbol{P}<0$，$\alpha>0$，则

$$[\boldsymbol{P}(\boldsymbol{A}+\boldsymbol{B}\boldsymbol{K})+*]+\delta\boldsymbol{P}\boldsymbol{B}\boldsymbol{B}^{\mathrm{T}}\boldsymbol{P}+\alpha\boldsymbol{P}<0 \tag{6-208}$$

左右同乘 $\mathrm{diag}\boldsymbol{P}^{-1}$，可得

$$[(\boldsymbol{A}+\boldsymbol{B}\boldsymbol{K})\boldsymbol{P}^{-1}+*]+\delta\boldsymbol{B}\boldsymbol{B}^{\mathrm{T}}+\alpha\boldsymbol{P}^{-1}<0 \tag{6-209}$$

令 $\boldsymbol{Q}=\boldsymbol{P}^{-1}$，$\boldsymbol{R}=\boldsymbol{K}\boldsymbol{Q}$，则可得第 1 个 LMI

$$\boldsymbol{\Psi}=[\boldsymbol{A}\boldsymbol{Q}+\boldsymbol{B}\boldsymbol{R}+*]+\delta\boldsymbol{B}\boldsymbol{B}^{\mathrm{T}}+\alpha\boldsymbol{Q}<0 \tag{6-210}$$

根据 $\boldsymbol{Q}=\boldsymbol{P}^{-1}$，$\boldsymbol{P}>0$，可得第 2 个 LMI

$$\boldsymbol{Q}>0 \tag{6-211}$$

根据以上两个 LMI 可求 $\boldsymbol{R}$ 和 $\boldsymbol{Q}$，由 $\boldsymbol{R}=\boldsymbol{K}\boldsymbol{Q}$ 可得

$$\boldsymbol{K}=\boldsymbol{R}\boldsymbol{Q}^{-1},\quad \boldsymbol{P}=\boldsymbol{Q}^{-1} \tag{6-212}$$

根据上述分析可知收敛性分析如下

$$\dot{V}=\boldsymbol{x}^{\mathrm{T}}\boldsymbol{\Phi}\boldsymbol{x}+\frac{1}{\delta}\boldsymbol{\varepsilon}_N^2=-\alpha\boldsymbol{x}^{\mathrm{T}}\boldsymbol{P}\boldsymbol{x}+\frac{1}{\delta}\boldsymbol{\varepsilon}_N^2-\alpha\lambda_{\min}(\boldsymbol{P})\|\boldsymbol{x}\|_2^2+\frac{1}{\delta}\boldsymbol{\varepsilon}_N^2 \tag{6-213}$$

为了保证 $\dot{V}_0$，要满足以下条件

$$\alpha\lambda_{\min}(\boldsymbol{P})\|\boldsymbol{x}\|_2^2\geqslant\frac{1}{\delta}\boldsymbol{\varepsilon}_N^2 \tag{6-214}$$

从而可得闭环系统的收敛结果：$t\to\infty$ 时，有

$$\|\boldsymbol{x}\|_2^2\to\frac{1}{\delta\alpha\lambda_{\min}(\boldsymbol{P})}\boldsymbol{\varepsilon}_N^2 \tag{6-215}$$

可以得到结论：增大 $\boldsymbol{P}$ 的特征值，或增大 δ 或 α 的值，都可以减小 $\boldsymbol{x}$ 的收敛值。

4）仿真实例

被控对象取式(6-196)，$f(\boldsymbol{x})=10x_1x_2$，初始状态值为 $\boldsymbol{x}(0)=[1 \quad 0]$。

取 $\alpha=3$，$\delta=10$，求解 LMI 式(6-210)和式(6-211)，MATLAB 运行后显示有可行解，解为 $\boldsymbol{K}=[-23.4116 \quad -11.4062]$，$\boldsymbol{P}=\begin{bmatrix}0.1226 & 0.0351\\ 0.0351 & 0.0174\end{bmatrix}$，控制律采用式(6-201)，自适应律采用式(6-204)，$r=100$。

根据网络输入 x_1 和 x_2 的实际范围来设计高斯函数的参数，参数 c_j 和 b_j 取值分别为$[-1 \quad -0.5 \quad 0 \quad 0.5 \quad 1]$和 3.0。网络权值中各个元素的初始值取 0.10。仿真结果如图 6-26～图 6-28 所示。

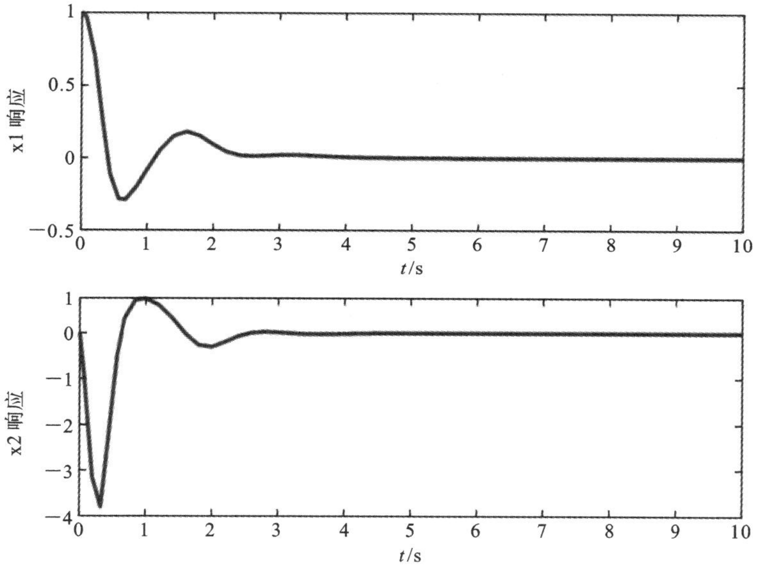

图 6-26 状态响应

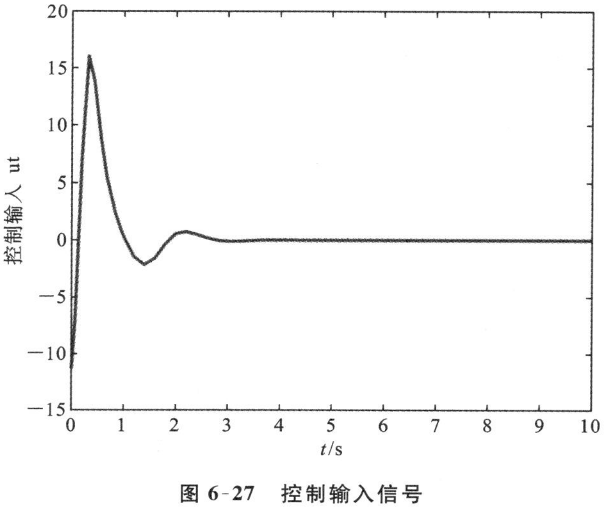

图 6-27 控制输入信号

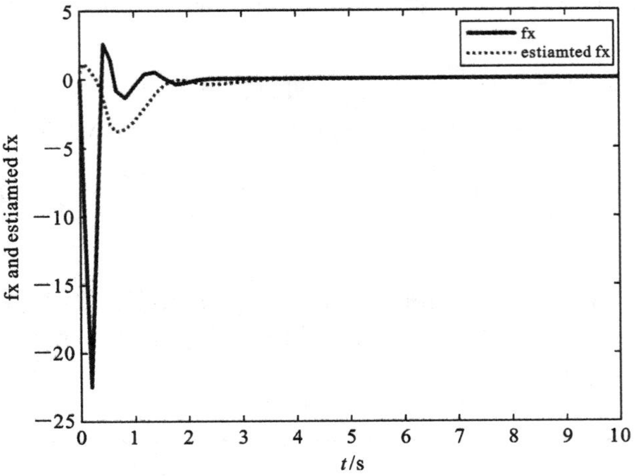

图 6-28 $f(x)$及其逼近

3. 基于 LMI 的神经网络自适应跟踪控制

1）系统描述

考虑如下对象

$$\ddot{\theta}=u+f(\theta,\dot{\theta}) \tag{6-216}$$

取角度指令为 θ_d，则角度跟踪误差为 $x_1=\theta-\theta_d$，角速度跟踪误差为 $x_2=\dot{\theta}-\dot{\theta}_d$，则控制目标为角度和角速度的跟踪，即 $t\to\infty$时，$x_1\to 0$，$x_2\to 0$。

由于

$$\dot{x}_2=u+f(\theta,\dot{\theta})-\ddot{\theta}_d \tag{6-217}$$

取 $\tau=u-\ddot{\theta}_d$，即 $u=\tau+\ddot{\theta}_d$，可得

$$\dot{x}_1=x_2 \tag{6-218}$$

$$\dot{x}_2=\tau+f(\theta,\dot{\theta}) \tag{6-219}$$

则误差状态方程为

$$\dot{\boldsymbol{x}}=\boldsymbol{A}\boldsymbol{x}+\boldsymbol{B}(\tau+f(\theta,\dot{\theta})) \tag{6-220}$$

式中：$\boldsymbol{x}=[x_1 \quad x_2]^{\mathrm{T}}$；$\boldsymbol{A}=\begin{bmatrix}0 & 1\\0 & 0\end{bmatrix}$；$\boldsymbol{B}=\begin{bmatrix}0\\1\end{bmatrix}$。

采用 RBF 神经网络逼近 $f(\theta,\dot{\theta})$，控制器设计为

$$\boldsymbol{\tau}=\boldsymbol{K}\boldsymbol{x}-\hat{f}(\theta,\dot{\theta}),\quad u=\tau+\ddot{\theta}_d \tag{6-221}$$

式中：$\boldsymbol{K}=[k_1\ k_2]$；$\hat{f}(\theta,\dot{\theta})$为 RBF 神经网络输出。

控制目标转化为通过设计 LMI 求 K，实现 $t\to\infty$时，$x\to 0$。

可见，式(6-220)与式(6-196)结构相同。因此，针对模型式(6-220)进行控制器的设计、收敛性分析及 LMI 的设计，与上述“基于 LMI 的神经网络自适应控制”相同。

2）仿真实例

实际模型为式(6-216)，取 $f(\theta,\dot{\theta})=0.1\theta\dot{\theta}$，初始状态值为$[1.0 \quad 0]^{\mathrm{T}}$。取角度指令为 $\theta_d=\sin t$，则 $\dot{\theta}_d=\cos t$，角度跟踪误差为 $x_1(0)=\theta(0)-\theta_d(0)=1.0$，角速度跟踪误差为 $x_2(0)=\dot{\theta}(0)-\dot{\theta}_d(0)=-1.0$，$x(0)=[1 \quad -1]$。

取 $\alpha=3,\delta=10$，求解 LMI 式(6-210)和式(6-211)，MATLAB 运行后显示有可行解，解为 $\boldsymbol{K}=[-23.4116\quad -11.4062]$，$\boldsymbol{P}=\begin{bmatrix}0.1226 & 0.0351\\0.0351 & 0.0174\end{bmatrix}$，控制律采用式(6-221)，自适应律采用式(6-204)，$r=100$。

根据网络输入 θ 和 $\dot{\theta}$ 的实际范围来设计高斯函数的参数，参数 c_j 和 b_j 取值分别为 $[-2\quad -1\quad 0\quad 1\quad 2]$ 和 1.0。网络权值中各个元素的初始值取 0.10。仿真结果如图 6-29～图 6-31 所示。

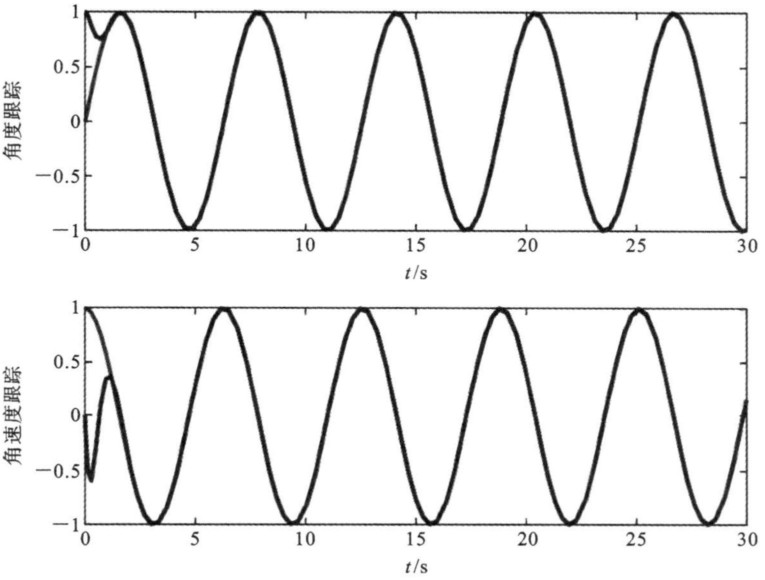

图 6-29 位置和速度跟踪

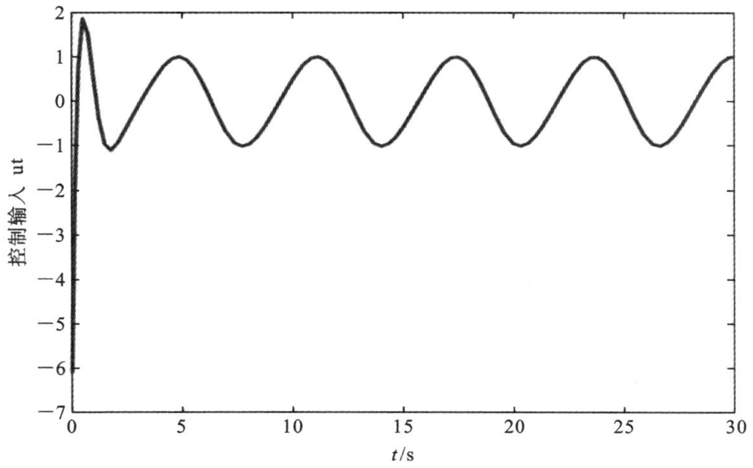

图 6-30 控制输入信号

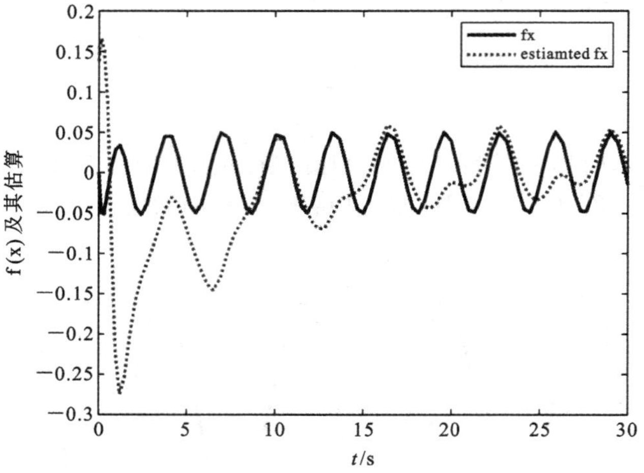

图 6-31 $f(x)$及其逼近

本章小结

本章主要讲解智能控制概述、模糊逻辑控制与神经网络控制。

1）概述部分

主要介绍智能控制的相关概念、主要分支与发展过程。

(1) 智能控制的相关概念：智能控制是人工智能、运筹学和传统自动控制技术的结合，是新兴的学科领域。能解决或部分解决复杂任务、高度非线性、与不确定性问题。智能控制研究的对象具有任务要求复杂、高度非线性、模型不确定等特点。智能控制系统有两种基本结构：典型结构与分层递阶智能控制结构，具有自学习、自适应与自组织等功能特点。智能控制的研究工具主要有三种形式：符合推理与数值计算的结合、离散事件系统与连续时间系统分析的结合及介于两者之间的方法。

(2) 主要分支与发展过程：智能控制主要有模糊控制、神经网络控制、智能搜索算法等三个分支。模糊逻辑控制器的设计将人的控制经验融入控制器中，设计出高水平的控制系统；神经网络控制将神经网络引入控制领域，从机理上对人脑生理系统进行模拟的智能控制方法；智能算法不依赖于问题模型本身的特性，能够快速有效地搜索复杂、高度非线性和多维空间。智能控制理论与方法在运动控制与过程控制中得到广泛应用。

2）模糊逻辑控制部分

主要讲解模糊集合及其运算、模糊关系及其运算、模糊语句与模糊推理、模糊逻辑原理及其应用、自适应模糊控制原理及其应用。

(1) 模糊集合及其运算：隶属度概念是定义模糊集合的基础。模糊集合的运算包括相等、包含、空集、并集、交集、补集和直积。模糊集合的运算性质包括交换律、结合律、分配律、吸收律、互补律、同一律、达·摩根律等；还包括代数和、代数集、有界和、有界积、强制和、强制积等运算规律。

(2) 模糊关系及其运算：借助于模糊集合理论可定义并定量描述模糊关系；模糊矩

阵可进行相等、包含、并运算、交运算和补运算;模糊关系可通过模糊矩阵进行合成。

(3) 模糊语句与模糊推理:将含有模糊概念的语法规则所构成的语句称为模糊语句;常用的模糊推理有两种方法:Zadeh 法和 Mamdani 法。

(4) 模糊逻辑原理及其应用:模糊控制是以模糊集理论、模糊语言变量和模糊逻辑推理为基础的智能控制方法;模糊控制器包括模糊化接口、知识库、推理和解模糊接口等部分构成。模糊控制系统设计包括确定模糊控制器结构、定义输入输出模糊集、定义输入输出隶属度函数、建立模糊控制规则、建立模糊控制表、模糊推理和反模糊化。

(5) 自适应模糊控制原理及其应用:自适应模糊控制有间接自适应模糊控制与直接自适应模糊控制两种形式;间接自适应模糊控制通过在线辨识获得控制对象的模型,根据所得模型在线设计模糊控制器;直接自适应模糊控制根据实际系统性能与理想性能之间的偏差,直接调整控制器的参数。

3) 神经网络控制部分

主要讲解神经网络的理论基础、典型神经网络、自适应 RBF 神经网络控制和基于 LMI 的神经网络自适应控制。

(1) 神经网络的理论基础:神经网络原理基于人脑的结构与功能;神经网络分为前馈型神经网络、反馈型神经网络与自组织神经网络;神经网络通过学习算法,实现自适应、自组织和自学习的能力。

(2) 典型神经网络:BP 神经网络特点、网络结构与算法;RBF 神经网络特点、网络结构与算法;神经网络与模糊系统相结合构成 RBF 模糊神经网络,网络结构与算法。

(3) 自适应 RBF 神经网络控制:一阶系统神经网络自适应控制的问题描述、滑模控制器设计、自适应 RBF 控制;二阶系统自适应 RBF 神经网络控制的问题描述、滑模控制器设计、自适应 RBF 控制。

(4) 基于 LMI 的神经网络自适应控制:基于 LMI 的控制的系统描述、控制器的设计与分析;基于 LMI 的神经网络自适应控制的系统描述、RBF 神经网络设计、控制器的设计与分析;基于 LMI 的神经网络自适应跟踪控制。

思考题

6-1 智能控制由哪几部分组成?各自的特点是什么?

6-2 比较智能控制和传统控制的特点。

6-3 已知年龄的论域为[0,200],且设“年老 O”和“年轻 Y”两个模糊集的隶属函数分别为

$$\mu_O(a)=\begin{cases}0, & 0\leqslant a\leqslant 50\\ \left[1+\left(\dfrac{a-50}{5}\right)^{-2}\right]^{-1}, & 50<a\leqslant 200\end{cases}$$

$$\mu_Y(a)=\begin{cases}1, & 0\leqslant a\leqslant 25\\ \left[1+\left(\dfrac{a-50}{5}\right)^{2}\right]^{-1}, & 25<a\leqslant 200\end{cases}$$

求“很年轻 W”“不老也不年轻 V”两个模糊集的隶属函数,并采用 MATLAB 实现上述

4 个隶属函数的仿真。

6-4 已知模糊矩阵 $\boldsymbol{P}$、$\boldsymbol{Q}$、$\boldsymbol{R}$、$\boldsymbol{S}$ 分别为

$$\boldsymbol{P}=\begin{bmatrix}0.6 & 0.9\\0.2 & 0.7\end{bmatrix},\quad \boldsymbol{Q}=\begin{bmatrix}0.5 & 0.7\\0.1 & 0.4\end{bmatrix},\quad \boldsymbol{R}=\begin{bmatrix}0.2 & 0.3\\0.7 & 0.7\end{bmatrix},\quad \boldsymbol{S}=\begin{bmatrix}0.1 & 0.2\\0.6 & 0.5\end{bmatrix}$$

求:(1) $(\boldsymbol{P}\circ\boldsymbol{Q})\circ\boldsymbol{R}$;(2) $(\boldsymbol{P}\cup\boldsymbol{Q})\circ\boldsymbol{S}$;(3) $(\boldsymbol{P}\circ\boldsymbol{S})\circ(\boldsymbol{Q}\circ\boldsymbol{S})$。

6-5 如果 $\boldsymbol{A}=\frac{1}{x_1}+\frac{0.5}{x_2}$ 且 $\boldsymbol{B}=\frac{0.1}{y_1}+\frac{0.5}{y_2}+\frac{1}{y_3}$,则 $\boldsymbol{C}=\frac{0.2}{z_2}+\frac{1}{z_2}$。现已知 $\boldsymbol{A}'=\frac{0.8}{x_1}+\frac{0.1}{x_2}$ 且 $\boldsymbol{B}'=\frac{0.5}{y_1}+\frac{0.2}{y_2}+\frac{0}{y_3}$,根据 Mamdani 模糊推理法求 $\boldsymbol{C}'$,并给出 MATLAB 仿真分析。

6-6 已知某一炉温控制系统,要求温度保持在 600 ℃恒定。针对该控制系统有以下控制经验:

(1) 若炉温低于 600 ℃,则升压,低得越多升压越高。

(2) 若炉温高于 600 ℃,则降压,高得越多降压越低。

(3) 若炉温等于 600 ℃,则保持电压不变。

设模糊控制器为一维控制器,输入语言变量为误差,输出为控制电压。输入输出变量的量化等级为 7 级,取 5 个语言值,隶属函数根据确定的原则任意确定。试设计误差变化划分表、控制电压变化划分表和模糊控制规则表。

6-7 设计一个在 $\boldsymbol{U}=[-1,1]\times[-1,1]$ 上的模糊系统,使其以精度 $\varepsilon=0.1$ 一致地逼近函数 $g(x)=\sin(x_1\pi)+\cos(x_2\pi)+\sin(x_1\pi)\cos(x_2\pi)$,并进行 MATLAB 仿真。

6-8 设被控对象为 $m\ddot{x}=u$,其中 m 未知。设计模糊自适应控制器 u,使得 $x(t)$ 收敛于参考信号 $y_m(t)$,其中 $\ddot{y}_m+2\dot{y}_m+y_m=r(t)$,并进行 MATLAB 仿真。

6-9 神经网络按连接方式分有哪几类?每一类有哪些特点?分别描述 Hebb 学习规则和 Delta 学习规则。BP 神经网络和 RBF 神经网络有何区别?各有何优缺点?RBF 神经网络和模糊 RBF 神经网络有何区别?各有何优缺点?

6-10 针对二阶系统自适应 RBF 神经网络控制,如何通过设计自适应律,实现神经网络最小参数学习法?

6-11 考虑未知转动惯量 J,对象模型为 $\begin{cases}\dot{x}_1=x_2\\J\dot{x}_2=u+f(x)\end{cases}$,通过参数自适应设计基于 LMI 的神经网络自适应控制算法。

附录A 常用函数的拉氏变换与z变换对照表

常用函数的拉氏变换与z变换的对照表如下。

附录表 常用函数的拉氏变换与z变换对照表

$f(t)$	$F(s)$	$F(z)$
$\delta(t)$	1	1
$\delta(t-nT)$	e^{nTs}	z^{-n}
$1(t)$	$\frac{1}{s}$	$\frac{z}{z-1}$
t	$\frac{1}{s^2}$	$\frac{Tz}{(z-1)^2}$
$\frac{t^2}{2!}$	$\frac{1}{s^2}$	$\frac{T^2z(z+1)}{2(z-1)^2}$
$\sum_{n=0}^{\infty}\delta(t-nT)$	$\frac{1}{1-e^{-Ts}}$	$\frac{z}{z-1}$
e^{-at}	$\frac{1}{s+a}$	$\frac{z}{z-e^{-aT}}$
te^{-at}	$\frac{1}{s+a}$	$\frac{Tze^{-aT}}{(z-e^{-aT})^2}$
$1-e^{-at}$	$\frac{a}{s(s+a)}$	$\frac{(1-e^{-aT})z}{(z-1)(z-e^{-aT})}$
$\sin(\omega t)$	$\frac{\omega}{s^2+\omega^2}$	$\frac{z\sin\omega T}{z^2-2z\cos(\omega T)+1}$
$\cos(\omega t)$	$\frac{s}{s^2+\omega^2}$	$\frac{z(z-\cos\omega T)}{z^2-2z\cos(\omega T)+1}$
$e^{-at}\sin(\omega t)$	$\frac{\omega}{(s+a)^2+\omega^2}$	$\frac{ze^{-aT}\sin(\omega T)}{z^2-2ze^{-aT}\cos(\omega T)+e^{-2aT}}$
$e^{-at}\cos(\omega t)$	$\frac{s+a}{(s+a)^2+\omega^2}$	$\frac{z^2-ze^{-aT}\cos(\omega T)}{z^2-2ze^{-aT}\cos(\omega T)+e^{-2aT}}$
a^n		$\frac{z}{z-a}$
$a^n\cos(n\pi)$		$\frac{z}{z+a}$

附录 B　控制工程领域主要文献检索工具、学术期刊与学术会议

目前，科学技术界成果交流的主要渠道是学术论文与会议。SCI（科学引文索引）、EI（工程索引）、ISTP（科技会议录索引）是世界著名的三大科技文献检索系统，是国际公认的进行科学统计与科学评价的主要检索工具。掌握这些学术资源是从事本专业相关研究工作的重要基础与前提条件。

1. 控制工程领域主要文献检索系统

●《科学引文索引》（science citation index，SCI）创刊于 1961 年，由美国科学信息研究所（ISI）创办出版的引文数据库，是覆盖生命科学、临床医学、物理化学、农业、生物、兽医学、工程技术等领域的综合性检索刊物，尤其能反映自然科学研究的学术水平，是目前国际上三大检索系统中最著名的一种。从 SCI 严格的选刊原则及严格的专家评审制度来看，它具有一定的客观性，较真实地反映了学术论文的水平和质量。根据 SCI 收录及被引证情况，可以从一个侧面反映学术水平的发展情况。

●《工程索引》（the engineering index，EI）创刊于 1884 年，是美国工程信息公司（Engineering In-formation Inc）出版的工程技术类综合性检索工具。EI 选用世界上工程技术类几十个国家和地区 15 个语种的 3500 余种期刊和 1000 余种会议录，科技报告、标准、图书等出版物，收录文献几乎涉及工程技术各个领域，具有综合性强、资料来源广、地理覆盖面广、报道量大，报道质量高、权威性强等特点。

●《科技会议录索引》（index to scientific & technical proceedings，ISTP）创刊于 1978 年，由美国科学情报研究所编辑出版。该索引收录生命科学、物理与化学科学、农业、生物和环境科学、工程技术和应用科学等学科的会议文献，包括一般性会议、座谈会、研究会、讨论会、发表会等。

2. 控制工程领域的重要学术期刊

●《Automatical》：IFAC 的旗舰期刊和自动控制领域的顶级期刊，侧重于系统和控制的理论研究，主要内容包括通信、计算机、生物、能源和经济等方面。

●《IEEE Transactions on Automatic Control》：由 IEEE 控制系统协会（IEEE Control Systems Society）主办，是国际控制领域的顶尖期刊，主要方向包括信息科学、自动化、控制理论与方法等内容。

●《自动化学报》：由中国自动化学会、中国科学院自动化研究所共同主办的高级学术期刊，主要刊载自动化科学与技术领域的高水平理论性和应用性的科研成果。该期刊内容包括：① 自动控制；② 系统理论与系统工程；③ 自动化工程技术与应用；④ 自动化系统计算机辅助技术；⑤ 机器人；⑥ 人工智能与智能控制；⑦ 模式识别与图像处理；⑧ 信息处理与信息服务；⑨ 基于网络的自动化，等等。

●《控制理论与应用》：由华南理工大学和中国科学院数学与系统科学研究院联合主办的全国性一级学术刊物，主要收录高科技领域的应用研究成果和在国民经济有关领域技术开发、技术改造中的应用成果方面的文章。

- 《控制与决策》:由教育部主管、东北大学主办,是自动控制与管理决策领域的学术性期刊,主要内容包括:自动控制理论及其应用,系统理论与系统工程,决策理论与决策方法,自动化技术及其应用,人工智能与智能控制,以及自动控制与决策领域的其他重要课题。
- 《机器人》:由中国科学院主管,中国科学院沈阳自动化研究所、中国自动化学会共同主办的科技类核心期刊,主要报道中国在机器人学及相关领域具有创新性的、高水平的、有重要意义的学术进展及研究成果。
- 《信息与控制》:由中国自动化学会与中国科学院沈阳自动化研究所联合主办的全国性学术期刊,是中文核心期刊。该期刊以信息技术推动控制系统和理论发展为目标,以信息理论和控制理论为理论基础,应用软件技术、通信技术、仿真技术、嵌入式系统技术、控制与优化技术,智能信息处理技术等先进技术群,开展面向国防、工业、农业与生态环境等领域的系统理论研究。

3. 控制工程领域重要学术会议

- 国际自动控制联合会(IFAC World Congress):国际自动控制联合会是一个以国家组织为其成员的国际性学术组织。该组织负责定期举办控制方面的国际会议,每三年召开一次,其宗旨是通过国际合作促进自动控制理论和技术的发展,推动自动控制在各部门的应用。
- IEEE 决策与控制会议(IEEE Conference on Decision and Control):由 IEEE 控制系统学会(IEEE Control Systems Society)主办,国际公认的致力于提高系统与控制理论及应用的顶级会议,每年召开一次,就决策与自动控制及相关领域的最新理论与应用成果以及未来的发展趋势进行广泛交流。
- 美国控制会议(American Control Conference):由美国自动控制协会(American Auto-matic Control Council)主办,是国际控制理论和自动化学界的重要学术会议,每年召开一次。该会议致力于推动控制理论与实践的进步,是国际公认的顶级科学与工程会议。ACC 与 IFAC,CDC 齐名,其会议议题和会议论文集集中反映了国际控制论及自动化学界的主要学术成就,当前关注的核心问题以及新的发展方向等,是 EI 的重要检索源。
- AIAA 制导、导航与控制会议(AIAA Guidance,Navigation,and Control Conference):由美国航空航天研究所(The American Institute of Aeronautics and Astronautics)主办的、航空航天控制领域最好的国际会议,每年召开一次。该会议议题涉及航空、航天、航海、陆地等运动体制导、导航与控制领域。
- 国际机器人学与自动化大会(IEEE International Conference on Robotics and Automation):由 IEEE 机器人与自动化学会(IEEE Robotics and Automation Society)主办,是机器人与自动化学界享有盛誉、历史最悠久的国际学术会议,每年召开一次。参加者包括来自世界各国/各地区科研院所、工业界、政府的机器人与自动化技术专家、学者,共同讨论机器人和自动化的前沿发展方向,会议期间同期进行机器人展览与竞赛展示。
- IEEE/RSJ 智能机器人与系统国际会议(IEEE/RSJ International Conference on Intelligent Ro-bots and Systems):由 IEEE 机器人与自动化学会(IEEE Robotics and Automation Society)主办,是国际机器人与自动化领域的旗舰会议之一,每年召开一

次。其规模和影响力仅次于 ICRA，是国际机器人和智能系统领域的著名国际学术会议，并附带有一个机器人展览。

- 中国控制会议(Chinese Control Conference)：由中国自动化学会控制理论专业委员会发起的系列学术会议，现已发展成为控制理论与技术领域的国际性学术年会，每年召开一次。会议以中文和英文为工作语言，采用大会报告、专题研讨会、会前专题讲座、分组报告与张贴论文等形式进行学术交流，为海内外控制领域的专家、学者、研究生及工程设计人员提供了一个及时交流科研成果的机会和平台。
- 中国控制与决策会议(Chinese Control and Decision Conference)：由《控制与决策》编辑委员会联合中国自动化学会应用专业委员会、中国航空学会自动控制专业委员会等学术组织，于 1989 年创办的大型学术会议，是在国内举办的信息与控制领域的重要会议之一，也是高水平的有重要影响的国际学术会议，每年举办一届。
- 中国过程控制会议(Chinese Process Control Conference)：由中国自动化学会过程控制专业委员会主办的国际性学术年会，其目的是为海内外过程控制领域的专家、学者、研究生及工程技术人员搭建一个学术交流、研讨和报告最新研究成果的平台，以推动自动化科学与技术的发展。

参 考 文 献

[1] Katsuhiko Ogata. Modern Control Engineering[M]. Fifth Edition. PEARSON EDUCATION Inc,2017.
[2] Franklin G F,Powell J D,Emami-Naeini A. 自动控制原理与设计[M]. 6 版. 北京：电子工业出版社,2014.
[3] 维纳. 控制论[M]. 2 版. 郝季仁,译. 北京：科学出版社,1985.
[4] 钱学森. 工程控制论[M]. 戴汝为,译. 北京：科学出版社,1958.
[5] 陈翰馥,郭雷. 现代控制理论的若干进展及展望[J]. 科学通报,1998,43(1):1-7.
[6] 吴怀宇. 自动控制原理[M]. 3 版,武汉：华中科技大学出版社,2017.
[7] 胡寿松. 自动控制原理[M]. 7 版. 北京：国防工业出版社,2019.
[8] Ogatak. State Space Analysis of Control Systems [M]. Prentice Hall. Inc. 1967.
[9] (美)尾形加彦. 现代控制工程[M]. 4 版. 卢伯英,于海勋,译. 北京：电子工业出版社,2007.
[10] 曾癸铨. 李雅普诺夫直接法在自动控制中的应用[M]. 上海：上海科学技术出版社,1985.
[11] 刘豹,唐万生. 现代控制理论[M]. 3 版. 北京：机械工业出版社,2006.
[12] 韩璞. 现代工程控制论[M]. 北京：中国电力出版社,2017.
[13] N. Munro, R. S. Mcloed. Minimal Realization of Transfer Function Matrices Using the System Matrix. Pro[J]. IEE 118,No. 9,1971.
[14] C. T. Chen. Linear System Theory and Design[M]. New York,Holr. Rinehard and Winston,1984.
[15] (美)塞奇,怀特. 最优系统控制[M]. 汪寿基,译. 北京：水利电力出版社,1985.
[16] 秦寿康,张正方. 最优控制[M]. 北京：电子工业出版社,1990.
[17] 胡寿松,王执铨,胡维礼. 最优控制理论与系统[M]. 南京：东南大学出版社,1995.
[18] 邢继祥,张春蕊,徐洪泽. 最优控制应用基础[M]. 北京：科学出版社,2003.
[19] 李清泉. 自适应控制系统理论、设计与应用[M]. 北京：科学出版社,1990.
[20] 杨承志,孙棣华,张长胜. 系统辨识与自适应控制[M]. 重庆：重庆大学出版社,2003.
[21] 巨永锋,李登锋. 最优控制[M]. 重庆：重庆大学出版社,2005.
[22] 柴天佑,岳恒. 自适应控制[M]. 北京：清华大学出版社,2016.
[23] 柴天佑. 多变量自适应解耦控制及应用[M]. 北京. 科学出版社,2001.
[24] H. N. Koivo. A multivariable self-tuning controller,Automatica, 1980, Vol. 16, No. 4,351-366.
[25] 冯纯伯,史维. 自适应控制[M]. 北京. 电子工业出版社,1986.
[26] 吴澄. 中国自主无人系统智能应用的畅想[N]. 光明日报,2017 年 7 月 13 日(13 版).
[27] 蔡自兴,徐光佑. 人工智能及其应用[M]. 4 版. 北京：清华大学出版社,2010.

[28] 王顺晃，舒迪前. 智能控制系统及其应用[M]. 2 版. 北京：机械工业出版社，

[29] 王耀南. 智能信息处理技术[M]. 北京：高等教育出版社，2003.

[30] 孙增圻. 智能控制理论与技术[M]. 北京：清华大学出版社，1997.

[31] L. A. Zadeh. Fuzzy sets[J]. Information & Control，1965，8(3)：338-353.

[32] J. J. Hopfield，D. W. Tank. Neural computation of decision in optimization problems[J]. Biol. Cybernrtics，1985，52：141-152.

[33] K. P. Valavanis. Applications of Intelligent Control to Engineering Systems: In Honour of Dr. G. J. Vachtsevanos[M]. Springer Netherlands，2009.

[34] 刘金琨. RBF 神经网络自适应控制 MATLAB 仿真[M]. 2 版. 北京：清华大学出版社，2018.

[35] F. L. Lewis，K. Liu，A. Yesildirek. Neural Net Robot Controller with Guaranteed Tracking Performance[J]. IEEE Transactions on Neural Networks，1995，6(3)：703-715.

[36] T. Lee，Y. Kim. Nonlinear adaptive flight control using backstepping and neural networks controller[J]. Journal of Guidance，Control. and Dynamics，2001，24(4)：675-682.

[37] J. Park，I. W. Sandberg. Universal approximation using radial basis function networks[J]. Neural Computation，1991，3(2)：246-257.

[38] C. Wang，C. Wen，I. Guo. Adaptive consensus control for nonlinear multiagent systems with unknown control directions and time-varying actuator faults[J]. IEEE Transactions on Automatic Control，2020，66(9)：4222-4229.

[39] N. Sarrafan，J. Zarei. Bounded observer-based consensus algorithm for robust finite-time' tracking control of multiple nonholonomic chained-form systems[J]. IEEE Transactions on Automatic Control，2021，66(10)：4933-4938.